北京大学药学教材

物理化学

Physical Chemistry

主编　许金熀　刘　艳

编委会名单

崔国辉　李晓燕　刘　艳　许金熀

北京大学医学出版社

WULI HUAXUE

图书在版编目(CIP)数据

物理化学/许金熀,刘艳主编．-北京:北京大学医学出版社,2005.4
北京大学药学教材
ISBN 7-81071-640-9

Ⅰ.物…　Ⅱ.①许…②刘…　Ⅲ.物理化学-高等学校-教材　Ⅳ.064

中国版本图书馆 CIP 数据核字(2005)第 012094 号

物 理 化 学

主　　编:许金熀　刘艳
出版发行:北京大学医学出版社(电话:010-82802230)
地　　址:(100083)北京市海淀区学院路 38 号　北京大学医学部院内
网　　址:http://www.pumpress.com.cn
E-mail:booksale@bjmu.edu.cn
印　　刷:北京东方圣雅印刷有限公司
经　　销:新华书店
责任编辑:韩忠刚　**责任校对**:金彤文　**责任印制**:张京生
开　　本:787mm×1092mm　1/16　**印张**:25.5　**字数**:648 千字
版　　次:2005 年 10 月第 1 版　2005 年 10 月第 1 次印刷　**印数**:1-3000 册
书　　号:ISBN 7-81071-640-9/R·640
定　　价:37.80 元

前　言

古人云：开卷有益。希望您打开这本书的时候兴趣盎然、爱不释手、收益多多。

本书是高等教育药学专业学、硕连读六年制的配套教材之一。作者以清晰、准确并具有相应的深度为宗旨，对概念做精心的定义和诠释；重要公式的推导力求明确的目的性和条理性；强调基本规律的实践应用；内容和习题都对现代化和先进性予以特别的关注。

全书共分十章。第一、　二、三和五章由许金熀编写；第四、六章由崔国辉（首都医科大学）编写；第七、八章由刘艳编写；第九、十章由李晓燕编写。编写时力求语言准确、畅顺、精炼、易懂。

由于编写时间仓促，又限于编者的水平，本教材的不足之处甚至错误在所难免，诚恳希望读者批评指正。

编者

2005年1月1日

序

保健和医药事业的发展是提高全民健康水平、国家生产力和全球竞争力以及保证社会安定和国家安全的重要组成部分。目前，市场经济、资本全球化和世界性技术与资源的竞争，原料药基地全球大转移造成环境污染的转嫁等等不但对我国制药业影响巨大，而且成为影响可持续性发展的重大问题。加以人口老龄化、东西部差别、城乡差别、农村城市化、城市流动人口增长等等一系列社会问题使和药品的开发与使用是否得当又成为关系着进入小康社会的重要问题。SARS的爆发以及目前国际形势还提示我们必须对防范突发性卫生事件作充分准备，提示我们要把药物当作特殊商品和战略物资。如何解决这些问题，把它们变成全国医药事业大发展的机会，关键在于提高从事医药事业人员的教育，提高认识水平，提高专业水平，以提高我国医药的综合国际竞争力。为了这个目的，在培养医药专业人员方面要采取不同层次并行的策略。6年制药学专业目的是培养研究开发有国际竞争力药物的人才。因此，要加强基础、加强科研能力的培养、加强思维能力训练、加强服务意识。为了这个目标，作为一种尝试，北京大学药学院组织编写了这一套6年制药学专业的教材。一方面供学生学习；另一方面也是向医药界征求意见。我想，科学在发展，事业在前进。当前世界上科学热点不断涌现，新药研究技术不停地更新。但是反观近年来新药研究的历史，可见昨日的时尚今日或许已经淡化；明天的新思路正在不被人注意的地方萌芽。虽然我们的这套教材将会不断修订更新，以适应形势的发展，但是加强基本理论、基本知识和基本技能的训练是我们最重要的原则，我们相信受到良好的基础训练的学生能够在新情况下，应付新的挑战。希望肩负我们的未来医药事业的发展责任的医药工作者在我们这里成长。

中国科学院院士　王夔

目 录

第二章 热力学第二定律

第三章 多组分体系热力学

第四章　相平衡

第五章　化学平衡

第六章　电化学

第七章　化学动力学基础

第八章　应用化学动力学

第九章 表面现象

第十章 胶体分散体系

绪 论

一、物理化学的内容

化学是研究物质的分子组成、结构、性质的科学，它研究原子或原子团组合的规律性，研究分子之间的相互作用的规律性。物理化学是研究支配化学体系性质和行为的基本原理、基本规律的科学，是一门理论化学，是化学科学的重要的不可缺少的理论支柱。

物理化学涵盖的领域很广，主要领域有：化学热力学、量子化学、统计热力学和化学动力学。

热力学是一门宏观科学，它研究体系的诸平衡性质之间的关系，它从热力学基本定律出发，采用演绎的方法，方便直观地解决了化学反应进行的方向和限度的问题。

例如：人们司空见惯地看到锌从硫酸铜溶液中置换出铜的反应：

$$Zn(s) + CuSO_4(l) = Cu(s) + ZnSO_4(l)$$

物理化学要回答：为什么这个反应是向右而不是向左进行的。可见，物理化学探求变化的驱动力，探寻变化的原因，是解决所以然的问题。

量子力学是研究微观粒子运动规律的科学，分子、电子等微观粒子，不遵循经典力学，它们的运动受量子力学的制约。将量子力学应用于原子、分子结构及光谱学就形成了量子化学。

将宏观与微观联系起来的是统计力学。统计力学在热力学的宏观量与量子化学的微观量之间架起了桥梁，它阐明热力学定律为什么成立，并提供根据分子性质计算宏观热力学性质的途径。

化学动力学研究化学反应的速率及机理。随着态－态反应动力学的不断发展，随着酶等催化剂结构的不断明晰及相应的反应机制的明了，人类控制化学反应朝预期目标进行当不是遥不可及的事情。

物理化学的这些基本内容不是彼此孤立的，它们有着密切的联系：

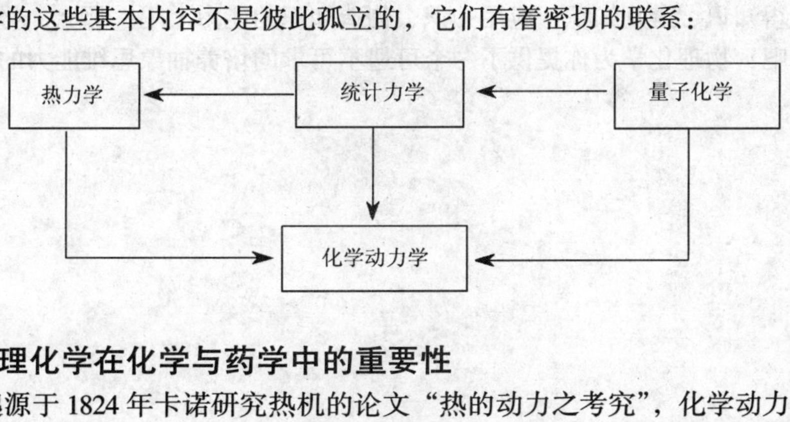

二、物理化学在化学与药学中的重要性

热力学起源于1824年卡诺研究热机的论文“热的动力之考究”，化学动力学起源于1850年L.F.Wilhelmy对蔗糖转化的研究，量子化学起源于1926年薛定谔方程。物理化学既有辉煌的过去，它又是一门历时弥新、不断发展、充满生机的学科，它日益从宏观到微观，从体相到表相、从静态到动态、从定性到定量、从平衡态到非平衡态、从单一学科到多学科交

叉。科学界一致认为：在化学从“食谱技艺”向自由王国发展的过程中，物理化学起着十分重要的作用，它不断提供新概念、新参数、新理论、新规律、新研究方法。它把无机化学、有机化学和分析化学的相关知识提高到理论的高度，又将指导后继课程的学习和科学研究工作。

药学研究的整个过程与物理化学密切相关。如何合成高效低毒的药物？药物的合成设计用到结构化学、量子化学的方法；如何从植物中高效率地提取药物有效成分？如何制备长效缓释的制剂？如何提高难溶性药物的溶解度？如何提高药物的溶出速率？如何提高药物的生物利用度？药剂学中的这些研究都要用到热力学、相平衡的原理、表面化学的原理，并且药物的吸收、代谢动力学研究和药物稳定性研究要用到化学动力学的原理和方法。凡此种种，都要应用物理化学的知识去思考、去探索、去解决。

三、物理化学的学习方法

同学们在以往的学习中都形成了各有特色、相当有效的学习方法。但毕竟物理化学是一门理论性较强的学科，明显地有别于其它学科，不少学者提出的学习方法可供参考：

1. 重视概念

概念是基础知识，构成物理化学的骨架。所有的公式、所有的数学推导都是围绕概念展开的。数学推理是概念的引申和发展，是阐明概念的另一形式。因而，概念与繁杂的数学推理的关系恰似皮与毛的关系，概念是皮，皮之不存，毛将焉附？

2. 重视习题

物理化学不是靠死记硬背就可以学好的学科。著名物理化学家 J.H.Noggle 说：“时至今日，没有一个人通过看别人游泳而学会游泳，想在水中自由搏击吗？下水吧！同样，时至今日，没有一个人通过看别人解答的习题而掌握物理化学，想掌握物理化学的真谛吗？自己动手解题吧！这样做，你或许付出 10 倍的艰辛，但是，你的收获又何止 10 倍呢！”

3. 重视抽象思维能力的培养

以分子轨道对称守恒原理摘取诺贝尔化学奖的理论化学家 R.J.Hoffmann 说：“化学理论最重要的作用是提供一种思维模式，以创新知识。”诚哉斯言！科学要苟日新、又日新、日日新，抽象思维是必不可少的。不是说机遇加灵感加抽象思维等于创造性吗，不是说高素质体现在自己获得知识、辨别知识、应用知识、创造知识的能力上吗，那么，努力培养自己的抽象思维能力吧！物理化学为你提供了一个可遇不可求的培养抽象思维能力的平台。

第一章　热力学第一定律

第一节　热力学概论

一、热力学

热力学（thermodynamics）来自希腊文的“热”与“力”，它是研究热、功、能相互转换过程中所遵循的规律的科学。热力学有平衡热力学与不可逆热力学。顾名思义，平衡热力学研究平衡体系的规律，不可逆热力学研究的是非平衡体系的规律。平衡热力学是一门宏观科学，研究由大量分子（10^{23}数量级）组成且处于平衡状态的体系。就广义而言，它研究体系的宏观性质之间的关系，研究物理变化和化学变化过程中所发生的能量效应，研究在一定条件下某种变化能否自发进行及其进行的程度，即研究变化的方向和限度的问题。

热力学以热力学第一、第二定律为基础。这两个定律不能由数学推导获得，是人们长期实验和科学实践经验的总结。它虽不能在理论上加以证明，但它的正确性是不容置疑的，已为无数的实验结果所证实。因而，当量子力学动摇许多学科的基础的时候，热力学的规律依然巍然不动，依然指导人们的实践。

热力学第一定律是能量守恒定律，它断言：不供给能量而对外源源不断地做功的永动机是永远不可能造成的。

热力学第二定律是关于热与功之间性质差异的普遍性结论，它解决在一定条件下化学变化或物理变化的方向和限度的问题，它断言：通过等温循环使热完全转变为功是永远不可能的，即从单一热源取热使之完全变为功而不引起其它变化是永远不可能的。

热力学第三定律是物质的熵的绝对值定律。在化学平衡的计算中，它给热力学第二定律以不可或缺的补充。

二、化学热力学

热力学的基本原理广泛应用于科学领域中，它应用于化学反应、物质状态的变化和各种物理化学过程，就形成化学热力学这一学科。它提供科学原理和方法以判断给定条件下物质的稳定性和它们朝某一方向变化的能力，它给出化学反应过程或物理变化过程的热效应，它提供化学反应的深度及结晶、精馏、萃取的限度的计算方法。

化学热力学对生产实践和科学研究具有重大的指导作用。例如高炉炼铁中的反应：

$$Fe_3O_4 + 4CO \xlongequal{} 3Fe + 4CO_2$$

高炉废气中含有大量的一氧化碳。历史上，人们曾错误地认为这是一氧化碳与矿石之间的接触时间过短造成的，因而投入巨大资金加高炉身以延长一氧化碳与矿石的接触时间。可是，事与愿违，高炉废气中的一氧化碳依然存在。后来通过化学热力学的计算，表明上述反应为可逆反应，根本不能进行到底，废气中含一氧化碳是必然的。任何企图把热力学上不可能的事情变为现实的努力都是徒劳的，都是注定要失败的。又如，在 19 世纪末，人们试图用石墨制造金刚石，但无数的实验均以失败告终。经热力学的计算指出：只有压力大于 1.51×10^9 Pa 时才能实现这种转变。人造金刚石的制造成功，充分显示了热力学预见性的巨大威力。

化学热力学在新型药物的创制和新剂型的研制中具有重要作用：高效药物合成的可能性及最高产率的确定、药物制剂的稳定性和科学的贮存方法等，都需要化学热力学的基本理论和方法。

三、热力学的方法及其局限性

热力学采用演绎的研究方法，即从基本定律出发，采用严格的数理逻辑推理方法，它研究的对象是巨大数量微观粒子组成的体系的宏观性质，所得的结论反映微观粒子的平均行为，具有统计意义。它对个别或少数微观粒子的行为，无法做出解答。热力学无须知道微观粒子的结构，无须知道所研究体系的历史，它通过体系的始态、终态及过程进行的外界条件，就可以进行相应的计算，结果可靠，方法简单。此外，热力学只研究体系变化的可能性及其限度，它不涉及变化的现实性问题，不涉及时间的概念，因而对变化的速率及过程进行的机制，无法做出预言。

总之，热力学建立在广泛的现象定律的基础之上，属唯象学的范畴，它的关系式和结论本身都是现象学的，以实验观察、实验事实为基础，证据十分充分，其正确性和有效性从不受到怀疑。

第二节　热力学基本概念

一、体系与环境

将一部分物质从其余的物质之中划分出来作为研究的对象就称为体系（system）。一个热力学体系必定是 10^{23} 数量级巨大数量的微观粒子组成的宏观量级的体系。体系之外与体系密切相关的部分称为环境（surroundings）。

根据体系与环境之间能量传递和物质交换的不同，把体系分为三种：

1. 封闭体系（closed system）

体系与环境之间没有物质的交换，但有能量的传递。

2. 隔离体系（isolated system）

体系与环境之间既无物质的交换，也无能量的传递。隔离体系亦称孤立体系。

3. 敞开体系（open system）

体系与环境之间既有物质的交换，又有能量的传递。敞开体系亦称开放体系。

究竟选择哪一部分作为体系，并没有一定的规则，而是具体问题具体分析，使处理问题方便简捷。

二、体系的性质

表征体系状态的物理量称为体系的性质，如体积、压力、温度、表面张力等，亦称为热力学变量。体系的性质分为两类：广度性质与强度性质。

1. 广度性质（extensive property）

数值的大小与体系中所含物质的量成正比的体系性质，如体积、质量、热容、内能、吉布斯能、熵等。广度性质具有加和性，即整个体系的某种广度性质的数值等于体系中各部分该性质数值的总和。如体系的内能等于体系中各部分的内能之和。

2. 强度性质（intensive property）

强度性质仅取决于体系的特征而与体系所含物质的量无关。例如温度、压力、密度、粘度等。显然，强度性质不具有加和性，且整个体系的某强度性质的数值等于体系的各部分的该强度性质的数值。

一般说来，体系的某一广度性质除以另一广度性质得一强度性质；体系的某一广度性质乘以一强度性质得一广度性质。例如广度性质体积除以广度性质物质的摩尔数得摩尔体积，其为强度性质。而广度性质体积乘以强度性质密度得另一广度性质质量。

三、热力学平衡态

若封闭体系的性质不随时间而变，则该体系所处的状态为热力学平衡态。显然，热力学平衡态应同时存在下列平衡：

1. 热平衡：体系中温度处处相等。

2. 力学平衡：体系各部分之间及体系与环境之间没有不平衡的力存在。

3. 相平衡：体系中各相的组成和数量不随时间而变。

4. 化学平衡：体系中发生的化学反应达到平衡，体系的组成不随时间而变。

四、状态函数与状态方程

当体系处于确定的状态时，体系的性质就具有确定的数值。反之，当体系的各种性质确定时，体系就处于确定的状态。

体系的性质很多且彼此间是相互关联的，只需确定其中的几个，其余的性质也就确定了。换言之，体系的性质中只有部分性质是独立的，只要它们确定了，体系的状态和体系的其它性质也就确定了。例如对一定量的理想气体，若指定温度和压力为独立变量，它们确定了，体系的状态和体积也就确定了。由此可见，只要用体系的几个独立的性质就能够完全地描述体系所处的状态。

确切地描述一个体系的状态需要几个独立的变量呢？热力学无法给出答案。但实践表明：对于含有 n 种物质的均相封闭体系的平衡态，只要指定 $n+2$ 种体系的性质，体系的状态和其它性质也就完全确定了。这 $n+2$ 种性质，通常采用温度，压力和诸种物质的量。

1. 状态函数（state function）

由体系的状态所确定的体系的各种热力学性质称为体系的状态函数。它具有下列特性：

(1) 状态函数是体系状态的单值函数，状态一经确定，状态函数就有惟一确定的数值，此数值与体系到达此状态前的历史无关。

(2) 体系的状态发生变化，状态函数的数值随之发生变化，变化的多少仅取决于体系的终态与始态，与所经历的途径无关。无论体系发生多么复杂的变化，只要体系恢复原态，则状态函数必定恢复原值，即状态函数经循环过程，其变化必定为零。

(3) 状态函数的微小变化，在数学上是全微分。例如一定量的某理想气体，其体积是温度和压力的函数：

$$V = \mathrm{f}(T, p)$$

状态函数体积的全微分：

$$\mathrm{d}V = \left(\frac{\partial V}{\partial T}\right)_p \mathrm{d}T + \left(\frac{\partial V}{\partial p}\right)_T \mathrm{d}p$$

$\mathrm{d}V$ 的环路积分表示体系恢复原态体积的变化，显然：

$$\oint \mathrm{d}V = 0$$

即状态函数的全微分的环路积分为零。上述关系的逆定理亦成立：只要某个函数的全微分的环路积分为零，则此函数必定为状态函数。

2. 状态方程

体系的状态函数之间的定量关系式称为状态方程。例如理想气体的封闭体系，其状态方程为：

$$V = f(T, p, n_1, n_2, \cdots)$$

n_1，n_2，…为物质1，2，…的摩尔数。

五、过程与途径

当外界条件改变时，体系的状态随之发生变化。体系从某一状态变为另一状态称为体系经历了热力学过程，简称为过程。完整地描述一个过程，应当指明体系的始态、终态、外界条件及变化的具体步骤。变化的具体步骤称为途径。

常见的变化过程有：

1. 恒温过程（isothermal process）

在环境的温度恒定的情况下，始态、终态的温度相同且等于环境温度的过程。

2. 恒压过程（isobaric process）

在环境的压力恒定的情况下，始态、终态的压力相同且等于环境的压力的过程。

3. 恒容过程（isochoric process）

体系的体积不变的过程。

4. 循环过程（cyclic process）

体系从某一状态开始，经过一系列的变化，又恢复到原来状态的过程。

六、热与功

非隔离体系经历一热力学过程，常常伴有体系与环境之间能量的传递与交换。热和功是能量交换和传递的两种形式。由于体系与环境温度的不同而产生的能量传递称为热（heat），用符号 Q 来表示。体系吸热，$Q>0$；体系放热，$Q<0$。

在热力学中，除热以外，体系与环境之间的其它一切形式传递和交换的能量称为功（work），用符号 W 来表示。体系对环境做功，$W<0$；环境对体系做功，$W>0$。（有的书关于 W 的符号规定恰恰相反：体系对环境做功，$W>0$；环境对体系做功 $W<0$。所以导致不同的公式。）

功有多种形式，它可以表示为一个强度性质与一个广度性质变化量的乘积，即：

$$功 = 广义力 \times 广义位移$$

例如：机械功等于外力 F 乘以力方向上的位移 $\mathrm{d}l$；体积功等于外压 $p_{外}$ 乘以体积的改变 $\mathrm{d}V$；表面功等于表面张力 σ 乘以表面积的改变 $\mathrm{d}A$；电功等于电动势 E 乘以通过的电量 $\mathrm{d}q$。上述 $p_{外}$、σ、E 均为广义力，$\mathrm{d}V$、$\mathrm{d}A$、$\mathrm{d}q$ 均为广义位移。

热和功总是与体系所经历的具体过程联系着的，没有过程，就没有热与功，并且即使始态与终态相同，过程不同，热与功往往不同。可见，热与功都不是状态函数，也就不存在全微分，其微小的变化只能用 δQ 和 δW 来表示。

在化学热力学中，常常把体积功和非体积功加以区别，非体积功用符号 W' 来表示。

第三节 热力学第一定律

一、热力学第一定律的表述

自然界的所有物质均具有能量，能量有多种形式，能量可以从一种形式转变为另一种形式，但是在转化过程中，总能量是守恒的。能量既不可能凭空产生，也不可能自行消失，这就是能量守恒定律，是人们通过无数次的实验实践总结出来的。特别是焦耳（J.P.Joule）做了大量的热功转换实验，得出热与机械功转化的定量关系。

$$1\ \text{cal}（卡）= 4.184\ \text{J}（焦耳）$$

$$1\ \text{J} = 0.239\ \text{cal}$$

从而证实了能量在转化过程中总量保持不变。

热力学第一定律是能量守恒和转化的定律，它是人类长期实践的经验总结，由它导出的结论都毫无例外地与事实一致，这有力地证明了它的正确性。

热力学第一定律有如下表述方式：

（1）不供给能量而连续不断源源对外做功的第一类永动机是永远不可能造成的。

（2）自然界的一切物质都具有能量，能量有多种不同的形式，它可以从一种形式转化为另一种形式，能量总量在转化过程中保持不变。

二、内能

一个封闭体系的总能量 E 由下述三部分组成：

（1）体系在外力场中的动能 E_T。

（2）体系在外力场中的势能 E_V。

（3）体系的内能 U（internal energy）。

显然，$E = E_T + E_V + U$，在化学热力学中，研究的体系大多为宏观上静止且无特殊外力场的存在，即 $E_T = 0$，$E_V = 0$，所以 $E = U$。因而对内能应予特别的关注。

内能是体系中物质所有能量的总和。它包括分子的平动能、转动能、振动能，电子的运动能，电子与核及电子之间、核与核之间的作用能、核能、电子与核的相对论静止质量能（$m_{静止}c^2$）、化学键能，分子之间的作用能等。因此，体系内能的绝对值目前尚无法确定。

只要封闭体系处于确定的状态，其内能的数值就是确定的。可见，内能是体系的性质，是广度性质，是体系的状态函数。体系从始态变为终态，内能的改变值仅取决于始、终态，与所经历的过程或途径无关。若体系经一循环过程，则内能的变化必定为零。

对均相定组成的封闭体系，状态函数内能 U 可以表示为温度、体积的函数：

$$U = \mathrm{f}(T, V)$$

其全微分为：

$$\mathrm{d}U = \left(\frac{\partial U}{\partial T}\right)_V \mathrm{d}T + \left(\frac{\partial U}{\partial V}\right)_T \mathrm{d}V$$

同理，若把内能看作是温度和压力的函数，其相应的全微分为：

$$\mathrm{d}U = \left(\frac{\partial U}{\partial T}\right)_p \mathrm{d}T + \left(\frac{\partial U}{\partial p}\right)_T \mathrm{d}p$$

三、热力学第一定律的数学表达式

若宏观上静止且无外力场存在的封闭体系经历某个过程，从状态 1 变为状态 2，在此过程中，若体系从环境吸收了 Q 的热，体系从环境得到 W 的功，根据热力学第一定律，体系内能的改变 ΔU 为：

$$\Delta U = U_2 - U_1 = Q + W \tag{1-1}$$

U_2 与 U_1 分别为体系在状态 2 和状态 1 所具有的内能。若体系所发生的变化非常微小，则：

$$dU = \delta Q + \delta W \tag{1-2}$$

式（1-1）和（1-2）是封闭体系的热力学第一定律的数学表达式。式（1-1）表明：封闭体系从环境得到的热与功全部用于增加体系的内能。

从式（1-1）可得如下推论：

(1) 封闭体系的循环过程，$Q + W = 0$，即 $Q = -W$。表明封闭体系的循环过程体系所吸收的热必定等于体系对环境所做的功。

(2) 隔离体系的内能为常数。因为是隔离体系，所以 $Q = 0$，$W = 0$，则 ΔU 必定等于零，隔离体系的内能始终不变。

第四节　可逆过程与体积功

一、体积功

因体系的体积变化而引起的体系与环境之间交换的功称为体积功，体系经历某化学或物理变化过程，往往伴有体系体积的变化，因而对体积功给予特别的关注。

将一定量的气体置于截面积为 A 的气缸中（见图 1-1）。若活塞的重量、活塞与缸壁的摩擦力均可略而不计，缸内气体的压力为 p_i，施加在活塞上的外压力为 p_e，且 $p_i > p_e$。此时缸内的气体要膨胀，设活塞向上移动了 dx 的距离，则体积功为：

$$\delta W = -f_{外}\,dx = -p_e A dx = -p_e dV \tag{1-3}$$

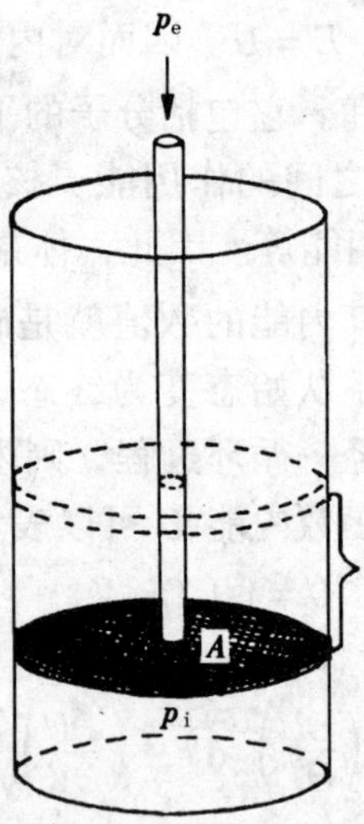

图 1-1　体积功

$dV = Adx$，是体系体积的变化，式中的负号来自于功 W 的符号规定：气体膨胀，$dV > 0$，$p_e dV > 0$，体系对环境做功，对体系而言 $W < 0$。

需要特别注意，体系不论是膨胀还是收缩，体积功都用 $-p_e dV$ 来计算，所采用的一定是外压力，才能得到体系与环境之间传递的功的正确结果。

二、不同过程的体积功

功不是状态函数，它与具体过程有关，一定量的气体从体积 V_1 膨胀到 V_2，过程不同，所做的功亦不同。

1. 自由膨胀

外压 p_e 为零的膨胀称为自由膨胀。此时，$p_e=0$，所以 $W=0$。

2. 恒外压膨胀

对抗恒外压 $p_e=p_2$ 从 V_1 膨胀到 V_2（见图 1-2），此时

$$W_2=-\int_{V_1}^{V_2} p_e \mathrm{d}V=-p_2\ (V_2-V_1)$$

W_2 的绝对值等于图 1-2（c）中阴影的面积。

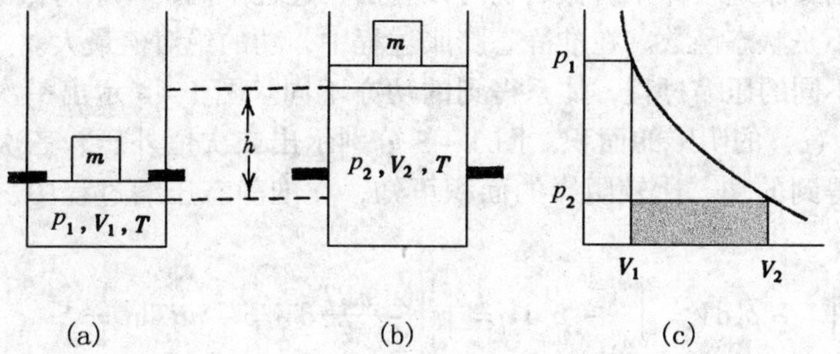

图 1-2　一次恒外压膨胀

3. 多次恒外压膨胀

多次恒外压膨胀是指体系先对抗某一较大的恒外压膨胀至某一体积，再对抗较小的恒外压膨胀，直至对抗等于终态压力的恒外压膨胀至终态。分二次和三次对抗恒外压膨胀所做的功如图 1-3 所示。功的绝对值为图中阴影的面积。

4. 准静态膨胀过程

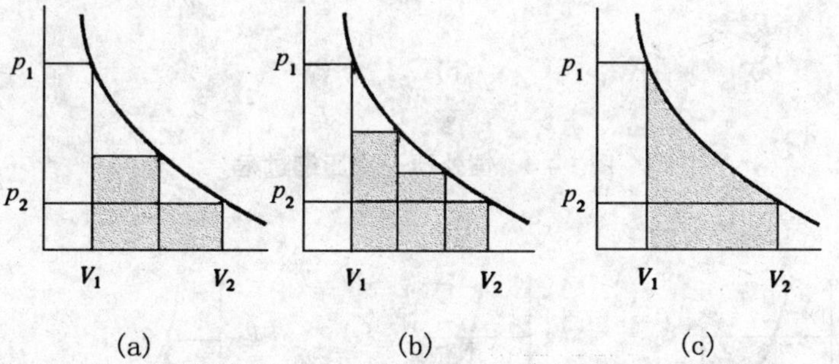

图 1-3　多次恒外压膨胀及准静态膨胀

在整个膨胀过程中，始终使外压比气缸内的压力 p_i 小一个无限小的差值 $\mathrm{d}p$，即 $p_e=p_i-\mathrm{d}p$。可以想象活塞上放着一堆极细的沙子，取下一粒细砂，就使 p_e 比 p_i 小 $\mathrm{d}p$ 的压力，体系的体积膨胀了 $\mathrm{d}V$，此时 p_i 降到 p_e；又取下一粒细砂，又产生了 $\mathrm{d}p$ 的压差，体系又膨胀了 $\mathrm{d}V$ 的体积，如此重复，直至体系的体积达 V_2 为止，在这无限慢的无限接近平衡态的准静态膨胀过程中，体系所做的功为：

$$W=\int_{V_1}^{V_2}-p_e\mathrm{d}V=\int_{V_1}^{V_2}-(p_i-\mathrm{d}p)\,\mathrm{d}V=\int_{V_1}^{V_2}-p_i\mathrm{d}V \tag{1-4}$$

式（1-4）中，由于 p_i 远大于 dp，故可把 dp 略去。

若气缸中的气体为理想气体且为恒温膨胀，p_i 极接近平衡态时的压力，即 $p_i=nRT/V$，代入式（1-4）得：

$$W=\int_{V_1}^{V_2}-\frac{nRT}{V}\mathrm{d}V=-nRT\ln\frac{V_2}{V_1} \tag{1-5}$$

体系所做的功的绝对值等于图 1-3（c）中阴影的面积。

比较上述不同膨胀过程体系所做的功可以看出：过程不同，体系所做的功不同，功与过程密切相关，功不是状态函数。在准静态膨胀过程中，功的绝对值最大。

同理，对于不同的压缩过程，体系得到的功亦不同。图 1-4 示出一次恒压压缩过程及功 W，W 为图中（c）的阴影的面积。图 1-5 分别示出二次恒外压、三次恒外压及准静态压缩过程体系所得到的功。比较阴影的面积可知，在准静态压缩过程中，体系得到的功最小，且

$$W=\int_{V_2}^{V_1}-p_e\mathrm{d}V=\int_{V_2}^{V_1}-p_i\mathrm{d}V=\int_{V_2}^{V_1}-\frac{nRT}{V}\mathrm{d}V=-nRT\ln\frac{V_1}{V_2}$$
$$=nRT\ln\frac{V_2}{V_1}$$

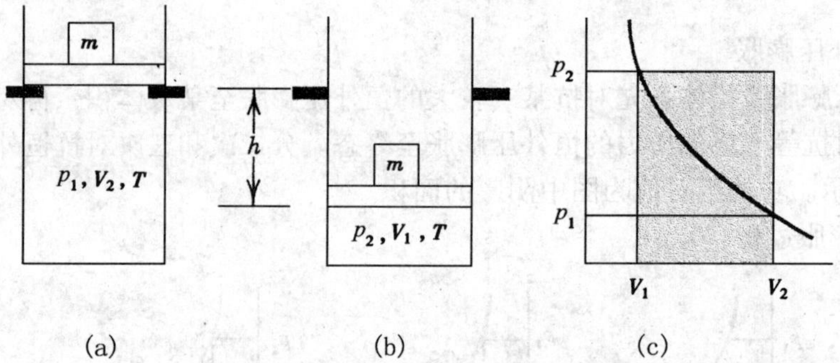

图 1-4　恒外压一次压缩过程

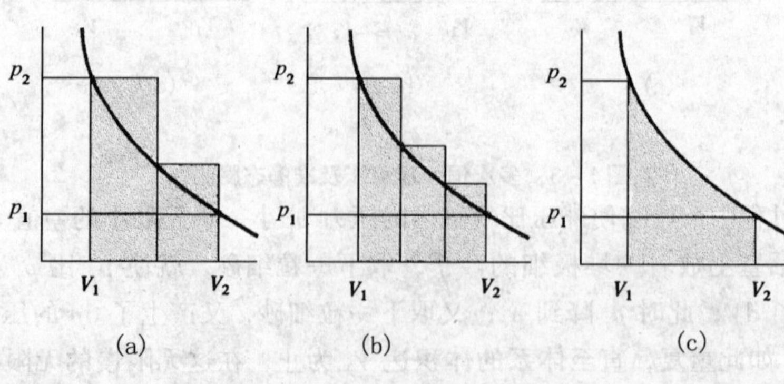

图 1-5　多次恒外压压缩及准静态压缩

可见，准静态压缩过程的功 W 的数值等于准静态膨胀过程所做的功的绝对值。即二过程所做的功的绝时值相等但符号相反。

三、可逆过程

某体系经一过程由状态 1 变为状态 2，如果能使体系由状态 2 复原为状态 1 的同时也使环境完全复原，则该过程称为可逆过程（reversible process）。反之，如果体系经某一过程之后，无论用什么办法，都不能使体系与环境完全复原，则这样的过程为不可逆过程（irreversible process）。例如上述理想气体的无摩擦的等温准静态膨胀过程，体系由状态 p_1、V_1、T 变为状态 p_2、V_2、T，体系做了（$-nRT\ln\frac{V_2}{V_1}$）的功，体系从环境得到（$nRT\ln\frac{V_2}{V_1}$）的热；经无摩擦的准静态等温压缩过程，体系由状态 p_2、V_2、T 恢复到状态 p_1、V_1、T，体系做了（$nRT\ln\frac{V_2}{V_1}$）的功，环境从体系得到（$nRT\ln\frac{V_2}{V_1}$）的热。如此之后，环境失去的热与得到的热相等，环境得到的功与付出的功亦相等，也就是说，在体系恢复到原来状态的同时，环境也恢复了原态。因此，理想气体的等温无摩擦的准静态膨胀过程为可逆过程。而恒外压的等温膨胀过程，无论使用什么办法，其结果都是在体系恢复原来状态的同时，环境总是失去功得到热，即环境无法恢复到原来的状态，因而恒外压等温膨胀为不可逆过程。

可逆过程是科学的抽象，它十分重要且具有下述特点：

1. 在可逆过程的任一瞬间，体系总是无限接近于平衡态。

2. 可逆过程是一个无限慢的过程，需要无限长的时间。

3. 体系在可逆过程中所做功 W 的绝对值最大，环境在可逆过程中所需付出的功最小，因而可逆过程为效率最高的过程。

可逆过程是一种理想的过程，液体在其沸点时的蒸发，固体在其熔点时的熔化、晶体在其饱和浓度时的结晶或溶解、可逆电池在电动势差无限小时的充电或放电、平衡条件下的化学反应等等都可近似看为可逆过程。

例 1-1 1mol 的理想气体在 298K 下恒温从 500kPa 膨胀至 100kPa。（1）可逆膨胀（2）对抗恒外压 100kPa 膨胀。请计算体系的功。

解：（1）理想气体的等温可逆膨胀

$$W = -nRT\ln\frac{V_2}{V_1} = -nRT\ln\frac{p_1}{p_2} = -1\times 8.314\times 298\times\ln\frac{500}{100}$$

$$= -3988\text{J}$$

（2）对抗恒外压膨胀

$$W = -p_2(V_2 - V_1) = -p_2\left(\frac{nRT}{p_2} - \frac{nRT}{p_1}\right)$$

$$= -1\times 8.314\times 298 + 1\times 8.314\times 298\times\frac{100}{500}$$

$$= -1982\text{J}$$

可见，在可逆膨胀过程中，环境得到更多的功。

第五节 焓

根据热力学第一定律的数学表达式：

$$\Delta U = Q + W \tag{1-1}$$

有了式（1-1），原则上就可以计算体系发生化学反应或物理变化的热效应，但是要计算功 W。因为绝大多数的化学反应或物理变化是在非体积功 W' 为零且恒压的条件下进行的，引进状态函数焓给问题的解决带来极大的方便。

对于某封闭体系，在非体积功 W' 为零的条件下经历某一恒容过程，因为 $\Delta V = 0$，所以体积功为零。此时，热力学第一定律的具体形式为：

$$\Delta U = Q_V \tag{1-6}$$

对于体系的微小变化，则

$$\mathrm{d}U = \delta Q_V$$

Q_V 的下标 V 表示为恒容过程，Q_V 为恒容过程的热效应。式（1-6）表示：在非体积功为零的条件下，封闭体系经一恒容过程，体系所吸收的热全部用于增加体系的内能。

对于封闭体系，在非体积功 W' 为零且恒压（$p_1 = p_2 = p_{外}$）的条件下，热力学第一定律的具体形式为：

$$\Delta U = U_2 - U_1 = Q_p - p\,(V_2 - V_1)$$

$$U_2 - U_1 = Q_p - p_2V_2 + p_1V_2$$

$$Q_p = (U_2 + p_2V_2) - (U_1 + p_1V_1) \tag{1-7}$$

定义

$$H = U + pV \tag{1-8}$$

H 称为焓（enthalpy）。将式（1-8）代入式（1-7）得：

$$\Delta H = H_2 - H_1 = (U_2 + p_2V_2) - (U_1 + p_1V_1) = Q_p$$

即

$$\Delta H = Q_p \tag{1-9}$$

对于微小的变化，则有

$$\mathrm{d}H = \delta Q_p$$

Q_p 为恒压过程的热效应，式（1-9）表明：在非体积功为零的条件下，封闭体系经一恒压过程，体系所吸收的热全部用于增加体系的焓。

由于无法确定内能 U 的绝对值，因而也不能确定焓的绝对值。由式（1-8）可知，焓 H 仅为 U、p、V 的函数，因为 U、p、V 均为状态函数，而状态函数的函数仍为状态函数，所以焓 H 为状态函数，且是体系的广度性质。

第六节 热容

一个不发生化学反应、不发生相变化的封闭体系，在非体积功为零的情况下，体系吸收了 δQ 的热，温度升高了 $\mathrm{d}T$，则该体系的热容 C 定义为：

$$C = \frac{\delta Q}{\mathrm{d}T} \tag{1-10}$$

因为 δQ 与过程有关，因而体系的热容 C 亦与过程有关。

封闭体系的恒容过程的热容称为恒容热容，记作 C_V：

$$C_V = \frac{\delta Q_V}{\mathrm{d}T} \tag{1-11}$$

1 摩尔物质的恒容热容记作 $C_{V,\mathrm{m}}$，则 n 摩尔物质的热容 $C_V = nC_{V,\mathrm{m}}$。

封闭体系非体积为零的恒容过程，已有公式 $\mathrm{d}U = \delta Q_V$，代入式（1－11）得：

$$C_V = \frac{\delta Q_V}{\mathrm{d}T} = \left(\frac{\partial U}{\partial T}\right)_V \tag{1-12}$$

从式（1－12）可以看出：恒定热容为恒容条件下内能随温度的变化率。

从式（1－12）得：

$$\mathrm{d}U = C_V \mathrm{d}T$$

$$\Delta U = Q_V = \int_{T_1}^{T_2} C_V \mathrm{d}T \tag{1-13}$$

式（1－13）为我们提供计算没有化学变化、无相变化且非体积功为零的封闭体系内能改变值的有效、方便的方法。

同理，对于没有化学反应、无相变化、非体积功为零的封闭体系的恒压过程，其恒压热容为：

$$C_p = \frac{\delta Q_p}{\mathrm{d}T} = \left(\frac{\partial H}{\partial T}\right)_p$$

$$\mathrm{d}H = C_p \mathrm{d}T \tag{1-14}$$

$$\Delta H = Q_p = \int_{T_1}^{T_2} C_p \mathrm{d}T \tag{1-15}$$

物质的摩尔恒压热容与温度有关，常用的经验方程为：

$$C_{p,\mathrm{m}} = a + bT + cT^2 \tag{1-16}$$

$$C_{p,\mathrm{m}} = a + bT + c'/T^2 \tag{1-17}$$

式中 a、b、c、c' 为随物质及温度范围而变的常数，可查表获得。

第七节　热力学第一定律的应用

一、热力学第一定律应用于理想气体

1. 理想气体的内能与焓

焦耳于 1843 年用实验研究气体的内能与体积的关系：选用两个体积相同的大容器，用旋塞连通，把它们置于绝热的水浴中。如图 1－6 所示。其中一个容器充有气体，另一容器为真空。打开旋塞，气体向真空膨胀，最后达到平衡。实验测得此过程水浴的温度不变，$\mathrm{d}T = 0$。

把容器选为体系，水浴为环境，由 $\mathrm{d}T = 0$ 可知，$Q = 0$。又 $W = 0$，根据热力学第一定律 $\Delta U = Q + W$ 可得 $\Delta U = 0$ 及 $\mathrm{d}U = 0$，可见气体在膨胀之后其内能不变。

因为

$$\mathrm{d}U = \left(\frac{\partial U}{\partial T}\right)_V \mathrm{d}T + \left(\frac{\partial U}{\partial V}\right)_T \mathrm{d}V$$

$$dU = 0,\ dT = 0,\ \text{所以}\left(\frac{\partial U}{\partial V}\right)_T dV = 0$$

而气体的体积发生变化，$dV \neq 0$

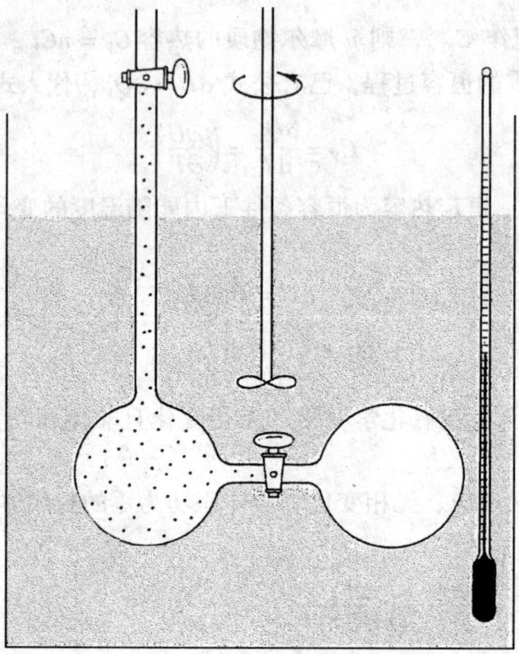

图 1-6　焦耳实验

所以

$$\left(\frac{\partial U}{\partial V}\right)_T = 0 \tag{1-18}$$

式（1-18）表明：在恒温条件下，上述实验气体的内能不随体积而变。

同理，若把内能看作为温度与压力的函数，采用同样的处理方法，可得：

$$\left(\frac{\partial U}{\partial p}\right)_T = 0 \tag{1-19}$$

式（1-19）表明：在恒温条件下，上述实验气体的内能不随压力而变。

综合上述结果可以得出：对一定量的上述实验气体，其内能仅是温度的函数：

$$U = f(T) \tag{1-20}$$

实际上，焦耳实验是不够精确的，因为水浴的热容量很大，即使膨胀过程中体系与水浴之间有一定数量的热量传递，水温的变化也是测不出来的。但是进一步的实验表明：气体的起始压力越接近于零，即气体越接近于理想气体，上述实验就越准确。可见，其正确的结论是：理想气体的内能仅是温度的函数。

理想气体的焓为：

$$H = U + PV = f(T) + nRT = f'(T) \tag{1-21}$$

式（1-21）表明：理想气体的焓也只是温度的函数。因为

$$C_p = \left(\frac{\partial H}{\partial T}\right)_p \qquad C_V = \left(\frac{\partial U}{\partial T}\right)_V$$

可见，理想气体封闭体系的恒压热容及恒容热容也仅是温度的函数。

2. 理想气体的 C_p 与 C_V 之差

对于任意不发生化学反应没有相变化且非体积功为零的封闭体系，其 C_p 与 C_V 之差为

$$C_p - C_V = \left(\frac{\partial H}{\partial T}\right)_p - \left(\frac{\partial U}{\partial T}\right)_V$$

将 $H = U + PV$ 代入得：

$$C_p - C_V = \left(\frac{\partial U}{\partial T}\right)_p + p\left(\frac{\partial V}{\partial T}\right)_p - \left(\frac{\partial U}{\partial T}\right)_V \tag{1-22}$$

因为

$$\mathrm{d}U = \left(\frac{\partial U}{\partial T}\right)_V \mathrm{d}T + \left(\frac{\partial U}{\partial V}\right)_T \mathrm{d}V$$

所以

$$\left(\frac{\partial U}{\partial T}\right)_p = \left(\frac{\partial U}{\partial T}\right)_V + \left(\frac{\partial U}{\partial V}\right)_T \left(\frac{\partial V}{\partial T}\right)_p$$

代入式（1－22）得：

$$\begin{aligned} C_p - C_V &= \left(\frac{\partial U}{\partial T}\right)_V + \left(\frac{\partial U}{\partial V}\right)_T \left(\frac{\partial V}{\partial T}\right)_p + p\left(\frac{\partial V}{\partial T}\right)_p - \left(\frac{\partial U}{\partial T}\right)_V \\ &= \left[\left(\frac{\partial U}{\partial V}\right)_T + p\right]\left(\frac{\partial V}{\partial T}\right)_p \end{aligned} \tag{1-23}$$

式（1－23）无任何先决条件，适用于任何定组成的封闭体系。

对于固体或液体体系，因为其体积随温度的变化很小，$\left(\frac{\partial V}{\partial T}\right)_p$ 近似等于零，故 $C_p = C_V$。

对于理想气体，因为$\left(\frac{\partial U}{\partial V}\right)_T = 0$，所以

$$C_p - C_V = p\left(\frac{\partial V}{\partial T}\right)_p = p\,\frac{nR}{P} = nR \tag{1-24}$$

$$C_{p,\mathrm{m}} - C_{V,\mathrm{m}} = R \tag{1-25}$$

在常温下，单原子理想气体的 $C_{V,m} = \frac{3}{2}R$，多原子线性分子理想气体的 $C_{V,m} = \frac{5}{2}R$，多原子非线性分子理想气体的 $C_{V,m} = 3R$。

3. 理想气体的绝热过程

在绝热过程中，体系与环境之间没有热的交换，$Q = 0$，根据热力学第一定律得：

$$\mathrm{d}U = \delta W$$

又因为

$$\mathrm{d}U = C_V\,\mathrm{d}T$$

所以，对于封闭体系的绝热过程

$$\delta W = \mathrm{d}U = C_V\,\mathrm{d}T \tag{1-26}$$

可见若 $\delta W \neq 0$，则 $\mathrm{d}T \neq 0$。表明在绝热过程中，只要体系与环境之间有功的传递，体系的温

度就要发生变化：$W>0$，即体系从环境得到功时，体系的温度必定上升，内能增大；反之，$W<0$时，体系的温度必定降低，内能减少。

根据式（1－26）可知，绝热过程的功 W 为：

$$W=\int \delta W=\int_{T_1}^{T_2} C_V \mathrm{d}T$$

若温度变化的范围不大，C_V 可视为常数，则

$$W=C_V\ (T_2-T_1) \tag{1-27}$$

对理想气体的绝热可逆过程，若非体积功$W'=0$，

则 $\delta W=-p_e \mathrm{d}V=-p_i \mathrm{d}V$，代入式（1－26）得：

$$-p\mathrm{d}V=-\frac{nRT}{V}\mathrm{d}V=C_V \mathrm{d}T$$

$$\frac{nR\mathrm{d}V}{V}=-C_V\frac{\mathrm{d}T}{T}$$

积分得：

$$\int_{V_1}^{V_2}\frac{nR\mathrm{d}V}{V}=\int_{T_1}^{T_2}-C_V\frac{\mathrm{d}T}{T}$$

$$nR\ln\frac{V_2}{V_1}=-C_V\ln\frac{T_2}{T_1}$$

因为理想气体的 $C_p-C_V=nR$，代入上式得：

$$(C_p-C_V)\ \ln\frac{V_2}{V_1}=-C_V\ln\frac{T_2}{T_1}$$

两边除以 C_V，并令 $C_p/C_V=C_{p,\mathrm{m}}/C_{V,\mathrm{m}}=r$，可得：

$$(r-1)\ \ln\frac{V_2}{V_1}=-\ln\frac{T_2}{T_1}=\ln\frac{T_1}{T_2}$$

所以

$$T_1V_1^{r-1}=T_2V_2^{r-1}$$

即

$$TV^{r-1}=K \tag{1-28}$$

K 为常数。

由于理想气体的 $T=pV/(nR)$ 代入式（1－28）得：

$$pV^r=K' \tag{1-29}$$

$$p_1V_1^r=p_2V_2^r$$

K'为另一常数。若以 $V=nRT/p$ 代入式（1－28）得：

$$T^r p^{1-r}=K'' \tag{1-30}$$

式（1－28）、（1－29）及（1－30）均为理想气体在 $W'=0$ 条件下的绝热可逆过程方程式。

理想气体的绝热可逆过程与恒温可逆过程的 $p-V$ 关系不同，对于绝热可逆过程，$pV^r=K'$，所以

$$\left(\frac{\partial p}{\partial V}\right)_S=-r\frac{K'}{V^{r+1}}=-r\frac{pV^r}{V^{r+1}}$$

$$=-r\ \left(\frac{p}{V}\right)$$

而对恒温可逆过程，$pV = nRT$

所以

$$\left(\frac{\partial p}{\partial V}\right)_T = -\frac{nRT}{V^2} = -\frac{pV}{V^2} = -\frac{p}{V}$$

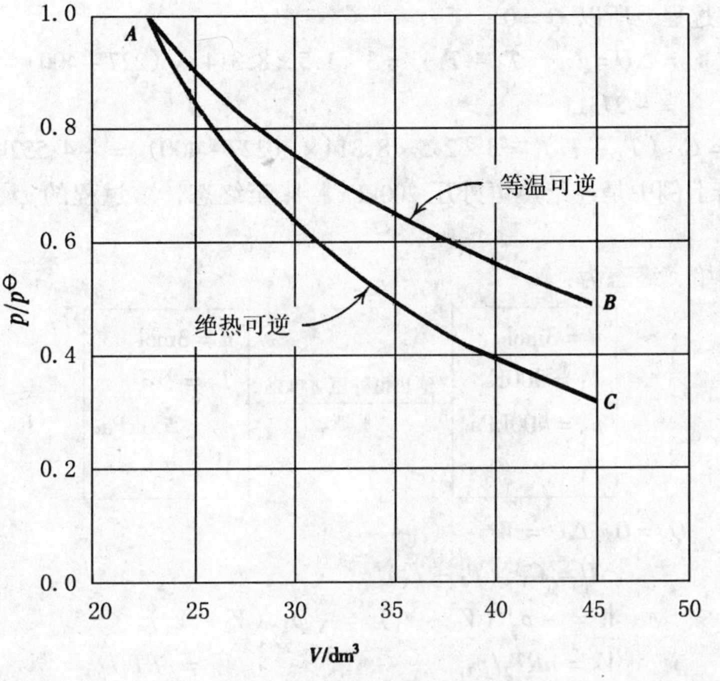

图 1－7　绝热可逆过程（AC）与等温可逆过程（AB）

式中下标 S 表示绝热可逆过程熵守恒。因为 $r>1$，可见绝热可逆过程 $p-V$ 曲线的斜率的绝对值比恒温可逆过程的大。因此，从同一状态出发的绝热可逆膨胀过程的 $p-V$ 曲线总在恒温可逆膨胀过程的下方。这是意料中的，因为在绝热可逆膨胀过程中，一方面，随着体积的增大，p 要减小；另一方面，随着气体温度的降低，p 亦要减小。而恒温可逆膨胀，气体的压力仅随体积的增大而减小。理想气体从状态 A 经恒温可逆膨胀和绝热可逆膨胀所做的功如图 1－7 所示：曲线 AB 和 AC 下面的面积分别为恒温可逆和绝热可逆膨胀过程体系所做功的绝对值。

例 1－2　3 摩尔单原子理想气体从 300K、400kPa 绝热可逆膨胀至 200kPa。求此过程的 Q、W 及体系的 ΔU 和 ΔH。

解：体系的始终态为：

始态	绝热可逆膨胀 →	终态
$n = 3\text{mol}$		$n = 3\text{mol}$
$T_1 = 300\text{K}$		$T_2 = ?$
$p_1 = 400\text{kPa}$		$p_1 = 200\text{kPa}$
$V_1 = ?$		$V_1 = ?$

对于单原子的理想气体，$C_{V,m}=1.5R$，$C_{p,m}=2.5R$，$r=C_{p,m}/C_{V,m}=1.67$

根据理想气体绝热可逆过程方程：

$$T_1^r p_1^{1-r}=T_2^r p_2^{1-r}$$

代入 T_1、T_2、p_2 的数值，求得 $T_2=227\text{K}$

因为是绝热过程，所以 $Q=0$

$$W=\Delta U=C_V\,(T_2-T_1)=3\times1.5\times8.314\times(227-400)$$
$$=-2731\text{J}$$
$$\Delta H=C_p\,(T_2-T_1)=3\times2.5\times8.314\times(227-400)=-4.552\text{kJ}$$

例 1－3 若上例中是经绝热恒外压 200kPa 膨胀至终态，求过程的 Q、W 及体系的 ΔH 及 ΔU。

解：体系的始、终态为：

始态	绝热恒外压 200kPa 膨胀 →	终态
$n=3\text{mol}$		$n=3\text{mol}$
$T_1=300\text{K}$		$T_2=?$
$p_1=400\text{kPa}$		$p_2=200\text{kPa}$
$V_1=?$		$V_2=?$

因为是绝热过程，$Q=0$，$\Delta U=W$

$$\Delta U=C_V\,(T_2-T_1)$$
$$W=-p_e\,(V_2-V_1)=-p_2\,(V_2-V_1)$$
$$V_2=nRT_2/p_2 \qquad V_1=nRT_1/p_1$$

所以

$$C_V\,(T_2-T_1)=-p_2\left(\frac{nRT_2}{P_2}-\frac{nRT_1}{P_1}\right)$$
$$3\times1.5\times8.314\times(T_2-300)=-3\times8.314\times T_2+\frac{200}{400}\times3\times8.314\times300$$

解之得 $T_2=280\text{K}$

$\Delta U=C_V\,(T_2-T_1)=3\times1.5\times8.314\times(280-300)=-748\text{J}$

$W=\Delta U=-748\text{J}$

$\Delta H=C_p\,(T_2-T_1)=3\times2.5\times8.314\times(280-300)=-1247\text{J}$

比较例 1－2 和例 1－3 可以看出：从同一始态出发，经绝热可逆与绝热不可逆膨胀过程抵相同的终态压力，由于可逆过程所做功的绝对值大，导致内能减少得更多些，使终态的温度更低些。

二、热力学第一定律应用于实际气体

1. 节流膨胀

前已述及：1843 年的焦耳实验是不够准确的，鉴于此，1852 年焦耳和汤姆逊（W. Thomson 即 Lord Kelvin）设计了节流膨胀实验。其装置如图 1－8 所示。

该实验使气体通过一个刚性的多孔塞缓慢地进行节流膨胀：在绝热筒的中部，置一个刚性的多孔塞，左侧活塞的压力为 p_1，右侧活塞的压力为 p_2，$p_1>p_2$。由于多孔塞的孔很小，气体只能缓慢地从左侧进入右侧，p_1 至 p_2 的压差基本上全发生在多孔塞内。因为这样的膨胀是缓慢的，因而左室与右室的气体压力可视为平衡压力，分别为 p_1 和 p_2。这种维持一定压力差的绝热膨胀称为节流膨胀（throttling expansion）。当节流膨胀进行一段时间达到稳定状态后，左、右室的气体温度稳定不变，实测值分别为 T_1 与 T_2，且 $T_1 \neq T_2$。

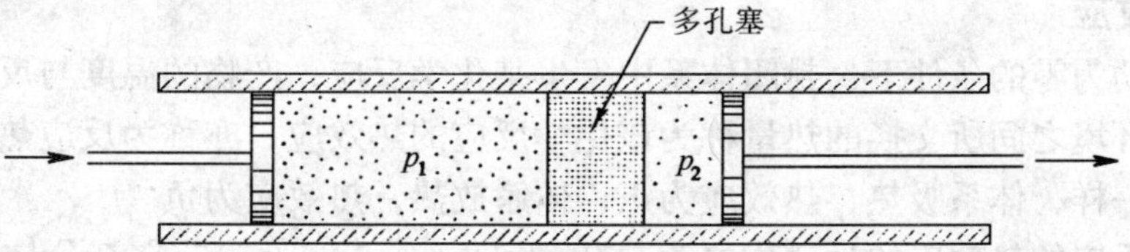

图 1－8　节流膨胀

2. 节流膨胀是恒焓过程

当节流膨胀达稳定状态即 T_1、T_2 不随时间而变后，考虑一定量的气体由左侧的 p_1、V_1、T_1 状态变为右侧的 p_2、V_2、T_2 状态的过程，由于该变化是在绝热的条件下进行的。故 $Q=0$，由热力学第一定律得：

$$\Delta U = W$$

在此过程中

$$W = -(p_2V_2 - p_1V_1)$$

所以

$$\Delta U = U_2 - U_1 = -p_2V_2 + p_1V_1$$

移项得

$$U_2 + p_2V_2 = U_1 + p_1V_1$$

即

$$H_2 = H_1$$

$$\Delta H = 0$$

可见，气体经节流膨胀过程，焓的数值保持不变，即气体的节流膨胀过程为恒焓过程。

3. 焦耳－汤姆逊系数

节流膨胀为恒焓过程，对理想气体而言，焓仅为温度的函数，焓不变，说明理想气体的温度不变，因而理想气体通过节流膨胀，其温度保持不变。而对实际气体，通过节流膨胀，焓维持不变，但温度发生了改变，说明实际气体的焓不仅取决于温度，还与气体的压力有关。由此可以推测：实际气体的内能也与压力有关。

假设在节流膨胀时，气体的压力改变为 dp，温度的改变为 dT，定义

$$\mu = \left(\frac{\partial T}{\partial p}\right)_H \tag{1-31}$$

下标 H 表示焓守恒。μ 称为焦耳－汤姆逊系数，它是节流膨胀气体的温度随压力的变化率。因为 T、p 均为强度性质，故 μ 亦为强度性质。和体系的其它强度性质一样，它也是 T、p 的函数。由于在节流膨胀过程中，$dp<0$，所以若气体的 $\mu>0$，则说明该气体经节流膨胀后 $dT<0$，气体的温度降低；反之，若 $\mu<0$，说明该气体经节流膨胀之后温度上升。μ 的大小，既取决于气体的种类，又与气体所处的温度、压力有关。在室温下，一般气体的 μ 为正值，而 H_2、He 的 μ 值为负。

节流膨胀在工业上广泛应用于气体的液化和制冷工程中。

第八节　热化学基本概念

一、热效应

在非体积功为零的条件下，封闭体系中发生某化学反应，产物的温度与反应物的温度相等时，体系与环境之间所交换的热量称为该化学反应的热效应，亦称为反应热。与热力学第一定律的规定一样，体系吸热，热效应为正；体系放热，热效应为负。

研究化学反应的热效应的学科称之为热化学（thermochemistry），它充分体现热力学第一定律解决实际问题的能力、方法，充分显示它的重要作用。

二、恒容热效应与恒压热效应

1. 恒容热效应：恒容条件下化学反应的热效应，记作 Q_V 或 $\Delta_r U$。

2. 恒压热效应：恒压条件下化学反应的热效应，记作 Q_p 或 $\Delta_r H$。

3. Q_p 与 Q_V 的关系。

设某等温化学反应分别在恒压和恒容的条件下实现：

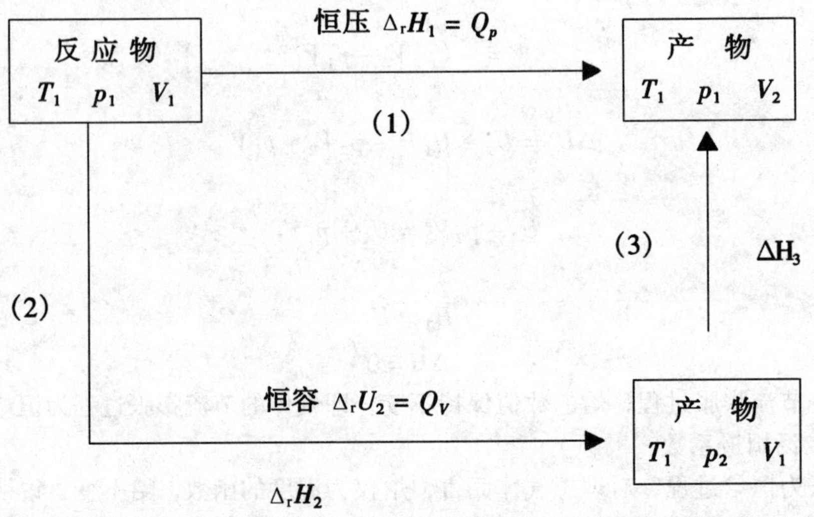

恒容反应与恒压反应的产物相同，但产物的状态不同，恒容反应的产物的状态可经等温膨胀（或压缩）至恒压反应产物的状态。

因为焓 H 为状态函数，所以

$$\Delta_r H_1 = \Delta_r H_2 + \Delta H_3 = \Delta_r U_2 + \Delta(pV)_2 + \Delta H_3$$

式中

$$\Delta(pV)_2 = p_2 V_1 - p_1 V_1 = V_1(p_2 - p_1)$$

对于反应体系中的固态与液态物质，其体积与气态物质相比要小得多，且反应前后的体积变化很小，因此固、液态物质的 $\Delta(pV)$ 可略而不计，只需考虑气态物质的 pV 之差，假设气体可视为理想气体，则

$$\Delta(pV) = p_2 V_1 - p_1 V_1 = n_p RT_1 - n_r RT_1 = (\Delta n) RT_1$$

n_p、n_r 为该反应的产物气体与反应物气体的摩尔数，Δn 为气体产物与气体反应物的摩尔数

之差。对于理想气体，过程（3）为恒温过程，$\Delta H_3=0$；对于产物中的固态与液态物质，ΔH_3 一般不为零，但与 $\Delta_r H_2$ 相比要小得多，可略而不计，因此

$$\Delta_r H_1=\Delta_r U_2+（\Delta n）RT$$

即

$$Q_p=Q_V+（\Delta n）RT \tag{1-32}$$

三、反应进度

化学反应的计量方程式：

$$aA+dD═══gG+hH$$

若反应体系中任意物质用 B 来表示，其计量方程式中的系数用 ν_B 来表示，ν_B 对反应物为负值对产物为正值。对上述反应 A、D、G 及 H 的 ν_B 的数值分别为 $-a$、$-d$、g 及 h，则化学计量方程可表示为：

$$\sum_B \nu_B B=0$$

显然，在化学反应中，诸物质量的变化是彼此相关联的，受各物质的化学计量系数的制约。设上述反应在反应起始时和反应进行到 t 时刻各物质的量为：

	aA	+	dD ═══	gG	+	hH
$t=0$	$n_A(0)$		$n_D(0)$	$n_G(0)$		$n_H(0)$
$t=t$	n_A		n_D	n_G		n_H

则反应进行到 t 时刻的反应进度 ξ（advancement of reaction）定义为：

$$\xi=\frac{\Delta n_B}{\nu_B}=\frac{n_B-n_B(0)}{\nu_B}=\frac{n_A-n_A(0)}{-a}=\frac{n_D-n_D(0)}{-d}$$

$$=\frac{n_G-n_G(0)}{g}=\frac{n_H-n_H(0)}{h} \tag{1-33}$$

从式（1-33）得：

$$d\xi=\frac{dn_B}{\nu_B}=\frac{dn_A}{-a}=\frac{dn_D}{-d}=\frac{dn_G}{g}=\frac{dn_H}{h}$$

ξ 的量纲为 mol。从式（1-33）可以看出：在反应的任何时刻，用任一反应物或产物表示的反应进度总是相等的。当 $\Delta n_B=\nu_B$ 时，反应进度 ξ 为 1mol，表示 a 摩尔的 A 与 d 摩尔的 D 完全反应生成 g 摩尔的 G 和 h 摩尔的 H，即化学反应按化学计量方程式进行了一个单位的反应。

例 1-4 合成氨的反应，化学计量方程式可表示为：

$$N_2+3H_2═══2NH_3 \tag{1}$$

$$\frac{1}{2}N_2+\frac{3}{2}H_2═══NH_3 \tag{2}$$

若反应起始时，N_2、H_2 及 NH_3 的摩尔数分别为 10、30、0，反应进行到 t 时刻，它们的摩尔数分别为 7、21、6。求反应进行到 t 时刻时反应（1）及反应（2）的反应进度。

解：由题意可得在反应的 t 时刻，诸物质的量的改变为：

$$\Delta n_{N_2}=7-10=-3mol$$

$$\Delta n_{H_2}=21-30=-9mol$$

$$\Delta n_{NH_3}=6-0=6mol$$

对反应（1），ν_{N_2}、ν_{H_2}、ν_{NH_3} 分别为 -1、-3、2，因此

$$\xi = \frac{\Delta n_B}{\nu_B} = \frac{-3}{-1} = \frac{-9}{-3} = \frac{6}{2} = 3\text{mol}$$

同理，对反应（2）

$$\xi = \frac{-3}{-0.5} = \frac{-9}{-1.5} = \frac{6}{1} = 6\text{mol}$$

可见，反应进度随化学方程式的不同而异，按化学计量方程（1），1 摩尔的 N_2 与 3 摩尔的 H_2 完全反应生成 2 摩尔的 NH_3，反应进度为 1mol；而按化学计量方程（2），0.5 摩尔的 N_2 与 1.5 摩尔的 H_2 完全反应生成 1 摩尔的 NH_3，反应步进为 1mol。

反应进度为 1mol 时体系的焓变和内能的变化分别称为摩尔焓变和摩尔内能的变化，分别记作 $\Delta_r H_m$ 和 $\Delta_r U_m$，显然

$$\Delta_r H_m = \Delta_r H / \xi$$

$$\Delta_r U_m = \Delta_r U / \xi$$

式中 $\Delta_r H$ 与 $\Delta_r U$ 分别为化学反应进度为 ξ 时该反应的焓变及内能的变化。$\Delta_r H_m$ 和 $\Delta_r U_m$ 分别为反应按照所书写的化学计量方程式进行一个单位时所产生的焓变和内能的变化，取决于化学计量方程式的具体形式。

四、热化学方程式

同时标明 $\Delta_r H_m$ 及物质状态的化学计量方程式称为热化学方程式。因为焓为状态函数，与体系的状态紧密相关，故在热化学方程式中应标明物质的状态、温度、压力等。若固态物质有不同的结晶形态，亦应注明，如 C（石墨）、C（金刚石）。为了书写的方便，气态、液态、固态简称为 g、l、s。若没有注明温度与压力，则该化学反应在 298.15K 及 100kPa 的条件下进行。例如 298.15K 及 100kPa 条件下的反应：

$$CO(g) + \frac{1}{2}O_2(g) = CO_2(g)$$

$$\Delta_r H_m^{\ominus} = -282.984\text{kJ}\cdot\text{mol}^{-1}$$

而酸碱中和反应的热化学方程式为：

$$NaOH(aq,\infty) + HCl(aq,\infty) = NaCl(aq,\infty) + H_2O(l)$$

$$\Delta_r H_m = -57.32\text{kJ}\cdot\text{mol}^{-1}$$

方程式中 aq 代表水溶液，∞代表无限稀释的溶液。

第九节　化学反应热效应的计算

一、赫斯定律

1940 年，赫斯（Hess）总结大量化学反应的实验结果，提出赫斯定律（Hess's law）：一个化学反应，不论是一步完成或分几步完成，其热效应总是相同的。严格说来，赫斯定律只有在非体积功为零的条件下，对化学反应的恒压热效应 Q_p 和恒容热效应 Q_V，才是成立的。

赫斯定律是热力学第一定律的必然推论，是状态函数性质的必然体现。因为在上述条件下，$\Delta U = Q_V$，$\Delta H = Q_p$，而内能 U 与焓 H 因是状态函数，只取决于体系的状态。一个化学反应，不管其反应途径如何，只要始终态相同，则 ΔU 及 ΔH 的数值必然相同，即 Q_V、Q_p 与反应途径无关。

赫斯定律是热化学的基本定律，它的重要应用之一是由可测的化学反应的 Q_p 与 Q_V，通过类似于普通代数方程式那样进行运算，求得不可测的化学反应的 Q_p 与 Q_V。

例 1－5 碳和氧气生成一氧化碳的反应的 Q_p 不能由实验直接测得，因产物中不可避免地会有二氧化碳。已知：

$$(1)\mathrm{C(s)} + \mathrm{O_2(g)} = \mathrm{CO_2(g)} \qquad \Delta_r H_m = -393.509\mathrm{kJ \cdot mol^{-1}}$$

$$(2)\mathrm{CO(g)} + \frac{1}{2}\mathrm{O_2(g)} = \mathrm{CO_2(g)} \qquad \Delta_r H_m = -282.984\mathrm{kJ \cdot mol^{-1}}$$

求反应 $(3)\mathrm{C(s)} + \frac{1}{2}\mathrm{O_2(g)} = \mathrm{CO(g)}$ 的 $\Delta_r H_m$

解：反应（1）－反应（2）得：

$$(3)\mathrm{C(s)} + \frac{1}{2}\mathrm{O_2(g)} = \mathrm{CO(g)}$$

所以

$$\Delta_r H_m(3) = \Delta_r H_m(1) - \Delta_r H_m(2)$$
$$= -393.509 - (-282.984) = -110.525\mathrm{kJ \cdot mol^{-1}}$$

即反应（3）的 Q_p 为 $-110.525\mathrm{kJ \cdot mol^{-1}}$。

二、由标准摩尔生成焓计算 $\Delta_r H_m^{\ominus}$

等温等压条件下的化学反应的 $\Delta_r H$ 等于产物焓的总和减去反应物焓的总和：

$$\Delta_r H = Q_p = (\sum H)_{产物} - (\sum H)_{反应物}$$

若能知道诸物质的焓的数值，则可很容易地计算出化学反应的 Q_p。但是，物质的焓的绝对值是未知的。为了解决这一难题，人们规定：在标准压力 $p^{\ominus} = 100\mathrm{kPa}$ 和指定温度 T 时，由最稳定的单质生成标准状态下的 1 摩尔化合物的焓变为该化合物在此温度下的标准摩尔生成焓（standard molar enthalpy of formation）记作 $\Delta_f H_m^{\ominus}$。

所谓标准状态，对于纯固体与纯液体，为指定温度 T、压力为标准压力 $p^{\ominus} = 100\mathrm{kPa}$ 下的纯固体与纯液体；气态物质的标准态，为在指定温度 T、压力为 $p^{\ominus}$ 且具有理想气体性质的纯气体。标准状态下的状态函数用上标㊀来表示。

例如：在 298.15K 时

$$\mathrm{C(石墨)} + \mathrm{O_2}(p^{\ominus},\mathrm{g}) = \mathrm{CO_2}(p^{\ominus},\mathrm{g})$$
$$\Delta_r H_m = -393.509\mathrm{kJ \cdot mol^{-1}}$$

则 $\mathrm{CO_2(g)}$298.15K 时的标准摩尔生成焓 $\Delta_f H_m^{\ominus}$ 为 $-393.509\mathrm{kJ \cdot mol^{-1}}$。

根据上述定义，最稳定单质在指定温度 T 时的标准摩尔生成焓为零。

一般物质 298.15K 时的标准摩尔生成焓可以方便地查表获得，见附录 2。

从物质的标准摩尔生成焓可以计算标准状态下的反应的热效应。

对于某化学反应，可设计成：

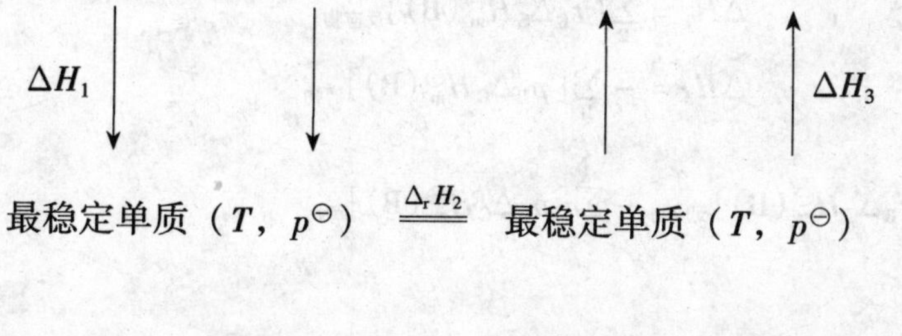

根据焓的状态函数性质，显然有

$$\Delta_r H_m^{\ominus} = \Delta H_1 + \Delta H_2 + \Delta H_3 \tag{1-34}$$

因为反应前后质量守恒，所以生成反应物的最稳定单质必然等于生成产物的最稳定的单质，所以

$$\Delta H_2 = 0$$

而

$$\Delta H_1 = -\sum_B [r_B \Delta_f H_m^{\ominus}(B)]_{反应物}$$

$$\Delta H_3 = \sum_B [p_B \Delta_f H_m^{\ominus}(B)]_{产物}$$

代入式(1-34)得：

$$\begin{aligned}\Delta_r H_m^{\ominus} &= \sum_B [p_B \Delta_f H_m^{\ominus}(B)]_{产物} - \sum_B [r_B \Delta_f H_m^{\ominus}(B)]_{反应物} \\ &= \sum_B [\nu_B \Delta_f H_m^{\ominus}(B)]\end{aligned} \tag{1-35}$$

式中 p_B、r_B 分别为产物和反应物在化学计量方程中的计量系数，均为正值。ν_B 与前述一样，对产物为正，对反应物为负。

三、由标准摩尔燃烧焓计算 $\Delta_r H_m^{\ominus}$

绝大多数的有机化合物不能由稳定单质直接合成，因而标准摩尔生成焓无法直接测得。但是，有机化合物易于燃烧，燃烧过程的热效应容易实验测得。在标准压力 $p^{\ominus}$ 和指定温度 T 下，1 摩尔某种物质完全燃烧的恒压过程的热效应称为该物质的标准摩尔燃烧焓，记作 $\Delta_C H_m^{\ominus}$，下标 C 表示燃烧。例如：在 298.15K 及 $p^{\ominus}$ 下乙醇的完全燃烧：

$$C_2H_5OH(l) + 3O_2(g) = 2CO_2(g) + 3H_2O(l)$$

$$\Delta_r H_m^{\ominus} = -1366.82\text{kJ}\cdot\text{mol}^{-1}$$

则乙醇在 298.15K 时的标准摩尔燃烧焓 $\Delta_C H_m^{\ominus}$ 为 $-1366.82\text{kJ}\cdot\text{mol}^{-1}$。

完全燃烧是指被燃物质变成最稳定的化合物或单质：C 变为 $CO_2(g)$，H 变为 $H_2O(l)$，N 变为 N_2，S 变为 SO_2，Cl 变为 HCl(aq)等。许多物质的 298.15K 时的标准摩尔燃烧焓可从热力学手册中查得，见附录 7。

由标准摩尔燃烧焓计算化学反应的 Q_p 的方法与应用标准摩尔生成焓的方法相类似，设有机物质 A 与 D 反应生成有机物质 G 与 H：

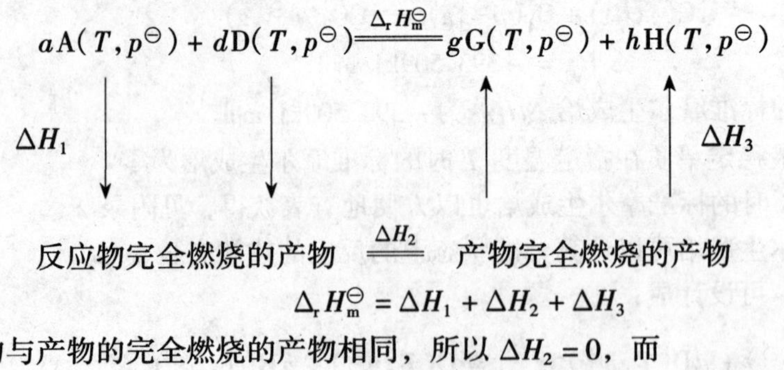

显然

$$\Delta_r H_m^{\ominus} = \Delta H_1 + \Delta H_2 + \Delta H_3 \tag{1-36}$$

因为反应物与产物的完全燃烧的产物相同，所以 $\Delta H_2 = 0$，而

$$\Delta H_1 = \sum_B [r_B \Delta_C H_m^{\ominus}(B)]_{反应物}$$

$$\Delta H_3 = -\sum_B [p_B \Delta_C H_m^{\ominus}(B)]_{产物}$$

代入式(1-36)得：

$$\Delta_r H_m^{\ominus} = \sum_B [r_B \Delta_C H_m^{\ominus}(B)]_{反应物} - \sum_B [p_B \Delta_C H_m^{\ominus}(B)]_{产物}$$

$$= -\sum_{B}[\nu_B \Delta_C H_m^{\ominus}(B)] \tag{1-37}$$

例1-6 在289.15K及$p^{\ominus}$时，环丙烷C_3H_6、C(石墨)、H_2(g)的标准摩尔燃烧焓分别为-2092、-393.5及-285.8kJ·mol^{-1}，若已知丙烯C_3H_6在298.15K时的$\Delta_f H_m^{\ominus}$为20.5kJ·mol^{-1}，求：

(1) 环丙烷298.15K时的$\Delta_f H_m^{\ominus}$。

(2) 298.15K时环丙烷异构为丙烯反应的$\Delta_r H_m^{\ominus}$。

解：(1) 由最稳定单质生成环丙烷的反应：

$$3C(石墨,p^{\ominus}) + 3H_2(g,p^{\ominus}) = 环丙烷\ C_3H_6(p^{\ominus})$$

$$\Delta_r H_m^{\ominus} = \Delta_f H_m^{\ominus}(环丙烷) = -\sum[\nu_B \Delta_C H_m^{\ominus}(B)]$$

$$= -[(-3)\times(-393.5)+(-3)\times(-285.8)+1\times(-2092)]$$

$$= 54.1\text{kJ}\cdot\text{mol}^{-1}$$

(2) 反应为：

$$环丙烷\ C_3H_6 = CH_3-CH=CH_2$$

$$\Delta_r H_m^{\ominus} = \sum[\nu_B \Delta_f H_m^{\ominus}(B)]$$

$$= 1\times 20.5 + (-1)\times 54.1 = -33.6\text{kJ}\cdot\text{mol}^{-1}$$

四、由键焓估算$\Delta_r H_m$

一切化学反应其本质都是旧键的断裂和新键的形成，而这些过程不可避免地伴有能量的变化，因此导致化学反应热效应的产生。所以，只要知道化学键的键能和反应中化学键的变化情况，就可以计算出化学反应的热效应。但可惜的是到目前为止，化学键的键能的数据既不完善，也不精确。为了解决这一困难，通常采用键焓的方法。

键焓与键能不同。某个键的键能是指断裂气态化合物中的这个键生成气态物质所需的能量，而某个键的键焓是诸种化合物中该键键能的平均值。例如从光谱数据获得：

$$H_2O(g) = H(g) + OH(g) \qquad \Delta_r H_m^{\ominus} = 502.1\text{kJ}\cdot\text{mol}^{-1}$$

$$OH(g) = H(g) + O(g) \qquad \Delta_r H_m^{\ominus} = 423.4\text{kJ}\cdot\text{mol}^{-1}$$

可见，对于H_2O(g)，一个键的键能为502.1kJ·mol^{-1}，另一个键的键能为423.4kJ·mol^{-1}，而O-H键的键焓为：

$$\Delta H_{b,m}^{\ominus} = \frac{502.1+423.4}{2} = 462.8\text{kJ}\cdot\text{mol}^{-1}$$

一些常见键在298.15K时的键焓数据列于表1-1中。

显然，一个化学反应的热效应为：

$$\Delta_r H_m^{\ominus} = \sum(\Delta H_{b,m}^{\ominus})_{反应物} - \sum(\Delta H_{b,m}^{\ominus})_{产物} \tag{1-38}$$

即化学反应的热效应等于反应物的总键焓减去产物的总键焓。实际上，在化学反应中，有许多键在反应前后没有变化，只需考虑发生变化的化学键的键焓，所以

$$\Delta_r H_m^{\ominus} = \sum(\Delta H_{b,m}^{\ominus})_{断裂} - \sum(\Delta H_{b,m}^{\ominus})_{形成} \tag{1-39}$$

表 1-1　一些常见键在 298.15K 时的键焓

键	$\Delta H^{\ominus}_{b,m}/kJ\cdot mol^{-1}$
Br－Br	193
C－C	343
C＝C	615
C≡C	812
C－Cl	326
C－F	490
C－H	416
C－N	290
C≡N	891
C－O	351
C＝O	724
C＝O(CO_2)	799
C≡O	1046
Cl－Cl	244
F－F	158
H－Br	366
H－Cl	432
H－H	436
H－F	568
H－I	298
H－N	391
H－S	367
N－N	160
N≡N	946
N－O	176
O－H	464
O－O	144
O＝O(O_2)	498

例 1-7　由键焓数据估算乙烯C_2H_4(g)与 Cl_2(g)加成反应的 $\Delta_r H^{\ominus}_m$。

解：上述反应为：

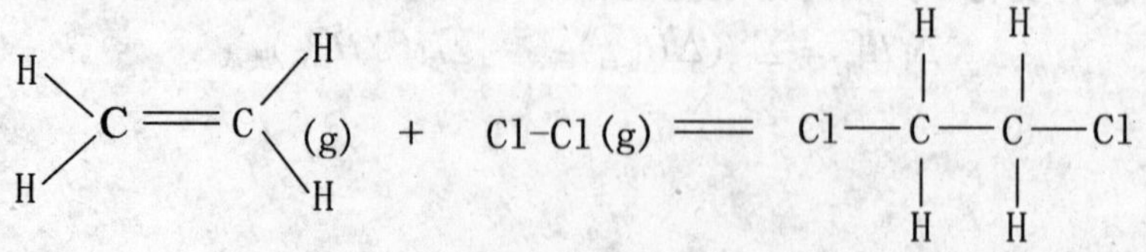

可以看出：反应物中的 C＝C 与 Cl－Cl 键发生了变化，产物中新形成了一个 C－C 键和 2 个

C－Cl 键，因此

$$\begin{aligned}\Delta_r H_m^{\ominus} &= 1\times\Delta H_{b,m}^{\ominus}(C=C)+1\times\Delta_r H_m^{\ominus}(Cl-Cl)-1\times\Delta H_{b,m}^{\ominus}(C-C)-2\times\Delta H_{b,m}^{\ominus}(C-Cl)\\ &= 1\times 615+1\times 244-1\times 343-2\times 326\\ &= -136\text{kJ}\cdot\text{mol}^{-1}\end{aligned}$$

应当指出：用键焓计算化学反应的热效应是不够准确的，只是在缺少热力学实验数据的情况下，作为初步估算的方法。

五、离子摩尔生成焓

溶液中进行的化学反应，往往有离子参加，如果能够知道诸种离子的摩尔生成焓，则可以方便地计算出化学反应的热效应。由于溶液总是电中性的，正、负离子总是同时存在，不存在单一离子的溶液，因而不能由实验直接测得某种离子的摩尔生成焓。但是，如果人为地规定某种离子在指定温度 T 及 $p^{\ominus}$ 的摩尔生成焓，则可求得其它离子的摩尔生成焓。为此，人为地规定 H^+ 在无限稀释时的标准摩尔生成焓为零，即 $\Delta_f H_m^{\ominus}$（H^+，aq，∞），∞代表无限稀释的意思。

例 1－8 已知 298.15K 时的化学反应：

(1) $HCl(g) \xlongequal{H_2O(L)} H^+(aq,\infty)+Cl^-(aq,\infty)$

$\Delta_r H_m^{\ominus} = -75.14\text{kJ}\cdot\text{mol}^{-1}$

(2) $\frac{1}{2}Cl_2(g)+\frac{1}{2}H_2(g) \xlongequal{} HCl(g)$

$\Delta_r H_m^{\ominus} = -92.30\text{kJ}\cdot\text{mol}^{-1}$

求 Cl^- 在无限稀释时的标准摩尔生成焓。

解：反应（1）＋反应（2）得：

$$\frac{1}{2}Cl_2(g)+\frac{1}{2}H_2(g) \xlongequal{} H^+(aq,\infty)+Cl^-(aq,\infty)$$

$$\Delta_r H_m^{\ominus} = -75.14-92.30 = -167.44\text{kJ}\cdot\text{mol}^{-1}$$

$$\begin{aligned}\Delta_r H_m^{\ominus} &= \Delta_f H_m^{\ominus}(H^+\,aq,\infty)+\Delta_f H_m^{\ominus}(Cl^-\,aq,\infty)-\frac{1}{2}\Delta_f H_m^{\ominus}(H_2,g)-\frac{1}{2}\Delta_f H_m^{\ominus}(Cl_2,g)\\ &= 0+\Delta_f H_m^{\ominus}(Cl^-,aq,\infty)-0-0=\Delta_f H_m^{\ominus}(Cl^-,aq,\infty)\end{aligned}$$

所以

$$\Delta_f H_m^{\ominus}(Cl^-,\ aq,\ \infty) = -167.44\text{kJ}\cdot\text{mol}^{-1}$$

同理，可以求得其它离子的标准摩尔生成焓，它们的数据可从热力学手册中查得。

六、营养热化学

热化学的方法已广泛地应用于人类的营养学。近代科学指出，食物的多样性及其营养成分必须考虑其在体内代谢的热效应。例如：对于糖及淀粉，释放的能量为：

$$(CH_2O)_n + nO_2 \xlongequal{} nCO_2 + nH_2O(g)$$

$$\Delta_C H^{\ominus}(298.15\text{K}) = -16.74\text{kJ.g}^{-1}$$

动物性脂肪代谢放出的热量大得多，以三棕榈酸甘油酯为例，其反应为：

$$2C_{51}H_{98}O_6 + 145O_2 \xlongequal{} 102CO_2 + 98H_2O\ (L)$$

每克放出的热 $\Delta_C H^{\ominus}$（298.15K）$= -41.84\text{kJ.g}^{-1}$。

蛋白质的代谢要复杂许多，因为蛋白质中的氮代谢产物多以尿素的形式存在，难以用准确单一的方程式来表示。但甘氨酸的代谢方程可方便地表示为：

$$2H_2NCH_2COOH + 3O_2 = CO(NH_2)_2 + 3CO_2 + 3H_2O\ (L)$$

$$\Delta_C H^{\ominus}\ (298.15K) = -8.37kJ.g^{-1}$$

一般说来，蛋白质代谢释放热量的平均值为 $-18.41kJ\cdot g^{-1}$。

此外，近年来随着微量量热技术的不断发展，采用多对热电偶对生物体系中发生的产生微热的代谢等反应进行研究，通过测定热电偶的所示功率随时间变化的热谱，根据图解积分方法推算出热效应，既可用于肌肉的收缩与扩张、酶与底物的相互作用、抗体与抗原之间的反应的研究，也广泛应用于微生物代谢过程、药物对细菌的抑制作用等。

七、溶解热与稀释热

1. 摩尔积分溶解热

物质在溶解过程中，往往有热效应，它是破坏晶体的晶格能、电离能和溶剂化热的总和。

在恒温恒压且非体积功为零的条件下，n_B 摩尔的溶质溶解于一定量的溶剂中形成一定浓度的溶液，若整个过程的焓变为 $\Delta_{sol}H$，则该溶质形成该浓度的溶液的摩尔积分溶解热（integral molar heat of solution）定义为：

$$\Delta_{sol}H_m = \Delta_{sol}H/n_B \qquad (1-40)$$

即为1摩尔的溶质形成该浓度溶液的溶解热。许多物质不同浓度摩尔积分溶解热可查手册获得。显然，它的大小与溶质、溶剂的种类，与温度、压力及所形成的溶液的浓度有关。

2. 摩尔微分溶解热

在一定浓度的溶液中，维持 T，p 恒定，再加入 dn_B 摩尔的溶质B，产生了 $dH = \delta Q_p$ 的热，则溶质B在该浓度的摩尔微分溶解热（differential molar heat of solution）定义为：

$$\Delta_{dsol}H_m = \left(\frac{\partial H}{\partial n_B}\right)_{T,p,n_A} = \left(\frac{\delta Q_p}{\partial n_B}\right)_{T,p,n_A} \qquad (1-41)$$

式（1-41）中的下标 n_A 表示溶剂的摩尔数保持恒定。

由于加入的B的量 dn_B 很少，溶液的浓度可视为不变，所以摩尔微分溶解热可理解为在无限多的一定浓度的溶液中再加入1摩尔的溶质所产生的焓变。

3. 摩尔积分稀释热

在恒温恒压的条件下，将一定量的溶剂加到一定浓度的溶液中，使稀释成另一浓度的溶液，此过程的热效应称为积分稀释热（integral heat of dilution），记作 $\Delta_{dil}H_m$。若上述溶液所含溶质的摩尔数为 n_B，则摩尔积分稀释热的定义为：

$$\Delta_{dil}H_m = \Delta_{dil}H/n_B \qquad (1-42)$$

显然，从浓度1到浓度2的摩尔积分稀释热为：

$$\Delta_{dil}H_m = \Delta_{sol}H_m\text{（浓度 2）} - \Delta_{sol}H_m\text{（浓度 1）} \qquad (1-43)$$

即摩尔积分稀释热为稀释后与稀释前的摩尔积分溶解热之差。

4. 摩尔微分稀释热

在一定浓度的溶液中，在等温等压的条件下，加入 dn_A 的溶剂引起 $dH = \delta Q$ 的热效应，则摩尔微分稀释热定义为：

$$\Delta_{ddil}H_m = \left(\frac{\partial H}{\partial n_A}\right)_{T,p,n_B} = \left(\frac{\delta Q}{dn_A}\right)_{T,p,n_B} \qquad (1-44)$$

由于加入的溶剂的量 dn_A 很少，溶液的浓度可视为不变，所以摩尔微分稀释热可理解为在无限多的一定浓度的溶液中再加入 1 摩尔的溶剂所产生的热效应。

八、$\Delta_r H_m$ 与温度的关系——基尔霍夫定律

一般说来，从热力学手册容易查得 298.15K 时的数据，从而容易求出 298.15K 时的化学反应的热效应。但是绝大多数的化学反应不是在 298.15K 时进行的，要计算它们的反应热必须知道反应热与温度的关系，即要从 298.15K 的 $\Delta_r H_m$ 求其它温度的 $\Delta_r H_m$。

对于反应，可设计如下途径：

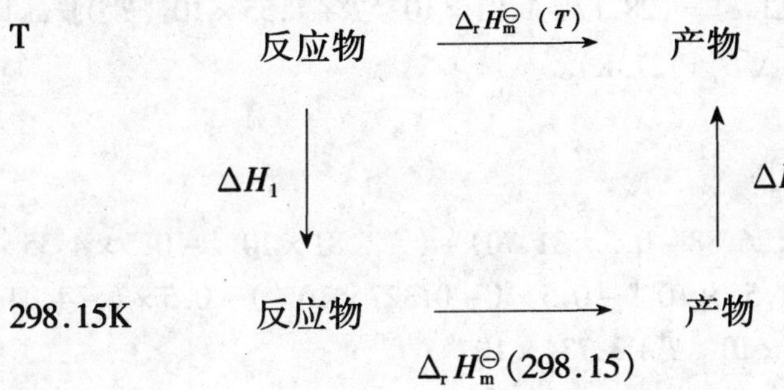

显然

$$\Delta H_1 = \int_T^{298} C_{反应物}\,dT$$

$$\Delta H_2 = \int_{298}^{T} C_{产物}\,dT$$

$$\Delta_r H_m^{\ominus}(T) = \Delta H_1 + \Delta_r H_m^{\ominus}(298) + \Delta H_2$$

$$= \Delta_r H_m^{\ominus}(298) + \int_{298}^{T} (\Delta_r C_p)\,dT \qquad (1-45)$$

式(1-45)中

$$\Delta_r C_p = \sum_B [\nu_B C_{p,m}(B)]$$

$\Delta_r C_p$ 为产物的总热容与反应物的总热容之差。根据热容与温度关系的经验方程,可得：

$$\Delta_r C_p = \Delta_r a + (\Delta_r b)T + (\Delta_r c)T^2 \qquad (1-46)$$

式(1-46)中,$\Delta_r a = \sum_B(\nu_B a_B)$,$\Delta_r b = \sum_B(\nu_B b_B)$,$\Delta_r c = \sum_B(\nu_B c_B)$。以式(1-46)代入式(1-45)得：

$$\Delta_r H_m(T) = \Delta_r H_m^{\ominus}(298.15) + \int_{298}^{T} [\Delta_r a + (\Delta_r b)T + (\Delta_r c)T^2]\,dT$$

$$= \Delta_r H_{298}^{\ominus} + \Delta_r a(T - 298.15) + \frac{\Delta_r b}{2}(T^2 - 298.15^2) + \frac{\Delta_r c}{3}(T^3 - 298.15^3)$$

$$= \Delta_r H_o^{\ominus} + (\Delta_r a)T + (\Delta_r b/2)T^2 + (\Delta_r c/3)T^3 \qquad (1-47)$$

式（1-45）和（1-47）是 1859 年基尔霍夫（G.R.Kirchhoff）提出来的，称之为基尔霍夫定律。

同理，可以从 298.15K 时化学反应的恒容热效应 Q_V，求出其它温度化学反应的恒容热效应。

从式（1-45）可以看出：反应热效应之所以随温度而变是由产物与反应物的热容的不同引起的，若 $\Delta_r C_p = 0$，则反应热 Q_p 不随温度而变；$\Delta_r C_p > 0$，则反应所放的热随温度的升

高而减少，若 $\Delta_r C_p<0$，则反应所放的热随温度的升高而增大。

例 1-9 已知反应

$$\frac{1}{2}H_2(g)+\frac{1}{2}Cl_2(g)=\!=\!=HCl(g)$$

$$\Delta_r H_m(298.15K)=-92.31kJ\cdot mol^{-1}$$

$$C_{p,m}(H_2,g)=(26.88+4.35\times10^{-3}T-0.327\times10^{-6}T^2)J\cdot mol^{-1}$$

$$C_{p,m}(Cl_2,g)=(31.70+10.14\times10^{-3}T-4.04\times10^{-6}T^2)J\cdot mol^{-1}$$

$$C_{p,m}(HCl,g)=(28.17-1.81\times10^{-3}T+1.55\times10^{-6}T^2)J\cdot mol^{-1}$$

求该反应在 1273K 时的 $\Delta_r H_m(1273K)$。

解：根据已知条件

$$\begin{aligned}\Delta_r C_p &=\sum_B[\nu_B C_{p,m}(B)]\\ &=(28.17-0.5\times26.88-0.5\times31.70)+(-1.81\times10^{-3}-0.5\times4.35\times10^{-3}-0.5\times10.14\\ &\quad\times10^{-3})T+[1.55\times10^{-6}-0.5\times(-0.327\times10^{-6})-0.5\times(-4.04\times10^{-6})]T^2\\ &=-1.12-9.06\times10^{-3}T+3.734\times10^{-6}T^2\end{aligned}$$

所以

$$\begin{aligned}\Delta_r H_m(1273K)&=\Delta_r H_m(298.15)+\int_{298}^{1273}\Delta_r C_p\,dT\\ &=-92.31\times10^3+(-1.12)(1273-298)+(-9.06)\times10^{-3}\times\frac{1}{2}\times(1273^2-\\ &\quad 298^2)+3.734\times10^{-6}\times\frac{1}{3}\times(1273^3-298^3)\\ &=-97803J\cdot mol^{-1}=-97.803kJ\cdot mol^{-1}\end{aligned}$$

若在所计算的温度范围内，反应物或产物有相变化，则需根据焓 H 的状态函数性质，设计途径具体计算之。

习　题

1. 一隔板将一刚性绝热容器分为左右两侧，左室气体的压力大于右室气体的压力。现将隔板抽去，左、右气体的压力达到平衡。若以全部气体作为体系，则 ΔU、Q、W 为正？为负？或为零？

2. 已知冰和水的密度分别为 $0.92\times10^3kg\cdot m^{-3}$ 和 $1.0\times10^3kg\cdot m^{-3}$，现有 1mol 的水发生如下变化：

（1）在 100℃、101.325kPa 下蒸发为水蒸气，且水蒸气可视为理想气体；

（2）在 0℃、101.325kPa 下变为冰。

试求上述过程体系所做的体积功。

3. 1mol 理想气体从 100℃、$0.025m^3$ 经下述四个过程变为 100℃、$0.1m^3$：

（1）恒温可逆膨胀；

（2）向真空膨胀；

（3）恒外压为终态压力下膨胀；

（4）恒温下先以恒外压等于 $0.05m^3$ 时的压力膨胀至 $0.05m^3$，再以恒外压等于终态压力

膨胀至 $0.1m^3$。

求诸过程体系所做的体积功。

4. 在 373K 和 101.325kPa 的条件下，1mol 体积为 $18.80cm^3$ 的液态水变为 $30200cm^3$ 的水蒸气，已知水的蒸发热为 $4.067\times10^4 J\cdot mol^{-1}$。求此过程体系的 ΔH 及 ΔU。

5. 已知 H_2（g）的 $C_{p,m}=(29.07-0.836\times10^{-3}T+2.01\times10^{-6}T^2)\ J\cdot K^{-1}\cdot mol^{-1}$，现将 1mol 的 H_2（g）从 300K 升至 1 000K，试求：

（1）恒压升温吸收的热及 H_2（g）的 ΔH；

（2）恒容升温吸收的热及 H_2（g）的 ΔU。

6. 在 0℃和 506.6kPa 条件下，$2dm^3$ 的双原子理想气体体系以下述两个过程恒温膨胀至压力为 101.325kPa，求 Q、W、ΔU 和 ΔH。

（1）可逆膨胀；

（2）对抗恒外压 101.325kPa 膨胀。

7. 1mol 单原子理想气体，始态压力为 202.65kPa，体积为 $11.2dm^3$，经过 pT = 常数的可逆压缩过程至终压力为 405.3kPa，求：

（1）终态的体积与温度；

（2）体系的 ΔU 及 ΔH；

（3）该过程体系做的功。

8. 某理想气体的 $C_{V,m}=20.92J\cdot K^{-1}\cdot mol^{-1}$，现将 1mol 的该理想气体于 27℃、101.325kPa 时受某恒外压恒温压缩至平衡态，再将此平衡态恒容升温至 97℃，此时压力为 1 013.25kPa。求整个过程的 W、Q、ΔU 和 ΔH。

9. 1mol 双原子理想气体在 0℃和 101.325kPa 时经绝热可逆膨胀至 50.65kPa，求该过程的 W 及 ΔU。

10. 某理想气体的 $C_{p,m}=28.8J\cdot K^{-1}\cdot mol^{-1}$，其起始状态为 $p_1=303.99kPa$，$V_1=1.43dm^3$，$T_1=298K$。经一可逆绝热膨胀至 $2.86dm^3$。求：

（1）终态的温度与压力；

（2）该过程的 ΔU 及 ΔH。

11. 证明

$$\left(\frac{\partial U}{\partial T}\right)_p = C_p - p\left(\frac{\partial V}{\partial T}\right)_p$$

12. 证明

$$C_p - C_V = -\left(\frac{\partial p}{\partial T}\right)_V\left[\left(\frac{\partial H}{\partial p}\right)_T - V\right]$$

13. 25℃的 0.5 克正庚烷在恒容条件下完全燃烧使热容为 $8\ 175.5J\cdot K^{-1}$的量热计温度上升了 2.94℃，求正庚烷在 25℃完全燃烧的 ΔH。

14. 试求下列反应在 298K、101.325kPa 时的恒压热效应。

(1) $2H_2S(g)+SO_2(g)=\!=\!=2H_2O(l)+3S$(斜方)　　$Q_V=-223.8kJ$

(2) $2C$(石墨)$+O_2(g)=\!=\!=2CO(g)$　　$Q_V=-231.3kJ$

(3) $H_2(g)+Cl_2(g)=\!=\!=2HCl(g)$　　$Q_V=-184kJ$

15. 某反应体系，起始时含 10mol H_2 和 20mol O_2，在反应进行的 t 时刻，生成了 4mol 的

H_2O。请计算下述反应方程式的反应进度：

(1) $H_2 + \frac{1}{2}O_2 \xlongequal{\quad} H_2O$

(2) $2H_2 + O_2 \xlongequal{\quad} 2H_2O$

(3) $\frac{1}{2}H_2 + \frac{1}{4}O_2 \xlongequal{\quad} \frac{1}{2}H_2O$

16. 已知下列反应在 298K 时的热效应：

(1) $Na(s) + \frac{1}{2}Cl_2(g) \xlongequal{\quad} NaCl(s)$　　$\Delta_r H_m = -411kJ$

(2) $H_2(g) + S(s) + 2O_2(g) \xlongequal{\quad} H_2SO_4(l)$　　$\Delta_r H_m = -811.3kJ$

(3) $2Na(s) + S(s) + 2O_2(g) \xlongequal{\quad} Na_2SO_4(s)$　　$\Delta_r H_m = -1383kJ$

(4) $\frac{1}{2}H_2(g) + \frac{1}{2}Cl_2(g) \xlongequal{\quad} HCl(g)$　　$\Delta_r H_m = -92.3kJ$

求反应 $2NaCl(s) + H_2SO_4(l) \xlongequal{\quad} Na_2SO_4(s) + 2HCl(g)$ 在 298.15K 时的 $\Delta_r H_m$ 和 $\Delta_r U_m$。

17. 已知下列反应在 298.15K 时的热效应。

(1) $CO(g) + \frac{1}{2}O_2(g) \xlongequal{\quad} CO_2(g)$　　$\Delta_r H_m = -283kJ$

(2) $H_2(g) + \frac{1}{2}O_2(g) \xlongequal{\quad} H_2O(l)$　　$\Delta_r H_m = -285.8kJ$

(3) $C_2H_5OH(l) + 3O_2(g) \xlongequal{\quad} 2CO_2(g) + 3H_2O(l)$　　$\Delta_r H_m = -1370kJ$

求反应 $2CO(g) + 4H_2(g) \xlongequal{\quad} H_2O(g) + C_2H_5OH(l)$ 在 298K 时的 $\Delta_r H_m$。

18. 已知下述反应 298K 时的热效应：

(1) $C_6H_5COOH(l) + 7\frac{1}{2}O_2(g) \xlongequal{\quad} 7CO_2(g) + 3H_2O(g) + 3H_2O(l)$

$\Delta_r H_m = -3230kJ$

(2) $C(s) + O_2(g) \xlongequal{\quad} CO_2(g)$　　$\Delta_r H_m = -394kJ$

(3) $H_2(g) + \frac{1}{2}O_2(g) \xlongequal{\quad} H_2O(l)$　　$\Delta_r H_m = -286kJ$

求 $C_6H_5COOH(l)$ 的标准生成热 $\Delta_f H_m^\ominus$

19. 已知下列反应 298K 时的热效应：

(1) C(金刚石) + $O_2(g) \xlongequal{\quad} CO_2(g)$　　$\Delta_r H_m^\ominus = -395.4kJ$

(2) C(石墨) + $O_2(g) \xlongequal{\quad} CO_2(g)$　　$\Delta_r H_m^\ominus = -393.5kJ$

求 C(石墨)$\xlongequal{\quad}$C(金刚石) 在 298.15K 时的 $\Delta_r H_m^\ominus$

20. 计算下述反应的 $\Delta_r H_m^\ominus$(298.15K)：

$CH_4(g) + 2O_2(g) \xlongequal{\quad} CO_2(g) + 2H_2O(l)$

已知 298.15K 时 $CH_4(g)$、$CO_2(g)$ 和 $H_2O(l)$ 的 $\Delta_f H_m^\ominus$ 分别为 $-74.8kJ \cdot mol^{-1}$、$-393.5kJ \cdot mol^{-1}$ 和 $-285.8kJ \cdot mol^{-1}$。

21. 已知下述反应的 $\Delta_r H_m^\ominus$：

(1) $(COOH)_2(s) + \frac{1}{2}O_2(g) \xlongequal{\quad} 2CO_2(g) + H_2O(l)$　$\Delta_r H_m^\ominus = -251.5kJ$

(2) $CH_3OH(l) + \frac{3}{2}O_2(g) \xlongequal{\quad} CO_2(g) + 2H_2O(l)$　　$\Delta_r H_m^\ominus = -726.6kJ$

(3) $(COOCH_3)_2(l) + \frac{7}{2}O_2(g) = 4CO_2(g) + 3H_2O(l)$ $\Delta_r H_m^{\ominus} = -1677.8kJ$

求反应$(COOH)_2(s) + 2CH_3OH(l) = (COOCH_3)_2(l) + 2H_2O(l)$在 298K 时的 $\Delta_r H_m^{\ominus}$。

22. KCl(s)298.15K 时的溶解过程：

$KCl(s) = K^+(aq, \infty) + Cl^-(aq, \infty)$ $\Delta_r H_m^{\ominus} = 17.18kJ.mol^{-1}$

已知 $Cl^-(aq, \infty)$和 KCl(s)的摩尔生成焓分别为 $-167.44kJ \cdot mol^{-1}$和 $-435.87kJ \cdot mol^{-1}$，求 $K^+(aq, \infty)$的摩尔生成焓。

23. 在 298K 时 H_2O (l) 的标准摩尔生成焓为 $-285.8kJ \cdot mol^{-1}$，已知在 25℃至 100℃的温度范围内 H_2 (g)、O_2 (g) 及 H_2O (l) 的 $C_{p,m}$分别为 $28.83J \cdot K^{-1} \cdot mol^{-1}$、$29.16J \cdot K^{-1} \cdot mol^{-1}$及 $75.31J \cdot K^{-1} \cdot mol^{-1}$。求 100℃时 H_2O (l) 的标准摩尔生成焓。

24. 反应 $N_2(g) + 3H_2(g) = 2NH_3(g)$在 298K 时的 $\Delta_r H_m^{\ominus} = -92.88kJ \cdot mol^{-1}$，求此反应在 398K 时的 $\Delta_r H_m^{\ominus}$。已知：

$C_{p,m}(N_2, g) = (26.98 + 5.912 \times 10^{-3} T - 3.376 \times 10^{-7} T^2) J \cdot k^{-1} \cdot mol^{-1}$

$C_{p,m}(H_2, g) = (29.07 - 0.837 \times 10^{-3} T + 20.12 \times 10^{-7} T^2) J \cdot k^{-1} \cdot mol^{-1}$

$C_{p,m}(NH_3, g) = (25.89 + 33.00 \times 10^{-3} T - 30.46 \times 10^{-7} T^2) J \cdot k^{-1} \cdot mol^{-1}$

25. 已知下述反应的热效应：

$H_2(g) + I_2(s) = 2HI(g)$ $\Delta_r H_m^{\ominus}(291K) = 49.455kJ \cdot mol^{-1}$

且 $I_2(s)$的熔点为 386.7K，熔化热为 $16.736kJ \cdot mol^{-1}$。$I_2(l)$的沸点为 457.5K，蒸发热为 $42.677kJ \cdot mol^{-1}$。$I_2(s)$及 $I_2(l)$的 $C_{p,m}$分别为 $55.64J \cdot K^{-1} \cdot mol^{-1}$及 $62.76J \cdot K^{-1} \cdot mol^{-1}$，$H_2(g)$、$I_2(g)$及 HI(g)的 $C_{p,m}$均为$\frac{7}{2}R$。求该反应在 473K 时的 $\Delta_r H_m^{\ominus}$。

习题答案

1. $\Delta U = Q = W = 0$

2. (1) $-3099J$

   (2) $-0.16J$

3. (1) $-4299J$

   (2) 0

   (3) $-2326J$

   (4) $-3101J$

4. $\Delta H = 4.067 \times 10^4 J$

   $\Delta U = 3.761 \times 10^4 J$

5. $\Delta H = 20620J$

   $\Delta U = 14800J$

6. (1) $\Delta U = \Delta H = 0$

   $Q = 1631J$

   $W = -1631J$

   (2) $\Delta U = \Delta H = 0$

   $Q = 811J$

   $W = -811J$

7. (1) $V = 2.8dm^3$

   $T = 136.5K$

   (2) $\Delta U = -1.7kJ$

   $\Delta H = -2.84kJ$

   (3) $W = 2.27kJ$

8. $W = 17.73kJ$

   $Q = -16.27kJ$

   $\Delta U = 1464.4J$

   $\Delta H = 2046.4J$

9. $W = -1018.5J$

   $\Delta U = -1018.5J$

10. (1) $T = 226K$

    $p = 115.2kPa$

(2) $\Delta U = -262\text{J}$

$\Delta H = -368\text{J}$

13. $\Delta H = -4817.1\text{kJ}$

14. (1) $Q_p = -231\text{kJ}$

(2) $Q_p = -228.8\text{kJ}$

(3) $Q_p = -184\text{kJ}$

15. (1) 4mol

(2) 2mol

(3) 8mol

16. $\Delta_r H_m = 65.7\text{kJ}$

$\Delta_r U_m = 60.74\text{kJ}$

17. $\Delta_r H_m = -339.2\text{kJ}$

18. $\Delta_f H_m^{\ominus} = -386\text{kJ}$

19. 1.9kJ

20. $-890.3\text{kJ}\cdot\text{mol}^{-1}$

21. -26.9kJ

22. $-251.25\text{kJ}\cdot\text{mol}^{-1}$

23. $-283\text{kJ}\cdot\text{mol}^{-1}$

24. $-97.09\text{kJ}\cdot\text{mol}^{-1}$

25. $-14.88\text{kJ}\cdot\text{mol}^{-1}$

第二章　热力学第二定律

热力学第一定律指出：能量可以从一种形式转变为另一种形式，但能量既不可凭空产生，又不会自行消失，在能量的转变过程中总能量保持不变。第一定律对能量的相互转化的方向没有任何的限制。然而，在自然界，许许多多的变化具有方向不可逆转性的固有的自然属性。例如：气体向真空的膨胀过程能够自发地自然而然地进行。反之，膨胀了的气体不会自然而然地恢复到膨胀前的状态，这虽然没有违背热力学第一定律，但却是永远观察不到的。再者，一根两端温度不同的金属棒，其自发变化过程是使金属棒的温度处处相同。反之，一根温度处处相同的金属棒却永远不会自然而然地发生变化使之成为一端热另一端冷的金属棒。浓度不同的同一溶液总是自发地发生扩散直至浓度处处相等。反之，浓度均匀的溶液永远不会自然地发生变化，使之成为局部浓度互异的溶液。化学反应也是如此，其自发变化总是朝着化学平衡的方向进行。反之，一个已达反应平衡的体系，它永远不会自然而然地变成偏离化学平衡的状态。可见，一去不复还乃是自然界一切自发变化的固有属性，是一个根本性、普遍性的规律。

对变化的方向性及限度做出决断是热力学第二定律的要旨。第二定律引进科学中极其重要的状态函数——熵及吉布斯能。它们成为特定条件下预测变化进行的方向和程度的判据。热力学第二定律与第一定律一样，是人类长期科学实践经验的结晶，它建立在无数实验事实的基础上，虽不能在理论上加以证明，但它的所有推论都毫无二致地与事实相符合，其正确性从没受到事实的挑战。

第一节　自发变化的不可逆性

自然界的一切无时无刻不在发生变化，不加外界的干涉而自然而然地发生的变化称为自发变化。

自发变化的方向性问题是自然界的一个根本性的问题。人类的长期的科学实践得出结论：一切自发变化总是朝着趋向平衡态的方向进行。

人类的科学实践发现：功百分之百地变为热而不引起其它变化是可能的；而热百分之百地转变为功而不引起其它变化是永远做不到的。可见，与有序的运动相联系的功是比与杂乱无章相联系的热为更高级的能量形式。

一、摩擦生热的方向性

假设在一温度为 T 的绝热水浴中置一卷紧了的弹簧，如图 2-1 所示。

松开弹簧，则弹簧所做的功全部变为热，所释放的热使水浴和弹簧的温度升高了 ΔT，即终态的温度为 $T+\Delta T$。这是功完全转变为热的过程，它可以无条件地自发地进行。

上述过程的逆过程能否自发地发生呢？人们从来没有观察到水浴的温度自动降低到起始温度、使弹簧卷紧到原来卷紧状态的情况发生。但是，倘若能从水浴中取热，使体系的温度恢复到 T，把这部分取出的热使之完全变为功，然后以这部分功卷紧弹簧，则使体系恢复了原态。可见，上述逆过程不会发生，则意味着从单一热源取热使之完全变为功而不引起其它变化是不可能的。

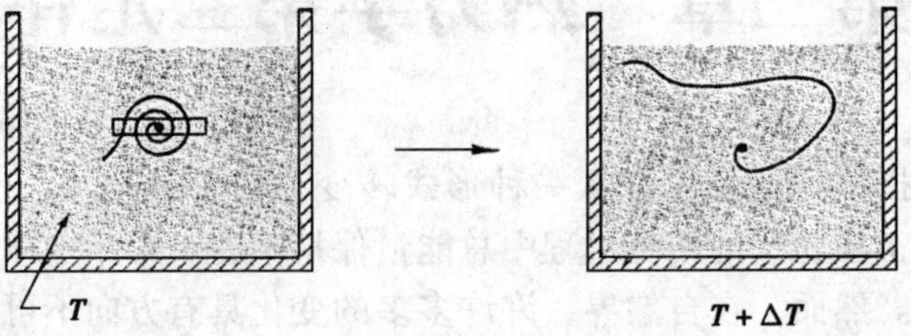

图 2-1　摩擦生热的方向性

二、热量传递的方向性

A 物体的温度为 T_2、B 物体的温度为 T_1，且 $T_2 > T_1$。令 A 与 B 相接触，则自发发生的变化是热从 A 物体传递给 B 物体，直至二者的温度相等为止。

上述过程的逆过程，即温度相等的 A 与 B，能否自发地变为 A 热 B 冷的状态呢？人们永远也观察不到这样的结果。但是，倘若从单一热源取热使之完全变为功而无任何其它的变化是可能的，就可以从 B 物体取热使之完全变为功而无任何其它变化，这些功可以完全变为热供给 A 物体，从而导致 A 热 B 冷的结果。可见，从热量传递的方向性同样得出结论：从单一热源取热使之完全变为功而不引起其它变化是不可能的。

三、气体膨胀的方向性

设气缸中有压力为 p、温度为 T 的理想气体，气缸与温度为 T 的热源相接触。若活塞上的压力 $p_{外}$ 维持不变，且 $p > p_{外}$。则上述理想气体进行恒外压下的等温膨胀，这个过程，体系从热源吸收的热等于环境所得到的功。毫无疑问，该过程可以自发进行。它的逆过程同样永远不能自发地发生。同理，倘若从单一热源取热使之完全变为功而不引起其它变化是可能的，则可以实现上述过程的逆过程。

综上所述，在人们司空见惯的现象中隐含着极其重要的科学定律：从单一热源取热使之完全变为功而不引起其它变化是不可能的。

这里的不引起其它变化的前提是必不可少的，若有其它变化作为代价，热亦可以完全地变为功。例如：等温下理想气体对环境做功的膨胀，因为 $\Delta U = 0$，体系从热源所吸收的热百分之百地变为了功，但理想气体的状态发生了变化。

第二节　热力学第二定律的经典表述

自然界的一切自发变化都是一去不复返的，因为自发变化多种多样，可以选作衡量自发过程的不可逆性的参量可以是多种多样的，这就产生热力学第二定律的多种表述方法。最经典的是开尔文（Lord Kelvin）和克劳修斯（Rudolph Clausius）的表述。

一、开尔文的表述

开尔文从实验事实归纳出：不可能从单一热源取热使之完全变为功而不引起其它变化。换言之，即不可能通过体系的等温循环，使体系所吸收的热完全地转变为功而不引起其它变化。倘若可以从单一热源取热使之完全变为功而不引起其它变化，那就可以从热容无限大的海洋或大气源源不断地取热，使之源源不断地变为功，以驱动轮船或陆上的机器，这类机器称为第二类永动机，它没有违背能量守恒定律，但违背热力学第二定律，是永远造不成的。

二、克劳修斯的表述

克劳修斯从热量传递方向的不可逆性着眼，他指出：热不可能自发地从低温物体传给高温物体而不引起其它变化。当然，若有其它变化作为代价，热是可能从低温物体传给高温物体的，制冷机就是在有其它变化的前提下实现热从低温物体向高温物体的传递。

显然，克劳修斯的表述更为直观，与实验观察的事实联系得更为紧密。可是，尽管其表述不同，其实质却是一致的。可以用反证法加以证明：假设 Q_1 的热可以自发地从低温 T_1 的热源传给高温 T_2 的热源而不引起其它变化，则工作于 T_2 与 T_1 之间的机器必定可以实现一个循环，经此循环，机器从 T_2 热源吸收了 Q_2 的热，并传给 T_1 热源 Q_1 的热，而环境必然得到（$Q_2 - Q_1$）的功。上面综合作用的静结果：T_1 的热源得失热相等，没发生任何变化；而高温热源净失（$Q_2 - Q_1$）的热，环境得到（$Q_2 - Q_1$）的功。即从单一热源 T_2 取了（$Q_2 - Q_1$）的热完全变为功而不引起其它变化。这违背了热力学第二定律的开尔文的表述。

热力学第二定律的经典表述是现象性的，欠缺定量地判断自然界自发变化的指标，直到克劳修斯提出科学中极其重要的物理量——熵之后，才使热力学第二定律产生了质的飞跃。

第三节　卡诺定理

卡诺循环和卡诺定理的提出大大促进了热力学的发展，使热力学第二定律这一科学中最重要的定律之一从定性描述走向定量描述。

一、理想气体的卡诺循环

卡诺（N.L.S. Carnot）于 1824 年设计了以理想气体作为工作介质的卡诺循环，它由四个可逆步骤组成，见图 2－2。为了讨论的简便，设工作介质为 1mol 的理想气体，这不影响结论的普遍性。

（1）步骤 ab：1mol 的理想气体从 p_a、V_a、T_2 等温可逆膨胀至 p_b、V_b、T_2。此过程体系的内能保持不变：

$$\Delta U_1 = 0$$

等温可逆膨胀体系的功

$$W_1 = -RT_2 \ln \frac{V_b}{V_a}$$

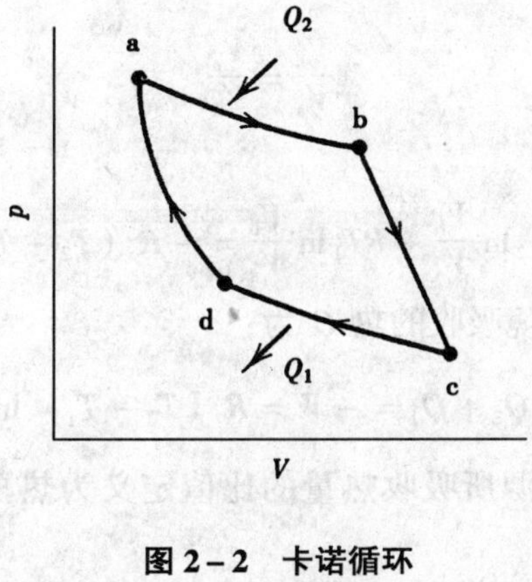

图 2－2　卡诺循环

体系从高温热源 T_2 吸收的热为：$Q_2 = -W_1 = RT_2 \ln \frac{V_b}{V_a}$

（2）步骤 bc：1mol 的理想气体从 p_b、V_b、T_2 绝热可逆膨胀至 p_c、V_c、T_1。此过程体系内能的变化为：

$$\Delta U_2 = C_{V,m}(T_1 - T_2)$$

因为 $Q_{bc} = 0$，所以

$$W_2 = \Delta U_2 = C_{V,m}(T_1 - T_2)$$

（3）步骤 cd：1mol 的理想气体从 p_c、V_c、T_1 等温可逆压缩至 p_d、V_d、T_1。此过程

$$\Delta U_3 = 0$$

$$Q_{cd} = Q_1 = -W_3 = RT_1 \ln \frac{V_d}{V_c}$$

$$W_3 = -RT_1 \ln \frac{V_d}{V_c}$$

（4）步骤 da：1mol 理想气体从 p_d、V_d、T_1 可逆绝热压缩至 p_a、V_a、T_2。此过程

$$\Delta U_4 = C_{V,m}(T_2 - T_1)$$

因为 $Q_{da} = 0$，所以

$$W_4 = \Delta U_4 = C_{V,m}(T_2 - T_1)$$

以上四个步骤构成卡诺循环，$\Delta U = 0$。所以该循环过程的功 W 与 Q 的关系为：

$$W = -Q$$

而

$$\begin{aligned} W &= W_1 + W_2 + W_3 + W_4 \\ &= -RT_2 \ln \frac{V_b}{V_d} + C_{V,m}(T_1 - T_2) - RT_1 \ln \frac{V_d}{V_c} + C_{V,m}(T_2 - T_1) \\ &= RT_2 \ln \frac{V_a}{V_b} + RT_1 \ln \frac{V_c}{V_d} \end{aligned} \tag{2-1}$$

W 的绝对值等于曲线 abcd 所围的面积。

因为步骤（2）和（4）为理想气体的绝热可逆过程，据绝热可逆过程方程得：

$$T_2 V_b^{r-1} = T_1 V_c^{r-1}$$

$$T_2 V_a^{r-1} = T_1 V_d^{r-1}$$

两式相除得：

$$\frac{V_b}{V_a} = \frac{V_c}{V_d}$$

代入式（2-1）得：

$$W = -RT_2 \ln \frac{V_b}{V_a} + RT_1 \ln \frac{V_b}{V_a} = -R(T_2 - T_1) \ln \frac{V_b}{V_a}$$

而经过该卡诺循环，体系从环境吸收的热 Q 为：

$$Q = Q_2 + Q_1 = -W = R(T_2 - T_1) \ln \frac{V_b}{V_a}$$

环境得到的功与体系从高温热源所吸收热量的比值定义为热机的效率，因此卡诺机的效率为：

$$\eta_R = \frac{-W}{Q_2}$$

代入 W 与 Q_2 相应的表示式得：

$$\eta_R = \frac{R(T_2 - T_1)\ln\frac{V_b}{V_a}}{RT_2\ln\frac{V_b}{V_a}} = \frac{T_2 - T_1}{T_2} = \frac{Q_1 + Q_2}{Q_2} \qquad (2-2)$$

从式（2-2）可得：

$$1 - \frac{T_1}{T_2} = 1 + \frac{Q_1}{Q_2}$$

$$-\frac{T_1}{T_2} = \frac{Q_1}{Q_2}$$

即
$$\frac{Q_1}{T_1} + \frac{Q_2}{T_2} = 0 \qquad (2-3)$$

由于 $Q_{bc}=0$，$Q_{da}=0$，所以对卡诺循环，热温商$\frac{Q}{T}$之和为零。

从式（2-2）可以看出：工作于两个温度不同的热源之间的卡诺机，其效率与热源间的温差成正比，温差越大，效率越高，从高温热源吸收的热变为环境所得的功所占的比例越大。

倘若 $T_2 = T_1$，则 $\eta_R = 0$，$-W = 0$。这相当于等温循环，根据热力学第二定律：不可能通过等温循环使热完全地变为功。

例 2-1 有一卡诺机在 120℃与 20℃之间工作，需从 120℃的热源吸收多少热才能使环境得到 2 000J 的功？

解：工作于 120℃与 20℃之间的卡诺机的效率为：

$$\eta_R = \frac{T_2 - T_1}{T_2} = \frac{393.2 - 293.2}{393.2} = 25.43\%$$

因为

$$\eta_R = \frac{|W|}{Q_2}$$

所以

$$Q_2 = \frac{|W|}{\eta_R} = \frac{2\ 000}{0.2543} = 7865\text{J}$$

二、卡诺定理

卡诺于 1824 年提出著名的卡诺定理：在相同的两个热源之间工作的所有热机，以卡诺机的效率为最高。它从理论上指出了热机效率的极限值，还为熵概念的提出创造了条件。

卡诺定理的提出在热力学第二定律提出之前，它的正确性的严格证明需借助于第二定律。

假设我们使卡诺可逆机倒开：先使理想气体在低温 T_1 恒温可逆膨胀，再可逆绝热压缩至 T_2 的温度。再在高温 T_2 下恒温可逆压缩，最后再绝热可逆膨胀至始态。倒开的卡诺可逆机实际上是热泵或制冷机。卡诺机倒开完成一个循环，体系得到 W 的功。从低温热源吸收（$|Q_2| - W$）的热，并把$|Q_2|$的热传给高温热源。见图 2-3。

现在假设有一超级热机，它通过不可逆循环，从高温 T_2 热源吸收 Q_2 的热，对环境做了$|W'|$的功，并传给低温 T_1 热源（$Q_2 - |W'|$）的热。

现以该超级热机 I 驱动卡诺可逆机 R 使之成为热泵。

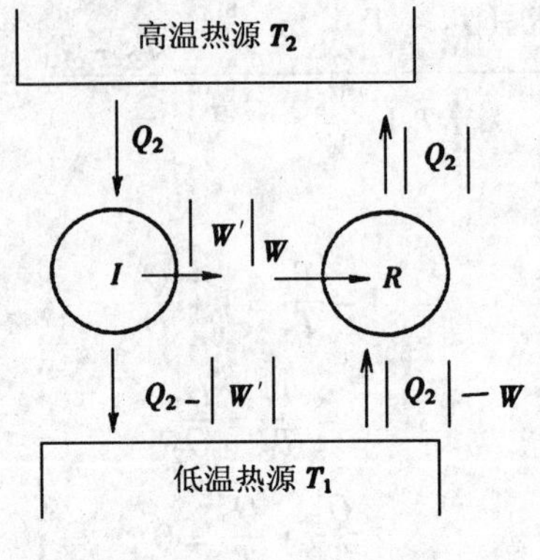

图 2－3　超级驱动卡诺机示意图

假设超级热机 I 的效率大于卡诺可逆机：

$$\eta_I = \frac{|W'|}{Q_2} > \eta_R = \frac{|W|}{Q_2}$$

可得

$$|W'| > |W|$$

这样，在超级热机与卡诺可逆热泵各完成一个循环之后，其净结果为：高温 T_2 热源得失热相等，没有任何的净变化，低温 T_1 热源失去$|W'| - |W|$的热，环境得到$|W'| - |W|$的功。这相当于从单一热源 T_1 取出$|W'| - |W|$的热，使之完全变为$|W'| - |W|$的功，而不引起其它变化。这违背了热力学第二定律，从而可以推断：

$$\eta_I \leqslant \eta_R \tag{2-4}$$

式（2－4）即为卡诺定理。

从卡诺定理可以得到如下推论：

（1）所有工作于两个相同热源之间的可逆机，其效率都相等。设可逆机 1 的效率为 η_1，可逆机 2 的效率为 η_2，据卡诺定理：$\eta_1 \leqslant \eta_2$，$\eta_2 \leqslant \eta_1$，其结果必然是 $\eta_1 = \eta_2$。

（2）绝对零度 0K 不能到达。因为 $\eta_R = (T_2 - T_1)/T_2$，若 0K 可以到达，$T_1 = 0$，则必然 $\eta_R = 100\%$。这意味着$|W| = Q_2$，即在没有引起其它变化的前提下，从单一热源所吸收的热完全转变为功，这违背了热力学第二定律，是永远不可能做到的。

例 2－2　某冰箱的冷冻温度为 0℃，其环境的温度为 25℃，现要使 1kg、0℃的水在冷冻室里结成 0℃的冰。请计算：

（1）最少需供给冰箱多少功?

（2）冰箱最少传递给环境多少热?

已知 1g、0℃的水凝固成 1g、0℃的冰放热 319.66J。

解：（1）设该冰箱从 0℃的低温热源取走 Q_1 的热，传给高温热源 25℃的环境的热为 Q_2，外界对冰箱做的功为 W。

冰箱的冷冻系数 β 表示每接受 1J 的功能从低温热源吸收的热量：

$$\beta = \frac{Q_1}{W} = \frac{T_1}{T_2 - T_1}$$

1kg、0℃的水变为0℃的冰需取走的热量 Q_1 为：

$$Q_1 = 1\ 000 \times 319.66 = 319.66\text{kJ}$$

已知 $T_1 = 273.15\text{K}$　　　　$T_2 = 298.15\text{K}$

所以

$$\frac{Q_1}{W} = \frac{319.66}{W} = \frac{273.15}{298.15 - 273.15}$$

$$W = 29.3\text{kJ}$$

即体系从环境得到29.3kJ的功。

（2）冰箱传给环境的热 Q_2，据能量守恒定律：

$$|Q_2| = Q_1 + W = 319.66 + 29.3 = 349\text{kJ}$$

第四节　熵函数

卡诺循环的热温商$\frac{Q}{T}$之和等于0。一体系经过一个循环恢复原来的状态，其状态函数的改变值为零。那么，$(Q/T)_R$ 是否与状态函数之间存在必然的联系呢？是否存在着一个新的状态函数、它已经呼之欲出了呢？

一、可逆循环的热温商

设有任意的可逆循环，如图2－4（b）中的黑圈所示。考虑该可逆循环中的ab线段，如图2－4（a）所示，过a、b点分别做绝热可逆过程线，然后做等温可逆过程线交ab于o且与绝热可逆过程线分别相交于m和n，使amo所围的面积与onb所围的面积相等。

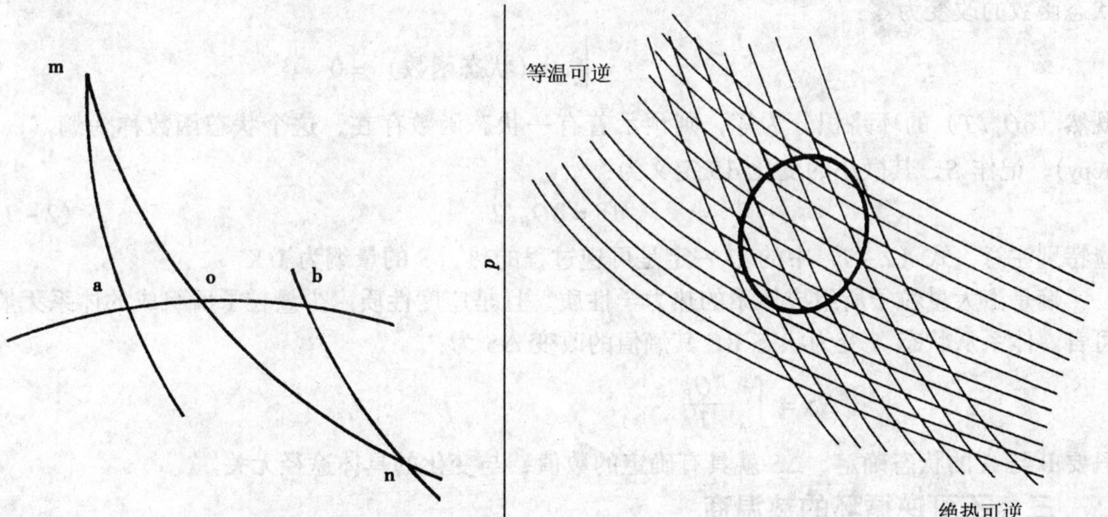

（a）ab可逆过程的两条途径　　　　（b）可逆循环的卡诺可逆过程近似

图2－4　任意可逆循环的卡诺循环近似示意图

从 a 到 b 的变化，既可沿实际可逆循环 aob 的途径，也可沿 amonb 卡诺可逆的途径。因为 amo 的面积等于 onb 的面积，所以上述两途径的功相等，即 $W_{aob} = W_{amonb}$；又因为途径的始、终态相同，因而内能的改变值相等，即 $\Delta U_{aob} = \Delta U_{amonb}$。根据热力学第一定律 $\Delta U = Q + W$，则上述两途径的 Q 必然相等：$Q_{aob} = Q_{amonb}$。这意味着可逆途径 aob 与可逆途径 amonb 是等效的。

现在把任意的可逆循环用很多的卡诺循环的绝热可逆过程线和恒温可逆过程线来切割，如图 2－4（b）所示。切割仿照图 2－4（a）：使经由折线的途径与经由实际可逆过程的途径等效。当这样的切割做得非常细微时，则卡诺可逆过程所构成的折线无限趋近于实际的可逆循环，即该实际可逆循环过程等效于折线构成的循环过程。

因为卡诺循环的热温商 $\frac{Q}{T}$ 之和等于零，所以，对卡诺可逆过程所构成的无限趋近于实际的可逆循环的折线构成的循环，其热温商之和为零，因此，对任何的可逆循环，其热温商 $\frac{\delta Q_i}{T_i}$ 之和为零：

$$\sum_i \left(\frac{\delta Q_i}{T_i}\right)_R = 0 \qquad (2-5)$$

亦可写作：

$$\oint \frac{\delta Q_R}{T} \qquad (2-6)$$

$\oint$ 表示环路积分，下标 R 表示为可逆过程。至此，我们得到非常重要的结论：任意可逆循环的热温商之和为零，（$\delta Q_R/T$）的环路积分为零。

二、熵

已经知道：状态函数是体系的状态决定的热力学性质，体系经一循环过程恢复始态，其状态函数的改变为零：

$$\oint \mathrm{d}\,（状态函数）= 0$$

既然（$\delta Q_R/T$）的环路积分为零，则预示着有一状态函数存在，这个状态函数称为熵（entropy)，记作 S，其微小的变化 dS 定义为：

$$\mathrm{d}S = \delta Q_R / T \qquad (2-7)$$

应特别注意，式（2－7）中的 Q 一定是可逆过程的热，S 的量纲为 $\mathrm{J \cdot K^{-1}}$。

熵是由大量粒子所组成体系的热力学性质，且是广度性质。少量粒子所组成的体系无熵可言。体系从状态 A 变为状态 B，其熵值的改变 ΔS 为：

$$\Delta S = \int_A^B \frac{\delta Q_R}{T}$$

只要 B 与 A 的状态确定，ΔS 就具有确定的数值，与变化的具体途径无关。

三、不可逆循环的热温商

卡诺定理指出：在高温热源 T_2 与低温热源 T_1 之间工作的热机，不可逆机的效率 η_I 恒小于卡诺可逆机的效率：

$$\eta_I = \frac{|W|}{Q_2} = \frac{Q_1 + Q_2}{Q_2} < \frac{T_2 - T_1}{T_2} \qquad (2-8)$$

从式（2－8）可得：

$$1+\frac{Q_1}{Q_2}<1-\frac{T_1}{T_2}$$

$$\frac{Q_1}{Q_2}<-\frac{T_1}{T_2}$$

整理得：

$$\frac{Q_1}{T_1}+\frac{Q_2}{T_2}<0 \qquad (2-9)$$

将式（2－9）的结果推广至任意不可逆循环，其热温商之和恒小于零：

$$\left(\sum\frac{\delta Q_i}{T_i}\right)_I<0 \qquad (2-10)$$

式（2－10）的下标 I 表明为不可逆循环。

第五节　熵增加原理

一、克劳修斯不等式

与环境有热和体积功交换的体系，根据热力学第一定律：

$$dU=\delta Q+\delta W=\delta Q-p_{外}\,dV \qquad (2-11)$$

若体系经历一可逆过程，则体系的压力必等于外压 $p_{外}=p$，而 $\delta Q_R=TdS$，所以

$$dU=TdS-pdV \qquad (2-12)$$

式（2－12）中的每个物理量均为状态函数，因而对可逆过程或不可逆过程都是适用的。

比较式（2－11）与（2－12）可得：

$$TdS-pdV=\delta Q-p_{外}\,dV$$

移项可得：

$$TdS=\delta Q+(p-p_{外})\,dV \qquad (2-13)$$

（1）如果 $p>p_{外}$，体系将膨胀，$dV>0$。所以 $(p-p_{外})\,dV>0$，$TdS>\delta Q$。

（2）如果 $p<p_{外}$，体系将收缩，$dV<0$。所以 $(p-p_{外})\,dV>0$，$TdS>\delta Q$。

（3）如果体系经历可逆过程，$p_{外}=p$，$(p-p_{外})\,dV=0$，$TdS=\delta Q$。

综合上述三种可能得：

$$TdS\geqslant\delta Q \qquad (2-14)$$

$$dS\geqslant\delta Q/T \qquad (2-15)$$

式（2－14）和（2－15）中，等号对应于可逆过程，大于号对应于不可逆过程。

式（2－14）和（2－15）称为克劳修斯不等式，亦是热力学第二定律的数学表达式。它指出：封闭体系的熵变等于可逆过程的热温商之和，恒大于不可逆过程的热温商之和。

二、熵增加原理

倘若封闭体系是绝热的，则体系中所发生的任何过程，δQ 必定为零，其热温商之和也必定为零。式（2－15）成为：

$$(dS)_{绝热}\geqslant 0 \qquad (2-16)$$

$$(\Delta S)_{绝热} \geqslant 0 \tag{2-17}$$

等号对应于可逆过程，不等号对应于不可逆过程。

可见，在绝热的体系中，若发生可逆过程，熵值不变；若发生不可逆过程，熵值必定增加。该体系永远不会发生熵值减少的变化。

如果体系为隔离体系，体系中所发生的一切变化，必然是绝热的，因而

$$(\mathrm{d}S)_{U,V} \geqslant 0 \tag{2-18}$$

$$(\Delta S)_{U,V} \geqslant 0 \tag{2-19}$$

式（2-18）及（2-19）中的下标 U 与 V 表明隔离体系的内能与体积不变。

可见，在隔离体系中，若发生可逆变化，熵值不变；若发生不可逆变化，熵值增加。隔离体系永远不会发生熵值减少的变化。

隔离体系的平衡态是熵最大的状态，也是最无序的状态。隔离体系的一切自发发生的变化都是趋向平衡态（见图 2-5）。隔离体系到达熵最大的平衡态之后所发生的一切变化都是可逆变化，其熵值不变，ΔS 为零。

从熵增加原理可以看出：熵不是守恒量，绝热封闭体系和隔离体系的熵总是随着时间的推移不断增加，直至体系达到平衡状态为止。

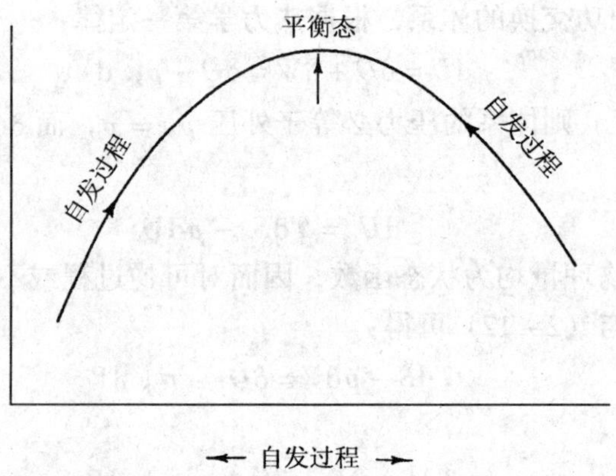

图 2-5 隔离体系自发变化的方向

三、自发变化方向的总熵判据

隔离体系发生的自发变化均是不可逆的，熵值必然增加；它永远不会发生熵减少的变化。因而 $(\Delta S)_{隔离} > 0$ 可以作为判断隔离体系中的变化能否自发进行的判据。

一般的封闭体系大都不是隔离体系，某个变化在热力学上是否可能发生不能单凭封闭体系的熵变 $\Delta S_{体}$ 来判断。封闭体系与环境构成隔离体系，发生某个过程的总熵变 $\Delta S_{总}$ 为：

$$\Delta S_{总} = \Delta S_{体} + \Delta S_{环}$$

$\Delta S_{总} > 0$ 者，该过程可自发发生；$\Delta S_{总} = 0$ 者，该过程为可逆过程；$\Delta S_{总} < 0$ 者，该过程不可能自发发生。

第六节　熵变的计算

判断绝热封闭体系和隔离体系中什么变化是可能自发地进行，什么变化是不可能发生的；判断它们是否已达热力学的平衡状态。熵是一个非常重要的、不可或缺的概念，因而熵变的计算在理论与实践上显得重要。

计算熵变，首先要明确始态与终态，体系由状态 1 变为状态 2，熵变为：

$$\Delta S = S_2 - S_1 = \int_1^2 \frac{\delta Q_R}{T} \tag{2-20}$$

若由状态 1 变为状态 2 所经历的是可逆过程，则可直接用式（2－20）计算熵变。若由状态 1 到状态 2 所经历的是不可逆过程，则 $dS \neq \delta Q_I / T$。然而，由于熵 S 是状态函数，ΔS 只与始、终态有关，倘若我们能设计可逆过程使体系从状态 1 变为状态 2，据式（2－20）计算出 ΔS，它即为经历不可逆过程由状态 1 变为状态 2 的熵变。

一、可逆绝热过程的熵变

可逆绝热过程，$\delta Q_R = 0$，因此 $dS = 0$，$\Delta S = 0$。可见，绝热可逆过程为恒熵过程，卡诺循环中的绝热可逆膨胀和绝热可逆压缩过程，体系的熵均保持不变。

二、恒温可逆过程的熵变

恒温可逆过程的熵变为：

$$\Delta S = \frac{Q_R}{T} \tag{2-21}$$

1. 理想气体的等温可逆膨胀

理想气体的恒温过程，$\Delta U = 0$，因此

$$Q_R = -W_R = nRT\ln\frac{V_2}{V_1} = nRT\ln\frac{p_1}{p_2}$$

所以

$$\Delta S = \frac{Q_R}{T} = nR\ln\frac{V_2}{V_1} = nR\ln\frac{p_1}{p_2} \tag{2-22}$$

因为熵为状态函数，故理想气体的等温不可逆过程的熵变亦由式（2－22）计算。

例 2－3　1mol 的理想气体，在 300K 下，恒温对抗恒外压 10.1325kPa 由 101.325kPa 膨胀至 10.1325kPa，求体系、环境的熵变及总熵变，并判断过程的方向性。

解：理想气体的恒温膨胀，体系的熵变为：

$$\Delta S_{体} = nR\ln\frac{p_1}{p_2} = 1 \times 8.314 \times \ln\frac{101.325}{10.1325} = 19.14\text{J·K}^{-1}$$

该过程为恒外压膨胀，$Q = -W = p_{外}(V_2 - V_1)$

所以环境失去的热为：

$$Q = p_2(V_2 - V_1) = p_2\left(\frac{RT}{p_2} - \frac{RT}{p_1}\right)$$

$$= 8.314 \times 300 \times \left(\frac{p_2}{p_2} - \frac{10.1325}{101.325}\right) = 2\,244.78\text{J}$$

即环境失去 2 244.78J 的热。因为环境的热容很大，得失热时其温度保持不变，所以温度为 300K 的环境失去 2 244.78J 的热是可逆的，所以环境的熵变为：

$$\Delta S_{环} = -2\ 244.78/300 = -7.48\text{J}\cdot\text{K}^{-1}$$

$$\Delta S_{隔离} = \Delta S_{体} + \Delta S_{环} = 19.14 - 7.48 = 11.66\text{J}\cdot\text{K}^{-1} > 0$$

可见上述过程为自发发生的过程。

从上例可得出结论：温度相同、摩尔数相等的理想气体，所占的体积越大，则熵值越大。

2. 恒温可逆相变的熵变

液体在其饱和蒸气压下的恒温蒸发或沸腾，固体在其熔点时的熔化，晶体在其饱和浓度时的溶解均为恒温可逆相变。其熵变：

$$\Delta S = \frac{Q_R}{T} = \frac{Q_p}{T} = \frac{\Delta H}{T} \tag{2-23}$$

例 2-4 1 克的冰在 273.15K 时的熔化热为 333J，求 10g 的冰在 273.15K 时熔化的熵变。

解：此过程为恒温可逆相变过程，因此

$$\Delta S = \frac{Q_R}{T} = \frac{\Delta H}{T} = \frac{333 \times 10}{273.15} = 12.2\text{J}\cdot\text{K}^{-1}$$

因为固体变液体、液体变气体的相变潜热为正值，从而可以得出结论：等量的同种物质，气态的熵值大于液态的熵值，液态的熵值大于固态的熵值。

三、变温过程的熵变

体系的加热或冷却，必然导致熵值的改变，由于熵变总是与可逆过程的 δQ_R 相联系，变温过程的熵变的计算必须设计可逆变温过程。

设体系的始态温度为 T_1，终态温度为 T_2。可逆升温过程必须保证体系与环境的热源温度的差值 $T_{环} - T_{体} = \text{d}T$ 为无限小。因而建立一个温度场，起始温度为 T_1，终了温度为 T_2，T_1 与 T_2 之间有无限多个热源，相邻的热源之间充以绝热材料，每相邻的热源的温差为 $\text{d}T$。要可逆升温的体系与温度场的 T_1 的热源接触，无限缓慢地移向逐个温度升高了 $\text{d}T$ 的热源，一直移至 T_2 的热源为止。

1. 恒容变温过程的熵变

体系在恒容条件下由温度 T_1 变为温度 T_2，中间没有相变，按上述的可逆升温方法，$\delta Q_R = C_V \text{d}T$，因此

$$\Delta S = \int_{T_1}^{T_2} \frac{C_V \text{d}T}{T} \tag{2-24}$$

2. 恒压变温过程的熵变

体系在恒压条件下由温度 T_1 变为温度 T_2，$\delta Q_R = C_p \text{d}T$，因此

$$\Delta S = \int_{T_1}^{T_2} \frac{\delta Q_R}{T} = \int_{T_1}^{T_2} \frac{C_p \text{d}T}{T} \tag{2-25}$$

例 2-5 1mol 的水与 100℃的热源相接触，在 $p^{\ominus}$ 条件下由 25℃升到 100℃，求体系、环境的熵变及总熵变，并判断过程的方向性。已知水的 $C_{p,m} = 75.4\text{J}\cdot\text{K}^{-1}\cdot\text{mol}^{-1}$，且可看作不随温度而变的常数。

解：1mol 的水恒压升温，其熵变为：

$$\Delta S_{体} = \int_{T_1}^{T_2} \frac{C_p \text{d}T}{T} = C_p \ln \frac{T_2}{T_1} = 75.4 \ln \frac{373}{298} = 16.9\text{J}\cdot\text{K}^{-1}$$

100℃的热源失去的热等于体系吸收的热：

$Q_p = C_p\ (T_2 - T_1)\ = 75.4\ (373.15 - 298.15)\ = 5655\text{J}$

所以环境的熵变为：

$$\Delta S_{环} = \frac{-5655}{373} = -15.2\text{J}\cdot\text{K}^{-1}$$

$$\Delta S_{总} = \Delta S_{体} + \Delta S_{环} = 16.9 - 15.2 = 1.7\text{J}\cdot\text{K}^{-1} > 0$$

可见，该过程为自发发生的过程。

3. 理想气体状态任意改变过程的熵变

理想气体由 p_1、V_1、T_1 状态变为 p_2、V_2、T_2 状态，不管其变化途径如何，其熵变都是相等的。ΔS 的计算必须设计可逆过程，见图 2-6。

（1）n mol 的理想气体由始态 A（p_1、V_1、T_1）经等温可逆膨胀至 D（p_2、V_D、T_1），再由状态 D 恒压可逆升温至终态 B（p_2、V_2、T_2）。显然，此可逆过程的熵变为：

$$\Delta S = nR\ln\frac{p_1}{p_2} + \int_{T_1}^{T_2}\frac{C_p\mathrm{d}T}{T} \tag{2-26}$$

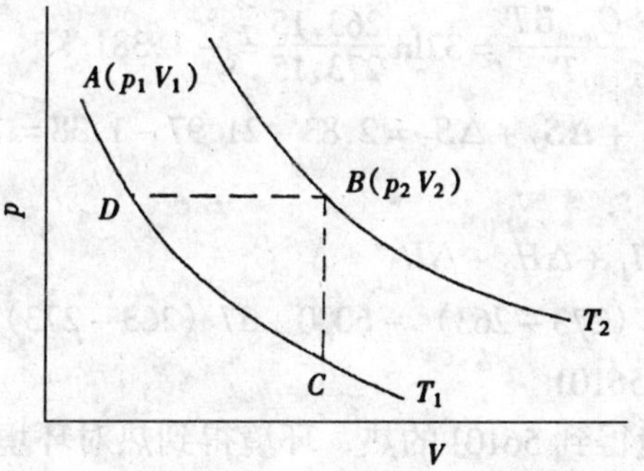

图 2-6　不同可逆过程求 ΔS

（2）n mol 的理想气体由状态 A 恒温可逆膨胀至状态 C（p_c、V_2、T_1），再由状态 C 恒容可逆升温至状态 B。此过程的熵变为：

$$\Delta S = nR\ln\frac{V_2}{V_1} + \int_{T_1}^{T_2}\frac{C_V\mathrm{d}T}{T} \tag{2-27}$$

由式（2-26）计算的结果必然等于由式（2-27）所得的结果。可以证明式（2-26）等于式（2-27）。

四、恒温不可逆相变的熵变

非常纯净的液体若在无外界扰动的情况下小心缓慢地加热，该液体的温度会超过其正常沸点，从而形成过热的液体。同时，非常纯净的液体会形成过冷液体，其温度低于正常的凝固点温度。过热液体变为气体的相变和过冷液体的凝固都是不可逆相变，其相变过程可以自发发生，预料其总熵变必定大于零。

例2-6　1mol、-10℃的水在 $p^{\ominus}$ 条件下变为 -10℃的冰，已知冰和水的 $C_{p,\text{m}}$ 分别为 $37\text{J}\cdot\text{K}^{-1}\cdot\text{mol}^{-1}$ 和 $76\text{J}\cdot\text{K}^{-1}\cdot\text{mol}^{-1}$，0℃及 $p^{\ominus}$ 下冰的熔化热为 $6000\text{J}\cdot\text{mol}^{-1}$。计算：（1）体系的熵变。（2）环境的熵变。（3）总熵变并判断过程的方向性。

解：上述相变过程为不可逆过程，要计算体系的熵变，设计可逆过程如下：

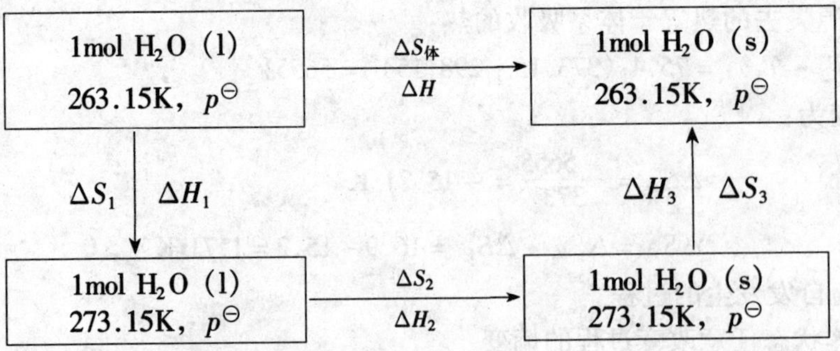

（1）－10℃的水在 $p^{\ominus}$ 下可逆升温至 0℃，其熵变为：

$$\Delta S_1=\int_{263.15}^{273.15}\frac{C_{p,\mathrm{m}}\mathrm{d}T}{T}=76\ln\frac{273.15}{263.15}=2.83\mathrm{J\cdot K^{-1}}$$

(2) 0℃的水在 $p^{\ominus}$ 下可逆变为 0℃的冰，其熵变为：

$$\Delta S_2=\frac{-6000}{273.15}=-21.97\mathrm{J\cdot K^{-1}}$$

（3）0℃的冰在 $p^{\ominus}$ 下可逆降温至－10℃，其熵变为：

$$\Delta S_3=\int_{273.15}^{263.15}\frac{C_{p,\mathrm{m}}\mathrm{d}T}{T}=37\ln\frac{263.15}{273.15}=-1.38\mathrm{J\cdot K^{-1}}$$

所以　$\Delta S_{体}=\Delta S_1+\Delta S_2+\Delta S_3=2.83-21.97-1.38=-20.5\mathrm{J\cdot K^{-1}}$

实际相变过程的 ΔH 为：

$$\begin{aligned}\Delta H&=\Delta H_1+\Delta H_2+\Delta H_3\\&=76（273-263）-6000+37（263-273）\\&=-5610\mathrm{J}\end{aligned}$$

所以在实际相变过程中环境得到 5610J 的热，环境得到热对环境而言是可逆的，因而

$$\Delta S_{环}=\frac{5610}{263.15}=21.3\mathrm{J\cdot K^{-1}}$$

因此　$\Delta S_{总}=\Delta S_{体}+\Delta S_{环}=-20.5+21.3=0.8\mathrm{J\cdot K^{-1}}>0$

这说明该过程为自发发生的过程。

五、理想气体等温混合过程的熵变

我们讨论的是不同品种且相互间没有化学反应的理想气体之间的等温混合。

1．等温等容混合

理想气体 A 与 D 的等温等容混合：

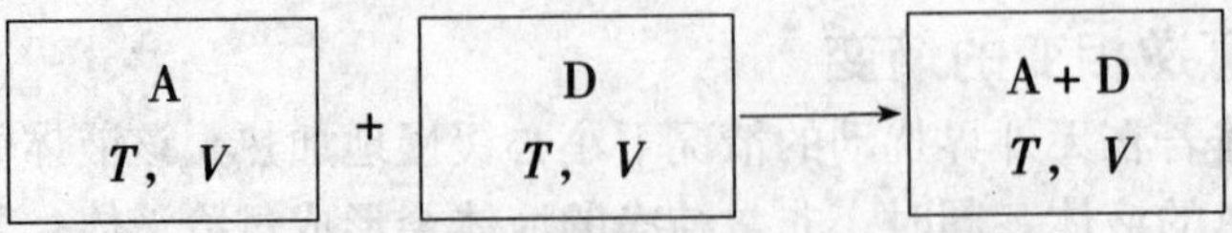

因为混合前与混合后理想气体 A 与 D 的状态没有改变，因而其熵值没有变化，即理想气体等温等容混合过程，熵值不变：$\Delta S=0$

2．等温等压混合

混合前，理想气体 A 的状态为 T、p、V_{A}，理想气体 D 的状态为 T、p、V_{D}。混合后的状态为 T、p、V。显然 $V=V_{\mathrm{A}}+V_{\mathrm{D}}$。

对于上述等温等压混合过程，可设计成如下途径：

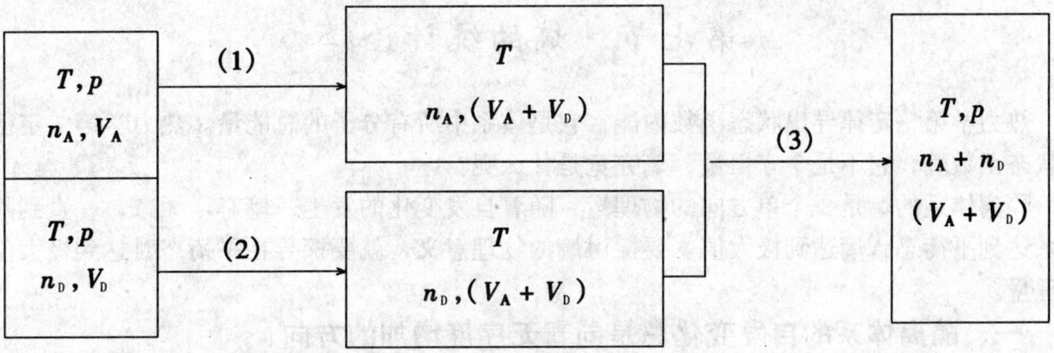

混合前理想气体的压力 p 等于混合后体系的总压力 p。步骤（1）为理想气体 A 的等温膨胀

$$\Delta S_1 = n_A R\ln\frac{V_A + V_D}{V_A}$$

步骤（2）为理想气体 D 的等温膨胀

$$\Delta S_2 = n_D R\ln\frac{V_A + V_D}{V_D}$$

步骤（3）为理想气体 A 与 D 的等温等容混合

$$\Delta S_3 = 0$$

所以 A 与 D 的等温等压混合熵变为：

$$\begin{aligned}\Delta S_{混合} &= \Delta S_1 + \Delta S_2 + \Delta S_3 = n_A R\ln\frac{V_A + V_D}{V_A} + n_D R\ln\frac{V_A + V_D}{V_D} \\ &= -n_A R\ln x_A - n_D R\ln x_D \\ &= -R\sum_B (n_B \ln x_B) \qquad (2-28)\end{aligned}$$

式（2-28）中，x_B 为物质 B 的摩尔分数。因为 x_B 恒小于 1，因而 $\ln x_B < 0$，所以等温等压混合过程的熵变大于零。

混合熵在体系的温度升降过程中是无法实现吞吐的，与热容在温度升降过程中引起的熵变不同。

式（2-28）适用于多种理想气体的等温等压混合。

例 2-7 0.78mol 的 N_2、0.21mol 的 O_2、0.01 mol 的 He 等温等压混合形成 1mol 的空气，若上述诸气体可视为理想气体，求体系、环境的熵变及总熵变，并判断过程的方向性。

解：三种不同理想气体的等温等压混合：

$$\Delta S_{体} = -R\sum_B (n_B \ln x_B) = -8.314\ (0.78\ln 0.78 + 0.21\ln 0.21 + 0.01\ln 0.01) = 4.72\text{J}\cdot\text{K}^{-1}$$

因为该等温等压混合过程环境的得失热为零，所以

$$\Delta S_{环} = 0$$

$$\Delta S_{总} = \Delta S_{体} + \Delta S_{环} = 4.72 + 0 = 4.72\text{J}\cdot\text{K}^{-1} > 0$$

故该过程为自发发生的过程，这是自发趋向诸种气体均匀分布的平衡态的过程。

第七节 熵的统计诠释

热力学第一定律导出状态函数内能，它是体系中所有分子的总能量。热力学第二定律导出状态函数熵，它不是个守恒量，熵究竟是什么呢?

隔离体系的熵是一个单方向的物理量，随着自发变化的发生，熵有增无减，一直到隔离体系达到平衡态，熵达到极大值。要探讨熵的物理意义，就要探寻在平衡态时达到极大值的物理量。

一、隔离体系的自发变化总是向着无序度增加的方向

热力学第二定律指出：功可以完全变为热而不引起其它变化；但热不能完全变为功而不引起其它变化。功是与有一定方向的运动联系着的，是有序的运动。而热是与分子的平动、转动、振动等运动相联系的。功变为热，是从有序变为无序，它可以自发地进行。反之，要使热完全地变为功而不引起其它变化，是从无序变为有序，它不能自发地发生。可见，功是比热更为高级的能量形式。

二、热力学几率

热力学几率（thermodynamic probability）定义为体系的微观状态数，记作 Ω。为了便捷直观，我们以理想气体向真空膨胀的焦耳实验作为研究的对象。

图 2－7 示出体系的始态（*a*）与终态（*b*）。膨胀之前 *N* 个理想气体分子集中于体积为 V_1 的左容器。向真空膨胀达平衡态时，体积相等的左、右容器各有 *N*/2 个理想气体分子。

平衡状态（*b*）的什么物理量达到最大呢？除了熵之外，是热力学几率 Ω 达到最大，是实现该状态的数学几率 pb 达极大值。

考虑 2 个分子在图 2－7 容器中的分布。第一个分子既可以在左容器，又可以在右容器，其分布的微观状态数 $\Omega_1 = 2$。同理，第二个分子分布的微观状态数亦为 2。总的微观状态数等于独立的分微观状态数的乘积 $\Omega_{总} = \Omega_1\Omega_2 = 2\times2 = 2^2 = 4$。其分布情况与两个小球在两个碗中的分布一模一样，如图 2－8 所示。

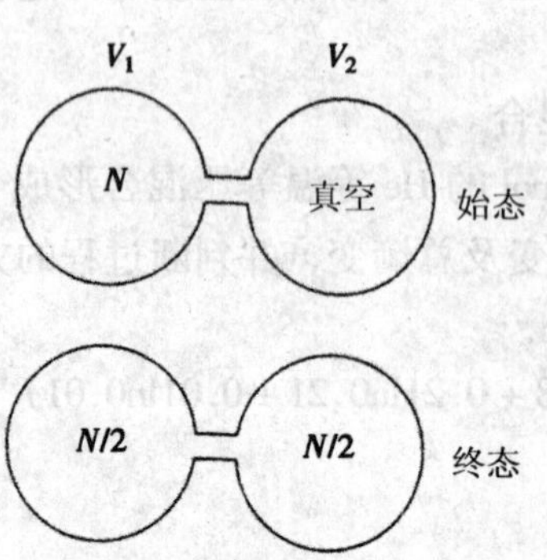

图 2－7 理想气体向真空膨胀

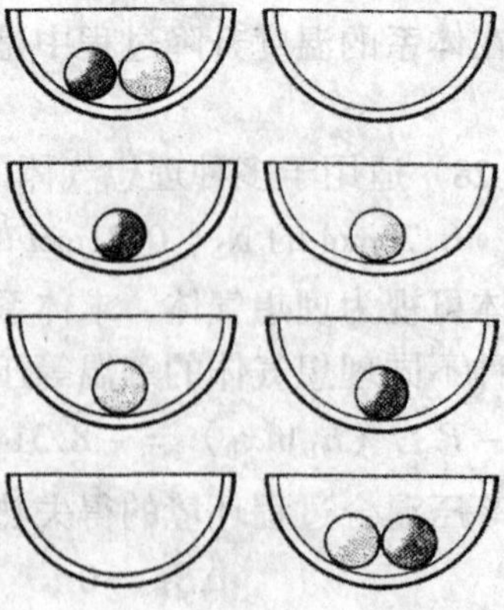

图 2－8 两个小球分布情况

显然，第一个小球在左碗的数学几率 pb（1）＝1/2，第二个小球在左碗的数学几率也为 1/2，即 pb（2）＝1/2。从概率论可知：总的数学几率等于分数学几率的乘积：pb（总）＝

$pb(1) \times pb(2) = \frac{1}{2} \times \frac{1}{2} = \left(\frac{1}{2}\right)^2 = \frac{1}{4}$，即两个小球同在左碗的数学几率为$\frac{1}{4}$。同理，两个小球同在右碗的数学几率亦为$\frac{1}{4}$。

左、右碗中各有一个小球的微观状态数 $\Omega_{1,1} = C_2^1 = \frac{2!}{1!\ (2-1)!} = 2$，C 为组合符号，! 为阶乘。因而左、右各有一个小球的数学几率 $pb(1,\ 1) = \Omega_{1,1}/\Omega_{总} = \frac{2}{4} = \frac{1}{2}$。显然，它是数学几率最大的分布，称为最可几分布。

把上述结果应用于图 2-7 的 N 个分子向体积相同的真空膨胀。N 个分子总的分布微观状态数 $\Omega_{总} = 2^N$。N 个分子集中在左容器的数学几率 pb（始态）$= \left(\frac{1}{2}\right)^N$。左、右容器各有 $N/2$ 个分子的热力学几率 $\Omega(N/2,\ N/2) = C_N^{N/2} = \frac{N!}{\left(\frac{N}{2}\right)!\ \left(\frac{N}{2}\right)!}$，其数学几率为：

$$pb\left(\frac{N}{2},\ \frac{N}{2}\right) = \frac{\Omega\left(\frac{N}{2},\ \frac{N}{2}\right)}{\Omega_{总}} = \frac{N!}{2^N\left(\frac{N}{2}\right)!\ \left(\frac{N}{2}\right)!} \tag{2-29}$$

显然，这是最可几分布的数学几率。

从上面的讨论可以看出：熵增加的方向就是热力学几率增大的方向，就是分布的数学几率增大的方向。因而熵增加原理有了新的表述：在隔离体系或绝热封闭体系中发生的不可逆变化，总是从热力学几率小的状态变为热力学几率大的状态；体系达熵最大的平衡态时，热力学几率达极大值；此后体系所发生的一切变化，均为热力学几率不变的可逆变化。

三、Ω 与 S 的关系

既然 Ω 与 S 有相同的变化方向，二者都是状态函数，所以 Ω 与 S 之间存在联系，设其函数关系为：

$$S = f(\Omega) \tag{2-30}$$

为了确定函数 f，假设一个体系由独立的无相互作用的两部分 1 与 2 组成。因为熵是广度性质，体系的总熵 $S_{总}$ 等于部分 1 的熵 S_1 与部分 2 的熵 S_2 的和：

$$S_{总} = S_1 + S_2 = f(\Omega_1) + f(\Omega_2)$$

而

$$\Omega_{总} = \Omega_1 \cdot \Omega_2$$

所以

$$S_{总} = f(\Omega_{总}) = f(\Omega_1) + f(\Omega_2)$$

即

$$f(\Omega_1 \cdot \Omega_2) = f(\Omega_1) + f(\Omega_2) \tag{2-31}$$

满足式（2-31）的函数 f 只能是对数函数：

$$S \propto \ln\Omega$$

可写作

$$S = k\ln\Omega \tag{2-32}$$

式（2-32）为玻尔茨曼公式，它把宏观量 S 与微观量 Ω 联系了起来，揭示了熵的热力学统计意义。从 Ω 大的状态变为 Ω 小的状态，从微观的观点看，并不是不可能，只是实现的数学几率太小了。例如：图 2-7 中由终态（b）变为始态（a）的数学几率为：

$$\frac{\Omega_a}{\Omega_b} = \frac{C_N^N}{C_N^{N/2}} = \frac{\left(\frac{N}{2}\right)!\ \left(\frac{N}{2}\right)!}{N!}$$

当 N 的数目非常大时，此数值非常小，表现在宏观上根本无法实现。

图 2－7 的理想气体恒温向真空膨胀，其熵变为：

$$\Delta S = nR\ln\frac{V_1 + V_2}{V_1} = \frac{N}{L}R\ln 2 \tag{2-33}$$

式中 L 为阿伏伽德罗常数。

根据式（2－32），其 ΔS 为

$$\Delta S = k\ln\Omega_{终} - k\ln\Omega_{始} = k\ln\frac{N!}{\left(\frac{N}{2}\right)!\left(\frac{N}{2}\right)!} \tag{2-34}$$

根据斯透林近似，当 N 非常大时

$$\ln(N!) \approx N\ln N - N \tag{2-35}$$

应用于式（2－34）得：

$$\Delta S = Nk\ln 2 \tag{2-36}$$

式（2－33）与式（2－36）比较得：

$$Nk\ln 2 = \frac{N}{L}R\ln 2$$

所以，玻尔茨曼常数 k 为

$$k = \frac{R}{L} = 1.38062 \times 10^{-23}\,\mathrm{J\cdot K^{-1}}$$

第八节　热力学第三定律与规定熵

熵变的计算总是与可逆过程的热联系在一起的，自然界一切自发发生的过程都是不可逆过程，要获得 Q_R 总不是轻而易举的。特别是化学反应，很难用实验的手段测定 δQ_R 或 Q_R，从而给获得 ΔS 带来很大的困难。如果能够知道诸种物质在一定温度的熵值，就可以很方便地计算出化学反应的熵变。热力学第三定律就是要解决这一问题。

一、热力学第三定律

已经知道：熵是无序变的量度，从式（2－32）可以看出：体系的无序度越大、热力学几率 Ω 越大，则体系的熵值越大。物质的无序程度是随温度的升高而增大的。物质的气态摩尔熵大于液态的摩尔熵，液态的摩尔熵大于固态的摩尔熵。并且，从固态变为液态，主要增加的是分子的转动熵；从液态变为气态，主要增加是分子的平动熵。

热力学第三定律指出：在 0K，任何纯物质的完整晶体的熵值为零。即

$$\lim_{T\to 0} S = 0 \tag{2-37}$$

所谓完整晶体，是指 0K 时晶体中的原子或分子的排列方式只有一种，$\Omega = 1$。如 HF、CO_2、O_2 等。

完整晶体 0K 时 $\Omega = 1$，据式（2－32），熵值自然为零。

对于非完整晶体，要具体物质具体分析。如 CO，在 0K 时，由于 C≡O C≡O 和 C≡O O≡C 的作用能量相近。因此每个 CO 分子的 $\Omega_i = 2$，则每摩尔 CO 的 $\Omega = 2^L$，所以 1mol 的 CO 在 0K 时的熵值为：

$S_{o,m} = k\ln\Omega = k\ln 2^L = kL\ln 2 = R\ln 2\,\mathrm{J\cdot K^{-1}}$，此即为 1molCO 的残余熵（residual entropy），它

在温度的升降过程中是无法实现吞吐的。

NO 的情况与 CO 一样，在 0K 时也具有 $R\ln 2\,\mathrm{J\cdot K^{-1}}$ 的残余熵。而光气：

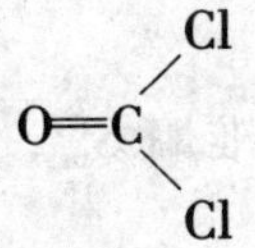

每个分子 0K 时的 $\Omega_i = 3$，1mol 光气残余熵为 $R\ln 3\ \mathrm{J\cdot K^{-1}}$。

二、规定熵

若已知诸物质在 0K 时的熵值，则在温度 TK 时诸物质的熵值可以依据热容和相变潜热方便地求得：

$$S_T = S_0 + \int_0^T \frac{C_p \mathrm{d}T}{T} \tag{2-38}$$

这样根据热力学第三定律而求得的物质 TK 时的熵值称为该物质的规定熵（conventional entropy），如果物质处于标准状态（T，$p^{\ominus}$），则称为该物质的标准熵。1mol 物质的标准熵记作 $S_m^{\ominus}$，可从热力学手册中查得。

对于完整晶体，0K 时的熵值 $S_0 = 0$，因此式（2－38）成为：

$$S_T = \int_0^T \frac{C_p \mathrm{d}T}{T} \tag{2-39}$$

应用式（2－38）和（2－39）时要特别注意相变过程的熵变。若某种物质在 TK 时为气态，则熵变包括：固态物质从 0K 至熔点时的可逆升温的熵变，固态物质在熔点时熔化成液体的熵变，液体从熔点到沸点的可逆升温的熵变，液态物质在沸点时变为气态的熵变，气态物质从沸点到 TK 时可逆升温的熵变。如图 2－9 所示。图中 T_f 为熔点温度，T_b 为沸点温度。从图 2－9 可以看出：

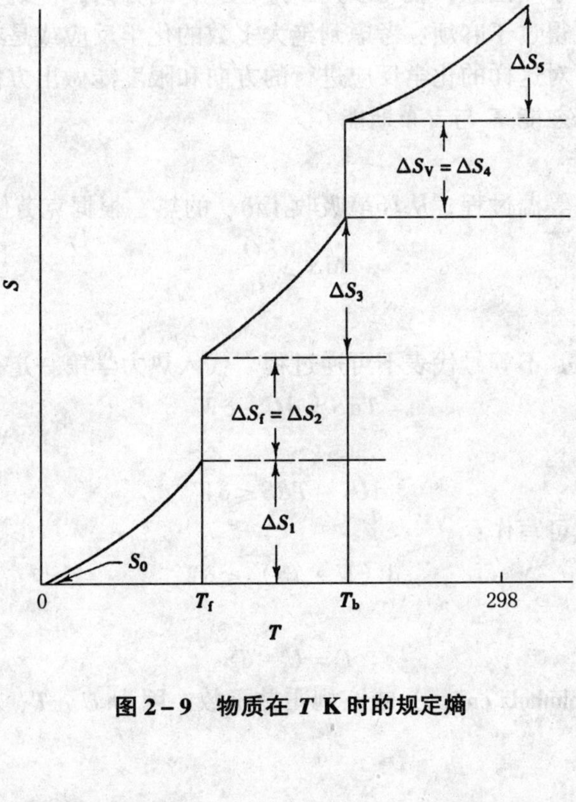

图 2－9　物质在 T K 时的规定熵

$$S_T = S_0 + \Delta S_1 + \Delta S_2 + \Delta S_3 + \Delta S_4 + \Delta S_5$$

S_0 为 0K 时的熵值。

三、化学反应的熵变

利用各种物质 298.15K 时的摩尔标准熵 $S_m^{\ominus}$，可以方便地计算 298.15K 时化学反应的 $\Delta_r S_m^{\ominus}$，计算公式为：

$$\Delta_r S_m^{\ominus} = \sum_B \nu_B S_{m,B}^{\ominus} \quad (2-40)$$

式（2－40）中，ν_B 为化学计量系数，对产物为正，对反应物为负。

例 2－8 计算合成甲醇的反应：

$$CO(g) + 2H_2(g) = CH_3OH(g)$$

298.15K 时的 $\Delta_r S_m^{\ominus}$。已知 CO(g)、H_2(g)、CH_3OH(g)的 $S_m^{\ominus}$(298.15K)分别为 197.56J·K^{-1}·mol^{-1}、130.57J·K^{-1}·mol^{-1}、239.70J·K^{-1}·mol^{-1}。

解：$\Delta_r S_m^{\ominus}$ 为反应物、产物均处于标准状态、反应进度为 1mol 的熵变。根据式（2－40）得：

$$\begin{aligned}\Delta_r S_m^{\ominus} &= 1 \times 239.70 - 1 \times 197.56 - 2 \times 130.57 \\ &= -219 \text{J·K}^{-1}\text{·mol}^{-1}\end{aligned}$$

有了 $\Delta_r S_m^{\ominus}$（298.15K），任何状态任何温度的化学反应的熵变当不难求得。

第九节　亥姆霍兹能和吉布斯能

利用热力学第一定律，就可以求算化学反应的热效应，但要同时计算内能的变化和体系的功。为了解决等压条件下化学反应的热效应，引进了状态函数 H，使问题的解决既便捷又直接明了。同样，有了熵函数，就可以判断过程进行的方向，但既要计算体系的熵变，又要计算环境的熵变，显得过于麻烦。考虑到绝大多数的化学反应或是在等容条件下或是在等压条件下进行的，为了对这样的化学反应进行的方向和限度能做出方便快捷的判断，特引进新的状态函数：亥姆霍兹能 F 与吉布斯能 G。

一、亥姆霍兹能

设封闭体系经历一等温过程，从环境吸收了 δQ 的热，根据克劳修斯不等式：

$$dS \geqslant \frac{\delta Q}{T}$$

即　$T dS \geqslant \delta Q$

式中等号代表可逆过程，不等号代表不可逆过程。代入热力学第一定律 $\delta Q = dU - \delta W$ 得：

$$T dS \geqslant dU - \delta W$$

整理得：

$$dU - T dS \leqslant \delta W$$

因为是等温过程，上式可写作：

$$d(U - TS) \leqslant \delta W$$

定义：

$$F = U - TS \quad (2-41)$$

F 称为亥姆霍兹能（Helmholz energy）或亥姆霍兹函数。因为 U、T、S 均是状态函数，而 F

是U、T、S的函数，状态函数的函数仍是状态函数，所以F为状态函数，且是体系的广度性质。所以

$$dF \leqslant \delta W \tag{2-42}$$

积分得：

$$\Delta F \leqslant W \tag{2-43}$$

式（2-42）与（2-43）中，等号为可逆过程，“<”号为不可逆过程，式（2-43）表明：封闭体系在等温过程中，体系亥姆霍兹能的变化等于可逆过程体系所做的功，恒小于不可逆过程体系所做的功。这里，功W的符号规定与前述的一致：体系得到功$W>0$，体系对环境做功，$W<0$。

倘若一个封闭体系经历一等温等容且非体积功$W'=0$的过程，因为$W=0$，所以得：

$$dF \leqslant 0 \tag{2-44}$$

$$\Delta F \leqslant 0 \tag{2-45}$$

式（2-44）与（2-25）中，等号为可逆过程，不等号为不可逆过程。式（2-44）与式（2-45）的应用条件与推导过程中引进的条件等同：封闭体系、等温等容且$W'=0$。

式（2-45）说明：在等温等容和非体积功为零的条件下，封闭体系任其自然地发生的不可逆过程，体系的亥姆霍兹能总是减少的，直至体系达亥姆霍兹能最小值的平衡态，此后体系所发生的一切变化均是亥姆霍兹能不变的可逆变化，体系决不会自发地发生亥姆霍兹能增加的变化。此即为亥姆霍兹能减少原理，如图2-10所示。

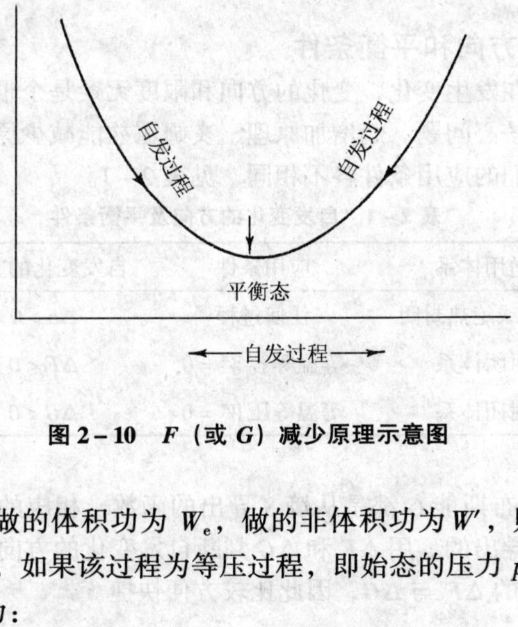

图2-10　F（或G）减少原理示意图

二、吉布斯能

倘若一封闭体系，所做的体积功为W_e，做的非体积功为W'，则有$d(U-TS) \leqslant \delta W_e + \delta W'$。因为$W_e = -p_{外}\, dV$，如果该过程为等压过程，即始态的压力$p_1$等于终态的压力$p_2$等于外压$p_{外}$，则上式可写为：

$$d(U-TS) \leqslant -p_{外}\, dV + \delta W'$$

$$d(U-TS) \leqslant -p dV + \delta W'$$

$$d(U-TS+pV) \leqslant \delta W'$$

$$d(H-TS) \leqslant \delta W'$$

定义

$$G = H - TS \tag{2-46}$$

G 称为吉布斯能（Gibbs energy）。它是一个经常用到的非常重要的函数。同样，因为 H、T、S 均为状态函数，G 作为状态函数的函数，必然也是状态函数，且是体系的广度性质。所以

$$\mathrm{d}G \leqslant \delta W' \tag{2-47}$$

积分得：

$$\Delta G \leqslant W' \tag{2-48}$$

可见，在等温等压的条件下，封闭体系吉布斯能的增加等于可逆过程体系所得到的非体积功，恒小于不可逆过程体系所得到的非体积功。

如果非体积功 W' 为零，则式（2-47）和式（2-48）变为：

$$dG \leqslant 0 \tag{2-49}$$

$$\Delta G \leqslant 0 \tag{2-50}$$

式（2-49）与（2-50）的适用条件为：等温等压且 W' 为零的封闭体系。式中等号适用于可逆过程，不等号适用于不可逆过程。

在等温等压和非体积功为零的条件下，让一个封闭体系顺其自然地自发变化，其过程必定是不可逆的，体系的吉布斯能必然减少，即自发变化总是朝吉布斯能减少的方向进行，直到体系吉布斯能的数值达到极小值时为止，此后体系所发生的一切变化均为可逆过程，吉布斯能保持不变；体系永远不会自发发生吉布斯能增加的变化。此即为吉布斯能减少原理，如图 2-10 所示。式（2-49）和（2-50）为该原理的数学表达式。因为自然界的很多变化，不论是实验室的，或是工业上的，都是在等温等压且 $W'=0$ 的条件下进行的，因而 ΔG 判据具有广泛的应用。

三、自发变化的方向和平衡条件

自然界无时无刻不在发生变化，变化的方向和限度无疑是个根本性的问题，而这恰是热力学第二定律所解决的核心问题。熵增加原理、亥姆霍兹能减少原理、吉布斯能减少原理使上述问题迎刃而解。它们的应用条件各不相同，见表 2-1。

表 2-1　自发变化的方向及平衡条件

状态函数	适用体系	应用条件	自发变化的方向	平衡条件
S	隔离或绝热封闭	任何过程	$\Delta S>0$	达到最大值
F	封闭体系	等温等容 $W'=0$	$\Delta F<0$	达到最小值
G	封闭体系	等温等压 $W'=0$	$\Delta G<0$	达到最小值

亥姆霍兹能 F 与吉布斯能 G 都是从熵 S 导出的函数，相应的亥姆霍兹能和吉布斯能减少原理是从熵增加原理导出的。用 ΔF 和 ΔG 判断自发变化的方向及限度，只要计算体系的 ΔF 与 ΔG，不涉及环境的 ΔF 与 ΔG，因此比较方便快捷。

第十节　热力学基本方程

热力学方程的数目多不胜数，有学者估计其数目多达 10^{11} 的数量级。即使是对只做体积功的封闭体系，基本的热力学性质有 p、V、T、U、H、S、F 和 G，其中的任何三个性质组合可定义一个新的热力学性质，如 $C_p=\left(\frac{\partial H}{\partial T}\right)_p$、$\mu=\left(\frac{\partial T}{\partial p}\right)_H$。那么多的热力学参数能写出

多少热力学方程可想而知。因而只能择基本方程而列之，其余的当可据基本方法举一反三地得到。

一、热力学基本方程

对于定组成的封闭体系，热力学第一定律：

$$\mathrm{d}U = \delta Q + \delta W$$

若体系经历可逆过程，$\delta Q = \delta Q_R = T\mathrm{d}S$，$\delta W = -p\mathrm{d}V$。则热力学第一定律成为：

$$\mathrm{d}U = T\mathrm{d}S - p\mathrm{d}V \tag{2-51}$$

式（2-51）称为热力学第一定律与第二定律的联合公式。

根据焓 H 的定义：

$$H = U + pV$$

微分得：

$$\mathrm{d}H = \mathrm{d}U + p\mathrm{d}V + V\mathrm{d}p$$

代入式（2-51）得：

$$\mathrm{d}H = T\mathrm{d}S - p\mathrm{d}V + p\mathrm{d}V + V\mathrm{d}p$$

$$\mathrm{d}H = T\mathrm{d}S + V\mathrm{d}p \tag{2-52}$$

同理，根据 $F = U - TS$ 和 $G = H - TS$，微分可得：

$$\mathrm{d}F = -S\mathrm{d}T - p\mathrm{d}V \tag{2-53}$$

$$\mathrm{d}G = -S\mathrm{d}T + V\mathrm{d}p \tag{2-54}$$

式（2-51）—（2-54）即为热力学基本方程，也称为吉布斯方程。仔细审视这四个方程，不难发现 U、H、F、G 的微分都只是两个变量的函数：$U = \mathrm{f}(S、V)$、$H = \mathrm{f}'(S,p)$……，因此，上述热力学方程只适用于单组分单相体系或多组分但组成不变的单相体系，即只适用于无相变化、无化学反应、只有体积功的单相封闭体系。

热力学基本方程的导出应用了可逆的条件，但是，U、H、F 和 G 均为状态函数，它们的改变只取决于体系的始态与终态，而与所经历的过程无关。只要始、终态相同，则无论过程可逆与否，状态函数的改变是相同的。所以热力学基本方程适用于任何过程。

从热力学基本方程 $\mathrm{d}U = T\mathrm{d}S - p\mathrm{d}V$ 可以看出：U 是变量 S 与 V 的函数：$U = \mathrm{f}(S,V)$，则

$$\mathrm{d}U = \left(\frac{\partial U}{\partial S}\right)_V \mathrm{d}S + \left(\frac{\partial U}{\partial V}\right)_S \mathrm{d}V \tag{2-55}$$

与式 $\mathrm{d}U = T\mathrm{d}S - p\mathrm{d}V$ 相比可得：

$$T = \left(\frac{\partial U}{\partial S}\right)_V \qquad -p = \left(\frac{\partial U}{\partial V}\right)_S \tag{2-56}$$

同理，从式（2-52）可得：

$$T = \left(\frac{\partial H}{\partial S}\right)_p \qquad V = \left(\frac{\partial H}{\partial p}\right)_S \tag{2-57}$$

从式（2-53）可得：

$$S = -\left(\frac{\partial F}{\partial T}\right)_V \qquad p = -\left(\frac{\partial F}{\partial V}\right)_T \tag{2-58}$$

从式（2-54）可得：

$$S = -\left(\frac{\partial G}{\partial T}\right)_p \qquad V = \left(\frac{\partial G}{\partial p}\right)_T \tag{2-59}$$

式（2－56）至（2－59）也可以通过热力学基本方程直接得到。例如：$dU=TdS-pdV$，恒容时，$dV=0$，得 $dU=TdS$，从而 $T=\left(\frac{\partial U}{\partial S}\right)_V$。其它关系式可依此类推。

二、麦克斯韦关系式

设 z 为 x、y 的函数：

$$z=f(x,y)$$

则 z 的全微分为：

$$dz=\left(\frac{\partial z}{\partial x}\right)_y dx+\left(\frac{\partial z}{\partial y}\right)_x dy=Mdx+Ndy$$

式中

$$M=\left(\frac{\partial z}{\partial x}\right)_y \qquad N=\left(\frac{\partial z}{\partial y}\right)_x$$

M 和 N 都是 z 的一阶偏导数。如果对 M 和 N 再求一次偏导数得 z 的二阶偏导数：

$$\left(\frac{\partial M}{\partial y}\right)_x=\frac{\partial^2 z}{\partial y\partial x}$$

$$\left(\frac{\partial N}{\partial x}\right)_y=\frac{\partial^2 z}{\partial x\partial y}$$

显然，二阶偏导数的数值与求导的次序无关，
所以

$$\left(\frac{\partial M}{\partial y}\right)_x=\left(\frac{\partial N}{\partial x}\right)_y$$

将这一结果应用于式（2－51）至（2－54）可得：

$$\left(\frac{\partial T}{\partial V}\right)_S=-\left(\frac{\partial p}{\partial S}\right)_V \tag{2-60}$$

$$\left(\frac{\partial T}{\partial p}\right)_S=\left(\frac{\partial V}{\partial S}\right)_p \tag{2-61}$$

$$\left(\frac{\partial S}{\partial V}\right)_T=\left(\frac{\partial p}{\partial T}\right)_V \tag{2-62}$$

$$\left(\frac{\partial S}{\partial p}\right)_T=-\left(\frac{\partial V}{\partial T}\right)_p \tag{2-63}$$

式（2－60）至（2－61）称为麦克斯韦（Maxwell）关系式。

式（2－62）和（2－63）具有实际应用，通过它们，可以用易测的物理量获得$\left(\frac{\partial p}{\partial T}\right)_V$、$-\left(\frac{\partial V}{\partial T}\right)_p$，以求得不易测定的熵 S 的偏导数$\left(\frac{\partial S}{\partial V}\right)_T$、$\left(\frac{\partial S}{\partial p}\right)_T$，从而可在等温的条件下求得熵 S 随体积 V 和压力 p 的变化数值。

例 2－9　实际气体的范德华经验方程为：

$$\left(p+\frac{n^2a}{V^2}\right)(V-nb)=nRT$$

式中 a、b 为常数，n 为气体的摩尔数。求该实际气体的内能在恒温过程中随体积的变化率$\left(\frac{\partial U}{\partial V}\right)_T$。

解：根据热力学基本方程：

$$dU = TdS - pdV$$

在等温条件下可得：

$$\left(\frac{\partial U}{\partial V}\right)_T = T\left(\frac{\partial S}{\partial V}\right)_T - p$$

根据麦克斯韦关系式：$\left(\frac{\partial S}{\partial V}\right)_T = \left(\frac{\partial p}{\partial T}\right)_V$，代入上式得：

$$\left(\frac{\partial U}{\partial V}\right)_T = T\left(\frac{\partial p}{\partial T}\right)_V - p$$

从范德华方程得：

$$p = \frac{nRT}{V - nb} - \frac{n^2 a}{V^2}$$

代入得：

$$\left(\frac{\partial U}{\partial V}\right)_T = T\left[\frac{nR}{V - nb}\right] - p$$

$$= p + \frac{n^2 a}{V^2} - p = \frac{n^2 a}{V^2}$$

从所得结果可以看出，实际气体的内能不仅与温度有关，还与体积、压力有关，这是由实际气体存在分子间的作用力引起的。

第十一节　ΔG 的计算

无论是在实验室或是在工厂，绝大多数的变化都在等温等压且 $W' = 0$ 的条件下进行的，因此 ΔG 广泛用于判断自发变化的方向，ΔG 的计算也就成了重要的基本功。

一、理想气体等温过程的 ΔG

根据 $\Delta G = \Delta H - T\Delta S$ 计算　　(2－64)

因为 $G = H - TS$，在等温条件下，得到式（2－64）。理想气体的等温过程，$\Delta H = 0$，而 $\Delta S = nR\ln\frac{p_1}{p_2} = nR\ln\frac{V_2}{V_1}$，代入式（2－64）得：

$$\Delta G = 0 - TnR\ln\frac{p_1}{p_2} = nRT\ln\frac{p_2}{p_1} = nRT\ln\frac{V_1}{V_2} \quad (2-65)$$

理想气体等温过程的 ΔG 亦可从热力学基本方程计算：

$$dG = -SdT + Vdp$$

因为是等温过程，$dT = 0$，所以

$$dG = Vdp$$

两边积分得：

$$\Delta G = \int_{p_1}^{p_2} Vdp = \int_{p_1}^{p_2} \frac{nRT}{p}dp = nRT\ln\frac{p_2}{p_1}$$

例 2－10　1mol、300K、10^6Pa 的理想气体经历（1）恒温可逆膨胀至 10^5Pa；（2）恒温对抗恒外压膨胀至 10^5Pa。求此两过程的 ΔG。

解：（1）理想气体的等温过程

$$\Delta G = nRT\ln\frac{p_2}{p_1} = 1 \times 8.314 \times 300 \times \ln\frac{10^5}{10^6} = -5.743\text{kJ}$$

（2）过程（2）与过程（1）的始终态相同，而 G 为状态函数，ΔG 必然相等，亦为 -5.743kJ。

二、相变过程的 ΔG

对于可逆相变，因为是等温等压和 $W'=0$ 的可逆过程，所以 $\Delta G=0$。对于不可逆相变，则根据 G 为状态函数的特点设计可逆过程计算之。

例 2-11 计算 1mol、25℃、101325Pa 的 H_2O（g）变为 25℃、101325Pa 的 H_2O（l）的 ΔG。已知 25℃时水的饱和蒸气压为 3168Pa，水的密度为 $1.000\text{kg}\cdot\text{dm}^{-3}$，且可视为不随温度而变的常数。

解：此过程为等温、等压且 $W'=0$ 的不可逆相变过程。可设计成如下可逆过程：

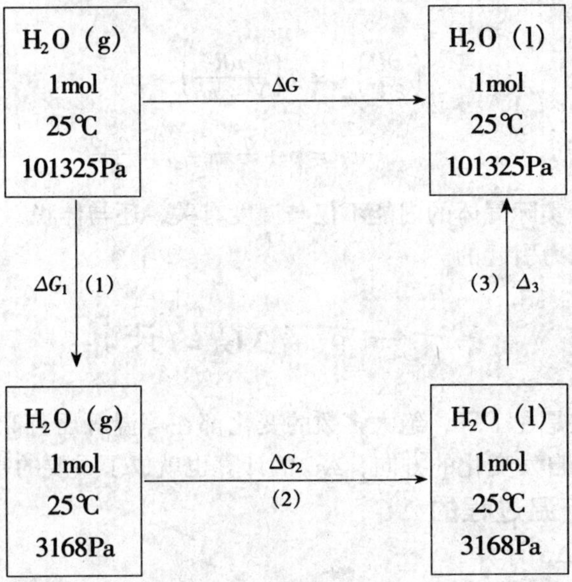

ΔG_1 为 H_2O（g）等温可逆膨胀的吉布斯能的变化，把 H_2O（g）看作理想气体，则

$$\Delta G_1 = nRT\ln\frac{p_2}{p_1} = 1 \times 8.314 \times 298.15 \times \ln\frac{3168}{101325} = -8589.7\text{J}$$

ΔG_2 为等温等压条件下的可逆相变，所以 $\Delta G_2 = 0$

ΔG_3 为 H_2O（l）等温可逆压缩的吉布斯能的变化

$$\Delta G_3 = \int_{p_2}^{p_1} V\text{d}p = V(p_1 - p_2)$$

$$= \frac{18}{1000 \times 1000 \times 1.0} \times (101325 - 3168) = 1.77\text{J}$$

所以

$$\Delta G = \Delta G_1 + \Delta G_2 + \Delta G_3 = -8589.7 + 0 + 1.77 = -8588\text{J}$$

$\Delta G < 0$ 是意料中的，因为该过程为等温等压和 $W'=0$ 条件下自发发生的过程。

三、化学反应的 ΔG

化学反应中诸物种的 $\Delta_f H_m^{\ominus}$ 及 $S_m^{\ominus}$ 可以方便地从手册中查得，然后依据 $\Delta G = \Delta H - T\Delta S$

计算。

例 2-12 请计算化学反应 H_2O (l) + CO (g) ══ CO_2 (g) + H_2 (g) 在 298K 及 $p^\ominus$ 下的 $\Delta G^\ominus$，并判断该反应在此条件下能否自发地进行。已知诸物质的 $\Delta_f H_m^\ominus$ 及 $S_m^\ominus$ 如下：

物质	H_2 (g)	CO_2 (g)	H_2O (l)	CO (g)
$\Delta_f H_m^\ominus$/kJ·mol^{-1}	0	-393.5	-241.8	-110.5
$S_m^\ominus$/J·K^{-1}·mol^{-1}	130.5	213.8	188.7	197.9

解：因为 $\Delta_r H_m = \sum_B (\nu_B \Delta_f H_m)$

把表中数据代入得：

$$\Delta H^\ominus = [0 + (-393.5)] - [(-241.8) + (-110.5)]$$

$$= -41.2\text{kJ}$$

$$\Delta S^\ominus = \sum_B(\nu_B S_m^\ominus) = (213.8 + 130.5) - (197.9 + 188.7)$$

$$= -42.3\text{J}\cdot\text{K}^{-1}$$

所以

$$\Delta G^\ominus = \Delta H^\ominus - T\Delta S^\ominus = -41.2 \times 10^3 - 298 \times (-42.3)$$

$$= -286 \times 10^2\text{J} < 0$$

故该反应在上述条件下可以自发地进行。

四、根据定义计算 ΔG

根据吉布斯能的定义 $G = H - TS$，若某封闭体系由状态 1 变为状态 2，其吉布斯能的变化为：

$$\Delta G = \Delta H - \Delta(TS) = \Delta H - (T_2 S_2 - T_1 S_1) \tag{2-66}$$

例 2-13 在压力为 $p^\ominus$ 的条件下，1mol 的氦气从 200℃加热至 400℃。已知 200℃时氦气的标准熵为 135J·K^{-1}。若把氦气看作理想气体，求上述过程体系的 ΔH、ΔS 及 ΔG。若 $\Delta G < 0$，是否意味着该过程为可自发发生的过程？

解：氦气的 $C_{p,m} = \frac{5}{2}R$，所以

$$\Delta H = C_{p,m}(T_2 - T_1) = \frac{5}{2}R \times (673 - 473)$$

$$= 4157\text{J}$$

$$\Delta S = \int_{T_1}^{T_2} \frac{C_{p,m}\text{d}T}{T} = C_{p,m}\ln\frac{T_2}{T_1} = \frac{5}{2} \times 8.314 \times \ln\frac{673}{473}$$

$$= 7.33\text{J}\cdot\text{K}^{-1}$$

因此，400℃时氦气的标准熵为：

$$S_2 = S_1 + \Delta S = 135 + 7.33 = 142.33\text{J}\cdot\text{K}^{-1}$$

所以

$$\Delta G = \Delta H - \Delta(TS) = \Delta H - (T_2 S_2 - T_1 S_1)$$

$$= 4157 - (673 \times 142.33 - 473 \times 135) = -2.78 \times 10^4\text{J}$$

不能根据 $\Delta G<0$ 断定该过程为自发发生的过程，因为此过程为升温过程，没有满足 ΔG 判据的必不可少的等温条件。

第十二节　吉布斯能随压力及温度的变化

从化学手册上查得的大多为 298.15K 的数据，因而 298.15K 温度下的化学反应的 ΔG 容易通过计算获得。但是，绝大多数的化学反应不是在 298.15K 下进行的，它们的 ΔG 如何计算呢？

一、ΔG 随压力的变化

吉布斯能 G 与压力的关系早已有所涉及，从热力学基本方程：

$$dG = -SdT + Vdp$$

在等温条件下，$dT=0$，因而得：

$$dG = Vdp$$

可得：

$$\left[\frac{\partial\ (\Delta G)}{\partial p}\right]_T = \Delta V$$

所以

$$\Delta G_2 - \Delta G_1 = \int_{p_1}^{p_2} (\Delta V)\ dp \qquad (2-67)$$

如果体系中既有气体也有固体、液体，因为固体、液体的体积远小于气体的体积，所以固体、液体的吉布斯能随压力的变化远小于气体相应的 ΔG，因而常常在压力变化不大的情况下，忽略固、液体的 G 随压力的改变。

例 2-14　298K 时金刚石和石墨的 $S_m^\ominus$ 分别为 $2.38J\cdot K^{-1}\cdot mol^{-1}$ 和 $5.74J\cdot K^{-1}\cdot mol^{-1}$，摩尔标准燃烧焓分别为 $-395.407kJ\cdot mol^{-1}$ 和 $-393.510kJ\cdot mol^{-1}$，其密度分别为 $3.513\times10^3kg\cdot m^{-3}$ 和 $2.26\times10^3kg\cdot m^{-3}$。

(1) 求 298K、$p^\ominus$ 下石墨转变为金刚石的 ΔG_m。

(2) 在 298K、$p^\ominus$ 下哪种晶型稳定？

(3) 在 298K 时，压力多大才能使石墨变为金刚石？

解：　石墨⟶金刚石

(1) $\Delta H_m^\ominus = \Delta_C H_m^\ominus(\text{石墨}) - \Delta_C H_m^\ominus(\text{金刚石}) = -393.51-(-395.407)$

$= 1.897kJ\cdot mol^{-1}$

$\Delta S_m^\ominus = 2.38-5.74 = -3.36J\cdot K^{-1}\cdot mol^{-1}$

$\Delta G_m^\ominus = \Delta H_m^\ominus - T\Delta S_m^\ominus = 1.897\times10^3 - 298(-3.36)$

$= 2.90\times10^3J\cdot mol^{-1}$

(2)在等温等压且 $W'=0$ 的条件下，不能自发发生 $\Delta G>0$ 的变化，石墨为稳定晶型。

(3) 增加压力有利于石墨变为金刚石，增加压力使 $\Delta G=0$ 时才能使石墨变金刚石成为可能，因此根据式（2-67）可得：

$$0-2.90\times10^3 = \Delta V_m(p-1.01325\times10^5)$$

$$\Delta V_m = \frac{12\times10^{-3}}{3.513\times10^3} - \frac{12\times10^{-3}}{2.26\times10^3} = -1.896\times10^{-6}m^3\cdot mol^{-1}$$

所以

$$-2.90\times10^{3}=-1.896\times10^{-6}\times(p-101325)$$

$$p=1.53\times10^{9}\,\mathrm{Pa}$$

可见，只有当 $p>1.53\times10^{9}\,\mathrm{Pa}$，才能使石墨变金刚石成为可能。近代的爆炸法和六面顶法制造人造金刚石的成功充分显示了热力学的巨大威力。

二、ΔG 随温度的变化

在等温的条件下，有如下关系：

$$\Delta G=\Delta H-T\Delta S$$

因为$\left(\frac{\partial G}{\partial T}\right)_p=-S$,所以$\left[\frac{\partial(\Delta G)}{\partial T}\right]_p=-\Delta S$。以此式代入上式得：

$$\Delta G=\Delta H+T\left[\frac{\partial(\Delta G)}{\partial T}\right]_p$$

两边都除以 T^2 且移项得：

$$\frac{1}{T}\left[\frac{\partial(\Delta G)}{\partial T}\right]_p-\frac{\Delta G}{T^2}=\frac{-\Delta H}{T^2}$$

即

$$\left[\frac{\partial\left(\frac{\Delta G}{T}\right)}{\partial T}\right]_p=-\frac{\Delta H}{T^2}\qquad(2-68)$$

式(2-68)称为吉布斯-亥姆霍兹方程。有了它,可以从一个温度的 ΔG,求另一温度的 ΔG。

同理,从 $\Delta F=\Delta U-T\Delta S$ 及$\left(\frac{\partial\Delta F}{\partial T}\right)_V=-\Delta S$ 可得：

$$\left[\frac{\partial\left(\frac{\Delta F}{T}\right)}{\partial T}\right]_V=-\frac{\Delta U}{T^2}\qquad(2-69)$$

对式(2-68)作不定积分得：

$$\frac{\Delta G}{T}=-\int\frac{\Delta H}{T^2}\mathrm{d}T+I\qquad(2-70)$$

式中 I 为积分常数。

一般说来,化学反应的 ΔH 是温度的函数,若物质的 C_p 的经验方程为：

$$C_p=a+bT+cT^2$$

则产物与反应物的等压热容之差 ΔC_p 为：

$$\Delta C_p=\Delta a+(\Delta b)T+(\Delta c)T^2$$

式中

$$\Delta a=\sum_{\mathrm{B}}(\nu_{\mathrm{B}}a_{\mathrm{B}})\qquad\Delta b=\sum_{\mathrm{B}}(\nu_{\mathrm{B}}b_{\mathrm{B}})\qquad\Delta c=\sum_{\mathrm{B}}(\nu_{\mathrm{B}}c_{\mathrm{B}})$$

根据基尔霍夫定律,可以把焓变 ΔH 写作：

$$\begin{aligned}\Delta H&=\int\Delta C_p\mathrm{d}T+\Delta H_0\\&=\Delta H_0+\int[\Delta a+(\Delta b)T+(\Delta c)T^2]\mathrm{d}T\\&=\Delta H_0+(\Delta a)T+\frac{1}{2}(\Delta b)T^2+\frac{1}{3}(\Delta c)T^3\end{aligned}$$

式中 H_0 为积分常数,代入式(2-70)得：

$$\frac{\Delta G}{T} = -\int \frac{\Delta H_0 + (\Delta a)T + \frac{1}{2}(\Delta b)T^2 + \frac{1}{3}(\Delta c)T^3}{T^2}\mathrm{d}T + I$$

所以

$$\frac{\Delta G}{T} = \frac{\Delta H_0}{T} - (\Delta a)\ln T - \frac{1}{2}(\Delta b)T - \frac{1}{6}(\Delta c)T^2 + I \quad (2-71)$$

$$\Delta G = \Delta H_0 - (\Delta a)T\ln T - \frac{1}{2}(\Delta b)T^2 - \frac{1}{6}(\Delta c)T^3 + IT \quad (2-72)$$

只要从一个已知温度的 ΔH，即可求出常数 H_0；再从一个已知温度的 ΔG，求出积分常数 I，就可以据式（2－72）求出任何温度下化学反应的 ΔG。

第十三节　近平衡态热力学简介

前面阐述的热力学为平衡态热力学，它在解决体系从一个平衡态到另一个平衡态的变化时十分明了、直接和可靠。但是，自然界处在非平衡的状态，自然界一旦达到熵最大的平衡态，就失去变化的多样性及动力，我们所遇到的体系很多既非封闭体系又非处于热力学的平衡态。非平衡态比平衡态更加有序，它的热力学研究有待新概念的提出。

一、非平衡稳定态

非平衡稳定态又简称为定态，以区别于平衡态。

定态乃是体系的任何体积元的热力学性质不随时间而变化的稳定状态。

考虑侧面绝热的热导体与温度恒定的热源 T_2 与 T_1 相接触，如图2－11所示，其中 $T_2 > T_1$。

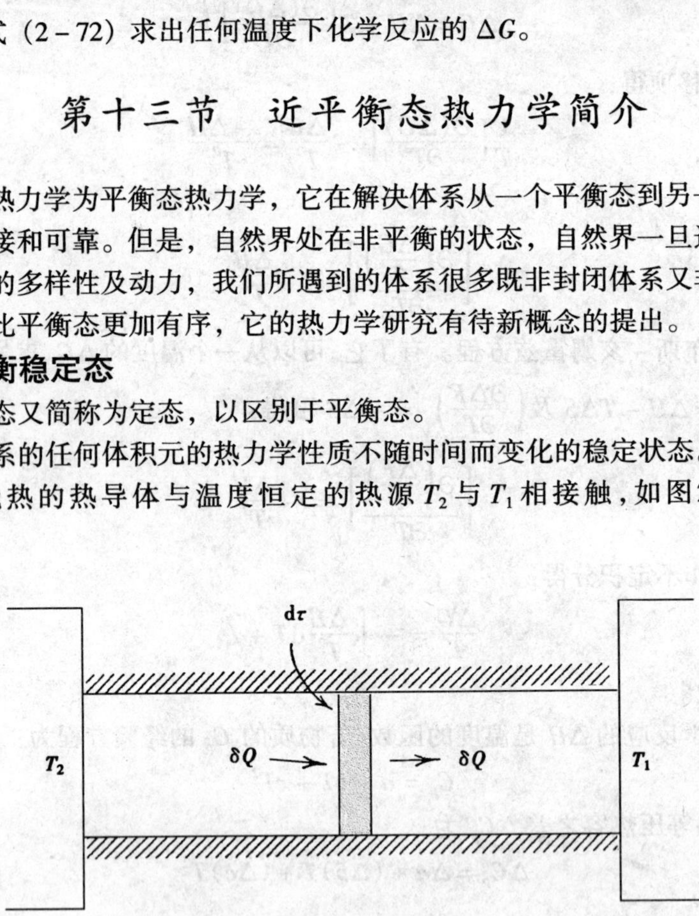

图 2－11　处于定态的热导体

因为 $T_2 > T_1$，所以有热源源不断地从 T_2 热源通过热导体传给 T_1 热源。就热导体而言，由于温度左高右低，没有处于热平衡，即热导体不处于热力学的平衡态。但是，热导体的任何体积元，其温度不随时间而变，因而依据非平衡稳定态的定义，该热导体处于定态。可见，定态是可以稳定存在的。当然，定态的稳定存在需要前提条件。例如，图2－11中热导体定态稳定存在的前提是它所接触的热源 T_2 与 T_1 的温度保持不变，$\mathrm{d}\tau$ 的体积元从左方得到的热量等于从右方传出的热量。

同理，两端压力固定为 p_2 与 p_1 且 $p_2 > p_1$ 的输水管、输气管也是非平衡的定态。

一切生物在生长过程中吸进养分、排出废物，进行新陈代谢、发生生化反应等等，显然是一个开放体系。在生物生长的每个时刻，生物体都可以近似地看做为处在非平衡的定态。

二、熵流和熵产生

某一开放体系，它与环境之间既有能量的交换又有物质的交换，由此引起的熵变记作 d_eS，称为熵流（entropy flux）。而这一开放体系的内部处于或温度不等或压力不等或浓度不等的状态。从而，体系内部自然而然地要发生趋向平衡态的自发不可逆变化，由此引起的熵变记作 d_iS，称为熵产生（entropy production）。所以，这一开放体系的总熵变 $dS_{总}$ 为：

$$dS_{总} = d_eS + d_iS \tag{2-73}$$

开放体系与环境组成隔离体系，根据熵增加原理：

$$dS_{总} \geqslant 0$$

对隔离体系

$$d_eS = 0$$

代入式（2-73）得：

$$dS_{总} = d_iS$$

可见：

$$d_iS \geqslant 0 \tag{2-74}$$

式（2-74）说明：开放体系中发生的不可逆过程，其熵产生 d_iS 永远大于零；发生可逆过程，其熵产生等于零。

熵流 d_eS 既可以大于零、小于零，也可以等于零。

（1）当 $d_eS = 0$、$d_iS = 0$ 时，$dS_{总} = 0$。表明该开放体系处于平衡状态。

（2）当 $d_eS < 0$，$d_iS > 0$，且 $|d_eS| = d_iS$ 时，$dS_{总} = d_eS + d_iS = 0$，表明体系处于非平衡定态。

（3）当 $d_eS < 0$，$d_iS > 0$，且 $d_iS > |d_eS|$ 时，$dS_{总} = (d_eS + d_iS) > 0$，表明负熵流不足以抵消熵产生，体系从比较有序变得更为无序。

（4）当 $d_eS < 0$，$d_iS > 0$，且 $|d_eS| > d_iS$ 时，$dS_{总} = (d_eS + d_iS) < 0$，表明体系从比较无序变得更加有序。

负熵流在生物进化和人的成长过程中是不可或缺的。一个正在成长的生物体，在短的时间间隔内可以看做为处于非平衡定态的开放体系，其生物体内部有许多自发发生的不可逆过程在进行，$d_iS > 0$；但由于有负熵流，且 $|d_eS| \approx d_iS$。若考察人的成长较长的过程，就人体而言，是高度有序的低熵值的，考虑营养转化到人体的过程，是从无序变为有序的过程，它赖以发生的前提是负熵流的存在：摄入蛋白质、脂肪、淀粉等低熵的大分子，排出相对无序高熵的小分子，且不断地对环境散发热量和做功，Δd_eS 负熵流的绝对值颇大，$|d_eS| > d_iS$，使人体这一开放体系成为高度有序的结构。自然界有许许多多的自组织现象，就发生自组织的局部而言，是发生了从无序到有序的变化。但是，仔细的考察发现：这些局部都是开放体系，且 $d_eS < 0$、$|d_eS| > d_iS$。

开放体系的有序结构能够存在和维持有赖于负熵流：进入体系的熵值小于体系输出的熵值。而这是需要消耗能量的，因而普里高京（I. Prigogine）将它称之为耗散结构（dissipative structures)。

三、单位体积的熵产生速率

对于开放体系，已经知道：

$$dS_{总} = d_eS + d_iS$$

若上述变化是在 dt 的时间内发生的，则相应的随时间而变的速率为：

$$\frac{dS_{总}}{dt} = \frac{d_eS}{dt} + \frac{d_iS}{dt} \tag{2-75}$$

$$\frac{dS_{总}}{dt} = J + p \tag{2-76}$$

式（2-76），$J = \frac{d_eS}{dt}$是熵流的速率。同理，p 是熵产生的速率。若把开放体系中体积元 $d\tau$ 的熵产生速率记作σ，则整个开放体系的熵产生速率为：

$$p = \iiint_V \sigma d\tau \tag{2-77}$$

显然，σ 与开放体系从非平衡态向平衡态变化的速率有关，而这一变化速率与引起这一变化的驱动力有关。

开放体系中若温度不同、密度不等，就要引起热量和质量的流动，即产生热流和质量流，将它们称为广义流，记作 J_i。导致广义流的驱动力称为广义力，记作 X_i。显然，导致热流的驱动力为温度梯度$\frac{dT}{dl}$，导致质量流的驱动力是浓度梯度$\frac{dC}{dl}$。同样可以分析：导致气流的是压力梯度$\frac{dp}{dl}$，导致电流的是电位梯度$\frac{dE}{dl}$。

当体系偏离平衡态不远时，广义力 X_i 不大，流与力成线性关系：

$$J_i = LX_i \tag{2-78}$$

式（2-78）中，L 为常数。从 J_i 与 X_i 的线性关系，人们把近平衡态也称为线性非平衡态。与之相对应，把远离平衡态的状态称为非线性非平衡态。

单位体积的熵产生速率 σ 与 J_i 及 X_i 有关：

$$\sigma = \sum_i (J_iX_i) \tag{2-79}$$

四、地球的熵流

倘若地球处于平衡态，则处处温度相等，人的体温等于环境的温度，其结果不堪设想。地球处于平衡态，则将没有风，且人生活在水蒸气饱和的大气中。要维持地球上的生命，必须要有负熵流。

地球的负熵流绝大部分来自太阳。太阳表面的温度平均以 6000K 计，地球反射太阳光的平均温度以 253K 计。倘若太阳每分钟给地球的热量为 1.07×10^{19} J，且全部为地球所反射，则太阳每分钟输给地球的熵为：

$$\frac{1.07 \times 10^{19}}{6000} = 1.783 \times 10^{15}\ J \cdot K^{-1}$$

而每分钟地球失去的熵为：

$$\frac{1.07 \times 10^{19}}{253} = 4.229 \times 10^{16}\ J \cdot K^{-1}$$

所以地球的负熵流为：

$$-4.229 \times 10^{16} + 1.783 \times 10^{15} = -4.051 \times 10^{16} \text{J·K}^{-1}$$

从负熵流的角度看，地球的温室效应是十分有害的：一方面，从太阳抵地球的能量减少；另一方面，地球的温度升高。二者的综合作用，都使地球的负熵流的绝对值减小。

习　题

1. 某理想气体从始态 p_1、V_1、T_1 经下述二途径变为终态 p_2、V_2、T_1：

(1) 等温可逆膨胀。

(2) 从 p_1、V_1、T_1 经绝热膨胀至 p_3、V_2、T_2，然后在恒容条件下加热至 p_2、V_2、T_1。

计算上述二途径引起体系的熵变 ΔS。ΔS 是否与过程无关？

2. 在 100℃和 101.325kPa 的条件下，1mol 的水置于 100℃的热源上可逆地蒸发为气体，已知蒸发热为 40.69kJ·mol^{-1}。求

(1) 水的熵变

(2) 热源的熵变

(3) 总熵变

3. 1mol 的 CO_2 发生下述变化：

$$CO_2(\text{g}, 298.15\text{K}, p^\ominus) \longrightarrow CO_2(\text{g}, 1000\text{K}, p^\ominus)$$

已知 CO_2 (g) 在此温度范围的 $C_{p,\text{m}} = (26.648 + 42.262 \times 10^{-3}\,T - 142.4 \times 10^{-7}\,T^2)\ \text{J·K}^{-1}\text{·mol}^{-1}$。求 ΔS。

4. 1mol 单原子理想气体经下述二过程由 300K 升温至 500K：

(1) 恒容升温

(2) 恒压升温

计算上述过程的熵变。

5. 两块相同质量材料的金属，一块的温度为 T_1、另一块的温度为 T_2。当它们彼此接触且达热平衡。证明熵变为：

$$\Delta S = C_p \ln \frac{(T_1 + T_2)^2}{4T_1T_2}$$

6. 300K 时某理想气体等温可逆地从 1dm^3 膨至 10dm^3，已知始态的压力为 $20.27p^\ominus$，计算：

(1) 气体的熵变

(2) 环境的熵变

(3) 总熵变

7. 3mol 的理想气体在 300K 时经下述二过程由 90dm^3 变为 300dm^3：

(1) 等温可逆膨胀

(2) 等温向真空膨胀

计算上述二过程的 ΔU、ΔH、ΔS、W、Q。

8. 1mol 理想气体从始态 300K、$1p^\ominus$ 变为终态 1000K、$2p^\ominus$，求熵变 ΔS。

9. 1mol 单原子理想气体从始态 300K、$p^\ominus$ 经绝热对抗恒外压 $0.5p^\ominus$ 膨胀至终态 240K、

$0.5p^{\ominus}$。计算体系的熵变。

10. 10mol 的 H_2 与 2mol 的 D_2 在 25℃、$p^{\ominus}$下等温等压混合，求 ΔS。设 H_2 与 D_2 可视为理想气体。

11. 1mol 压力为 $p^{\ominus}$温度为 T 的理想气体 A 与 1mol 压力为 $2p^{\ominus}$温度为 T 的理想气体 B 等温混合，求 ΔS。

12. 1mol 铝从 600℃加热至 700℃。已知铝的熔点为 660℃，熔化热为 $393\text{J}\cdot\text{g}^{-1}$，铝的固态和液态的热容分别为 $31.8\text{J}\cdot\text{K}^{-1}\cdot\text{mol}^{-1}$和 $34.4\text{J}\cdot\text{K}^{-1}\cdot\text{mol}^{-1}$。求加热过程的熵变。

13. 11 克 H_2（g）由 $p^{\ominus}$、V 经二途径膨胀至 $3V$：

（1）等温可逆膨胀

（2）绝热可逆膨胀

计算上述两个过程体系、环境的熵变及总熵变。

14. 对工作于 100℃与 20℃的热机供给 1000J 的热，最多能获得多少功？若把 100℃的高温热源的温度升高至 150℃，最多能多得到多少功？

15. 1mol 理想气体在 $p^{\ominus}$、T 时的熵为 $S_m^{\ominus}$，其在 $p^* = 101.325\text{kPa}$ 时的熵为 S_m^*。请计算 $S_m^{\ominus} - S_m^*$ 的数值。若把理想气体换成液体或固体，其结果如何？

16. 理想气体在活塞中等温膨胀，$\Delta U = Q + W = 0$，活塞从环境吸收的热完全变为体系对环境所做的功。即环境失去的热 100% 的变为环境得到的功。这违背了热力学第二定律了吗？为什么？

17. 计算下列反应在 298.15K 时的 $\Delta S^{\ominus}$：

（1）$2H_2$（g）$+ O_2$（g）$=\!=\!=$ $2H_2O$（l）

（2）$2H_2$（g）$+ O_2$（g）$=\!=\!=$ $2H_2O$（g）

（3）$CaCO_3$（s）$=\!=\!=$ CaO（s）$+ CO_2$（g）

18. 判断下列叙述中何者是正确的，何者是错误的：

（1）体系发生不可逆过程，体系的熵必定增大

（2）发生不可逆过程时，环境的熵必定增大

（3）发生不可逆变化时，宇宙的熵必然增大

（4）发生可逆变化的体系的熵不变

（5）发生可逆变化的环境的熵不变

（6）发生可逆变化时宇宙的熵不变

（7）隔离体系经历可逆过程，熵值不变

（8）隔离体系经历可逆过程，焓 H 的数值不变

19. 在 101325kPa 条件下，1mol −10℃的水变为 −10℃的冰，$\Delta H = -5619\text{J}\cdot\text{mol}^{-1}$，$\Delta S = -20.54\text{J}\cdot\text{K}^{-1}\cdot\text{mol}^{-1}$，求 ΔG。

20. 1mol H_2O（l）在恒温的条件下压力从 $p^{\ominus}$升至 $1001p^{\ominus}$，求 ΔG。水的体积可视为常数。

21. 1mol 理想气体在 25℃时经下述三过程从 $p^{\ominus}$膨胀至 $0.1p^{\ominus}$。

（1）等温可逆膨胀

（2）等温对抗恒外压 $0.1p^{\ominus}$膨胀

计算上述二过程的 ΔG。

22. 1mol 氦在 100℃时等温可逆地从 $2p^{\ominus}$压缩至 $10p^{\ominus}$，若可以把氦气视为理想气体，求 Q、W、ΔG、ΔF、ΔH、ΔU 及 ΔS。

23. 某物质吉布斯能随温度的变化函数为：

$$\frac{G}{T} = a + b \cdot \frac{1}{T} + c \cdot \frac{1}{T^2}$$

求 S 及 H 随温度而变的函数并以 $G = H - TS$ 验证之。

24. 在 -3℃和 101.325kPa 的条件下，1mol、-3℃的水凝固成 -3℃的冰，已知水的密度为 $0.9996 \times 10^3 \text{kg} \cdot \text{m}^{-3}$，水蒸气可视为理想气体。-3℃时水和冰的饱和蒸气压分别为 489Pa 和 475Pa。求该过程体系的 ΔG。

25. 计算在 p 为 101.325kPa 时 1mol、-3℃的水变为 -3℃的冰的 ΔG。已知 0℃时冰的熔化热为 $6000\text{J} \cdot \text{mol}^{-1}$，而水和冰的恒压热容分别为 75.3 和 $38\text{J} \cdot \text{K}^{-1} \cdot \text{mol}^{-1}$。

26. 298.15K 时 0.8mol N_2 与 0.2mol O_2 混合成 1mol 的空气。求此混合过程的 ΔG 与 ΔS。

27. 证明 $\left(\frac{\partial U}{\partial S}\right)_V = \left(\frac{\partial H}{\partial S}\right)_p$ 和 $\left(\frac{\partial H}{\partial p}\right)_S = \left(\frac{\partial G}{\partial p}\right)_T$

28. 某气体的状态方程为：

$$pV_m = RT + ap + bp^2$$

（1）求出 $\left(\frac{\partial S}{\partial p}\right)_T$ 的表达式。

（2）1mol 该气体等温从 p_2 变为 p_1，求 ΔG 的表达式。

习题答案

1. $\Delta S = nR\ln\frac{V_2}{V_1}$与过程无关

2. （1）$109.04\text{J} \cdot \text{K}^{-1} \cdot \text{mol}^{-1}$

   （2）$-109.04\text{J} \cdot \text{K}^{-1} \cdot \text{mol}^{-1}$

   （3）0

3. $55.42\text{J} \cdot \text{K}^{-1} \cdot \text{mol}^{-1}$

4. （1）$6.371\text{J} \cdot \text{K}^{-1} \cdot \text{mol}^{-1}$

   （2）$10.618\text{J} \cdot \text{K}^{-1} \cdot \text{mol}^{-1}$

6. （1）$15.56\text{J} \cdot \text{K}^{-1}$

   （2）$-15.56\text{J} \cdot \text{K}^{-1}$

   （3）0

7. （1）$\Delta U = \Delta H = 0$

   $\Delta S = 30.03\text{J} \cdot \text{K}^{-1}$

   $W = -9.01\text{kJ}$

   $Q = 9.01\text{kJ}$

   （2）$\Delta U = \Delta H = 0$

   $\Delta S = 30.03\text{J} \cdot \text{K}^{-1}$

   $W = Q = 0$

8. $19.26\text{J} \cdot \text{K}^{-1} \cdot \text{mol}^{-1}$

9. $1.12\text{J} \cdot \text{K}^{-1} \cdot \text{mol}^{-1}$

10. $44.95\text{J} \cdot \text{K}^{-1}$

11. $12.51\text{J} \cdot \text{K}^{-1}$

12. $14.92\text{J} \cdot \text{K}^{-1}$

13. （1）$\Delta G_{体} = -\Delta S_{环} = 45.31\text{J} \cdot \text{K}^{-1}$

    $\Delta S_{总} = 0$

    （2）$\Delta S_{体} = \Delta S_{环} = \Delta S_{总} = 0$

14. 214J；93J

15. $0.109\text{J} \cdot \text{K}^{-1} \cdot \text{mol}^{-1}$

    可略而不计

16. 没有违背。理想气体状态改变

17. （1）$-326.6\text{J} \cdot \text{K}^{-1} \cdot \text{mol}^{-1}$

    （2）$-88.8\text{J} \cdot \text{K}^{-1} \cdot \text{mol}^{-1}$

    （3）$159.1\text{J} \cdot \text{K}^{-1} \cdot \text{mol}^{-1}$

18. (1)错(2)错(3)对(4)错(5)错(6)对(7)对(8)错

19. $-213.9\text{J} \cdot \text{mol}^{-1}$

20. $1.8\text{kJ}\cdot\text{mol}^{-1}$

21. (1) $-5708\text{J}\cdot\text{mol}^{-1}$

(2) $-5708\text{J}\cdot\text{mol}^{-1}$

22. $Q=-4993\text{J}$ $W=4993\text{J}$

$\Delta G=4993\text{J}$ $\Delta F=4993\text{J}$

$\Delta H=\Delta U=0$ $\Delta S=-13.38\text{J}\cdot\text{K}^{-1}$

23. $S=-a+c/T^2$

$H=b+2c/T$

24. $-65.1\text{J}\cdot\text{K}^{-1}\cdot\text{mol}^{-1}$

25. $-63.6\text{J}\cdot\text{K}^{-1}\cdot\text{mol}^{-1}$

26. $\Delta G=-1239\text{J}\cdot\text{mol}^{-1}$

$\Delta S=4.159\text{J}\cdot\text{K}^{-1}\cdot\text{mol}^{-1}$

28. (1) $-R/p$

(2) $RT\ln\dfrac{p_1}{p_2}+a(p_1-p_2)+\dfrac{b}{2}(p_1^2-p_2^2)$

第三章　多组分体系热力学

前述的热力学仅限于封闭体系，它的公式和结论不适用于开放体系。前述的热力学基本方程，适用于组成不变、非体积功为零的单相体系。对于与环境有物质交换的开放体系，对于有不可逆相变和化学反应的封闭体系，它们的基本规律是怎样的呢？这是本章所要回答的问题。

第一节　偏摩尔量

描述质量一定的单组分单相封闭体系的状态，只需两个状态性质，如描述一定量的理想气体的状态，用 T、p、V 中的任意两个就足够了。但是，在实践中更多遇到的是多种物质组成的体系，即多组分体系。如混合气体、溶液都是多组分体系。显然，要准确地描述一个多组分体系的状态，仅仅指定其压力和温度是不够的；只有体系中诸种物质的量（或浓度）同时确定后，体系的状态才能确定。

压力和温度一定的多组分封闭体系，某种热力学广度性质不等于各物质纯态时的这一广度性质的加和。例如：298K 和 $p^{\ominus}$ 下，100cm^3 的水和 100cm^3 的乙醇混合均匀，实测的混合溶液的体积不等于 200cm^3，而是 192cm^3，这是众所周知的关于分子间存在空隙的实证实验。由此自然而然地派生出一个饶有兴趣而又必须解决的问题：混合液的体积是由什么决定的？它的计算公式是怎样的？对此，科学不能不做出回答。况且，这样的问题不单单是体积问题，体系的其它广度性质，如 U、H、F、G、S 等，都存在这样的问题。

这个问题的解决有赖于新概念——偏摩尔量的提出。

一、偏摩尔量

多组分均相体系的某种广度性质 Z（Z 可以是 V、U、H、S、F、G 中的任何一个）可以看做是 T、p 及各物质的量的函数：

$$Z = f(T, p, n_1, n_2, \cdots\cdots)$$

n_1，n_2，……是诸物质的摩尔数。Z 的全微分为：

$$dZ = \left(\frac{\partial Z}{\partial T}\right)_{p,n_i} dT + \left(\frac{\partial Z}{\partial p}\right)_{T,n_i} dp + \left(\frac{\partial Z}{\partial n_1}\right)_{T,p,n_{j\neq 1}} dn_1 + \left(\frac{\partial Z}{\partial n_2}\right)_{T,p,n_{j\neq 2}} dn_2 + \cdots + \left(\frac{\partial Z}{\partial n_k}\right)_{T,p,n_{j\neq k}} dn_k$$

在等温等压的条件下，$dT = 0$、$dp = 0$，上式可写为：

$$dZ = \sum_{B=1}^{k}\left(\frac{\partial Z}{\partial n_B}\right)_{T,p,n_{j\neq B}} dn_B$$

令

$$\bar{Z}_B = \left(\frac{\partial Z}{\partial n_B}\right)_{T,p,n_{j\neq B}} \tag{3-1}$$

$\bar{Z}_B$ 称为多组分体系中物质 B 的偏摩尔量（partial molar quantities），Z 上面的一横线表示偏摩尔量。$n_{j\neq B}$ 表示除了 n_B 外，其它组分的摩尔数恒定。

因此

$$dZ=\left(\frac{\partial Z}{\partial T}\right)_{p,n_i}dT+\left(\frac{\partial Z}{\partial p}\right)_{T,n_i}dp+\sum_B(\bar{Z}_B dn_B) \tag{3-2}$$

Z 为体系的任意广度性质，n_i 表示所有的组分的摩尔数均不变。Z 为 V、U、H、F、S 和 G 时，分别得到：

$\bar{V}_B=\left(\frac{\partial V}{\partial n_B}\right)_{T,p,n_{j\neq B}}$ 物质 B 的偏摩尔体积

$\bar{U}_B=\left(\frac{\partial U}{\partial n_B}\right)_{T,p,n_{j\neq B}}$ 物质 B 的偏摩尔内能

$\bar{H}_B=\left(\frac{\partial H}{\partial n_B}\right)_{T,p,n_{j\neq B}}$ 物质 B 的偏摩尔焓

$\bar{S}_B=\left(\frac{\partial S}{\partial n_B}\right)_{T,p,n_{j\neq B}}$ 物质 B 的偏摩尔熵

$\bar{F}_B=\left(\frac{\partial F}{\partial n_B}\right)_{T,p,n_{j\neq B}}$ 物质 B 的偏摩尔亥姆霍兹能

$\bar{G}_B=\left(\frac{\partial G}{\partial n_B}\right)_{T,p,n_{j\neq B}}$ 物质 B 的偏摩尔吉布斯能

从定义式（3-1）可以看出：偏摩尔量 $\bar{Z}_B$ 是在温度、压力保持恒定的条件下，向组成一定的体系中加入 dn_B 摩尔的 B 物质所引起广度性质 Z 的增量 dZ 与 dn_B 之比，即是在上述条件下的广度性质随 n_B 的变化率。也可理解为：在 T、p 及组成一定的无限大的体系中再加入 1mol 的 B 物质，所引起广度性质 Z 的增量即为 B 物质 Z 的偏摩尔量 $\bar{Z}_B$。

广度性质 Z 的偏摩尔量是恒定温度恒定压力条件下两个广度性质的商，因而是强度性质。$\bar{Z}_B$ 与温度、压力有关，也与物质的种类及体系的组成有关。

二、偏摩尔量集合公式

偏摩尔量既为体系的强度性质，它与体系的组成有关，而与体系的物质的总量无关。如果某体系所含诸种物质的量分别为 n_1、n_2、……、n_k 摩尔，而这一体系一开始即同时加入 dn_1、dn_2、……、dn_k 摩尔的物质并立即混合之，且保证 $dn_1:dn_2:\cdots:dn_k=n_1:n_2:\cdots:n_k$，这样使体系的体积不断增大以保证从始至终体系中诸物质的浓度保持不变，这保证了 $\bar{Z}_B$ 为一常数，把式（3-2）在温度、压力恒定时积分得：

$$Z=\bar{Z}_1 n_1+\bar{Z}_2 n_2+\cdots+\bar{Z}_k n_k=\sum_B(\bar{Z}_B n_B) \tag{3-3}$$

式（3-3）即为偏摩尔量集合公式。若体系只含两种物质，则

$$Z=\bar{Z}_1 n_1+\bar{Z}_2 n_2$$

若广度性质 Z 为体积 V，则

$$V=\bar{V}_1 n_1+\bar{V}_2 n_2$$

由此可见：两种液态物质混合后的体积 V 不等于混合前的两种纯液体的体积之和。

把集合公式（3-3）应用于 V、U、H、S、F 和 G，分别得到：

$$V=\sum_B(\bar{V}_B n_B)$$

$$U=\sum_B(\bar{U}_B n_B)$$

$$H = \sum_{B} (\bar{H}_B n_B)$$
$$S = \sum_{B} (\bar{S}_B n_B)$$
$$F = \sum_{B} (\bar{F}_B n_B)$$
$$G = \sum_{B} (\bar{G}_B n_B)$$

三、吉布斯 - 杜亥姆公式

温度、压力一定的多组分体系，倘若物质的量发生变化，即 n_1、n_2、…、n_k 发生变化，则相应的偏摩尔量也随溶液的浓度发生变化而变化。在 T、p 恒定时，对集合公式（3-3）取全微分得：

$$\begin{aligned} dZ &= \bar{Z}_1 dn_1 + n_1 d\bar{Z}_1 + \bar{Z}_2 dn_2 + n_2 d\bar{Z}_2 + \cdots + \bar{Z}_k dn_k + n_k d\bar{Z}_k \\ &= \sum_{B} (\bar{Z}_B dn_B) + \sum_{B} (n_B d\bar{Z}_B) \end{aligned} \tag{3-4}$$

式（3-4）减去式（3-2）得：

$$\sum_{B} (n_B d\bar{Z}_B) = 0 \tag{3-5}$$

即

$$n_1 d\bar{Z}_1 + n_2 d\bar{Z}_2 + \cdots + n_k d\bar{Z}_k = 0 \tag{3-6}$$

式（3-5）与（3-6）称为吉布斯 - 杜亥姆公式（Gibbs - Duhem 's equation）。它说明偏尔量随浓度的变化不是彼此独立的，而是相互有关联的，例如：在 T、p 恒定时，二组分体系体积的吉布斯 - 杜亥姆公式为：

$$n_1 d\bar{V}_1 + n_2 d\bar{V}_2 = 0$$

它说明：如果一个组分的偏摩尔体积增加，另一组分的偏摩尔体积必定减小。这可以用于检验试验结果的正确性。

第二节　化学势

一、化学势

在多组分体系的诸多偏摩尔量中，偏摩尔吉布斯能具有特别重要的意义，有着广泛的应用。因而特地用符号 μ 来表示，称为化学势（chemical potential），它的定义为：

$$\mu_B = \left(\frac{\partial G}{\partial n_B}\right)_{T,p,n_{j\neq B}} \tag{3-7}$$

对于多组分均相体系，如果该体系处于温度和压力平衡的状态，则吉布斯能可以看做是 T、p 及诸物质的量的函数：

$$G = f(T, p, n_1, n_2, \cdots, n_k)$$

G 的全微分为：

$$\begin{aligned} dG &= \left(\frac{\partial G}{\partial T}\right)_{p,n_i} dT + \left(\frac{\partial G}{\partial p}\right)_{T,n_i} dp + \left(\frac{\partial G}{\partial n_1}\right)_{T,p,n_{j\neq 1}} dn_1 + \left(\frac{\partial G}{\partial n_2}\right)_{T,p,n_{j\neq 2}} \\ &\quad dn_2 + \cdots + \left(\frac{\partial G}{\partial n_k}\right)_{T,p,n_{j\neq k}} dn_k \\ &= \left(\frac{\partial G}{\partial T}\right)_{p,n_i} dT + \left(\frac{\partial G}{\partial p}\right)_{T,n_i} dp + \sum_{B} (\mu_B dn_B) \end{aligned} \tag{3-8}$$

如果体系的组成及物质的量保持不变，则式（3-8）中的 dn_1、dn_2、dn_k 为零，式（3-8）变为：

$$dG=\left(\frac{\partial G}{\partial T}\right)_{p,n_i}dT+\left(\frac{\partial G}{\partial p}\right)_{T,n_i}dp$$

将此式与 $dG=-SdT+Vdp$ 相比可得：

$$\left(\frac{\partial G}{\partial T}\right)_{p,n_i}=-S \qquad \left(\frac{\partial G}{\partial p}\right)_{T,n_i}=V$$

代入式（3-8）得：

$$dG=-SdT+Vdp+\sum_B(\mu_B dn_B) \tag{3-9}$$

从式（3-9）可以看出：在组成发生变化或开放的均相体系，其吉布斯能随 T、p、及 n_B 的改变而改变。

对于多相体系，依上述方法所得公式应为：

$$dG=-SdT+Vdp+\sum_\alpha\sum_B[\mu_B(\alpha)\,dn_B(\alpha)] \tag{3-10}$$

式中 α 代表相的数目。式（3-10）中先对同一相中的 $\mu_B dn_B$ 进行加和，再对所有的相进行加和。式中的 S 为体系的总熵，V 为体系的总体积。

由于 $G=H-TS=U+pV-TS$，所以

$$dG=dU+pdV+Vdp-TdS-SdT$$

移项得：

$$dU=dG-pdV-Vdp+TdS+SdT$$

将 $dG=-SdT+Vdp+\sum_B(\mu_B dn_B)$ 代入上式并整理得：

$$dU=TdS-pdV+\sum_B(\mu_B dn_B) \tag{3-11}$$

同理可得：

$$dH=TdS+Vdp+\sum_B(\mu_B dn_B) \tag{3-12}$$

$$dF=-SdT-pdV+\sum_B(\mu_B dn_B) \tag{3-13}$$

同样，对于多相体系，则有：

$$dU=TdS-pdV+\sum_\alpha\sum_B[\mu_B(\alpha)\,dn_B(\alpha)] \tag{3-14}$$

$$dH=TdS+Vdp+\sum_\alpha\sum_B[\mu_B(\alpha)\,dn_B(\alpha)] \tag{3-15}$$

$$dF=-SdT-pdV+\sum_\alpha\sum_B[\mu_B(\alpha)\,dn_B(\alpha)] \tag{3-16}$$

从式（3-11）可以看出：体系的内能 U 是 S、V、n_1、n_2、…、n_k 的函数：

$$U=f(S、V、n_1、n_2、\cdots、n_k)$$

所以

$$dU=\left(\frac{\partial U}{\partial S}\right)_{V,n_i}dS+\left(\frac{\partial U}{\partial V}\right)_{S,n_i}dV+\left(\frac{\partial U}{\partial n_1}\right)_{S,V,n_{j\neq 1}}dn_1$$
$$+\left(\frac{\partial U}{\partial n_2}\right)_{S,V,n_{j\neq 2}}dn_2+\cdots+\left(\frac{\partial U}{\partial n_k}\right)_{S,V,n_{j\neq k}}dn_k \tag{3-17}$$

当体系中诸物质摩尔数不变时，将此式与 $dU=TdS-pdV$ 相比较得：

$$\left(\frac{\partial U}{\partial S}\right)_{V,n_i}=T \qquad \left(\frac{\partial U}{\partial V}\right)_{S,n_i}=-p$$

代入式（3-17）得：

$$dU = TdS - pdV + \left(\frac{\partial U}{\partial n_1}\right)_{S,V,n_{j\neq 1}} dn_1 + \left(\frac{\partial U}{\partial n_2}\right)_{S,V,n_{j\neq 2}} dn_2 + \cdots + \left(\frac{\partial U}{\partial n_k}\right)_{S,V,n_{j\neq k}} dn_k \qquad (3-18)$$

将式（3-18）与式（3-11）比较可得：

$$\mu_B = \left(\frac{\partial U}{\partial n_B}\right)_{S,V,n_{j\neq B}}$$

同样的处理方法，将焓 H 看做是 S、p、n_i 的函数，可得：

$$\mu_B = \left(\frac{\partial H}{\partial n_B}\right)_{S,p,n_{j\neq B}}$$

同理，将亥姆霍兹能 F 看做为 T、V、n_i 的函数，可得：

$$\mu_B = \left(\frac{\partial F}{\partial n_B}\right)_{T,V,n_{j\neq B}}$$

综合上述关于化学势的定义得到：

$$\mu_B = \left(\frac{\partial U}{\partial n_B}\right)_{S,V,n_{j\neq B}} = \left(\frac{\partial H}{\partial n_B}\right)_{S,p,n_{j\neq B}} = \left(\frac{\partial F}{\partial n_B}\right)_{T,V,n_{j\neq B}} = \left(\frac{\partial G}{\partial n_B}\right)_{T,p,n_{j\neq B}} \qquad (3-19)$$

从式（3-19）看出：只有以吉布斯能 G 定义的化学势才是偏摩尔量：$\mu_B = \bar{G}_B$。因此，化学势的物理意义为在温度、压力恒定的体系中，在保持其它组分的量不变的前提下加入 dn_B 摩尔的 B 物质所产生的吉布斯能的增量 dG 与 dn_B 的比值，即在上述条件下的吉布斯能 G 随 n_B 的变化率。也可理解为：在处于热平衡与压力平衡的定组成的无限大的体系中，再加入 1 摩尔的 B 物质，所引起的吉布斯能的增量即是物质 B 在上述条件下的化学势。当然，也可根据式（3-19）结出 μ_B 物理意义的其它解释。

二、化学势的应用

实际上，$\mu_B dn_B$ 可理解为化学功，广义力为化学势 μ_B，广义位移为 dn_B，体系中物质 B 的量增加，$dn_B > 0$；物质 B 的量减少，$dn_B < 0$。当体系中有不是处于化学平衡条件下的化学反应和不可逆的相变化发生时，其化学功 $\sum_B (\mu_B dn_B)$ 不为零。

根据式（3-13）和式（3-16），当温度和体积恒定时得到：

$$dF = \sum_B (\mu_B dn_B) \qquad (3-20)$$

$$dF = \sum_\alpha \sum_B [\mu_B(\alpha) dn_B(\alpha)] \qquad (3-21)$$

因而，在恒温恒容和除化学功之外的非体积功为零的条件下，判断过程的自发与否变成：

$$dF = \sum_B (\mu_B dn_B) \begin{cases} <0, & \text{可自发进行} \\ =0, & \text{为可逆过程} \\ >0, & \text{不能自发进行} \end{cases}$$

对于多相体系，则为：

$$dF = \sum_\alpha \sum_B [\mu_B(\alpha) dn_B(\alpha)] \begin{cases} <0, & \text{可自发进行} \\ =0, & \text{为可逆过程} \\ >0, & \text{不能自发进行} \end{cases}$$

同理，根据式（3-9）和式（3-10），当温度和压力恒定时得到：

$$dG = \sum_B (\mu_B dn_B) \qquad (3-22)$$

$$dG = \sum_{\alpha}\sum_{B}[\mu_B(\alpha)\,dn_B(\alpha)] \tag{3-23}$$

因而，在恒温恒压和除化学功之外的非体积功为零的条件下，判断过程的自发与否就成为：

$$dG = \sum_{B}(\mu_B dn_B)\begin{cases} <0, & \text{可自发进行} \\ =0, & \text{为可逆过程} \\ >0, & \text{不能自发进行} \end{cases}$$

上述判据，既可适用于封闭体系，也可应用于开放体系。

1. 化学势在相变过程中的应用

假设某体系有 α 和 β 相，两相均由多种物质组成。在等温等压的条件下，设有 dn_B 的 B 物质从 β 相转移到 α 相，此过程的 dG 为：

$$dG = dG(\alpha) + dG(\beta)$$

$dG(\alpha)$ 与 $dG(\beta)$ 分别为 dn_B 的转移引起的 α 相与 β 相吉布斯能的变化。dn_B 的符号规定与前述的一致：得到物质为正，失去物质为负。所以，$dn_B(\alpha)>0$，$dn_B(\beta)<0$，且 $dn_B(\beta) = -dn_B(\alpha)$，所以

$$\begin{aligned} dG &= \mu_B(\alpha)dn_B(\alpha) + \mu_B(\beta)dn_B(\beta) \\ &= \mu_B(\alpha)dn_B + \mu_B(\beta)(-dn_B) \\ &= [\mu_B(\alpha) - \mu_B(\beta)]dn_B \end{aligned}$$

若上述 dn_B 的 B 物质的转移在平衡情况下可逆进行，则 $dG=0$，因此

$$[\mu_B(\alpha) - \mu_B(\beta)]dn_B = 0$$

因为 $dn_B>0$，所以

$$\mu_B(\alpha) = \mu_B(\beta) \tag{3-24}$$

可见，物质在两相间等温等压条件下可逆转移的充分且必要的条件是物质在两相中的化学势相等。

若上述转移是自发进行的，则 $dG<0$，因此

$$[\mu_B(\alpha) - \mu_B(\beta)]\,dn_B < 0$$

因为 $dn_B>0$，所以

$$\mu_B(\alpha) - \mu_B(\beta) < 0$$

即

$$\mu_B(\beta) > \mu_B(\alpha) \tag{3-25}$$

可见，在等温等压的条件下，物质总是从化学势高的相流向化学势低的相。随着物质这样自发的转移，$\mu_B(\beta)$ 不断减小，$\mu_B(\alpha)$ 不断增加，直至 $\mu_B(\beta) = \mu_B(\alpha)$。

例 3-1 有六种不同状态的 H_2O：

(a)100℃、101325Pa 的 $H_2O(l)$；(b)100℃、101325Pa 的 $H_2O(g)$；(c)100℃、202.6kPa 的 $H_2O(l)$；(d)100℃、202.6kPa 的 $H_2O(g)$；(e)101℃、101325Pa 的 $H_2O(l)$；(f)101℃、101325Pa 的 $H_2O(g)$。试比较：(1)$\mu(a)$与 $\mu(b)$；(2)$\mu(c)$与 $\mu(a)$；(3)$\mu(d)$与 $\mu(b)$；(4)$\mu(c)$与 $\mu(d)$；(5)$\mu(e)$与 $\mu(f)$。

解：(1)100℃、101325Pa 的 $H_2O(L)$变为 100℃、101325Pa 的 $H_2O(g)$为等温等压下的可逆相变，$\Delta G=0$，所以 $\mu(a)=\mu(b)$

(2) 纯水的 G 在温度相同时压力越大，摩尔吉布斯能越大，因此$\mu(c)>\mu(a)$。

(3) 温度相同时，$dG = Vdp$，压力越大，摩尔吉布斯能越大，故$\mu(d)>\mu(b)$。

(4) 因为气态的体积大于液态的体积：$V_m(\mathrm{g}) > V_m(\mathrm{l})$,因而从相同的初始压力变为相同的终态压力,气态的 ΔG 要比液态的 ΔG 来得大,因此 $\mu(\mathrm{c}) < \mu(\mathrm{d})$。

(5) 101℃、101.325kPa 的$H_2O(l)$为过热水,它变为 101℃、101.325kPa 的 $H_2O(g)$为自发发生的过程,故 $\mu(\mathrm{e}) > \mu(\mathrm{f})$。

2. 化学势在化学反应中的应用

设有化学反应：

$$a\mathrm{A} + d\mathrm{D} \Longrightarrow g\mathrm{G} + h\mathrm{H}$$

若在等温等压的条件下，该化学反应进行了 dξmol，因为

$$\mathrm{d}\xi = \frac{\mathrm{d}n_{\mathrm{B}}}{\nu_{\mathrm{B}}} = \frac{\mathrm{d}n_{\mathrm{A}}}{-a} = \frac{\mathrm{d}n_{\mathrm{D}}}{-d} = \frac{\mathrm{d}n_{\mathrm{G}}}{g} = \frac{\mathrm{d}n_{\mathrm{H}}}{h}$$

这意味着 a（dξ）mol 的 A 与 d（dξ）mol 的 D 反应生成了 g（dξ）mol 的 G 和 h（dξ）mol 的 H，其吉布斯能的变化为：

$$\mathrm{d}G = h(\mathrm{d}\xi)\mu_{\mathrm{H}} + g(\mathrm{d}\xi)\mu_{\mathrm{G}} - a(\mathrm{d}\xi)\mu_{\mathrm{A}} - d(\mathrm{d}\xi)\mu_{\mathrm{D}}$$

若要反应自发地向右进行，则 dG <0，即

$$\sum_{\mathrm{B}}(\nu_{\mathrm{B}}\mu_{\mathrm{B}}) < 0 \tag{3-26}$$

达到化学反应平衡时，dG =0，即

$$\sum_{\mathrm{B}}(\nu_{\mathrm{B}}\mu_{\mathrm{B}}) = 0 \tag{3-27}$$

三、化学势与压力、温度的关系

1. 化学势与压力的关系

在温度 T 及体系中诸物质的摩尔数 n_i 不变的情况下，化学势随压力的变化为：

$$\left(\frac{\partial\mu_{\mathrm{B}}}{\partial p}\right)_{T,n_i} = \left[\frac{\partial}{\partial p}\left(\frac{\partial G}{\partial n_{\mathrm{B}}}\right)_{T,p,n_{j\neq\mathrm{B}}}\right]_{T,n_i} = \left[\frac{\partial}{\partial n_{\mathrm{B}}}\left(\frac{\partial G}{\partial p}\right)_{T,n_i}\right]_{T,p,n_{j\neq\mathrm{B}}} = \left(\frac{\partial V}{\partial n_{\mathrm{B}}}\right)_{T,p,n_{j\neq\mathrm{B}}} = \bar{V}_{\mathrm{B}}$$

即

$$\left(\frac{\partial\mu_{\mathrm{B}}}{\partial p}\right)_{T,n_i} = \bar{V}_{\mathrm{B}} \tag{3-28}$$

$\bar{V}_{\mathrm{B}}$ 为物质 B 的偏摩尔体积。

式（3-28）与$\left(\frac{\partial G}{\partial p}\right)_{T,n_i} = V$ 相比较可以看出：只在将 G 换成偏尔量 μ，将体积 V 换成其相应的偏摩尔量 $\bar{V}$，公式仍然成立。

2. 化学势与温度的关系

同理，化学势随温度的变化为：

$$\left(\frac{\partial\mu_{\mathrm{B}}}{\partial T}\right)_{p,n_i} = \left[\frac{\partial}{\partial T}\left(\frac{\partial G}{\partial n_{\mathrm{B}}}\right)_{T,p,n_{j\neq\mathrm{B}}}\right]_{p,n_i} = \left[\frac{\partial}{\partial n_{\mathrm{B}}}\left(\frac{\partial G}{\partial T}\right)_{p,n_i}\right]_{T,p,n_{j\neq\mathrm{B}}} = \left[\frac{\partial(-S)}{\partial n_{\mathrm{B}}}\right]_{T,p,n_{j\neq\mathrm{B}}} = -\bar{S}_{\mathrm{B}}$$

即

$$\left(\frac{\partial\mu_{\mathrm{B}}}{\partial T}\right)_{p,n_i} = -\bar{S}_{\mathrm{B}} \tag{3-29}$$

式（3-29）与$\left(\frac{\partial G}{\partial T}\right)_{p,n_i} = -S$ 相比，也仅是以 μ 及 $\bar{S}$ 取代了后者中的 G 与 S 而已，公

式照样成立。

同理，从 $G = H - TS$ 可得：

$$\mu_B = \bar{H}_B - T\bar{S}_B$$

而

$$\left[\frac{\partial\left(\frac{\mu_B}{T}\right)}{\partial T}\right]_{p,n_i} = \frac{T\left(\frac{\partial\mu_B}{\partial T}\right)_{p,n_i} - \mu_B}{T^2} = -\frac{T\bar{S}_B + \mu_B}{T^2} = -\frac{\bar{H}_B}{T^2} \tag{3-30}$$

同样可以发现：多组分体系的热力学公式与纯物质或组成不变的体系的热力学公式取相同的形式，只是以相应的广度性质的偏摩尔量取代了原公式中的广度性质。

第三节　气体的化学势

时至今日，人们尚不能知道内能 U、焓 H、吉布斯能 G 及化学势 μ 的绝对值，但这无关大局，因为热力学依靠比较它们的相对变化就可以方便地解决问题。因而 ΔG 远比 G 的绝对值来得重要，化学势的相对大小远比它的绝对值来得重要。

一、纯理想气体的化学势

对纯的理想气体体系，该理想气体的偏摩尔吉布斯能（化学势）就是摩尔吉布斯能 G_m：

$$\left(\frac{\partial G}{\partial n}\right)_{T,p} = G_m = \mu$$

在温度一定时，对单组分的理想气体体系显然有：

$$dG_m = V_m dp = \frac{RT}{p}dp$$

若压力从 $p^\ominus$ 到 p，对上式积分得：

$$\int_{G_m(p^\ominus)}^{G_m(p)} dG_m = \int_{p^\ominus}^{p} \frac{RT}{p}dp$$

$$G_m(p) - G_m(p^\ominus) = RT\ln\frac{p}{p^\ominus}$$

即

$$\mu - \mu^\ominus(T) = RT\ln\frac{p}{p^\ominus}$$

移项得：

$$\mu = \mu^\ominus(T) + RT\ln\frac{p}{p^\ominus} \tag{3-31}$$

式中 $\mu^\ominus(T)$ 为温度为 T 压力为 $p^\ominus$ 的纯理想气体的化学势，它仅为温度的函数。$\mu^\ominus(T)$ 是理想气体的标准态的化学势，理想气体的标准态乃是温度为 T、压力为 $p^\ominus$ 的纯理想气体。

二、混合理想气体的化学势

理想气体模型认为理想气体分子的体积可略而不计，即把分子看做为质点，且分子之间无相互作用。对混合的理想气体，由于分子无体积且无相互作用，因此某种理想气体在混合理想气体中的状态与该量的纯理想气体单独占据混合体系的体积的状态相同。可以设想有一刚性半透膜将含 B 理想气体的混合气体（左）与纯 B 理想气体（右）隔开，该半透膜只允许 B 理想气体的分子通过，当达到平衡时，B 理想气体在左、右室的化学势相等。因此，分压为 p_B 的 B 理想气体在混合气体中的化学势为：

$$\mu_B = \mu_B^{\ominus}(T) + RT\ln\frac{p_B}{p^{\ominus}} \tag{3-32}$$

同理，$\mu_B^{\ominus}(T)$ 为纯理想气体 B 在标准态时的化学势。

三、实际气体的化学势

实际气体，特别是压力较高的实际气体，既不能忽略气体分子的体积，也不能忽略分子间的相互作用。式（3-31）和（3-32）不能用于表示实际气体的化学势。为了使实际气体的化学势表达式也采取理想气体的简单的形式，路易斯（G.N.Lewis）提出了逸度和逸度系数的概念：

$$f = \gamma p \tag{3-33}$$

式中 f 称为逸度（fugacity），γ 称为逸度系数（fugacity coefficient）。当实际气体的压力 p 趋于零时，$\gamma=1$，$f=p$，即压力非常小的实际气体可视为理想气体：

$$\lim_{p\to 0}\gamma = 1$$

通过这样对实际气体压力的修正，实际气体的化学势为：

$$\mu = \mu^{\ominus}(T) + RT\ln\frac{f}{p^{\ominus}} \tag{3-34}$$

式中 $\mu^{\ominus}(T)$ 为 $f=p^{\ominus}$ 标准态的化学势，为了使 $f=p^{\ominus}$ 取唯一的状态，特规定实际气体在温度为 T、压力为 $p^{\ominus}$ 时仍具有理想气体行为（$\gamma=1$）的假想态为标准态。不同的理想气体或实际气体的标准态的化学势 $\mu^{\ominus}(T)$ 具有不同的数值，但都与压力无关。

例 3-2 n_1 摩尔的 H_2（g）温度为 T、压力为 p，n_2 摩尔的 O_2（g）温度为 T、压力为 p。此两种气体等温等压混合。请用化学势的方法求此过程的 ΔG 与 ΔS。设两种气体可视为理想气体。

解：混合前，总的吉布斯能 G 为：

$$G_1 = n_1\mu_{H_2(纯)} + n_2\mu_{O_2(纯)}$$

$$= n_1\left[\mu_{H_2}^{\ominus}(T) + RT\ln\frac{p}{p^{\ominus}}\right] + n_2\left[\mu_{O_2}^{\ominus}(T) + RT\ln\frac{p}{p^{\ominus}}\right]$$

混合后 $p_{H_2} = p\dfrac{n_1}{n_1+n_2} = px_1 \qquad p_{O_2} = p\dfrac{n_2}{n_1+n_2} = px_2$

$$G_2 = n_1\mu_{H_2} + n_2\mu_{O_2}$$

$$= n_1\left[\mu_{H_2}^{\ominus}(T) + RT\ln\frac{x_1 p}{p^{\ominus}}\right] + n_2\left[\mu_{O_2}^{\ominus}(T) + RT\ln\frac{x_2 p}{p^{\ominus}}\right]$$

所以

$$\Delta G = G_2 - G_1 = n_1 RT\ln x_1 + n_2 RT\ln x_2$$

因为 $\Delta G = \Delta H - T\Delta S \qquad \Delta H = 0$

所以 $\Delta S = \dfrac{\Delta H - \Delta G}{T} = -(n_1 R\ln x_1 + n_2 R\ln x_2)$

$$= -R\sum_B(n_B\ln x_B)$$

第四节 理想溶液

以分子水平均匀混合的物质的凝聚态称为溶液，溶液可以是液态，也可以是固态。前者如水与乙醇形成的溶液，后者如金与银形成的合金。

一、拉乌尔定律

纯液体在温度一定时具有确定的饱和蒸气压 p^*。在纯溶剂中加入不挥发性的溶质后，溶剂的蒸气压降低。1886年拉乌尔（F.M.Raoult）在归纳大量实验事实的基础上，提出了拉乌尔定律：在一定温度下，与稀溶液成平衡的溶剂的蒸气压等于该温度时纯溶剂的饱和蒸气压乘以溶液中溶剂的摩尔分数。其数学表达式为：

$$p_A = p_A^* \cdot x_A \qquad (x_A \to 1) \tag{3-35}$$

式中 p_A^* 为纯溶剂 A 的饱和蒸气压，p_A 为与稀溶液成平衡的溶剂的蒸气压。

如果 A 与 B 均是液体，其混合物也符合拉乌尔定律：

$$p_A = p_A^* \cdot x_A \qquad (x_A \to 1)$$

$$p_B = p_B^* \cdot x_B \qquad (x_B \to 1)$$

拉乌尔定律的成立有溶剂分子微观受力情况的支持：当溶剂的摩尔分数 x_A 趋于 1 时，溶剂分子的周围几乎全是溶剂分子，因而当温度一定时，溶剂分子逃逸到气相中所需克服的其它分子的引力是个常数，即所需的能量是一个常数，逃逸到气相中的溶剂的分子数必然与溶液表面溶剂的分子的数目成正比，而表面的溶剂分子数目又与摩尔分数 x_A 成正比。

拉乌尔定律适用于溶剂在气态与在溶液中的存在形态一样的体系。若溶剂在气态时以单分子的形态存在，在溶液中溶剂分子发生缔合，若缔合度不大，拉乌尔定律仍成立，但在计算溶剂的 x_A 时，要按气态的分子量计算。

二、理想溶液

在一定的温度和压力下，溶液中的任一种物质在整个浓度范围内均符合拉乌尔定律，这样的溶液称为理想溶液。例如 A 与 B 形成理想溶液，则

$$p_A = p_A^* \cdot x_A \qquad (0 \leqslant x_A \leqslant 1) \tag{3-36}$$

$$p_B = p_B^* \cdot x_B \qquad (0 \leqslant x_B \leqslant 1) \tag{3-37}$$

理想溶液的微观结构图像是各种分子间的作用力相等或极为接近，即 A 与 A、B 与 B、A 与 B 之间的作用力相等或极为相近。因此，结构与性质非常接近、相似的物质能够形成理想溶液，如 d－樟脑与 L－樟脑；H_2O 与 D_2O；邻二甲苯与对二甲苯；苯与甲苯等。它们分别是光学异构体、放射性核素化合物、结构异构体及相邻同系物的混合物。

由于理想溶液中 A 与 A、A 与 B、B 与 B 之间的作用力相等，因而无论理想溶液的组成如何，A 分子所受的力均为常数，A 在气相中的分压与 A 在液体表面的分子数成正比，即与 x_A 成正比。严格说来，组成理想溶液的 A 与 B 的纯液体在同一温度下的饱和蒸气压相等，即

$$p_A^* = p_B^*$$

即使不相等，也应很接近。

与由 A、B 组成的理想溶液成平衡的气态混合物的总蒸气压 p 为：

$$p = p_A + p_B = p_A^* x_A + p_B^* x_B$$

$$= p_A^* \ (1 - x_B) \ + p_B^* x_B$$

$$= p_A^* + \ (p_B^* - p_A^*) \ x_B \qquad (3-38)$$

由式（3-36）、(3-37) 和（3-38）可以看出：p_A 与 x_A、p_B 与 x_B、p 与 x_B 均成直线关系，这是理想溶液的特性，结果如图 3-1 所示。

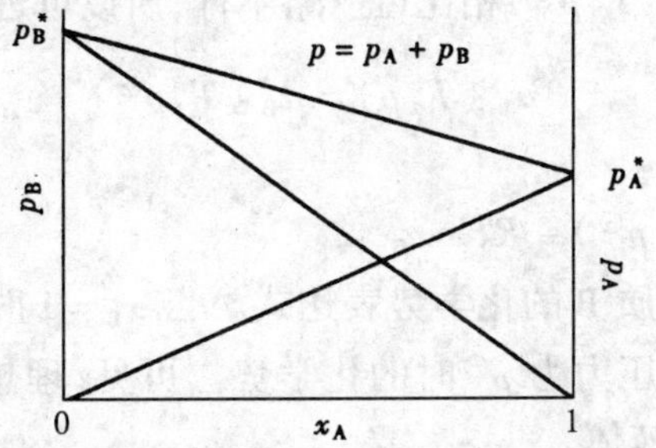

图 3-1　理想溶液的 $p-x$ 关系曲线

三、理想溶液的热力学性质

1. 理想溶液中物质的化学势

当理想溶液中的物质 B 在液相与气相达平衡时，物质 B 在液相中的化学势等于其在气相中的化学势：

$$\mu_B(l) = \mu_B(g)$$

若 B 的气体可视为理想气体，则

$$\mu_B(g) = \mu^{\ominus}(T) + RT\ln\frac{p_B}{p^{\ominus}} \qquad (3-39)$$

式中 p_B 为 B 在气相中的分压。因为理想溶液中的物质 B 在整个浓度范围内符合拉乌尔定律：

$$p_B = p_B^* x_B$$

代入式(3-39)得：

$$\mu_B(g) = \mu_B^{\ominus}(T) + RT\ln\frac{p_B^*}{p^{\ominus}} + RT\ln x_B$$

式中 $\mu_B^{\ominus}(T) + RT\ln\frac{p_B^*}{p^{\ominus}}$是温度为 T、压力为纯 B 的饱和蒸气压时的化学势，它等于与饱和蒸气压 p_B^* 成平衡的纯 B 液体在温度 T 及所处压力 p 时的化学势，记作 $\mu_B^*(T,p)$：

$$\mu_B^*(T,p) = \mu_B^{\ominus}(T) + RT\ln\frac{p_B^*}{p^{\ominus}}$$

所以

$$\mu_B(l) = \mu_B(g) = \mu_B^*(T,p) + RT\ln x_B \qquad (3-40)$$

式(3-40)为理想溶液中物质 B 的化学势表达式，式中的 $\mu_B^*(T,p)$为纯 B 液体在温度为 T、压力为 p 时的化学势。但按标准规定：理想溶液中物质 B 的标准态是温度为 T、压力为 $p^{\ominus}$的纯 B 的液态，其化学势记作 $\mu_B^*(T,p^{\ominus})$，显然

$$\mu_B^*(T,p) = \mu_B^*(T,p^{\ominus}) + \int_{p^{\ominus}}^{p} V_{B,m}\mathrm{d}p$$

代入式(3-40)得:

$$\mu_B(l)=\mu^*(T,p^\ominus)+\int_{p^\ominus}^{p}V_{B,m}dp+RT\ln x_B$$

式中 $V_{B,m}$ 为纯液态物质 B 在温度为 T 时的摩尔体积。由于 $V_{B,m}$ 的数值不大,在 $(p-p^\ominus)$ 不大的情况下, $\int_{p^\ominus}^{p}V_{B,m}dp$ 与 $\mu_B^*(T,p^\ominus)$ 相比可忽略不计,所以可近似认为:

$$\mu_B^*(T,p)=\mu_B^*(T,p^\ominus)$$

代入式(3-40)得:

$$\mu_B(l)=\mu_B^*(T,p^\ominus)+RT\ln x_B \tag{3-41}$$

式(3-41)即为理想溶液中物质 B 的化学势表达式。当 $x_B=1$ 时, $\mu_B(l)=\mu_B^*(T,p^\ominus)$, $\mu_B^*(T,p^\ominus)$ 是纯 B 液体在温度为 T、压力为 $p^\ominus$ 时的化学势。可见,理想溶液中物质 B 的标准态乃是温度为 T、压力为 $p^\ominus$ 的纯 B 液体。

式（3-41）亦是理想溶液的定义：凡是溶液中物质的化学势均符合式（3-41）的溶液即为理想溶液。

2. 理想溶液形成过程的热力学函数变化

(1) 混合过程吉布斯能的变化 ΔG_{mix}

在等温等压的条件下， n_A 摩尔的 A 与 n_D 摩尔的 D 混合形成理想溶液。

混合前的吉布斯能为:

$$G_1=n_AG_{A,m}+n_DG_{D,m}=n_A\mu_A^*(T,p)+n_D\mu_D^*(T,p)$$

混合后的吉布斯能为:

$$\begin{aligned}G_2&=n_A\mu_A(l)+n_D\mu_D(l)\\&=n_A[\mu_A^*(T,p)+RT\ln x_A]+n_D[\mu_D^*(T,p)+RT\ln x_D]\end{aligned}$$

所以

$$\begin{aligned}\Delta G_{mix}&=G_2-G_1=RTn_A\ln x_A+RTn_B\ln x_B\\&=RT\sum_B(n_B\ln x_B)\end{aligned} \tag{3-42}$$

因为 $x_B<1$， $\ln x_B<0$，所以 $\Delta G_{mix}<0$，这是意料中的，因为形成理想溶液的过程是等温等压且 $W'=0$ 的条件下自发发生的过程。

(2) 混合过程体系体积的变化 ΔV_{mix} 因为

$$\left(\frac{\partial G}{\partial p}\right)_{T,n_B}=V$$

$$\left[\frac{\partial(\Delta G)}{\partial p}\right]_{T,n_B}=\Delta V$$

而 ΔG_{mix} 与 p 无关，因而

$$\Delta V_{mix}=0$$

可见，在等温等压的条件下，A 与 D 形成理想溶液，体系的体积不变。这也是可以预期的，因为 A 与 D、D 与 D、A 与 D 之间的作用力相等。

(3) 混合过程的熵变 ΔS_{mix} 因为

$$\left(\frac{\partial G}{\partial T}\right)_{p,n_B}=-S$$

$$\left[\frac{\partial\ (\Delta G)}{\partial T}\right]_{p,n_B} = -\Delta S$$

将 $\Delta G_{mix} = RTn_A\ln x_A + RTn_D\ln x_D$ 代入上式得：

$$\Delta S_{mix} = -Rn_A\ln x_A - Rn_D\ln x_D$$
$$= -R\sum_B n_B\ln x_B \tag{3-43}$$

式（3-43）与理想气体等温等压混合过程的熵变公式一样，理想溶液是分子间作用力一样，理想气体是分子间作用力为零。ΔS_{mix}是构型熵，在温度的升降过程中无法实现吞吐。

（4）混合过程的焓变 ΔH_{mix}　因为在等温的条件下

$$\Delta H = \Delta G + T\Delta S$$

所以

$$\Delta H_{mix} = \Delta G_{mix} + T\Delta S_{mix} = 0$$

$\Delta H_{mix} = 0$ 也是预料中的，它是 A-A、A-D、D-D 分子间作用力相等的必然结果。

例 3-3　20.0℃时 1.2 摩尔的苯与 1.3 摩尔的甲苯形成理想溶液，求 ΔG_{mix}、ΔS_{mix}、ΔH_{mix}及 ΔV_{mix}。

解：所形成的理想溶液，苯的摩尔分数为：

$$x_A = \frac{1.2}{1.2+1.3} = 0.48$$

甲苯的摩尔分数 $x_D = 1 - 0.48 = 0.52$

所以

$$\Delta G_{mix} = 8.314 \times 293.15\ [1.2\ln 0.48 + 1.3\ln 0.52]$$
$$= -4219\text{J}$$
$$\Delta S_{mix} = -8.314\ (1.2\ln 0.48 + 1.3\ln 0.52)$$
$$= 14.39\text{J}\cdot\text{K}^{-1}$$
$$\Delta H_{mix} = 0$$
$$\Delta V_{mix} = 0$$

第五节　理想稀溶液中物质的化学势

一、亨利定律

亨利定律是英国物理学家亨利（W. Henry）在研究一定温度下气体在液体中的溶解度时发现的，它的数学表达式为：

$$p_B = k_x \cdot x_B \qquad (x_B \to 0) \tag{3-44}$$

即在一定温度时，气体 B 在溶液中的溶解度 x_B 与液体上方的该气体的平衡分压 p_B 成正比。

亨利定律不仅适用于气体在液体中的溶解度，实验表明它还适用于挥发性非电解质的稀溶液。稀溶液是指溶质的摩尔分数 x_B 趋于 0，溶剂的摩尔分数趋于 1。亨利定律中的比例常数 k_x 称为亨利常数，它取决于温度、压力、溶剂和溶质的种类，而与 x_B 的具体数值无关。

由于物质 B 在溶液中的浓度既可以用摩尔分数 x_B 来表示，也可以用质量摩尔浓度 m_B 和物质的量浓度 c_B 来表示，所以亨利定律也可以表示为：

$$p_B = k_m \cdot m_B \qquad (m_B \to 0) \qquad (3-45)$$

$$p_B = k_c \cdot c_B \qquad (c_B \to 0) \qquad (3-46)$$

式中 m_B 的单位为 $mol \cdot kg^{-1}$，c_B 的单位为 $mol \cdot dm^{-3}$。当然 $k_x \neq k_m \neq k_c$。

应当注意，亨利定律要求物质 B 在溶液中与在气相中的存在形态必须相同。如果物质 B 在气态中以单分子的形式存在，在溶液中 B 或发生电离或发生缔合，则亨利定律不能成立。例如：HCl 在气相中以 HCl 存在，在水溶液中解离为 H^+ 与 Cl^-，亨利定律不成立。但是，对于电离度较小的弱电解质，亨利定律对未解离的分子仍是适用的，但 x_B、m_B、c_B 为未解离的弱电解质的浓度。

亨利定律成立的条件是 $x_B \to 0$，可以想象 $x_B \to 0$ 的微观图像：B 分子的周围几乎全是 A 分子，因而在温度恒定时，B 分子所受的吸引力为常数，因而 B 分子逃逸表面进入气相的数目与表面 B 的分子数成正比，而表面的 B 分子数与 x_B 成正比，因而与溶液成平衡的 B 的气相分压与 x_B 成正比。另外，$x_B \to 0$，则 x_A 必定趋于 1，因而在物质 B 遵守亨利定律的同时，组分 A 必然遵守拉乌尔定律，其结果如图 3 – 2 所示。物质 B 遵守亨利定律、物质 A 遵守拉乌尔定律的稀溶液称为理想稀溶液。

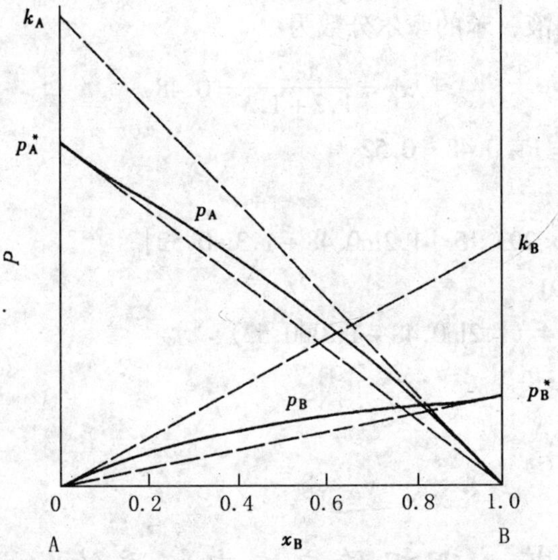

图 3 – 2　二组分溶液的蒸气压与组成的关系

例 3 – 4　乙醇的摩尔分数为 0.012 的乙醇水溶液在 97.11℃时溶液的总蒸气压为 101325Pa。已知 97.11℃时纯水的饱和蒸气压为 91326Pa。请计算 97.11℃时乙醇的摩尔分数为 0.02 的乙醇水溶液上方达平衡时乙醇和水的蒸气分压。

解：$x_B = 0.012$，故对 B 采用亨利定律，对 A 采用拉乌尔定律。水的摩尔分数为：

$$x_A = 1 - x_B = 1 - 0.012 = 0.988$$

与溶液成平衡的气相的总压力 p 为：

$$p = p_A + p_B = p_A^* x_A + k_x x_B$$

所以

$$k_x = \frac{p - p_A^* \cdot x_A}{x_B} = \frac{101325 - 91326 \times 0.988}{0.012} = 924576\text{Pa}$$

因而

$$p_A = p_A^* \cdot x_A = 91326 \times 0.98 = 89.5\text{kPa}$$

$$p_B = k_x \cdot x_B = 924576 \times 0.02 = 1.85 \times 10^4\,\text{Pa}$$

二、理想稀溶液中物质的化学势

1. 溶剂的化学势

在理想稀溶液中，溶剂 A 遵守拉乌尔定律，因而它的化学势公式与理想溶液中物质的化学势相同：

$$\mu_A = \mu^{\ominus}(T, p^{\ominus}) + RT\ln x_A + \int_{p^{\ominus}}^{p} V_m(A)\,dp$$

如果忽略 $\int_{p^{\ominus}}^{p} V_m(A)\,dp$，则

$$\mu_A = \mu^{\ominus}(T, p^{\ominus}) + RT\ln x_A \tag{3-47}$$

式中 $\mu^{\ominus}(T, p^{\ominus})$ 是 $x_A = 1$ 时的化学势，为标准态的化学势。可见，理想稀溶液的溶剂的标准态是 $x_A = 1$、温度为 T、压力为 $p^{\ominus}$ 的纯 A 的液态。

因为 $x_A < 1$，故 $RT\ln x_A < 0$，这意味着理想稀溶液溶剂的化学势总是小于纯溶剂的化学势。

2. 溶质的化学势

理想稀溶液中溶质 B 的化学势等于溶质在气相中平衡分压为 p_B 时的化学势：

$$\mu_B = \mu^{\ominus}(T) + RT\ln \frac{p_B}{p^{\ominus}}$$

这里，把 B 的气体视为理想气体。因为物质 B 遵守亨利定律 $p_B = k_x \cdot x_B$，代入上式得：

$$\mu_B = \mu^{\ominus}(T) + RT\ln \frac{k_x}{p^{\ominus}} + RT\ln x_B$$

令

$$\mu_B^*(T, p) = \mu^{\ominus}(T) + RT\ln \frac{k_x}{p^{\ominus}}$$

所以

$$\mu_B = \mu^*(T, p) + RT\ln x_B \tag{3-48}$$

式(3-48)中 $\mu^*(T, p)$ 可看作 $x_B = 1$ 时，$p_B = k_x \cdot x_B$ 仍成立的那个状态的化学势，如图 3-3(a)中的 K_1 点所示。实际上，K_1 点的状态是不存在的，因为 $x_B = 1$ 时，$p_B \neq k_x x_B$。但是，引入这样一个想象中的标准态，可以使理想稀溶液中溶质 B 的化学势取简单的形式。并且，若均采用这一标准态，则不会影响 ΔG 的计算结果，因为 $\mu^*(T, p)$ 会彼此消去。

同理，若亨利定律采取 $p_B = k_m \cdot m_B$ 和 $p_B = k_c \cdot c_B$ 的形式，则溶质 B 的化学势为：

$$\mu_B = \mu^{\square}(T, p) + RT\ln \frac{m_B}{m^{\ominus}} \tag{3-49}$$

$$\mu_B = \mu^{\triangle}(T, p) + RT\ln \frac{c_B}{c^{\ominus}} \tag{3-50}$$

式中

$$\mu^{\square}(T, p) = \mu^{\ominus}(T) + RT\ln \frac{k_m}{p^{\ominus}}$$

$$\mu^{\triangle}(T,p)=\mu^{\ominus}(T,p)+RT\ln\frac{k_c}{p^{\ominus}}$$

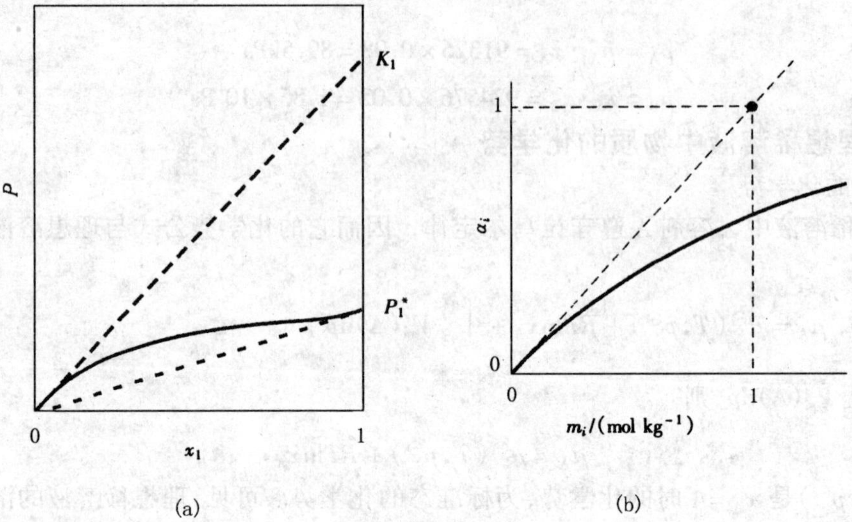

图 3-3 理想稀溶液中溶质的标准态

(a) 浓度为摩尔分数 (b) 浓度为质量摩尔浓度

同样标准态 $\mu^{\square}(T,p)$ 与 $\mu^{\triangle}(T,p)$ 也是假想的状态，前者是 $m_B=1\text{mol}\cdot\text{kg}^{-1}$ 时仍符合亨利定律的假想态的化学势，如图 3-3（b）所示。后者是 $c=1\text{mol}\cdot\text{dm}^{-3}$ 时仍符合亨利定律的假想态的化学势。

因为压力为 p 与压力为 $p^{\ominus}$ 时化学势不同，按标准化的规定，标准态的压力为 $p^{\ominus}$。因为

$$\mu(T,p)=\mu^{\ominus}(T,p^{\ominus})+\int_{p^{\ominus}}^{p}\bar{V}_B\mathrm{d}p$$

而 $\int_{p^{\ominus}}^{p}\bar{V}_B\mathrm{d}p$ 与 $\mu^{\ominus}(T,p^{\ominus})$ 相比可忽略不计，所以

$$\mu_B=\mu^{*}(T,p^{\ominus})+RT\ln x_B \tag{3-51}$$

$$\mu_B=\mu^{\square}(T,p^{\ominus})+RT\ln\frac{m_B}{m^{\ominus}} \tag{3-52}$$

$$\mu_B=\mu^{\triangle}(T,p^{\ominus})+RT\ln\frac{c_B}{c^{\ominus}} \tag{3-53}$$

式（3-51）中 $\mu^{*}(T,p^{\ominus})$ 标准态为 $x_B=1$ 时在温度 T、压力 $p^{\ominus}$ 仍遵循亨利定律的假想态；式（3-52）中 $\mu^{\square}(T,p^{\ominus})$ 标准态为 $m_B=1\text{mol}\cdot\text{kg}^{-1}$ 时在温度 T、压力 $p^{\ominus}$ 仍遵循亨利定律的假想态，如图 3-3（b）所示，同样，式（3-53）中 $\mu^{\square}(T,p^{\ominus})$ 为 $c_B=1\text{mol}\cdot\text{dm}^{-3}$ 时在温度 T、压力 $p^{\ominus}$ 亨利定律仍成立的假想态。这样选择标准态的优点是使物质 B 在理想稀溶液中的化学势表达式仍取简单一致的形式。

例 3-5 试证明：若溶质遵循亨利定律则溶剂必定遵循拉乌尔定律。

证明：根据吉布斯-杜亥姆公式：

$$\sum_B(n_B\mathrm{d}\bar{Z}_B)=0$$

若 $\bar{Z}_B$ 为化学势 μ_B，对二组分体系，则有：

$$n_1 d\mu_1 + n_2 d\mu_2 = 0$$

两边都除以 $n_1 + n_2$ 得：

$$x_1 d\mu_1 + x_2 d\mu_2 = 0 \tag{1}$$

若 1 为溶剂，2 为溶质。溶质遵循亨利定律，所以

$$\mu_2 = \mu_2^{\ominus}(T, p^{\ominus}) + RT\ln x_2$$

在 T、$p^{\ominus}$ 的条件下，全微分上式得：

$$d\mu_2 = \frac{RT}{x_2}dx_2$$

代入式（1）得：

$$d\mu_1 = -\frac{x_2}{x_1}d\mu_2 = -\frac{RT}{x_1}dx_2 \tag{2}$$

因为 $x_1 + x_2 = 1$，所以

$$x_2 = 1 - x_1$$

$$dx_2 = -dx_1$$

代入式（2）得：

$$d\mu_1 = -\frac{RT}{x_1}\cdot(-dx_1) = RT d\ln x_1$$

作不定积分得：

$$\mu_1 = 常数 + RT\ln x_1$$

$x_1 = 1$ 时，$\mu_1 = \mu^*(T, p^{\ominus})$，所以

$$常数 = \mu^*(T, p^{\ominus})$$

从而得：

$$\begin{aligned}\mu_1 &= \mu^*(T, p^{\ominus}) + RT\ln x_1 \\ &= \mu^{\ominus}(T) + RT\ln\frac{p_1^*}{p^{\ominus}} + RT\ln x_1 \\ &= \mu^{\ominus}(T) + RT\ln\frac{p_1^* x_1}{p^{\ominus}}\end{aligned}$$

可见 $p_1 = p_1^* x_1$

溶剂符合拉乌尔定律。

第六节　真实溶液中物质的化学势

现实中的溶液，绝大多数既非理想溶液，也非理想稀溶液，它们偏离理想溶液的程度如何？它们的极其重要的热力学性质——化学势如何表达呢？

一、真实溶液对理想溶液的偏差

1. 发生正偏差的溶液

A 与 B 形成溶液，若 A 与 B 之间的作用力小于 A 与 A、B 与 B 间的作用力：$f_{A-B} < f_{A-A}$，$f_{A-B} < f_{B-B}$，则溶液中的 A 分子比纯 A 中的 A 分子有更强的逃逸到气相的倾向，溶液中的 B 分子比纯 B 中的 B 分子逃逸到气相所需克服的引力要小，因而与溶液成平衡的气相中 A 与 B

的分压 p_A 与 p_B 大于相应的拉乌尔定律的计算值：

$$p_A > p_A^* x_A$$

$$p_B > p_B^* x_B$$

因而与溶液成平衡的气相压力 $p = p_A + p_B > p_A^* x_A + p_B^* x_B$。一般说来，含有 OH 基团的物质，例如水、乙醇、有机酸等与其它物质形成溶液时，由于纯水、纯乙醇、纯有机酸中的氢键受到破坏，往往形成正偏差的溶液。乙醇与庚烷形成的正偏差溶液如图 3-4（a）所示。

2. 发生负偏差的溶液

A 与 B 形成溶液，若 A 与 B 之间的作用力大于 A 与 A、B 与 B 之间的作用力：$f_{A-B} > f_{A-A}$，$f_{A-B} > f_{B-B}$，则在溶液中，无论是 A 分子或 B 分子都比其纯态时所受的引力要大，其逃逸溶液进入气相的倾向比纯 A 或纯 B 时要小，因而其气相中的分压 p_A 与 p_B 小于拉乌尔定律的计算值：

$$p_A < p_A^* x_A$$

$$p_B < p_B^* x_B$$

因而 $p = p_A + p_B < p_A^* x_A + p_B^* x_B$。例如：三氯甲烷与丙酮形成的溶液，由于三氯甲烷与丙酮分子能形成氢键：

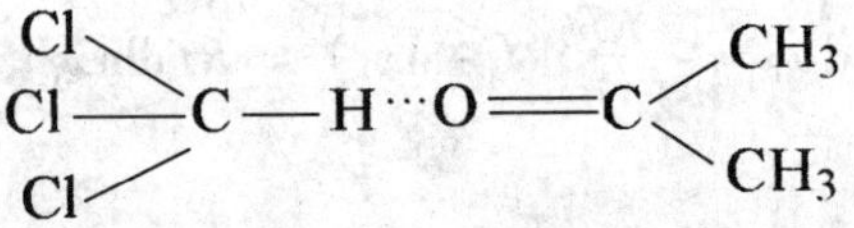

而纯的三氯甲烷、纯的丙酮都没有氢键形成，因而导致形成负偏差的溶液，如图 3-4（b）所示。

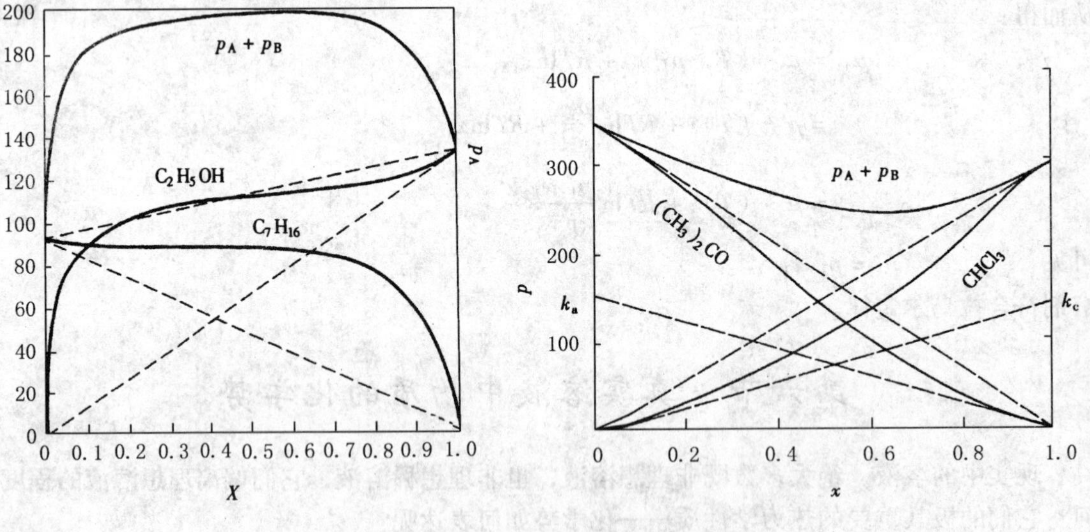

(a) (b)

图 3-4 真实溶液对理想溶液的偏差

(a) 产生正偏差的溶液 (b) 产生负偏差的溶液

因为真实溶液各组分的平衡分压不符合拉乌尔定律，因而其化学势不能用前述的简单表达式来描述。为了解决这一难题，路易士引入了活度的概念。

二、真实溶液中溶剂的化学势

真实溶液的溶剂 A 在 x_A 不趋于 1 时，不符合拉乌尔定律，但是，总可以对 x_A 进行校正：

$$a_A = \gamma_A \cdot x_A \tag{3-54}$$

a_A 为修正后的浓度，称为有效浓度，即是活度（activity），γ 称为活度系数（activity coefficient）。

有了活度，拉乌尔定律成为：

$$p_A = p_A^* a_A \tag{3-55}$$

式（3－55）对任何浓度的溶液均成立。

对于由纯液体混合而形成的真实溶液，任意物质 B 的活度为：

$$a_B = \gamma_B \cdot x_B \tag{3-56}$$

$$p_B = p_B^* a_B \tag{3-57}$$

显然，活度系数 r 可以作为衡量真实溶液对理想溶液的偏离程度。对理想溶液：

$$p_B = p_B^* \cdot x_B = p_B^* a_B = p_B^* \gamma_B x_B$$

$$\gamma_B = 1$$

即理想溶液中的物质的活度系数为 1。

当 $x_A \longrightarrow 1$ 时，拉乌尔定律：

$$p_A = p_A^* x_A = p_A^* \gamma_A x_A$$

$$\gamma_A = 1$$

即纯液体的活度系数为 1。

真实溶液中物质的活度系数与 1 的差值的绝对值越大，则偏离理想溶液的程度越大。

有了式（3－55）和（3－57），则真实溶液中的溶剂或由液体形成的溶液中的物质的化学势表达式为：

$$\mu_A = \mu_A^*(T, p^\ominus) + RT\ln a_A + \int_{p^\ominus}^{p} \bar{V}_A \mathrm{d}p$$

$$= \mu_A^*(T, p) + RT\ln a_A \tag{3-58}$$

若忽略压力对化学势的影响，则

$$\mu_A = \mu_A^*(T, p^\ominus) + RT\ln a_A \tag{3-59}$$

式（3－59）中的标准态为 $x_A = 1$、$\gamma_A = 1$ 的纯液态物质，化学势 μ^*（T，$p^\ominus$）为标准态在温度 T 压力 $p^\ominus$ 时的化学势。

例 3－6　30℃的乙醚与丙酮形成的溶液，当 $x = 0.5$ 时，气相中乙醚与丙酮的平衡分压分别为 52.1kPa 和 22.4kPa。已知乙醚和丙酮在 30℃时的饱和蒸气压分别为 86.1kPa 和 37.7kPa。求 $x = 0.5$ 时物质的活度系数。

解：根据活度和活度系数的定义：

$$p_B = p_B^* a_B = p_B^* \cdot \gamma_B \cdot x_B$$

$$\gamma_B = \frac{p_B}{p_B^* \cdot x_B}$$

所以，乙醚的活度系数为：

$$\gamma = \frac{52.1}{0.5 \times 86.1} = 1.21$$

丙酮的活度系数为：

$$\gamma = \frac{22.4}{0.5 \times 37.7} = 1.19$$

三、真实溶液中溶质的化学势

真实溶液中的溶质 B 在气相中的平衡分压 p_B 不能用亨利定律来计算，因为 x_B 不趋于零时，B 分子的周围既有溶剂 A 分子，也有溶质 B 分子，其分子数目随 x_B 而变，因而 B 分子所受的吸引力与 x_B 有关系。鉴于此，为了使溶质 B 的化学势表达式取前述的简单的形式，同样采用活度和活度系数的概念：

$$a_x = \gamma_x \cdot x \tag{3-60}$$

$$a_m = \gamma_m \cdot \frac{m}{m^{\ominus}} \tag{3-61}$$

$$a_c = \gamma_c \cdot \frac{c}{c^{\ominus}} \tag{3-62}$$

式中活度 a_x、a_m、a_c 都是无量纲的物理量。同样，活度系数 γ_x、γ_m、γ_c 也是无量纲的。$m^{\ominus} = 1\text{mol} \cdot \text{kg}^{-1}$，$c^{\ominus} = 1\text{mol} \cdot \text{dm}^{-3}$。

从而亨利定律成为：

$$p_B = k_x \cdot a_x \tag{3-63}$$

$$p_B = k_m \cdot a_m \tag{3-64}$$

$$p_B = k_c \cdot a_c \tag{3-65}$$

式是 k_x、k_m、k_c 为与温度、溶剂及溶质有关的常数。若把溶质 B 的气体看做理想气体，则溶质的化学势为：

$$\mu_B = \mu_B^{*}(T, p^{\ominus}) + RT\ln a_x \tag{3-66}$$

$$\mu_B = \mu_B^{\square}(T, p^{\ominus}) + RT\ln a_m \tag{3-67}$$

$$\mu_B = \mu_B^{\triangle}(T, p^{\ominus}) + RT\ln a_c \tag{3-68}$$

把这些公式与理想稀溶液溶质的化学势的表达式相比较可以发现：$x \longrightarrow 1$ 时，$\gamma_x = 1$；$m \longrightarrow 0$ 时，$\gamma_m = 1$；$c \longrightarrow 0$ 时，$\gamma_c = 1$。这样，式（3-66）、（3-67）与（3-68）分别还原为理想稀溶液中溶质的化学势表达式。

一般说来，对于低浓度的实际溶液，溶剂是根据 $p_A = p_A^{*} a_A$ 来处理，溶质是根据 $p_B = ka_B$ 来处理。

四、实际溶液的超额函数

形成理想溶液时，$\Delta V_{mix} = 0$，$\Delta H_{mix} = 0$，ΔG_{mix} 与 ΔS_{mix} 有相应的数值。形成实际溶液时，混合过程引起的这些热力学性质的改变如何？它们与形成理想溶液时这些热力学性质的改变的差值如何？这些差值是否可以用以衡量实际溶液偏离理想溶液的程度？

如果形成理想溶液时某广度性质的改变记作 ΔZ_{mix}（理想），把形成实际溶液时这一广度性质的改变记作 ΔZ_{mix}（实际），则超额函数 Z（超）为：

$$Z(\text{超}) = \Delta Z_{mix}(\text{实际}) - \Delta Z_{mix}(\text{理想})$$

按照这一定义，吉布斯能 G、焓 H、内能 U、熵 S 及体积 V 的超额函数分别为：

$$G(\text{超}) = \Delta G_{mix}(\text{实际}) - \Delta G_{mix}(\text{理想})$$

$$H(\text{超}) = \Delta H_{mix}(\text{实际}) - \Delta H_{mix}(\text{理想})$$

$$U(\text{超}) = \Delta U_{\text{mix}}(\text{实际}) - \Delta U_{\text{mix}}(\text{理想})$$
$$S(\text{超}) = \Delta S_{\text{mix}}(\text{实际}) - \Delta S_{\text{mix}}(\text{理想})$$
$$V(\text{超}) = \Delta V_{\text{mix}}(\text{实际}) - \Delta V_{\text{mix}}(\text{理想})$$

根据分子受力情况的分析，对 A 与 B 形成正偏差的实际溶液，V（超）>0，H（超）>0。即 A 与 B 的混合过程为体积增大的吸热过程。同理，对于 A 与 B 形成负偏差的实际溶液，则 V（超）<0，H（超）<0，A 与 B 的混合过程为体积变小的放热过程。

形成实际溶液过程吉布斯能的改变为：

$$\Delta G_{\text{mix}}(\text{实际}) = G(\text{混合后}) - G(\text{混合前})$$

而

$$\begin{aligned} G(\text{混合前}) &= n_A\mu_A^*(T,p^\ominus) + n_B\mu_B^*(T,p^\ominus) \\ &= \sum_i[n_i\mu_i^*(T,p^\ominus)] \end{aligned}$$

$$\begin{aligned} G(\text{混合后}) &= n_A\mu_A + n_B\mu_B \\ &= n_A[\mu_A^*(T,p^\ominus) + RT\ln a_A] + n_B[\mu_B^*(T,p^\ominus) + RT\ln a_B] \\ &= \sum_i n_i[\mu_i^*(T,p^\ominus) + RT\ln a_i] \end{aligned}$$

所以

$$\begin{aligned} \Delta G_{\text{mix}}(\text{实际}) &= G(\text{混合后}) - G(\text{混合前}) \\ &= n_A RT\ln a_A + n_B RT\ln a_B \\ &= \sum_i(RTn_i\ln a_i) \end{aligned}$$

而

$$\Delta G_{\text{mix}}(\text{理想}) = n_A RT\ln x_A + n_B RT\ln x_B$$

所以

$$\begin{aligned} G(\text{超}) &= \Delta G_{\text{mix}}(\text{实际}) - \Delta G_{\text{mix}}(\text{理想}) \\ &= n_A RT\ln(\gamma_A x_A) + n_B RT\ln(\gamma_B x_B) - (n_A RT\ln x_A + n_B RT\ln x_B) \\ &= n_A RT\ln\gamma_A + n_B RT\ln\gamma_B \\ &= \sum_i(RTn_i\ln\gamma_i) \\ &= RT\sum_i(n_i\ln\gamma_i) \end{aligned} \tag{3-69}$$

从式（3-69）可以看出：实际溶液中的物质的活度系数 γ 偏离理想溶液中物质的活度系数 1 越远，若 $\gamma_i>1$，则发生正偏差的实际溶液的 G（超）越大，说明实际溶液对理想溶液的偏差越大。可见，γ_i 与 G（超）有一致的评判结果。

对超额体积，有

$$\begin{aligned} V(\text{超}) &= \Delta V_{\text{mix}}(\text{实际}) - \Delta V_{\text{mix}}(\text{理想}) \\ &= \left[\frac{\partial G(\text{超})}{\partial p}\right]_T = RT\sum_i\left[n_i\left(\frac{\partial\ln\gamma_i}{\partial p}\right)_T\right] \end{aligned} \tag{3-70}$$

对于 A 与 B 形成的二组分真实溶液，式(3-70)成为：

$$V(\text{超}) = n_A RT\left(\frac{\partial\ln\gamma_A}{\partial p}\right)_T + n_B RT\left(\frac{\partial\ln\gamma_B}{\partial p}\right)_T$$

超额函数 S(超)为：

$$S(\text{超}) = \Delta S_{\text{mix}}(\text{实际}) - \Delta S_{\text{mix}}(\text{理想}) = -\left[\frac{\partial G(\text{超})}{\partial p}\right]_T$$

代入式(3-67)得：

$$S(\text{超}) = -R\sum_{i}(n_i \ln\gamma_i) - RT\sum_{i}\left[n_i\left(\frac{\partial \ln\gamma_i}{\partial T}\right)_p\right] \tag{3-71}$$

因为 $G = H - TS$，所以

$G(\text{超}) = H(\text{超}) - TS(\text{超})$

$H(\text{超}) = G(\text{超}) + TS(\text{超})$

代入式(3-69)和(3-71)得：

$$H(\text{超}) = RT\sum_{i}(n_i \ln\gamma_i) - RT\sum_{i}(n_i \ln\gamma_i) - RT^2\sum_{i}\left[n_i\left(\frac{\partial \ln\gamma_i}{\partial T}\right)_p\right]$$

$$= -RT^2\sum_{i}\left[n_i\left(\frac{\partial \ln\gamma_i}{\partial T}\right)_p\right] \tag{3-72}$$

习　题

1. 下列诸表达式，何者为化学势？何者为偏摩尔量？

(1) $\left(\frac{\partial H}{\partial n_B}\right)_{T,p,n_{j\neq B}}$　　(2) $\left(\frac{\partial H}{\partial n_B}\right)_{T,V,n_{j\neq B}}$

(3) $\left(\frac{\partial H}{\partial n_B}\right)_{S,p,n_{j\neq B}}$　　(4) $\left(\frac{\partial G}{\partial n_B}\right)_{T,p,n_{j\neq B}}$

(5) $\left(\frac{\partial G}{\partial n_B}\right)_{T,V,n_{j\neq B}}$　　(6) $\left(\frac{\partial F}{\partial n_B}\right)_{T,p,n_{j\neq B}}$

2. 在25℃时水与乙醇的混合溶液，当水的摩尔分数为0.60时，水和乙醇的偏摩尔体积分别为17cm^{3}和57cm^3。计算2mol的水与相应量的乙醇形成水的摩尔分数为0.60溶液的ΔV_{mix}。已知25℃时水和乙醇的密度分别为0.997g·cm^{-3}和0.7893g·cm^{-3}。

3. n摩尔的氯化钠溶解在1kg的水中，某温度下溶液的体积为：

$V/\text{cm}^3 = 1001.38 + 16.6253n + 1.7738n^{1.5} + 0.1194n^2$

计算 $n = 1.50$mol时氯化钠和水的偏摩尔体积。

4. 20℃时水与甘油形成总量为1mol的实际溶液，其体积为：

$$V/\text{cm}^3 = 18.023 + 53.57x_2 + 1.45x_2^2$$

x_2为甘油的摩尔分数。求20℃时水与甘油的偏尔体积表达式。

5. 在298K和101.325kPa的条件下，0.5000mol·kg^{-1}的氯化钠水溶液中氯化钠的偏摩尔体积为18.63cm^3·mol^{-1}，水的偏摩尔体积为18.03cm^3·mol^{-1}。计算此条件下1.000mol氯化钠溶于2000g水所得溶液的总体积。

6. 证明　$\bar{H}_B = \bar{U}_B + p\bar{V}_B$

7. 2.0mol的A与1.5mol的B混合形成溶液，总体积为425cm^3，且B的偏摩尔体积为250cm^3·mol^{-1}，求A的偏摩尔体积。

8. 25℃时二氧化碳溶于水的亨利定律常数为0.167×10^{9}Pa。计算二氧化碳的压力为$p^\ominus$时，1kg水中溶解的二氧化碳的摩尔数。

9. 25.5℃时0.40mol环己烷与0.10mol的正己烷形成理想溶液，其气相平衡压力为14.67kPa。已知25.5℃时环己烷的饱和蒸气压为13.33kPa。求25.5℃时正己烷的饱和蒸气压。

10. 298K 时 0.350 克的 B 溶于 1.50mol 的不挥发溶剂 A 中，该溶液的气相平衡压力为 0.40kPa，已知 B 的分子量为 95。求此温度时 B 溶于 A 的亨利常数。

11. 在 100℃时，正已烷和正辛烷的饱和蒸气压分别为 244.78kPa 和 47.20kPa，有一由此两种物质组成的理想溶液，其平衡蒸气压为 88.79kPa。求该理想溶液中各物质的摩尔分数。

12. 1mol 的甲苯与 3mol 的对二甲苯在 25℃时形成理想溶液，求 ΔG_{mix}、ΔS_{mix}、ΔV_{mix} 及 ΔH_{mix}。

13. 下列各物理量，何者与标准态的选择有关？何者与标准态的选择无关？

（1）μ_B　　（2）$\mu_B^{\ominus}$　　（3）γ_B　　（4）a_B

14. 在 35℃，氯仿的饱和蒸气压为 39.34kPa，乙醇的饱和蒸气压为 13.71kPa。现有一氯仿与乙醇的混合溶液，乙醇的摩尔分数为 0.200，与该溶液成平衡的气相压力为 40.56kPa，且气相中乙醇的摩尔分数为 0.138。请计算：

（1）氯仿与乙醇的活度系数；

（2）35℃时 0.20mol 的乙醇与 0.80mol 的氯仿混合形成溶液的 ΔG_{mix} 及 G（超）。

15. 25℃某蔗糖水溶液的平衡蒸气压为 3.112kPa，已知 25℃时水的饱和蒸气压为 3.168kPa，求此溶液中水的活度。

16. 分子近似球形且大小相近的 A 与 B 形成简单二组分溶液，其形成溶液的 ΔG_{mix} 为：

$$\Delta G_{mix} = n_A RT\ln x_A + n_B RT\ln x_B + (n_A + n_B) x_A x_B W(T,p)$$

式中 W（T，p）是 T、p 的函数。求 ΔH_{mix}、ΔS_{mix} 及 ΔV_{mix}。

17. 下列关于 A 与 B 在 T、p 恒定时形成溶液的叙述，何者正确？何者错误？

（1）ΔG_{mix} 一定小于零

（2）ΔS_{mix} 一定大于零

（3）在理想溶液中分子间作用力可略而不计

（4）在理想稀溶液中，溶质间的作用力可略而不计。

18. 20℃时苯与甲苯的饱和蒸气压分别为 9.959kPa 和 2.973kPa。设 20℃时某一苯与甲苯形成的理想溶液，其平衡蒸气压为 6.133kPa。求这一理想溶液的组成。

19. 30℃时 A 与 B 的饱和蒸气压分别为 86.1kPa 和 37.7kPa。此温度时 5mol 的 A 与 5mol 的 B 形成的溶液，其中 A 与 B 的平衡分压分别为 52.1kPa 和 22.4kPa。求此溶液中 A 与 B 的活度系数。

20. A 与 B 是完全互不相溶的液体，因而形成 α 相与 β 相。有一溶质在 α 相中的摩尔分数为 x_i（α），在 β 相中的摩尔分数为 x_i（β）。

证明：

$$\frac{x_i(\alpha)}{x_i(\beta)} = \exp\{[\mu_i^{\ominus}(\beta) - \mu_i^{\ominus}(\alpha)]/RT\}$$

21. 假设 A 与 B 形成平衡的 α 相与 β 相，两相中均含有 A 与 B。请证明 α 相与 β 相全同，即 A 与 B 只能形成均相溶液。

22. 在 35.2℃，A 与 B 的饱和蒸气压分别为 45.93kPa 和 39.06kPa。0.7090mol 的 A 与 0.2910mol 的 B 形成实际溶液，35.2℃时此溶液的平衡气相压力为 38.13kPa，且气相中 A 的摩尔分数为 0.8062。计算：

（1）A与B的活度

（2）A与B的活度系数

（3）ΔG_{mix}

（4）G（超）

习题答案

1.（3）、（4）为化学势　（1）、（4）、（6）为偏摩尔量

2．$-4.0cm^3$

3．$20.24cm^3$　、　$18.01cm^3$

4．$\bar{V}$（H_2O）$=18.023-1.45x_2^2$　　$\bar{V}$（甘油）$=71.60+2.90x_2-1.45x_2^2$

5．$2022cm^3$

7．$25.0cm^3 \cdot mol^{-1}$

8．$3.32\times10^{-2}mol$

9．20.0kPa

10．163.2kPa

11．0.211　　0.789

12．$\Delta G_{mix}=-5559J$　　$\Delta S_{mix}=16.7J\cdot K^{-1}$　　$\Delta V_{mix}=\Delta H_{mix}=0$

13．（1）无关　　（2）（3）（4）均有关

14．1.11　　2.04　$\Delta G_{mix}=-702.2J$　　G（超）$=576.8J$

15．0.9823

16．$\Delta H_{mix}=-(n_A+n_B)x_Ax_B\left[T\left(\frac{\partial W}{\partial T}\right)_p-W\right]$

$$\Delta S_{mix}=-\left[n_AR\ln x_A+n_BR\ln x_B+(n_A+n_B)x_Ax_B\left(\frac{\partial W}{\partial T}\right)_p\right]$$

$$\Delta V_{mix}=(n_A+n_B)x_Ax_B\left(\frac{\partial W}{\partial P}\right)_T$$

17．（1）正确　　（2）错误　　（3）错误　　（4）正确

18．x（甲苯）$=0.548$　　x（苯）$=0.452$

19．r（A）$=1.21$　　r（B）$=1.19$

21．x_A（α）$=x_A$（β）　　x_B（α）$=x_B$（β）

22．（1）$a_A=0.669$　　$a_A=0.1892$

（2）$r_A=0.944$　　$r_B=0.650$

（3）$\Delta G_{mix}=-1973J$　　（4）G（超）$=-427J$

第四章　相平衡

物质的相变化广泛存在于自然界和日常生活中，如溶解、结晶、蒸发、冷凝等。相变本质上是一种物理变化，是物质在不同相之间转移，不产生新的物质。在指定条件下，各组分在各相中的组成不再发生变化时，该体系即达相平衡，相平衡是热力学重要平衡之一。由于相变化的复杂性和特殊性，在本章中以相图的形式表示体系所处的状态，并通过相图来分析体系发生变化的规律。当然除相图外，还需借助其它热力学分析方法，如相律、克－克方程等。

第一节　相律

一、相和相数

体系内部物理性质与化学性质完全均匀的部分称为相（phase）。相与相之间存在明显的界面，在相界面上，体系性质的改变不是连续的，故可通过物理方法将其区分开。体系中相的数目称为相数，用符号 Φ 表示。在讨论相数时，通常认为：

1. 同一体系在不同条件下可以有不同的相和不同的相数，例如在不同条件下水可以以水蒸气、液态水或固态冰中任一相单独存在。也可以是其中任意两相平衡共存，在特定条件时，也可以三相共存。

2. 对于气体，无论几种气体混合在一起，只有一个气相。

3. 对于液体，若完全互溶则为一相，若彼此有限互溶则有可能是一相，也可能是两相，对于三组分组成的体系，甚至可能是三相共存。

4. 对于不同物种的固体，无论研磨得多么细，混合得多么均匀，通常有几种固体就有几个固相。若其混合达到分子水平，形成固溶液则是一相。对于同一种固体，若有不同晶形同时存在时，有几种晶形就是几相。如石墨和金刚石同是碳的同素异形体，若同时存在即为两相。

通常称没有气相的体系为凝聚体系。即使有气相存在，若该气相与研究的体系无关，可不予以考虑。如讨论固相混合物时，存在的空气可不考虑，因其对体系没有影响。即使该气相成分与体系有关，在研究固液相平衡体系时，亦可将其置于研究体系之外，不予考虑。

二、物种数和组分数

体系中所含的化学物质的数目称为物种数，以符号 S 表示。用以确定平衡体系各相组成所需的最少数目的独立物种称为组分数，以符号 C 表示。计算物种数时要注意，一种物质分布在不同相时，只能算一个物种。物种数和组分数是不同的概念，对于一平衡体系，若体系中各种物质之间没有任何化学平衡存在，体系中有几种物质就有几个组分，即 $S=C$。若体系物质之间有化学反应存在，当达到化学平衡时，参与反应的各物质浓度存在一定关系，此时组分数小于物种数。如 Cl_2，PCl_3，PCl_5 三种物质组成的体系，在一定条件下，该体系达到平衡：

$$PCl_5\ (g) \rightleftharpoons Cl_2\ (g) + PCl_3\ (g)$$

该体系物种数为3。由于有一化学平衡存在，若已知体系中任两种物质及它们的量，通过上式，即可知道第三种物质是什么，也可知该物质的量是多少。因此该体系的组分数为2。将这种存在于体系中的关系称为独立化学平衡数，以 R 表示。因此有 $C=S-R$。若体系包含物质种类较多时，可能会有多个平衡存在，如气相反应，体系含有 CO，CO_2，H_2O，H_2 和 O_2 共5种物质，有三个反应：

$$CO(g)+H_2O(g)=CO_2(g)+H_2(g) \quad (1)$$

$$H_2(g)+\frac{1}{2}O_2(g)=H_2O(g) \quad (2)$$

$$CO(g)+\frac{1}{2}O_2(g)=CO_2(g) \quad (3)$$

但反应（3）可通过反应（1）+反应（2）得到，所以有一个平衡不是独立的。对于该体系 $R=2$，$S=5$，$C=5-2=3$。

体系除存在化学平衡外，可能还会存在其它限制条件，如上面例举的 Cl_2，PCl_3，PCl_5 体系，若反应开始时，只有 PCl_5 一种物质，平衡时，产物 Cl_2，PCl_3 的摩尔比为1:1。体系中这种关系称为独立浓度限制条件，以 R' 表示。因此，该体系在此条件下，其组分数 C 等于物种数 S 减去1个独立平衡条件，再减去1个独立浓度限制条件，实际为一单组分体系。在分析体系组分数时，可用下式：

$$C=S-R-R'$$

需要指出的是：独立浓度限制条件只适用于同一相中，不同相之间不存在浓度限制条件。如 $CaCO_3(s)$ 分解生成 $CaO(s)$ 和 $CO_2(g)$，尽管产物 $CaO(s)$ 和 $CO_2(g)$ 存在比例关系，但其中一产物在固相，另一产物在气相，不存在独立浓度限制条件。该体系的 $C=2$。

例 4-1 试分析25℃时氯化钠水溶液体系的组分数。

解：该体系存在6个物种，即 Na^+，Cl^-，NaCl，H^+，OH^- 和 H_2O，有两个电离平衡：

$$NaCl=Na^++Cl^-$$

$$H_2O=H^++OH^-$$

$$R=2$$

有两个独立浓度限制条件：H^+ 与 OH^-，Na^+ 与 Cl^- 的浓度分别相等，所以

$$C=6-2-2=2$$

如果认为 H_2O 的电离可忽略，则 $S=4$，但同时也分别少了一个独立平衡条件和一个独立浓度限制条件，C 仍然为2。

由上例可看出，一个体系的物种数，可以从不同的角度分析，得出不同的结论，但其组分数不会改变。这使后面问题的讨论简单化。

三、自由度

在不引起旧相消失和新相产生的前提下，体系可以在一定范围内变化的强度性质（如浓度，压力，温度等）数称为体系的自由度，以符号 f 表示。例如对于只是一相的液态水，在一定范围内，可以改变体系的温度和压力，体系仍保持单相液态水。该体系的自由度 $f=2$。当水沸腾时，体系为气液两相平衡体系。这样的体系压力变化时，沸点随之改变；反之，当指定体系的温度时，体系的压力随之而定。体系只有一个独立变量，自由度 $f=1$。当冰、水和水蒸气三相平衡共存时，要求体系的温度为273.16K、压力为611Pa，温度和压力均不能改变，此时体系的自由度 $f=0$。若偏离此点，必然引起其中一相或两相消失。

四、相律（phase rule）

在研究多相平衡体系时，体系的温度、压力、组分数、相数和自由度之间存在一定的内在联系。1876 年 Gibbs 根据热力学基本原理，研究其内在规律得到相律。它是热力学在多相平衡体系的具体应用。

对于单组分封闭体系

$$dG = -SdT + Vdp$$

对于多组分、多相体系，则：

$$dG = -SdT + Vdp + \sum_B \mu_B dn_B$$

根据上式，体系达到平衡必须满足如下条件：

$dT = 0$，体系各物质及各相间温度相等，达到热平衡。

$dp = 0$，体系各部分达到压力平衡。

$\sum_B \mu_B dn_B = 0$，如体系中有化学变化发生，需达到化学平衡；如某种组分存在于体系不同的相，则该组分在各相中的化学势相等。

设一平衡体系，包含 S 个物种，分布在 Φ 相中，如每一相中都包含 S 种物质，就有 S 个浓度变量。

$$\begin{array}{ll} \alpha\text{ 相：} & x_1^\alpha,\quad x_2^\alpha,\quad \cdots,\quad x_S^\alpha, \\ \beta\text{ 相：} & x_1^\beta,\quad x_2^\beta,\quad \cdots,\quad x_S^\beta, \\ \vdots & \vdots\qquad \vdots\qquad\qquad \vdots \\ \Phi\text{ 相：} & x_1^\Phi,\quad x_2^\Phi,\quad \cdots,\quad x_S^\Phi, \end{array}$$

描述此体系所处状态的总变量数为 $S\Phi + 2$，2 指的是体系的温度和压力两性质。体系包含的这些变量并不全是独立的，其中根据前面提到的相平衡条件，存在如下关系式：

$$\begin{aligned} \mu_1^\alpha &= \mu_1^\beta = \cdots = \mu_1^\Phi \\ \mu_2^\alpha &= \mu_2^\beta = \cdots = \mu_2^\Phi \\ &\vdots \\ \mu_S^\alpha &= \mu_S^\beta = \cdots = \mu_S^\Phi \end{aligned}$$

共有 $S(\Phi - 1)$ 个关系式，就有这么多变量不是独立的。如以摩尔分数表示体系各相中各物质的浓度，则每一相中各物质摩尔分数之和为 1。有：

$$\begin{aligned} x_1^\alpha + x_2^\alpha + \cdots + x_S^\alpha &= 1 \\ x_1^\beta + x_2^\beta + \cdots + x_S^\beta &= 1 \\ &\vdots \\ x_1^\Phi + x_2^\Phi + \cdots + x_S^\Phi &= 1 \end{aligned}$$

共有 Φ 个关系式。如体系中还存在 R 个独立平衡条件和 R' 个独立浓度限制条件，体系共有 $S(\Phi - 1) + \Phi + R + R'$ 个关系式，根据自由度的定义：

$$f = \text{平衡体系总变数} - \text{平衡时变量间的关系式数}$$

故：

$$f = (S\Phi + 2) - [S(\Phi - 1) + \Phi + R + R']$$

整理得：

$$f = S - R - R' - \Phi + 2$$

其中：

$$C = S - R - R'$$

所以 $$f = C - \Phi + 2 \tag{4-1}$$

式（4－1）为相律表达式，给出体系自由度与体系的组分数、共存的相数及温度、压力的关系。当温度、压力一定时，体系组分数增加，自由度随之增加；体系相数增加，自由度将相应减少。

在以上推导时，应用了平衡条件，所以相律只适用于平衡体系。还曾假定所有物种存在于每一相，如某一相不含某一物种，在相平衡关系式中就会少一等式，同样在计算体系变量总数时，也相应减少，并不影响体系自由度的数目。

已知相律表示式中，数字 2 分别代表体系的温度和压力，如体系压力或温度是固定的，或体系为一凝聚体系，压力变化对其影响可忽略不计，这时相律可表示为：

$$f^* = C - \Phi + 1 \tag{4-2}$$

f^* 称为条件自由度。如体系除受温度和压力，还受其它因素的影响，如电场、磁场等，相律则写成：

$$f = C - \Phi + n \tag{4-3}$$

n 为能够影响体系平衡的外界因素数目。

例 4－2 加热固体氨基甲酸 NH_2COONH_4，分解产物为 NH_3 和 CO_2 气体，当体系达到平衡时，试分析体系下述情况时的自由度。(1) 开始加热前将容器抽成真空；(2) 开始加热前容器中已有任意量的 NH_3 和 CO_2。

解：$NH_2COONH_4(s) = 2NH_3(g) + CO_2(g)$

(1) 此体系含有 3 种物质，$S = 3$，

存在一个化学平衡，$R = 1$

存在一个浓度限制条件，$n_{NH_3}：n_{CO_2} = 2:1$，$R' = 1$

组分数 $C = S - R - R' = 3 - 1 - 1 = 1$

相数 $\Phi = 2$

根据相律，体系的自由度 $f = 1 - 2 + 2 = 1$

(2) 此体系物种数仍为 3，$R = 1$，但 $R' = 0$

$$C = 2$$

$$f = 2 - 2 + 2 = 2$$

第二节　单组分体系

对于 $C = 1$ 的单组分体系，相律的表达式为：

$$f = 1 - \Phi + 2 = 3 - \Phi$$

当体系的自由度 $f = 0$ 时，可能存在的最多相数 $\Phi = 3$，即体系三相共存时，体系没有变量，体系的温度和压力均为定值，不能改变。这种体系称为无变量体系。当体系只有一相存在时，$\Phi = 1$，体系的自由度最大，$f = 2$，即体系的温度和压力在单相区内可以任意变化。

这种体系称为双变量体系。当体系两相平衡共存时，$\Phi=2$，此时体系的自由度 $f=1$，温度和压力两变量中，只有其中一个可以任意变化，另一个随之而变，即两变量间存在一定的函数关系。这种体系称为单变量体系。

一、克劳修斯－克拉贝龙方程

克劳修斯－克拉贝龙方程是描述两相平衡时温度 T 和压力 p 之间的定量关系式，是热力学基本原理应用在相平衡的典型例子。设在一定温度和压力下，某纯物质在两相平衡共存，根据相平衡条件，有：

$$\mu^{\alpha}(T,\ p)=\mu^{\beta}(T,\ p)$$

当温度改变 $\mathrm{d}T$、压力改变 $\mathrm{d}p$ 后，体系达到新的平衡，即：

$$\mu^{\alpha}(T,p)+\mathrm{d}\mu^{\alpha}=\mu^{\beta}(T,p)+\mathrm{d}\mu^{\beta}$$

则

$$\mathrm{d}\mu^{\alpha}=\mathrm{d}\mu^{\beta}$$

对于纯物质，$\mathrm{d}\mu=\mathrm{d}G_m$，且 $\mathrm{d}G_m=-S_{\mathrm{m}}\mathrm{d}T+V_{\mathrm{m}}\mathrm{d}p$，则

$$-S_{\mathrm{m}}^{\alpha}\mathrm{d}T+V_{\mathrm{m}}^{\alpha}\mathrm{d}p=-S_{\mathrm{m}}^{\beta}\mathrm{d}T+V_{\mathrm{m}}^{\beta}\mathrm{d}p$$

移项整理后得：

$$\frac{\mathrm{d}p}{\mathrm{d}T}=\frac{S_{\mathrm{m}}^{\beta}-S_{\mathrm{m}}^{\alpha}}{V_{\mathrm{m}}^{\beta}-V_{\mathrm{m}}^{\alpha}}=\frac{\Delta S_{\mathrm{m}}}{\Delta V_{\mathrm{m}}}$$

其中 ΔS_{m} 和 ΔV_{m} 分别为恒定温度恒定压力下，可逆相变过程摩尔熵和摩尔体积的改变值，过程的可逆相变热 $\Delta H_{\mathrm{m}}=T\Delta S_{\mathrm{m}}$，将 $\Delta S_{\mathrm{m}}=\dfrac{\Delta H_{\mathrm{m}}}{T}$ 代入上式得：

$$\frac{\mathrm{d}p}{\mathrm{d}T}=\frac{\Delta H_{\mathrm{m}}}{T\Delta V_{\mathrm{m}}}\tag{4-4}$$

式(4－4)称为克拉贝龙方程。当体系达到两相平衡时，该式表明体系的压力变化与温度变化之间的关系。推导过程没有具体规定 α、β 是哪两相，因此，此方程式适用于任意两相平衡体系。

1．固－液两相平衡体系

式(4－4)中，ΔH_{m} 为该纯物质的摩尔熔化热，$\Delta V_{\mathrm{m}}=V_{\mathrm{m,(l)}}-V_{\mathrm{m,(s)}}$ 为液相和固相的摩尔体积差。如考虑外压变化对熔点的影响，式(4－4)改写为：

$$\frac{\mathrm{d}T}{\mathrm{d}p}=\frac{T\Delta V_{\mathrm{m}}}{\Delta H_{\mathrm{m}}}\tag{4-5}$$

当压力变化不大或作近似计算时，ΔH_{m} 和 ΔV_{m} 可视为常数，将式(4－5)进行定积分得：

$$\ln\frac{T_2}{T_1}=\frac{\Delta V_{\mathrm{m}}}{\Delta H_{\mathrm{m}}}(p_2-p_1)\tag{4-6}$$

2．固－气和液－气平衡体系

固相或液相的摩尔体积与气相的摩尔体积相比，前两者可以忽略不计，式(4－4)可简化为：

$$\frac{\mathrm{d}p}{\mathrm{d}T}=\frac{\Delta H_{\mathrm{m}}}{TV_{\mathrm{m,(g)}}}\tag{4-7}$$

当体系压力值在较低范围变化时，气相可以当理想气体处理，$V_{\mathrm{m,(g)}}=\dfrac{RT}{p}$，上式改写为：

$$\frac{\mathrm{d}p}{\mathrm{d}T}=\frac{\Delta H_{\mathrm{m}}}{T\left(\dfrac{RT}{p}\right)}$$

整理后得：

$$\frac{\mathrm{d}\ln p}{\mathrm{d}T}=\frac{\Delta H_{\mathrm{m}}}{RT^2} \tag{4-8}$$

式(4-8)称为克劳修斯-克拉贝龙方程(Clausius-Clapeyron equation)。式中 ΔH_m 为体系的摩尔升华热或摩尔汽化热。若温度变化范围不大，ΔH_{m} 可视为常数，积分上式得：

$$\ln p=-\frac{\Delta H_{\mathrm{m}}}{R}\cdot\frac{1}{T}+C' \tag{4-9}$$

C' 为积分常数。式（4-7）也可写作：

$$\ln p=-\frac{B}{T}+C \tag{4-10}$$

式（4-10）曾是一个经验公式，是在许多实验基础上归纳总结的，现用热力学方法证明是正确的。

仍将 ΔH_m 视为常数，对式（4-8）在 T_1 至 T_2 和 p_1 至 p_2 范围内做定积分，则得：

$$\ln\frac{p_2}{p_1}=-\frac{\Delta H_{\mathrm{m}}}{R}\left(\frac{1}{T_2}-\frac{1}{T_1}\right) \tag{4-11}$$

根据式（4-9），以 $\ln p$ 对 $\frac{1}{T}$ 作图，应得一直线，从直线的斜率可求得 ΔH_{m}，再结合式（4-11），可求得任意温度时，单组分体系的饱和蒸气压。

例 4-3 已知水在 100℃时饱和蒸气压为 1.01×10^5 Pa，汽化热为 40.68kJ·mol^{-1}，试计算（1）高温消毒达 121℃时水的饱和蒸气压；（2）在高原地区大气压为 8.08×10^4 Pa 时，水的沸点是多少。

解：（1）$T_1=373\text{K}$，$p_1=1.01\times10^5\text{Pa}$，$T_2=394\text{K}$

$$\ln\frac{p_2}{p_1}=-\frac{\Delta H_{\mathrm{m}}}{R}\left(\frac{1}{T_2}-\frac{1}{T_1}\right)$$

$$\ln\frac{p_2}{1.01\times10^5}=-\frac{40.38\times10^3}{8.314}\left(\frac{1}{394}-\frac{1}{373}\right)$$

$$p_2=2.02\times10^5\text{Pa}$$

（2）$T_1=373\text{K}$，$p_1=1.01\times10^5\text{Pa}$，$p_2=8.08\times10^4\text{Pa}$

$$\ln\frac{8.08\times10^4}{1.01\times10^5}=-\frac{40.38\times10^3}{8.314}\left(\frac{1}{T_2}-\frac{1}{373}\right)$$

$$T_2=367\text{K}=94℃$$

二、水的相图

相图乃是根据实验所得数据，将体系的状态与温度、压力、浓度等因素的关系用图形表示出来。依组分数不同，可分为单组分，两组分和三组分相图。依组分间相互溶解情况，可分为液态完全互溶，部分互溶，完全不互溶和固态完全互溶，部分互溶，完全不互溶等相图。依照体系性质与组成的关系，还可分为压力-组成相图，温度-组成相图，熔点-组成相图和溶解度相图等。

在本节中以水为例，讨论单组分体系相图。实验测得水以各种状态及两相和三相平衡共存的数据如表 4-1 所示。

根据表 4-1 的实验数据描绘在 $p-T$ 平面图上，得到水的相图，如图 4-1 所示，图中显示三条线 OA、OB、OC 汇于 O 点，将平面分割为三个相区。

（1）相区　AOB、AOC 和 BOC 分别是水蒸气、液态水和冰单独存在的单相区，在这三个单相区内，$\Phi=1$，根据相律，组分数 $C=1$ 时 $f=2$，表明温度和压力在这些区内可以单独变化，不会引起体系相的改变。但如想在这些相区内确定体系的状态，必须同时指定体系的温度和压力。

表 4－1　水的不同物相平衡实验数据

温度/℃	体系的水蒸气压力/kPa		平衡压力/kPa
	水⇌蒸气	冰⇌蒸气	冰⇌水
−20	−	0.103	199.6×10^3
−15	0.191	0.1651	161.1×10^3
−10	0.285	0.2594	114.5×10^3
−5	0.421	0.401	61.8×10^3
0.0098	0.6106	0.6106	0.6106
20	2.388	−	−
100	101.325	−	−
374	22.038×10^3	−	−

（2）线　两相的交界线表示两相平衡共存，$\Phi=2$，$f=1$。说明在两相平衡共存时，体系的温度和压力，只有一个可以独立变化，另一个则随之而变。

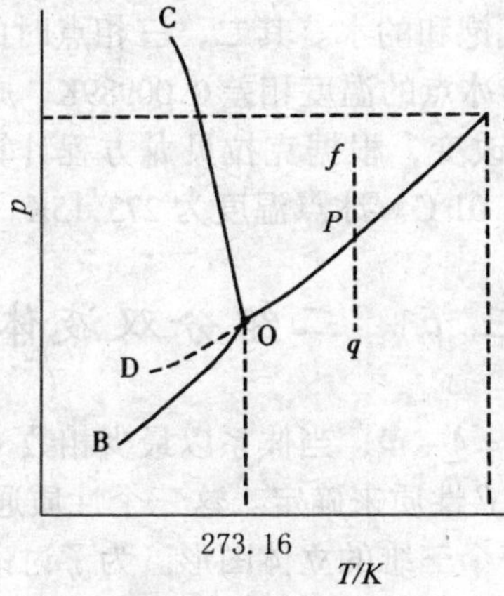

图 4－1　水的相图

图中 OA 线是水与水蒸气两相平衡共存线，它表示水在不同温度下的饱和蒸气压或水在不同外压下的沸点，OA 线向上不能无限延伸，只能截止到 A 点，A 点的 $T=647.4$K，$p=2.23\times10^7$Pa，为水的临界点，在该点之上液态水与蒸气的相界面消失，意味着在此温度之上，向体系施加再大的压力，体系也不会液化。OD 线是 OA 线的反向延长线，体系冷却至 273.16K 以下时仍无冰析出，称为过冷水，此线表示过冷水与水蒸气平衡共存，OD 线在 OB 线之上，说明过冷水的蒸气压比同温度下处于稳定状态的冰的蒸气压大，所以过冷水被称为亚稳态，体系一经干扰，立刻就会结冰。

OB线表示冰与水蒸气两相平衡共存，为冰的饱和蒸气压曲线，也是冰的升华线。OB线的温度理论上可延升至绝对0K附近，但向上不会超过O点，因此，不会有过热冰存在。

OC线表示水与冰两相平衡共存，或称为冰的熔点曲线。OC线也不能无限向上延伸，只能到2.03×10^8 Pa、-20℃左右。再增加体系的压力会出现不同晶形的冰。OC线不可向下延伸，到O点为止。

前面述及的克拉贝龙方程$\frac{dp}{dT}=\frac{\Delta H_m}{T\Delta V_m}$，是计算两相平衡时温度与压力关系的公式，可用来定量分析OA、OB和OC线。OA线为水的汽化线，该过程$\Delta V_m>0$，蒸发过程体系吸热，$\Delta H_m>0$，则$\frac{dp}{dT}>0$，因此OA线的斜率为正值。OB线为冰的升华线，同样该过程$\Delta V_m>0$，$\Delta H_m>0$，则$\frac{dp}{dT}>0$，因此OB线的斜率也为正值。从图中可看到OC线的斜率是负的，这是因为液态水的体积小于同质量同温度冰的体积，冰的融化过程实际是体系体积减小的过程，即$\Delta V_m<0$，但熔化过程体系仍是吸热过程，$\Delta H_m>0$，这样使$\frac{dp}{dT}<0$，因此OC线的斜率为负值，增大压力，冰的熔点降低。

(3) O点是OA、OB和OC三线的交点，表明水、水蒸气和冰三相共存，$\Phi=3$，称为三相点（Triple Point），根据相律，$f=0$，因此，该点的温度和压力都是固定值，不能随意变化。水的三相点，$T=273.16$K，$p=610.62$Pa，此压力值是该温度下水的饱和蒸气压，也是冰的饱和蒸气压。三相点与通常所说的冰点是不同的，通常所指的冰点，温度为0℃，压力为101325Pa。

三相点与冰点不同的原因有二：其一，三相点针对纯水体系而言，不存在任何“杂质”。通常测量冰点所用体系是被空气饱和的水。其二，三相点时的外压为611Pa，冰点时外界施加的压力为101325Pa。三相点与冰点的温度相差0.00989K，原因一，是空气的溶解使冰点降低了0.0024K；原因二，外压的改变，根据克拉贝龙方程计算，又使冰点降低了0.00747K。所以三相点的温度与冰点约差0.01℃。冰点温度为273.15K。

第三节　二组分双液体系

对于二组分体系，$K=2$，$f=4-\Phi$，当体系以最少相数$\Phi=1$存在时，体系的自由度最大为3，即体系的状态由三个独立性质来确定。这三个性质通常是温度、压力和组成，如用相图描述体系的状态，应该是一个三维的立体图形。为了讨论问题方便，通常固定其中一个性质，得到立体图的某一截面图，包括$p-x$图，$T-x$图，$T-p$图。在本书中常用前两种。

一、理想完全互溶双液系

若体系的两种纯液相组分可按任意比例互溶，则称为完全互溶双液系。若此双液系的两组分在全部浓度范围内，蒸气压与组成的关系都遵守拉乌尔定律，则称这样的体系为理想完全互溶双液系，或称理想溶液。理想溶液的组成从分子层次分析，各种分子间的相互作用力相等。即A－A、B－B、A－B的分子间引力一样，只有这样才能保证体系的每一组分在全部浓度范围内遵守拉乌尔定律。从宏观上观察，理想溶液混合前后的体积差为零，即ΔV_{mix}

=0。同时在混合过程既不放热也不吸热，$\Delta H_{mix}=0$。事实上，理想溶液与理想气体一样，是为了研究溶液的性质和规律而假想的一种极限概念。实际研究中常将化学结构和性质相似的纯组分混合液作为理想溶液处理。如光学异构体的混合物：d－樟脑和l－樟脑；结构异构体的混合物：邻二甲苯和对二甲苯；紧邻同系物的混合物：苯和甲苯、正己烷和正庚烷等。

1. 恒定温度时的 $p-x$ 图

如组分 A、B 形成理想溶液，其组成和蒸气压的关系必遵守拉乌尔定律：

$$p_A = p_A^* \cdot x_A$$

$$p_B = p_B^* \cdot x_B = p_B \cdot (1-x_A)$$

式中 p_A^*、p_B^* 分别为与溶液同温度时纯 A 和纯 B 的饱和蒸气压，x_A、x_B 分别为组分 A、B 在溶液中的摩尔分数。该体系的总蒸气压为：

$$\begin{aligned} p &= p_A + p_B = p_A^* x_A + p_B^* x_B \\ &= p_A^* x_A + p_B^* (1-x_A) \\ &= p_B^* + (p_A^* - p_B^*) x_A \end{aligned}$$

根据此式，在定温下以 x_A 为横坐标，以饱和蒸气压 p 为纵坐标做图将为一直线，同时将 p_A 与 x_A，p_B 与 x_B 的线性关系表示在同一图上，得到的就是此理想二组分体系的 $p-x$ 图，如图 4－2 所示。由于 A、B 二组分的饱和蒸气压不同，其易挥发程度就不同，所以当气－液两相平衡时，气、液两相的组成也不同，这与纯组分体系的概念不一样。显然，蒸气压较大的组分，由于易挥发，其在气相的组成比在液相中多。如用 y 表示气相组成，根据道尔顿分压定律：

$$y_A = \frac{p_A}{p} = \frac{p_A^* x_A}{p_B^* + (p_A^* - p_B^*) x_A}$$

$$y_B = \frac{p_B}{p} = \frac{p_B^* x_B}{p_B^* + (p_A^* - p_B^*) x_A}$$

可求出平衡时组分 A、B 在气相中的组成 y_A、y_B。因为：

$$\frac{y_A}{y_B} = \frac{p_A^*}{p_B^*} \cdot \frac{x_A}{x_B}$$

如组分 A 是易挥发成分，即 $p_A^* > p_B^*$，则：

$$\frac{y_A}{y_B} > \frac{x_A}{x_B}$$

由于 $x_A + x_B = 1$，$y_A + y_B = 1$，由此可推出：

$$y_A > x_A$$

表明易挥发组分在气相中的组成大于其在液相中的组成。同理可得：

$$x_B > y_B$$

与易挥发组分相反，不易挥发的组分在液相中的组成大于其在气相中的组成。图 4－3 将蒸气压 p 与气相组成 y、液相组成 x 的关系表示在同一张图上，称为 $p-x-y$ 图，直线为 $p-x$ 液相线，曲线为 $p-y$ 气相线，此图完整地描述了某一温度下的气、液两相平衡的关系。图中 B 为易挥发的物质。气相线永远在液相线之下。在液相线之上的区域为溶液的液态单相区，气相线之下为气态单相区。在单相区，体系的自由度 $f=2$。中间的梭形区域为气、液两相平衡共存区，在此区域，体系的自由度 $f=1$。

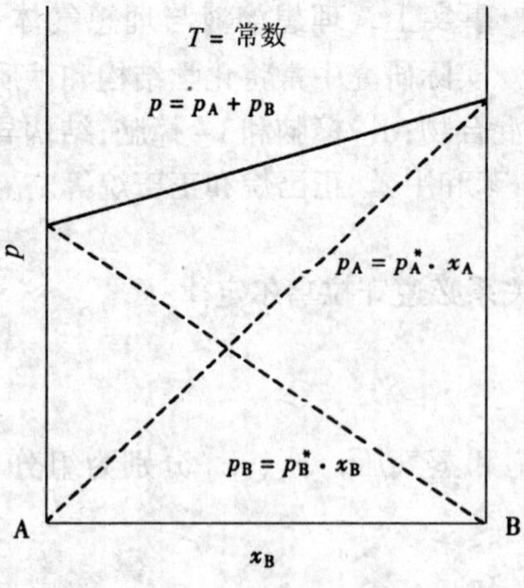

图4-2 理想溶液的 $p-x$ 图

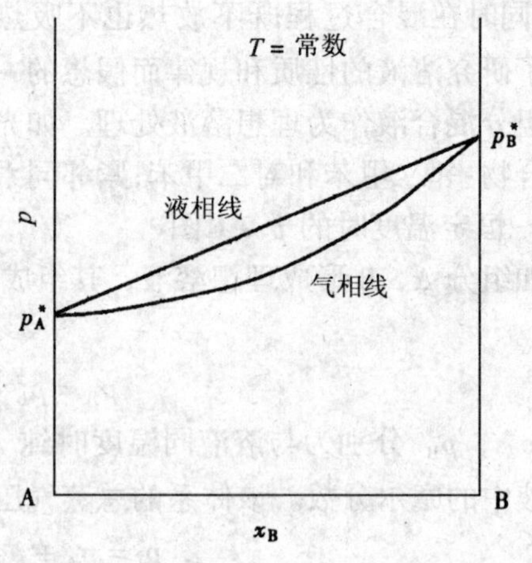

图4-3 理想溶液的 $p-x-y$ 图

2. 恒定压力时的 $T-x$ 图

实际上 $T-x$ 图即 $T-x-y$ 图比 $p-x$ 更具实用性，大多情况是恒定压力下，讨论沸点与组成的关系。溶液的沸点是溶液的饱和蒸气压达到外压时的温度。显然蒸气压越高的组分越易挥发，沸点就低；蒸气压越低，不易挥发，沸点就高。

$T-x$ 图的绘制与 $p-x$ 图相似，可通过测定不同组成溶液的沸点和相应的气、液两相组成，根据所得实验数据直接绘制。但如已有 $p-x$ 图，则可从 $p-x$ 图求得的数据而绘制。现以苯和甲苯双液系为例说明，首先在不同温度下测定各种溶液的蒸气压与组成的关系，根据所测数据，绘制相应的 $p-x$ 图，如图4-4(a)所示。在该图纵坐标为 $p^{\ominus}$ 点作一水平

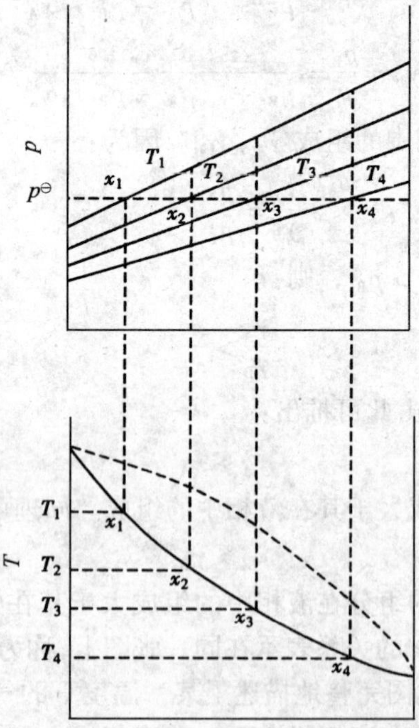

图4-4 由 $p-x$ 图绘制 $T-x$ 图

线，与图中各 $p-x$ 线分别交于 x_1，x_2，x_3 和 x_4 等组成点，各点所对应沸腾的温度分别为 381K，373K，365.2K 和 357K，将各沸腾温度与组成的关系相应地标在（b）图中，将这些点连接得到 $T-x$ 图的液相线，再根据道尔顿分压定律求出相应的气相组成 y_1，y_2，y_3 和 y_4，连接各点即成气相线。在 $T-x$ 图中，气相线在上，气相之上为单一气相区，液相线以下为单一液相区，中间梭形区域为两相平衡共存区。

3. 物系点与相点

物系点为体系总的组成状态点。相点为体系在各相的状态和组成点。如体系处于单相区，物系点即为相点，如图 4-5 中的 M 点。但当体系处于 T_2 温度状态时，物系点为 C，C 点处在两相平衡区，此时气、液两相平衡共存，过 C 点作一平行于横坐标轴的水平线，分别交液相线和气相线于 D 和 E 点，DE 线称为连接线，D、E 两点称为相点。D 点为代表体系液相组成的液相点；E 点则是表示体系气相组成的气相点。当物系点状态为 C 点时，体系实际存在的是组成为 D 的液相和组成为 E 的气相。

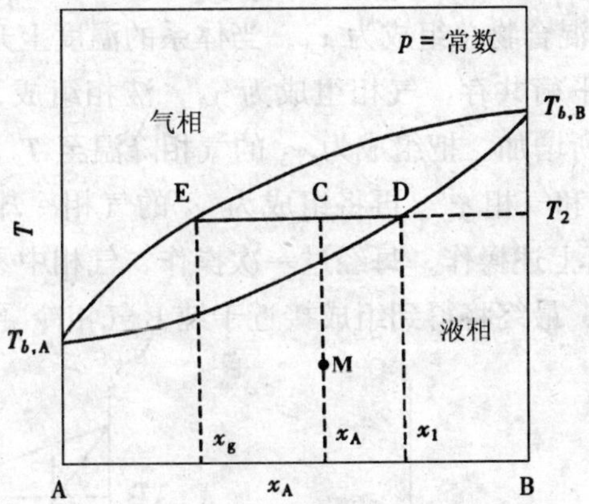

图 4-5　杠杆规则的应用

4. 杠杆规则

通过相点和物系点，我们可以知道体系所处的状态和组成，如图 4-5 所示，体系的物系点 C 的组成为 x_A，液相点的组成为 x_l，气相点的组成为 x_g。通过杠杆规则（lever rule）可计算两相的物质量，若体系的总物质量为 $n_{总}$，液相和气相的物质量分别为 n_l 和 n_g，体系 A 组分在两相中满足如下关系：

$$n_{总}x_A = n_l x_l + n_g x_g$$

$n_{总}x_A$ 为体系中 A 物质的总量，$n_l x_l$ 和 $n_g x_g$ 分别为液相中和气相中 A 物质的量。

因为

$$n_{总} = n_l + n_g$$

$$(n_l + n_g)x_A = n_l x_l + n_g x_g$$

$$n_l(x_A - x_l) = n_g(x_g - x_A)$$

即为

$$n_l \mathrm{CD} = n_g \mathrm{CE} \tag{4-12}$$

可将连接线 DE 看作以 C 点为支点的杠杆，因此，称式（4-12）为杠杆规则。杠杆规则推导过程没有任何附加条件，因此适用于任意两相平衡的物质量计算。体系的物质量可以是摩尔量，也可以是摩尔分数或质量。

5. 蒸馏和精馏原理

在实验室等实际工作中常采用蒸馏或精馏的方法分离、提纯完全互溶的液相混合物。因是在恒压下进行的，所以在 $T-x$ 图上讨论其原理。

如图 4-6 所示，若原始溶液的组成为 x_1，加热至 T_1 开始沸腾，与之成平衡的气相组成为 y_1，由于混合物中低沸点成分 B 相对易挥发，一旦有气相产生，液相的组成就要沿液相线向左移动，液相中不易挥发的 A 组分相应增加，沸点也要升高。当温度升到 T_2 时，与之平衡的气相组成为 y_2。将蒸气部分的组分冷凝，便可收集到从 T_1 到 T_2 间的馏出物，馏出物的组成在 y_1 至 y_2 之间，其中组分 B 较原始溶液含量提高。而留在蒸馏瓶中的溶液含沸点较高组分 A 比原始溶液增多。这种提纯溶液的方法称为蒸馏。可根据不同要求收集不同沸程的馏出物，纯度也不同。很显然这种简单蒸馏只能将互溶的双液体系粗略的分开，但分得不好。要想将混合液彻底分离，需要采用精馏的方法。精馏实际是多次简单蒸馏的组合，如图 4-7 所示，设待分离混合物总组成为 x_A，当体系的温度上升到 T_3 时，物系点为 O，此时混合物部分气化，两相平衡共存，气相组成为 y_3，液相组成为 x_3。这是一次简单蒸馏，在气相中易挥发成分 B 有所增加。把组成为 y_3 的气相降温至 T_2，将有部分物质冷凝，两相平衡的组成分别是液相 x_2 和气相 y_2。再将组成为 y_2 的气相冷却至 T_1，成平衡的两相组成分别 x_1 是和 y_1。反复进行上述操作，每经过一次操作，气相中易挥发组分 B 都会比上一次有所增加，即 $y_1 > y_2 > y_3$，最终将得到组成接近于纯 B 气相冷凝液。

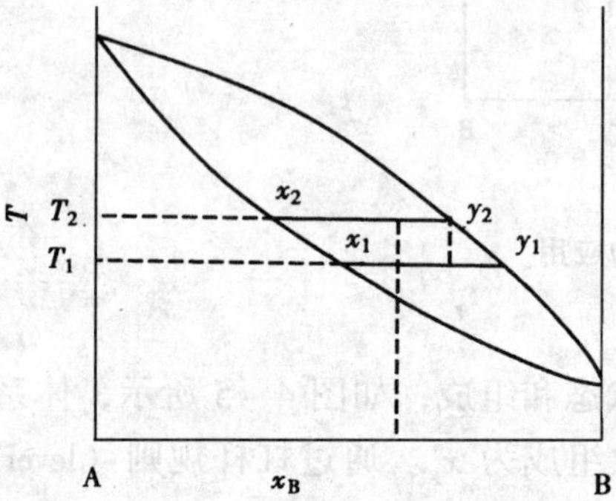

图 4-6　简单蒸馏的 $T-x$ 图

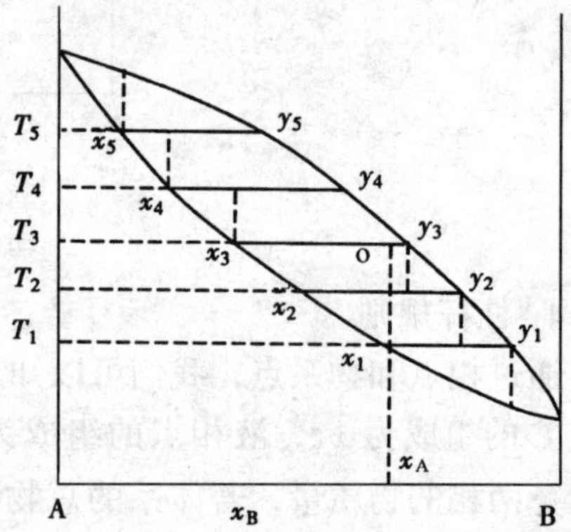

图 4-7　精馏过程的 $T-x$ 示意图

将液相组成为 x_3 的组分加热升温至 T_4，体系成新的平衡两相，液相组成为 x_4，气相组成为 y_4，组成为 x_4 的液相中不易挥发成分 A 的含量较 x_3 有所增加。再将组成为 x_4 液相升温到 T_5，与之对应的平衡两相组成分别是 x_5 和 y_5，显然，每进行一次操作，液相中 A 成分都较上一次有所增加，即 $x_5 > x_4 > x_3$，液相组成沿液相线上升，逐渐靠近纵轴，最终将得到接近于纯 A 的液相组分。

这种经过反复部分蒸发和部分冷凝，使气相组成沿气相线下降，得到纯组分 B，液相组成沿液相线上升，得到纯组分 A 的过程，称为精馏。精馏的实际过程是在精馏塔中进行的，塔中有很多塔板，每个塔板的温度不同，从下到上依次降低，气相成分逐渐上升，每经过一个塔板，即经过一次冷却平衡，气相中高沸点组分 A 被液化分离掉一些，低沸点的 B 组分含量得到一次提高。气相组分在塔中不断上升，不断提纯，最终在塔顶得到纯 B。而液相部分则下降到下一塔板，由于下一塔板的温度较上一塔板的温度高，液相中部分成分在此塔板汽化，成新的两相平衡，平衡后的液相中高沸点组分 A 较上一塔板将有所提高，液相部分从上到下，每经一塔板，组成中 A 成分提高一次，最终在塔底流出高沸点的纯 A 组分。具有 n 个塔板的精馏塔就发生了 n 次部分气化和部分冷凝过程，相当于 n 次简单蒸馏。n 称为塔板数，根据分离的成分不同和每个塔板的效率不同，不同精馏塔中的 n 不同。

二、非理想完全互溶双液系

实际工作中遇到的完全互溶双液系大多数是非理想溶液。他们不能在全浓度范围都遵守拉乌尔定律，会发生一定的偏差，对于双液体系，在大多数情况下，如组分 A 发生正偏差，另一组分 B 也产生正偏差，反之亦然。这类体系被称为非理想完全互溶双液系。根据产生偏差的正负及大小的不同可分为以下几种。

1. 正偏差和负偏差都不很大的体系

如图4－8所示，这类体系在相图上气、液相线都不是直线，溶液的蒸气总压仍在两纯组分蒸气压之间，溶液的沸点也仍在两纯组分的沸点之间。这类体系有甲醇－水，苯－丙酮，氯仿－乙醚等。图4－8(a)虚线(直线)是符合拉乌尔定律的情况，实线则是实际情况。(b)是这类体系的 $p-x-y$ 图，在(a)(b)中液相线都不是直线。(c)则是相应的 $T-x$ 相图。

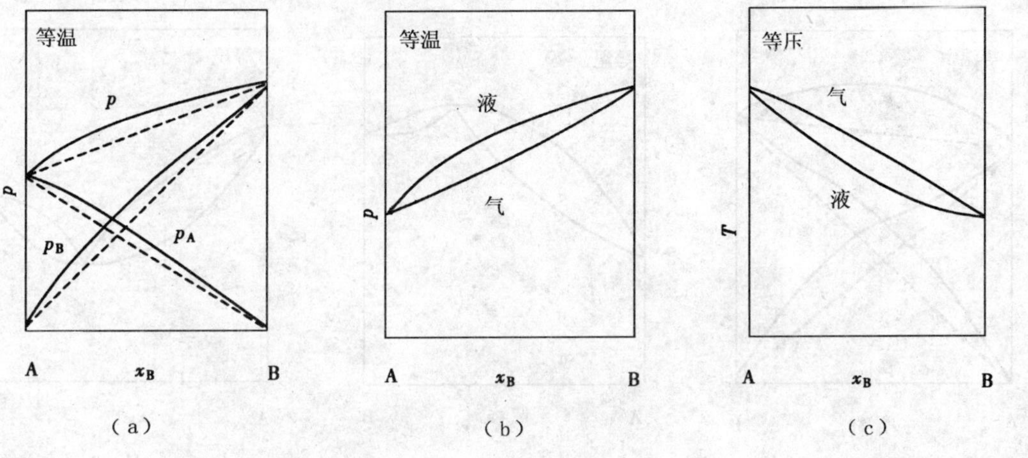

图 4－8　非理想正偏差双液体系

对于产生负偏差的体系，其情况与产生正偏差相似，表示这类体系的相图如图 4－9 所示。实际常遇到的体系是发生正偏差体系。

2. 最大正偏差的双液体系

属于这类的体系有：乙醇－水、甲醇－苯等。其相图如图 4－10 所示。(a) 为这类体系的 $p-x$ 图，虚线代表符合拉乌尔定律的理想情况，实线表示实验实测数据。由于 p_A、p_B 偏离拉乌尔定律很远，因而混合溶液的蒸气压在 (a) 图上产生最高点，其对应的 $p=p_A+p_B$ 高于两组分中任一组分的纯态蒸气压。(b)、(c) 分别是这类体系的 $p-x-y$ 图和 $T-x$ 图，(b) 图的最高点，说明体系具有最高蒸气压。蒸气压高，沸点就低，因而在 $T-x$ 图上产生最低点。与理想二组分 $T-x$ 相图不同，其气相线以低点为界分为两部分，可分别视为两个简单双液系相图，（c）即为两简单相图组合而成。图中最低点称为最低恒沸点（minimum azeotropic point），在最低恒沸点时组成为 x 的混合物称为最低恒沸混合物（minimum boiling azeotrope）。混合溶液的最低恒沸点随外压的改变而改变，最低恒沸混合物的组成也随之而变。因此，恒沸混合物不是化合物，化合物的沸点可随外压变化，但组成不变。

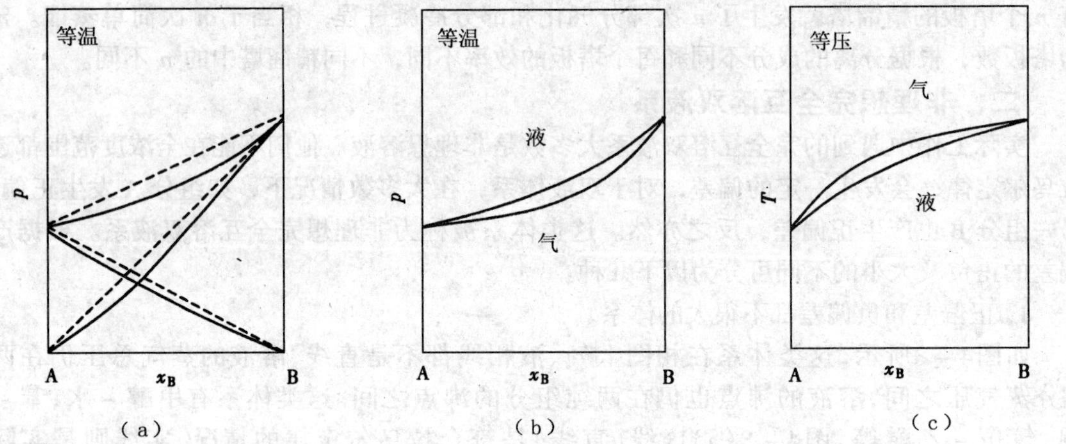

图 4-9　负偏差双液体系

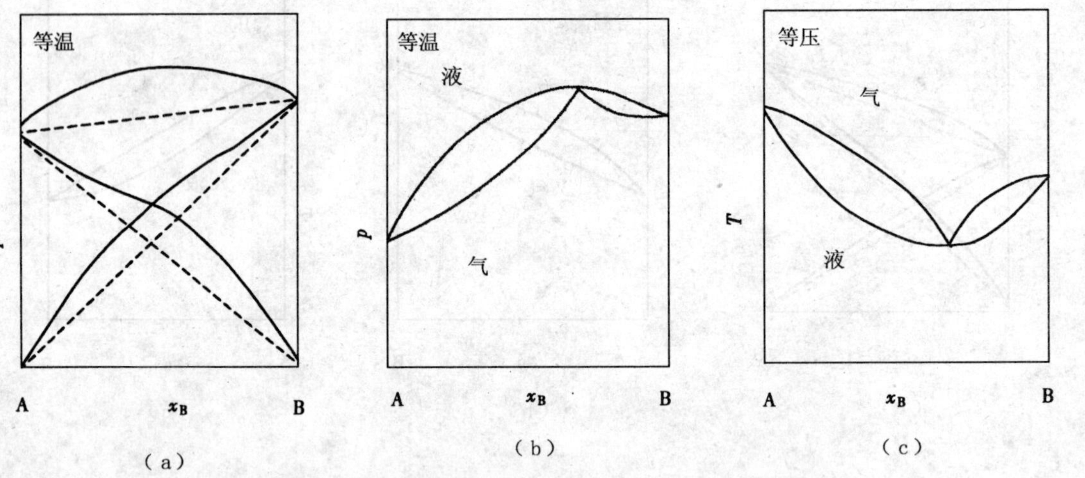

图 4-10　具有最大正偏差体系的相图

这类体系的混合物通过精馏不可能同时得到两个纯组分，只能得到一个纯的组分和恒沸混合物。如混合物的原始浓度在恒沸点左侧，通过 $T-x$ 图分析，只能得到纯 A；如混合溶液的原始浓度在恒沸点右侧，则只能得到纯 B。以乙醇-水体系为例，在标准压力 p°下，最低恒沸点为 78.2℃，恒沸混合物的组成含乙醇 95.6%。如原始混合液浓度含乙醇 50%，通过精馏得不到纯乙醇。

3. 最大负偏差的双液体系

属于这类的体系有：硝酸-水、盐酸-水等。它们的相图如图 4-11 所示，在 $p-x$ 图

(a) 上有最低点，最低点的蒸气压低于任一纯组分的蒸气压。在 $T-x$ 图（c）上相应出现最高点，此点称为最高恒沸点，相应的组成称为最高恒沸混合物。这类体系与正偏差体系相似，不能通过一次精馏同时得到纯 A 和纯 B。如盐酸 - 水体系，在标准压力下最高恒沸点为 108.5℃，最高恒沸混合物中含 HCl 20.24%。此恒沸混合物可以作为定量分析的标准溶液。

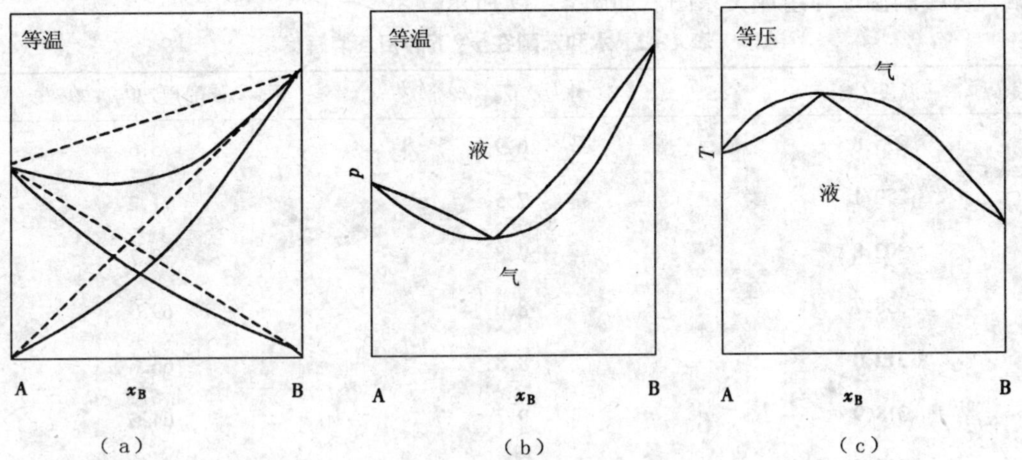

图 4-11　具有最大负偏差体系的相图

以上介绍了几种非理想的完全互溶双液系，这类体系对拉乌尔定律产生偏差，其原因各有不同，但主要有以下几种：

(1) 体系含 A、B 两组分，若 A、B 分子间的引力小于 A-A、B-B 分子间引力，在 A 组分中加入 B 组分，结果是既增加了 A 组分分子的逃逸倾向，也增加了 B 分子的逃逸倾向，体系的 A、B 两组分都产生正偏差。反之，若 A-B 分子间作用力大于 A-A、B-B 分子间作用力，两组分形成溶液后，体系的蒸气压就会降低，产生负偏差。

(2) 若组分 A 原为缔合分子，形成溶液后，A 分子的缔合体被拆开，使实际分子数增加，结果是蒸气压加大，产生正偏差。这类体系形成时，由于缔合分子的解离需要能量，体系常伴随温度降低和体积增大的现象。

(3) 若组分混合后，A、B 间形成氢键或其它形式的结合。溶液中 A、B 实际分子数减少，结果是蒸气压降低，产生负偏差。这类体系形成时，常伴随体系温度的升高和体积的缩小。

第四节　部分互溶和完全不互溶的双液系

一、部分互溶双液系

当两组分的性质相差很大，在某些温度下两组分的互溶度都很小，只有当其中一组分浓度很小时，两组分才能形成均匀的一相，此类体系称为部分互溶双液系，其 $T-x$ 图有以下几种。

1. 具有最高会溶温度的双液系

在常温下，苯酚和水形成的体系即是一例。如将少量苯酚加入水中，完全溶解，形成苯酚在水中的不饱和溶液，此时体系为一相。继续加入苯酚，超过苯酚在水中的溶解度，这时体系会出现两个液层：一层为苯酚在水中的饱和溶液，称为水层；另一层为水在苯酚中的饱和溶液，称为苯酚层。这两层平衡液共存称为共轭层（conjugated leayers）。两液层的组成就是该温度下两组分的相互溶解度。若继续加入苯酚，体系又将为单相，形成水在苯酚中的不饱和溶液。测定不同温度时，苯酚和水形成的体系，数据如表 4－2 所示。根据表中所列的数据，可绘制温度与组成关系图。如图 4－12 所示。

表 4－2　水和苯酚在 $p^{\ominus}$ 下的相互溶解度

温度/℃	水层/$W_{苯酚}$ %	苯酚层/$W_{苯酚}$ %
275.8	6.9	75.6
279.1	7.5	71.2
302.8	7.8	70.7
338.7	8.0	69.0
312.0	8.8	66.6
318.9	9.7	64.6
323.7	11.5	62.0
328.7	12.0	60.0
333.0	13.6	57.7
333.7	14.0	55.5
335.0	15.0	54.0
338.7	18.5	50.0

图中 AB 段是苯酚在水中溶解度随温度的变化曲线，BC 段表示水在苯酚中溶解度随温度的变化关系。曲线 ABC 形成一帽形区，在帽形区以外，体系是一相，体系的自由度 $f=2-1+1=2$，在该区域，温度和组成可以在一定范围内变化。在帽形区内，体系为两相平衡共存区，$f=2-2+1=1$，体系只有温度或组成可变化。当体系的物系点落在此区域内时，过物系点作水平线（为连接线），与曲线 ABC 相交所得的两点为共轭两液相的相点。如体系的温度为 303.2K，物系点为 O 点，则相点分别是 a 和 b，两点对应的横坐标即为两相的组成，两相的物质量可通过杠杆规则计算得到。同一温度下，物系点平移，相点不变，相的组成不变，但两相的物质量变化了。这也可说明在帽形区内体系的自由度为 1，温度设定，相点的组成即定。帽形区随温度升高而收窄，说明随温度升高，两组分的互溶度增大。到一定温度时，两溶解度线交于 B 点，在此点两相会溶形成一相，此温度称为最高临界溶解温度，也称为会溶温度（consolute temperature）。会溶温度的高低反映了两组分间互溶能力的大小。显然，会溶温度越低，两液体间的互溶性越好。可利用会溶温度的数值作为萃取剂的选取标准。

类似的体系还有苯胺－水，异丁醇－水等。

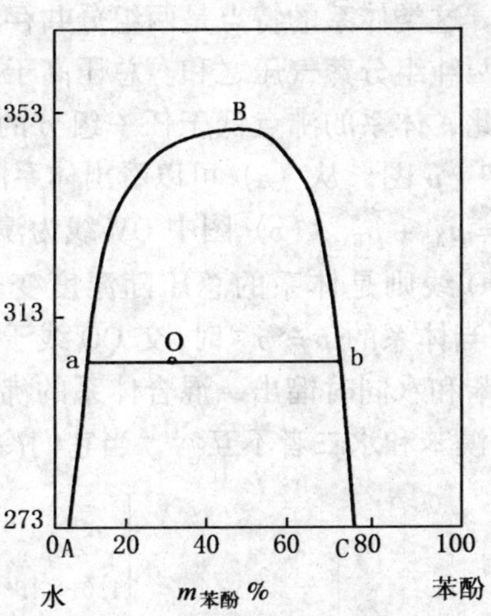

图 4-12　部分互溶体系溶解度图

2. 具有最低会溶温度的双液系

有少数两组分组成的部分互溶体系，当体系温度升高时，相互溶解度不升反降，例如，三乙胺-水体系，其相图如图 4-13 所示：在 290K 以下，两组分能以任意比例互溶，该温度即为此体系的最低会溶温度，在此温度之上，随温度升高，溶解度下降，两组分部分互溶形成共轭溶液。

3. 同时具有最高和最低会溶温度的双液系

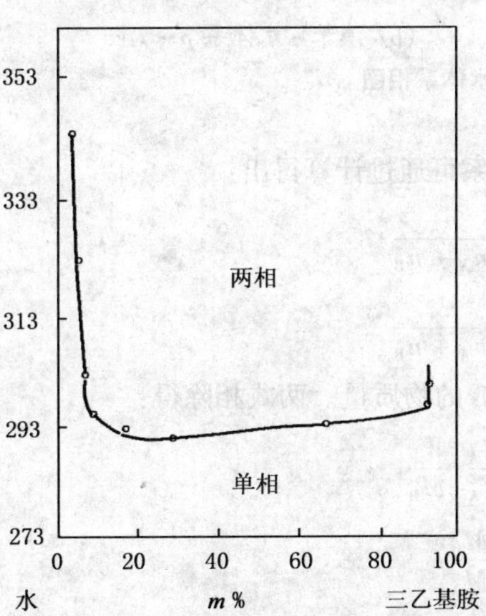

图 4-13　三乙胺-水体系相图

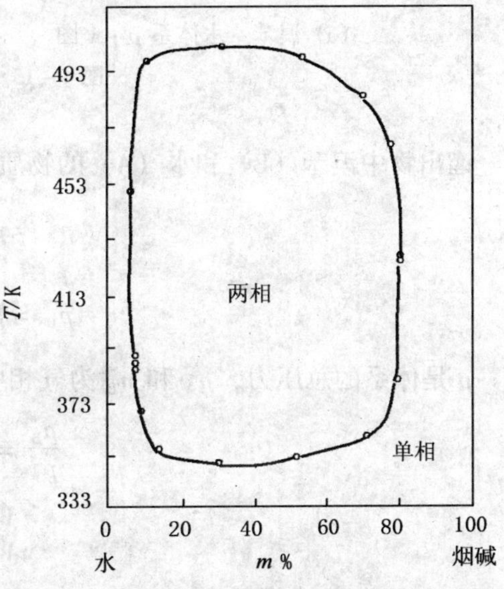

图 4-14　烟碱-水体系相图

烟碱和水组成的体系，其温度与溶解度的关系如图 4-14 所示：为一封闭的曲线，表明此两组分组成的体系，在较高或较低温度时均可以任意互溶，只在某一温度范围部分互溶。

二、完全不互溶双液系

两种液体的相互溶解度非常小，以致可以忽略不计，这样的体系称为完全不互溶双液系。如溴苯和水组成的体系。这类体系的特点是两组分共存时，各组分的蒸气压与单独存在时一样，体系的总蒸气压是两纯组分蒸气压之和。总压高于任一组分的分压。当体系的压力等于外压时，体系沸腾。因此，体系的沸点低于任一组分的沸点。图 4－15（a）（b）分别是溴苯－水体系的 $p-x$ 和 $T-p$ 图。从（a）可以看出体系的组成改变时，体系的总压和各组分的分压均不变，而且 $p=p_A^*+p_B^*$。(b) 图中 QM 线为溴苯的蒸气压随温度的变化曲线，QN 线为水的蒸气压曲线，QO 线则是体系的总压随温度变化曲线。QO 线的压力值实际是 QM 和 QN 线压力值的加和。当体系的 $p=p^{\ominus}$ 时，交 QO 线于 O 点，O 点对应的温度 368.15 K 即为此体系的沸点。这时溴苯和水同时馏出，混合体系的沸点既低于水的沸点 373.15K，也低于溴苯的沸点 429K。由于溴苯和水二者不互溶，当它们冷凝后，很容易将它们分开。

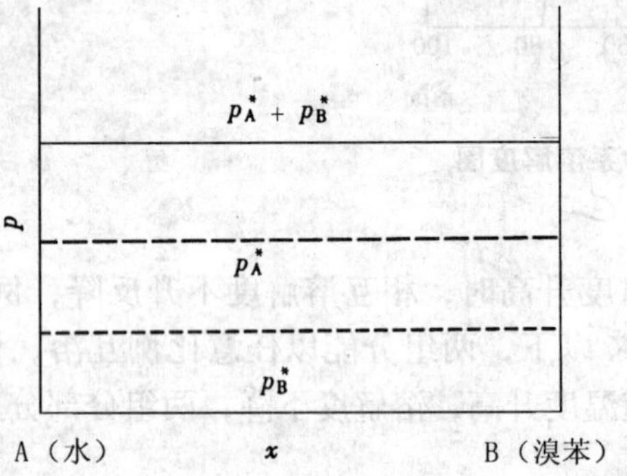

(a) 溴苯－水体系 $p-x$ 图

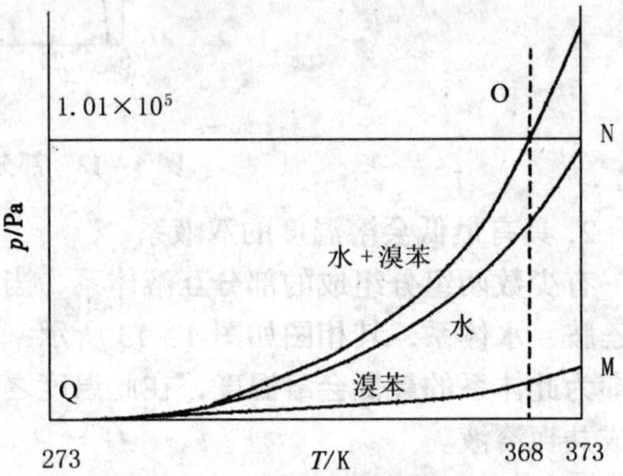

(b) 溴苯－水体系 $p-T$ 图

图 4－15　溴苯－水体系相图

馏出物中溴苯（B）和水（A）的物质量的关系可通过计算得出：

$$p_A^*=px_A^g=p\frac{n_A}{n_A+n_B}$$

$$p_B^*=px_B^g=p\frac{n_B}{n_A+n_B}$$

p 是体系的总压力，n_A 和 n_B 为气相中 A 和 B 的物质量。两式相除得：

$$\frac{p_B^*}{p_A^*}=\frac{n_B}{n_A}=\frac{M_A}{W_A}\cdot\frac{W_B}{M_B}$$

$$\frac{W_B}{W_A}=\frac{p_B^*M_B}{p_A^*M_A}$$

W_A、W_B 分别是 A、B 的质量，M_A、M_B 是 A、B 的摩尔质量。由于有机物的摩尔质量 M_B 要比水的大许多，所以，p_B^* 尽管较小，馏出物中有机物的质量 W_B 不会太少。

第五节　二组分固液体系

二组分固液体系又称二组分凝聚体系。此体系在低温时是固态，较高温度时熔化呈液态，体系中没有组成该体系组分的气相存在，即使少量存在，也可忽略。所以压力变化对这类体系平衡的影响可不计。因此，研究这类体系时常固定压力于 $p^{\ominus}$，相律可表示为 $f^{*}=K-\Phi+1$。

根据二组分互溶度的不同，体系可分为：固态完全不互溶的简单低共熔体系；固态生成化合物的体系；固态完全互溶体系和固态部分互溶体系。根据相图绘制方法不同，可分为：热分析法和溶解度法。

一、简单低共熔体系

1. 热分析法

热分析法是绘制相图的基本方法之一，用于处理固态物质与其熔融态平衡共存体系。首先配制一系列组成递变的样品，加热至熔化，让体系缓慢且均匀地冷却，记录体系温度随时间的变化，绘制温度－时间曲线，这种曲线称为步冷曲线（cooling curve）。当体系没有相变发生时，温度随时间几乎（因为温差在变，降温速度有微小差异）呈线性变化。当体系的温度降低到某一点，某一组分开始凝固，有新相产生，由于相变潜热的释放可部分弥补体系向环境放热，温度－时间曲线上出现拐点，斜率变小。随体系的温度继续降低，另一组分也随之凝固，会出现第二个拐点，步冷曲线呈一平台。当凝固过程全部完成，体系成为单相后，温度才会下降。图 4－16 为邻硝基氯苯和对硝基氯苯体系的步冷曲线和相图。

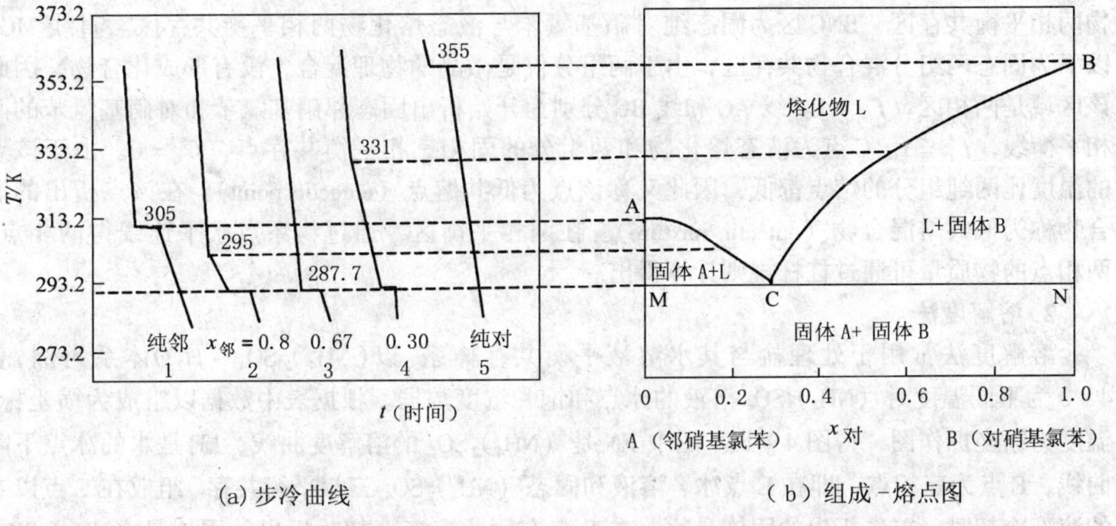

图 4－16　邻硝基氯苯和对硝基氯苯体系相图

样品 1 为纯邻硝基氯苯，（a）图中线 1 为该样品的步冷曲线，305K 以上是纯邻硝基苯熔化物的冷却过程，在这段体系是单组分单相，自由度 $f^{*}=1-1+1=1$，体系只有温度这一性质可以变化。当冷却到 305K 时，开始有固态邻硝基氯苯从熔化物中析出。此时体系两相平衡，$f^{*}=1-2+1=0$，结晶过程体系的温度不变。结晶过程有凝固热放出，可抵消体系的散热，因而这段步冷曲线是一平台。待邻硝基氯苯全部凝固后，体系又成为单相，$f^{*}=1$，温度才继续下降。纯对硝基氯苯的步冷曲线如图中线 5 所示，与线 1 相似，其结晶过程的平台在 355K。

线 2 是含对硝基氯苯且 $x_{邻}=0.8$ 的样品的步冷曲线，在 295K 以上为熔化物单相区，体系冷却时，温度下降为一斜率几乎不变的平滑直线。当冷却至 295K 时，由于体系含邻硝基氯苯较多，熔化物中邻硝基氯苯达到饱和，首先开始结晶，因为有凝固热放出，体系温度下降变慢，步冷曲线斜率的绝对值变小，在此出现一拐点。这时体系是两组分两相，自由度 $f^* = 2 - 2 + 1 = 1$，体系的温度可以变化。当温度下降到 287.7K 时，邻硝基氯苯也开始结晶，两个组分同时析出。这时体系为两组分三相（一个液相，两个固相），体系的自由度 $f^* = 2 - 3 + 1 = 0$。经分析此时体系的组成为含 $x_{邻} = 0.67$，液相的组成固定，两组分按一定组成比例同时析出，温度不变，步冷曲线上为一平台。待体系全部凝固完毕，$f^* = 2 - 2 + 1 = 1$，温度才开始继续下降。线 4 为含 $x_{邻} = 0.3$ 的样品的步冷曲线，与线 2 相似，只是该样品中含对硝基氯苯较多，对硝基氯苯首先从熔化物中析出，开始结晶的温度为 331K，出现一拐点。平台也出现在 287.7K，经分析此时液相组成也为 $x_{邻} = 0.67$。

线 3 是组成为 $x_{邻} = 0.67$ 样品的步冷曲线，其形态与纯组分的相似，当温度冷却到 14.7℃时出现平台，两组分按比例析出。在此之前并不先析出两组分中的任一晶体，此时体系的自由度 $f^* = 0$。但需指出，单组分体系的两相，两组分体系的三相，内涵是不一样的。

将上述 5 条步冷曲线中，温度下降过程出现的折点及对应的组成绘在另一坐标系中，将所有出现两相平衡的开始点连接，三线平衡点画一水平直线，即得图 4 - 16（b）组成 - 熔点图，也称为二组分简单低共熔相图。在曲线 ACB 之上，为液态熔化物单相区，体系的自由度 $f^* = 2$。AMC 和 BNC 两区域为两相平衡区，$f^* = 1$，AMC 区为固态纯邻硝基氯苯和熔化物两相平衡共存区，BNC 区为固态纯对硝基氯苯与液态熔化物两相平衡共存区。直线 MCN 以下为固态两组分混合物共存区，由于两组分仅是微晶的物理混合，没有形成化合物，因此该区域是两相区，$f^* = 1$。线 AC 和线 BC 分别为开始析出固态邻硝基氯苯和对硝基氯苯的两相平衡线，$f^* = 1$。C 点为液态熔化物和两组分的固相三相平衡共存点，$f^* = 0$。由于该点的温度比两纯组分的熔点都低，因此又称该点为低共熔点（eutectic point）。在该点析出的混合物称为低共熔混合物（eutectic mixture）。在两相平衡区，通过物系点水平连线得两相点，两相点的物质量可通过杠杆规则计算得出。

2. 溶解度法

溶解度法常用于处理盐与其水溶液平衡共存体系。以 $(NH_4)_2SO_4 - H_2O$ 体系为例，表 4 - 3 为不同温度时 $(NH_4)_2SO_4$ 溶液的冰点和饱和浓度数据。根据表中数据以组成为横坐标，温度为纵坐标作图，得图 4 - 17。图中 EN 是 $(NH_4)_2SO_4$ 的溶解度曲线，LE 是水的冰点下降曲线，E 点为三相点，即在 E 点冰、溶液和固态 $(NH_4)_2SO_4$ 三相平衡共存。组成在 E 点以左的溶液冷却时，首先析出的固体是冰；在 E 点右侧的溶液冷却时析出的固体是 $(NH_4)_2SO_4$。当溶液组成刚好是 E，冷却到 E 点温度时，冰和 $(NH_4)_2SO_4$ 形成低共熔混合物同时析出。

还有一些水盐体系，如 $NaCl - H_2O$，低共熔点温度为 -21.1℃，组成为含 NaCl 23.3%；$CaCl_2 - H_2O$ 体系，低共熔点温度为 -55℃，组成为含 $CaCl_2$ 29.9% 等。冬天雪后，在公路路面上撒盐，就是将盐与雪混合形成低共熔混合物后熔点降低，使雪融化。此外，工业上常以 $CaCl_2$ 水溶液作为冷冻循环液，在很低温度，也不会凝固。

盐的提纯过程可按下述步骤进行：首先，配制盐溶液，使其浓度位于相图中 E 点的右侧（如 R 点），加热溶解，过滤掉不溶的杂质，冷却析盐。为了提高提纯的效率，可将物系点选在含盐 47.5% 左右，加热至 343K（相图中 S 点），过滤除去杂质，冷却至 Q 点时开始析出固体盐，继续冷却至 R 点，平衡的液相组成为 y 点，根据杠杆规则：

$$\frac{液相的量}{固相的量} = \frac{RZ}{RY}$$

表 4-3　$(NH_4)_2SO_4-H_2O$ 体系固液平衡体系数据

温度/℃	$(NH_4)_2SO_4$/% (*w*/*w*)	固相
-5.5	16.7	冰
-11	28.6	冰
-18	37.5	冰
-19.1	38.4	冰 + $(NH_4)_2SO_{4(s)}$
0	41.4	$(NH_4)_2SO_{4(s)}$
10	42.2	$(NH_4)_2SO_{4(s)}$
20	43.0	$(NH_4)_2SO_{4(s)}$
30	43.8	$(NH_4)_2SO_{4(s)}$
40	44.8	$(NH_4)_2SO_{4(s)}$
50	45.8	$(NH_4)_2SO_{4(s)}$
60	46.8	$(NH_4)_2SO_{4(s)}$
70	47.8	$(NH_4)_2SO_{4(s)}$
80	48.8	$(NH_4)_2SO_{4(s)}$
90	49.8	$(NH_4)_2SO_{4(s)}$
100	50.8	$(NH_4)_2SO_{4(s)}$
108.9	51.8	$(NH_4)_2SO_{4(s)}$

析出固体的量与原体系总量的比为：

$$\frac{\text{固相的量}}{\text{原体系的总量}}=\frac{RY}{YZ}$$

将 y 组成的液相加热至 343K（O 点），投入粗盐使物系点回到 S 点，重复进行上面操作。可见在用结晶法提纯盐时，相图对工艺具有指导意义，如将物系点选在 E 点左侧，冷却时首先析出的不是盐而是冰。

在药学领域，低共熔原理的应用有许多实例。如药物的熔点测定，可作为药物纯度的标准之一。也可将待测样品与标准品混合后测定熔点，以初步确定二者是否是同一种物质。又如在制作配方药时，要考虑多种药混合在一起时，在常温下是固态还是液态。

此外，在分离提纯混合物时，可考虑将气-液与固-液体系的相图联合使用。如邻硝基氯苯与对硝基氯苯二组分体系，既可形成简单低共熔体系，又能在较低压力下达到气-液平衡。图 4-18 为该体系固-液和气-液相图合并后的示意图。图的上部为形成最低恒沸物的气-液平衡图，当减压至 4kPa 时，恒沸点的温度是 393K，恒沸混合物中含邻硝基氯苯

58%。下面是固－液平衡相图，低共熔点的温度为 287.7K，低共熔混合物中含邻硝基氯苯 67%。如体系的物系点在低共熔点左侧，可先降低体系的温度接近 287.7K，分离出一部分对硝基氯苯，平衡的液相组成接近于低共熔点的组成，将此溶液升温减压精馏，可得到恒沸物和邻硝基氯苯。将含邻硝基氯苯 58%的恒沸物冷却接近 287.7K，又可分出一部分对硝基氯苯。体系在恒沸点和低共熔点间循环，巧妙地利用两相图的组合，将混合物分开。

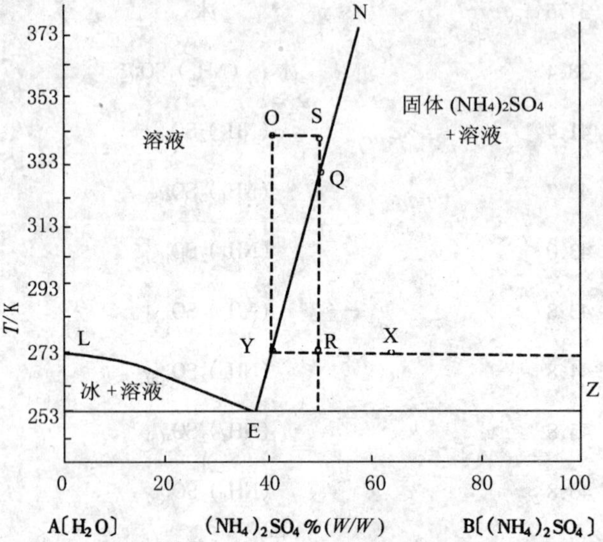

图 4－17　$(NH_4)_2SO_4-H_2O$ 体系相图

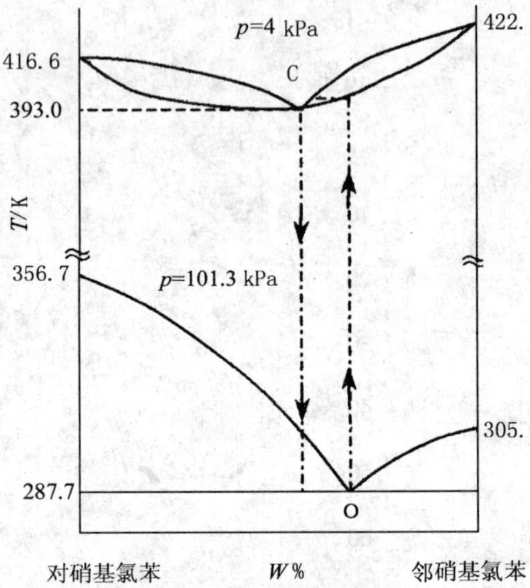

图 4－18　邻－对硝基氯苯分离示意图

二、形成化合物的体系

根据所形成化合物的性质，可分为两种类型讨论。首先要明确，尽管体系有化合物生成，但有一平衡关系存在，体系的 $C=3-1=2$，仍为二组分体系。

1. 形成稳定化合物的体系

如苯胺与苯酚组成的体系，存在如下反应：

$$C_6H_5NH_2+C_6H_5OH = C_6H_5NH_2\cdot C_6H_5OH$$

反应生成的固态化合物 $C_6H_5NH_2\cdot C_6H_5OH$ 熔化时与熔融液的组成相同，因此称该化合物为稳定化合物，生成的化合物有稳定的熔点，该熔点称为“相合熔点”。此体系的相图如图 4－19 所示。可将此相图看作两简单低共熔相图组合而成，左边一半是 C_6H_5OH 与 $C_6H_5NH_2\cdot C_6H_5OH$ 所构成，E_1 是 C_6H_5OH 与 $C_6H_5NH_2\cdot C_6H_5OH$ 混合物的低共熔点。右边一半由 $C_6H_5NH_2$ 与 $C_6H_5NH_2\cdot C_6H_5OH$ 构成，E_2 是 $C_6H_5NH_2$ 与 $C_6H_5NH_2\cdot C_6H_5OH$ 混合物的低共熔点。化合物 $C_6H_5NH_2\cdot C_6H_5OH$ 的步冷曲线与纯物质一样，其它情况的分析与简单低共熔相图相同。

类似的情况还常出现在无机物与水组成的二组分体系，如 $H_2SO_4-H_2O$ 体系，其相图如图 4－20 所示。从图中看到 H_2SO_4 与 H_2O 可形成三种稳定化合物：$H_2SO_4\cdot H_2O$、$H_2SO_4\cdot 2H_2O$ 和 $H_2SO_4\cdot 4H_2O$。三种化合物分别有自己的稳定的熔点，整体相图由四个简单相图组合而成，存在四个低共熔点。从图中可看出 98%的硫酸结晶温度约为 273K，给冬天的运输带来一定麻烦，因此冬天常以 93%硫酸作为产品，它的凝固点约为 238K，这样在运输中不会造成装卸困难。

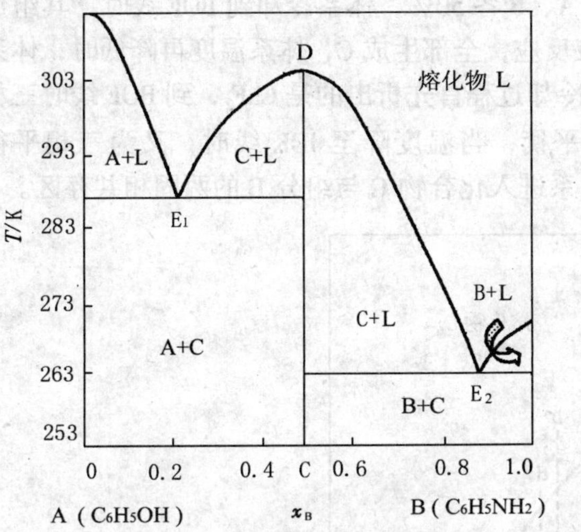

图 4－19　苯酚－苯胺体系相图

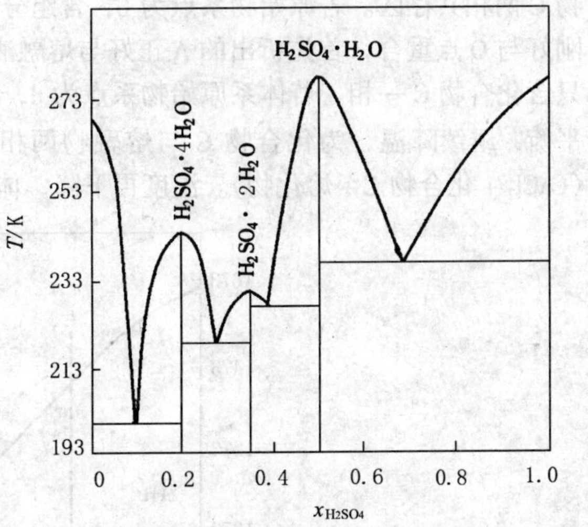

图 4－20　H_2SO_4－H_2O 体系相图

2. 形成不稳定化合物体系

A 和 B 形成不稳定固态化合物 C_1，加热 C_1 固体到一定温度就分解为熔化物和另一种固体 C_2。此反应可表示为：

$$C_1\text{（固）} = C_2\text{（固）} + \text{熔融液}$$

C_2 可以是两组分中的任意一个，也可以是一新化合物。分解反应称为“转熔反应”，对应的温度称为转熔温度（peritectic temperature）。由于分解反应产生新相，体系为二组分三相平衡，即 C_1、C_2 和熔融液，$f^* = 2 - 3 + 1 = 0$，体系的组成和温度都不能变，在步冷曲线上应为一水平线段。由于反应是可逆的，加热体系，反应向右进行，C_1 分解；冷却时反应向左进行，生成 C_1。

$CaCl_2$ 与 CaF_2 组成的体系是生成不稳定化合物体系的典型例子，反应如下：

$$m CaF_2 \cdot CaCl_2\text{（固）} = n CaF_2\text{（固）} + \text{熔化物} \qquad m > n$$

不相合熔点为 1010K。该体系相图如图 4－21 所示，各相区分别为：

ABDE 以上：液相单相区

ABOF 区：A（S）与熔化物两相平衡

BOID 区：化合物 C（S）与熔化物两相平衡

EDK 区：B（S）与熔化物两相平衡

FOHG 区：A（S）与化合物 C（S）两相共存

DIHJ 区：B（S）与化合物 C（S）两相共存

BOF 线：三相平衡（A（S）＋化合物 C（S）＋熔化物）

IDK 线：三相平衡（B（S）＋化合物 C（S）＋熔化物 D）

若体系的物系点在相图中 B 点的右侧，其基本情况与简单低共熔相图相同。若体系的物系点在 B 点左侧如 a，冷却时首先析出固体 CaF_2，液相组成沿 AB 线变化。当温度降到 BOF 线时，发生相转反应，熔融液与 CaF_2 反应生成不稳定化合物 C，体系三相平衡。由于体系中 A 物质过量，当熔融液全部消耗完毕后，体系温度继续下降，体系进入 CaF_2 和化合物 C 两相共存区。若原始物系点为 b，含组分 A、B 各 50%，体系冷却到 BOF 线时，其组成刚好与 O 点重合，首先析出的 A 正好与熔融液反应，全部生成 C，体系温度再降低时，体系只含化合物 C 一相。若体系原始物系点为 d，冷却过程首先析出的是 CaF_2，到 BOF 线时三相平衡，继续降温，为化合物 C 与熔融物两相平衡，当温度降至 IDK 线时，又为三相平衡（$CaCl_2$ + 化合物 C + 熔化物）。温度再下降，体系进入化合物 C 与组分 B 的两固相共存区。

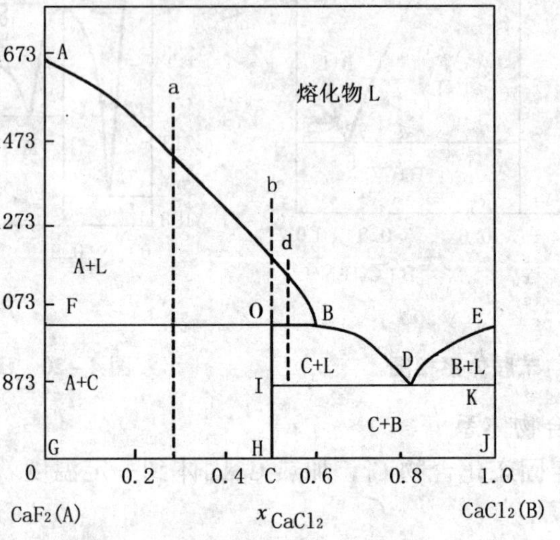

图 4-21 $CaCl_2$ - CaF_2 体系相图

能生成不稳定化合物的体系还有：金 - 锑（Au - Sb），2KCl - $CuCl_2$，苦味酸 - 苯等。

不稳定化合物的相图可看成由稳定化合物的相图演变而来。图 4-22（1）、（2）和（3）展示了其演变过程。图（1）为稳定化合物体系相图，纯组分 A 和 B 的熔点温度很接近。如两纯组分的熔点相差较大时，其相图如图（2）所示，但仍有两个低共熔点 G、E，形成的仍为稳定化合物。当两纯组分的熔点相差足够大时，其相图如图（3），其中 A 组分的凝固点降低曲线 EH 不再与化合物 BA 的凝固曲线相交，而跨过 C 点直接相交于 G，BA 即成为不稳定化合物，C 点由熔点变为转熔点。

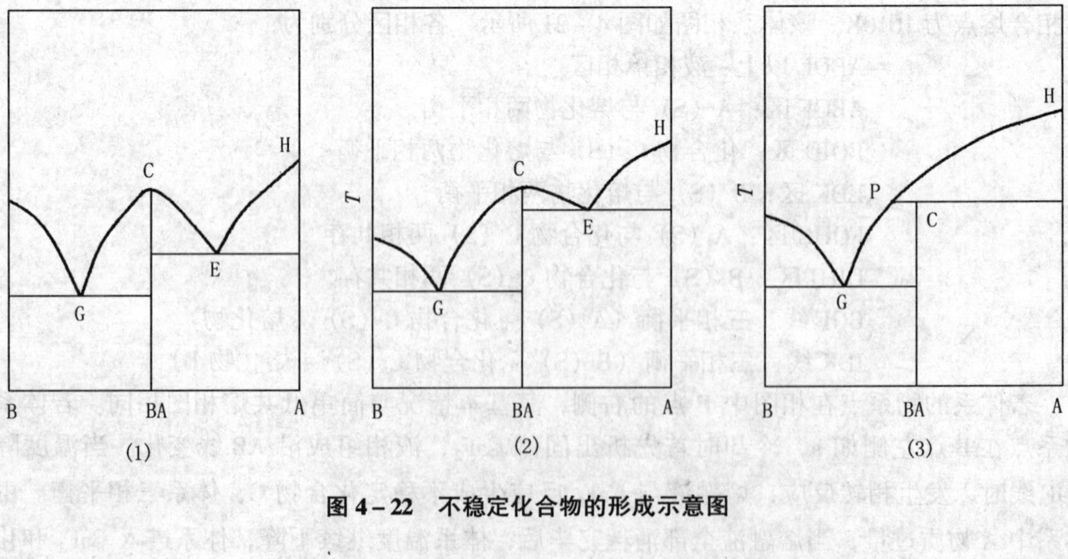

图 4-22 不稳定化合物的形成示意图

三、形成固溶体体系的相图

将两种固体加热熔化混匀，冷凝后两组分在分子水平混合，形成固溶液亦称固溶体。像液态一样，由于互溶度不同，将体系分为“完全互溶”和“部分互溶”两类。

1. 完全互溶体系

这种体系的相图与气－液平衡体系相图相似，两组分在固态和液态能以任意比例互溶，不生成化合物，也没有低共熔点。体系最多有一个固相和一个液相共存。根据相律 $f^* = 2 - 2 + 1 = 1$，压力恒定时，至少有一个自由变量。以 Ag－Au 体系为例，其相图如图 4－23 所示。梭形区的上边 M 线以上为液相区，下边 N 线以下为固相区，中间为固液两相平衡区。在两相平衡区，固、液两相的组成不同，液相中含低熔点组分相对较多，固相中含高熔点组分相对较多。与气液平衡体系相似，随温度下降，液相的组成沿液相线向低熔点组分的含量增加的方向移动，固相组成则沿固相线与液相线同向变化。与气液平衡体系不同的是，固液体系凝固后，两组分内部不再扩散，这会导致固体内部两个组分分布不均匀的现象。为了使固相的组成比较均匀，可将固体升温至接近熔点的温度，并保持一段时间，使固体内部两组分充分扩散，达到均匀平衡。

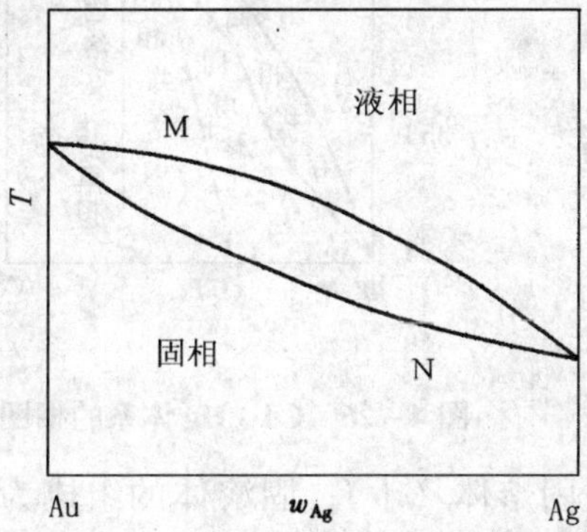

图 4－23　Au－Ag 体系相图

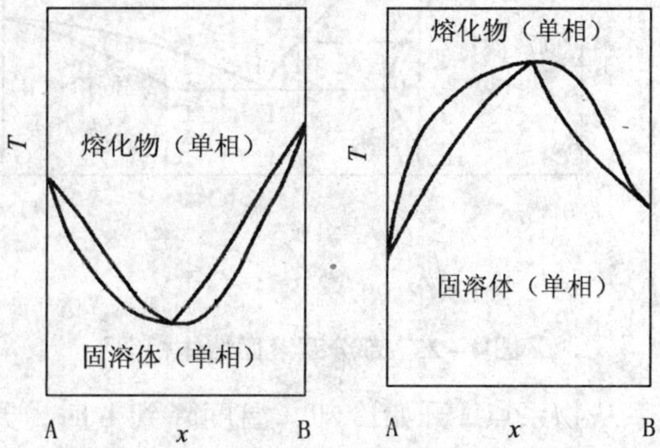

图 4－24　具有最高和最低熔点的相图

像 Au－Ag 在全浓度范围都能形成固溶体的例子不多。这是因为它需要两组分的分子直径与晶格都非常相似，以致一种质点被另一种质点取代不会引起晶格的破坏。类似的例子还有 NH_4SCN－KSCN，Co－Ni 等。

与气－液平衡的 $T-x$ 相图相似，完全互溶固溶体的相图也有出现最高熔点或最低熔点，如图 4－24 所示。在最高熔点或最低熔点，固、液两相的组成相同。不过具有最高点的相图极少。具有最低熔点的体系有 Cu－Au，KCl－KBr 等。

2. 部分互溶体系

部分互溶的固溶体是指体系处于液相时可完全互溶，在固相时不能在全浓度范围内完全互溶。固溶体的互溶度与温度有关，下面分为两类作一简单介绍。

(1) 体系有一个低共熔点

图 4－25 是 KNO_3－$TlNO_3$ 体系的相图，这类相图可看成由简单低共熔相图演变而来，简单体系由于在固相两组分完全不溶，AJH，BCI 线分别与 AF、BG 线重合。而此类体系，由于两组分在固相部分互溶，多形成两个区域。图中各区域情况如下：

AEB 线以上为熔化物单相区

AJFH 区为被 $TlNO_3$ 饱和了的 KNO_3 固溶体（Ⅰ）单相区

BCGI 区为被 KNO_3 饱和了的 $TlNO_3$ 固溶体（Ⅱ）单相区

AEJ 区为固溶体（Ⅰ）与熔化物两相共存区

BEC 区为固溶体（Ⅱ）与熔化物两相共存区

JCIH 区为固溶体（Ⅰ）和（Ⅱ）混合物两相共存区

AE、BE 线为液相组成线

AJH、BCI 线分别为固溶体（Ⅰ）和（Ⅱ）组成随温度变化的线

E 点为固溶体（Ⅰ）、（Ⅱ）和熔化物三相平衡共存点

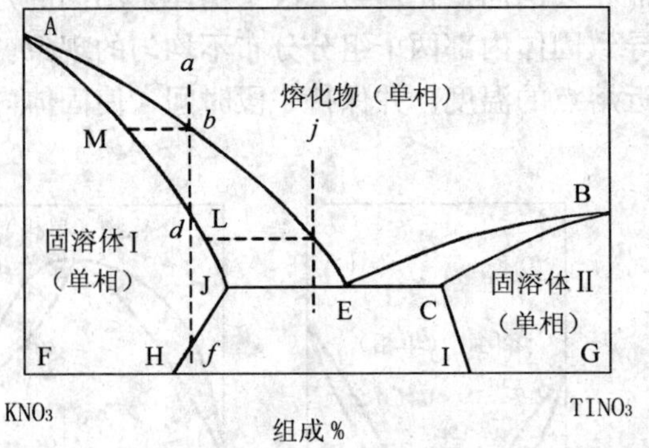

图 4－25　部分互溶固熔体相图

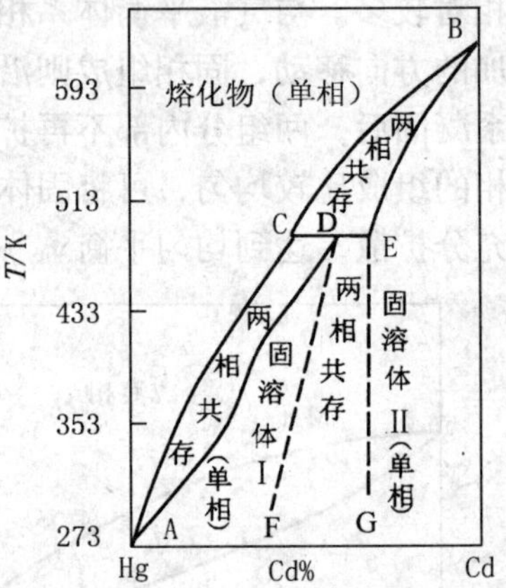

图 4－26　Cd－Hg 体系的相图

若体系从物系点 a 开始冷却，温度降到 b 时，开始析出固熔体（Ⅰ），固溶体的组成为 M，继续降温，熔化物组成沿 AE 线移动，固溶体组成沿 AJ 线变化，到 d 点温度时，熔化物全部凝固为固溶体（Ⅰ），组成为 d，继续降温至 *f* 点，在此温度，固溶体（Ⅰ）达到饱和，分离出另一种固溶体（Ⅱ），再降温，体系进入 JCIH 区，在此区两种固溶体混合共存。这是两个互相共轭的固相，其组成随温度分别沿 JH 和 CI 线变化。

若体系由物系点 j 开始冷却，首先析出固熔体（Ⅰ），组成为 L，继续降温碰到 JEC 线，固溶体（Ⅰ）与固溶体（Ⅱ）同时析出，此时两固溶体与熔化物三相平衡共存，它们的组成分别为 J、C 和 E。再继续降温，熔化物消失体系进入固溶体混合物区。所有两相平衡区的相点，均可用通过物系点的连接线的方法得到，每相的物质量可利用杠杆规则计算得到。

（2）有一转熔温度的体系

Cd－Hg 体系属于这一类型，其相图如图 4－26 所示，BCA 线以上为熔化物单相区，BCE 区为固溶体（Ⅱ）与熔化物两相平衡区，ACD 区为固溶体（Ⅰ）和熔化物两相平衡区，ADF 以下为固溶体（Ⅰ）单相区，右侧 BEG 以下为固溶体（Ⅱ）单相区，FDEG 以下为两固溶体平衡共存区。物系点处于 CDE 线以下的体系，升温至此线，组成为 D 的固溶体（Ⅰ）、组成为 E 的固溶体（Ⅱ）与组成为 C 的熔化物三相平衡共存。此温度称为转熔温度。

电化学中使用的标准电池中含有镉汞齐，其中含 Cd 5%～14%，当体系为 25℃时，刚好处于固熔体（Ⅰ）与熔化物两相平衡区，就 Cd 而言，其组成均为含量一定的饱和溶液，镉汞齐中镉的含量可在 5%～14%内稍有变化，定温时，只能影响两相的相对质量，而不会

改变 Cd 在两相中的活度。所以标准电池在定温下有固定的电动势。

第六节　三组分体系的相图

三组分体系的相律表示式为 $f=3-\Phi+2=5-\Phi$，当 $\Phi=1$ 时，体系有 4 个自由度，即温度、压力和和两个浓度，需一 4 维空间表示体系的相图。对于凝聚体系，压力对平衡的影响不大，$f^{*}=3$，可用立体模型表示；若体系的温度恒定，$f^{**}=2$ 则可用平面图表示。通常以等边三角形表示之。

一、等边三角形法则

三角形的三个顶点分别代表纯组分 A、B、C，AB、BC、和 AC 三条线分别代表三个两组分体系，三角形内任一点都代表三组分体系的一个物系点。三角形法则可用图 4－27 表示，如物系点为 O，它的组成可通过向三条边引平行线确定，三条线的长度分别为 a、b、c，可以证明 $a+b+c=AB=BC=AC=1$，从图中还可看出 $a=a'$，$b=b'$，$c=c'$，因此 O 点的组成也可用 a'、b' 和 c' 表示。三条边的浓度可用摩尔分数表示，也可用百分浓度表示，但要求它们的加和为 1。

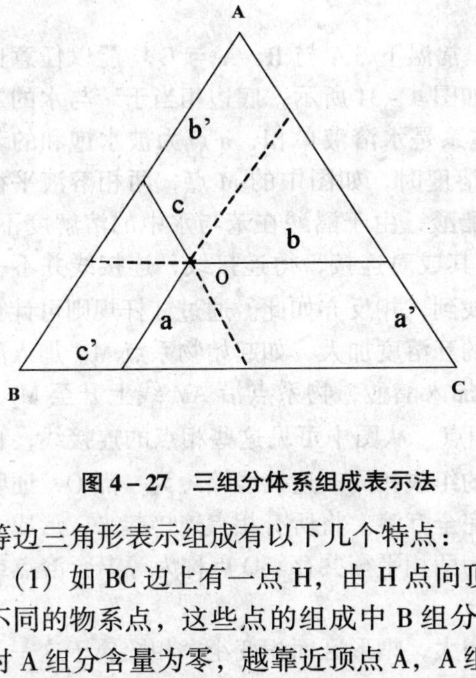

图 4－27　三组分体系组成表示法

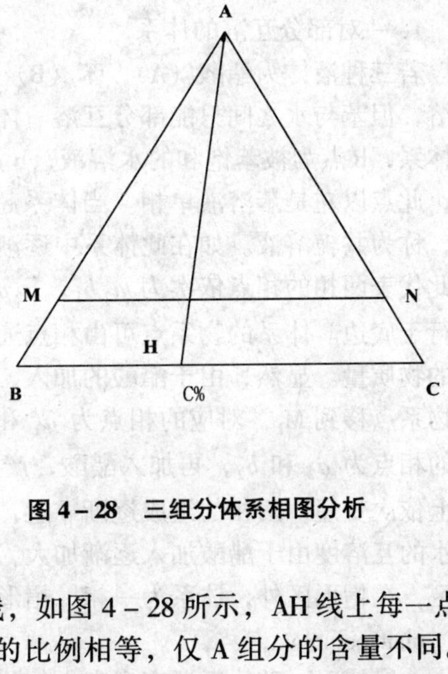

图 4－28　三组分体系相图分析

用等边三角形表示组成有以下几个特点：

(1) 如 BC 边上有一点 H，由 H 点向顶点 A 连线，如图 4－28 所示，AH 线上每一点均为不同的物系点，这些点的组成中 B 组分和 C 组分的比例相等，仅 A 组分的含量不同。H 点时 A 组分含量为零，越靠近顶点 A，A 组分含量越高。即体系的物系点为 H 时，向体系中加入 A 组分，物系点沿 HA 线变化。

(2) 平行于任意一条边的直线上的各点，其对应顶点所代表组分的含量相同。如图 4－28 中 MN 线上的任意点，A 组分含量相等。

(3) 组分相同组成不同的两个三组分体系，物系点分别为 F 和 G，混合构成一新的三组分体系，物系点为 H，H 点一定在 FG 的连线上。具体位置可根据 F、G 两体系的物质量，利用杠杆规则计算得到。如图 4－29 所示。

(4) 组分相同组成不同的三个三组分体系，物系点分别为 E、F 和 G，当此三个体系混合时，物系点必落在 EFG 组成的三角形的重心上，如图 4－30 所示，先求得某两点（如 E、

F）混合而成的物系点 H，再求 H 与 G 两点混合而成的物系点 I。I 即为新体系的物系点。

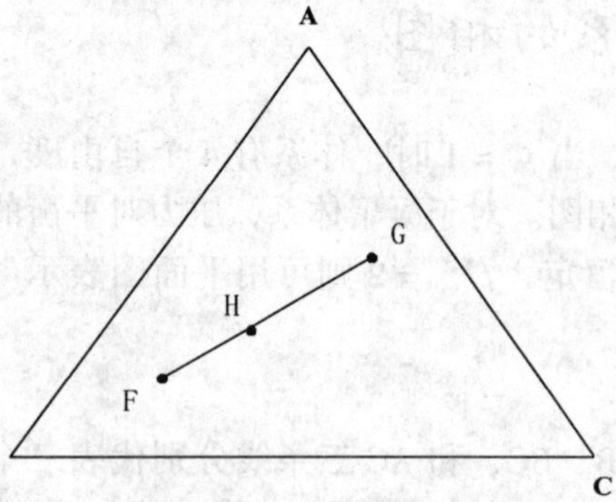

图 4-29　三组分体系的杠杆规则

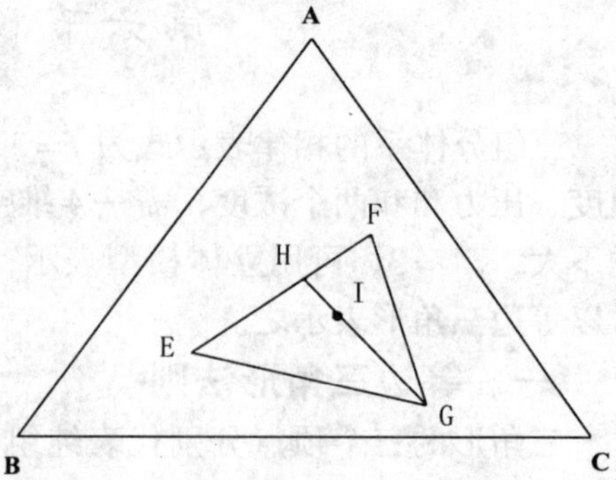

图 4-30　三组分体系的重心规则

二、部分互溶的三液体系

部分互溶的三液体系，三对液体间可以是一对部分互溶、也可以是两对部分互溶或三对部分互溶。

1. 一对部分互溶的体系

若三种液体为醋酸（A）、苯（B）和水（C），常温下，A 与 B、A 与 C 均能以任意比例互溶，但苯与水之间只能部分互溶。体系的相图如图 4-31 所示，底边相当于苯与水的二组分体系，b 点为被苯饱和的水溶液，b 点以右的体系是水溶液单相；a 点为被水饱和的苯溶液，此点以左是苯溶液单相。当体系超出它们互溶度时，如图中的 M 点，两相溶液平衡共存，称为共轭溶液。如在此体系中逐渐加入少许醋酸，由于醋酸在苯与水中的溶解度不同，因此代表两相的相点依次为 a_1b_1，a_2b_2…等，将其成对连接，得连接线，连接线并不一定平行于底边。体系的物系点可由相点通过连接线找到，相反亦如此。通过杠杆规则可计算各相的物质量。显然，由于醋酸的加入，使苯与水的互溶度加大，如起始物系点 M，加入醋酸使物系点移到 M_1，对应的相点为 a_1 和 b_1；继续加入醋酸，物系点沿 AM 线上升至 M_2，对应的相点为 a_2 和 b_2，再加入醋酸，产生相应的相点，从图中可见这些相点的连接线，自下而上依次变短，两相的组成逐渐靠近，最终两相的组成相同，连接线缩短为一点 O，证明苯与水的互溶度由于醋酸加入逐渐加大，最终达到完全互溶。将所有相点连接起来，形成一帽形区，在帽形区外，体系为一相，帽形区内体系为两相平衡共存。O 点称为等温会溶点或褶点（plait point）。

一般情况，随体系温度升高水与苯的互溶度增大，帽形区面积变小。相图属于这一类的还有乙醇-苯-水，氯仿-醋酸-水体系等。

2. 两对部分互溶的体系

乙烯腈(A)-水(B)-乙醇(C)体系的相图是这类体系的代表。其示意图如图 4-32 所示，在 aDb 和 cEd 区内两相平衡共存，其它区域为单相区。两相区内各相的组成可由连接线读出，当温度降低时，两相区面积扩大，以致可能重叠，如图 4-33 所示。图中 abcd 区为两相区，剩余部分为单相。

3. 三对部分互溶的体系

图 4-34 是乙烯腈（A）-水（B）-乙醚（C）恒温恒压下的相图，三个阴影区为两相

平衡区，其余部分为三组分完全互溶的单相区。降低温度，两相区扩大，最终两两相连成图4－35。图中区域1为单相区，阴影部分2为两相区，中心三角区3为三相平衡共存区，在此区域内自由度 $f^{**}=0$，三个相组成是固定的，分别为D、E和F，物系点位于此区域的不同点时，各相组成一样，仅是三个相的物质量不同而已。

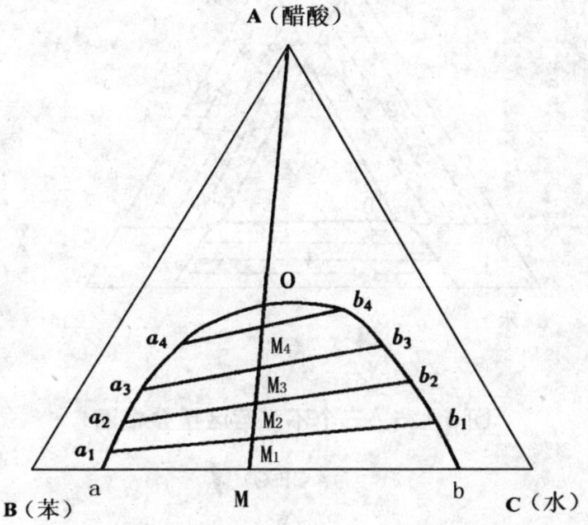

图4－31　三液体系一对部分互溶的相图

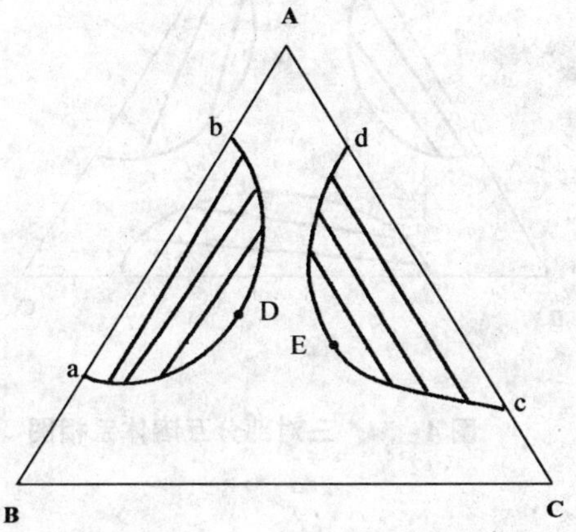

图4－32　三液体系两对部分互溶的相图

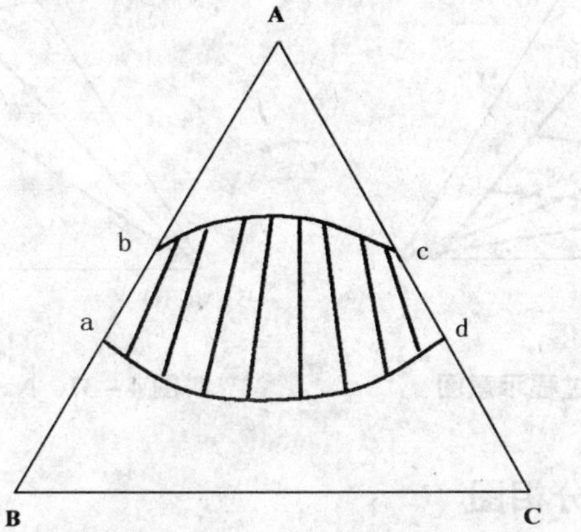

图4－33　三液体系两对部分互溶重叠相图

4. 萃取原理

组分A与B组成为F的混合物，用溶剂S从混合物中萃取组分A，溶剂S的选择标准为：

（1）S与B微溶。

（2）A在S中的溶解度应大于在B中的溶解度。

萃取过程如图4－36所示，在组成为F的体系中加入溶剂S至物系点为M_1，两相平衡的组成为R_1、E_1，将两相分离；再在组成为R_1的体系中加入溶剂S至M_2点，平衡的两相组成为R_2和E_2，依次进行多遍，结果R_1、R_2、R_3向下移动，经溶剂S多次萃取，A物质在B中的含量逐渐减少。

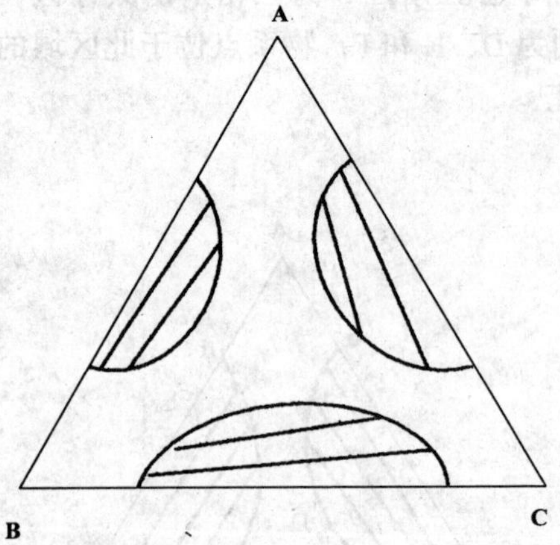

图 4－34　三对部分互溶体系相图

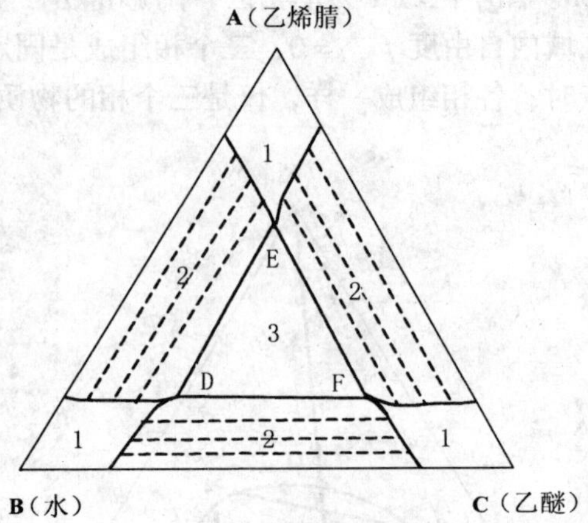

图 4－35　三个不互溶区重叠相图

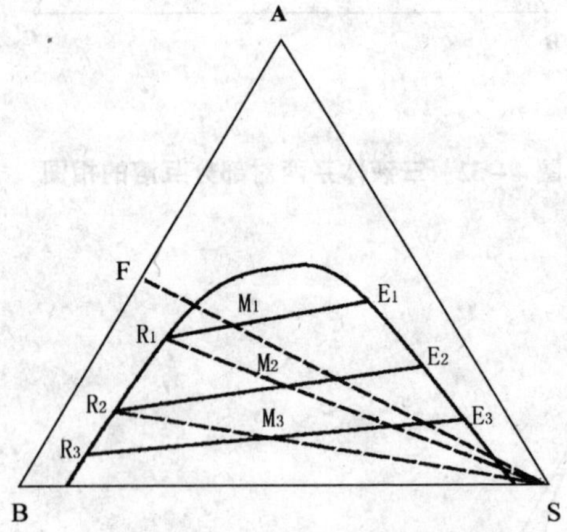

图 4－36　萃取过程示意图

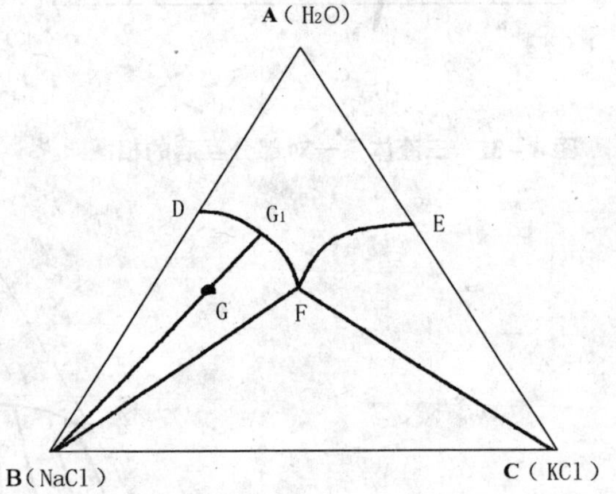

图 4－37　NaCl－KCl－H_2O 体系相图

三、水盐体系三组分相图

1. 固体是纯盐的体系

图 4－37 是 NaCl－KCl－H_2O 体系的相图，A 为水，B、C 分别代表纯 NaCl 和纯 KCl 固体，D 和 E 点为定温下纯 B 和纯 C 在水中的溶解度。若在已饱和了 NaCl 的水溶液中加入 KCl。体系的物系点沿 DF 线变化。同样，在已饱和了 KCl 的水溶液中加入 NaCl，体系的物系点沿 EF 线变化。所以，DF 线是 NaCl 在不同浓度 KCl 水溶液中的溶解度曲线，EF 线则是 KCl 在不同浓度 NaCl 水溶液中的溶解度曲线。ADFE 区是 KCl、NaCl 都不饱和的水溶液单相区。F 点是三相点，溶液中同时饱和了 KCl、NaCl。BDF 区是固态 NaCl 和饱和水溶液两相平衡区，如体系的物系点为 G，做 BG 连线交 DF 于 G_1，该点即为饱和水溶液相的组成。CEF 区为固态 KCl 与其饱和水溶液两相平衡共存。BFC 区为固体 KCl、NaCl 与组成为 F 的饱和水溶液三相平衡共存。在此区域内体系的自由度为 0。属于这一类的体系还有 KNO_3－$NaNO_3$－H_2O，NH_4Cl－NH_4NO_3－H_2O 等。

2. 生成复盐的体系

该类体系的相图如图 4－38 所示，盐 B 与盐 C 能化合成复盐 D（B_mC_n）。其相图可视为两纯盐体系组合而成，FG 线为该复盐在水溶液中的溶解度曲线。F 点和 G 点是三相点。如体系的物系点位于 I J 点之间，当体系加入水时，可以得到稳定的复盐溶液。如物系点落在 BI 或 JC 之间，体系加水时，物系点分别进入纯盐与相应饱和溶液的两相区，进入两相区时，复盐分解。BFD 区为纯盐 B、复盐 D 与组成为 F 的溶液三相共存；CGD 区为纯盐 C、复盐 D 与组成为 G 溶液三相共存；FGD 区则为复盐 D 与溶液两相平衡共存区；其它各区、线的组成、分析和纯盐体系的相图相似。属于这一类相图的三组分体系有：$NH_4NO_3-AgNO_3-H_2O$，$Na_2SO_4-K_2SO_4-H_2O$ 等。

3. 生成水合物的体系

如体系中 B 盐可与水生成水合物，其相图如图 4－39 所示。水合物的组成为 D，E 点是水合物在纯水中的溶解度。与纯盐体系三组分相图不同的是：（1）水合盐 D 取代了纯 B 的位置。（2）新产生 DC 线和 BDC 区，在 BDC 区固体盐 B、C 与固态水合盐 D 三相共存。属于这一类相图的体系有 $Na_2SO_4-NaCl-H_2O$ 等。

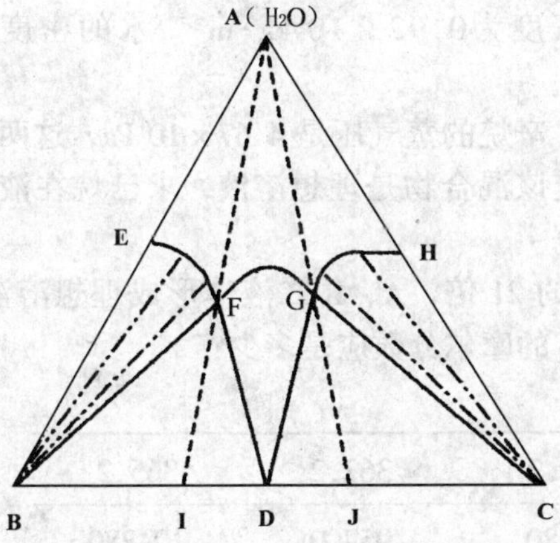

图 4－38　生成复盐体系的相图

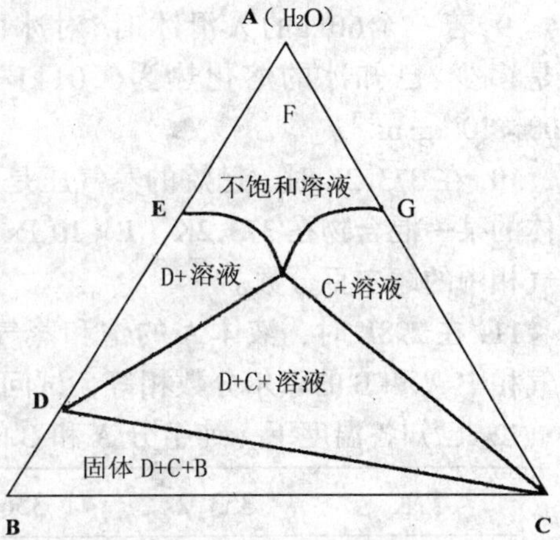

图 4－39　生成水合物体系的相图

习　题

1. 在石灰窑中，反应 $CaCO_3(s) \rightleftharpoons CaO(s) + CO_2(g)$ 达到平衡，物种数 S 和组分数 C 各是多少？

2. 对于下列各体系，求其组分数及自由度

(1) $NH_4Cl(s)$，$NH_4^+(aq)$，$Cl^-(aq)$，$H_2O(l)$，$H_2O(g)$，$H_3O^+(aq)$，$NH_3(g)$，$OH^-(aq)$，$NH_4OH(aq)$

(2) $CH_3COONH_4(s)$，$CH_3COO^-(aq)$，$NH_4^+(aq)$，$H_3O^+(aq)$，$NH_3(aq)$，$OH^-(aq)$，$CH_3COOH(aq)$，$H_2O(l)$，$H_2O(g)$

(3) $NaCl(s)$，$KBr(s)$，$K^+(aq)$，$Na^+(aq)$，$Cl^-(aq)$，$Br^-(aq)$，$H_2O(l)$，$H_2O(g)$

3. 若在水中溶解 KNO_3 和 $NaSO_4$ 两种盐，形成不饱和溶液，则该体系的组分数为多少？

4. Na_2CO_3 (s) 和 H_2O (l) 可以形成的水合物有 $Na_2CO_3 \cdot H_2O$ (s)、$Na_2CO_3 \cdot 7H_2O$ (s) 和 $Na_2CO_3 \cdot 10H_2O$ (s)，在 10^5Pa 下与 Na_2CO_3 水溶液及冰平衡共存的含水盐最多可有几种？

5. 请论证以下结论：

(1) 在一定压力下，纯物质的熔点是定值。

(2) 在一定温度下，0.5mol/L 的 NaCl 水溶液有固定的蒸气压。

6. 已经知 CO_2 的临界温度为 304.3K，临界压力为 7.3×10^6Pa，三相点为 216.6K，5.1×10^5Pa。画出 CO_2 的相图（示意图）。并请说明

(1) 室温常压下迅速从钢瓶中放出 CO_2，出来的 CO_2 是什么状态？

(2) 估计在什么温度和压力范围内，CO_2 能以液态出现？

7. 100℃时水的气化热为 $40.8\text{kJ} \cdot \text{mol}^{-1}$，求水的蒸气压随温度的变化率。

8. 水在 373.2K 时气化热为 $40.8\text{kJ} \cdot \text{mol}^{-1}$，$H_2O$ (l) 和 H_2O (g) 的摩尔等压热容分别为 $75.3\text{J} \cdot \text{K}^{-1} \cdot \text{mol}^{-1}$ 和 $29.7 + 10.7 \times 10^{-3}\text{J} \cdot \text{K}^{-1} \cdot \text{mol}^{-1}$。请求：

(1) 水在 293.2K 的气化热；

(2) 水在 298.2K 的蒸气压。

9. 若一个60kg的人滑冰时，对冰面施加的压力为 1.58×10^5kPa，在该压力下冰的熔点是多少？已知冰的熔化热为 $6.01\text{kJ} \cdot \text{mol}^{-1}$，冰的密度为 $0.92 \times 10^3\text{kg} \cdot \text{m}^{-3}$，水的密度为 $1.00 \times 10^3\text{kg} \cdot \text{m}^{-3}$。

10. 在 373.2K 时，已烷的蒸气压是 2.42×10^5Pa，辛烷的蒸气压是 4.67×10^4Pa，这两种液体的某一混合物在 373.2K，1×10^5Pa 时沸腾，假定该混合物是理想溶液，求已烷在液相及气相中的摩尔百分数。

11. 在 298K 时，液体 A 的饱和蒸气压是液体 B 的 21 倍，A、B 二液体形成理想溶液。若气相中 A 和 B 的摩尔分数相等，试问液相中 A 和 B 的摩尔分数应是多少？

12. 已知各温度下，纯组分 A 和 B 的蒸气压如下：

T/K	353.2	356.2	359.2	362.2	365.2
$p_A^\ominus$/Pa	73920	80520	87780	95700	104280
$p_B^\ominus$/Pa	52800	57420	62700	68640	75240

(1) 设溶液服从拉乌尔定律，试据上列数据绘制压力～组成图。

(2) 从所得的图上，找出各温度下，在 $p_{总} = 75240$Pa 时沸腾的液相组成以及与之平衡的气相组成。并求当 $p_A = 75240$Pa 时纯 A 的沸点。

(3) 根据 (2) 中的数据，绘制 7524Pa 时的 $T \sim x_A$ 图，并指出各相区的相态。

13. 293.2K 时纯苯蒸气压为 9900Pa，纯甲苯蒸气压为 2900Pa，试计算苯的摩尔分数分别为 0.20，0.40，0.60，0.80 时的蒸气分压，总蒸气压及气相组成，并画出 $p \sim x$ 图。

14. 对某有机物进行水蒸气蒸馏，在 1×10^5Pa 下，沸点是 90℃，此时 H_2O 的蒸气压为 69400Pa，馏出物中水重量百分数为 24%。试求算该有机物的分子量。

15. 某化合物 A 的熔点为 600K，另一化合物 B 的熔点为 1233K，A 与 B 可形成低共熔物，其低共熔温度为 578K。A 的摩尔熔化热为 $6.74\text{kJ} \cdot \text{mol}^{-1}$，设溶液是理想的，请求出低共熔物的组成。

16. 组成 A 的正常熔点为 6℃，B 为 65℃。两种纯固态物不互溶。低共熔点 E 为 -1℃，

低共熔物中含 B 为 0.2（摩尔分数）。A 和 B 可以形成不稳定化合物 AB_2，它在 30℃时分解。

（a）根据以上数据画出 A—B 双组分 $T\sim x$ 相图。

（b）写出各相区组成。

（c）说明含 B 摩尔分数为 0.75 的不饱和溶液在冷却过程中的相变过程。

17. $NaCl-H_2O$ 二组分体系，在 -21℃时有一个低共熔点，此时冰、$NaCl\cdot 2H_2O$（s）和浓度为 23.3%(重量百分数)的 NaCl 水溶液平衡共存，在 -9℃时不稳定化合物($NaCl\cdot 2H_2O$)分解，生成无水 NaCl 和 27% 的 NaCl 水溶液。已知无水 NaCl 在水中的溶解度受温度的影响不大。

（a）试绘出相图，并指出各相区的相态。

（b）若用 1000 克 28% 的 NaCl 溶液，由 160℃冷到 -10℃，问此过程中最多能析出多少纯 NaCl?

18. 298K 时 H_2O - 乙醇 - 苯所组成的三组分体系，在一定范围内，部分互溶分为二层。共轭层的组成（W_t%）如下：

第一层		第二层
苯%	乙醇%	H_2O%
1.30	38.70	
9.20	50.80	
20.0	52.3	3.2
30.0	49.5	5.0
40.0	44.8	6.5
60.0	33.9	13.5
80.0	17.7	34.0
95.0	4.8	65.5

请画出相图和连结线。

习题答案

1. $S=3$，$K=1$
2. (1) $C=3$，$f=2$ (2) $C=3$，$f=2$
   (3) $C=4$，$f=2$
3. $C=3$
4. 1 种
6. (1) 固态，(2) 气态
7. $\frac{dp}{dT}=3551\text{Pa}\cdot\text{K}^{-1}$
8. (1) 2435kJ (2) $p=3313\text{Pa}$
9. 262K
10. $x_1=0.274$，$y_1=0.662$
11. $x_B=0.9545$，$x_A=0.0455$
12. (2) $T_A=353.9\text{K}$
14. $M=128$
15. $x_A=0.964$
17. (3) 13.7g

第五章　化学平衡

自然界的化学反应，若从宏观上看，有些反应可以进行到底或几乎进行到底，有些反应不能进行到底。对于后者，在反应发生的过程中，既存在正向反应，又存在逆向反应，当正向反应速度与逆向反应速度相等时，反应物和产物的浓度不再随时间而改变，反应达到化学平衡的状态。

从微观的角度看化学反应，总反应是由基元反应组成的，所谓基元反应是指反应物种经一次化学行为（例如碰撞）而导致生成产物的反应。根据微观可逆性原理，基元反应都是既可正向进行也可逆向进行的，当正、逆反应速度相等时，即达化学反应平衡的状态。因而化学平衡是广泛存在的重要概念。

在工业上，如何选择最佳的反应条件，以实现高产率、少副产物、低成本的目标，研究化学平衡的热力学是必不可少的基本功。

本章只研讨无量纲的平衡常数，即热力学平衡常数，因为它有明确的物理意义。不涉及有量纲的经验平衡常数（$\sum_{B}\nu_B=0$时，经验平衡常数也无量纲）。

第一节　化学反应平衡常数

1864年科学家首次认识到：化学平衡既可以从反应物方向达到，也可以从产物方向达到。它有力地提示：产物的浓度与反应物的浓度存在着由化学反应决定的固有的数学联系。1877年，范特荷夫（Van't Hoff）提出了化学反应平衡表达式。

一、化学反应平衡条件

设在封闭体系发生化学反应：

$$aA + dD \xlongequal{\quad} gG + hH$$

根据热力学基本方程：

$$dG = -SdT + Vdp + (\sum_{B}\mu_B dn_B) \tag{5-1}$$

设在 $t=0$ 时，化学反应体系中物种B的摩尔数为 $n_B(0)$，反应时间为 t 时，B的摩尔数为 $n_B(t)$，根据反应进度 ξ 的定义：

$$\xi = \frac{\Delta n_B}{\nu_B} = \frac{n_B(t) - n_B(0)}{\nu_B}$$

整理得：

$$n_B(t) = n_B(0) + \nu_B\xi$$
$$dn_B = \nu_B d\xi$$

代入式（5-1）得：

$$dG = -SdT + Vdp + (\sum_{B}\mu_B\nu_B)d\xi \tag{5-2}$$

在等温等压的条件下，式（5-2）成为：

$$dG = (\sum_{B}\nu_B\mu_B)d\xi$$

所以，在等温等压下

$$\left(\frac{\partial G}{\partial \xi}\right)_{T,p}=\sum_{B}(\nu_B\mu_B) \tag{5-3}$$

$\left(\frac{\partial G}{\partial \xi}\right)_{T,p}$ 的物理意义是化学反应在指定的温度、压力的条件下，化学反应按所书写的化学计量方程进行了 1mol 反应进度的吉布斯能的变化。在上述反应中，即为 a mol 的 A 与 d mol 的 D 完全反应生成 g mol 的 G 和 h mol 的 H 的吉布斯能的变化，记作 $\Delta_r G$：

$$\Delta_r G=\sum_{B}(\nu_B\mu_B) \tag{5-4}$$

当化学反应在恒定 T、p 下达平衡时，$\Delta_r G=0$，因此

$$\sum_{B}(\nu_B\mu_{B,eq})=0 \tag{5-5}$$

式（5-5）就是化学反应平衡的条件，它适用于气相、液相、固相及复相体系。

式（5-5）可以因果互换：式（5-5）成立，化学反应处于平衡状态；化学反应处于平衡状态，式（5-5）必定成立。

根据吉布斯能减少原理可知：在一定温度、压力且 $W'=0$ 的条件下：

$$\Delta_r G=\sum_{B}(\nu_B\mu_B)\begin{cases}<0 & \text{化学反应自发进行}\\ =0 & \text{化学反应达平衡状态}\\ >0 & \text{化学反应不能自发进行}\end{cases}$$

可见，随着化学反应的进行，G 逐渐减小，直到在化学平衡时，吉布斯能 G 达极小值。如图 5-1 所示。

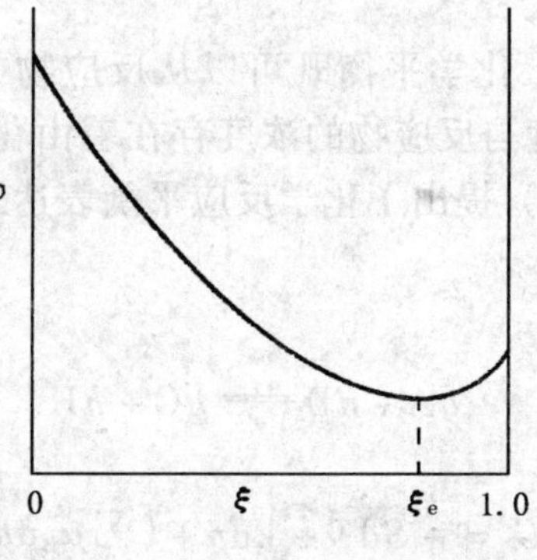

图 5-1　G 随反应进度 ξ 的变化情况

二、化学反应平衡常数

物质 B 的化学势 μ_B 为：

$$\mu_B=\mu^{\ominus}(T)+RT\ln a_B \tag{5-6}$$

对于化学反应达平衡的体系

$$\mu_B=\mu^{\ominus}(T)+RT\ln a_{B,eq} \tag{5-7}$$

代入式(5-5)得：

$$\sum_{B}(\nu_B\mu_B^{\ominus})=-RT\sum_{B}(\nu_B\ln a_{B,eq}) \tag{5-8}$$

整理得：

$$\sum_{B}(\nu_B\mu_B^{\ominus})=-RT\sum_{B}[\ln a_{B,eq}^{\nu_B}] \tag{5-9}$$

即：

$$\sum_B(\nu_B\mu_B^{\ominus}) = -RT\ln\prod_B a_{B,eq}^{\nu_B} \tag{5-10}$$

从式（5－9）到（5－10）的变换应用了函数的对数加和等于函数连乘的数学运算。

显然，$\sum_B(\nu_B\mu_B^{\ominus})$ 为在温度 T 诸物种的压力均为 $p^{\ominus}$ 的标准条件下化学反应的吉布能的变化，记作 $\Delta_r G^{\ominus}$，称为化学反应标准吉布斯能的变化：

$$\Delta_r G^{\ominus} = \sum_B(\nu_B\mu_B^{\ominus}) \tag{5-11}$$

对于确定的化学反应，当温度 T 一定时，$\Delta_r G^{\ominus}$ 为常数，根据式（5－10），则

$$K_a = \prod_B a_{B,eq}^{\nu_B} = \exp\left[-\frac{\Delta_r G^{\ominus}}{RT}\right] \tag{5-12}$$

K_a 即是化学反应的平衡常数，是无量纲的物理量。对于前述的反应，其 K_a 为：

$$K_a = \frac{a_G^g \cdot a_H^h}{a_A^a \cdot a_D^d}$$

式中的活度为化学反应平衡时诸物质的活度。

从式（5－12）可以看出：对于确定的反应，因为 $\Delta_r G^{\ominus}$ 仅是温度的函数，所以 K_a 也仅是温度的函数。

式（5－12）可以写为：

$$\Delta_r G^{\ominus} = -RT\ln K_a \tag{5-13}$$

式（5－13）是很重要的方程，因为 K_a 可以通过实验测定，为我们提供了获得化学反应 $\Delta_r G^{\ominus}$ 有效而准确的实验途径。或者，通过其它方法获得 $\Delta_r G^{\ominus}$，从而计算出该反应的平衡常数。

三、化学反应等温式

从式（5－4）可以得出化学反应的吉布能的变化：

$$\begin{aligned}\Delta_r G &= \sum_B(\nu_B\mu_B^{\ominus}) + RT\sum_B(\nu_B\ln a_B) \\ &= \Delta_r G^{\ominus} + RT\ln\prod_B a_B^{\nu_B}\end{aligned} \tag{5-14}$$

令

$$Q_a = \prod_B a_B^{\nu_B} \tag{5-15}$$

Q_a 称为化学反应的活度商。将式（5－15）和（5－13）代入式（5－14）得：

$$\Delta_r G = -RT\ln K_a + RT\ln Q_a \tag{5-16}$$

式（5－16）称为化学反应等温式。从式（5－16）可以看出，在等温等压及 $W'=0$ 的条件下：

（1）当 $Q_a < K_a$，$\Delta_r G < 0$，反应自发地正向进行。

（2）当 $Q_a = K_a$ 时，$\Delta_r G = 0$，化学反应达平衡状态。

（3）当 $Q_a > K_a$，$\Delta_r G > 0$，反应自发地逆向进行。

例 5－1 有化学反应：

$$3C（石墨）+ 2H_2O（g）=\!=\!= CH_4（g）+ 2CO（g）$$

写出平衡常数 K_a 的表达式。

解：根据式（5－12），该反应的平衡常数为：

$$K_a = \left(\frac{a_{CH_4} \cdot a_{CO}^2}{a_C^3 \cdot a_{H_2O}^2}\right)_{eq}$$

式中的诸物质的活度均为化学反应处于平衡时的活度。如果压力不太大，$a_c = 1$。对于实际气体，$a_B = f_B/p^\ominus$，对于理想气体和压力足够低的气体，$a_B = p_B/p^\ominus$。

第二节　气相反应的平衡常数

一、简单气相反应热力学

考虑最简单的气相反应：理想气体 A 异构化为理想气体 D

$$A(g) = D(g)$$

并且为简单起见，反应起始时，A（g）的压力为 $p^\ominus$，D（g）的压力为零，因而该反应的任何时刻，体系的总压力为 $p^\ominus$。

上述体系的吉布斯能 G 为：

$$G = n_A\mu_A + n_D\mu_D \tag{5-17}$$

式（5-17）中，n_A 为 A（g）的摩尔数，n_D 为 D（g）的摩尔数，μ_A 与 μ_D 分别为 A（g）与 D（g）的化学势。

设在反应的 t 时刻，该反应的进度为 ξmol，则此刻

$$n_A = (1-\xi)\ \text{mol}$$

$$n_D = \xi\text{mol}$$

代入式（5-17）得：

$$G = (1-\xi)\mu_A + \xi\mu_D \tag{5-18}$$

对于理想气体 A 与 D，化学势为：

$$\mu_A = \mu_A^\ominus + RT\ln\frac{p_A}{p^\ominus} \tag{5-19}$$

$$\mu_D = \mu_D^\ominus + RT\ln\frac{p_D}{p^\ominus} \tag{5-20}$$

因为　$x_A = \dfrac{1-\xi}{(1-\xi)+\xi} = 1-\xi$　　$x_D = \dfrac{\xi}{1} = \xi$

所以

$$p_A = p^\ominus(1-\xi) \qquad p_D = p^\ominus\xi$$

代入式（5-19）和（5-20）得：

$$\mu_A = \mu_A^\ominus + RT\ln(1-\xi) \qquad \mu_D = \mu_D^\ominus + RT\ln\xi$$

以此结果代入式（5-18）得：

$$\begin{aligned} G &= (1-\xi)\left[\mu_A^\ominus + RT\ln(1-\xi)\right] + \xi\left[\mu_D^\ominus + RT\ln\xi\right] \\ &= \mu_A^\ominus - \xi(\mu_A^\ominus - \mu_D^\ominus) + RT(1-\xi)\ln(1-\xi) + RT\xi\ln\xi \\ &= \mu_A^\ominus - \xi(\mu_A^\ominus - \mu_D^\ominus) + RT\sum_B(n_B\ln x_B) \end{aligned} \tag{5-21}$$

在温度一定时，G 随 ξ 而变的情况如图 5-2 所示。

式（5-21）的前两项如图 5-2 中虚线所示，其物理意义是温度为 T 压力为 $p^\ominus$ 的 1mol 的 A（g）反应掉 ξmol 生成温度为 T、压力为 $p^\ominus$ 的 D（g），且 A（g）与 D（g）是彼此分开的，剩下的（$1-\xi$）的 A（g）压力仍为 $p^\ominus$，这样形成的体系的 G 值为式（5-21）的前两项。

实际上，A（g）与 D（g）是彼此相混合的，式（5－21）的最后一项 $RT\sum_{B}(n_B \ln x_B)$ 是理想气体等温等压混合的 ΔG_{mix}，它为负值，所以图（5－2）的体系的吉布斯能 G 值恒小于虚线的数值。

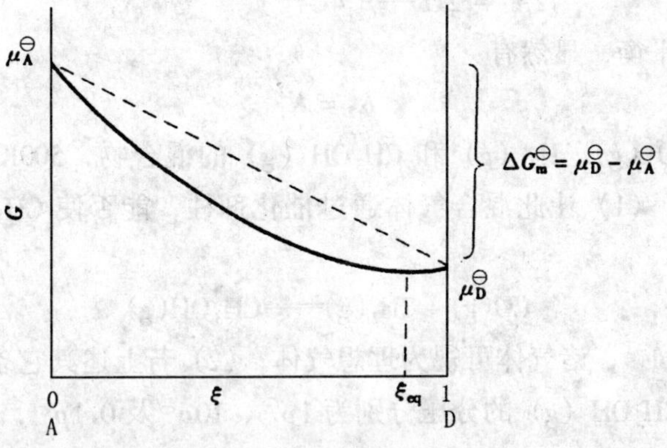

图 5－2　G 随 ξ 的变化情况

反应达平衡时吉布斯能 G 的值达极小值，为图（5－2）ξ_{eq} 所对应的位置。从 A（g）开始反应，只能进行到 ξ_{eq} 的位置；从 D（g）开始反应，也只能进行到 ξ_{eq} 的位置。

从以上分析可以看出：这样的反应永远不可能进行完全。

二、气相反应的平衡常数

1. 实际气体反应的平衡常数

气相中的化学反应，若诸种物质均为实际气体，其化学势为：

$$\mu_B = \mu_B^\ominus + RT\ln \frac{f_B}{p^\ominus} \tag{5-22}$$

式中 f_B 为实际气体 B 的逸度。因而实际气体的活度为：

$$a_B = \frac{f_B}{p^\ominus}$$

将式（5－22）代入式（5－5）得实际气体反应的平衡常数为：

$$K_f = \prod_B \left(\frac{f_{B,eq}}{p^\ominus}\right)^{\nu_B} \tag{5-23}$$

式中 $f_{B,eq}$ 为实际气体在化学反应平衡时的逸度。

2. 理想气体反应的平衡常数

理想气体的化学势为：

$$\mu_B = \mu_B^\ominus + RT\ln \frac{p_B}{p^\ominus} \tag{5-24}$$

将式（5－24）代入式（5－5）可得理想气体反应的平衡常数：

$$K = \prod_B \left(\frac{p_{B,eq}}{p^\ominus}\right)^{\nu_B} \tag{5-25}$$

同样，式中的 $p_{B,eq}$ 为理想气体 B 在化学反应平衡时的压力。理想气体反应的平衡常数 K 也仅是温度的函数。

从上述平衡常数的导出过程可以看出：同一化学反应的不同物质必须采用相同的标准

态。对气相化学反应，反应物和产物的标准态均为指定温度 T、压力为 $p^{\ominus}$ 的纯理想气体。

化学反应的平衡常数还与化学计量方程的具体形式有关。例如：

$$A + D = 2G \qquad K_1$$

$$2A + 2D = 4G \qquad K_2$$

在相同条件下达化学平衡，显然有：

$$K_2 = K_1^2$$

例 5-2 有一 CO（g）、H_2（g）和 CH_3OH（g）的混合物，500K 时它们的分压依次为 $10p^{\ominus}$、$1p^{\ominus}$ 及 $0.1p^{\ominus}$。（1）让此混合气体通过催化剂柱，能否使 CH_3OH（g）的含量增加？已知反应

$$CO(g) + 2H_2(g) = CH_3OH(g)$$

的 $\Delta_r G^{\ominus}$ 为 21.21kJ·mol^{-1}，诸气体可视为理想气体；（2）若上述其它条件不变，混合气体中 CO（g）、H_2（g）及 CH_3OH（g）的分压分别为 $1p^{\ominus}$、$10p^{\ominus}$ 及 $0.1p^{\ominus}$，情况如何？

解：化学反应：

$$CO(g, 10p^{\ominus}) + 2H_2(g, p^{\ominus}) = CH_3OH(g, 0.1p^{\ominus})$$

$$\begin{aligned}\Delta_r G &= \Delta_r G^{\ominus} + RT\ln Q_a \\ &= 21.21\times10^3 + 8.314\times500\times\ln\frac{0.1}{10\times1^2} \\ &= 2.07\times10^3\ \mathrm{J\cdot mol^{-1}} > 0\end{aligned}$$

所以没有新的 CH_3OH(g)生成，混合气体中的 CH_3OH 不会增加。

$$CO(g, p^{\ominus}) + 2H_2(g, 10p^{\ominus}) = CH_3OH(g, 0.1p^{\ominus})$$

$$\begin{aligned}\Delta_r G &= 21.21\times10^3 + 8.314\times500\times\ln\frac{0.1}{1\times10^2} \\ &= -7.51\times10^3\ \mathrm{J\cdot mol^{-1}} < 0\end{aligned}$$

所以会有新的 CH_3OH（g）生成，混合气体中的 CH_3OH 会有所增加。

第三节　摩尔标准生成吉布斯能

一、化学反应的 $\Delta_r G^{\ominus}$

既然可以从 $\Delta_r G^{\ominus}$ 计算化学反应的平衡常数，这就显示了 $\Delta_r G^{\ominus}$ 的重要意义。获得化学反应的 $\Delta_r G^{\ominus}$ 的方法众多：

（1）通过化学反应的平衡常数计算 $\Delta_r G^{\ominus}$。不管是通过化学的方法或物理的方法测定化学平衡时物质的浓度以确定平衡常数，可靠的平衡常数必须是：正向反应与逆向反应的平衡常数必须一致；物种的浓度在相当大的范围内变化时，平衡常数必须保持恒定。

（2）通过公式 $\Delta_r G^{\ominus} = \Delta_r H^{\ominus} - T\Delta_r S^{\ominus}$ 计算 $\Delta_r G^{\ominus}$。$\Delta_r H^{\ominus}$ 与 $\Delta_r S^{\ominus}$ 通过查表计算获得，从而温度恒定时，$\Delta_r G^{\ominus}$ 就顺理成章有了相应的数值。

（3）通过赫斯定律计算 $\Delta_r G^{\ominus}$。由于 G 为状态函数，可以通过已知 $\Delta_r G^{\ominus}$ 的化学反应计算另一些反应的 $\Delta_r G^{\ominus}$。

（4）通过统计力学的方法计算 $\Delta_r G^{\ominus}$。

(5) 通过 $\Delta_r G^{\ominus} = -ZE^{\ominus}F$ 公式，由可逆电池标准状态下的电动势 $E^{\ominus}$ 计算 $\Delta_r G^{\ominus}$。这在电化学中会有详尽的叙述。

此外，$\Delta_r G^{\ominus}$ 可以通过摩尔标准生成吉布斯能来计算。

二、由 $\Delta_f G_m^{\ominus}$ 计算化学反应的 $\Delta_r G^{\ominus}$

由摩尔标准生成焓 $\Delta_f H_m^{\ominus}$ 可以方便地计算化学反应的 $\Delta_r H^{\ominus}$。同样，若能定义摩尔标准生成吉布斯能 $\Delta_f G_m^{\ominus}$，则可以方便地计算化学反应的 $\Delta_r G^{\ominus}$。

在温度为 T、压力为 $p^{\ominus}$ 的条件下，由稳定的单质生成 1mol 化合物的标准吉布斯能的改变 $\Delta_r G_m^{\ominus}$ 称为该化合物的摩尔标准生成吉布斯能（molar standard Gibbs energy of formation），记作 $\Delta_f G_m^{\ominus}$。例如：298.15K 时化学反应：

$$\frac{1}{2}N_2(g,p^{\ominus}) + \frac{3}{2}H_2(g,p^{\ominus}) = NH_3(g,p^{\ominus})$$

的 $\Delta_r G_m^{\ominus} = -16.635\text{kJ}\cdot\text{mol}^{-1}$，而 $N_2(g)$ 与 $H_2(g)$ 为稳定单质，所以 298.15K 时 $NH_3(g)$ 的摩尔标准生成吉布斯能 $\Delta_f G_m^{\ominus} = -16.635\text{kJ}\cdot\text{mol}^{-1}$。

物质的摩尔标准生成吉布斯能可以方便地查表得到。

与由 $\Delta_f H_m^{\ominus}$ 计算化学反应的 $\Delta_r H_m^{\ominus}$ 一样，由 $\Delta_f G_m^{\ominus}$ 计算化学反应的 $\Delta_r G_m^{\ominus}$ 的计算公式为：

$$\Delta_r G^{\ominus} = \sum_B (\nu_B \Delta_f G_{m,B}^{\ominus}) \tag{5-26}$$

例 5-3 计算化学反应 $3O_2(g) = 2O_3(g)$ 在 25℃时的平衡常数 K_a，已知 25℃时 $O_3(g)$ 的 $\Delta_f G_m^{\ominus}$ 为 $163.2\text{kJ}\cdot\text{mol}^{-1}$。

解：对于上述反应

$$\begin{aligned}\Delta_r G^{\ominus} &= 2\Delta_f G_m^{\ominus}(O_3) - 3\Delta_f G_m^{\ominus}(O_2)\\ &= 2\times(163.2) - 3\times 0 = 326.4\text{kJ}\cdot\text{mol}^{-1}\\ K_a &= \exp\left(-\frac{\Delta_r G^{\ominus}}{RT}\right) = \exp\left(\frac{-326.4\times 10^3}{8.314\times 298.15}\right)\\ &= 6.62\times 10^{-58}\end{aligned}$$

可见，在 25℃时，按上述反应生成的臭氧极少。

例 5-4 反应 $\frac{1}{2}N_2(g) + \frac{1}{2}O_2(g) = NO(g)$ 在 1000K 时 $\Delta_r G^{\ominus} = 77.772\text{kJ}\cdot\text{mol}^{-1}$。计算 NO 在压力 $p^{\ominus}$ 的空气中的分压。设诸气体可看做理想气体。

解：因为 $\Delta_r G^{\ominus} = -RT\ln K_a$

所以

$$K_a = \exp\left(\frac{-77772}{8.314\times 1000}\right) = 8.663\times 10^{-5}$$

在 $p^{\ominus}$ 的空气中，

$$\frac{p_{N_2}}{p^{\ominus}} = \frac{0.8\times p^{\ominus}}{p^{\ominus}} = 0.8$$

$$\frac{p_{O_2}}{p^{\ominus}} = \frac{0.2\times p^{\ominus}}{p^{\ominus}} = 0.2$$

$$K_a = \left(\frac{p_{NO}/p^{\ominus}}{(p_{N_2}/p^{\ominus})^{1/2}(p_{O_2}/p^{\ominus})^{1/2}}\right) = \frac{p_{NO}/p^{\ominus}}{0.80^{1/2}\times 0.20^{1/2}} = 8.663\times 10^{-5}$$

$p_{NO} = 3.465\text{Pa}$

如果反应(1)加上反应(2)得化学反应(3),则反应(3)的平衡常数 $K_a(3)$ 等于反应(1)的平衡常数 $K_a(1)$ 与反应(2)的平衡常数 $K_a(2)$ 的乘积:

$$K_a(3) = K_a(1)K_a(2)$$

同样可以证明,若反应(1)减去反应(2)得化学反应(3),则

$$K_a(3) = K_a(1)/K_a(2)$$

因而可以从已知反应的平衡常数求不易测得的化学反应的平衡常数。

第四节　气相反应的浓度平衡常数

对于反应物和产物都为气体的反应，若气体为实际气体，平衡常数为：

$$K_f = \prod_B \left(\frac{f_B}{p^\ominus}\right)_{eq}^{\nu_B} \tag{5-27}$$

若气体为理想气体，则平衡常数为：

$$K_p = \prod_B \left(\frac{p_B}{p^\ominus}\right)_{eq}^{\nu_B} \tag{5-28}$$

人们往往采用物质的量浓度 c（$\text{mol}\cdot\text{dm}^{-3}$），其相应平衡常数 K_c 为：

$$K_c = \prod_B \left(\frac{c_B}{c^\ominus}\right)_{eq}^{\nu_B} \tag{5-29}$$

对于理想气体

$$p_B = c_B RT$$

代入式（5-28）并略去 eq 标记得：

$$\begin{aligned} K_p &= \prod_B \left(\frac{c_B RT}{p^\ominus}\right)^{\nu_B} = \prod_B \left[\left(\frac{c_B}{c^\ominus}\right)\left(\frac{c_B^\ominus RT}{p^\ominus}\right)\right]^{\nu_B} \\ &= \left(\frac{c^\ominus RT}{p^\ominus}\right)^{\sum \nu_B} \prod_B \left(\frac{c_B}{c^\ominus}\right)^{\nu_B} \\ &= \left(\frac{c^\ominus RT}{p^\ominus}\right)^{\nu} K_c \end{aligned} \tag{5-30}$$

式中 $\nu = \sum \nu_B$, $c^\ominus = 1\text{mol}\cdot\text{dm}^{-3}$。

从式(5-30)可以看出:理想气体的 K_c 仅是温度的函数。

在 298.15K 时, $c^\ominus RT/p^\ominus = 24.79$。

例 5-5　1000K 时乙烷生成甲基自由基的反应:

$$C_2H_6(g) \rightleftharpoons 2CH_3(g)$$

已知1000K时 C_2H_6(g)与 CH_3(g)的摩尔标准生成吉布斯能分别为 $109.55\text{kJ}\cdot\text{mol}^{-1}$ 和 $159.82\text{kJ}\cdot\text{mol}^{-1}$。求 1000K 时该反应的 K_c，气体可视为理想气体。

解:　　C_2H_6（g）$\rightleftharpoons$ $2CH_3$（g）

$\Delta_r G^\ominus = 2\Delta_f G_m^\ominus(CH_3) - \Delta_f G_m^\ominus(C_2H_6)$

$= 2 \times 159.82 - 109.55 = 210.09\text{kJ}\cdot\text{mol}^{-1}$

因为　$\Delta_r G^\ominus = -RT\ln K_p$

$$K_p = \exp\left[\frac{-210090}{8.314\times 1000}\right] = 1.061\times 10^{-11}$$

根据式（5－30）

$$K_c = K_p\left(\frac{p^{\ominus}}{c^{\ominus}RT}\right)^{\nu}$$

该反应的 $\nu = \sum \nu_B = 2-1 = 1$

所以

$$K_c = \frac{(c_{CH_3}/c^{\ominus})^2}{(c_{C_2H_6}/c^{\ominus})} = K_p\cdot\frac{p^{\ominus}}{c^{\ominus}RT}$$

$$= 1.061\times 10^{-11}\times\frac{100\times 10^3}{1000\times 8.314\times 1000}$$

$$= 1.276\times 10^{-13}$$

在运算过程中采用 SI 制 $c^{\ominus} = 1\text{mol}\cdot\text{dm}^{-3} = 1000\text{mol}\cdot\text{m}^{-3}$。可见，在反应达平衡时

$$c^2_{CH_3}/c_{C_2H_6} = 1.276\times 10^{-13}\text{mol}\cdot\text{dm}^{-3}$$

第五节　多相化学平衡

多相化学反应指的是反应体系中相的数目大于 1 且不涉及物质 B 在不同相间的平衡。例如反应：

$$CaCO_3\ (s) = CaO\ (s) + CO_2\ (g) \tag{1}$$

$$CH_4\ (g) = C\ (s) + 2H_2\ (g) \tag{2}$$

上述反应都是多相反应，反应（1）的平衡常数为：

$$K = \left(\frac{f_{CO_2}}{p^{\ominus}}\right)_{eq} \tag{5-31}$$

若 CO_2（g）可看作理想气体，则

$$K = \left(\frac{p_{CO_2}}{p^{\ominus}}\right)_{eq} \tag{5-32}$$

同理，反应（2）的平衡常数为：

$$K = \left[\frac{(f_{H_2}/p^{\ominus})^2}{(f_{CH_4}/p^{\ominus})}\right]_{eq} \tag{5-33}$$

若气体的压力不大可看作理想气体，则

$$K = \left[\frac{(p_{H_2}/p^{\ominus})^2}{(p_{CH_4}/p^{\ominus})}\right]_{eq}$$

$$= \left[\frac{p^2_{H_2}}{p_{CH_4}\cdot p^{\ominus}}\right]_{eq} \tag{5-34}$$

为简便起见，下文将省略下标 eq，多相反应有可能实现完全反应。对反应（1），当施加的压力小于平衡时 CO_2（g）的压力时，反应（1）的正向反应完全反应，$CaCO_3$（s）相消失；若施加的压力大于 p_{CO_2}（平衡），则向左的反应进行完全。反应（2）不能实现完全反

应，因为也存在混合吉布斯能，使体系的吉布斯能在反应平衡处达极小值。

例 5-6 已知 1393K 时下述两个反应的平衡常数：

$$Fe_2O_3(s) + 3CO(g) \xlongequal{} 2Fe(s) + 3CO_2(g) \quad (1)$$

$$2CO_2(g) \xlongequal{} 2CO(g) + O_2(g) \quad (2)$$

$K_1 = 0.0467; K_2 = 1.4\times10^{-12}$。求反应：

$$2Fe_2O_3(s) \xlongequal{} 4Fe(s) + 3O_2(g) \quad (3)$$

在 1393K 时的平衡常数及平衡时 $O_2(g)$的压力。

解:反应(1)乘以 2 得:

$$2Fe_2O_3(s) + 6CO(g) \xlongequal{} 4Fe(S) + 6CO_2(g) \quad (4)$$

反应(4)的平衡常数:$K_4 = K_1^2 = 2.181\times10^{-3}$

将反应(2)乘以 3 得:

$$6CO_2(g) \xlongequal{} 6CO(g) + 3O_2(g) \quad (5)$$

反应(5)的平衡常数:$K_5 = K_2^3 = 2.74\times10^{-36}$

反应(4) + 反应(5)得:

$$2Fe_2O_3(s) \xlongequal{} 4Fe(s) + 3O_2(g) \quad (6)$$

反应(6)的平衡常数为:

$$K_6 = K_4\times K_5 = 2.181\times10^{-3}\times2.74\times10^{-36}$$

$$= 5.98\times10^{-39} = \left(\frac{p_{O_2}}{p^\ominus}\right)^3$$

解之得:

$$p_{O_2} = 1.82\times10^{-13}p^\ominus = 1.82\times10^{-8}\,Pa$$

第六节　溶液中的化学平衡

化学反应达平衡时，$\Delta_r G = \sum\limits_B \nu_B\mu_B = 0$，平衡常数与化学势表达式中标准态的选择及采用哪一种活度紧密相关。由于溶液中的溶质的化学势和活度有多种表示方法，因而化学平衡常数也有多种表示方法，并与标准状态的选择密切相关。

一、溶剂参与的反应

在溶液中，溶剂是大量存在的物质，一般采用摩尔分数来表示溶剂的含量。其化学势表达式为:

$$\mu_A = \mu_A^\ominus(T,p^\ominus) + RT\ln a_{x,A}$$

此式忽略了压力对 $\mu^\ominus(T,p^\ominus)$的影响,即认为

$$\mu^\ominus(T,p) = \mu^\ominus(T,p^\ominus)$$

而　　$a_{x,A} = r_A x_A$

$x_A\to1$ 时,$r_A = 1$,这意味着 $a_{x,A} = 1$。因此,溶剂不管是以产物或是以反应物的形式出现在化学反应中,其在平衡常数中的贡献 $a_{x,A}^{\nu_A}$总是等于 1,故可在平衡常数中略去。

二、K_x、K_m 及 K_c

1. 平衡常数 K_x

如果溶质的化学势表达式为：

$$\mu_B = \mu_B^*(T, p^\ominus) + RT\ln a_{x,B}$$

反应达平衡时，$\Delta_r G$ 为零：

$$\Delta_r G = \sum_B(\nu_B \mu_B) = 0$$

所以

$$\Delta_r G^\ominus(x) = \sum_B[\nu_B \mu^*(T, p^\ominus)] = -RT\ln K_x$$

$$K_x = \prod_B a_{x,B}^{\nu_B} \tag{5-35}$$

2. 平衡常数 K_m

若溶质的浓度以 mol·kg^{-1}表示，其化学势表达式为：

$$\mu_B = \mu^\square(T, p^\ominus) + \ln a_{m,B}$$

$$a_{m,B} = r_{B,m} \cdot \frac{m_B}{m^\ominus}$$

式中 $m^\ominus = 1\text{mol}\cdot\text{kg}^{-1}$。同理可得：

$$\Delta_r G^\ominus(m) = \sum_B[\nu_B \mu^\square(T, p^\ominus)] = -RT\ln K_m$$

$$K_m = \prod_B \left(\frac{r_{B,m} m_B}{m^\ominus}\right)^{\nu_B} \tag{5-36}$$

3. 平衡常数 K_c

若溶质的浓度以 mol·dm^{-3}表示，化学势表达式为：

$$\mu_B = \mu_B^\triangle(T, p^\ominus) + RT\ln a_{c,B}$$

$$a_{c,B} = r_{B,c} \cdot \frac{c_B}{c^\ominus}$$

式中 $c^\ominus = 1\text{mol}\cdot\text{dm}^{-3}$。同理得：

$$\Delta_r G^\ominus(c) = \sum_B[\nu_B \mu^\triangle(T, p^\ominus)] = -RT\ln K_c$$

$$K_c = \prod_B \left(\frac{r_{B,c} c_B}{c^\ominus}\right)^{\nu_B} \tag{5-37}$$

因为 $\Delta_r G^\ominus(x) \neq \Delta_r G^\ominus(m) \neq \Delta_r G^\ominus(c)$，所以 $K_x \neq K_m \neq K_c$。在处理过程中，同理忽略了压力对标准态的化学势的影响，即认为：

$$\mu_B^\square(T, p^\ominus) = \mu_B^\square(T, p)$$

$$\mu_B^\triangle(T, p^\ominus) = \mu_B^\triangle(T, p)$$

第七节　反应条件对化学平衡的影响

对于化学反应达平衡的体系，当反应条件诸如温度、压力、反应物或产物的浓度改变时，原有的化学平衡被破坏，体系必然发生变化直至达到新的化学平衡。化学平衡移动的方向究竟如何确定呢？

一、吕·查德里原理

吕·查德里（Le Chatelier）于 1887 年指出：处于化学平衡的体系，当体系的独立的可变的物理量发生变化时，化学平衡的移动总是朝着削弱该物理量改变的方向。例如：处于化学平衡的体系，温度升高，则化学平衡移动的方向就是使温度升高得少的方向；处于化学平衡的体系的压力增大，则化学平衡移动的方向是使体系的压力增大得少的方向。吕·查德里原理是自然界的普遍规律之一，它的更广义的叙述为：施加一个影响于体系，体系必然发生变化以尽可能地抵消这种影响。科学上常说的补偿效应和超补偿效应，都是这一规律的具体体现。

二、温度对平衡常数的影响

因为化学反应的平衡常数由 $\Delta_r G^{\ominus}$ 决定：

$$\Delta_r G^{\ominus} = -RT\ln K$$

研究温度对 K 的影响不可避免地要涉及到温度对 $\Delta_r G^{\ominus}$ 的影响，这自然而然地让人回想起吉布斯-亥姆霍兹方程：

$$\frac{d\left(\frac{\Delta_r G^{\ominus}}{T}\right)}{dT} = -\frac{\Delta_r H^{\ominus}}{T^2} \tag{5-38}$$

因为对理想气体体系，$\Delta_r G^{\ominus}$ 与压力无关，所以式（5-38）的左边写成导数以代替原公式的偏导数。

将 $\Delta_r G^{\ominus} = -RT\ln K$ 代入式（5-38）得：

$$\frac{-Rd\ln K}{dT} = -\frac{\Delta_r H^{\ominus}}{T^2}$$

即

$$\frac{d\ln K}{dT} = \frac{\Delta_r H^{\ominus}}{RT^2} \tag{5-39}$$

式（5-39）称为范特荷夫方程。

从式（5-39）可以看出：对于吸热反应，$\Delta_r H^{\ominus} > 0$，温度升高，K 增大，反应平衡的位置向产物方向移动，更多的反应物生成产物，体系吸收更多的热以使体系的温度升高得少。对于放热反应，$\Delta_r H^{\ominus} < 0$，温度降低，K 增大，体系生成更多的产物放出更多的热以使温度降低得少。当 $\Delta_r H^{\ominus} = 0$ 时，则平衡常数 K 不随温度而变。

如果产物的 C_p 之和与反应物的 C_p 之和的差值 $\Delta_r C_p = 0$，则 $\Delta_r H^{\ominus}$ 和 $\Delta_r S^{\ominus}$ 与反应的温度无关，对式（5-39）从 T_1 到 T_2 积分得：

$$\ln\left(\frac{K_2}{K_1}\right) = -\frac{\Delta_r H^{\ominus}}{R}\left(\frac{1}{T_2} - \frac{1}{T_1}\right) \tag{5-40}$$

式中 K_2 与 K_1 分别为温度为 T_1 与 T_2 时反应的平衡常数。

因为 $$\Delta_r G^{\ominus} = -RT\ln K = \Delta_r H^{\ominus} - T\Delta_r S^{\ominus}$$

整理得：

$$\ln K = -\frac{\Delta_r H^{\ominus}}{RT} + \frac{\Delta_r S^{\ominus}}{R} \tag{5-41}$$

以 $\ln K$ 对 $\frac{1}{T}$ 作图得一直线，其斜率为 $-\frac{\Delta_r H^{\ominus}}{R}$，截距为 $\frac{\Delta_r S^{\ominus}}{R}$，这是一种求得 $\Delta_r C_p$ 为零的化学反应的 $\Delta_r H^{\ominus}$ 及 $\Delta_r S^{\ominus}$ 的方法。

例 5-7 化学反应：$A_2(g) + D_2(g) \longrightarrow 2AD(g)$ 的 $\Delta_r C_p = 0$。测得诸温度的平衡常数为：

T/K	1900	2000	2100	2200	2300	2400	2500	2600
$K/10^{-4}$	2.31	4.08	6.86	11.0	16.9	25.1	36.0	50.0

求该反应的 $\Delta_r H^\ominus$ 及 $\Delta_r S^\ominus$。

解:按照式(5-41),对题给数据处理如下表:

$\frac{1}{T}/10^{-4}K^{-1}$	5.26	5.00	4.76	4.55	4.35	4.17	4.00	3.85
$\ln K$	-8.37	-7.80	-7.28	-6.81	-6.38	-5.99	-5.63	-5.30

以 $\ln K$ 对 $\frac{1}{T}$ 作图如图 5-3 所示。所得直线的斜率为 -2.19×10^4K,

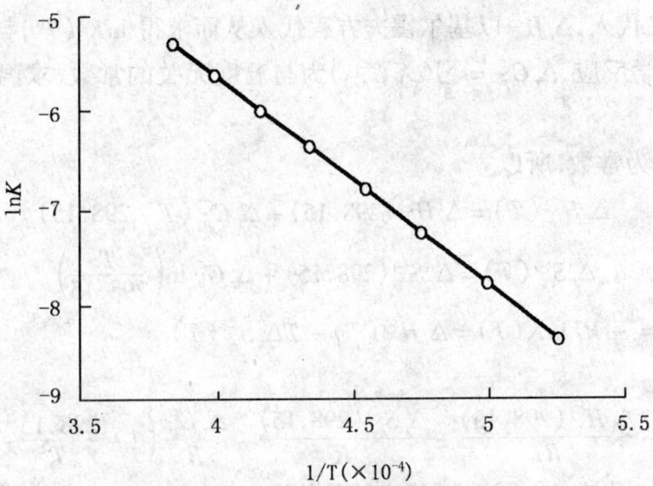

图 5-3 lnK 与 1/T 的关系

即

$$-\frac{\Delta_r H^\ominus}{R} = -2.19\times10^4$$

$$\Delta_r H^\ominus = 2.19\times10^4\times8.314 = 182\text{kJ}\cdot\text{mol}^{-1}$$

所得直线在$\frac{1}{T}=0$处的截距为 3.13,所以

$$\frac{\Delta_r S^\ominus}{R} = 3.13$$

$$\Delta_r S^\ominus = 3.13\times8.314 = 26.0\text{J}\cdot\text{K}^{-1}\cdot\text{mol}^{-1}$$

一般说来,化学反应的 $\Delta_r H^\ominus$ 及 $\Delta_r S^\ominus$ 与温度有关。不管是反应物或产物,恒压热容 $C_{p,m}$ 与温度有关。基尔霍夫公式应用于求物质不同温度的 $\Delta_f H_B^\ominus(T)$:

$$\Delta_f H_B^\ominus(T) = \Delta_f H_B^\ominus(298.15\text{K}) + \int_{298.15}^{T} C_{p,B}^\ominus \text{d}T$$

同理

$$S_B^\ominus(T) = S_B^\ominus(298.15\text{K}) + \int_{298.15}^{T} \frac{C_{p,B}^\ominus \text{d}T}{T}$$

因为 $\Delta_r H^\ominus = \sum_B(\nu_B \Delta_f H_{B,m}^\ominus)$,$\Delta_r S^\ominus = \sum_B(\nu_B S_{B,m}^\ominus)$

而 $\Delta_r G^\ominus(T) = \Delta_r H^\ominus(T) - T\Delta_r S^\ominus(T)$,所以

$$\Delta_r G^{\ominus}(T) = \Delta_r G^{\ominus}(298.15\text{K}) + \int_{298.15}^{T} \Delta_r C_p^{\ominus} \mathrm{d}T - T\int_{298.15}^{T} \frac{\Delta_r C_p^{\ominus} \mathrm{d}T}{T} \qquad (5-42)$$

因为　　$\ln K = -\frac{\Delta_r G^{\ominus}}{RT}$，代入式(5－42)得：

$$\ln K(T) = \ln K(298.15\text{K}) - \frac{1}{RT}\int_{298.15}^{T} \Delta_r C_p^{\ominus} \mathrm{d}T + \frac{1}{R}\int_{298.15}^{T} \frac{\Delta_r C_p^{\ominus} \mathrm{d}T}{T} \qquad (5-43)$$

当然，也可以应用吉布斯—亥姆霍兹方程：

$$\left[\frac{\mathrm{d}\left(\frac{\Delta_r G^{\ominus}}{T}\right)}{\mathrm{d}T}\right] = -\frac{\Delta_r H^{\ominus}}{T^2} \qquad (5-44)$$

以 $\Delta_r G^{\ominus} = -RT\ln K$ 代入，$\Delta_r H^{\ominus}$ 以基尔霍夫方程代入从而求得 $\ln K(T)$ 与温度的函数关系。

例 5－8　某化学反应，$\Delta_r C_p^{\ominus} = \sum_B (\nu_B C_{p,B}^{\ominus})$ 为与温度无关的常数，求温度 T 时 $\ln K$ 的表达式。

解：因为 $\Delta_r C_p^{\ominus}$ 为常数，所以

$$\Delta_r H^{\ominus}(T) = \Delta_r H^{\ominus}(298.15) + \Delta_r C_p^{\ominus}(T - 298.15)$$

$$\Delta_r S^{\ominus}(T) = \Delta_r S^{\ominus}(298.15) + \Delta_r C_p^{\ominus}\ln\left(\frac{T}{298.15}\right)$$

因为　　$\Delta_r G^{\ominus}(T) = -RT\ln K(T) = \Delta_r H^{\ominus}(T) - T\Delta_r S^{\ominus}(T)$

代入并进行运算得：

$$\ln K(T) = -\frac{\Delta_r H^{\ominus}(298.15)}{RT} + \frac{\Delta_r S^{\ominus}(298.15)}{R} - \frac{\Delta_r C_p^{\ominus}}{R}\left(1 - \frac{298.15}{T} - \ln\frac{T}{298.15}\right)$$

式中括号中的 298.15 代表 298.15K 时相应的数值。

三、压力对平衡常数的影响

对于处于平衡的体系，增大压力，平衡位置的移动必定是朝着抵消压力增大的方向。所以，对于凝聚态体系，不管是物理变化还是化学变化，增加体系的压力总是使平衡向体积缩小的方向移动。体积缩小以削弱压力的增大。

对于气相中的化学反应，若诸种气体为理想气体，根据道尔顿分压定律：

$$p_B = p \cdot x_B$$

式中 p 为气相的总压力。

定义平衡常数 K_x：

$$K_x = \prod_B x_B^{\nu_B} \qquad (5-45)$$

而

$$K = \prod_B\left(\frac{p_B}{p^{\ominus}}\right)^{\nu_B} = \prod_B\left(\frac{p \cdot x_B}{p^{\ominus}}\right)^{\nu_B} = \prod_B x_B^{\nu_B}\prod_B\left(\frac{p}{p^{\ominus}}\right)^{\nu_B} = \left(\frac{p}{p^{\ominus}}\right)^{\nu} K_x \qquad (5-46)$$

式中 $\nu = \sum_B \nu_B$，ν_B 的符号规定与前述的一致：对产物为正，对反应物为负。

将式(5－46)改写为：

$$K_x = K\left(\frac{p}{p^{\ominus}}\right)^{-\nu} \qquad (5-47)$$

从式（5－47）可以看出：K_x 是温度及压力的函数。若压力恒定，则 K_x 也仅是温度的函数，T 不变时，K_x 为常数。同时，从式（5－47）还可以看出：

(1) 当 $\nu=0$ 时，即化学计量方程的产物的计量系数之和等于反应物的计量系数之和的绝对值时，体系的总压力增加，K_x 不变，平衡位置不发生变化。

(2) 当 $\nu>0$ 时，总压力 p 增大，$(p/p^{\ominus})^{-\nu}$ 减小，K_x 变小，即平衡位置往反应物的方向移动。即压力增大，平衡位置移动，使体系的总摩尔数减少以部分抵消压力的增大。

(3) 当 $\nu<0$，总压力 p 增大时，$(p/p^{\ominus})^{-\nu}$ 增大，K_x 变大，平衡位置往产物的方向移动，使体系中的总摩尔数减少，以部分抵消压力的增大。

例 5-9 合成氨反应：

$$N_2(g)+3H_2(g) \xlongequal{} 2NH_3(g)$$

400K 时 $K=1.60\times10^{-4}$。现 $N_2(g)$ 与 $H_2(g)$ 的等摩尔比的混合物在总压力为 p 的条件下发生反应。若要使 10% 的 $N_2(g)$ 转化为 $NH_3(g)$，总压力 p 为多少？若要使 15% 的 $N_2(g)$ 转化为 $NH_3(g)$，总压力 p 又为多少？

解：反应 $N_2(g)+3H_2(g) \xlongequal{} 2NH_3(g)$

	$N_2(g)$	$H_2(g)$	$NH_3(g)$
$t=0$ 时	1mol	1mol	0
平衡时反应进度为 ξ	$(1-\xi)$mol	$(1-3\xi)$mol	2ξmol
平衡时的摩尔分数	$\dfrac{1-\xi}{2-2\xi}$	$\dfrac{1-3\xi}{2-2\xi}$	$\dfrac{2\xi}{2-2\xi}$

因为平衡时总摩尔数为 $(1-\xi)+(1-3\xi)+2\xi=2-2\xi$，故平衡时的诸气体的摩尔分数如上所示。

所以

$$K=\prod_B\left(\frac{p_B}{p^{\ominus}}\right)^{\nu_B}=\left(\frac{p\left(\frac{1-\xi}{2-2\xi}\right)}{p^{\ominus}}\right)^{-1}\left(\frac{p\left(\frac{1-3\xi}{2-2\xi}\right)}{p^{\ominus}}\right)^{-3}\left(\frac{p\left(\frac{2\xi}{2-2\xi}\right)}{p^{\ominus}}\right)^{2}$$

$$=\frac{16\xi(1-\xi)}{(1-3\xi)^3}\left(\frac{p^{\ominus}}{p}\right)^2$$

$\xi=0.1, K=1.60\times10^{-4}$ 代入得：

$$1.60\times10^{-4}=\frac{16\times(0.10)^2\times(0.90)}{(0.70)^3}\times\left(\frac{p^{\ominus}}{p}\right)^2$$

$$\frac{p^{\ominus}}{p}=51.2 \qquad p=51p^{\ominus}=5.1\times10^6\,\text{Pa}$$

将 $\xi=0.15$ 代入得：

$$1.60\times10^{-4}=\frac{16\times(0.15)^2\times(0.85)}{0.55^3}\times\left(\frac{p^{\ominus}}{p}\right)^2$$

$$\frac{p}{p^{\ominus}}=107.2 \qquad p=1.072\times10^7\,\text{Pa}$$

N_2 (g) 的转化率越高，体系中的总摩尔数越少，增大压力，平衡往总摩尔数减小的方向移动以削弱压力的增大。因而，N_2 (g) 高的转化率需要高的总压力。

四、惰性气体对化学平衡的影响

惰性气体是指既非反应物又非产物的气体。例如：通空气氧化 SO_2，空气中的 N_2 就是惰性气体。理想气体的反应，惰性气体的存在不影响 $\Delta_r G^{\ominus}$，因而不影响平衡常数 K 的数值，但却影响 K_x 的数值，使化学反应平衡的位置发生了移动。

对于理想气体的反应，物质 B 在反应起始时的摩尔数为 $n_{B,0}$。在反应平衡时，设反应进

度为 ξmol，此时 B 的摩尔数为 n_B。

$$\xi = \frac{n_B - n_{B,0}}{\nu_B}$$

$$n_B = n_{B,0} + \nu_B \xi$$

反应起始时的总摩尔数为：

$$n_0 = \sum_B n_{B,0}$$

反应达平衡时总摩尔数为：

$$n = \sum_B n_B = \sum_B n_{B,0} + \sum_B (\nu_B \xi) = n_0 + \nu\xi$$

物质 B 在平衡时的摩尔分数：

$$x_B = \frac{n_B}{n} = \frac{n_{B,0} + \nu_B \xi}{n_0 + \nu\xi} \tag{5-48}$$

因而压力为 p 时的平衡常数为：

$$K = \prod_B \left(\frac{p_B}{p^\ominus}\right)^{\nu_B} = \prod_B \left(\frac{p x_B}{p^\ominus}\right)^{\nu_B}$$

将式(5－48)代入得：

$$K = \left(\frac{p/p^\ominus}{n_0 + \nu\xi}\right)^{\nu} \prod_B (n_{B,0} + \nu_B \xi)^{\nu_B} \tag{5-49}$$

如果在 T、V 恒定时，向理想气体反应中加入惰性气体，则反应物及产物平衡时的状态没有因惰性气体的加入而改变，对平衡没有影响。

如果是在 T、p 恒定的情况下加入惰性气体，设加入惰性气体的摩尔数为 n'，则式(5－48)成为：

$$x_B = \frac{n_B}{n + n'} = \frac{n_{B,0} + \nu_B \xi}{n_0 + \nu\xi + n'} \tag{5-50}$$

且式(5－49)成为：

$$K = \left(\frac{p/p^\ominus}{n_0 + \nu\xi + n'}\right)^{\nu} \prod_B (n_{B,0} + \nu_B \xi)^{\nu_B} \tag{5-51}$$

如果 $\nu < 0$，即反应物的计量系数绝对值之和大于产物的计量系数之和，在恒 p 的情况下加入 n' 摩尔的惰性气体，其相应的效果是产物与反应物的分压减小，平衡向反应物的方向移动以削弱压力的减小；如果 $\nu > 0$，则平衡向产物的方向移动。

如果知道惰性气体的分压，则可从总压中减去惰性气体的分压得到相当于无惰性气体的体系的压力 p，应用式(5－49)进行计算。

例 5－10 化学反应：$CO(g) + 2H_2(g) = CH_3OH(g)$ 500K 时 $K = 6.23 \times 10^{-3}$。设诸气体可视为理想气体。

(1) 在固体催化剂存在下，$CO(g)$ 与 $H_2(g)$ 的摩尔比为 1:1，且体系的压力为 $p^\ominus$，温度为 500K。

(2) 体系的压力为 $100p^\ominus$，$CO(g)$ 与 $H_2(g)$ 的摩尔比为 1:2，其它条件同(1)。

(3) 其它条件同(2)，但注入惰性气体 $N_2(g)$，且 $CO(g)$、$H_2(g)$ 与 $N_2(g)$ 的摩尔比为 1:2:1。

求上述 (1)、(2)、(3) 条件下的反应达到平衡时的反应进度 ξ。

解：(1) 反应

$$\mathrm{CO(g)} + 2\,\mathrm{H_2(g)} \rightleftharpoons \mathrm{CH_3OH(g)}$$

	CO(g)	H_2(g)	CH_3OH(g)
$t=0$	1	1	0
平衡时	$1-\xi$	$1-2\xi$	ξ
平衡时的摩尔分数	$\dfrac{1}{2}$	$\dfrac{1-2\xi}{2(1-\xi)}$	$\dfrac{\xi}{2(1-\xi)}$

因为平衡时体系的总摩尔数为:

$$(1-\xi)+(1-2\xi)+\xi=2-2\xi=2(1-\xi)$$

所以平衡时诸气体的摩尔分数如上所示。

因而

$$K=\left(\frac{p}{p^{\ominus}}\right)^{-2}\left(\frac{\xi}{2(1-\xi)}\right)^{1}\left(\frac{1}{2}\right)^{-1}\left(\frac{1-2\xi}{2(1-\xi)}\right)^{-2}=6.23\times10^{-3}$$

$p=p^{\ominus}$,因此

$$\frac{4\xi(1-\xi)}{(1-2\xi)^2}=6.23\times10^{-3}$$

解之得: $\xi=0.00155$

因此在平衡时,CO(g)、H_2(g)及 CH_3OH(g)的摩尔分数分别为 0.5、0.4992 及 0.0008。

(2)同样的处理得:

$$\mathrm{CO(g)} + 2\mathrm{H_2(g)} \rightleftharpoons \mathrm{CH_3OH(g)}$$

	CO(g)	H_2(g)	CH_3OH(g)
$t=0$	1	2	0
平衡时	$1-\xi$	$2-2\xi$	ξ
平衡时的摩尔分数	$\dfrac{1-\xi}{3-2\xi}$	$\dfrac{2-2\xi}{3-2\xi}$	$\dfrac{\xi}{3-2\xi}$

$p=100p^{\ominus}$

$$K=\left(\frac{100p^{\ominus}}{p^{\ominus}}\right)^{-2}\left(\frac{\xi}{3-2\xi}\right)^{1}\left(\frac{2-2\xi}{3-2\xi}\right)^{-2}\left(\frac{1-\xi}{3-2\xi}\right)^{-1}=6.23\times10^{-3}$$

化简得:

$$\frac{\xi\ (3-2\xi)^2}{100^2\ (1-\xi)\ (2-2\xi)^2}=6.23\times10^{-3}$$

解之得 $\xi=0.817$。因而在平衡时,CO(g)、H_2(g)及 CH_3OH(g)的摩尔分数分别为 0.134、0.368 及 0.598。

与(1)相比可以看出:平衡位置往产物方向移动,这是预料中的,压力增大使体系往总摩尔数减少的方向移动。

(3)同样的处理方法:

$$\mathrm{CO(g)} + 2\mathrm{H_2(g)} \rightleftharpoons \mathrm{CH_3OH(g)}$$

	CO(g)	H_2(g)	CH_3OH(g)
$t=0$	1	2	0
平衡时	$1-\xi$	$2-2\xi$	ξ
平衡时的摩尔分数	$\dfrac{1-\xi}{4-2\xi}$	$\dfrac{2-2\xi}{4-2\xi}$	$\dfrac{\xi}{4-2\xi}$

因为平衡时体系的总摩尔数要加上惰性气体 $N_2(g)$ 的摩尔数

$$n_{总} = 1 + (1 - \xi) + (2 - 2\xi) + \xi = 4 - 2\xi$$

所以

$$K = \frac{\xi(4 - 2\xi)^2}{100^2(1 - \xi)(2 - 2\xi)^2} = 6.23 \times 10^{-3}$$

解之得 $\xi = 0.735$。CO（g）、H_2（g）及 CH_3OH（g）的摩尔分数分别为 0.105、0.210 及 0.291，N_2（g）的摩尔分数为 0.395。

与（2）相比，ξ 变小，这也是预料中的。惰性气体的加入，在恒 p 的条件下，相当于降低压力的效应，平衡向体系摩尔数增加的方向移动。本例题向反应物的方向移动，向反应进度小的方向移动。

第八节　反应的耦合

在等温等压和 $W' = 0$ 的条件下，化学反应总是朝着吉布斯能减少的方向进行。换言之，不可能自发发生吉布能 G 增加的化学反应。然而，许多吉布斯能增加的反应或是人们向往的或是生命过程中必不可少的。例如：人体内的葡萄糖代谢反应：

$$葡萄糖 + H_2PO_4^- \Longrightarrow 6-磷酸葡萄糖 + H_2O$$

其 $\Delta_r G^{\ominus} = 12.60 kJ \cdot mol^{-1}$，如何使这一不可缺少的反应发生呢？

此外，生命过程中尿素及氨基酸的合成等，其吉布斯能 G 也是增加的，而这些反应又在体内不断地进行着，奥妙何在呢？

一、反应的耦合

有化学反应：

$$A + D \Longrightarrow G + H \qquad (1)$$

$$J + H \Longrightarrow L + Y \qquad (2)$$

反应（1）的产物 H 是反应（2）的反应物，则反应（1）与反应（2）是耦合的（Coupling of pairs of reaction）。反应（1）与反应（2）发生的总结果为（1）+（2）：

$$A + D + J \Longrightarrow G + L + Y$$

如果反应（1）的 $\Delta_r G^{\ominus} = a kJ \cdot mol^{-1}$，$a > 0$，反应（2）的 $\Delta_r G^{\ominus} = b\ kJ \cdot mol^{-1}$，$b < 0$ 且 $|b| > a$。则反应（3）的 $\Delta_r G^{\ominus} = (a + b)\ kJ \cdot mol^{-1} < 0$。这意味着以反应（2）驱动原本不能自发发生的反应（1），使之得以进行。因而反应耦合的合理设计可以实现人们希望发生的反应，得到希望的产物。

例如：希望从 TiO_2 制备 $TiCl_4$ 的反应：

$$TiO_2(s) + 2Cl_2(g) \Longrightarrow TiCl_4(l) + O_2(g) \qquad (a)$$

$$\Delta_r G^{\ominus} = 161.94 kJ \cdot mol^{-1} > 0$$

该反应不能自发地进行。为此人们寻找驱动反应(a)的反应：

$$C(s) + O_2(g) \Longrightarrow CO_2(g) \qquad (b)$$

$$\Delta_r G^{\ominus} = -394.38 kJ \cdot mol^{-1}$$

反应(b)发生的倾向很大。此二反应耦合，(a) + (b)得：

$$C(s) + TiO_2(s) + 2Cl_2(g) \Longrightarrow TiCl_4(l) + CO_2(g) \qquad (c)$$

反应(c)的 $\Delta_r G^{\ominus}$ 为：

$$\Delta_r G^{\ominus}(c) = \Delta_r G^{\ominus}(a) + \Delta_r G^{\ominus}(b) = 161.94 - 394.38$$
$$= -232.44\text{kJ}\cdot\text{mol}^{-1} < 0$$

可见，反应(b)驱动了反应(a)，使反应(c)得以自发进行，得到希望的产品 $TiCl_4$。

二、生物化学中 H^+ 离子的标准态

前述的溶液中溶质的标准态，是物质的浓度为 $c^{\ominus} = 1\text{mol}\cdot\text{dm}^{-3}$ 或 $m^{\ominus} = 1\text{mol}\cdot\text{kg}^{-1}$ 时仍符合亨利定律的假想态。如果是实际溶液，则以相应的活度代替化学势表达式中的浓度。

在生物化学中，因为人体内的大部分反应是在 H^+ 离子的浓度等于 $10^{-7}\text{mol}\cdot\text{dm}^{-3}$ 即 pH 为 7 的情况下进行的，对 H^+ 离子的标准态给予特别的关注，规定 H^+ 离子的标准态为 $c^{\oplus} = 10^{-7}\text{mol}\cdot\text{dm}^{-3}$ 的状态，因而 H^+ 离子的化学势表达式为：

$$\mu(H^+) = \mu^{\Delta'}(T,p) + RT\ln\frac{c}{c^{\oplus}} \tag{5-52}$$

式中 $\mu^{\Delta'}(T,p)$ 为 H^+ 的浓度为 $10^{-7}\text{mol}\cdot\text{dm}^{-3}$ 的标准态的化学势。

如果标准态选择 $c^{\ominus} = 1\text{mol}\cdot\text{dm}^{-3}$，则 H^+ 的化学势为：

$$\mu(H^+) = \mu^{\Delta}(T,p) + RT\ln\frac{c}{c^{\ominus}} \tag{5-53}$$

式(5-52)和式(5-53)均采取两个近似：

(1)H^+ 离子的活度系数为 1。

(2)忽略压力时 H^+ 离子化学势的影响。

式(5-52)减去式(5-53)得：

$$\mu^{\Delta'}(T,p) + RT\ln\frac{c}{c^{\oplus}} - \mu^{\Delta}(T,p) - RT\ln\frac{c}{c^{\ominus}} = 0$$

整理得：

$$\mu^{\Delta'}(T,p) - \mu^{\Delta}(T,p) = RT\ln\frac{c^{\oplus}}{c^{\ominus}} = RT\ln10^{-7}$$

$T = 289.15\text{K}$ 时

$$\mu^{\Delta'}(T,p) - \mu^{\Delta}(T,p) = -39.945\text{kJ}\cdot\text{mol}^{-1}$$

生化反应中，凡是有 H^+ 离子参加的反应，其相应的热力学函数用加撇或⊕来表示，如 $\Delta_r G^{\oplus}$、$\Delta_r H^{\oplus}$、$\Delta_r S^{\oplus}$ 等等，它意味着 H^+ 离子的标准态为 $10^{-7}\text{mol}\cdot\text{dm}^{-3}$ 的状态。若有化学反应：

$$A + D = G + bH^+$$

则该反应的 $\Delta_r G^{\ominus}$ 与 $\Delta_r G^{\oplus}$ 的关系为：

$$\Delta_r G^{\oplus} = \Delta_r G^{\ominus} + bRT\ln10^{-7}$$

温度为 298.15K 时，则

$$\Delta_r G^{\oplus} = (\Delta_r G^{\ominus} - b \times 39.954)\text{kJ}\cdot\text{mol}^{-1}$$

若化学反应为：

$$A + bH^+ = G + H$$

则可得

$$\Delta_r G^{\oplus} = \Delta_r G^{\ominus} - b \times RT\ln10^{-7}$$

$T = 298.15\text{K}$ 时，则有

$$\Delta_r G^{\oplus} = (\Delta_r G^{\ominus} + b \times 39.954)\text{kJ}\cdot\text{mol}^{-1}$$

与 $\Delta_r G^\oplus$ 相对应，H^+ 离子参加的化学反应的平衡常数为 K'：

$$\Delta_r G^\oplus = -RT\ln K' \tag{5-54}$$

三、生化反应的耦合

三磷酸腺苷（ATP）是生物体的能量信使，它使许许多多吉布斯能增加的反应成为可能，例如：生物体必不可少的蛋白质的合成、离子从细胞外低浓度向细胞内高浓度的活性传输、肌肉收缩、神经细胞的电活性等等过程得以实现，全依赖于 ATP 的吉布斯能减少的水解反应。

$$ATP^{4-} + H_2O \longrightarrow ADP^{3-} + HPO_4^{2-} + H^+ \tag{3}$$

ADP 代表二磷酸腺苷。这个反应的诸分子的结构如图 5－4 所示。

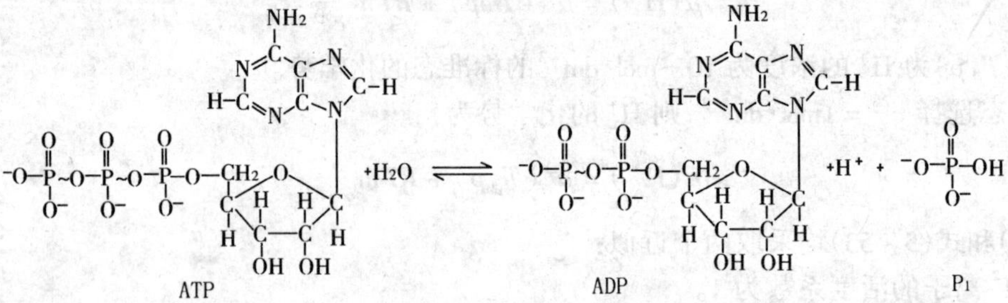

图 5－4　ATP 的水解反应示意图

在 pH = 7.00 及 $pMg = -\lg(a_{Mg^{2+}}) = 4.00$、$T = 298.15K$ 时，上述反应的 $\Delta_r G^\oplus = -29.3kJ\cdot mol^{-1}$。这意味着在生物体内，ATP 的水解反应是自发进行的，它释放出的吉布斯能可以驱动原本不能自发发生的反应，如：

$$HPO_4^{2-} + \text{葡萄糖} \longrightarrow 6-\text{磷酸葡萄糖} + H_2O \tag{4}$$

该反应的 $\Delta_r G^\oplus = 12.6kJ\cdot mol^{-1} > 0$，表明该反应不能自发地进行。但它与 ATP 的水解反应相耦合得反应：

$$\text{葡萄糖} + ATP \longrightarrow 6-\text{磷酸葡萄糖} + ADP \tag{5}$$

这个反应的 $\Delta_r G^\oplus = -29.3 + 12.6 = -16.7kJ\cdot mol^{-1} < 0$，可以自发地进行。

能量信使 ATP 必须在体内能够重新生成，以维持生物体内 ATP 浓度的动态平衡。ATP 由 ADP 经反应（3）的逆反应生成，$\Delta_r G^\oplus > 0$，它必须由其它 $\Delta_r G^\oplus < 0$ 的反应来驱动。

磷酸烯醇丙酮酸（记作 PEP）水解反应的 $\Delta_r G^\oplus = -53.6kJ\cdot mol^{-1}$，它与 ADP 生成 ATP 的反应相耦合：

$$PEP + H_2O \longrightarrow PY + H_2PO_4^- + H^+ \qquad \Delta_r G^\oplus = -53.6kJ\cdot mol^{-1} \tag{6}$$

$$ADP^{3-} + HPO_4^{2-} + H^+ \longrightarrow ATP^{4-} + H_2 \qquad \Delta_r G^\oplus = 29.3\ kJ\cdot mol^{-1} \tag{7}$$

反应（6）与反应（7）相耦合得：

$$PEP + ADP^{3-} \longrightarrow ATP^{4-} + H^+ + PY \tag{8}$$

反应（6）加反应（7）得反应（8），反应（8）的 $\Delta_r G^\oplus$ 为：

$$\Delta_r G^\oplus = -53.6 + 29.3 = -24.3kJ\cdot mol^{-1}$$

反应方程中 PY 代表丙酮酸 $CH_3COCOOH$。

为了解释上述耦合反应，已提出丙酮酸激酶参与的反应机理：

$$PEP + E \rightleftharpoons EP + PY \tag{9}$$

$$EP + ADP \rightleftharpoons E + ATP \tag{10}$$

反应（9）+ 反应（10）得：

$$ADP + PEP \rightleftharpoons ATP + PY \tag{11}$$

方程式中 E 代表丙酮酸激酶。为简便起见，方程中略去电荷及 H^+。

四、物质的活性传输

在生命过程中，有许多物质在细胞内外的浓度不等。例如 K^+ 离子，它在细胞外的浓度低于细胞内的浓度，而 K^+ 离子的流向却是从细胞膜外流向细胞膜内。已经知道，化学势与活度的大小有关，浓度大则化学势高。而物质的自动流向总是从化学势高的地方流向化学势低的地方。K^+ 离子由浓度小的地方流向浓度大的地方，初看起来，显然有悖于化学势决定流向的原理。

物质由浓度小的地方传输到浓度大的地方称为物质的活性传输（active transport），它必须有 $\Delta G<0$ 的反应作为耦合。物质 A 由细胞外活性传输到细胞内如图 5－5 所示。它由下述步骤组成：

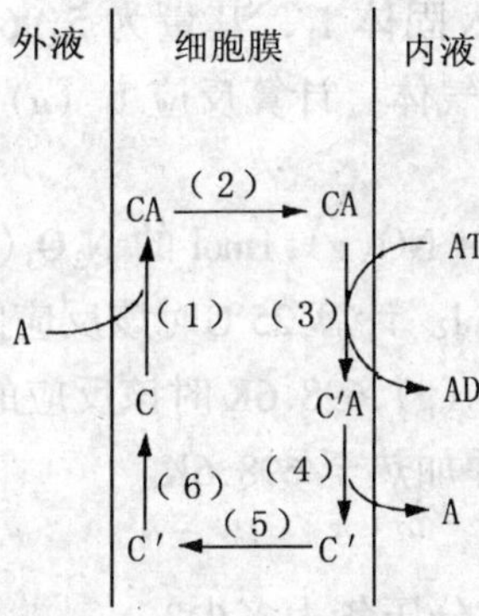

图 5－5　物质 A 的活性传输示意图

（1）膜外液中的物质 A 与细胞外侧的 C 结合，生成 CA。

（2）CA 由膜外侧流向膜内侧。

（3）膜内侧的 CA 在 ATP 水解反应的驱动下实现变为C'A 的反应。因为 CA 变成 C'A 为吉布斯能增大的过程，必须有 ATP 水解释放吉布斯能的反应来耦合。同时，由于 CA 变为C'A，使膜内侧的 CA 的浓度低，使步骤（2）得以自发进行。

（4）C'A 解离生成 C'与 A，A 进入细胞内液。

（5）C'由膜内侧流向膜外侧。

（6）膜外侧的 C'变为 C，这一步需要酶的作用，这使得膜外侧的 C'的浓度低，使步骤（5）能够自发进行。

整个过程，虽然 A 的化学势变大了。但由于 ATP 水解提供了负的吉布斯能，总的吉布斯能仍是减少的。

习　题

1. 化学反应$N_2(g)+3H_2(g)$══$2NH_3(g)$，400℃时 $K=1.60\times10^{-4}$。

（1）计算 $\Delta_r G^{\ominus}$；

（2）当$N_2(g)$、$H_2(g)$及 $NH_3(g)$的分压分别为 $10p^{\ominus}$、$30p^{\ominus}$及 $3p^{\ominus}$时，$\Delta_r G$ 为多少？此时该反应能否自发进行？

2. 摩尔比为 1∶3 的 $N_2(g)$和 $H_2(g)$的混合气体通过 450℃的催化剂，测得总压为 $10.13p^{\ominus}$时形成的 $NH_3(g)$所占的体积比为 2.04%。计算反应：

$$\frac{1}{2}N_2(g)+\frac{3}{2}H_2(g) \longrightarrow NH_3(g)$$

在 450℃时的平衡常数。

3. 一个 1 升的反应器含 0.233mol 的 $N_2(g)$和 0.341mol 的 PCl_5，加热至 250℃时的总压力为 $29.33p^{\ominus}$。若诸气体可视为理想气体，计算化学反应：$PCl_5(g)$══$PCl_3(g)+Cl_2(g)$的平衡常数 K。

4. 在一个抽成真空的容器中放入固体 I_2，其量为 $5.96\times10^{-3}\,mol\cdot dm^{-3}$，加热至 973K，测得压力为 $0.496p^{\ominus}$，设气体为理想气体，计算反应 I_2（g）══2I（g）在 973K 时的平衡常数 K。

5. 化学反应 $N_2O_3(g)$══$NO_2(g)+NO(g)$，1mol 的 $N_2O_3(g)$加热至 25℃，测得平衡体系的总压力为 $p^{\ominus}$，此时反应进度为 0.30mol。计算 25℃时该反应的 $\Delta_r G^{\ominus}$。

6. 化学反应 $2HI(g)$══$H_2(g)+I_2(g)$，698.6K 时该反应的 K 为 1.83×10^{-2}。现有 $3dm^3$ 的容器含 10g 的 $I_2(g)$和 0.2g 的 $H_2(g)$并加热至 698.6K。

（1）形成的 HI（g）有多少克？

（2）H_2（g）、I_2（g）、HI（g）的分压各为多少？

7. 化学反应 $CO(g)+3H_2(g)$══ $CH_4(g)+H_2O(g)$，以 1mol 的 CO(g)与 1mol 的 $H_2(g)$混合开始反应，平衡时反应进度为 ξ，写出平衡常数 K 表达式。

8. 许多化学反应的平衡常数是以 $p'=101.325kPa$ 作为标准压力。证明对理想气体的反应有：$K(p^{\ominus})=K(p')(1.01325)^{\Sigma\nu_B}$

9. 正丁烷异构成异丁烷的反应：

正丁烷 ══异丁烷

已知1000K及$p^{\ominus}$时，正丁烷与异丁烷的摩尔标准生成吉布斯能分别为$270kJ\cdot mol^{-1}$和$276.6kJ\cdot mol^{-1}$，计算 1000K 时 1mol 的正丁烷异构成异丁烷的反应进度为 0.2、0.4、0.6 及 0.8mol 时体系的吉布斯能，画出 $G-\xi$ 关系图，求出体系达反应平衡时的反应进度 ξ。

10. 合成反应：$CO(g)+2H_2(g)$══$CH_3OH(g)$，500K时 K 为6.09×10^{-3}，若CO(g)与 $H_2(g)$的起始分子比为 1∶2，若要转化率达到 90%，求所需的总压力。

11. 化学反应$CO_2(g)+C(s)$══$2CO(g)$在 1273K 及 $30.4p^{\ominus}$条件下达到平衡，其中气相中 CO_2 的摩尔分数为 17%。

（1）总压力为 $20.3p^{\ominus}$时 CO_2 在气相中的摩尔分数为多少？

（2）在刚性反应器达反应平衡时充入 N_2（g），其分压为 $10p^{\ominus}$，对反应的平衡有何影响？

(3) 压力为多少时，CO_2 的气相摩尔分数为0.25？

12. 化学反应：$H_2O(g) \longrightarrow H_2(g) + \frac{1}{2}O_2(g)$，2000K、$p^{\ominus}$条件下反应达平衡时2%的 $H_2O(g)$ 分解。

(1) 计算上述条件下反应平衡常数 K。

(2) 当压力降低时，反应进度如何变化？

(3) 总压力保持为 $p^{\ominus}$不变而不断地注入氦气，反应进度如何变化？

(4) 反应体积不变而不断地注入氦气，反应进度如何变化？

(5) 总压力维持在 $p^{\ominus}$不变而注入 O_2 (g)，反应进度如何变化？

13. 在500K和 $10p^{\ominus}$条件下，放热反应：

$$CO(g) + 2H_2(g) \longrightarrow CH_3OH(g)$$

若诸气体为理想气体。下列条件对平衡时的反应进度有何影响？

(1) 升高温度。

(2) 压力增大。

(3) 体积不变但注入惰性气体。

(4) 压力不变但注入惰性气体。

(5) 压力不变但注入 H_2 (g)。

14. N_2O_4 (g) 和 NO_2 平衡体系有动态平衡：

$$N_2O_4(g) \longrightarrow 2NO_2(g)$$

15℃和 $1.103p^{\ominus}$时平衡体系的密度为 $3.62g \cdot dm^{-3}$，75℃和 $1.103p^{\ominus}$时的密度为 $1.84g \cdot dm^{-3}$。求该反应的焓变。

15. 水蒸气通过1000K的石墨床柱，假设只发生反应：

$$C(石墨) + H_2O(g) \longrightarrow CO(g) + H_2(g)$$

平衡常数 $K = 2.52$，计算在 p 为100kPa时诸气体的分压。

16. 查表计算下列反应25℃的 $\Delta_r S^{\ominus}$。

$$(1) H_2(g) + \frac{1}{2}O_2(g) \longrightarrow H_2O(l)$$

$$(2) H_2(g) + Cl_2(g) \longrightarrow 2HCl(g)$$

$$(3) CH_4(g) + \frac{1}{2}O_2(g) \longrightarrow CH_3OH(l)$$

17. 化学反应：

$$2HgO(s) \longrightarrow 2Hg(g) + O_2(g)$$

420℃时分解压力为 $5.16 \times 10^4 Pa$，450℃时分解压力为 $10.8 \times 10^4 Pa$。求：

(1) 420℃及450℃时的平衡常数。

(2) 1mol HgO (s) 分解的焓变。

18. 化学反应 $2Ag_2O(s) = 4Ag(s) + O_2(g)$，假设 $\Delta_r C_p^{\ominus} = 0$。查表计算 $O_2(g)$ 的平衡压力为 $0.2p^{\ominus}$时的温度。

19. 在一个抽成真空的容器放入足够量的 $(NH_2)CO(ONH_4)$ 固体，该物质发生分解反应：

$$(NH_2)CO(ONH_4)(s) \longrightarrow 2NH_3(g) + CO_2(g)$$

分解反应达平衡时体系中仍有未分解的固体物质。设该固体没有升华。证明平衡常数为：

$$K=\left(\frac{p_{NH_3}}{p^{\ominus}}\right)^2\frac{p_{CO_2}}{p^{\ominus}}=\frac{4}{27}\left(\frac{p}{p^{\ominus}}\right)^3$$

式中 p 为总压力。

20. 298K 时一些物质的热力学数据如下：

物质	$\Delta_f H_m^{\ominus}$ (kJ·mol^{-1})	$\Delta_f G_m^{\ominus}$ (kJ·mol^{-1})
$CuSO_4$(s)	−711.36	−661.8
$CuSO_4\cdot H_2O$(s)	−1085.83	−918.11
$CuSO_4\cdot 3H_2O$(s)	−1684.31	−1399.96
H_2O(g)	−241.818	−228.572

(1) 25℃时 $CuSO_4$(s)和 $CuSO_4\cdot H_2O$(s)混合物的 H_2O(g)的平衡分压为多少？

(2) 25℃时 $CuSO_4\cdot H_2O$(s)与 $CuSO_4\cdot 3H_2O$(s)混合物的 H_2O(g)平衡分压为多少？

21. $p^{\ominus}=100$kPa, $p'=101.325$kPa。证明热力学变量的关系式为：

(1) $\Delta_r C_p^{\ominus}(p^{\ominus})=\Delta_r C'_p(p')$

(2) $\Delta_r H^{\ominus}(p^{\ominus})=\Delta_r H'(p')$

(3) $\Delta_r S^{\ominus}(p^{\ominus})=\Delta_r S'(p')+(0.109\text{J}\cdot\text{k}^{-1}\cdot\text{mol}^{-1})\sum_B\nu_B$

(4) $\Delta_r G^{\ominus}(p^{\ominus})=\Delta_r G'(p')-(0.109\times10^{-3}\text{kJ}\cdot\text{K}^{-1}\cdot\text{mol}^{-1})T\sum_B\nu_B$

诸气体可视为理想气体。

22. 化学解离反应：$I_2(g)=\!=\!=2I(g)$。

(1) 查表计算 298.15K 时的 $\Delta_r H^{\ominus}$、$\Delta_r G^{\ominus}$ 及平衡常数 K。

(2) 如果 $\Delta_r C_p^{\ominus}=0$，1000K 时 K 为多少？

(3) 如果 $\Delta_r C_p^{\ominus}=0$，求 $K=1.000$ 时的温度。

(4) 如果 $\Delta_r C_p^{\ominus}$ 为常数，求 1000K 时的平衡常数。

23. 化学反应：$H_2(g)+CO_2(g)=\!=\!=H_2O(g)+CO(g)$。查表计算：

(1) 298.15K 及 1000K 时的 $\Delta_r G^{\ominus}$ 及 K。

(2) 298.15K 及 1000K 时的 $\Delta_r H^{\ominus}$。

(3) 如何增加 CO(g)的含量。

习题答案

1. (1) 48.9kJ·mol^{-1}

   (2) −8.78kJ·mol^{-1}　可自发进行

2. 6.47×10^{-3}

3. 1.83

4. 1.64×10^{-3}

5. 5.73kJ·mol^{-1}

6. (1) 9.52g　(2) $1.206p^{\ominus}$　$0.032p^{\ominus}$　$1.440p^{\ominus}$

7. $[4\xi^2(1-\xi)/(1-3\xi)^3]\left(\frac{p}{p^{\ominus}}\right)^{-2}$

9. 0.311

10. $231p^{\ominus}$

11.（1）0.127 （2）没有影响（3）$54p^{\ominus}$

12.（1）2.03×10^{-3}（2）增大（3）增大

（4）不变 （5）减小

13.（1）减小 （2）变大 （3）不变

（4）减小 （5）变大

14. $45\text{kJ}\cdot\text{mol}^{-1}$

15. $p_{H_2O}=0.084p^{\ominus}$ $p_{CO}=0.458p^{\ominus}$

$p_{H_2}=0.458p^{\ominus}$

16.（1）$-163.3\text{J}\cdot\text{K}^{-1}$ （2）$20.07\text{J}\cdot\text{K}^{-1}$

（3）$-162.0\text{J}\cdot\text{K}^{-1}$

17.（1）0.0204 0.187

（2）$154\text{kJ}\cdot\text{mol}^{-1}$

18. 425K

20.（1）$1.4\times10^{-5}p^{\ominus}$（2）$6.83\times10^{-3}p^{\ominus}$

22.（1）$\Delta_r H^{\ominus}=151.255\text{kJ}\cdot\text{mol}^{-1}$

$\Delta_r G^{\ominus}=121.175\text{kJ}\cdot\text{mol}^{-1}$

$K=5.90\times10^{-22}$

（2）2.34×10^{-3}

（3）1499K （4）3.11×10^{-3}

23.（1）$\Delta_r G^{\ominus}$（298K）$=28.644\text{kJ}\cdot\text{mol}^{-1}$

$K=9.6\times10^{-6}$

$\Delta_r G^{\ominus}$（1000K）$=3.021\text{kJ}\cdot\text{mol}^{-1}$

$K=0.695$

（2）$\Delta_r H^{\ominus}$（298K）$=41.169\text{kJ}\cdot\text{mol}^{-1}$

$\Delta_r H^{\ominus}$（1000K）$=34.783\text{kJ}\cdot\text{mol}^{-1}$

（3）升高温度

第六章　电化学

电化学是研究化学能与电能间相互转化及转化过程中相关规律的科学。电化学的建立和发展，可追溯到1799年伏打（Volta）发明第一个原电池，今天电化学方法已被广泛应用于各个领域，如化学电源、电解电镀、电化学分析等。尤其，近年来随着生物科学的发展，如细胞膜电位、细胞内外电解质平衡、神经传导的研究，都有赖于电化学为其提供理论基础和研究方法。因此，电化学是物理化学的一个重要研究分支。

电化学研究的内容包括三方面：1. 电解质理论。2. 原电池的化学原理。3. 电解。根据药学专业的特点，本章重点介绍前两个问题。

第一节　电解质溶液的导电性质

一、电解质溶液的导电机理

能够导电的物质称为导体，导体可分为两类：一类是电子导体，靠自由电子的定向移动导电。如金属、石墨。另一类是离子导体，依靠离子的定向迁移导电。如电解质溶液和熔融的电解质。物理化学主要研究后一类导体。为使电解质溶液能够连续导电，需要电化学装置，电化学装置可分为两种：一种是将化学能转化为电能的装置，称为原电池（primary cell）。另一种是将电能转化为化学能的装置，称为电解池（electrolytic cell）。两种装置都由电解质溶液、插在溶液中的两个电极（electrode）及连接两电极的外电路构成。无论是原电池还是电解池，总是将电势较高的一端称为正极，而将电势较低的一端称为负极。在外电路，电流总是由正极流向负极，电子流动的方向刚好与电流方向相反。另外，习惯将发生氧化反应的电极称为阳极（anode）；将发生还原反应的电极称为阴极（cathode）。在电解池中，与外加电源负极相连的电极是电子接收端，电势较低，故在电极上发生还原反应。所以该电极是阴极。另一电极与电源正极相连，电势较高，发生氧化反应，所以该电极是阳极。而在原电池中，电势较低的一端负责输出电子，在电极发生丢失电子的氧化反应，结果这端由于电势低应是负极，又由于发生的是氧化反应，应是阳极。而电势较高的一端接收电子，在电极上发生得到电子的还原反应，因此这端即是正极又是阴极。如由铜、锌两电极组成的原电池（又称丹尼尔电池），Cu电极端为正极，发生还原反应为阴极，Zn电极端为负极，发生氧化反应为阳极。

图6－1和图6－2分别为电解池和原电池的示意图

无论是电解池还是原电池，要完成一完整电路，需要有电解质溶液中离子的定向运动，在溶液中，阴离子总是移向阳极，阳离子移向阴极。当阴、阳离子分别接近相应电极时，在电极与溶液中离子发生电子转移，形成一完整电路。整个电流在溶液中传输时，由阴、阳离子共同完成的。

某电解池，电解质溶液为$CuCl_2$水溶液，将两惰性电极Pt插入水溶液，并接通外电源。当有电流通过时，溶液中Cu^{2+}向阴极移动，当外电压大于其分解电压时，电极上发生还原反应：

（-），阴极：　　　$Cu^{2+}(aq) + 2e^- \longrightarrow Cu(s)$

Cl^- 向阳极移动，电极上发生氧化反应：

（+），阳极：　　　$2Cl^-(aq) \longrightarrow Cl_2 + 2e^-$

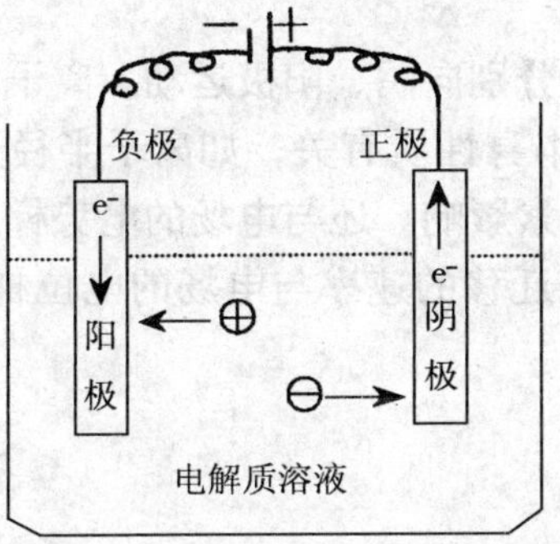

图 6-1　电解池示意图

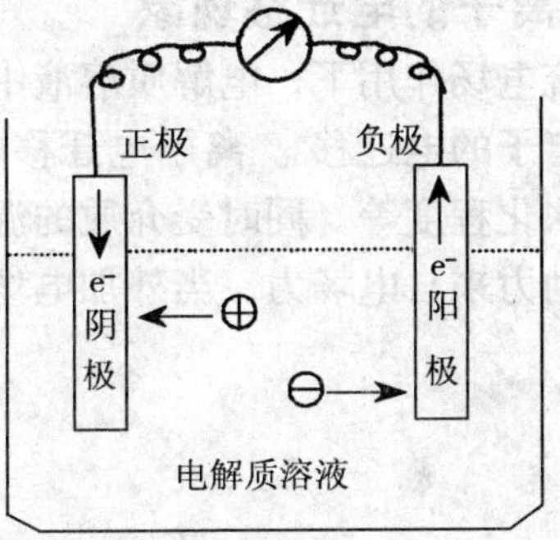

图 6-2　原电池示意图

二、法拉第定律（Farady's Law）

1833 年法拉第在大量电解反应实验的基础上，总结归纳了一条电化学的基本规律，称为法拉第定律：电解质溶液通电后，在电极上发生化学反应的物质的量与通过的电量成正比；在不同电解质溶液中通入相同电量时，发生反应的物质的量相同。析出物质的量与其摩尔质量成正比，与其所带电荷数成反比。

1 摩尔电子所带电量的绝对值称为法拉第常数，以符号 F 表示：

$$F = Le = 6.022 \times 10^{23} \times 1.6022 \times 10^{-19} = 96486.6\ (\mathrm{C \cdot mol^{-1}}) \approx 96500\ \mathrm{C \cdot mol^{-1}}$$

e 是电子所带电荷，L 为阿伏伽德罗常数。

法拉第定律可表示为：

$$Q = nzF \tag{6-1}$$

此式为法拉第定律的数学表达式，其中 Q 为通过的电量，z 为电极反应中电子的计量系数，n 为电解后所沉积金属的物质量。式（6.1）也可表示为：

$$n = \frac{Q}{zF} \tag{6-2}$$

式中沉积的金属用质量表示时，上式演化为：

$$m = \frac{Q}{zF}M \tag{6-3}$$

其中 M 为沉积金属的摩尔质量，其值应与 z 值相一致。如电解硫酸铜溶液，阴极发生的反应为：

$$Cu^{2+} + 2e^- \longrightarrow Cu(s)$$

按此反应式，$z = 2$，$M = 63.55$。如反应式表示为：

$$\frac{1}{2}Cu^{2+} + e^- \longrightarrow \frac{1}{2}Cu(s)$$

则 $z = 1, M = 31.78$。

法拉第定律是自然界中最准确的定律之一，无任何假设条件，不受温度，压力等外界因素干扰。既适用于电解反应，也适用于原电池反应。

第二节 离子的电迁移和迁移数

一、离子的电迁移现象

在直流电场作用下，电解质溶液中的正、负离子分别向阴、阳极运动。离子的这种定向移动称为离子的电迁移 。离子电迁移的速率与粒子本身性质有关，如离子半径，荷电荷数及离子的水化程度等。同时受介质的温度、粘度等因素影响。还与电场的电势梯度有关。离子迁移的动力来自电场力，当外加电场稳定时，离子迁移的速率与电场的电位梯度成正比，即：

$$V = U\frac{\mathrm{d}E}{\mathrm{d}l} \tag{6-4}$$

式中V为离子迁移速率，$\frac{\mathrm{d}E}{\mathrm{d}l}$为电位梯度，$U$称为离子淌度，物理意义是电位梯度等于$1\mathrm{V\cdot m^{-1}}$时的离子迁移速率，单位为$\mathrm{V\cdot m^{-1}\cdot s^{-1}}$。正、负离子的迁移速率分别用$V_+$和$V_-$表示，正、负离子的离子淌度则分别用$U_+$和$U_-$表示。

由于离子迁移的速率不同，溶液中正、负离子迁移的电量也不同。导电过程同时伴随电极反应发生。上述因素导致电解质溶液不同区域离子的分布差异可用图（6-3）表示。

设一电解池内装有1-1型的强电解质溶液，阴、阳极分别为惰性电极，将两极间分为三个区域，分别用AA和BB平面分开，通电前每一区域均含有5摩尔的正、负离子，分别用正、负号表示。如有4mol电子的电量通过该电解池，阴、阳极上分别有4mol正、负离子发生反应，在溶液中离子同时发生迁移。通入的电量分别由正、负离子共同完成，由于不同离子迁移的速度不同，完成迁移的电量也不同，设有以下两种情况。

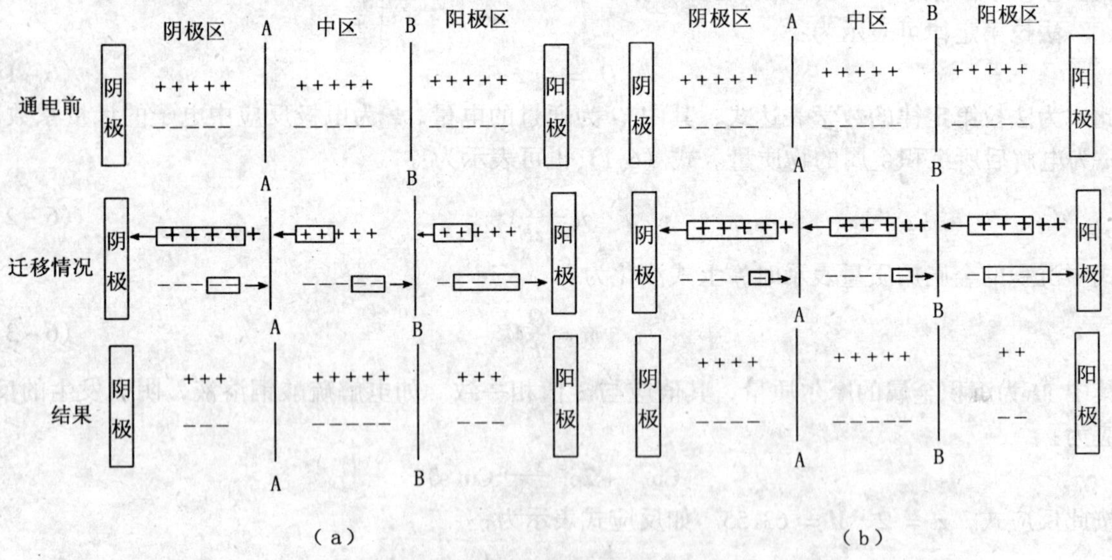

图6-3 离子电迁移现象示意图

(1) 若正、负离子移动速律相等，导电量由正、负离子各完成一半。AA、BB平面各有2mol正、负离子反向通过，两极各有4mol正、负离子发生电极反应。最终结果：阴、阳两极区溶液的离子数相等，各为3mol离子，比原离子数各减少2mol。中部区离子数没有变化。如图6-3（a）所示。

(2) 正离子的移动速率是负离子的3倍，正离子完成的导电量也是负离子的3倍，在AA和BB平面上通过的正离子数为3mol，通过的负离子数为1mol，电极上完成的反应仍各为4mol离子。最终结果中区离子数仍保持不变，但阴极区和阳极区离子数不仅发生变化，而且变化的数目也不同，阴极区保留4mol，阳极区只保留2mol。如图6-3（b）所示。

由上面的假设，可得出如下结论：

(1) 正离子迁移的电量 Q_+ 和负离子迁移的电量 Q_- 之和恰好等于通过溶液的总电量 Q。即：

$$Q = Q_+ + Q_-$$

(2) $$\frac{\text{阳极区减少的物质的量}}{\text{阴极区减少的物质的量}} = \frac{Q_+}{Q_-} = \frac{\text{正离子的迁移速率 } V_+}{\text{负离子的迁移速率 } V_-}$$

二、离子迁移数

正负离子在电场作用下向不同方向运动，承担导电任务。将某一种离子迁移的电量与通过溶液的总电量之比称为该离子的迁移数（transference number），用符号 t 表示。

正离子的迁移数：

$$t_+ = \frac{\text{正离子迁移的电量}}{\text{总电量}} = \frac{Q_+}{Q} = \frac{Q_+}{Q_+ + Q_-} \tag{6-5}$$

负离子的迁移数：

$$t_- = \frac{\text{负离子迁移的电量}}{\text{总电量}} = \frac{Q_-}{Q} = \frac{Q_-}{Q_+ + Q_-} \tag{6-6}$$

因为：

$$Q = Q_+ + Q_-$$

所以：

$$t_+ + t_- = 1 \tag{6-7}$$

表6-1　298.15K 水溶液中一些电解质正离子的迁移数

电解质	浓度/mol·dm^{-3}			
	0.01	0.05	0.10	0.20
HCl	0.825	0.829	0.831	0.834
LiCl	0.329	0.321	0.317	0.311
NaCl	0.392	0.388	0.385	0.382
KCl	0.490	0.490	0.490	0.489
NH_4Cl	0.491	0.491	0.491	0.491
KBr	0.483	0.483	0.483	0.484
KI	0.488	0.488	0.489	0.489
$AgNO_3$	0.465	0.466	0.468	–
KNO_3	0.508	0.509	0.510	0.512
$\frac{1}{2}CaCl_2$	0.426	0.414	0.406	0.395
$\frac{1}{2}K_2SO_4$	0.483	0.487	0.489	0.491
$\frac{1}{2}Na_2SO_4$	0.385	0.383	0.383	0.383

由迁移数的定义可知：正、负离子的迁移数和他们传导的电量有关，显然，离子传导的电量和该离子的迁移速率成正比。在同一电场力作用下，由于正、负离子本身的差异，正、负离子迁移的速率不同，所以，$t_+ \neq t_-$。表 6-1 列出一些电解质 298.15K 不同浓度时的正离子迁移数的数值。

第三节　电解质溶液的电导

一、电导、电导率和摩尔电导率

电解质溶液的导电能力与金属导体一样，用电阻的倒数来衡量，称为电导（electric conductance），用符号 L 表示：

$$L = \frac{1}{R} \tag{6-8}$$

电导的单位为西门子（siemens），以 S 或 Ω^{-1} 表示。

欧姆定律仍适用于电解质溶液：

$$R = \rho \frac{l}{A} \tag{6-9}$$

溶液的电阻与两电极间的距离 l 成正比，与电极的面积 A 成反比，ρ 为电阻率。电阻率的倒数称为电导率（electrolytic conductivity），以符号 κ 表示：

$$\kappa = \frac{1}{\rho} \tag{6-10}$$

则

$$L = \kappa \frac{A}{l} \tag{6-11}$$

从式（6-11）可以看出：电解质溶液的导电能力与电极的截面积成正比，与电极间的距离成反比。电导率 κ 为比例系数，它的物理意义是两电极面积各为 $1m^2$、电极间距离 1m 时溶液的电导（图 6-4）。其数值大小与电解质的种类、溶液的浓度和温度等因素有关，单位为 $S\cdot m^{-1}$ 或 $\Omega^{-1}\cdot m^{-1}$。

表示不同电解质溶液的导电能力，更常用摩尔电导率 Λ_m（molor conductivity），摩尔电导率是将含有 1mol 电解质的溶液置于相距 1m 的两平行电极间，这时溶液所具有的电导即为 Λ_m。根据此定义，Λ_m 与 κ 有如下关系：

$$\Lambda_m = \kappa V_m = \frac{\kappa}{c} \tag{6-12}$$

式中 V_m 为含有 1mol 电解质溶液的体积，单位为 $m^3\cdot mol^{-1}$。c 为电解质的物质的量浓度，单位为 $mol\cdot m^{-3}$。因此，Λ_m 的单位为 $S\cdot m^2\cdot mol^{-1}$。

摩尔电导率概念的引进是为了比较不同类型电解质的导电能力。一般情况下，电解质溶液的导电能力在浓度较稀的条件下，随浓度增高、导电的粒子数目增多而增大。选用摩尔电导率，所有电解质溶液中都只含有 1mol 的电解质，两极间的距离都是单位距离，具有可比性。在使用摩尔电导率概念时，一般采用荷电量相同的基本单元，例如：$\Lambda_m(\frac{1}{2}CaCl_2)$ 而不是 $\Lambda_m(CaCl_2)$，$\Lambda_m(\frac{1}{3}La(NO_3)_3)$ 而不是 $\Lambda_m(La(NO_3)_3)$，显然：

$$2\Lambda_m\left(\frac{1}{2}CaCl_2\right)=\Lambda_m(CaCl_2)$$

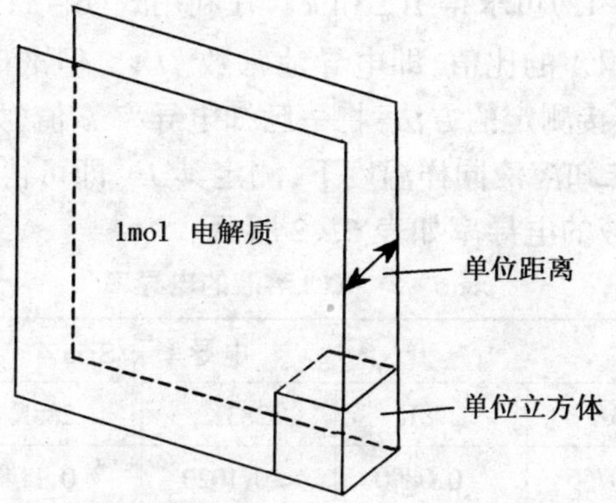

图 6-4 电导率与摩尔电导率

二、电导的测定

因电导是电阻的倒数，实验中电导的测定实际是电阻的测定。实验室中有许多电导及电导率测定的仪器，其工作原理均为物理学上惠斯顿(Wheatstone)电桥法测电阻原理如图 6-5 所示，图中 S 为频率约 1000Hz 的高频交流电源，AB 为一段均匀的滑线电阻，R_1 为可调电阻，在 R_1 旁并联一可调电容 K，其作用是抵消电导池电容的影响，M 为放待测溶液的电导池，T 为电流示零器。将待测溶液充入电导池，调节 C 点至电流示零器显示无电流通过，此时电桥平衡，有：

$$\frac{R_1}{R_x}=\frac{R_3}{R_4}$$

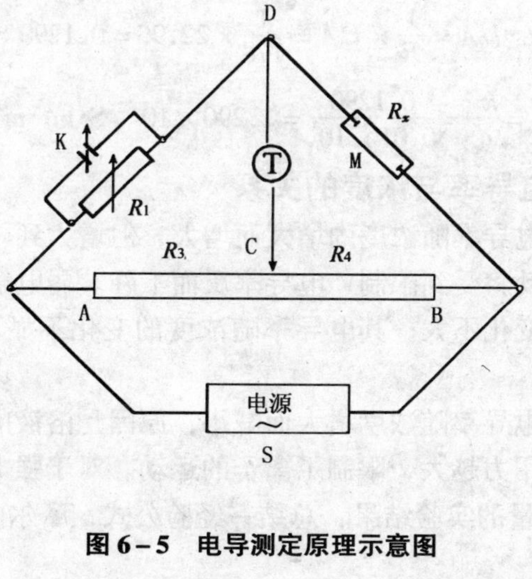

图 6-5 电导测定原理示意图

待测溶液的电导：

$$L = \frac{1}{R_x} = \frac{R_3}{R_1 R_4}$$

R_3、R_4 分别为 AC、BC 段的电阻。

再利用式(6－11)、(6－12)可求得 Λ_m 和 κ。在利用式(6－11)求电导率时，需要知道两电极间的距离 l 与电极截面积 A 的比值，即电导池常数 l/A。但准确测量 l 和 A 得到电导池常数很困难，通常采用实验直接测定的方法：将一已知电导率 κ 值（如一定浓度的 KCl 溶液）的标准溶液 装入电导池，在与未知溶液同样温度下，测定其 L，即可得到准确的电导池常数值。不同温度时一些浓度 KCl 溶液的电导率如表 6－2 所示。

表 6－2　KCl 溶液的电导率

$c/\text{mol}\cdot\text{dm}^{-3}$	电导率 $\kappa/\text{S}\cdot\text{m}^{-1}$					
	273K	278K	283K	288K	293K	298K
0.01	0.0766	0.0890	0.1020	0.1147	0.1278	0.1410
0.02	0.1521	0.1752	0.1994	0.2243	0.2501	0.2765
0.10	0.715	0.822	0.933	1.048	1.167	1.288
1.00	6.541	7.414	8.391	9.252	10.207	11.180

例 6－1　298K 测得 $0.01\text{mol}\cdot\text{dm}^{-3}$ 的 KCl 溶液的电阻为 83.04Ω，浓度为 $0.010\ \text{mol}\cdot\text{dm}^{-3}$ 的 $1/2K_2SO_4$ 溶液电阻为 178Ω。试求①电导池常数 l/A；②$0.0050\ \text{mol}\cdot\text{dm}^{-3}$ $(1/2\ K_2SO_4)$ 溶液的电导率 κ 和摩尔电导率 Λ_m。

解：①查表 6－2 知 $0.01\ \text{mol}\cdot\text{dm}^{-3}$ KCl 溶液的电导率 $\kappa = 0.2765\ \text{S}\cdot\text{m}^{-1}$

电导池常数：

$$l/A = \kappa/L = \kappa\cdot R = 0.2765\times 83.04 = 22.96\ \text{m}^{-1}$$

$0.010\ \text{mol}\cdot\text{dm}^{-3}$ $1/2\ K_2SO_4$ 溶液的电导率：

$$\kappa' = L\cdot l/A = \frac{1}{R}\times l/A = \frac{1}{178}\times 22.96 = 0.1290\ \text{S}\cdot\text{m}^{-1}$$

$$\Lambda_m = \frac{\kappa'}{c} = \frac{0.1290}{0.01\times 10^3} = 1.290\times 10^{-2}\ \text{S}\cdot\text{m}^2\cdot\text{mol}^{-1}$$

三、电导率、摩尔电导率与浓度的关系

强电解质的稀溶液的电导率随浓度的增大而增大，但增大到一定值时，由于正、负离子相互作用增强，离子的运动将受到限制，电导率反而下降。弱电解质溶液随浓度增大电离度减小，溶液中离子的数目变化不大，其电导率随浓度的变化不显著。图 6－6 示出强、弱电解质电导率与浓度的关系。

强电解质溶液的摩尔电导率随浓度增大而减小，原因是溶液的浓度越大，正、负离子间的距离越近，彼此间的作用力越大，限制了离子的运动。对于强电解质的极稀溶液。科尔劳乌施（Kohlrausch）根据大量的实验结果，总结一经验公式，摩尔电导率 Λ_m 与溶液浓度的平方根呈线性关系：

$$\Lambda_m = \Lambda_m^{\infty}(1 - \beta c^{1/2}) \qquad (6-13)$$

其中 Λ_m^{∞} 为电解质溶液在无限稀释时的摩尔电导率，亦称为无限稀释摩尔电导率（limiting molor conductivity）。强电解质的 Λ_m^∞ 值可通过 Λ_m^∞ 对 $c^{\frac{1}{2}}$ 做图，外推至 $c=0$ 处求得。弱电解质浓度极稀时，浓度对 Λ_m 的影响将非常敏感，很难通过做图外推得到。

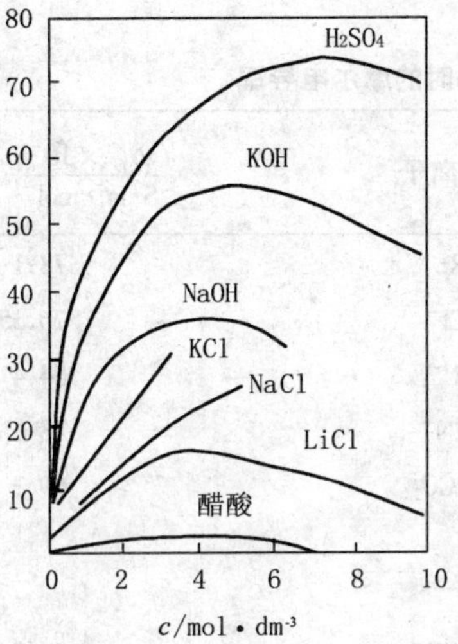

图 6－6　电导率与浓度的关系

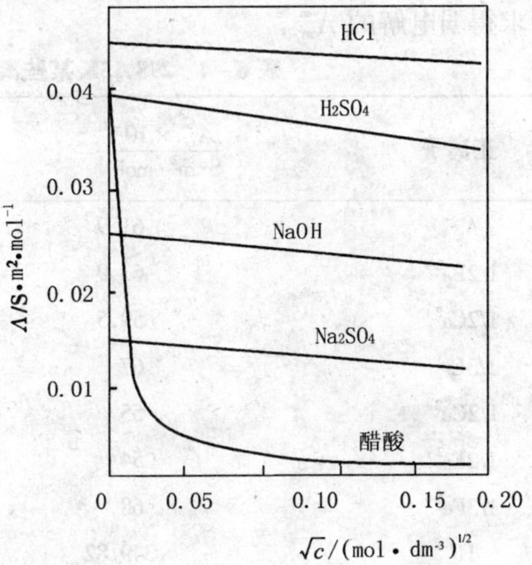

图 6－7　电解质水溶液 Λ_m 与浓度的关系

四、离子独立运动规律及离子摩尔电导

对于弱电解质，Λ_m^∞ 值直接获取比较困难。Kohlrausch 经过对大量强电解质稀溶液的 Λ_m^∞ 进行研究，结果见表 6－3。从表中所列数据发现，在无限稀释时，溶液中的电解质完全电离，且离子间相互作用力很弱，离子在电场中运动时彼此很少干扰。据此提出离子独立运动的概念，认为每种离子对溶液的电导的贡献是独立的，即无限稀释时，电解质的摩尔电导率 Λ_m^∞ 是由组成该电解质的正、负离子的无限稀释摩尔电导率的加和，用公式表示为：

$$\Lambda_m^\infty = \Lambda_{m,+}^\infty + \Lambda_{m,-}^\infty \quad (6-14)$$

表 6－3　298.15K 某些电解质溶液无限稀释时的摩尔电导率

电解质	$\frac{\Lambda_m^\infty}{S\cdot m^2\cdot mol^{-1}}$	差值	电解质	$\frac{\Lambda_m^\infty}{S\cdot m^2\cdot mol^{-1}}$	差值
KCl	0.01499		HCL	0.04262	
LiCl	0.01150	3.49×10^{-3}	HNO_3	0.04213	4.9×10^{-4}
KNO_3	0.01450		KCl	0.01499	
$LiNO_3$	0.01101	3.49×10^{-3}	KNO_3	0.01450	4.9×10^{-4}
KOH	0.02715		LiCl	0.01150	
LiOH	0.02367	3.49×10^{-3}	$LiNO_3$	0.01101	4.9×10^{-4}

式中 $\Lambda_{m,+}^\infty$ 和 $\Lambda_{m,-}^\infty$ 分别表示正、负离子无限稀释时的摩尔电导率。

离子的 Λ_m^∞ 取决于其本身特性，当溶剂、温度等条件确定时，每种离子的无限稀释摩尔电导率是定值。如：无论强电解质 HCl 还是弱电解质 HAc，其中的 H^+ 的 Λ_m^∞ 均为同值。表 6-4 列出了一些离子在无限稀释时的摩尔电导率。利用这些数据，根据离子独立运动定律，即可求得弱电解的 Λ_m^∞。

表 6-4　298.15K 某些离子无限稀释时的摩尔电导率

正离子	$\frac{\Lambda_m^\infty \times 10^{-4}}{S \cdot m^2 \cdot mol^{-1}}$	负离子	$\frac{\Lambda_m^\infty \times 10^{-4}}{S \cdot m^2 \cdot mol^{-1}}$
Ag^+	61.9	Br^-	78.1
$1/2Ba^{2+}$	63.9	Cl^-	76.35
$1/2Ca^{2+}$	59.5	F^-	54.4
$1/3Cr^{3+}$	67	CN^-	78
$1/2Cu^{2+}$	55	$1/2CO_3^{2-}$	69.3
$1/2Fe^{2+}$	54		
$1/3Fe^{3+}$	68		
H^+	349.82	HCO_3^-	44.5
K^+	73.5	HSO_4^-	50
Li^+	38.69	I^-	76.8
$1/2Mg^{2+}$	53.06	NO_3^-	71.4
NH_4^+	73.5	OH^-	198.6
Na^+	50.11	Ac^-	40.9
$1/2Pb^{2+}$	71		
$1/2Zn^{2+}$	52.8	$1/3PO_4^{3-}$	69.0

从表 6-4 所列数据发现：H^+ 和 OH^- 的 Λ_m^∞ 与其它离子相比，显得特别大，这种现象只出现在水溶液中，或含有 OH^- 的溶剂。据此，有人提出：H^+ 和 OH^- 在这些溶剂中可形成氢键，通过质子接力传递，完成导电，而不是 H^+ 和 OH^- 直接从电极一端迁移到另一端。其传递形式如图 6-8 所示。

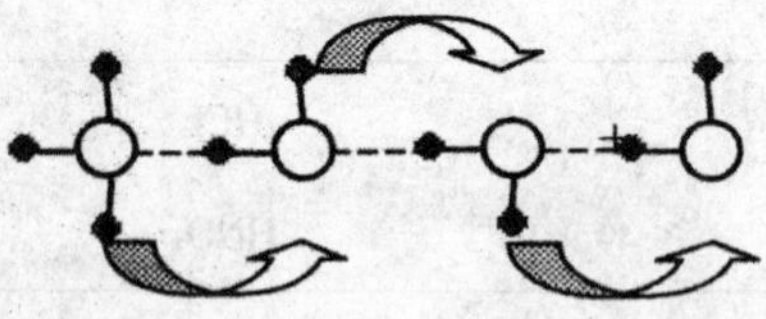

传递前

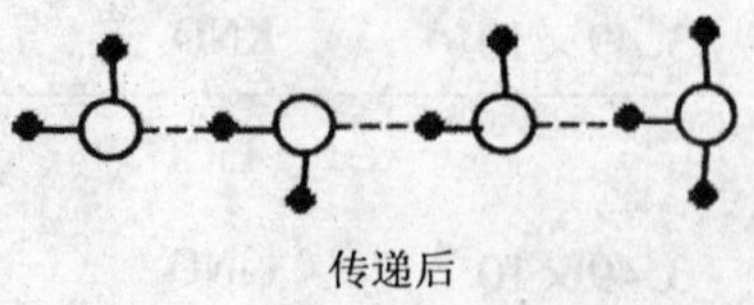

传递后

图 6-8　H^+ 在水溶液中传递示意图

例 6-2 298.15K 时，醋酸钠的无限稀释摩尔电导率 $\Lambda_m^\infty(NaAc) = 0.00910\ S\cdot m^2\cdot mol^{-1}$，盐酸的 $\Lambda_m^\infty(HCl) = 0.04262\ S\cdot m^2\cdot mol^{-1}$，氯化钠的 $\Lambda_m^\infty(NaCl) = 0.01265\ S\cdot m^2\cdot mol^{-1}$，求醋酸钠的无限稀释摩尔电导率。

解：根据式(6-14)

$$\begin{aligned}\Lambda_m^\infty(HAc) &= \Lambda_m^\infty(H^+) + \Lambda_m^\infty(Ac^-)\\ &= \Lambda_m^\infty(H^+) + \Lambda_m^\infty(Cl^-) - \Lambda_m^\infty(Cl^-) + \Lambda_m^\infty(Ac^-) - \Lambda_m^\infty(Na^+) + \Lambda_m^\infty(Na^+)\\ &= \Lambda_m^\infty(HCl) + \Lambda_m^\infty(NaAc) - \Lambda_m^\infty(NaCl)\\ &= 0.04262 + 0.00910 - 0.01265\\ &= 0.03907\ (S\cdot m^2\cdot mol^{-1})\end{aligned}$$

第四节 电导测定的应用

一、检验水的纯度

科研及工农业生产的某些环节，需要纯度不同的的水。经过处理，除去有机杂质后，得到的普通蒸馏水的电导率一般为$1\times10^{-3}S\cdot m^{-1}$，去离子水和二次蒸馏水的电导率一般小于$1\times10^{-4}S\cdot m^{-1}$。由于水本身存在一定的解离，理论上纯水的 $\kappa = 5.5\times10^{-6}S\cdot m^{-1}$。水中离子的含量与水的纯度有关，电导率的大小与离子浓度成正比，因此将电导率数值作为衡量水纯度的常规指标之一。

二、弱电解质的电离度和电离常数的测定

弱电解质的 Λ_m 和 Λ_m^∞ 的数值分别反映溶液在实际情况下和无限稀释时的导电能力，它们之间的差异就是弱电解质溶液部分电离与全部电离的差异，因此有：

$$\alpha = \frac{\Lambda_m}{\Lambda_m^\infty} \tag{6-15}$$

α 为该弱电解质在浓度 c 时的电离度。

由 α 进而可求得电离平衡常数 K_c，以 1-1 型的弱电解质为例：

$$AB \rightleftharpoons A^+ + B^-$$

平衡时 $\qquad c(1-\alpha) \qquad c\alpha \qquad c\alpha$

$$K_c = \frac{\alpha^2\frac{c}{c^\ominus}}{1-\alpha} = \frac{\left(\frac{\Lambda_m}{\Lambda_m^\infty}\right)^2\frac{c}{c^\ominus}}{1-\frac{\Lambda_m}{\Lambda_m^\infty}} = \frac{\Lambda_m^2\frac{c}{c^\ominus}}{\Lambda_m^\infty(\Lambda_m^\infty - \Lambda_m)} \tag{6-16}$$

例 6-3 298.15K 时，$0.100mol\cdot dm^{-3}$的 HAc 溶液 $\Lambda_m = 5.201\times10^{-4}S\cdot m^2\cdot mol^{-1}$，求该浓度 HAc 溶液的电离度和电离平衡常数。

解：查表 6-4，$\Lambda_{m,(H^+)}^\infty = 349\times10^{-4}S\cdot m^2\cdot mol^{-1}$，$\Lambda_{m,(Ac^-)}^\infty = 40.9\times10^{-4}S\cdot m^2\cdot mol^{-1}$

$$\begin{aligned}\Lambda_{m,(HAc)}^\infty &= \Lambda_{m,(H^+)}^\infty + \Lambda_{m,(Ac^-)}^\infty = 349\times10^{-4} + 40.9\times10^{-4}\\ &= 390.7\times10^{-4}S\cdot m^2\cdot mol^{-1}\end{aligned}$$

$$\alpha = \frac{\Lambda_m}{\Lambda_m^\infty} = \frac{5.201\times10^{-4}}{390.7\times10^{-4}} = 0.01331$$

电离平衡常数

$$K_c = \frac{\alpha^2\frac{c}{c^\ominus}}{1-\alpha} = \frac{0.01331^2\times\frac{0.100}{1}}{1-0.01331} = 1.795\times10^{-5}$$

三、难溶盐溶度积的测定

难溶盐如 AgCl、$BaSO_4$ 在水中溶解度极小，用一般方法测定，易引起较大的误差，应用电导法可准确测定难溶盐的溶解度，进而求得 K_{sp}。首先测定难溶盐饱和溶液的电导率，由于溶液中解离的离子非常少，电导率 κ 值很小，此时不能忽略水的电导率，应从溶液的电导率数值中减去，即：

$$\kappa_{盐} = \kappa_{溶液} - \kappa_{H_2O}$$

根据式(6－12)可得：

$$c = \frac{\kappa_{盐}}{\Lambda_{m,盐}}$$

由于溶液中解离的离子很少,可近似认为 $\Lambda_m \approx \Lambda_m^\infty$,因此有：

$$c = \frac{\kappa_{盐}}{\Lambda_{m,盐}^\infty} = \frac{\kappa_{溶液} - \kappa_{H_2O}}{\Lambda_{m,+}^\infty + \Lambda_{m,-}^\infty} \qquad (6-17)$$

其中 c 的单位为 $mol\cdot m^{-3}$,同时需注意所取盐的基本单元是 AgCl,$\frac{1}{2}BaSO_4$ 等。

根据 K_{sp}的定义,在计算时,需将溶解度 c 换算成以 $mol\cdot dm^{-3}$表示的数值。

例6－4　298K时测得AgCl饱和溶液及高纯水的κ值分别为$3.41\times10^{-4}S\cdot m^{-1}$和$1.60\times10^{-4}S\cdot m^{-1}$。计算该温度下 AgCl 的溶解度和溶度积。

解：

$$\kappa_{AgCl} = \kappa_{溶液} - \kappa_{H_2O}$$
$$= (3.41-1.60)\times10^{-4} = 1.81\times10^{-4}(S\cdot m^{-1})$$

查表得：

$$\Lambda_{m,AgCl}^\infty = \Lambda_{m,Ag^+}^\infty + \Lambda_{m,Cl^-}^\infty$$
$$= (6.91+7.635)\times10^{-3} = 1.382\times10^{-2}(S\cdot m^2\cdot mol^{-1})$$

$$c = \frac{\kappa}{\Lambda_m^\infty} = \frac{1.81\times10^{-4}}{1.382\times10^{-2}} = 1.31\times10^{-2}mol\cdot m^{-3}$$
$$= 1.31\times10^{-5}\ mol\cdot dm^{-3} = 1.88\times10^{-3}g\cdot dm^{-3}$$

此浓度时,可用浓度值代替活度值,所以：

$$K_{sp} = \frac{c_{Ag^+}}{c^\ominus}\cdot\frac{c_{Cl^-}}{c^\ominus} = (1.31\times10^{-5})^2 = 1.72\times10^{-10}$$

四、电导滴定

电导滴定是根据滴定过程中溶液电导的改变来确定终点，由于不同离子具有不同的 Λ_m 值，滴定过程中溶液的各种离子的浓度在发生变化，表现为溶液的电导也在不断地发生变化。酸碱中和、沉淀滴定和氧化还原滴定都可采用电导滴定的方法。

1. 强碱滴定强酸

酸碱滴定的实质是 $H^+ + OH^- = H_2O$。现以 NaOH 滴定 HCl 为例，其滴定曲线如图 6－9 所示，线 AB 段是由于溶液中 H^+ 被 Na^+ 取代，因为 $\Lambda_{Na^+} < \Lambda_{H^+}$，所以，溶液的电导呈下降趋势，BC 段是溶液滴定过终点后的趋势，由于过终点后，溶液中 OH^- 不断增加，溶液的电导值快速上升。两条线的交点 B 即为滴定终点。

2. 强碱滴定弱酸

以 NaOH 溶液滴定 HAc 为例讨论之，其滴定曲线如图 6－9 所示。由于弱酸的解离度很小，其溶液的电导亦很小，随滴定过程进行，溶液中 H^+ 逐渐被 Na^+ 取代，尽管 Na^+ 的电导小于 H^+，但 NaAc 的解离度远大于 HAc 的解离度，溶液中离子的数目不断增加，表现为滴定曲线A'B'段缓慢上升；滴定过终点后，NaOH 过量，使溶液电导快速增大，表现为 B'C'段，两线的交点 B' 即为滴定终点。

3. 沉淀滴定

如 $AgNO_3$ 滴定 KCl：

$$AgNO_3 + KCl \longrightarrow AgCl\downarrow + KNO_3$$

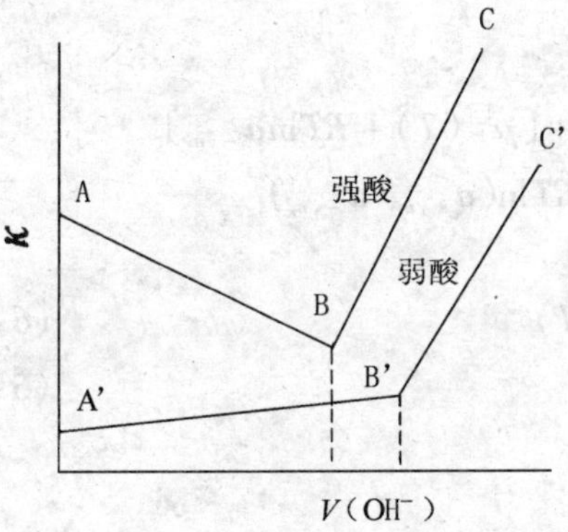

图 6－9　强碱滴定强/弱酸电导变化曲线

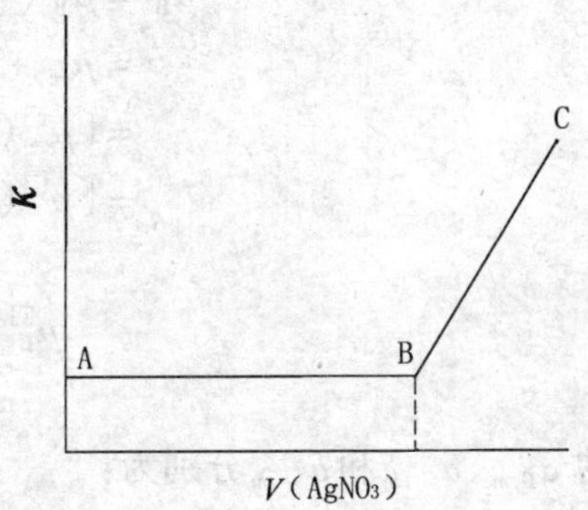

图 6－10　沉淀滴定的电导变化曲线

$AgNO_3$ 和 KCl 均为强电解质，反应后，AgCl 为沉淀物，KNO_3 仍为强电解质。随滴定过程进行，溶液中 Cl^- 逐渐被 NO_3^- 替代，由于两种离子的电导相差不大，因此，在滴定终点前电导变化不大，如图 6－10 中 AB 段所示；但超过终点后，溶液中离子数量快速增加，电导值将直线上升，表现为曲线中的 BC 段，两线的交点即为滴定终点。

电导滴定使用电导变化值指示滴定终点，无需指示剂，也不必担心滴定过量，大大降低滴定操作的难度。但要注意：随滴定的进行，溶液的体积在不断增大，将会影响电导的变化，为了避免这种情况，可适当提高滴定液的浓度。

第五节　强电解质溶液理论简介

强电解质溶于水形成溶液后，全部电离成带电的离子。水分子为一极性分子，因此，在溶液中离子间、离子与溶剂分子间会发生相互作用，其中离子的水化作用是离子在溶液中的重要特性。尤其是较浓的溶液，由于离子的水化，减少了“自由”水分子数，离子体积反而增大，这将影响电解质溶液的一些理化性质，如导电性能、活度系数等。对于电解质的稀溶液，离子数较少，尽管同样存在水化作用，但其对溶液性质的影响很小。本节主要讨论稀溶液中离子间的相互作用，对一些基本理论的应用给以简单的介绍。

一、平均活度和平均活度系数

溶液中溶质的浓度若以质量摩尔浓度表示，其化学位为：

$$\mu_B = \mu_B^{\square}(T) + RT\ln a_{B,m} \qquad (6-18)$$

当体系为理想溶液时：

$$\mu_B = \mu_B^{\square}(T) + RT\ln \frac{m_B}{m^{\ominus}} \qquad (6-19)$$

如体系为非理想溶液时：

$$\mu_{B}=\mu_{B}^{\square}(T)+RT\ln\gamma_{B,m}\frac{m_{B}}{m^{\ominus}} \tag{6-20}$$

对于强电解质的稀溶液，可认为其全部解离为正、负离子，电解质的化学势可用各离子化学势加和来表示。如正、负离子的化学势表示为：

$$\mu_{+}=\mu_{+}^{\square}(T)+RT\ln a_{+,m} \qquad \mu_{-}=\mu_{-}^{\square}(T)+RT\ln a_{-,m}$$

则 1-1 型强电解质的化学势为：

$$\begin{aligned}\mu_{B}&=\mu_{B}^{\square}(T)+RT\ln a_{B,m}\\&=\mu_{+}+\mu_{-}\\&=[\mu_{+}^{\square}(T)+RT\ln a_{+,m}]+[\mu_{-}^{\square}(T)+RT\ln a_{-,m}]\\&=[\mu_{+}^{\square}(T)+\mu_{-}^{\square}(T)]+RT\ln(a_{+,m}\cdot a_{-,m})\end{aligned}$$

其中：

$$\mu_{B}^{\square}=\mu_{+}^{\square}(T)+\mu_{-}^{\square}(T) \tag{6-21}$$

$$a_{B,m}=a_{+,m}\cdot a_{-,m} \tag{6-22}$$

式中的 $a_{B,m}$、$a_{+,m}$和$a_{-,m}$分别为：

$$a_{B,m}=\gamma_{B,m}\frac{m_{B}}{m^{\ominus}}$$

$$a_{+,m}=\gamma_{+,m}\frac{m_{+}}{m^{\ominus}}$$

$$a_{-,m}=\gamma_{-,m}\frac{m_{-}}{m^{\ominus}}$$

由于溶液中正负离子同时存在，不可能测得单种离子的活度和活度系数，实验测得的是两种离子的平均活度 $a_{\pm}$和平均活度系数 $\gamma_{\pm}$。因此对于 1-1 型电解质，分别定义：

$$a_{\pm}=(a_{+,m}\cdot a_{-,m})^{\frac{1}{2}} \tag{6-23}$$

$$\gamma_{\pm}=(\gamma_{+,m}\cdot\gamma_{-,m})^{\frac{1}{2}} \tag{6-24}$$

而平均质量摩尔浓度 $m_{\pm}$ 定义为：

$$m_{\pm}=(m_{+}\cdot m_{-})^{\frac{1}{2}} \tag{6-25}$$

三者的关系为：

$$a_{\pm}=\gamma_{\pm}\frac{m_{\pm}}{m^{\ominus}} \tag{6-26}$$

对于 1-1 型电解质：

$$a_{B}=a_{+}\cdot a_{-}=a_{\pm}^{2}$$

对于任意价型的强电解质，如化学式为 $M_{\nu_{+}}A_{\nu_{-}}$，在溶液中电离平衡式为：

$$M_{\nu_{+}}A_{\nu_{-}}=\nu_{+}M^{z+}+\nu_{-}A^{z-}$$

据此，其平均活度、平均活度系数和平均质量摩尔浓度的定义为：

$$a_{\pm}=(a_{+}^{\nu_{+}}\cdot a_{-}^{\nu_{-}})^{\frac{1}{\nu}} \tag{6-27}$$

$$\gamma_{\pm}=(\gamma_{+}^{\nu_{+}}\cdot\gamma_{-}^{\nu_{-}})^{\frac{1}{\nu}} \tag{6-28}$$

$$m_{\pm} = (m_{+}^{\nu_{+}} \cdot m_{-}^{\nu_{-}})^{\frac{1}{\nu}} \tag{6-29}$$

进而定义：

$$a_{\pm} = \gamma_{\pm} \frac{m_{\pm}}{m^{\ominus}} \tag{6-30}$$

式中 $\nu = \nu_{+} + \nu_{-}$，据此有：

$$a_{B} = a_{+}^{\nu_{+}} a_{-}^{\nu_{-}} = a_{\pm}^{\nu} \tag{6-31}$$

强电解质全部电离，如已知电解质的质量摩尔浓度 m_B，即可求得平均质量摩尔浓度 $m_{\pm}$。

$$m_{+} = \nu_{+} m_{B}, \qquad m_{-} = \nu_{-} m_{B}$$

$$m_{\pm} = (m_{+}^{\nu_{+}} \cdot m_{-}^{\nu_{-}})^{\frac{1}{\nu}} = (\nu_{+}^{\nu_{+}} \cdot \nu_{-}^{\nu_{-}})^{\frac{1}{\nu}} m_{B}$$

例 6-5 计算 $0.1mol \cdot kg^{-1}$ 的 $La_2(SO_4)_3$ 溶液的平均浓度 $m_{\pm}$。

解：$\nu_{+} = 2 \qquad \nu_{-} = 3, \nu = \nu_{+} + \nu_{-} = 5$

$$m_{\pm} = (\nu_{+}^{\nu_{+}} \nu_{-}^{\nu_{-}})^{\frac{1}{\nu}} m_{B} = (2^2 \times 3^3)^{\frac{1}{5}} \times 0.1$$

$$= 0.255 mol \cdot kg^{-1}$$

如再知道离子平均活度系数 $\gamma_{\pm}$，即可求得该电解质在溶液中的活度。$\gamma_{\pm}$ 可通过实验（如电动势法）求得，或用后面介绍的德拜－休克尔公式计算得到。表 6-5 列出一些电解质水溶液，298K 时的离子平均活度系数。从中可以看出：

（1）稀溶液中离子的平均活度系数值随浓度降低而增大，无限稀释时达到 1，一般情况下 $\gamma_{\pm} < 1$，这是因为随溶液浓度变稀，离子间距离增大，离子间的静电引力减小。但浓度高时，也会出现随浓度的增大，离子平均活度系数增大，有时甚至大于 1。这是因为离子溶剂化作用，离子的体积变大，而不被粒子束缚的水分子相应减少，离子的有效浓度相应增加。同时水分子在离子周围的定向排列使溶剂的介电常数增大，进一步削弱了离子间的相互作用。上述因素都使离子平均活度系数随溶液浓度增加而增大。

表 6-5 298K 时一些电解质在水溶液中的平均活度系数

电解质	浓度/$mol \cdot dm^{-3}$								
	0.001	0.002	0.005	0.01	0.05	0.1	0.5	1.0	3.0
HCl	0.966	0.952	0.928	0.904	0.830	0.798	0.768	0.809	1.31
H_2SO_4	0.830	0.757	0.608	0.544	0.340	0.255	0.154	0.100	0.142
HBr	0.966	0.932	0.929	0.906	0.808	0.805	0.790	0.871	
KOH			0.920	0.900	0.824	0.798	0.732	0.755	
NaOH			0.900	0.818	0.766	0.690	0.688	0.678	
KCl	0.965	0.952	0.923	0.901	0.815	0.769	0.651	0.606	0.572
NaCl	0.966	0.952	0.927	0.912	0.819	0.778	0.682	0.658	0.719
$NaNO_3$	0.966	0.953	0.930	0.900	0.820	0.758	0.615	0.348	
Na_2SO_4	0.887	0.847	0.778	0.714	0.536	0.453	0.270	0.204	
$ZnSO_4$	0.700	0.508	0.477	0.387	0.202	0.150	0.063	0.044	0.041
$ZnCl_2$	0.880	0.840	0.789	0.731	0.578	0.515	0.429	0.337	
$CaCl_2$	0.888		0.789	0.732	0.384	0.324	0.318	0.123	

（2）离子的电荷数对 $\gamma_{\pm}$ 影响较大。离子的电荷数越大，产生的静电引力也越大，所以

同一浓度下相同价型的电解质的 $\gamma_{\pm}$ 大致相同。不同价型电解质的 $\gamma_{\pm}$ 相差较大。

(3) 溶液中存在的其它电解质对 $\gamma_{\pm}$ 也会产生影响，说明 $\gamma_{\pm}$ 与溶液整体的电解质含量有关。

综上所述，定温条件下，稀溶液的离子平均活度系数 $\gamma_{\pm}$ 的主要影响因素是离子的浓度和电荷数，电荷数的影响比浓度更大。据此，路易斯（Lewis）于 1921 年提出了离子强度 I 的概念。

二、离子强度

离子强度（ionic strength）以符号 I 表示，定义为：

$$I = \frac{1}{2}\sum_{B} m_B z_B^2$$

式中 m_B 是 B 离子的质量摩尔浓度，z_B 为 B 离子的电荷数。I 的量纲与 m 相同。

例 6-6 溶液中 $BaCl_2$ 的浓度为 $0.20mol \cdot kg^{-1}$、NaCl 的浓度为 $0.1mol \cdot kg^{-1}$，求该溶液的离子强度。

解：

$$I = \frac{1}{2}\sum_{B} m_B z_B^2 = \frac{1}{2}\left(0.2\times 2^2 + 2\times 0.2\times 1^2 + 0.1\times 1^2 + 0.1\times 1^2\right)$$
$$= 0.7mol \cdot kg^{-1}$$

Lewis 根据实验得出：在稀溶液范围内，离子的平均活度系数与离子强度的关系为：

$$\lg\gamma_{\pm} = -A\sqrt{I}$$

式中 A 为一经验常数，与温度及溶剂的种类有关。后来德拜－休克尔（Debye－Hùckel）提出强电解质溶液理论，导出的关系式与此式完全一致，并赋予 A 适当的物理意义。

三、强电解质溶液理论

在研究溶液时发现，相同浓度时电解质较非电解质相应的依数性的数值大许多。1887 年阿伦尼乌斯(Arrhenius)提出电离度的概念解释这种现象。对于弱电解质的稀溶液，该理论可得到满意的结果，但在研究强电解质时，得到的结果与实验值有很大偏差。这是因为离子是带电体，同时存在于溶液中的正、负离子间存在相互作用。弱电解质由于解离的粒子数目较少，可忽略这种作用，对于强电解质则不可忽视。同时，电离学说也没有考虑溶液中离子的溶剂化作用等。所以该学说存在很大的局限性。

1. 德拜－休克尔理论

1923 年，德拜－休克尔针对强电解质提出他们的理论，该理论认为：强电解质在稀溶液中完全电离，强电解质实验值与理论值的偏差主要是由离子间的的静电引力引起的。为此提出了离子氛(ionic atmosphere)的概念。

离子氛模型如图 6－11 所示。在溶液中，由于正负离子间存在静电作用，每一个离子均被异电荷离子包围；另一方面，由于离子的热运动有使离子均匀分布的趋势，综合作用的结果是每个离子周围异电性离子的密度远大于同电性离子。如以任意一离子作为中心离子，其均被异性电荷包围着，尽管热运动使中心离子周围的电荷随时间不断变化，但统计结果，电荷的分布是球形对称的，这一异性电荷所构成的球体称为离子氛。中心离子是任选的，每个离子既是中心离子，同时又是其它异性离子的离子氛的组成部分。

可将离子氛与中心离子看作一个整体，显然，它是电中性的。溶液中离子间的静电作用可归结为中心离子与离子氛之间的作用，是这种作用影响了溶液的性质，造成强电解质溶液与理

想溶液之间的偏差。在此基础上,德拜-休克尔又作了如下假设:

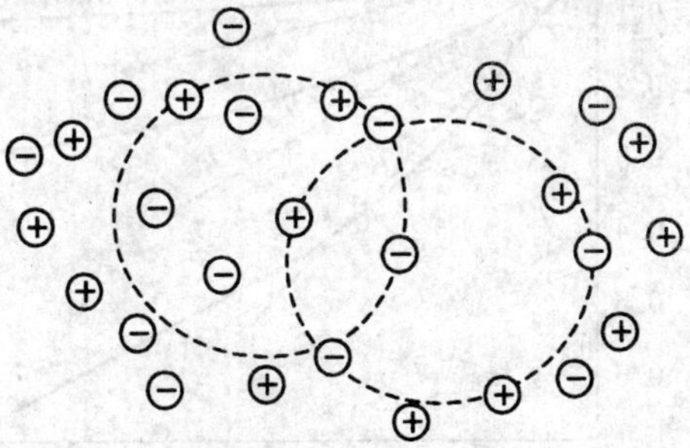

图 6-11　离子氛模型

(1) 离子在静电力场中的分布符合玻尔兹曼（Boltzmann）分布；电荷密度与电势之间的关系遵从静电学中的泊松（Poisson）公式。

(2) 中心离子视为带电荷的圆球，离子电场是球形对称的，离子不发生极化，在极稀溶液中可看成点电荷。

(3) 离子间只存在库仑作用力，其相互的吸引能小于本身的热运动能。

(4) 可忽略稀溶液与溶剂间介电常数的差异。

据上述 4 点假设，导出稀溶液中离子活度系数公式：

$$\lg\gamma_B = -Az_B^2\sqrt{I}$$

上式被称为德拜-休克尔极限方程。由于推导过程假设的限制，它只适用于稀溶液。式中 A 为一常数，当体系的溶剂与温度确定时，A 为一定值。

由于单种离子的活度系数无法直接由实验测得，需要将其转变成平均活度系数的形式。

根据式（6-28）:

$$\gamma_\pm = (\gamma_+^{\nu_+}\cdot\gamma_-^{\nu_-})^{\frac{1}{\nu}}$$

将上式取对数后,展开:

$$\lg\gamma_\pm = \frac{\nu_+\lg\gamma_+ + \nu_-\lg\gamma_-}{\nu_+ + \nu_-} \tag{6-32}$$

溶液中离子的正负电荷相等即:

$$z_+\nu_+ = |z_-|\nu_-$$

则:

$$\lg\gamma_\pm = -A|z_+z_-|\sqrt{I/m^\ominus} \tag{6-33}$$

298K 时的水溶液 $A=0.509$。根据上式，以 $\lg\gamma_\pm$ 对$\sqrt{I}$作图应得一直线。图 6-12 为一些强电解质溶液实验测定值（实线）与理论计算值（虚线）的比较，在离子强度 $I<0.01\text{mol}\cdot\text{kg}^{-1}$ 的稀溶液中，根据德拜-休克尔理论公式计算的结果与实验值基本吻合。说明该理论是正确的。

但随溶液的离子强度增大，理论计算值与实验值的偏差随之增大，偏差主要来自离子间的缔合、离子的水化作用及离子本身体积的差异,这时需要对偏差进行修正,可将式(6-33)修正为:

$$\lg\gamma_\pm = \frac{A|z_+z_-|\sqrt{I/m^\ominus}}{1+aB\sqrt{I/m^\ominus}} \tag{6-34}$$

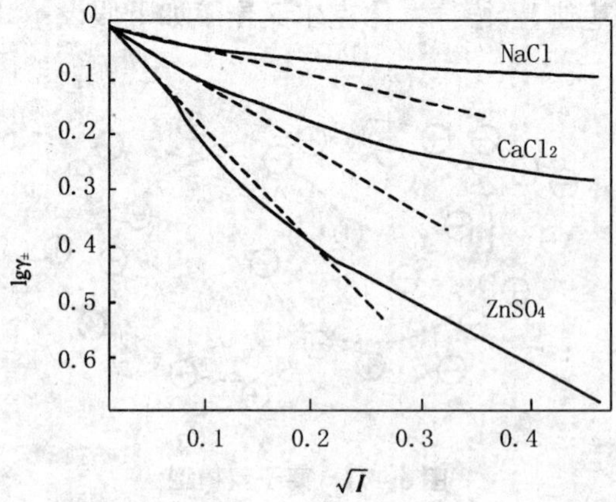

图 6-12　298K 一些强电解质的 $\lg\gamma_{\pm}$ 与 $\sqrt{I}$ 的关系

式中 a 为离子的平均有效半径，B 是公式中另一常数。aB 的乘积近似为 1，因而上式可近似写为：

$$\lg\gamma_{\pm} = \frac{A|z_{+}z_{-}|\sqrt{I/m^{\ominus}}}{1+\sqrt{I/m^{\ominus}}} \tag{6-35}$$

式(6-35)适用范围较大，离子强度 $I < 0.1\text{mol}\cdot\text{kg}^{-1}$。

例 6-7　应用德拜-休克尔极限公式，计算 298K 时 $0.001\text{mol}\cdot\text{kg}^{-1}$ $CaCl_2$ 水溶液的平均活度系数。

解：

$$I = \frac{1}{2}\sum_{\text{B}} m_{\text{B}} z_{\text{B}}^2 = \frac{1}{2}(0.001\times 2^2 + 2\times 0.001\times 1^2)$$

$$= 0.0025\text{mol}\cdot\text{kg}^{-1}$$

$$\lg\gamma_{\pm} = -A|z_{+}z_{-}|\sqrt{I/m^{\ominus}} = -0.509|2\times(-1)|\sqrt{0.0025}$$

$$= -0.0509$$

$$\gamma_{\pm} = 0.8729$$

2. 德拜-休克尔-翁萨格（Onsager）电导理论

1927 年翁萨格把德拜-休克尔应用到在电场作用下的电解质溶液中，将科尔劳乌施有关摩尔电导率与溶液浓度关系的经验公式提高到理论的高度。

对于强电解质，溶液浓度极稀时，离子的间距很大，可认为无离子氛生成，溶液的摩尔电导即为 $\Lambda_{\text{m}}^{\infty}$。在浓溶液中，无电场存在，离子氛以对称形式存在，如图 6-13（a）所示；但在电场的作用下，中心离子的运动将受离子氛的影响，进而影响电解质的导电能力。这种影响可归结为两类：

(1) 弛豫效应

以中心离子带正电荷为例，在外加电场作用下中心离子向负极移动，使离子氛对称性部分地被破坏。但离子间存在的静电引力使此中心离子有建立新离子氛的趋势，上述两种作用的完成都需要一定时间，在此过程中，离子氛瞬间变为不对称形状。如图 6-13（b）所示。不对称离子氛在电场中运动时会遇到一定的阻力，这种阻力称为弛豫力。它减缓离子的移动速率，使溶液的摩尔电导率降低。

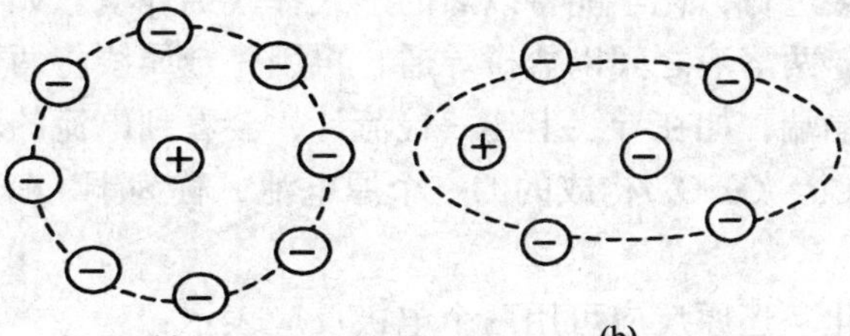

图 6-13　弛豫效应示意图

(2) 电泳效应

在电场力作用下，在中心离子移动的同时，离子氛中的异电荷离子将反向移动。由于离子是溶剂化的，随离子的反向移动将有大量溶剂分子亦将反向运动，这使中心离子的移动如同逆水行舟，移动速率减慢，从而降低了溶液的摩尔电导率。这种阻力称作电泳力。

除上述两种效应外，还需考虑介质的摩擦效应。当离子在电场中的移动达到稳定时，电场的作用力与上述三种效应产生的合力应相等，据此翁萨格导出德拜-休克尔-翁萨格电导公式：

$$\Lambda_m = \Lambda_m^\infty - (\alpha + \beta\Lambda_m^\infty)\sqrt{c} \tag{6-36}$$

式中 α、β 均为与溶剂介电常数、黏度和温度有关的常数。α 主要考虑电泳效应，β 主要源自弛豫效应，二者均为摩尔电导率的降低因素。体系为稀溶液且溶剂的介电常数较大时，式(6-36)的计算结果与实验值很接近。

在稀溶液中，当体系的温度与所用溶剂固定时，α、β 均为定值，式(6-36)可简化为：

$$\Lambda_m = \Lambda_m^\infty - A\sqrt{c} \tag{6-37}$$

式中 A 为常数，与科尔劳乌施的经验公式完全一致。

第六节　原电池

电化学反应可将化学能直接转化为电能，完成此转换的装置称为原电池（galvanic cell）。若上述转换在等温等压下以热力学上的可逆方式进行，则体系吉布斯能的增加 $(\Delta_r G_m)_{T,p}$ 等于体系的最大电功，即：

$$(\Delta_r G_m)_{T,p} = W'_{f,\max} = -nEF \tag{6-38}$$

式中 n 为电池反应中得失电子数，单位为 mol，E 为可逆电池的电动势，单位为伏特（V），F 是 Faraday 常数，其数值等于 1mol 电子所带电量，约为 $96500\text{C}\cdot\text{mol}^{-1}$。式（6-38）是联系热力学与电化学的重要基本公式。如果化学能与电能以不可逆方式转换，则所做电功将小于体系吉布斯自由能的降低，$-(\Delta_r G_m)_{T,p} > nE'F$，电池放电时，两极间的电位差 E' 小于可逆电池的电动势 E。通过研究可逆电池反应和电动势，既可了解电能与化学能之间转换的规律，也可加深对前面所学热力学基本规律的理解。

一、可逆电池

将一块金属锌片插入硫酸铜溶液中，在锌片上可观察到金属铜的生成，此为一自发反应，反应式为：

$$Zn_{(s)} + Cu^{2+}_{(aq)} \longrightarrow Zn^{2+}_{(aq)} + Cu_{(s)}$$

此反应若以上述形式直接进行，化学能将以热的形式释放到环境。如将锌片和铜片分别插入硫酸锌和硫酸铜溶液中，两溶液之间以盐桥导通，再用一金属线将两金属片连接，电子将沿此金属导线由锌端流向铜端，如在导线上连一检流计，会看到电流的流过。这就是由锌电极($Zn - ZnSO_4$)和铜电极($Cu - CuSO_4$)构成的的一个原电池，称为铜－锌电池其装置如图6－14所示。

在电池中发生的氧化－还原反应可用两个电极反应表示：

负极：锌电极　　$Zn_{(s)} - 2e^- \longrightarrow Zn^{2+}$

正极：铜电极　　$Cu^{2+} + 2e^- \longrightarrow Cu_{(s)}$

电池的总反应：　$Zn + Cu^{2+} \longrightarrow Zn^{2+} + Cu$

作为原电池，锌极电位低为负极，发生氧化反应失去电子，亦称为阳极；铜极电位高为正极，发生还原反应得到电子，亦称为阴极。在外电路电子由负极流向正极，电流方向与电子流动方向相反，由正极流向负极。两极之间的电势差，称为该电池的电动势，以符号 E 表示。

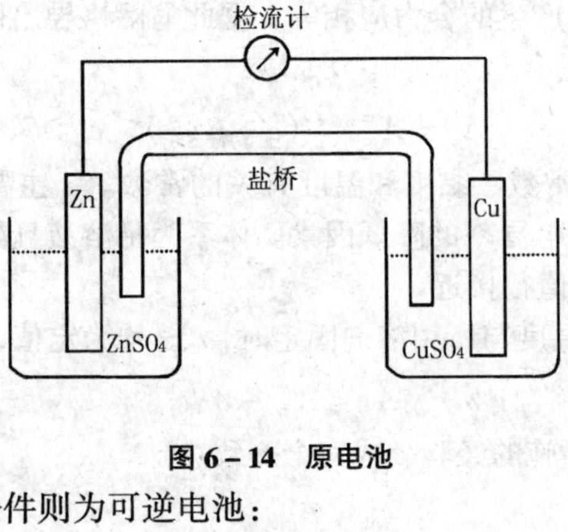

图6－14　原电池

电池若满足下面两个条件则为可逆电池：

1. 电池在充、放电时发生的反应为可逆反应。

2. 电池充、放电时能量的转换是可逆的。

如上述铜－锌原电池，若给此电池充电，电极反应为：

阴极：$Zn^{2+} + 2e^- \longrightarrow Zn$

阳极：$Cu - 2e^- \longrightarrow Cu^{2+}$

总反应：$Zn^{2+} + Cu \longrightarrow Zn + Cu^{2+}$

充电时的电极反应和总反应刚好是原电池相应反应的逆反应。说明此电池反应是可逆的。若电池在充、放电时，电动势分别设置（$E + \mathrm{d}E$）和（$E - \mathrm{d}E$），保持通过电池的电流无限小，保证充电时贮存的电能与放电时转化的化学能相等，可认为此电池的能量转换是热力学可逆的。因此，工作电流趋于零的铜－锌电池是可逆电池。

凡不能满足上述条件之一者，称为不可逆电池。我们在本章中主要研究可逆电池。

二、可逆电池的书写

原电池装置可用一电池符号表示，用电池符号表示电池组成时，有必要采用统一的规定。根据国际纯粹化学和应用化学学会（The international of pure and applied chemistry，IUPAC）的规定，具体规定如下：

1. 写在左边的电极发生氧化反应，为负极；右边的电极发生还原反应，为正极。

2. 按顺序用化学式从左至右列出电池包含的各物质，要注明温度和压力（如不注明，一般指 298K 和标准压力)，气体电极要注明压力和依附的惰性金属；溶液要注明活度。

3. 用单垂线“|”表示存在的相界面（也有用逗号“,”表示)。表明有接界电势存在。

4. 用双垂线“‖”表示盐桥，表明不同溶液间的接界电势已通过盐桥降低到可忽略不计的程度。

按上述规定，铜 - 锌电池可写为：

$$Zn|ZnSO_{4(a_1)}\|CuSO_{4(a_2)}|Cu$$

如已知一电池符号，也可根据电池符号写出电极反应和电池反应。如有一电池符号为：

$$Pt,H_2(101325Pa)|HCl_{(a_1)}|AgCl-Ag_{(s)}$$

此电池符号的左边为负极,发生氧化反应：

$$\frac{1}{2}H_2(101325Pa)-e^- \longrightarrow H^+_{(a_1)}$$

右边为正极,发生还原反应：

$$AgCl_{(s)}+e^- \longrightarrow Ag_{(s)}+Cl^-_{(a_1)}$$

总的电池反应为：

$$\frac{1}{2}H_2(101325Pa)+AgCl_{(s)}=\!=\!=Ag_{(s)}+HCl_{(a_1)}$$

第七节 电池电动势的测定

一、对消法测定电动势

原电池的电动势等于没有电流通过时两极间的电势差。因此，电池的电动势必须在可逆条件下测定。通常使用对消法测定之。如用伏特计或万用表直接测定电池电动势，电池中将有电流通过，必然发生化学反应，电解质溶液的浓度将改变，电池电动势也会发生变化。另外，由于电池本身存在内阻，当电流通过时，会产生内电势降。伏特计测到的只是外电路的电势降。所以只能在没有电流时，才能准确地测定原电池的电动势。

对消法是在测定的外电路中并联一与原电池电流方向相反、数值相等的外电动势，使电路中无电流通过，这时所加外电动势的数值，即为待测电池的电动势。具体的工作原理如图 6 - 15 所示。

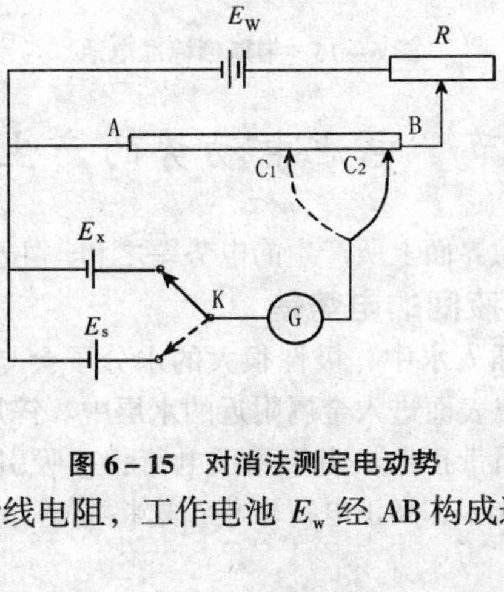

图 6 - 15 对消法测定电动势

图中 AB 为粗细均匀的滑线电阻，工作电池 E_w 经 AB 构成通路，在 AB 上产生均匀的电势降。K是双向开关，E_s 为标准电池电动势，E_x 为待测电池电动势，R 为可变电阻，G为高灵敏度检流计，C_1、C_2 分别为AB上的移动触点。

测定方法如下：将触点调到与标准电池电动势 E_s 值相应的位置 C_1 处，将双向开关K扳向下方，使连有 E_s 的电路连通，调节可变电阻 R 至检流计G显示无电流通过。这时 E_s 和工作电池 E_w 加在电阻 AC_1 段上的电势相等，方向相反，相互抵消，这样，E_s 的数值就与 E_w 在 AC_1 上的电压降相等。然后，固定可变电阻 R，再将K扳到与 E_x 连通，调节触点至 C_2 点，使G显示无电流通过，E_x 值与 AC_2 上的电压降相等。这样，待测电池的电动势 E_x 为：

$$E_x = E_s \cdot \frac{AC_2}{AC_1} \tag{6-39}$$

二、标准电池

在电动势测定中使用的标准电池（standard cell），不仅要求其有精确的电动势，还要保持很好的稳定性。常用的标准电池是Weston（韦斯顿）电池。如图6-16所示。

当电池放电时，标准电池发生如下反应：

负极：　$Cd(Hg) - 2e^- \longrightarrow Cd^{2+}$

正极：　$Hg_2SO_{4(s)} + 2e^- \longrightarrow 2Hg(l) + SO_4^{2-}$

电池反应：$Cd(Hg) + HgSO_{4(s)} + \frac{8}{3}H_2O \longrightarrow CdSO_4 \cdot \frac{8}{3}H_2O_{(s)} + 2Hg(l)$

韦斯顿电池是可逆电池，有很稳定的电动势，293K时，$E = 1.01845V$；298K时，$E = 1.01832V$。从数值可看出：该电池的电动势受温度的影响很小。如温度变化时，可利用下式进行计算：

$$E_T = 1.01845 - 4.05 \times 10^{-5}(T-293) - 9.5 \times 10^{-7}(T-293)^2 + 1 \times 10^{-8}(T-293)^3 (V)$$

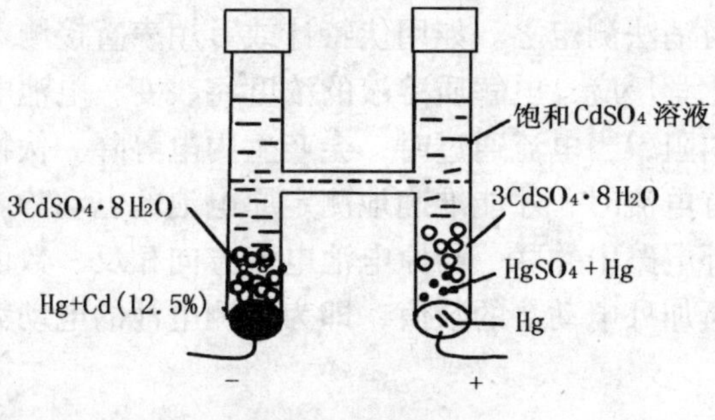

图6-16　韦斯顿标准电池

第八节　电池电动势的产生机理

电动势是组成电池的各相界面上所产生的电势差之和，主要包括以下几方面：

一、电极-电解质溶液间的电势差

将任一金属（如锌片）插入水中，极性很大的水分子会与晶格上的锌离子发生水合作用，使一部分锌离子离开金属表面进入金属附近的水层中。锌片因失去带正电的锌离子而带负电，水中因锌离子的进入而带正电。由于相反电荷相互吸引，使水中大部分 Zn^{2+} 聚集在金属片附近，导致局部的高浓度、高正电荷聚集，这将抑制锌片上离子的继续溶解。同时，

溶液中的 Zn^{2+} 会结合电子沉积到锌片上。最终，Zn^{2+} 溶解的速度与其沉积到锌片上的速度达到动态平衡，使金属锌表面与水的界面形成一稳定的电势差。

同样的过程也会发生在金属与其盐溶液的的体系中，不同的是，由于不同金属离子离开其金属电极进入溶液的倾向与速度有差异，又由于溶液中已有相同的离子存在，具体情况可分为两种。第一种，离子进入溶液的倾向较大，溶液仍带正电，只是界面上的电势差要小于金属与纯水组成的体系。如溶液中离子沉积到金属表面的速度大于离子溶解进入溶液的速度，则金属片带正电。因此，金属与溶液间的电势差的正或负、大或小既取决于金属的种类，也取决于原溶液中该金属离子的浓度。

由于溶液中离子的扩散作用和不同电荷间的相互吸引作用同时存在，金属表面所带的电荷与溶液所带的反电荷，可形成稳定的双电层（double layer）。如金属片带负电，靠近金属表面部分，不同电荷吸引起主要作用，这层溶液中正离子的浓度大于溶液本体的浓度，正电荷密度较大。又由于扩散作用的存在，这种浓度差异，随溶液距金属表面渐远而不断减小，正电荷密度逐渐减小直至消失。通常将靠近金属表面的部分（厚度约 10^{-10}m）称为紧密层（contact double layer），从紧密层外延到溶液电中性处的部分称为扩散层（diffuse double layer）。扩散层的厚度随金属表面所带电荷的多少、溶液中离子浓度和搅拌情况的不同而有较大的差异，大概在 $10^{-10} \sim 10^{-6}$m 范围内。双电层如图 6-17 所示。

若规定溶液本体的电势为零，从金属表面到溶液本体间的电势差为 ε，ε 是双电层产生的电势差之和。该电势差是电池电动势主要构成部分。

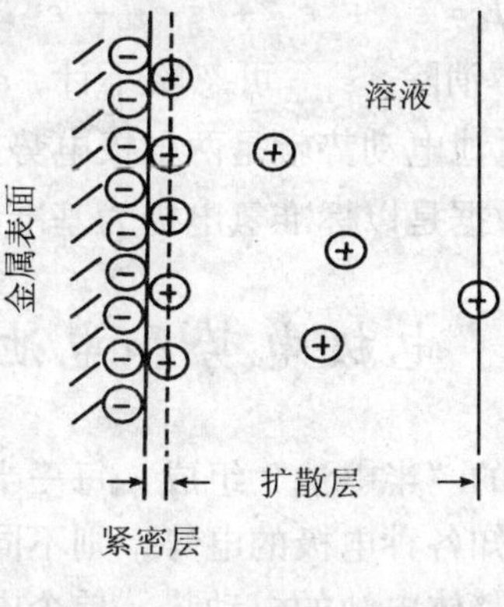

图 6-17　双电层示意图

二、液接电势（liquid injunction potential）与盐桥（salt bridge）

液接电势用 $\varepsilon_{液接}$ 表示。是由两种不同电解质溶液或同种电解质不同浓度溶液间界面上产生的电势差。它是电解质溶液中不同离子的迁移速率不同造成的。如在两个浓度不同的 HCl 溶液界面上，H^+ 和 Cl^- 将由浓度高的一侧向浓度小的一侧扩散，由于 H^+ 迁移速率比 Cl^- 快得多（约 5 倍），因此，浓度小的一侧 H^+ 过剩而带正电，浓度大的一侧 Cl^- 过剩而带负电，所以在界面上产生电势差。产生的电势差将减缓 H^+ 的迁移速率，同时加快 Cl^- 的迁移速率，最终两种离子的迁移速率相等而达到平衡，两侧的电势差也达到平衡值为 $\varepsilon_{液接}$。$\varepsilon_{液接}$ 通常不超过 0.03V。

由于扩散过程是不可逆的，电池组成中如有 $\varepsilon_{液接}$ 存在，测得的电动势则不是准确的数值。因此要消除或尽量减小 $\varepsilon_{液接}$，一般采用在两溶液间架盐桥的办法。盐桥可减小 $\varepsilon_{液接}$，

但不能完全消除 $\varepsilon_{液接}$，一般可减小到 0.001～0.002V。因此，需要精确测定时，设计电池尽量避免 $\varepsilon_{液接}$ 的存在。

盐桥一般由饱和 KCl 琼脂凝胶装在倒置 U 型管内构成，放在两溶液间以避免两溶液直接接触。组成盐桥中的电解质，首先，不能与待测液中电解质产生化学反应；另外，要求其正、负离子的迁移速率基本相等或近似相等。K^+ 与 Cl^- 的迁移速率几乎相等，所以，一般采用 KCl 作为盐桥中的电解质。但如待测电池的电解质溶液中含有 Ag^+、Hg^+ 等与 Cl^- 发生沉淀反应的离子时，则用 KNO_3 来替代 KCl。

三、接触电势

电子可从金属表面向外逸出，不同金属的电子逸出功的大小不等。当两种不同金属接触时，相互逸入的电子数目不等，在接触面上就形成双电层，由此产生的电势差称为接触电势。它构成电池电动势的一部分，其大小与金属本性有关，一般数值很小，实验测定时常可忽略不计。

四、电池的电动势

原电池的电动势等于组成该电池的各界面上所产生的电势差的代数和，如 Cu－Zn 电池为：

$$(-)\mathrm{Cu(导线)}\mid \mathrm{Zn_{(s)}}\mid \mathrm{ZnSO_{4(a_1)}}\parallel \mathrm{CuSO_{4(a_2)}}\mid \mathrm{Cu_{(s)}}(+)$$

$$\varepsilon_{接触} \qquad \varepsilon_- \qquad \varepsilon_{液接} \qquad \varepsilon_+$$

整个电池的电动势为：

$$E=\varepsilon_+ + \varepsilon_- + \varepsilon_{液接} + \varepsilon_{接触}$$

其中，$\varepsilon_{液接}$ 经盐桥连接后基本消除，$\varepsilon_{接触}$ 可忽略不计，ε_-，ε_+ 分别是两电极与其相应电解质溶液之间的电势差。所以,电池电动势就是两电极电势差 ε_- 与 ε_+ 的代数和。ε_-、ε_+ 的绝对值还无法知道,目前使用的数据是以标准氢电极为基准的电极电势。

第九节　电极电势和电池电动势

一原电池相当于由两个独立的“半电池”组成，每一半电池即为一电极。由不同电极可组成不同的原电池。同时，若已知各种电极的电势，则不同电池的电动势即可求得。在实际工作中，我们只能通过实验测定整体电池的电动势，单个电极的电极电势无论在理论计算上还是通过实验测定，到目前为止仍无法解决。在实验测定电池电动势基础上，若已知其中一个电极的电势，则另一电极的电势即可得到。因此，需要有一个统一基准，以建立一个统一标准的电极电势数据库。

一、标准氢电极和标准电极电势

按照 1953 年国际纯粹和应用化学联合会的建议，采用标准氢电极作为标准电极，根据此规定，目前使用的电极电势就是所给电极与同温下的氢标准电极所组成电池的电动势。因此，称为氢标电极电势。标准氢电极的构造如图 6－18 所示。把镀有铂黑的 Pt 薄片插入含有氢离子的溶液中，并不断用干燥的氢气吹打到铂片上。此氢电极表示为：

$$\mathrm{Pt,H_2}(p_{\mathrm{H_2}})\mid \mathrm{H^+}(a_{\mathrm{H^+}})$$

反应为：

$$\frac{1}{2}\mathrm{H_2}(\mathrm{g},p_{\mathrm{H_2}})-\mathrm{e^-}\longrightarrow \mathrm{H^+}(a_{\mathrm{H^+}})$$

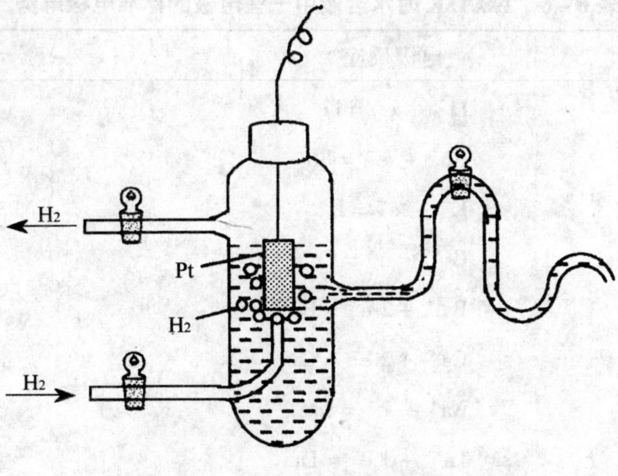

图 6-18　标准氢电极构造示意图

当此氢电极中，$a_{H^+}=1$，$p_{H_2}=100kPa$ 时，称为标准氢电极，根据以上规定，在一定温度下，该电极的电极电势 $\varphi^{\ominus}_{H_2}=0$。

对于任意给定的电极与标准氢电极组成原电池，将氢电极放在左侧，给定电极放在右侧：

$$Pt, H_2\ (p_{H_2}=100kPa)\ |H^+\ (a_{H^+}=1)\ \|\ 给定电极$$

规定所测得此电池的电动势数值即为给定电极的电极电势。称为氢标电极电势，用符号 φ 表示。本书规定，在原电池中，若给定电极发生还原反应，则电极电势 φ 为正值，若发生氧化反应，则 φ 为负值。

以锌电极为例：

$$Pt, H_2(p^{\ominus}_{H_2})\,|\,H^+(a_{H^+})\,\|\,Zn^{2+}(a_{Zn^{2+}})\,|\,Zn_{(s)}$$

发生的电极反应：

负极　　$H_2(p_{H_2})-2e^- \longrightarrow 2H^+(a_{H^+})$

正极　　$Zn^{2+}(a_{Zn^{2+}})+2e^- \longrightarrow Zn_{(s)}$

电池反应　　$H_2(p_{H_2})+Zn^{2+}(a_{Zn^{2+}}) \longrightarrow 2H^+(a_{H^+})+Zn_{(s)}$

实验测得此电池的电动势 E 即为该锌电极的电极势 $\varphi_{Zn^{2+},Zn}$。若锌离子的活度 $a_{Zn^{2+}}=1$，则称为标准电极电势，用符号 $\varphi^{\ominus}_{Zn^{2+},Zn}$ 表示。当 $a_{Zn^{2+}}=1$ 时，实验测得 $E=0.7628V$，电池中锌电极实际发生的是氧化反应，所以，锌电极的标准电极电势 $\varphi^{\ominus}_{Zn^{2+},Zn}=-0.7628\ V$。

若将铜电极作为给定电极，当 $a_{Cu^{2+}}=1$ 时，电池电动势 $E=0.337V$，电池中铜电极实际发生的是还原反应，所以，$\varphi^{\ominus}_{Cu^{2+},Cu}=0.337\ V$。

一些常用的电极在 298.15K、溶剂为水时的标准（还原）电极电势 $\varphi^{\ominus}$ 列于表 6-6。

二、电极电势的能斯特方程

当任意电极与标准氢电极组成电池以测定电极电势时，待测电极中参与电极反应物质的活度将影响其电势值，以铜电极作正极为例：

$$Cu^{2+}(a_{Cu^{2+}})\,|\,Cu(s)$$

电极反应　$Cu^{2+}(a_{Cu^{2+}})+2e^- \longrightarrow Cu(s)$

电极电势　$\varphi_{Cu^{2+}/Cu}=\varphi^{\ominus}_{Cu^{2+}/Cu}-\dfrac{RT}{zF}\ln\dfrac{a_{Cu}}{a_{Cu^{2+}}}$　　(6-40)

表 6－6　298.15K 时水溶液中一些电极的标准电极电势

电极	电极反应	$\varphi^{\ominus}$/V
Li^+/Li	$Li^+ + e^- = Li$	－3.045
Rb^+/Rb	$Rb^+ + e^- = Rb$	－2.925
K^+/K	$K^+ + e^- = K$	－2.925
Cs^+/Cs	$Cs^+ + e^- = Cs$	－2.923
Ba^{2+}/Ba	$Ba^{2+} + 2e^- = Ba$	－2.906
Ca^{2+}/Ca	$Ca^{2+} + 2e^- = Ca$	－2.866
Na^+/Na	$Na^+ + e^- = Na$	－2.714
La^{3+}/La	$La^{3+} + 3e^- = La$	－2.522
Mg^{2+}/Mg	$Mg^{2+} + 2e^- = Mg$	－2.363
Al^{3+}/Al	$Al^{3+} + 3e^- = Al$	－1.662
Mn^{2+}/Mn	$Mn^{2+} + 2e^- = Mn$	－1.180
$OH^-/H_2, Pt$	$2H_2O + 2e^- = H_2 + 2OH^-$	－0.828
Zn^{2+}/Zn	$Zn^{2+} + 2e^- = Zn$	－0.7628
Cr^{3+}/Cr	$Cr^{3+} + 3e^- = Cr$	－0.744
SbO_2^-/Sb	$SbO_2^- + 2H_2O + 3e^- = Sb + 4OH^-$	－0.670
Fe^{2+}/Fe	$Fe^{2+} + 2e^- = Fe$	－0.4402
$Cr^{3+}, Cr^{2+}/Pt$	$Cr^{3+} + e^- = Cr^{2+}$	－0.408
$Cd^{2+}/Cd(Hg)$	$Cd^{2+} + 2e^- = Cd$	－0.4029
Co^{2+}/Co	$Co^{2+}\ 2e^- = Co$	－0.277
Ni^{2+}/Ni	$Ni^{2+} + 2e^- = Ni$	－0.250
$I^-/AgI, Ag$	$AgI + e^- = Ag + I^-$	－0.152
Sn^{2+}/Sn	$Sn^{2+} + 2e^- = Sn$	－0.136
Pb^{2+}/Pb	$Pb^{2+} + 2e^- = Pb$	－0.126
Fe^{3+}/Fe	$Fe^{3+} + 3e^- = Fe$	－0.036
$H^+/H_2, Pt$	$2H^{2+} + 2e^- = H_2$	±0.000
$Br^-/AgBr, Ag$	$AgBr + e^- = Ag + Br^-$	＋0.07103
$Sn^{4+}, Sn^{2+}/Pt$	$Sn^{4+} + 2e^- = Sn^{2+}$	＋0.150
$Cu^{2+}, Cu^+/Pt$	$Cu^{2+} + e^- = Cu^+$	＋0.153
$Cl^-/AgCl, Ag$	$AgCl + e^- = Ag + Cl^-$	＋0.2224
$Cl^-/Hg_2Cl_2, Hg$	$Hg_2Cl_2 + 2e^- = 2Hg + 2Cl^-$	＋0.2682
Cu^{2+}/Cu	$Cu^{2+} + 2e^- = Cu$	＋0.337
$OH^-/Ag_2O, Ag$	$Ag_2O + H_2O + 2e^- = 2Ag + 2OH^-$	＋0.344

续表 6-6

电极	电极反应	$\varphi^{\ominus}/V$
OH^-/O_2, Pt	$1/2O_2 + H_2O + 2e^- = 2OH^-$	+0.401
Cu^+/Cu	$Cu^+ + e^- = Cu$	+0.521
I^-/I_2, Pt	$I_2 + 2e^- = 2I^-$	+0.5355
MnO_4^-, MnO_4^{2-}/Pt	$MnO_4^- + e^- = MnO_4^{2-}$	+0.564
H^+,醌,氢醌/Pt	$C_6H_4O_2 + 2H^+ + 2e^- = C_6H_4(OH)_2$	+0.153
Fe^{3+}, Fe^{2+}/Pt	$Fe^{3+} + e^- = Fe^{2+}$	+0.771
Hg_2^{2+}/Hg	$Hg_2^{2+} + 2e^- = Hg$	+0.788
Ag^+/Ag	$Ag^+ + e^- = Ag$	+0.7991
Hg^{2+}/Hg	$Hg^{2+} + 2e^- = Hg$	+0.854
Hg^{2+}, Hg^+/Pt	$Hg^{2+} + 2e^- = Hg^+$	+0.910
Pd^{2+}/Pd	$Pd^{2+} + 2e^- = Pd$	+0.987
Br^-, Br_2/Pt	$Br_2 + 2e^- = 2Br^-$	+1.0652
Pt^{2+}/Pt	$Pt^{2+} + 2e^- = Pt$	+1.20
H^+/O_2, Pt	$4H^+ + O_2 + 4e^- = 2H_2O$	+1.229
Mn^{2+}, H^+/MnO_2, Pt	$MnO_2 + 4H^+ + 2e^- = Mn^{2+} + 2H_2O$	+1.230
Cr^{3+}, $Cr_2O_7^{2-}$, H^+/Pt	$Cr_2O_7^{2-} + 14H^+ + 6e^- = 2Cr^{3+} + 7H_2O$	+1.33
Cl^-, Cl_2/Pt	$Cl_2 + 2e^- = 2Cl^-$	+1.3595
Pb^{2+}, H^+/PbO_2, Pt	$PbO_2 + 4H^+ + 2e^- = Pb^{2+} + 2H_2O$	+1.455
Au^{3+}/Au	$Au^{3+} + e^- = Au$	+1.498
Ce^{4+}, Ce^{3+}/Pt	$Ce^{4+} + 2e^- = Ce^{3+}$	+1.610
MnO_4^-, H^+/MnO_2, Pt	$MnO_2^- + 4H^+ + 3e^- = MnO_2 + 2H_2O$	+1.695
SO_4^{2-}, $H^+/PbSO_4 \cdot PbO_2$	$PbO_2 + SO_4^{2-} + 4H^+ + 2e^- = MnO_2 + 2H_2O$	+1.682
Au^+/Au	$Au^+ + e^- = Au^+$	+1.691
$S_2O_8^{2-}$, SO_4^{2-}/Pt	$S_2O_8^{2-} + 2e^- = 2SO_4^{2-}$	+2.05
F^-, F_2/Pt	$F_2 + 2e^- = 2F^-$	+2.87

当 $a_{Cu^{2+}} = 1$ 时，$\varphi_{Cu^{2+}/Cu} = \varphi^{\ominus}_{Cu^{2+}/Cu}$，为标准电极电势；当 $a_{Cu^{2+}} \neq 1$ 时，电极电势与铜离子活度的关系以式（6-40）表示。将此推广至任意电极，仍作为正极处理，电极反应为还原反应的通式如下：

$$\text{氧化态} + ze^- \longrightarrow \text{还原态}$$

电极电势的通式为：

$$\varphi = \varphi^{\ominus} - \frac{RT}{zF}\ln\frac{a_{\text{还原态}}}{a_{\text{氧化态}}} \tag{6-41}$$

式（6-41）称为电极电势的能斯特方程式。该式表述了诸物质活度与电极电势的关系，同时也表明：电极的温度也直接影响该电极的电极电势。

电极反应也可以更一般的形式表示：

$$cC + dD + ze^- \rightleftharpoons gG + hH$$

能斯特方程式为：

$$\varphi = \varphi^{\ominus} - \frac{RT}{zF}\ln\frac{a_C^g a_H^h}{a_C^c a_D^d} = \varphi^{\ominus} - \frac{RT}{zF}\ln\prod_i a_i^{\nu_i} \qquad (6-42)$$

三、原电池的电动势

原电池由正、负两电极，电池的电动势可由正、负极的电极电势计算得到。按本书所给还原电极电势数据及电池书写的规定，电动势 E 为：

$$E = \varphi_{右} - \varphi_{左} = \varphi_+ - \varphi_- \qquad (6-43)$$

将式（6－42）代入得：

$$E = (\varphi_+^{\ominus} - \frac{RT}{zF}\ln\prod_+ a_+^{\nu_+}) - (\varphi_-^{\ominus} - \frac{RT}{zF}\ln\prod_- a_-^{\nu_-})$$

$$= (\varphi_+^{\ominus} - \varphi_-^{\ominus}) - (\frac{RT}{zF}\ln\prod_+ a_+^{\nu_+} - \frac{RT}{zF}\ln\prod_- a_-^{\nu_-})$$

$$E = E^{\ominus} - \frac{RT}{zF}\ln\prod_B a_B^{\nu_B} \qquad (6-44)$$

其中

$$E^{\ominus} = \varphi_+^{\ominus} - \varphi_-^{\ominus} \qquad (6-45)$$

$E^{\ominus}$称为标准电动势。式（6－44）为电池电动势的能斯特方程式（Nernst equation），表述的是参与电池反应的各组分的活度与电池电动势的关系。该式也可由 $\Delta G = -zEF$ 推导得到。如反应：

$$Zn + Cu^{2+} \rightleftharpoons Zn^{2+} + Cu$$

反应的 ΔG 为：

$$\Delta_r G_m = \Delta G_m^{\ominus} + RT\ln\frac{a_{Zn^{2+}}a_{Cu}}{a_{Zn}a_{Cu^{2+}}}$$

将 $\Delta G = -zEF$ 代入，得：

$$E = E^{\ominus} - \frac{RT}{zF}\ln\frac{a_{Zn^{2+}}a_{Cu}}{a_{Zn}a_{Cu^{2+}}} = E^{\ominus} - \frac{RT}{zF}\ln\prod_B a_B^{\nu_B}$$

结果与式（6－44）一致。

例 6－8 写出下面电池的电极反应及电池反应，并计算 298.15K 时电池的电动势。

$$Pt, H_2(g, p^{\ominus}) | H^+ (a_{H^+} = 0.01) \| Cu^{2+} (a_{Cu^{2+}} = 0.10) | Cu(s)$$

解：电极反应：

负极　$H_2(g, p^{\ominus}) - 2e^- \longrightarrow 2H^+(a_{H^+} = 0.01)$

正极　$Cu^{2+}(a_{Cu^{2+}} = 0.10) + 2e^- \longrightarrow Cu(s)$

电池反应：$H_2(p_{H_2}) + Cu^{2+}(a_{Cu^{2+}} = 0.10) \longrightarrow 2H^+(a_{H^+} = 0.01) + Cu(s)$

查表 6－6 得：$\varphi^{\ominus}_{Cu^{2+}/Cu} = 0.337V$，$\varphi^{\ominus}_{H^+/H_2} = 0$

$$E = \varphi_+^{\ominus} - \varphi_-^{\ominus}$$

$$= (\varphi^{\ominus}_{Cu^{2+}/Cu} - \frac{RT}{zF}\ln\frac{a_{Cu}}{a_{Cu^{2+}}}) - (\varphi^{\ominus}_{H^+/H_2} - \frac{RT}{zF}\ln\frac{a_{H_2}}{a_{H^+}^2})$$

其中 $a_{Cu} = 1$，$a_{H_2} = p_{H_2} = p^{\ominus}$

$$E = \left(0.337 - \frac{RT}{zF}\ln\frac{1}{0.1}\right) - \left(0 - \frac{RT}{zF}\ln\frac{1}{0.1^2}\right)$$
$$= 0.426\ (\mathrm{V})$$

第十节　可逆电池热力学

已知在定温定压条件下，体系吉布斯能的变化等于体系与环境间交换的最大非体积功 W'_{max}。如电池在可逆状态下放电，则体系吉布斯能的增加应等于 $W'_{f,max}$。因此，可通过可逆电池电动势 E 的测定，得到相应化学反应的 $\Delta_r G_m$，进而求得其它一些热力学函数的变化值。

一、可逆电池电动势 E 与 $\Delta_r G_m$ 的关系

定温定压下：
$$(\Delta_r G_m)_{T,p} = W'_{max} = -zEF \tag{6-46}$$
如电池反应可自发进行，则电池电动势 E 大于零。如参与电池反应的各组分均处于标准态，则：
$$\Delta_r G_m^{\ominus} = -zE^{\ominus}F \tag{6-47}$$
而且已知 $\Delta_r G_m^{\ominus}$ 与反应的平衡常数 $K_a^{\ominus}$ 的关系为：
$$\Delta_r G_m^{\ominus} = -RT\ln K_a^{\ominus}$$
将此式与式（6-47）合并得：
$$E^{\ominus} = \frac{RT}{zF}\ln K_a^{\ominus} \tag{6-48}$$
标准电动势 $E^{\ominus}$ 可通过查阅标准电极势计算得到，再由式（6-48）计算平衡常数 $K_a^{\ominus}$。

例 6-9　某电池反应可用如下两方程表示，分别写出对应的 $\Delta_r G_m^{\ominus}$、$K_a^{\ominus}$ 和 E 的表示式，并找出两组物理量的关系。

(1) $H_2(p_{H_2}) + Cu^{2+}(a_{Cu^{2+}}) \longrightarrow 2H^+(a_{H^+}) + Cu(s)$

(2) $\frac{1}{2}H_2(p_{H_2}) + \frac{1}{2}Cu^{2+}(a_{Cu^{2+}}) \longrightarrow H^+(a_{H^+}) + \frac{1}{2}Cu(s)$

解：
$$E_1 = E_1^{\ominus} - \frac{RT}{2F}\ln\frac{a_{Cu}\,a_{H^+}^2}{a_{H_2}\,a_{Cu^{2+}}}$$
$$E_2 = E_2^{\ominus} - \frac{RT}{F}\ln\frac{a_{Cu}^{\frac{1}{2}}\,a_{H^+}}{a_{H_2}^{\frac{1}{2}}\,a_{Cu^{2+}}^{\frac{1}{2}}}$$
$$= E_2^{\ominus} - \frac{RT}{2F}\ln\frac{a_{Cu}\,a_{H^+}^2}{a_{H_2}\,a_{Cu^{2+}}}$$
因为是同一电池 $E_1^{\ominus} = E_2^{\ominus}$，所以，$E_1 = E_2$，即 E 值与电池反应的写法无关。

又　$\Delta_r G_{m,1} = -zE_1F = -2E_1F$　$\Delta_r G_{m,2} = -zE_2F = -E_2F$

因为，$E_1 = E_2$，故有 $\Delta_r G_{m,1} = 2\Delta_r G_{m,2}$。可见，$\Delta_r G_m$ 是广度性质，与反应式的写法有关。

由式(6-48)可知：
$$K_{a,1}^{\ominus} = (K_{a,2}^{\ominus})^2$$

即 $K_{a,}^{\ominus}$ 值也与反应方程式的写法有关。

二、从电动势及温度系数计算电池反应的热力学变量

已知 $\Delta_r G_m = -zEF$，根据吉布斯－亥姆霍兹公式：

$$\left[\frac{\partial(\frac{\Delta G}{T})}{\partial T}\right]_p = -\frac{\Delta H}{T^2}$$

可得：

$$\Delta_r H_m = -zEF + zFT\left(\frac{\partial E}{\partial T}\right)_p \tag{6-49}$$

其中$\left(\frac{\partial E}{\partial T}\right)_p$ 为定压下电池电动势随温度的变化率，称为电池电动势的温度系数。由实验可测得电池的 E 和$\left(\frac{\partial E}{\partial T}\right)_p$，进而可求得该电池反应的焓变 $\Delta_r H_m$。

将热力学基本公式 $\Delta H = \Delta G + T\Delta S$ 与式(6－49)比较可得：

$$\Delta_r S_m = zF\left(\frac{\partial E}{\partial T}\right)_p \tag{6-50}$$

即由电池电动势的温度系数可计算电池反应的熵变。

可逆电池的热效应 $Q_R = T\Delta S$，,将式(6－50)代入得：

$$Q_R = zFT\left(\frac{\partial E}{\partial T}\right)_p \tag{6-51}$$

由$\left(\frac{\partial E}{\partial T}\right)_p$ 值的正负，可判断可逆电池工作时与环境热交换的方向。$\left(\frac{\partial E}{\partial T}\right)_p$ 数值的大小，决定了与环境热交换的多少。

例 6－10 298.15K 时，电池反应为：

$$Cd(Hg) + Hg_2SO_4(s) + \frac{8}{3}H_2O = CdSO_4 \cdot \frac{8}{3}H_2O(s) + 2Hg(l)$$

$E = 1.01832V$，$\left(\frac{\partial E}{\partial T}\right)_p = -5.0\times10^{-5}V\cdot K^{-1}$，求该电池反应的 $\Delta_r G_m$、$\Delta_r H_m$、$\Delta_r S_m$、W'_{max}和 Q_R。

解：由电池反应可知该反应 $z = 2$

$\Delta_r G_m = -zEF = -2\times96500\times1.01832 = -196.54(kJ\cdot mol^{-1})$

$\Delta_r S_m = zF\left(\frac{\partial E}{\partial T}\right)_p = 2\times96500\times(-5.0\times10^{-5}) = -9.65(J\cdot K^{-1}\cdot mol^{-1})$

$\Delta_r H_m = -zEF + zFT\left(\frac{\partial E}{\partial T}\right)_p = -196.54\times10^3 + 298.15\times(-9.65) = -199.38(kJ\cdot mol^{-1})$

$W'_{max} = \Delta_r G_m = -196.54(kJ\cdot mol^{-1})$

$Q_R = T\Delta_r S_m = 298.15\times(-9.65) = -2.877(kJ\cdot mol^{-1})$

从上述结果可以看出：尽管可逆电池放电是在定温定压下进行的，电池反应的热效应 Q_R 与一般定压化学反应的热效应 $\Delta_r H_m$ 并不相等，这是因为反应的焓变 $\Delta_r H_m$ 中有一部分转变为电功 $\Delta_r G_m$。另一部分以热量 Q_R 释放。

第十一节　电极的种类

构成可逆电池的电极必须是可逆电极，可逆电极的种类很多，根据电极结构和电极反应

的不同分为以下几类：

一、第一类电极

只有一个相界面。如金属电极、气体电极、汞齐类电极。

1. 金属电极　由金属浸在含有该金属离子的溶液中构成。如 Cu（s）插在 $CuSO_4$ 溶液中。金属电极可表示为：

$$M^{z+}\ (a_{M^{z+}})\ |M$$

电极反应：　$M^{z+} + ze^- \rightleftharpoons M$

电极电势：　$\varphi_{M^{z+}/M} = \varphi^{\ominus}_{M^{z+}/M} - \dfrac{RT}{zF}\ln\dfrac{a_M}{a_{M^{z+}}}$

2. 气体电极　由于气体物质是非导体，需借助于惰性金属（如铂 Pt）起导电作用，将气流冲击铂片，铂片浸入含有该气体所对应的离子的溶液中。如氯电极表示为：

$$Cl^-\ (a_{Cl^-})\ |Cl_2\ (p_{Cl_2}),\ Pt$$

电极反应：　$\dfrac{1}{2}Cl_2\ (g)\ + e^- \rightleftharpoons Cl^-$

电极电势：　$\varphi_{Cl_2/Cl^-} = \varphi^{\ominus}_{Cl_2/Cl^-} - \dfrac{RT}{F}\ln\dfrac{a_{Cl^-}}{p_{Cl_2}/p^{\ominus}}$

3. 汞齐电极　由于部分金属能够与水直接作用，不能直接作为电极，需将该金属溶于汞中钝化后构成电极。如钠汞齐电极，表示为：

$$Na^+\ (a_{Na^+})\ |Na\ (Hg)\ (a_{Na(Hg)})$$

电极反应：　$Na^+\ (a_{Na^+})\ + e^- \rightleftharpoons Na\ (Hg)\ (a_{Na(Hg)})$

电极电势：　$\varphi_{Na^+/Na(Hg)} = \varphi^{\ominus}_{Na^+/Na(Hg)} - \dfrac{RT}{F}\ln\dfrac{a_{Na(Hg)}}{a_{Na^+}}$

钠汞齐的活度 $a_{Na(Hg)}$ 不一定等于 1，其值随 Na（S）在 Hg（l）中溶解的量的变化而变化。

二、第二类电极

包括金属－难溶盐电极和金属－难溶氧化物电极。

1. 金属难溶盐电极

由金属表面覆盖一薄层该金属的难溶盐，然后浸入含有该难溶盐的负离子溶液中构成。这类电极常见有银－氯化银电极和甘汞电极。

（1）银－氯化银电极　　该电极表示为：

$$Cl^-(a_{Cl^-})|Ag(s),AgCl(s)$$

电极反应：　$AgCl(s) + e^- \rightleftharpoons Ag(s) + Cl^-(a_{Cl^-})$

电极电势：　$\varphi_{AgCl/Ag} = \varphi^{\ominus}_{AgCl/Ag} - \dfrac{RT}{F}\ln a_{Cl^-}$

银－氯化银电极的电极电势仅与温度和氯离子的活度有关。

（2）甘汞电极　电极表示为：

$$Cl^-(a_{Cl^-})|Hg_2Cl_2(s)|Hg(l)$$

电极反应：　$Hg_2Cl_2(s) + 2e^- \rightleftharpoons 2Hg(l) + 2Cl^-(a_{Cl^-})$

电极电势：　$\varphi_{M^{2+}/M} = \varphi^{\ominus}_{M^{2+}/M} - \dfrac{RT}{2F}\ln\dfrac{a^2_{Hg}a^2_{Cl^-}}{a_{Hg_2Cl_2}}$

2. 金属 – 难溶氧化物电极

由金属表面覆盖一薄层该金属的氧化物，然后浸入含有 H^+ 或 OH^- 的溶液中构成。例如：

$$OH^-(a_{OH^-})|Sb_2O_3(s)|Sb$$

电极反应：$Sb_2O_3(s)+3H_2O+6e^- = 2Sb+6OH^-(a_{OH^-})$

电极电势：$\varphi_{OH^-,Sb_2O_3/Sb}=\varphi^{\ominus}_{OH^-,Sb_2O_3/Sb}-\dfrac{RT}{6F}\ln\dfrac{a_{Sb}^2\,a_{OH^-}^6}{a_{Sb_2O_3}\,,a_{H_2O}^3}$

由于 a_{Sb}，$a_{Sb_2O_3}$，a_{H_2O} 均为 1，所以，该电极的电极势可表示为：

$$\varphi_{OH^-,Sb_2O_3/Sb}=\varphi^{\ominus}_{OH^-,Sb_2O_3/Sb}-\frac{RT}{F}\ln a_{OH^-}$$

此电极对 OH^- 可逆，可作为 OH^- 的指示电极。

三、第三类电极

也称为氧化 – 还原电极。由惰性金属（如 Pt 片）插入含有某种离子不同氧化态的溶液中构成。电极反应在不同氧化态的离子间进行，Pt 片只起传输电子的作用。如：

$$Ce^{4+}(a_{Ce^{4+}}),Ce^{3+}(a_{Ce^{3+}})|Pt$$

电极反应：$Ce^{4+}(a_{Ce^{4+}})+e^- = Ce^{3+}(a_{Ce^{3+}})$

电极电势：$\varphi_{Ce^{4+}/Ce^{3+}}=\varphi^{\ominus}_{Ce^{4+}/Ce^{3+}}-\dfrac{RT}{F}\ln\dfrac{a_{Ce^{3+}}}{a_{Ce^{4+}}}$

又如醌 – 氢醌电极：

$$H^+(a_{H^+})|C_6H_4O_2\cdot C_6H_4(OH)_2|Pt$$

电极反应：$C_6H_4O_2+2H^+(a_{H^+})+2e^- = C_6H_4(OH)_2$

电极电势：$\varphi_{Q/H_2Q}=\varphi^{\ominus}_{Q/H_2Q}-\dfrac{RT}{2F}\ln\dfrac{a_{H_2Q}}{a_Q\,a_{H^+}^2}$

由于 Q – H_2Q 为等分子的醌 – 氢醌混合物，微溶于水形成稀溶液，水溶液中 $a_Q=a_{H_2Q}$，

其电极电势可简化为：$\varphi_{Q/H_2Q}=\varphi^{\ominus}_{Q/H_2Q}-\dfrac{RT}{F}\ln\dfrac{1}{a_{H^+}}$

在 298.15K 时，$\varphi^{\ominus}_{Q/H_2Q}=0.6993V$，在此温度下，$\varphi_{Q/H_2Q}=0.6993-0.05916pH$，即该电极的电极电势只取决于溶液的 pH 值。但要注意，当溶液的的 pH 值大于 8.5 时，H_2Q 的电离度增大，将导致误差增大。

四、第四类电极

即离子选择电极。20 世纪 60 年代，随着材料科学的发展，尤其是近代随着生命科学发展的需要，离子选择电极得到迅速发展。离子选择电极是专门用于测量溶液中某种特定离子浓度的指示电极。不同离子选择电极的工作原理大致相同，但有不同的机理。现除普遍使用的玻璃电极外，已制得的有 Na^+、K^+、NH_4^+、Ag^+、Li^+、Tl^+、Cs^+ 等一价阳离子选择电极，F^-、Cl^-、Br^-、S^{2-} 等负离子选择电极。下面以玻璃电极为例介绍离子选择性电极的工作原理。

玻璃电极对 H^+ 具有较高的选择性，其构造如图 6 – 19 所示。下端是一个特殊原料的玻璃球型薄膜，膜内盛有 $0.1mol\cdot kg^{-1}$ 的 HCl 溶液，溶液中浸有一支 Ag – AgCl 电极（称为内参比电极）。玻璃电极膜的组成一般为 72% SiO_2、22% Na_2O 和 6% CaO，这种组成的玻璃电极适

用于 pH = 1 ~ 9 的范围，如改变组成，pH 可扩大到 14。玻璃电极具有可逆电极的性质。

图 6-19　玻璃电极结构图

其电极电势可表示为：

$$\varphi_{玻} = \varphi_{玻}^{\ominus} - \frac{RT}{F}\ln\frac{1}{(a_{H^+})_x}$$
$$= \varphi_{玻}^{\ominus} - \frac{2.303RT}{F}pH_x$$

常用玻璃电极与甘汞电极组成电池，以测定溶液的 pH 值，组成的电池为：

Ag, AgCl(s) | HCl(a_{H^+} = 0.1mol·kg^{-1}) | 玻璃膜 | 待测溶液(pH = x) | 甘汞电极

298.15K 时

$$E = \varphi_{甘汞} - \varphi_{玻}$$
$$= \varphi_{甘汞} - (\varphi_{玻}^{\ominus} - 0.05916pH_x)$$

移项后得：

$$pH_x = \frac{E_x - \varphi_{甘汞} + \varphi_{玻}^{\ominus}}{0.05916} \qquad (6-52)$$

式中 $\varphi_{玻}^{\ominus}$对于特定玻璃电极为一特定常数，但不同的玻璃电极，由于玻璃膜的组成差异，制备工艺不同，以及使用环境的不同，$\varphi_{玻}^{\ominus}$是不同的。因此，实际上每次使用时，要先用已知 pH s 值的溶液，在 pH 计上进行 $\varphi_{玻}^{\ominus}$的测定，然后再用于测定未知溶液的 pH_x。

$$pH_s = \frac{E_s - \varphi_{甘汞} + \varphi_{玻}^{\ominus}}{0.05916}$$

该式与（6-52）合并，整理后得：

$$pH_x = pH_s + \frac{E_x - E_s}{0.05916} \qquad (6-53)$$

玻璃电极不易受溶液中存在的其它物质的干扰，使用方便，所以应用广泛。但由于玻璃膜的电阻很大，内阻一般可达 10MΩ 以上，如通过的电流 i 不是很小，产生的电势降 iR 将

导致很大的测量误差。因此，使用玻璃电极时，通常使用的测定设备是 pH 计，而不是普通的电位差计。

第十二节　浓差电池与液接电势

一、浓差电池

前面讨论的电池，电池中均发生了某种化学反应，因而统称为化学电池。还有一类电池，电池中所发生的变化是某一种物质由高浓度向低浓度转移，称为浓差电池（concentration cell）。其特点是电池中正极和负极反应刚好互为逆反应，电池的标准电动势 $E^{\ominus}$ 等于零。浓差电池分为两类，一类是由化学性质相同但活度不同的两个电极浸在同一溶液中组成，称为单液浓差电池。如：

$$\mathrm{Pt, H_2}(p_1)\,|\,\mathrm{HCl}(a)\,|\,\mathrm{H_2}(p_2),\mathrm{Pt}$$

电池反应：　$\mathrm{H_2}(p_1) \longrightarrow \mathrm{H_2}(p_2)$

电池电动势：　$E = \dfrac{RT}{2F}\ln\dfrac{p_1}{p_2}$

又如：

$$\mathrm{Na(Hg)}(a_1)\,|\,\mathrm{NaCl}(a)\,|\,\mathrm{Na(Hg)}(a_2)$$

电池反应：$\mathrm{Na(Hg)}(a_1) \longrightarrow \mathrm{Na(Hg)}(a_2)$

电池电动势：$E = \dfrac{RT}{F}\ln\dfrac{a_1}{a_2}$

这类电池电动势与电解质的活度及标准电极电势无关，只与电池所处的温度及电极的活度有关。

另一类是由两个相同电极浸到两个电解质溶液相同但活度不同的溶液中组成，称为双液浓差电池。如：

$$\mathrm{Ag(s)}\,|\,\mathrm{AgNO_3}(a_1)\,\|\,\mathrm{AgNO_3}(a_2)\,|\,\mathrm{Ag(s)} \qquad (a_2 > a_1)$$

电池反应：　$\mathrm{Ag^+}(a_2) \longrightarrow \mathrm{Ag^+}(a_1)$

电池电动势：　$E = \dfrac{RT}{F}\ln\dfrac{a_2}{a_1}$

又如：

$$\mathrm{Ag(s), AgCl(s)}\,|\,\mathrm{HCl}(a_1)\,\|\,\mathrm{HCl}(a_2)\,|\,\mathrm{Ag(s), AgCl(s)}$$

电池反应：　$\mathrm{Cl^-}(a_1) \longrightarrow \mathrm{Cl^-}(a_2)$

电池电动势：　$E = \dfrac{RT}{F}\ln\dfrac{a_1}{a_2}$

这类电池产生电动势的过程实际是阴离子或阳离子从浓溶液向稀溶液转移的过程。双液浓差电池可在两不同电极液间使用盐桥，以消除液－液界面上存在的液接电势（liquid junction potential）E_j。

二、液接电势的计算

液接电势产生机理及消除方法已在前面做了介绍，下面举例说明其计算方法。例如有一浓差电池：

$$Pt, H_2(p_{H_2}) | HCl(a) | HCl(a') | H_2(p_{H_2}), Pt$$

当电池可逆输出1mol电荷电量时，由于正、负离子的迁移速率不同，将有 t_+ mol 的 H^+ 从活度为 a_{H^+} 的溶液通过界面迁向活度为 a'_{H^+} 的溶液，同时有 t_- mol 的 Cl^- 从活度为 a'_{Cl^-} 的溶液迁移到活度为 a_{Cl^-} 的溶液中，即：

$$t_+ H^+(a_{H^+}) \longrightarrow t_+ H^+(a'_{H^+})$$

$$t_- Cl^-(a'_{Cl^-}) \longrightarrow t_- Cl^-(a_{Cl^-})$$

假定迁移数与溶液的浓度无关，迁移过程的吉布斯能变化（ΔG_j）为：

$$\Delta G_j = -zE_jF = t_+ RT\ln\frac{a'_{H^+}}{a_{H^+}} + t_- RT\ln\frac{a_{Cl^-}}{a'_{Cl^-}}$$

式中 $z=1$，则：

$$E_j = t_+\frac{RT}{F}\ln\frac{a_{H^+}}{a'_{H^+}} + t_-\frac{RT}{F}\ln\frac{a'_{Cl^-}}{a_{Cl^-}} \qquad (6-54)$$

第十三节　电动势测定的应用

一、溶液 pH 的测定

利用测定电动势求 H^+ 的活度，通常要由两个电极组成一个电池，一个为电极电势已知的参比电极，一般采用甘汞电极；另一个则是对 H^+ 可逆的电极作为指示电极。理论上只要对 H^+ 可逆即可作为指示电极，常用的是玻璃电极和醌－氢醌电极。

二、求难溶盐的活度积

活度积通常称为溶度积（solubility product），以 K_{sp} 表示。该值实际是一平衡常数，所以可由 $E^{\ominus}$ 值求得。例如：求 AgCl 的溶度积，首先，需设计合适的电池，使电池反应刚好与所求溶度积的化学表示式吻合。

AgCl 的 K_{sp} 表示为：　$K_{sp} = \dfrac{a_{Ag^+}\,a_{Cl^-}}{a_{AgCl}}$

化学反应为：　$AgCl(s) \rightleftharpoons Ag^+(a_{Ag^+}) + Cl^-(a_{Cl^-})$

设计电池为：　$Ag(s) | Ag^+(a_{Ag^+}) \| Cl^-(a_{Cl^-}) | AgCl(s), Ag(s)$

左边负极反应：　$Ag(s) \longrightarrow Ag^+(a_{Ag^+}) + e^-$

右边正极反应：　$AgCl(s) + e^- \longrightarrow Ag(s) + Cl^-(a_{Ag^+})$

电池总反应：　$AgCl(s) \rightleftharpoons Ag^+(a_{Ag^+}) + Cl^-(a_{Cl^-})$

可见电池反应与化学反应刚好吻合，说明电池设计正确。由表6－6查得，$\varphi^{\ominus}_{AgCl/Ag} = 0.2224V$，$\varphi^{\ominus}_{Ag^+/Ag} = 0.7991V$，电池标准电动势 $E^{\ominus}$ 为：

$$E^{\ominus} = \varphi^{\ominus}_+ - \varphi^{\ominus}_- = 0.2224 - 0.7991 = -0.5767(V)$$

$$K_{sp} = \exp\left(\frac{E^{\ominus}F}{RT}\right)$$

298.15K 时，　$K_{sp} = \exp\left(\dfrac{-0.5767\times 96500}{8.314\times 298.15}\right) = 1.76\times 10^{-10}$

用类似的方法还可以求得弱酸和弱碱的解离平衡常数、络合物不稳定常数及水的离子积等。

三、电解质活度系数的测定

例如求盐酸的活度系数，可以设计电池：

$$\mathrm{Pt, H_2}(p_{\mathrm{H_2}} = p^{\ominus}) \mid \mathrm{HCl}(m) \mid \mathrm{AgCl, Ag(s)}$$

其电极反应为：

负极： $\frac{1}{2}\mathrm{H_2}(p^{\ominus}) \longrightarrow \mathrm{H^+}(m) + e^-$

正极： $\mathrm{AgCl(s)} + e^- \longrightarrow \mathrm{Ag} + \mathrm{Cl^-}(m)$

电池反应： $\frac{1}{2}\mathrm{H_2}(p^{\ominus}) + \mathrm{AgCl(s)} \longrightarrow \mathrm{Ag(s)} + \mathrm{H^+}(m) + \mathrm{Cl^-}(m)$

电动势为：

$$\begin{aligned} E &= E^{\ominus} - \frac{RT}{F}\ln a_{\mathrm{H^+}} \cdot a_{\mathrm{Cl^-}} \\ &= E^{\ominus} - \frac{RT}{F}\ln a_{\pm} \\ &= E^{\ominus} - \frac{RT}{F}\ln\frac{\gamma_{\pm} \cdot m_{\pm}}{m^{\ominus}} \\ &= E^{\ominus} - \frac{RT}{F}\ln\frac{\gamma_{\pm} \cdot m}{m^{\ominus}} \end{aligned}$$

式中的 $\gamma_{\pm} = (\gamma_{\mathrm{H^+}} \cdot \gamma_{\mathrm{Cl^-}})^{\frac{1}{2}}$，298.15K 时，

$$E = E^{\ominus} - 0.1183\lg\frac{m}{m^{\ominus}} - 0.1183\lg\gamma_{\pm}$$

$$\lg\gamma_{\pm} = \frac{E^{\ominus} - (E + 0.1183\lg\frac{m}{m^{\ominus}})}{0.1183}$$

式中 $E^{\ominus} = \varphi^{\ominus}_{\mathrm{AgCl/Ag}} - \varphi^{\ominus}_{\mathrm{H^+/H_2}} = \varphi^{\ominus}_{\mathrm{AgCl/Ag}}$。实验时配制一系列浓度的盐酸溶液，测定其 E 值，即可求得不同浓度时 HCl 溶液的平均活度系数。

第十四节　生物电化学

生物电化学是 20 世纪后期发展的一门边缘学科，更准确地说应称它为电化生物学，原因是其采用电化学的基本原理和实验方法，来研究和解决生物体系分子和细胞水平上的电荷转移、能量传输以及生物功能的影响因素等问题。该学科处于电化学、分子生物化学和生理学等多学科的交叉点，近几年发展迅速，尤其在细胞膜电势与转运功能、神经介质传递等方面的成功引起更多科学家的关注。

一、细胞膜与膜电势

生物体细胞由细胞膜包围，膜内、外都充满含有一定浓度电解质的液体。据统计，哺乳动物的体液的电解质总浓度约为 $0.3\mathrm{mol \cdot dm^{-3}}$。

细胞膜的模型认为：它由两个分子厚度的磷脂层构成，称为类脂双层，其厚度约为 $6 \times 10^{-9} \sim 1 \times 10^{-10}\mathrm{m}$。磷脂类分子是双亲分子，疏水端伸向膜的中间，亲水端则伸向膜的两侧，有许多功能蛋白质分布在细胞膜中，有的蛋白质部分嵌在膜上，部分暴露在膜外或膜内；有的蛋白质则横跨膜内、外，如图 6－20 所示。实际细胞膜是一排列整齐的类脂分子和功能膜蛋白组成的二维溶液。有些膜蛋白在生物体内起活性物质传输的作用（可将活性物质由化学

势低的一侧传送到化学势高的一侧），有些膜蛋白充任离子的跨膜通道，还有一部分则在不同化学反应中起催化作用等等。

细胞膜在生物体的细胞代谢和信息传递中起着关键作用，在神经细胞中，细胞膜能传递神经脉冲。如，由于膜的作用，使细胞膜内外 K^+ 的浓度相差很大，静止神经细胞内液中 K^+ 的浓度约为细胞外的 35 倍。为处理问题方便，不考虑 Na^+、Cl^- 和 H_2O 透过细胞膜的情况，只计算由膜两侧 K^+ 浓度不等引起的电势差——膜电势。假定使用适当的实验装置，将细胞内、外液体组成如下电池：

Ag(s), AgCl(s) | KCl(aq) | 内液 | 细胞膜 | 外液 | KCl(aq) | AgCl(s), Ag(s)

（β 相）　　（α 相）

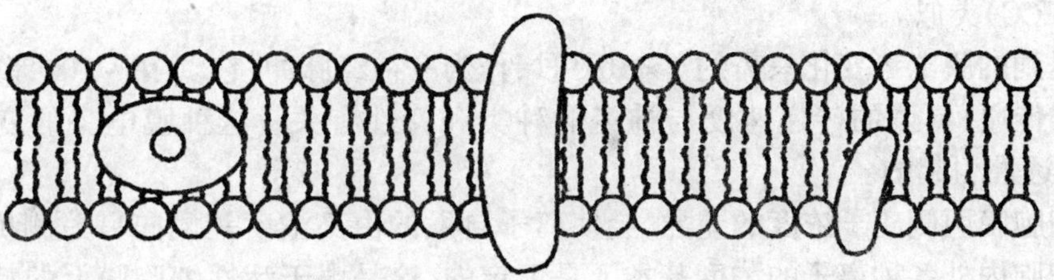

图 6-20　细胞膜模型示意图

由于细胞内液 β 相中 K^+ 浓度比外液 α 相中的浓度大，所以 K^+ 倾向于由 β 相穿过膜向 α 相扩散，最终结果是 α 相一侧存积净的正电荷，而 β 相一侧则为净的负电荷，这种由于电荷分布造成的电势差将阻止 K^+ 进一步由 β 相向 α 相扩散，而有利于 K^+ 的反向扩散，最后达到动态平衡。由于 α 相与 β 相的正负离子分布不匀，造成 α 相的电势高于 β 相。由此产生的电动势：

$$E = \varphi_{右} - \varphi_{左}$$

实际上此为一浓差电池，存在的液接电势因左、右电极相同，方向相反而抵消，膜电势的计算公式为：

$$\begin{aligned} E &= \Delta\varphi(\alpha,\beta) = \varphi_\alpha - \varphi_\beta \\ &= \frac{RT}{F}\ln\frac{a_{K^+}(\beta)}{a_{K^+}(\alpha)} \end{aligned}$$

在生物化学上，膜电势习惯以下式表示：

$$\Delta\varphi = \varphi_{内} - \varphi_{外} = \frac{RT}{F}\ln\frac{a_{K^+}(外)}{a_{K^+}(内)}$$

37℃时，假定细胞内外液的活度系数均为 1，静止神经细胞的膜电势为：

$$\begin{aligned} \Delta\varphi &= \frac{RT}{F}\ln\frac{a_{K^+}(外)}{a_{K^+}(内)} \\ &= \frac{8.314\times 310}{96500}\ln\frac{1}{35} \\ &= -95\text{mV} \end{aligned}$$

而实验测出神经细胞的膜电势约为 -70mV，这是由于活机体中溶液不是处于平衡状态造成的。对于静止肌肉细胞膜电势约为 -90mV，肝细胞的膜电势则约为 -40mV。

二、膜电势在生物医学领域的应用

上述的计算表明：当生物细胞处于静止状态时，细胞膜电势 $\Delta\varphi = \varphi_{内} - \varphi_{外}$ 一般为负值。但实验测定，当细胞处于动态时，如一刺激沿神经细胞传递时，或肌肉细胞收缩时，$\Delta\varphi$ 会暂时变为正值。正是通过这些膜电势的不断变化,引起肌肉的收缩和神经刺激的传递。此外,人的思维以及视觉、听觉和触觉等器官接受外界信息时,均会引起相关细胞的膜电势变化。因此,膜电势的变化规律的研究越来越受到生命科学家的重视。

从细胞膜模型的脂质双层,结合膜电势概念,可将细胞膜视为一双电层结构,相当于众多电偶极子分布在细胞表面。以心脏的收缩为例,当心脏处于收缩和放松不同状态时,心肌细胞的膜电势也在不断地交替变化,因为当心脏收缩时,绝大部分细胞同时处于收缩状态,当心脏舒张时,大部分细胞则处于放松状态。所以,整体心脏电信号也在不断变化。心电图(ECG)的工作原理就是测量人体表面几组对称点之间由于心脏偶极矩变化,引起的电信号随时间的变化情况,由其变化的规律,判断心脏工作是否正常。用于检测脑相关功能的脑电图(EMG)的工作原理与(ECG)类似。

上述提到的膜电势变化只需约 1×10^{-3}秒,作为一神经脉冲,它以 10~100 米·秒$^{-1}$的速度沿神经纤维传递,具体的传递速度与神经的种类和特性有关。这种膜电势的变化主要是由 Na^+ 的膜穿透性引起的。

由于细胞膜两侧离子浓度的差异,会使离子自发的由高浓度一侧向另一侧扩散。但实际生物体内细胞内外各种离子的浓度基本上是恒定的,这是由于活性细胞膜上的特异蛋白酶促使 ATP 水解,起到活性传输的"泵作用",逆浓度梯度将相关离子传递到膜的另一侧,以维持生命的正常工作状态。

第十五节　电极的极化与过电势

前面叙述的处于热力学平衡态的可逆电极,控制电极上没有电流通过,这时的电极电势是平衡电极电势,即可逆电极电势。而实际发生的电极过程,尤其是电解过程——将电能转化为化学能的过程,电极上有电流通过,此时,电极电势将偏离平衡电极电势,这时的电极电势称为不可逆电极电势,这种现象称为电极的极化(polarizatiaon)。

一、分解电压

外加一电压于一电池上,缓慢增加电压值,直至电池反应发生逆转,即为电解。此时的电压为该条件下的分解电压(decomposition voltage)。

图(6-21)为一测量分解电压的装置,电解池中盛有一定浓度的盐酸溶液,Pt 作为电极,图中 V 是伏特计,G 为一毫安表,将两电极分别连到由电源和可调电阻组成的分压器上。

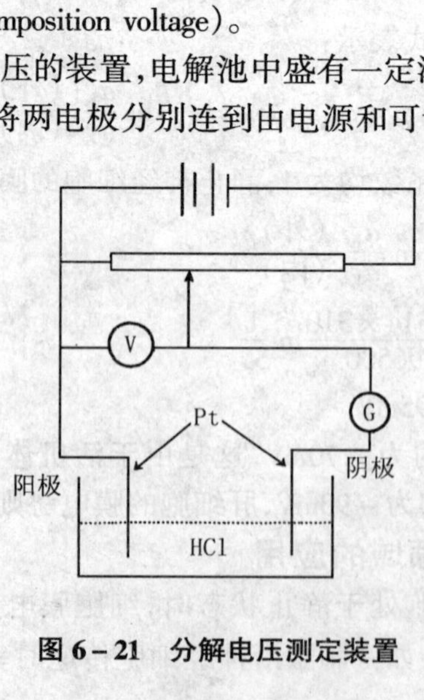

图 6-21　分解电压测定装置

逐渐增大外加电压,同时记录对应的电流值,根据所得数据做电流－电压曲线,如图(6－22)所示。开始时,外加电压很小,电解池中没有电流通过,再加大电压,电流值略有增大,当电压增大到某一数值时,曲线的斜率变大,随后,电流值随电压值直线上升。

发生的电解反应是

阴极： $2H^+(a_{H^+}) + 2e^- \longrightarrow H_2(g,p)$

阳极： $2Cl^-(a_{Cl^-}) \longrightarrow Cl_2(g,p) + 2e^-$

在两电极分别产生 H_2 和 Cl_2。当外加的电压为 0 时，没有 H_2 和 Cl_2 产生，随电压值增大，电极表面将产生少量的 H_2 和 Cl_2，由于量小，不能克服溶液的阻力上升至液面，而是吸附在电极表面，这种现象的结果是构成了一个原电池，产生了一个与外加电压方向相反的反电动势。为使电解反应继续进行，只能加大外加电动势，同时电流值也会少许增加，相当于图（6－22）中的 A～B 段。随外加电压值不断增加，产生的 H_2 和 Cl_2 的量也随之增多，反电动势也随之增大。但当产生的 H_2 和 Cl_2 多至可克服阻力上升至液面并溢出时，与电解反方向的原电池的平衡被打破，此时，反电动势达到最大值。如再加大外加电压，通过溶液的电流值迅速增大，相当于图中 B～C 段。将此段直线反向延伸至电流强度 $I=0$ 处，所对应的电压值就是该电解质溶液能够连续发生电解所需最小的外加电压。此值称为该电解质溶液的分解电压 $E_{分解}$。理论上讲 $E_{分解}$ 应等于原电池的可逆电动势 $E_{可逆}$，但实际上 $E_{分解}$ 大于 $E_{可逆}$，这是由于电极的极化作用所致。表 6－7 列出一些电解质溶液的 $E_{分解}$、$E_{可逆}$ 及它们之间的偏差值。

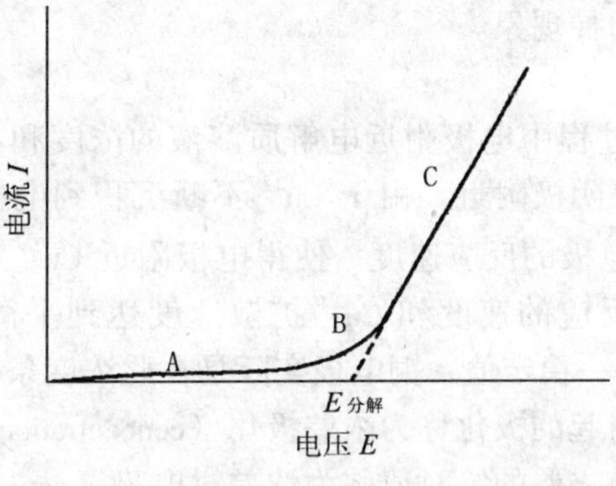

图 6－22　测定分解电压时的电流－电压曲线

表 6－7　浓度为 $0.5mol \cdot dm^{-3}$ 的电解质溶液的分解电压

电解质溶液	实测分解电压 $E_{分解}$/V	电解生成物	可逆分解电压 $E_{可逆}$/V	$(E_{分解}-E_{可逆})$/V
HNO_3	1.69	H_2+O_2	1.23	0.46
H_2SO_4	1.67	H_2+O_2	1.23	0.44
H_3PO_4	1.70	H_2+O_2	1.23	0.47
NaOH	1.69	H_2+O_2	1.23	0.46
KOH	1.67	H_2+O_2	1.23	0.44
NH_4OH	1.74	H_2+O_2	1.23	0.51
$CoSO_4$	1.92	$Co+O_2$	1.14	0.78
$CoCl_2$	1.78	$Co+Cl_2$	1.69	0.09
$CdSO_4$	2.03	$Cd+O_2$	1.26	0.56
$Cd(NO_3)_2$	1.98	$Cd+O_2$	1.25	0.73
$CuSO_4$	1.49	$Cu+O_2$	0.51	0.98
$ZnSO_4$	2.55	$Zn+O_2$	1.60	0.95

表6-7的数据表明：分解电压与电解产物有关，当以光滑的金属铂片作为电极时，无机酸、碱如HNO_3、H_3PO_4、NaOH等的分解电压很接近，原因在于它们的电解产物相同，均为H_2和O_2，本质上都是在电解水。$CoSO_4$，$CoCl_2$；$CuSO_4$，$ZnSO_4$；它们的电解产物分别只有一种是相同的，所以分解电压不同。而$CdSO_4$，$Cd(NO_3)_2$尽管也是不同的盐，但电解产物均为Cd和O_2，其分解电压又基本相同。表中生成H_2和O_2的体系理论分解电压都是1.23V，实质上该数值$E_{分解} = \varphi^{\ominus}_{H^+,O_2/H_2O} - \varphi^{\ominus}_{H^+/H_2O} = 1.23V$，是氧电极和氢电极组成的原电池可逆电极势差值。同时可发现实际分解电压和理论分解电压都有一定差距，这是由电极的极化造成的，偏差的大小说明了极化程度的大小。

二、电极极化的原因

当有电流通过电解池的电极时，电极上将发生一系列变化，一方面为电子的流动，起着在电极表面积累电荷的作用；另一方面是电极反应，起着吸收电子消除电极上累积电荷的作用。这些变化的速度通常不等，往往是电子流动的速度大于电极反应的速度，当有电流通过时，阴极上，由于电子的流入快，电极反应较慢，结果造成负电荷的积累，阴极电势向负移动；而阳极上，由于电极反应提供的电子来不及补充电子的流出，结果造成正电荷积累，阳极电势向正移动；使两极都偏离平衡状态，增大了两极的电势差，造成电极极化。一般将极化的现象分为两类，即浓差极化和电化学极化，与之对应的过电势分别称为浓差过电势和电化学过电势（也称为活化过电势）。除此之外，随电解过程进行，电极表面会覆盖一层与电极反应无关的物质，阻碍电流的通过，此种现象称为电阻过电势。由于第三种情况不是普遍现象，所以下面只讨论前两种现象。

1. 浓差极化

浓差极化是由于电解过程中电极附近电解质溶液的浓度和本体浓度之间存在的差异所致。如电解$CuSO_4$溶液，在阴极附近，由于Cu^{2+}不断沉积到电极上析出金属铜，溶液内部的Cu^{2+}的扩散速度小于铜电极的反应速度，使得电极附近Cu^{2+}浓度小于溶液本体。在一定电流密度条件下，当电解反应的速度和Cu^{2+}扩散速度达到平衡时，电极附近（约10^{-5}～10^{-4}m厚）Cu^{2+}的浓度达到一稳定值，铜电极实际是在此浓度条件下工作的。这种由于电极外与本体的浓度的差异所引起的极化称为浓差极化（concentration polarization）。由此造成的实际电极电势与可逆电极电势之差的绝对值称为浓差过电势（concentration over potential）。数值的大小取决于浓差的大小，而浓差的大小又与溶液的温度、搅拌速度及电解时的电流密度等因素有关。如要减小浓差极化的影响，可就上述因素做些调整，但要完全消除是不可能的。有时人们也利用这种极化作用，如极谱分析。

2. 电化学极化

电解过程除因离子扩散原因存在浓差极化外，还会因为电极反应因素引起实际分解电势超过可逆电势，这种现象称为电化学极化（electrochemical polarization）。仍以电解硫酸铜溶液、Cu/Cu^{2+}作为阴极为例，由于Cu^{2+}还原为Cu的反应速度要小于电子流入阴极的速度，使得电极上实际电子数要大于平衡状态时的电子数，造成电子在阴极的堆积，实际电极电势比可逆电极电势更低。同时过低的电势会加速电极反应。最终，电子传递速度和电极反应速度达一稳定态，在一定电流密度下，阴极电极电势为一稳定值，这一值与可逆电势之差的绝对值称为活化过电势（activation over potential）。

通常情况下，金属离子在阴极还原为金属时，其活化过电势较小。当电极反应有气体生成时，活化过电势很大。活化过电势的大小取决于电流密度、电极材料及电极表面的状态等因素：

（1）电流密度

实验证明，当电流密度不同时，两极的电极电势不同，因而过电势也不同。特别是氢的活化过电势受电流密度的影响更大，因此研究较多。塔菲尔（Tafel）于1905年研究结果发现，氢的过电势与电流密度存在定量关系，称为塔菲尔公式：

$$\eta = a + b\ln j \tag{6-46}$$

式中 j 为电流密度，a、b 为常数，其中，a 是一与电极材料、电极表面状态、溶液组成及温度有关的常数，物理意义为电流密度 $j = 10000\mathrm{A \cdot m^{-2}}$ 时的过电势。b 值对于大多数金属材料来说相差不大，在室温下约为0.05V，若以10为底的对数表示，该值约为0.116V。氢过电势值主要由 a 决定，此值越大，过电势值也越大，不可逆程度也越高。

对于其它气体，如氧气的活化过电势与电流密度也有类似的函数关系。

（2）电极材料

实验证明，同一气体在不同电极上发生电极反应时，活化过电势值相差很大。如 H^+ 生成 H_2 的电极反应在Hg、Pb等金属电极上发生时，过电势值很大；而在Pt电极上则较小。其它气体也有类似现象。当电流密度不大时，H_2、O_2 在不同金属电极材料上的活化过电势值列于下表。

表6-8　$j = 10\mathrm{A \cdot m^{-2}}$ 时，H_2 和 O_2 在一些金属电极上活化过电势 η

电　极	η_{H_2} /V	η_{O_2} /V	电　极	η_{H_2} /V	η_{O_2} /V
铂黑	0.00	0.4	Ni	0.14	0.36
Pt	0.00	0.7	Al	0.3	
Au	0.02	0.67	Pb	0.4	
Fe	0.1		Zn	0.48	
Ag	0.1	0.58	Hg	0.80	

三、过电势和极化曲线的测定

过电势的测定实际就是测定载有电流流过电极的电极势，具体装置如图6-23所示。

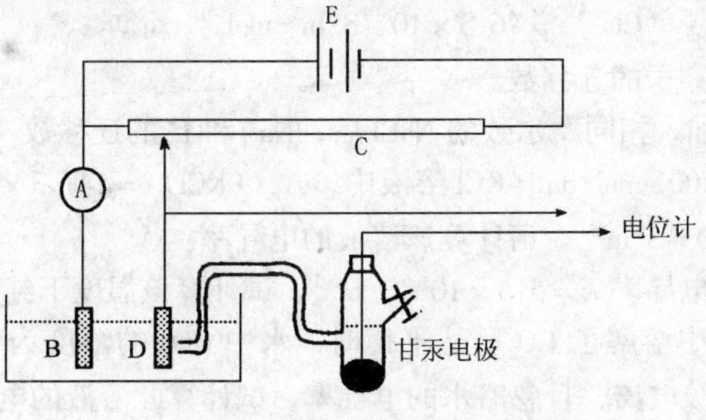

图6-23　过电势及极化曲线测定装置

该装置中，D为待测极化曲线的电极，B为辅助电极，A为一检流计，E为电解所需的电源，C为可调电阻。通过调节C，控制流过电解液的电流密度 j，j 的准确值可通过A读出。当电解发生时，待测电极D的电极电势可通过与甘汞电极组成的原电池，由电位计测得，其与可逆电极电势的差值即为该电极的过电势。每改变一 j，即有一对应的过电势值 η。将它们的关系以图的形式表示出来，如图6-24中（a）所示，这种关系曲线称为极化曲线。如要测电极B的过电势，可将其作为待测电极。

图6-24中（b）是原电池在不同电流密度下放电时的极化曲线。显然，当通过外电路的电流密度越大，实际电压值 $E_{实}$ 偏离 $E_{可逆}$ 越大。因此，在测定可逆电池电动势时，要求在零电流密度条件下进行。

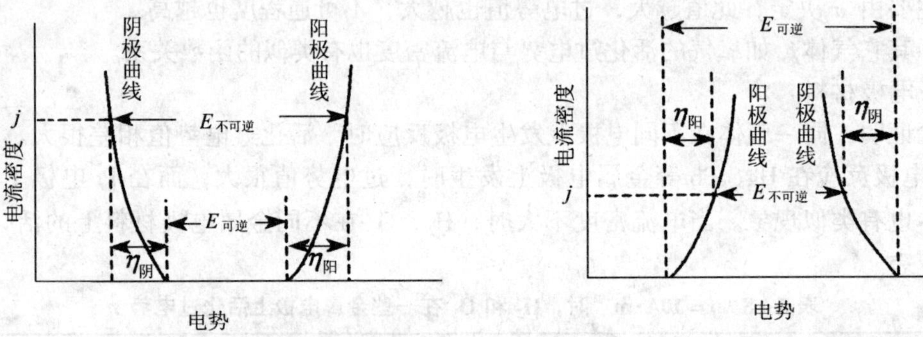

（a）电解池的极化曲线　　（b）原电池的极化曲线

图6-24　电流密度与电极电势的关系

习　题

1. 已知25℃时，$\Lambda_m(H^+) = 349.7 \times 10^{-4} S \cdot m^2 \cdot mol^{-1}$，$\Lambda_m(K^+) = 73.5 \times 10^{-4} S \cdot m^2 \cdot mol^{-1}$，$\Lambda_m(Cl^-) = 76.3 \times 10^{-4} S \cdot m^2 \cdot mol^{-1}$。求该温度时，含有 $0.001 mol \cdot dm^{-3}$ KCl和 $0.001\ mol \cdot dm^{-3}$ HCl的水溶液的电导率。水的电导率可忽略。

2. 已知25℃时，$1 \times 10^{-4} mol \cdot dm^{-3}$ NaI溶液的 $\Lambda_m = 127 \times 10^{-4} S \cdot m^2 \cdot mol^{-1}$，$\Lambda_m^\infty$（$Na^+$）$= 50.1 S \cdot m^2 \cdot mol^{-1}$，$\Lambda_m^\infty$（$Cl^-$）$= 76.3 \times 10^{-4} S \cdot m^2 \cdot mol^{-1}$，请求：

（1）该溶液中 I^- 离子的迁移数。

（2）向该溶液中加入相同摩尔数的NaCl后，Na^+ 和 I^- 的迁移数

3. 测得25℃时 $0.001\ mol \cdot dm^{-3}$ KCl溶液中，Λ_m（KCl）$= 141.3 \times 10^{-4} S \cdot m^2 \cdot mol^{-1}$，若此时水的电导率为 $1 \times 10^{-4} S \cdot m^{-1}$，请计算该溶液的电导率。

4. 25℃时纯水的电导率 $\kappa = 5.5 \times 10^{-6} S \cdot m^{-1}$，试计算该温度下纯水的离子活度积。

5. 25℃时的纯水中溶解了 CO_2，达平衡时，水中 CO_2 的浓度为 $1.695 \times 10^{-5} mol \cdot dm^{-3}$，若只考虑 H_2CO_3 的一级电离，且忽略水的电导率，试计算此溶液的电导率。已知25℃时 H_2CO_3 的一级电离平衡常数，$K = 4.27 \times 10^{-7}$，$\Lambda_m^\infty(H^+) = 349.8 \times 10^{-4} S \cdot m^2 \cdot mol^{-1}$，$\Lambda_m^\infty$（$HCO_3^-$）$= 44.5 \times 10^{-4} S \cdot m^2 \cdot mol^{-1}$。

6. 计算 $0.01mol\cdot kg^{-1}K_2SO_4$ 溶液的平均活度。

7. 25℃时某溶液中含有 $0.01mol\cdot kg^{-1}$ 的 NaCl、$0.007mol\cdot kg^{-1}$ $MgCl_2$ 和 $0.003mol\cdot kg^{-1}$ 的 Na_2SO_4，试计算此溶液中各离子和各盐的活度系数。

8. 写出电池 $Zn|ZnCl_2(0.1mol\cdot dm^{-3})|AgCl(s),Ag$ 的电极反应和电池反应，并计算该电池25℃时的电动势。

9. 求 25℃时氯化银电极 $Ag,AgCl(s)|KCl(0.5mol\cdot dm^{-3})$ 的平衡电势。

10. 电池 $Zn|ZnCl_2(0.05mol\cdot dm^{-3})|AgCl(s)Ag$ 在 25℃时的电动势为 1.015V，电动势的温度系数为 $-4.92\times10^{-4}V\cdot K^{-1}$，试计算该电池反应的 ΔG，ΔH 和 ΔS。

11. 25℃时，电池 $Zn|Zn^{2+}(a_1=0.1)\|Cu^{2+}(a_2=0.01)|Cu$ 的标准电动势为 1.103V，求25℃时该电池的电动势和反应平衡常数。

12. 25℃时，电池 $Ag,AgSCN(s)|KSCN(0.1mol\cdot dm^{-3})\|AgNO_3(0.1mol\cdot dm^{-3})|Ag$ 的电动势为 0.586V，试计算 AgSCN 的溶解度。假设在两种溶液中平均活度系数为 0.76。

13. 测得电池 Pt，$H_2(1\times10^5Pa)|HCl(m)|AgCl(s),Ag$ 在 25℃下不同 HCl 浓度时的电动势 E 的数据如下：

c $(mol\cdot dm^{-3})$	0.005	0.01	0.02	0.03	0.1
E (V)	0.4984	0.4612	0.4302	0.4106	0.3524

试求 $Ag|AgCl$ (s)，Cl^- 的标准电极电势及 $0.1\ mol\cdot dm^{-3}$ HCl 的平均活度系数 $\gamma_\pm$。

14. 已知反应 $3H_2$ (1×10^5Pa) + Sb_2O_3 (s) $\rightleftharpoons$ 2Sb + $3H_2O$ 在 298K 时的 $\Delta G^\ominus=-8.364\ kJ\cdot mol^{-1}$，请计算电池 Pt，$H_2$ (1×10^5Pa) $|H_2O$ (pH = 3) $|Sb_2O_3$ (s)，Sb 的电动势，并指出电池的正负极。

15. 欲求下列电极的标准电极电势，试设计出相应的电池，写出电池反应和计算标准电势的公式：

(1) $Ag|Ag^+$

(2) $Cu|Cu^+$

(3) $Pt|Fe^{2+}$，Fe^{3+}

16. 反应 $H_2(1\times10^{-5}Pa)+I_2(s)=2HI(a=1)$，试求：

(1) 电池的表达式。

(2) 该电池 298K 时的电动势，并根据结果判断电池表达式中的正、负极。

(3) 该反应的 $\Delta G^\ominus$。

17. 298K 时，$Hg|Hg_2^{2+}$ 的 $\varphi^\ominus=0.788V$，Hg_2SO_4 的 $K_{sp}=6.5\times10^{-7}$，试计算下列半电池 $Hg,Hg_2SO_4(s)|SO_4^{2-}$ 的 $\varphi^\ominus$ 值。

18. 已知：$Cu^{2+}+2e^-=Cu$ $\quad\varphi^\ominus=0.337V$

$Cu^++e^-=Cu$ $\quad\varphi^\ominus=0.520V$

求反应 $Cu^{2+}+e^-=Cu^+$ 的 $\varphi^\ominus$ 值。

19. 298K 时电极 $Pb|Pb^{2+}$ 的标准电极电势为 $-0.1263V$，$Pb,PbF_2(s)|F^-$ 的 $\varphi^\ominus=0.3502V$，求 PbF_2 的 K_{sp}。

20. 在有 HNO_3 存在下，$PbO_2(s)$ 可以将 $Mn(NO_3)_2$ 氧化为 MnO_4^-，反应为：

$$5PbO_2(s)+2Mn^{2+}+4H^+\longrightarrow 2MnO_4^-+5Pb^{2+}+2H_2O$$

已知：$\varphi^{\ominus}_{PbO_2,H^+/Pb^{2+}} = 1.455V$，$\varphi^{\ominus}_{MnO_4^-,H^+/Mn^{2+}} = 1.510V$。试问什么情况下该反应才能自发进行？

21. 试设计合适的电池，用电动势法测定下列数值：

(1) HBr($0.1mol\cdot kg^{-1}$)溶液在298K时的离子平均活度系数 $\gamma_{\pm}$。

(2) $Ag_2O(s)$在 $p^{\ominus}$下的分解温度。

22. 298K时，在含有 $0.001mol\cdot kg^{-1}$ $ZnSO_4$ 和 $0.01mol\cdot kg^{-1}$ $CuSO_4$ 的饱和溶液中放两个Pt电极，现对该溶液通入无限小的电流进行电解，同时充分搅拌溶液。当溶液pH = 5时，请判断：

(1) 何种离子在阴极上先析出？

(2) 当另一种金属开始析出时，先析出的金属离子的浓度还剩多少？

23. 298K时，用Pt为阳极来电解 H_2SO_4，其浓度为 $0.100mol\cdot dm^{-3}$，$\gamma_{\pm} = 0.265$。在电解过程中，把Pb阴极与另一甘汞电极相连接。当Pb阴极上 H_2 开始析出时，测得 $E_{分解} = 1.0685V$，已知甘汞电极的 $\varphi^{\ominus} = 0.2800V$。若只考虑 H_2SO_4 的一级电离，试求 H_2 在Pb电极上的过电势。

习题答案

1. $\kappa = 5.758\times10^{-2}S\cdot m^{-1}$
2. (1) $t_{I^-} = 0.606$，(2) $t_{I^-} = 0.303$，$t_{Na^+} = 0.395$
3. $1.403\times10^{-2}S\cdot m^{-1}$
4. $K_w = 1.02\times10^{-14}$
5. $\kappa = 1.06\times10^{-4}S\cdot m^{-1}$
6. 1.462×10^{-6}
7. $\gamma_{Na^+} = \gamma_{Cl^-} = 0.823$，$\gamma_{Mg^{2+}} = \gamma_{SO_4^{2-}} = 0.458$，$\gamma_{\pm NaCl} = 0.823$，$\gamma_{\pm Na_2SO_4} = \gamma_{\pm,MgCl_2} = 0.677$
8. 1.082V
9. 0.2508V
10. 195.9kJ，224.2kJ，$94.96J\cdot K^{-1}$
11. $K = 2.14\times10^{37}$
12. $c_{AgSCN} = 7.1\times10^{-12}mol\cdot dm^{-3}$
13. $\gamma_{\pm} = 0.7967$
14. 0.0144V
16. (2) 0.5355V，(3) 103.4kJ
17. 0.9709V
18. 0.153V
19. $K_{sp} = 7.58\times10^{-17}$
21. (2) $H_2|NaOH|Ag_2O|Ag$，575K
22. (1) Zn，(2) $5.23\times10^{-36}mol\cdot kg^{-1}$
23. 0.6952V

第七章　化学动力学基础

化学热力学可以解决化学变化的方向和限度的问题。但化学热力学，特别是平衡态化学热力学只讨论体系的平衡态，它的性质不随时间而变化，因而只考虑从始态到终态体系状态的变化，而不考虑时间、变化的历程、速率、条件等因素，这些正是化学动力学所要解决的问题。化学动力学（chemical kinetics）也称反应动力学，其基本任务是研究反应进行的条件－温度、压力、浓度、介质以及催化剂、辐射等对化学反应速率（rate of reaction）的影响，揭示化学反应的历程（机理）（reaction mechanism）。研究化学动力学的目的是为了了解和控制化学反应的过程，使反应按人们所希望的速率进行并得到人们所希望的产品，达到低投入、低成本、高效率、高效益的目的。

化学动力学的应用非常广泛，从化学的整个领域至药物的研制和生产。在制药工业中，根据反应速率可以计算反应进行到某种程度所需的时间，计算单位时间的产量，可以通过研究反应条件对速率的影响来选择最优工艺路线。在药物制剂的研制和贮存方面，为了保证制剂的质量稳定，需要选择条件使之降解缓慢。在评价药物制剂服用的质量时，也需要了解药物在体内的吸收、分布、代谢和排泄速率等。解决这些问题的理论基础是化学动力学。

本章将学习化学反应的速率、反应条件（如浓度、温度、压力、辐射、介质、催化剂等）对反应速率的影响，以及利用化学动力学的基本原理预测药物的稳定性。

第一节　反应速率及其测定

一、反应速率的表示方法

在均相（或单相）反应中，单位时间、单位体积内，反应体系中组分的物质的量的改变量称为反应速率（rate of reaction）。由于在反应过程中，反应体系中组分的物质的量和反应速率均随时间而变化，所以常用瞬时反应速率 r 精确地表示 t 时刻的反应速率。在恒容条件下，组分 B 的反应速率可表示为：

$$r_B = \pm\frac{1}{V}\cdot\frac{dn_B}{dt} = \pm\frac{d\left(\frac{n_B}{V}\right)}{dt} = \pm\frac{dc_B}{dt} \qquad (7-1)$$

即在恒容时，反应速率也可用单位时间内反应物或产物的浓度变化来表示。

在化学反应中，每一反应体系中的组分（反应物或产物）的物质的量或浓度，都严格地按照各自的计量系数成比例地改变，不论用哪一个组分的物质的量或浓度变化来表示反应速率都是可以的。但是，如果反应式中各组分的计量系数不同，则用不同的组分所表示的反应速率在数值上是不等的。例如对于恒容反应：

$$aA + dD \longrightarrow gG + hH$$

其中大写字母代表物质的化学式，小写字母代表计量系数。则反应速率可写作：

$$r_A = -\frac{dc_A}{dt} \quad r_D = -\frac{dc_D}{dt} \quad r_G = \frac{dc_G}{dt} \quad r_H = \frac{dc_H}{dt}$$

它们之间有如下的关系：

$$\frac{r_A}{a}=\frac{r_D}{d}=\frac{r_G}{g}=\frac{r_H}{h}=r$$

用反应进度随时间的变化来表示反应速率，可克服用不同组分浓度的变化表示同一反应的反应速率有不同数值的弊端。

根据反应进度的定义

$$\xi=\frac{n_B(t)-n_B(0)}{\nu_B}$$

式中，$n_I(t)$为反应时间 t 时组分 B 的摩尔数，$n_B(0)$为反应起始时组分 B 的摩尔数，ν_B 为组分 B 的计量系数。ξ 的量纲为物质量的量纲，即 mol。则在恒容条件下，反应速率 r 可定义为

$$r=\frac{d\xi}{Vdt}=\frac{1}{\nu_B}\cdot\frac{dc_B}{dt} \tag{7-2}$$

因此，对于上述反应，不论用哪一个组分来表示反应的反应速率，数值都相等。根据式(7－1)和（7－2)，反应速率 r 的量纲为［浓度］·［时间］$^{-1}$，如浓度用 $mol\cdot L^{-1}$、时间用秒(s）为单位，则 r 的单位为 $mol\cdot L^{-1}\cdot s^{-1}$。

如：合成氨的反应

$$N_2+3H_2 \longrightarrow 2NH_3$$

根据定义，反应速率 r 可用下列三式之一表示：

$$r=-\frac{dc_{N_2}}{dt}$$

$$r=-\frac{1}{3}\cdot\frac{dc_{H_2}}{dt}$$

$$r=\frac{1}{2}\cdot\frac{dc_{NH_3}}{dt}$$

究竟用哪一种表示式，主要取决于在实验中哪一组分的浓度容易测定。

对于气相反应，压力比浓度容易测定，因此也可以用反应体系中的各组分的分压来表示反应速率，即$\frac{dp_B}{\nu_B dt}$。例如对于氨的合成反应，可以有

$$r'=-\frac{dp_{N_2}}{dt}=-\frac{1}{3}\cdot\frac{dp_{H_2}}{dt}=\frac{1}{2}\cdot\frac{dp_{NH_3}}{dt}$$

式中，p_{N_2}，p_{H_2}和 p_{NH_3} 分别代表 N_2、H_2 和 NH_3 在时间 t 时的分压。显然，速率 r'与（7－1)中定义的 r 的单位不同，前者为压力·时间$^{-1}$。但是对于理想气体，$p_B=c_B RT$，因此有

$$r'=(RT)r。$$

二、反应速率的测定

一般说来，反应速率是随时间而变化的。由反应速率的定义可知，要知道反应速率 r，需要知道$\frac{dc}{dt}$的数值，这可以通过测定在不同时刻 t 时某一组分蹬浓度 c，绘出 $c-t$ 动力学曲线，如图 7－1 所示。曲线上某一点切线的斜率即为在这一时刻的反应速率。

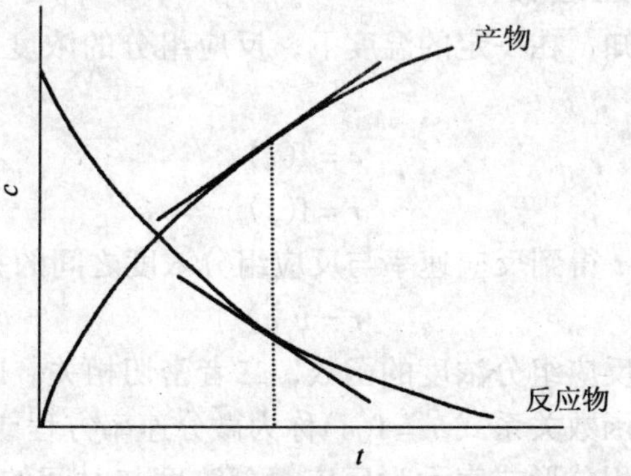

图 7-1　反应组分的浓度随时间的变化曲线

根据反应体系的特点，动力学曲线的测定有静态法和流动法。静态法必须先将反应物混合在一起，然后再进行测定。该方法对于反应时间相对于混合时间长得多的情况是可行的。如果反应的时间与混合的时间很接近或反应时间更短，将不能准确地记录反应时间或根本不能记录反应时间。对于这种"快"反应，必须采用流动法。在流动法中，反应管是开放的，反应物连续地从反应管的一端高速地流入，而生成物则连续地从反应管的另一端流出，测定反应管不同部位的某组分的浓度。如果采用快速混合技术，则流动法可以测定反应时间在毫秒以内的反应的反应速率。

浓度的测定可采用方便易行的方法。概括起来，分为物理方法和化学方法。

化学方法就是用化学分析的方法测定反应进行到某些时刻某一组分的浓度。因此必须在这一时刻取出定量的反应样品，采取措施（如突然降温或加入阻化剂）使反应停止。用该方法直接测得的是某一组分的浓度，但操作繁琐，须有合适的方法使反应停止。

物理方法就是监测反应进行到某些时刻某一组分的物理量，并且此物理量必须与该组分的浓度呈单值函数的关系，并能准确地反映该组分浓度的变化。这些物理量有压力、折光率、旋光度、吸光度、电导率、电导等。用该方法时不必使反应停止，不取出样品，直接在反应体系内测定。因此该方法简便快速，对反应体系无干扰，但须选择能准确地反映反应体系中组分浓度变化的合适的物理量。

第二节　反应速率方程与反应级数

一、基元反应与复杂反应

由反应物微粒（分子、原子、离子或自由基等）一步直接生成产物的反应，称为基元反应（elementary reaction）。由若干个基元反应组成的反应称为总包反应（overall reaction）或复杂反应（complex reaction）。

二、反应分子数

参加基元反应的反应物的微粒数称为基元反应的反应分子数（molecularity）。对于复杂反应，则无反应分子数可言。反应分子数只能是正整数。若按反应分子数分类，基元反应分为单分子反应、双分子反应和三分子反应。大多数反应属于双分子反应，三分子反应为数很少。目前尚未发现大于三分子反应的基元反应。

三、速率方程与反应级数

由反应速率的定义可知，在一定的温度下，反应组分的浓度 c 与反应速率 r 都是时间 t 的函数，即

$$c=\mathrm{f}(t)$$

$$r=\mathrm{f}(t)$$

将以上二式消去时间变量 t 得到反应速率与反应组分浓度之间的关系式

$$r=\mathrm{f}(c)$$

因此，反应速率通常只是反应组分浓度的函数，二者密切相关。以微分形式表示的反应速率与各反应组分浓度之间的函数关系式 $r=\mathrm{f}(c)$ 称为微分速率方程或速率方程（rate equation）。

反应速率方程也可用积分形式表示为反应组分浓度与时间的函数关系式 $c=\mathrm{f}(t)$，称为积分速率方程或动力学方程（kinetic equation）。

速率方程必须由实验确定。对于一般的化学反应，由实验数据得出的经验速率方程具有反应物浓度幂乘积的形式，例如对于反应

$$a\mathrm{A}+d\mathrm{D}\longrightarrow g\mathrm{G}+h\mathrm{H}$$

由实验确定的函数 $f(c)$ 为

$$r=\mathrm{f}(c)=kc_{\mathrm{A}}^{\alpha}c_{\mathrm{D}}^{\beta} \tag{7-3}$$

c_{A}、c_{D} 分别为反应物 A 和 D 的浓度，α、β 分别为该反应对 A 和 D 的反应级数（order of reaction），反应的总级数（overall order）$n=\alpha+\beta$。例如，NO 与 O_2 生成 NO_2 的反应，实验测得的速率方程为

$$r=kc_{\mathrm{NO}}^{2}c_{\mathrm{O_2}}$$

则该反应对 NO 是二级，对 O_2 是一级，反应的总级数为三级。

反应级数的数值可以是整数，也可以是分数、零，甚至在某些特殊情况下是负数。简单反应的级数一般为正整数。复杂反应的级数则可能比较复杂，有的甚至无级数可言。例如对于反应

$$\mathrm{H_2}+\mathrm{Br_2}\longrightarrow 2\mathrm{HBr}$$

实验得出的速率方程为

$$\frac{\mathrm{d}c_{1+\mathrm{Br}}}{\mathrm{d}t}=\frac{k_1c_{\mathrm{H_2}}c_{\mathrm{Br_2}}^{1/2}}{1+k_2c_{\mathrm{HBr}}/c_{\mathrm{Br_2}}}$$

在上式中不但出现了产物 HBr 的浓度，而且速率方程也不具有简单浓度乘积的形式，因而该反应对 H_2 为一级，对 Br_2 和 HBr 无级数可言，该反应就没有简单的总级数。

四、速率常数

速率方程 $r=kc_{\mathrm{A}}^{\alpha}c_{\mathrm{D}}^{\beta}$ 中的 k 称为反应速率常数（rate constant of reaction），简称速率常数（rate constant）。其物理意义是各反应物均为单位浓度时的反应速率，其大小与反应物的浓度无关。对于给定的反应，温度等反应条件一定时 k 是常数；温度改变或使用催化剂时，k 会发生变化。因此 k 并不是一个绝对的常数，它和温度、反应介质、催化剂等有关，只有当这些变量均固定时，k 才真正为一个常数。

速率常数 k 有量纲，不同级数的反应，速率常数 k 的量纲不同。从速率方程可以看出，k 的量纲为 $(\mathrm{mol\cdot L^{-1}})^{1-n}\cdot\mathrm{s^{-1}}$，式中的 n 为反应级数，因此有时可通过 k 的量纲了解反应的级数。

速率常数 k 是一个重要的动力学参数，它的大小直接反映化学反应进行的快慢，而且要表征一个反应体系的速率特征，只有用反应的速率常数 k 才能摆脱反应组分浓度的影响，否则就必须注明反应组分在什么浓度时的反应速率。

五、质量作用定律

对于基元反应

$$aA + dD \longrightarrow gG + hH$$

速率方程为

$$r = kc_A^a c_D^d$$

这个关系就是质量作用定律。它仅适用于基元反应，不能直接用于复杂反应。只有将复杂反应分解为若干个基元反应后，才能逐个运用质量作用定律。

六、计量方程与机理方程

写化学反应方程式时，一般只根据始态与终态写出反应的总结果，这种方程只表示反应前后的物料平衡关系，称为计量方程。例如对于 O_3 的分解反应：

$$2O_3 \longrightarrow 3O_2$$

这是一个计量方程，只表示产物与反应物之间的数量关系。

用于表示实际反应过程的方程称为机理方程。例如，有人认为 O_3 分解的反应经历了以下两步：

$$(1)\quad O_3 \rightleftharpoons O_2 + O$$

$$(2)\quad O + O_3 \longrightarrow 2O_2$$

式（1）和（2）为机理方程，表示反应进行的实际过程。每一个机理方程都是基元反应，都能运用质量作用定律。

第三节　简单级数反应

简单级数反应是指一级、二级、三级和零级反应等，并且其微分速率方程符合式（7-3），即反应速率方程具有反应物浓度幂乘积的形式，且各反应物的级数皆为正整数或零的反应。实验室和工业上的大多数反应为简单级数反应，因而在本书中予以重点介绍。

一、一级反应

反应速率与反应物浓度的一次方成正比的反应是一级反应（first - order reaction）。例如反应

$$aA \longrightarrow P$$

则反应速率方程为：

$$-\frac{dc_A}{dt} = k_A c_A$$

对上式积分得：

$$\ln\frac{c_{A,0}}{c_A} = k_A t \tag{7-4}$$

式中 c_A 为反应进行到 t 时刻时反应物 A 的浓度，$c_{A,0}$ 为反应物 A 的初浓度。式（7-4）为一级反应的动力学方程，该方程也可写作指数形式

$$c_A = c_{A,0}e^{-k_A t} \tag{7-5}$$

由式（7-5）可以看出，反应物的浓度随时间呈指数减小，因此只有当 $t=\infty$，才有 $c_A=0$，所以从理论上说，一级反应需要无限长的时间才能反应完全。

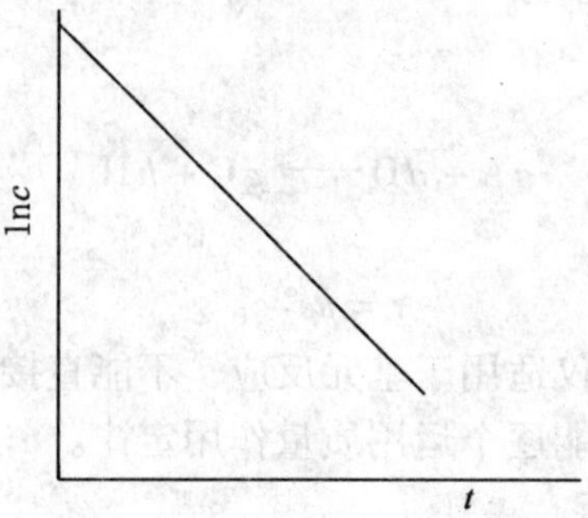

图 7-2 一级反应的 lnc - t 关系

根据一级反应的动力学方程可以得出一级反应的特点：

1. 速率常数 k 的量纲为［时间］$^{-1}$，单位为 s^{-1}（或 min^{-1}，h^{-1}，d^{-1}等）；

2. 将式（7-4）变化得

$$\ln c_A = \ln c_{A,0} - k_A t$$

可见 $\ln c_A - t$ 为直线（图 7-2），斜率为 $-k_A$，截距为 $\ln c_{A,0}$；

3. 虽然不能计算出反应进行完全需要多长时间，但可以计算出反应物浓度降低至初浓度的某个分率的时间。经常用到的是半衰期（half-life），即反应物的浓度降低至初浓度的一半所需要的时间

$$t_{1/2} = \frac{\ln 2}{k_A} = \frac{0.693}{k_A}$$

由上式可以看出，一级反应的半衰期是与浓度无关的常数，即反应物浓度降至$\frac{1}{4}c_{A,0}$时的时间恰好是浓度降至$\frac{1}{2}c_{A,0}$时的 2 倍。因此如果用静态法做实验，反应的时间不能靠提高初浓度来缩短。

通常反应物的浓度降至初浓度的分数也可用数值表达。例如研究药物的稳定性时，常把药物分解降至初浓度的 90% 所需要的时间称为十分之一衰期，记作 $t_{0.9}$，通常也是药物的有效期，即

$$t_{0.9} = \frac{\ln \frac{1}{90\%}}{k_A} = \frac{0.105}{k_A}$$

另外，对于一级反应，当反应物的浓度降至初浓度的$\frac{1}{e}$时所需要的时间称为弛豫时间（relaxation time），用 τ 表示，则由式（7-4）得：

$$\tau = \frac{1}{k_A} = 1.44 t_{1/2}$$

许多热分解反应、放射性元素的蜕变等都具有一级反应的特点。许多药物在体内的吸收、分布、代谢和排泄过程，也常被近似地看做一级反应。

利用一级反应的动力学方程，可以计算反应进行到 t 时刻反应物或产物的浓度，或达到一定浓度所需的时间。

例 7-1 某药物的降解为一级反应，已知当其含量降至 70% 即失效。现有一含初浓度为 5.0 mg·mL^{-1}此药物的样品，室温下放置 20 个月后浓度降为 4.2 mg·mL^{-1}。问标签上注明使用的有效期是多久？

解：先求反应的速率常数。将数据代入式（7-4）

$$k=\frac{1}{t}\ln\frac{c_{A,0}}{c_A}=\frac{1}{20}\ln\frac{5.0}{4.2}=8.73\times10^{-3}\ (\text{月}^{-1})$$

则有效期：

$$t_{0.7}=\frac{1}{k}\ln\frac{c_{A,0}}{c_A}=\frac{1}{8.73\times10^{-3}}\ln\frac{5.0}{5.0-5.0\times0.3}=41\ (\text{月})$$

例 7-2 对某滴眼液的药物动力学进行研究，于不同时间测得房水中的药物浓度为

t/h	1.5	2.0	2.5	3.5
c/μg·mL^{-1}	1.87	1.58	1.34	0.89

已知药物的吸收可按一级反应的动力学处理。试问：（1）该药物在眼部的半衰期为多少？（2）若要保持药物在房水中的浓度不低于 1.50μg·mL^{-1}，第一次滴眼后需多长时间再进行第二次？

解：（1）由题给数据得如下数据：

t/h	1.5	2.0	2.5	3.5
ln$c$	0.63	0.46	0.29	-0.12

作 ln$c$ - t 图（图 7-3）或进行线性回归得直线方程为 $\ln c=-0.372t+1.198$，则直线的

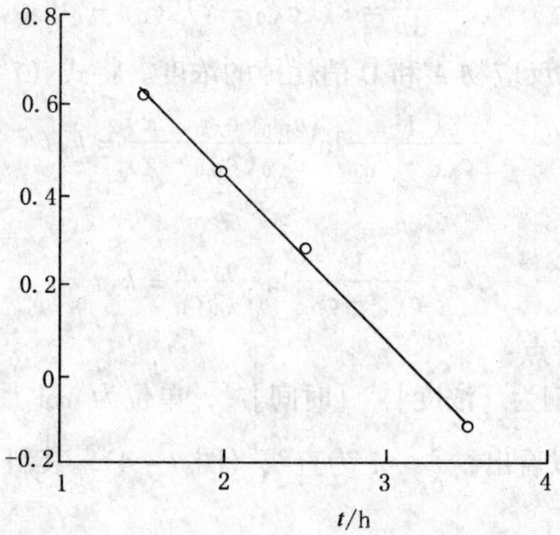

图 7-3 ln$c$ - t 关系图

斜率为 $-0.372\ \mathrm{h}^{-1}$，所以

$$k = -斜率 = 0.372\ \mathrm{h}^{-1}$$

$$t_{1/2} = \frac{0.693}{k} = \frac{0.693}{0.372} = 1.86(\mathrm{h})$$

(2) 由作图法或线性回归法所得截距求得第一次滴眼后房水中该药物的初浓度 $c_0 = 3.32\mu\mathrm{g}\cdot\mathrm{mL}^{-1}$，降至 $1.50\mu\mathrm{g}\cdot\mathrm{mL}^{-1}$所需时间为

$$t = \frac{1}{k}\ln\frac{c_{A,0}}{c_A} = \frac{1}{0.372}\ln\frac{3.32}{1.50} = 2.14\ (\mathrm{h})$$

所以必须在第一次滴眼约 2 小时后再进行第二次。

二、二级反应

根据反应级数的定义，二级反应（second - order reaction）可能有两种类型，即反应速率与一种反应物浓度的二次方成正比，有时称为纯二级反应；或反应速率与两种反应物浓度的一次方的乘积成正比，有时称为混二级反应。

若纯二级反应的计量方程为

$$a\mathrm{A} \longrightarrow \mathrm{P}$$

则反应速率可表示为

$$-\frac{\mathrm{d}c_A}{\mathrm{d}t} = k_A c_A^2 \tag{7-6}$$

将式（7-6）积分得

$$\frac{1}{c_A} - \frac{1}{c_{A,0}} = k_A t \tag{7-7}$$

若混二级反应的计量方程为

$$a\mathrm{A} + d\mathrm{D} \longrightarrow \mathrm{P}$$

则反应速率可表示为

$$-\frac{\mathrm{d}c_A}{\mathrm{d}t} = k_A c_A c_D \tag{7-8}$$

若计量系数 $a = d$，且反应物的初浓度 $c_{A,0} = c_{D,0}$，则式（7-8）可化作式（7-6）；

若计量系数 $a = d$，且反应物的初浓度 $c_{A,0} \neq c_{D,0}$，则

$$-\frac{\mathrm{d}c_A}{\mathrm{d}t} = k_A(c_{A,0} - x)(c_{D,0} - x) \tag{7-9}$$

式中 x 为经过时间 t 后，反应物 A 和 D 消耗掉的浓度。将式（7-9）积分得

$$\frac{1}{c_{A,0} - c_{D,0}}\ln\frac{c_{D,0}(c_{A,0} - x)}{c_{A,0}(c_{D,0} - x)} = k_A t \tag{7-10}$$

或

$$\frac{1}{c_{A,0} - c_{D,0}}\ln\frac{c_{D,0}\,c_A}{c_{A,0}\,c_D} = k_A t \tag{7-11}$$

二级反应具有如下特点：

1. 速率常数 k 的量纲为［浓度］$^{-1}$［时间］$^{-1}$，单位为 $\mathrm{mol}^{-1}\cdot\mathrm{L}\cdot\mathrm{s}^{-1}$或 $\mathrm{mol}^{-1}\cdot\mathrm{m}^3\cdot\mathrm{s}^{-1}$等；

2. 由式（7-7）可以看出，$\frac{1}{c_A} - t$ 为直线（图 7-4），其斜率为 k_A，截距为$\frac{1}{c_{A,0}}$；由式（7-11）可以看出，$\frac{1}{c_{A,0} - c_{D,0}}\ln\frac{c_{D,0}\,c_A}{c_{A,0}\,c_D} - t$ 为直线，其斜率为 k_A；

3. 对于纯二级反应及 $a=d$ 且反应物的初浓度 $c_{A,0}=c_{D,0}$ 的混二级反应，则半衰期

$$t_{1/2}=\frac{1}{k_A c_{A,0}} \qquad (7-12)$$

它与一级反应不同，与初浓度成反比。对于混二级反应，且 $c_{A,0}\neq c_{D,0}$ 时，A 和 D 的半衰期不同，应分别将 $c_A=\frac{1}{2}c_{A,0}$ 或 $c_D=\frac{1}{2}c_{D,0}$ 代入式（7－11）进行计算，分别为

$$t_{1/2,A}=\frac{1}{k_A(c_{A,0}-c_{D,0})}\ln\frac{c_{D,0}}{2c_{D,0}-c_{A,0}}$$

$$t_{1/2,D}=\frac{1}{k_A(c_{A,0}-c_{D,0})}\ln\frac{2c_{A,0}-c_{D,0}}{c_{A,0}}$$

二级反应很多，其中包括大量的双分子基元反应。在溶液中的许多有机反应是混二级反应。

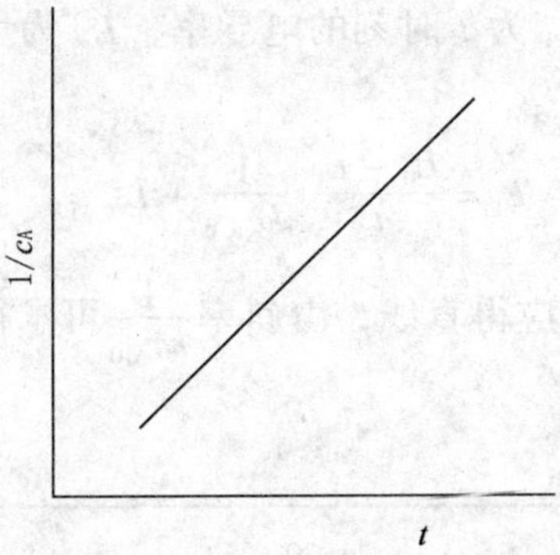

图 7－4　二级反应的 $\frac{1}{c_A}-t$ 关系

例 7－3　二级反应 $CH_3COOC_2H_5+NaOH\longrightarrow CH_3COONa+C_2H_5OH$ 的速率常数为 0.11 $mol^{-1}\cdot L\cdot s^{-1}$。已知 NaOH 和 $CH_3COOC_2H_5$ 的初浓度分别为 $c_{A,0}=0.05\ mol\cdot L^{-1}$ 和 $c_{D,0}=0.10\ mol\cdot L^{-1}$，求当反应 10min 时 NaOH 和 $CH_3COOC_2H_5$ 的浓度各为多少？

解：由式（7－10）得

$$x=\frac{c_{A,0}c_{D,0}[e^{(c_{D,0}-c_{A,0})kt}-1]}{c_{D,0}e^{(c_{D,0}-c_{A,0})kt}-c_{A,0}}$$

将题给数据　$k=0.11\ mol^{-1}\cdot L\cdot s^{-1}$，$c_{A,0}=0.05\ mol\cdot L^{-1}$，$c_{D,0}=0.10\ mol\cdot L^{-1}$ 代入上式，则

$$x=\frac{0.05\times0.10\ [e^{(0.10-0.05)\times0.11\times10\times60}-1]}{0.10e^{(0.10-0.05)\times0.11\times10\times60}-0.05}=0.049\ (mol\cdot L^{-1})$$

所以　$c_A=c_{A,0}-x=0.05-0.049=0.001(mol\cdot L^{-1})$

$c_D=c_{D,0}-x=0.10-0.049=0.051(mol\cdot L^{-1})$

即反应 10min 时 NaOH 和 $CH_3COOC_2H_5$ 的浓度分别为 0.001 和 0.051 $mol\cdot L^{-1}$。

例 7－4　乙酸乙酯的皂化反应为

$$CH_3COOC_2H_5+NaOH\longrightarrow CH_3COONa+C_2H_5OH$$

该反应对乙酸乙酯和 NaOH 均为一级，已知 NaOH 和乙酸乙酯的初浓度都为 $c_0=2.04\times10^{-2}$ $mol\cdot L^{-1}$。在 25℃将 NaOH 和乙酸乙酯的溶液等体积混合进行反应，在不同时间测得混合溶

液的电导率为

t/min	0	10	15	20	25	30	35	40
$L_t/10^{-8}\text{S}\cdot\text{m}^{-1}$	1769	1447	1372	1299	1243	1198	1162	1133

求该反应在25℃的速率常数及半衰期。

解：随着皂化反应的进行，混合溶液中电导率较大的 OH^- 离子被电导率较小的 CH_3COO^- 离子代替，因此混合溶液的电导率逐渐减小。在稀溶液中，浓度与电导率值成正比，所以有

$$c_{A,0} - c_{A,t} = K(L_0 - L_t)$$

$$c_{A,0} = K(L_0 - L_\infty)$$

上式中 L_0 为 $t=0$ 时的电导率，L_t 为 t 时刻的电导率，L_∞ 为反应进行完毕时的电导率。将上式代入式（7－7）得

$$L_t = \frac{L_0 - L_t}{t} \cdot \frac{1}{kc_{A,0}} + L_\infty$$

以 L_t 对 $\frac{L_0 - L_t}{t}$ 作图或线性回归，应得直线，由斜率 $\frac{1}{kc_{A,0}}$ 可求得 k。由题给数据计算不同时间的 $\frac{L_0 - L_t}{t}$ 如下表：

t/min	10	15	20	25	30	35	40
$L_t/10^{-8}\text{S}\cdot\text{m}^{-1}$	1447	1372	1299	1243	1198	1162	1133
$\frac{L_0 - L_t}{t}/10^{-8}\text{S}\cdot\text{m}^{-1}\cdot\text{min}^{-1}$	32.2	26.5	23.5	21.0	19.0	17.3	15.9

以 L_t 对 $\frac{L_0 - L_t}{t}$ 作图（图 7－5）或进行线性回归，得直线的斜率为 19.95min，所以速率常数

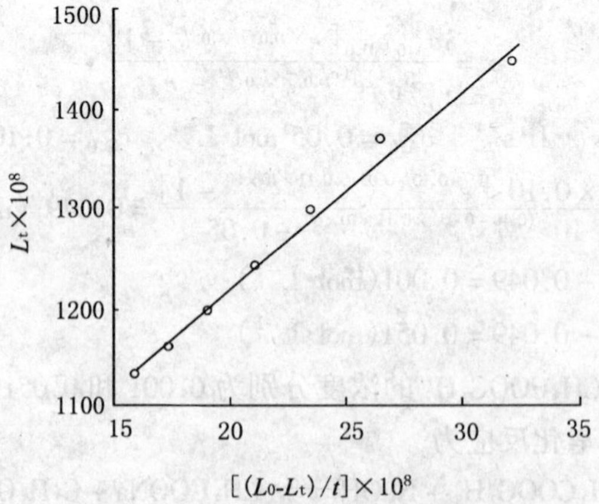

图 7－5　L_t 对 $(L_0 - L_t)/t$ 的关系曲线

$$k = \frac{1}{19.95 \times 2.04 \times 10^{-2}} \times 2 = 4.91(\mathrm{mol^{-1} \cdot L \cdot min^{-1}})$$

半衰期 $$t_{1/2} = \frac{1}{kc_{A,0}} = \frac{1}{4.91 \times 2.04 \times 10^{-2} \times \frac{1}{2}} = 19.97(\mathrm{min})$$

三、零级反应和准级数反应

1. 零级反应

反应速率与反应物浓度无关的反应称为零级反应（zero - order reaction），即零级反应的速率等于其速率常数。零级反应的微分速率方程为：

$$-\frac{dc_A}{dt} = k_A c_A^0 = k_A \tag{7-13}$$

将式（7 - 13）积分得

$$c_{A,0} - c_A = k_A t \tag{7-14}$$

零级反应具有如下特点：

（1）速率常数 k 的量纲为［浓度］［时间］$^{-1}$，单位为 $\mathrm{mol \cdot L^{-1} \cdot s^{-1}}$ 或 $\mathrm{mol \cdot m^{-3} \cdot s^{-1}}$ 等，即为反应速率的单位；

（2）由式（7 - 14）可以看出，$c_A - t$ 为直线（图 7 - 6），其斜率为 $-k_A$，截距为 $c_{A,0}$；并且零级反应可在有限的时间内进行完全；

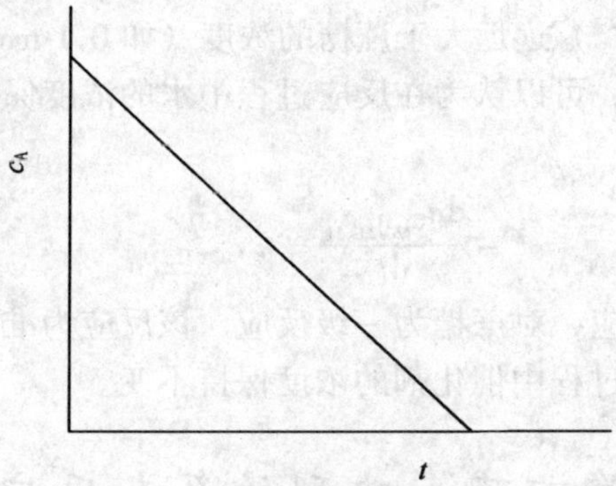

图 7 - 6　零级反应的 $c_A - t$ 曲线

（3）半衰期　$t_{1/2} = \frac{c_{A,0}}{2k_A}$。

某些光化学反应、表面催化反应、电解反应等具有零级反应的特征。它们的反应速率分别只与光强度、表面状态及通过的电量有关。许多难溶性的固体药物与水形成的混悬液，由于制剂的浓度一般远大于该药物在水中的溶解度，所以混悬液的降解表现为恒浓度（溶解度）的降解，为零级降解反应。

例 7 - 5　已知在 25℃时 α - 氨苄青霉素的溶解度为 1.2g·（100mL）$^{-1}$。现有一浓度为 2.5 g·（100mL）$^{-1}$的该药物的混悬液，其零级降解的速率常数为 2.2×10^{-7} g·（100mL·s）$^{-1}$，求该混悬液的有效期 $t_{0.9}$。

解：根据式（7 - 14），可得到零级反应的 $t_{0.9}$ 为

$$t_{0.9} = \frac{c_{A,0}}{10k_A}$$

将题给数据代入上式，则

$$t_{0.9}=\frac{2.5}{10\times2.2\times10^{-7}}=1.14\times10^{6}(\mathrm{s})=13.2(天)$$

2. 准级数反应（pesudo order reaction）

为了将所研究的问题简化，对于许多反应，可使反应速率对某些反应物的级数为零，从而使实验测得的反应级数降低。如某反应的速率方程为

$$r=kc_A^a c_D^d$$

可以选择初浓度使反应物 A 比 D 大大过量，即 $c_{A,0}\gg c_{D,0}$，一般大于 30 倍，至少大于 10 倍。这样，可以认为在反应过程中 A 的浓度基本不变，即可以认为 c_A 为常数，则反应的速率方程可写为

$$r=kc_A^a c_D^d=k'c_D^d$$

那么称反应对 A 为准零级反应（pseudo zero order reaction），则该反应为准 d 级反应。例如在酸催化下蔗糖在稀溶液中转化为葡萄糖和果糖的反应

$$C_{12}H_{22}O_{11}+H_2O\xrightarrow{H^+}C_6H_{12}O_6\text{（葡萄糖）}+C_6H_{12}O_6\text{（果糖）}$$

实验证明，此反应的反应速率与蔗糖的浓度、水的浓度及催化剂 H^+ 离子的浓度有关。在催化剂 H^+ 离子的浓度固定的条件下，上述反应本是二级反应，其速率方程为

$$-\frac{dc_{C_{12}H_{22}O_{11}}}{dt}=kc_{H_2O}c_{C_{12}H_{22}O_{11}}$$

由于水的浓度（55.56 mol·L^{-1}）远远大于蔗糖的浓度（如 0.1 mol·L^{-1}），且水的消耗相对于水的浓度来说是微不足道的，可以认为在反应过程中水的浓度保持不变，所以其速率方程变为

$$-\frac{dc_{C_{12}H_{22}O_{11}}}{dt}=k'c_{C_{12}H_{22}O_{11}}$$

因此该反应对水为准零级反应，对蔗糖为一级反应，该反应为准一级反应。均相催化反应也是准级数反应，因为在反应过程中催化剂的浓度保持不变。

第四节　典型的复杂反应

前面讨论的都是比较简单的反应，实际上许多反应都不是单一的过程，而是许多个反应过程复合的结果。由两个或两个以上的基元反应以某种方式联系起来的反应称为复杂反应。不同的组合方式可以构成不同类型的复杂反应。最典型的复杂反应有对峙反应、平行反应、连续反应及链反应。

一、对峙反应

正逆两个方向都能进行的反应称为对峙反应（opposing reaction）或可逆反应（reversible reaction）。这里的可逆是指正向与逆向反应的速率常数属同一数量级。对峙反应的总反应速率是正向反应速率与逆向反应速率之差。最简单的对峙反应为 1 - 1 级对峙反应：

$$A\underset{k_2}{\overset{k_1}{\rightleftharpoons}}D$$

则　$r=-\frac{dc_A}{dt}=k_1c_A-k_2c_D=k_1c_A-k_2(c_{A,0}-c_A)=(k_1+k_2)c_A-k_2c_{A,0}$

对于对峙反应，当反应达到平衡时，$r_{正}=r_{逆}$，$r=0$，$c_A=c_{A,e}$，$c_D=c_{D,e}=c_{A,0}-c_{A,e}$，代入上式得：

$$(k_1+k_2)c_{A,e}=k_2c_{A,0}$$

$$-\frac{dc_A}{dt}=(k_1+k_2)(c_A-c_{A,e})$$

对上式进行定积分得

$$\ln\frac{c_{A,0}-c_{A,e}}{c_A-c_{A,e}}=(k_1+k_2)t \qquad (7-15)$$

或 $$\ln(c_A-c_{A,e})=-(k_1+k_2)t+\ln(c_{A,0}-c_{A,e})$$

以 $\ln(c_A-c_{A,e})$ 对 t 作图应为直线，斜率为 $-(k_1+k_2)$，若测得平衡常数 $K_c=\frac{k_1}{k_2}$，可联合求解得到 k_1、k_2。

许多分子内的重排与异构化反应属于 1－1 级对峙反应。异－7－氯－4－差向四环素异构为异－7－金霉素的反应为对峙反应，其浓度与时间的关系曲线类似于图 7－7。从图上可以看出，当反应时间足够长时，反应物与产物的浓度都趋向定值，且不再随时间而变，此时，反应达到平衡，正、逆反应的速率相等。可见，对峙反应不可能将反应进行完全。

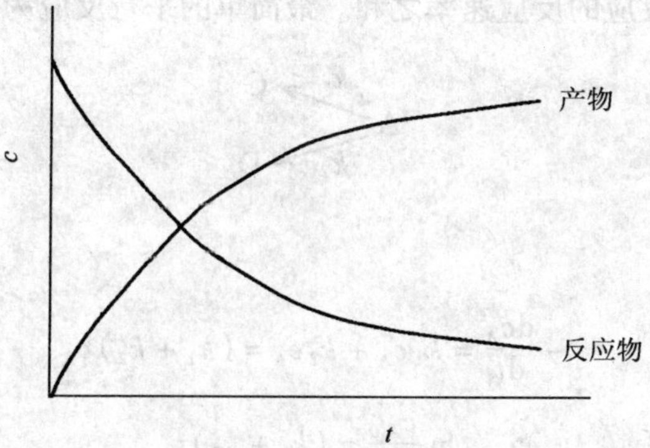

图 7－7　对峙反应的反应物与产物的 $c-t$ 曲线

例 7－6　某对峙反应　$A \underset{k_2}{\overset{k_1}{\rightleftharpoons}} D$，其中 $k_1=0.006\ \text{min}^{-1}$，$k_2=0.002\ \text{min}^{-1}$。如果开始时为纯 A，试问：(1)达到 A 和 D 的浓度相等需多长时间？(2)100 min 时，A 和 D 的浓度比为多少？

解：(1)先求出 $c_{A,e}$，再求反应至 $c_A=c_D=\frac{c_{A,0}}{2}$所需的时间 t。

由　$Kc=\frac{k_1}{k_2}=\frac{c_{A,0}-c_{A,e}}{c_{A,e}}=\frac{0.006}{0.002}=3$　得

$$c_{A,e}=\frac{1}{4}c_{A,0}$$

将 $c_{A,e}=\frac{1}{4}c_{A,0}$和 $c_A=\frac{1}{2}c_{A,0}$代入式(7－15)得

$$\ln \frac{c_{A,0} - \frac{1}{4}c_{A,0}}{\frac{1}{2}c_{A,0} - \frac{1}{4}c_{A,0}} = (k_1 + k_2)t$$

解得

$$t = 137\text{min}$$

(2)将 $c_{A,e} = \frac{1}{4}c_{A,0}$和 $t = 100$ min 代入式(7－15)得

$$\ln \frac{c_{A,0} - \frac{1}{4}c_{A,0}}{c_A - \frac{1}{4}c_{A,0}} = (k_1 + k_2)t$$

解得

$$c_A = 0.587c_{A,0}$$

则

$$c_D = c_{A,0} - c_A = 0.413c_{A,0}$$

$$\frac{c_A}{c_D} = \frac{0.587c_{A,0}}{0.413c_{A,0}} = 0.142$$

二、平行反应

反应物同时进行两个或两个以上不同的且相互独立的反应称为平行反应(parallel reaction)。一般将速率较大的或生成目的产物的反应称为主反应,将其它反应称为副反应。平行反应的总反应速率是各反应的反应速率之和。最简单的平行反应为平行的一级反应:

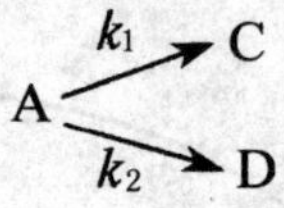

反应的总速率为

$$-\frac{dc_A}{dt} = k_1c_A + k_2c_A = (k_1 + k_2)c_A$$

将上式定积分得:

$$\ln \frac{c_{A,0}}{c_A} = (k_1 + k_2)t \qquad (7-16)$$

或

$$c_A = c_{A,0}e^{-(k_1 + k_2)t} \qquad (7-17)$$

由式(7－16)可知,$\ln c_A - t$ 为直线,斜率为 $-(k_1 + k_2)$。

生成产物 C 的速率为

$$\frac{dc_C}{dt} = k_1c_A = k_1c_{A,0}e^{-(k_1 + k_2)t} \qquad (7-18)$$

将式(7－18)定积分得:

$$c_C = \frac{k_1}{k_1 + k_2}c_{A,0}[1 - e^{-(k_1 + k_2)t}]$$

同理可得:

$$c_D = \frac{k_2}{k_1 + k_2}c_{A,0}[1 - e^{-(k_1 + k_2)t}] \qquad (7-19)$$

将上述二式相除得

$$\frac{c_C}{c_D} = \frac{k_1}{k_2}$$

因此由 $-(k_1 + k_2)$及$\frac{k_1}{k_2}$值联合求解,可得 k_1、k_2。

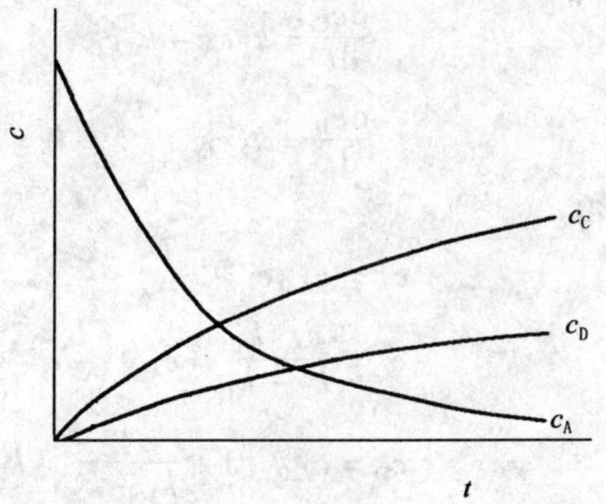

图 7-8　一级平行反应的 $c-t$ 曲线

一级平行反应的 $c-t$ 曲线见图 7-8。在反应的任意时刻都有

$$c_A + c_C + c_D = c_{A,0}$$

且 C 与 D 的浓度比为常数$\frac{k_1}{k_2}$。

例 7-7　在高温时，醋酸的分解反应按下式进行

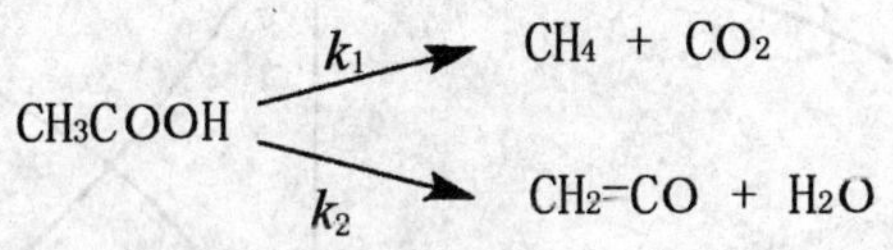

在 1189K 时，$k_1 = 3.74 s^{-1}$，$k_2 = 4.65 s^{-1}$，试计算（1）醋酸分解 99% 所需的时间；（2）这时所能得到的 $CH_2 = CO$ 的产量（以醋酸分解的百分数表示）。

解：（1）醋酸分解 99% 时，$c_A = 0.01 c_{A,0}$，将 c_A 及 k_1、k_2 代入式（7-17）中

$$0.01 c_{A,0} = c_{A,0} e^{-(3.74+4.65)t}$$

解得　　$t = 0.549$ s

（2）将 k_1、k_2 及 t 代入式（7-19）中

$$c_{CH_2=CO} = \frac{4.65}{3.74+4.65} c_{A,0} \left[1 - e^{-(3.74+4.65)\times 0.549}\right]$$
$$= 0.549 c_{A,0}$$

即此时所能得到的 $CH_2 = CO$ 的产量为醋酸初浓度的 54.9%。

三、连续反应

一个化学反应要经过连续的几步才能得到产物，并且前一步的产物为后一步的反应物，则该反应称为连续反应（consecutive reaction）。如放射性核素的衰变等就属于连续反应。最简单的连续反应为两个连续的一级反应，且 A、C 与 D 的化学计量系数均为 1，即

$$A \xrightarrow{k_1} C \xrightarrow{k_2} D$$

它们的速率分别为

$$-\frac{dc_A}{dt} = k_1 c_A$$

$$\frac{dc_C}{dt} = k_1 c_A - k_2 c_C$$

$$\frac{dc_D}{dt} = k_2 c_C$$

对上述三式分别进行定积分得：

$$c_A = c_{A,0} e^{-k_1 t} \tag{7-20}$$

$$c_C = \frac{c_{A,0} k_1}{k_2 - k_1} \left(e^{-k_1 t} - e^{-k_2 t}\right) \tag{7-21}$$

$$c_D = c_{A,0} \left[1 + \frac{1}{k_1 - k_2} \left(k_2 e^{-k_1 t} - k_1 e^{-k_2 t}\right)\right] \tag{7-22}$$

若已知 k_1、k_2，根据式(7－20)、(7－21)、(7－22)三式可求出 c_A、c_C、c_D 与反应时间 t 的关系。一级连续反应的 $c-t$ 曲线如图 7－9 所示。由图可以看出，C 的浓度有一最大值，将式(7－21)对 t 求导数并令其为零，可得到

$$c_{C,\max} = c_{A,0}\left(\frac{k_1}{k_2}\right)^{k_2/(k_2-k_1)}$$

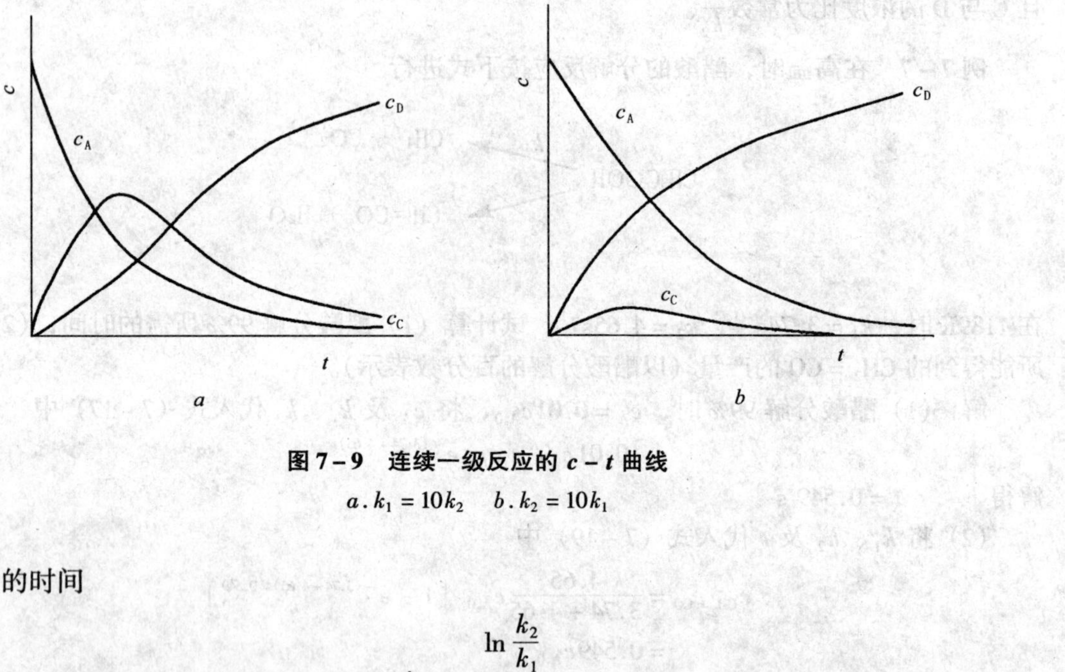

图 7－9　连续一级反应的 $c-t$ 曲线

$a.\ k_1 = 10k_2$　$b.\ k_2 = 10k_1$

所对应的时间

$$t_{\max} = \frac{\ln\dfrac{k_2}{k_1}}{k_2 - k_1}$$

长链脂肪酸在生物体内的氧化反应就是连续反应，每反应一步，碳链就缩短一段。在正常情况下，虽然每天有几百克的脂肪酸被氧化，但只有极少量的中间产物被发现。当患糖尿病时，连续反应的某些环节发生障碍，反应速率大大降低，某些中间产物就会累积起来，它们在血液、组织及尿中都会被发现。

四、链反应

在化学反应中，通过低浓度、高活泼性的链载体（自由原子或自由基）的生成，该链载体参与循环反应导致产物的生成和新的链载体的生成，使反应就像锁链一样持续不断地进行下去，这类反应称为链反应（chain reaction）。因此链反应是由大量的、反复循环的连续反应

组成的。自由原子或自由基是含有未成对电子的原子或基团，例如 H·，OH·等。任何链反应都有链的引发、链的传递和链的终止三个步骤。每一步的基本特征是：

链引发——产生自由原子或自由基的过程，是链反应中最难进行的过程。

链传递——链引发产生的自由原子或自由基立即同其它物质发生反应，产生新的自由原子或自由基，如此连续循环进行。此过程是链反应中最活跃的过程。

链终止——自由原子或自由基变为一般分子而销毁的过程，是链反应的最后阶段。

例如：反应 $H_2 + Cl_2 \longrightarrow 2HCl$ 就是一个链反应：

链引发：$Cl_2 + M \xrightarrow{k_1} 2Cl\cdot + M$

链传递：$Cl\cdot + H_2 \xrightarrow{k_2} HCl + H\cdot$

$H\cdot + Cl_2 \xrightarrow{k_3} HCl + Cl\cdot$

链终止：$2Cl\cdot + M \xrightarrow{k_4} Cl_2 + M$

式中 M 为体系中存在的各种分子，如 H_2、Cl_2 或任何其它分子，用于转移能量。

第五节　反应级数的确定

反应级数是重要的动力学参数。对于简单级数的反应，反应级数可直接告诉我们反应物的浓度是如何影响反应速率的，并且也可以为明确反应机理提供帮助。动力学研究的基本任务之一就是确定反应级数。确定反应级数常用以下几种方法。

一、积分法

所谓积分法（integration method）就是利用速率方程的积分式来确定反应级数的方法。它又分为尝试法和作图法。

1. 尝试法

尝试法是将测得的不同时刻的浓度数据直接代入各简单级数反应的积分速率方程中，计算速率常数 k。若代入某积分速率方程，在不同的反应时间求得的 k 值相同或极其相近，则该积分速率方程的级数即为所求的反应级数。对于简单级数反应，利用足够宽范围的反应时间的浓度数据一般就可做这种尝试。

例 7－8　在 298.2K 时乙酸乙酯与氢氧化钠发生皂化反应，乙酸乙酯与氢氧化钠的初浓度都为 $0.01\text{mol}\cdot\text{L}^{-1}$，实验测得不同反应时间的产物的浓度如下表。根据实验数据判断该反应的级数。

t/min	5	7	9	11	13
$c/10^{-3}\text{mol}\cdot\text{L}^{-1}$	2.45	3.13	3.67	4.14	4.59

解：将表中数据分别代入式(7－4)、(7－7)、(7－14)中计算速率常数 k，列于下表中。

t/min	$k_0/10^{-4}\,\text{mol}\cdot\text{L}^{-1}\cdot\text{min}^{-1}$	$k_1/10^{-2}\,\text{min}^{-1}$	$k_2/\text{mol}^{-1}\cdot\text{L}\cdot\text{min}^{-1}$
5	4.90	5.62	6.49
7	4.47	5.36	6.51
9	4.08	5.08	6.44
11	3.76	4.86	6.42
13	3.53	4.73	6.53

由上表数据可以看出，最后一列的 k 值几乎相等，因此该反应为二级反应，速率常数 k 为

$$\overline{k_2} = \frac{1}{5}(6.49 + 6.51 + 6.44 + 6.42 + 6.53)$$
$$= 6.48(\text{mol}^{-1}\cdot\text{L}\cdot\text{min}^{-1})$$

2. 作图法

此法仍属尝试法范畴，但不是求算速率常数 k，而是以浓度的某种函数对时间作图。因为简单级数反应有如下特点：对一级反应，以 $\ln c_A$ 对 t 作图应得直线；对二级反应，以$1/c_A$ 对 t 作图应得直线；对零级反应，以 c_A 对 t 作图应得直线。所以，按上述不同形式作图，若有一种图成直线，则该图所代表的级数即为所求反应的级数。

积分法是常用的确定反应级数的方法，只需要一次实验的数据就能进行尝试，但应用此法时实验数据的浓度变化范围应足够大，否则难以判明反应级数。如果将实验数据代入所有的简单级数反应的积分速率方程中 k 都不是常数，则这个反应不是简单级数反应。

二、半衰期法

半衰期法（half - life method）也是一种积分法。若反应的微分速率方程为

$$-\frac{dc_A}{dt} = kc_A^n$$

则当 $n \neq 1$ 时半衰期 $t_{1/2}$与反应物初浓度 $c_{A,0}$的关系为：

$$t_{1/2} = Kc_{A,0}^{1-n} \tag{7-23}$$

式中 K 为比例常数。将式（7 - 23）两边取对数可得

$$\ln t_{1/2} = \ln K + (1-n)\ln c_{A,0} \tag{7-24}$$

以 $\ln t_{1/2}$对 $\ln c_{A,0}$作图或进行线性回归，由直线的斜率可求得反应级数 n。另外，由式（7 - 23）不难导出

$$n = 1 + \frac{\ln(t_{1/2}/t'_{1/2})}{\ln(c_{A,0}/c'_{A,0})} \tag{7-25}$$

反应的半衰期 $t_{1/2}$和 $t'_{1/2}$可从 $c - t$ 曲线求得，因此可由式（7 - 25）计算出 n。

此法不限于用 $t_{1/2}$求算反应级数，也可用 $t_{1/4}$、$t_{2/3}$等代替式（7 - 25）中的 $t_{1/2}$来进行计算。

例 7 - 9 在 300℃时气相反应

$$C_2F_4 \longrightarrow \frac{1}{2}\text{cyclo} - C_4F_8$$

在不同时刻 C_2F_4 的浓度如下。请用半衰期法确定反应级数，并计算该温度下的速率常数。

t/min	0	250	750	1750	3750
c/mol·L^{-1}	0.0500	0.0250	0.0125	0.00625	0.00312

解：由表中数据可以看出，每一时刻的浓度是其前一时刻浓度的一半，因此两者之间的时间间隔即是反应的半衰期，前一时刻的浓度即为反应的“始态”，所以有

$t_{1/2}$/min	250	500	1000	2000
c_0/mol·L^{-1}	0.0500	0.0250	0.0125	0.00625

将表中数据都取自然对数得

$\ln c_0$	-3.00	-3.69	-4.38	-5.08
$\ln t_{1/2}$	5.52	6.21	6.91	7.60

以 $\ln t_{1/2}$ 对 $\ln c_0$ 进行线性回归，直线的斜率为 -1.00，则反应的级数为 2。
在该温度下反应的速率常数为

$$k = \frac{1}{t_{1/2}\,c_0} = \frac{1}{250 \times 0.0500} = 0.080\ (\text{mol}^{-1}\cdot\text{L}\cdot\text{min}^{-1})$$

三、微分法

所谓微分法（differential method）就是用速率方程的微分形式来确定反应级数的方法。若反应的速率方程为

$$r = -\frac{dc_A}{dt} = kc_A^n \tag{7-26}$$

测得不同时刻反应物的浓度 c_A，作 $c_A - t$ 曲线，曲线上任一点切线的斜率即为该浓度下的反应速率（图 7-10）。只要在 $c_A - t$ 曲线上任取两点，则

$$-\frac{dc_{A,1}}{dt} = kc_{A,1}^n，\quad -\frac{dc_{A,2}}{dt} = kc_{A,2}^n$$

将上式两边取对数后相减即得反应级数 n

$$n = \frac{\ln\left(-\frac{dc_{A,1}}{dt}\right) - \ln\left(-\frac{dc_{A,2}}{dt}\right)}{\ln c_{A,1} - \ln c_{A,2}}$$

用上述方法求出若干个 n，然后取平均值。另外，对式（7-26）取对数可得

$$\ln\left(-\frac{dc_A}{dt}\right) = \ln k + n\ln c_A$$

以 $\ln\left(-\frac{dc_A}{dt}\right)$ 对 $\ln c_A$ 作图应为一直线，其斜率就是反应级数 n。

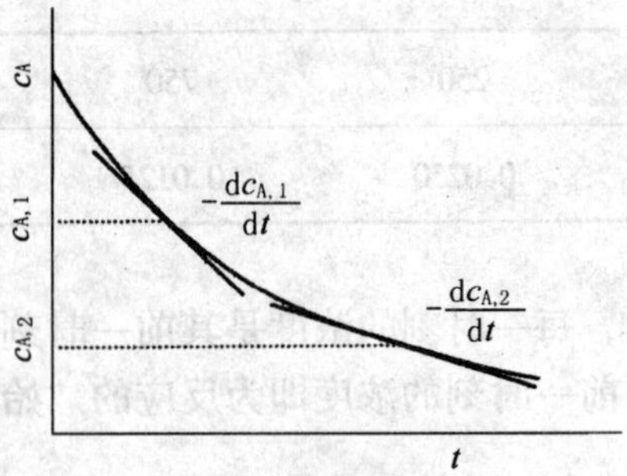

图 7-10　反应物浓度与时间的关系

用微分法确定反应级数时，反应速率最好使用反应的初速率值。即取一系列不同的初浓度 c_0，作一系列的 $c-t$ 曲线，在各个 c_0 处求出相应的斜率（$-\frac{dc_0}{dt}$），即反应的初速率。然后以这些初速率的对数对相应的初浓度的对数作图，直线的斜率即为反应的级数 n。该方法的优点是可以避免反应产物的干扰。

四、孤立法

若反应的速率方程为

$$-\frac{dc_A}{dt}=k_a c_A^{\alpha} c_C^{\beta} c_D^{\gamma}$$

速率方程中包括不止一种物质，虽然上述确定反应级数的方法仍然可行，但操作很繁琐，这时往往采用孤立法。即先变化其中一种反应物的浓度（如 c_A），并使其它物质的浓度（c_C 和 c_D）大大过量，因而 c_C 和 c_D 在反应过程中可以看做不变，此时反应速率方程变为

$$-\frac{dc_A}{dt}=k'_a c_A^{\alpha}$$

在这种情况下，可以应用上述几种方法求算出反应对 A 的级数 α。用类似的方法，可依次求出反应对 C 和 D 的级数 β 和 γ，反应的总级数为 α、β 和 γ 之和。

第六节　温度对反应速率的影响

在本节之前，我们研究浓度对反应速率的影响是在温度恒定的前提下，现在讨论温度对反应速率的影响，也需把浓度的影响消除，所以通常都是讨论速率常数 k 随温度的变化。

温度对反应速率的影响有许多经验性的规律，其中范特荷夫（Jaco bus Henricus Van't Hoff）规则指出：温度每升高 10K，反应速率大约增加 2~4 倍，即

$$\frac{k_{T+10}}{k_T}=2\sim4$$

如果不需要精确的计算，则可根据上述规律粗略地估计出温度对反应速率常数的影响。但并不是所有反应的反应速率常数与温度的关系都符合上述规则，目前已知有图 7-11 所示的五种类型的 $k-T$ 关系曲线。第Ⅰ种类型最为常见，为阿仑尼乌斯（Svante August Arrhenius）型，反应速率常数随温度的升高而增大，大多数化学反应均属这一类型。第Ⅱ种类型是有爆炸极限的反应，开始时温度对反应速率常数的影响不大，当温度达到一定极限时反应高速进

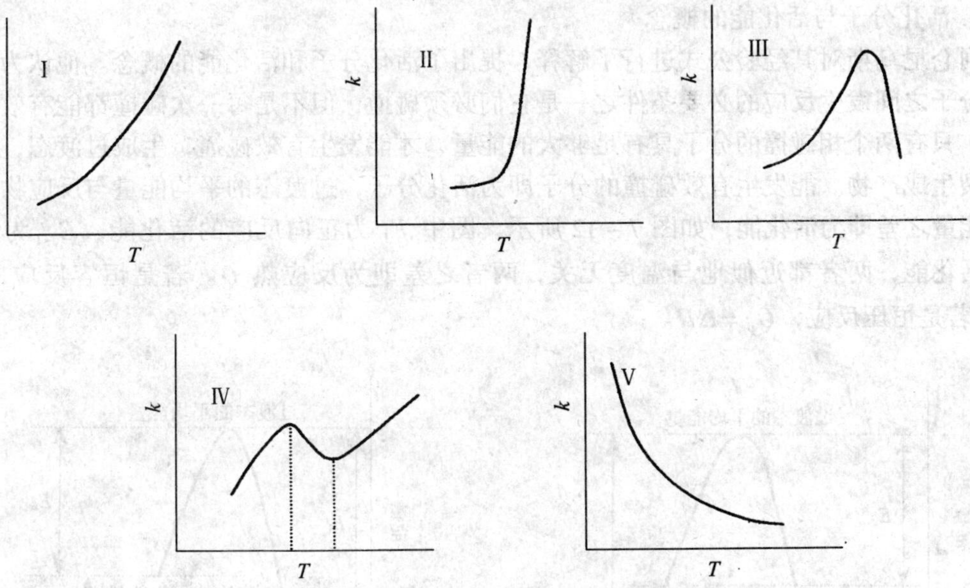

图 7-11　速率常数 k 与温度 T 的关系

行，发生爆炸。在多相催化反应中常出现第Ⅲ种类型，在温度不高时，反应速率常数随温度的升高而增大，当温度达到某值后，速率常数急剧下降，这可能与催化剂的活性急剧丧失直接相关，酶催化反应就属该种情况，生物体内的反应多属于这一类型。第Ⅳ种类型是碳和某些烃类的氧化反应，在某温度范围内出现了速率常数的负温度效应，这可能与某些支化反应被破坏有关。第Ⅴ种类型是反常的，在某温度段，温度升高，反应速率常数下降，属于这种情况的是为数很少的气相三级反应，如 NO 氧化生成 NO_2。

一、阿仑尼乌斯经验公式

1889 年阿仑尼乌斯根据大量的实验数据，发现了速率常数与温度之间的关系有类似的规律性，即著名的阿仑尼乌斯经验公式

$$\frac{\mathrm{d}\ln k}{\mathrm{d}T} = \frac{E_a}{RT^2} \qquad (7-27)$$

式中 E_a 称为阿氏活化能（activation energy）或实验活化能，其单位为 $kJ \cdot mol^{-1}$。若 E_a 为常数，则该公式还有其它几种形式：

指数形式　$$k = Ae^{-E_a/RT} \qquad (7-28)$$

不定积分式　$$\ln k = -\frac{E_a}{RT} + \ln A \qquad (7-29)$$

定积分式　$$\ln\frac{k_2}{k_1} = -\frac{E_a}{R}\left(\frac{1}{T_2} - \frac{1}{T_1}\right) \qquad (7-30)$$

式中的 A 是指前因子（preexponential factor），又称为频率因子，其量纲与 k 相同，是一个重要的动力学参数。

阿仑尼乌斯公式的应用范围相当广泛，既适用于基元反应，也适用于复杂反应。

二、活化能

1. 活化分子与活化能的概念

阿仑尼乌斯对其经验公式进行了解释，提出了活化分子和活化能的概念。他认为基元反应的分子之间发生反应的必要条件之一是它们必须碰撞，但不是每一次碰撞都能有效地发生反应，只有两个相碰撞的分子具有足够大的能量，才能发生有效碰撞，生成过渡态，由过渡态分裂生成产物。能发生有效碰撞的分子即为活化分子，过渡态的平均能量与反应物分子的平均能量之差即为活化能，如图 7－12 所示。图中 E_1 为正向反应的活化能，E_{-1} 为逆向反应的活化能，两者都近似地与温度无关，两者之差即为反应热 Q。若是恒容反应，$Q_V=\Delta U$；若是恒压反应，$Q_p=\Delta H$。

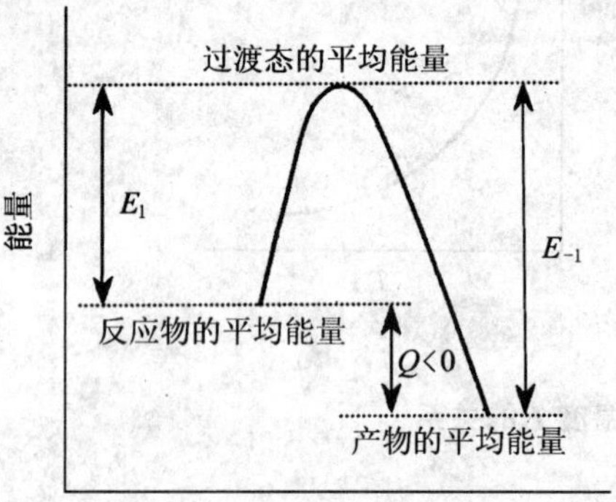

(a) 放热反应

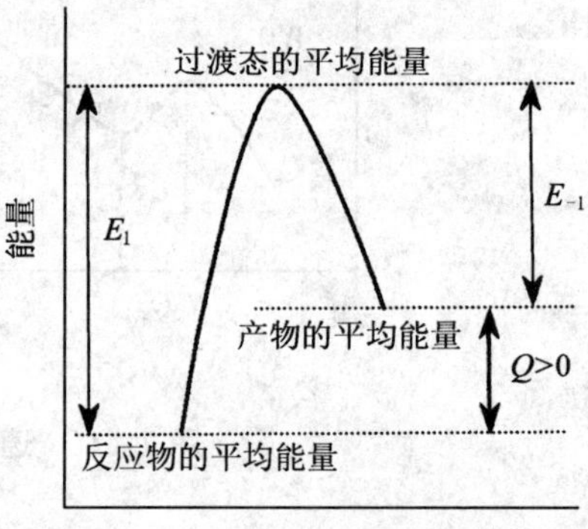

(b) 吸热反应

图 7－12　反应过程的势能变化

因此，活化能 E_a 是一个重要的动力学参数，其大小对反应速率常数的影响很大。由式 (7－28) 可以看出，E_a 值越大，反应速率常数越小，即该反应越难进行。因此，k 值的大小也是反应发生难易程度的一种度量。对于基元反应，E_a 有比较明确的物理意义，而对于复杂反应，其意义就不甚明确，通常称为表观活化能。

2. 活化能的测定

活化能 E_a 的大小可以通过实验测定。通常有作图法和计算法两种方法。

(1) 作图法　若测得几个不同温度下反应的速率常数，则根据式（7－29），以 $\ln k$ 对 $1/T$ 作图可得一条直线，直线的斜率为 $-\dfrac{E_a}{R}$，则 $E_a=-R\times$斜率。

例 7－10　反应 $N_2O_5 \longrightarrow N_2O_4+\frac{1}{2}O_2$ 在不同温度下有下列数据，求此反应的活化能。

T/K	273	298	308	318	328	338
$k/10^{-5}\,s^{-1}$	0.0787	3.46	13.5	49.8	150	487

解：根据式（7－29），以 $\ln k$ 对 $1/T$ 作图（图 7－13）或进行线性回归，所得直线的斜率为 $-\dfrac{E_a}{R}$，由此可求得 E_a。

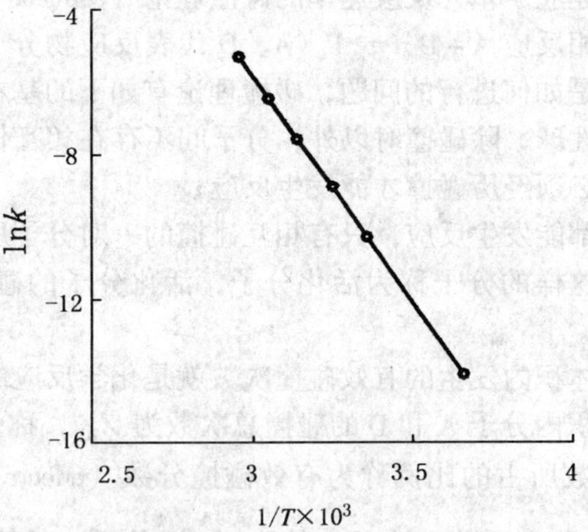

图 7-13 lnk-1/T 关系曲线

根据题给数据可得

$1/T/10^{-3}K^{-1}$	3.66	3.36	3.25	3.14	3.05	2.96
$\ln k/s^{-1}$	-14.1	-10.3	-8.91	-7.60	-6.50	-5.32

以 $\ln k$ 对 $1/T$ 作图或进行线性回归，得直线的斜率为 -1.249×10^4，所以

$$E_a = 1.249\times10^4\times8.314 = 104\ (\text{kJ}\cdot\text{mol}^{-1})$$

(2) 计算法　若已知两个温度下反应的速率常数，则代入式（7-30）中可求出活化能。同样，若已知反应的活化能和一个温度下的速率常数，也可由式（7-30）中求出另一个温度下的速率常数。

例 7-11　$CO(CH_2COOH)_2$ 在水溶液中发生分解反应，已知 283K 时 $k=1.080\times10^{-4}\text{s}^{-1}$，活化能 $E_a=97.61\text{kJ}\cdot\text{mol}^{-1}$。试求算 303K 时的速率常数。

解：利用式（7-30），将数据代入

$$\ln\frac{k_{303}}{1.080\times10^{-4}} = -\frac{97.61\times10^3}{8.314}\left(\frac{1}{303}-\frac{1}{283}\right)$$

解得　　$k_{303}=1.670\times10^{-3}\text{s}^{-1}$

第七节　基元反应速率理论简介

现已测出了许多反应的速率常数，对于温度对反应速率常数的影响也有了相当的了解。为什么会有这些宏观规律，理论上必须给予回答。更重要的是人们希望化学动力学能像化学热力学预言反应的自发趋势和限度那样，从理论上预言反应的速率常数。自 20 世纪以来，这方面的研究十分引人注目，先后发展了碰撞理论、过渡态理论和统一统计理论等。下面简单介绍前两个理论。

一、碰撞理论

初期的反应速率理论往往与解释和完善阿仑尼乌斯经验公式有关。1918 年路易士（Gilbert Newton Lewis）在阿仑尼乌斯提出的活化能概念的基础上，结合气体分子运动论，对气相的双分子反应做出阐述，建立了基元反应速率的碰撞理论（collision theory）。

现在以双分子简单气相反应 $A + D \longrightarrow P$（A、D 代表反应物分子，P 代表产物分子）为例来进行讨论。对于反应是如何进行的问题，碰撞理论有如下的基本假定：

(1) 分子可以看做刚性球，除碰撞时以外，分子间不存在相互作用；

(2) 两个反应物分子必须经历碰撞才能发生反应；

(3) 不是所有的碰撞都能发生反应，只有相互碰撞的一对分子所具有的平动能超过某一临界值，才能发生反应。这样的分子称为活化分子，活化分子的碰撞称为有效碰撞（effective collision）。

(4) 单位时间、单位体积内发生的有效碰撞次数就是化学反应的速率。

令单位时间、单位体积内分子 A 和 D 的碰撞总次数为 Z_{AD}，称为碰撞频率（collision frequency）。其中有效碰撞次数所占的比例称为有效碰撞分数（effective collision fraction），这一分数等于活化分子数 N_i 在总分子数 N 中所占的比例 $\frac{N_i}{N}$。则反应速率为

$$-\frac{dN_A}{dt} = Z_{AD}\frac{N_i}{N}$$

所以只要设法求出 Z_{AD} 和 $\frac{N_i}{N}$，就可计算出反应的速率和速率常数。

1. 气相分子中的碰撞频率 Z_{AD}

根据气体分子运动论，单位时间里一个 A 分子与 D 分子的碰撞数

$$Z'_{AD} = \pi(r_A + r_D)^2 uN_D$$

这是怎么得来的呢?

设分子 A 与 D 的半径分别为 r_A 与 r_D，若温度 T 时单位体积内 A 与 D 的分子数分别为 N_A、N_D，从图 7-14 可以看出，当一个 A 分子以 u 的速率运动，单位时间运动了 u 的距离，凡是质心在 $\pi(r_A + r_D)^2 u$ 体积内的所有 D 分子都与该 A 分子相碰撞，所以单位时间里一个 A 分子与 D 分子的碰撞数

$$Z'_{AD} = \pi(r_A + r_D)^2 uN_D$$

而单位体积内有 N_A 个 A 分子，所以单位时间、单位体积中 A 与 D 的碰撞频率为

$$Z_{AD} = \pi(r_A + r_D)^2 uN_A N_D$$

根据麦克斯韦（James Clerk Maxwell）速率平衡分布定律，温度为 T 时分子 A 与 D 的相对平均速率为

$$u = \left(\frac{8RT}{\pi\mu}\right)^{1/2}$$

其中 $\mu = \frac{M_A M_D}{M_A + M_D}$ 称为摩尔约化质量，则

$$Z_{AD} = \pi(r_A + r_D)^2\sqrt{\frac{8\pi RT}{\mu}}N_A N_D = D_{AD}^2\sqrt{\frac{8\pi RT}{\mu}}N_A N_D$$

式中 $D_{AB} = r_A + r_D$，为有效碰撞直径。对于气相中同种分子的反应，即 A = D 的情况，因每次碰撞需要两个 A 分子参加，相当于每个 A 分子被重复计算了两次，故应将计算结果除以 2，即

$$Z_{AA} = \frac{1}{2}N_A Z_{AA}' = 2D_A^2\sqrt{\frac{\pi RT}{M_A}}N_A^2 \tag{7-31}$$

式中 $D_A = 2r_A$。

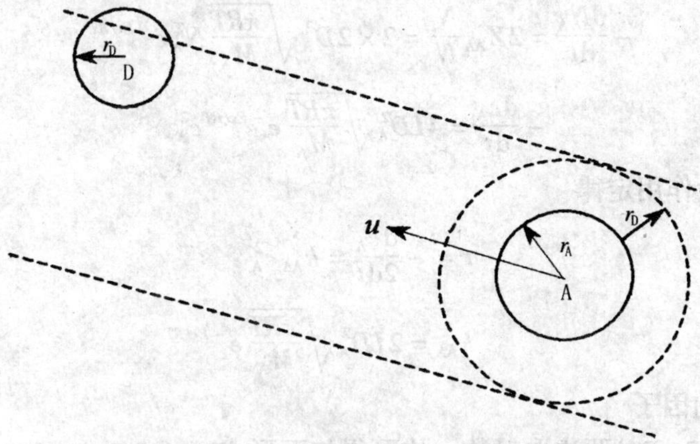

图 7－14　一个 A 分子单位时间的碰撞数 Z'_{AD}

例 7－12　试计算在 101325Pa、700K 时 HI 分子在每立方米每秒钟内的碰撞数。已知 $D_{HI} = 3.5 \times 10^{-10}$m。

解：已知 $M_{HI} = 127.94 \times 10^{-3}\text{kg·mol}^{-1}$，从题给条件可求得每立方米中的分子数为：

$$N_A = L\frac{pV}{RT} = 6.022 \times 10^{23} \times \frac{101325 \times 1}{8.314 \times 700} = 1.05 \times 10^{25}(\text{个·m}^{-3})$$

将数据代入(7－31)即得

$$Z_{AA} = 2 \times (3.5 \times 10^{-10})^2\sqrt{\frac{3.14 \times 8.314 \times 700}{127.94 \times 10^{-3}}} \times (1.05 \times 10^{25})^2$$
$$= 1.02 \times 10^{34}(\text{次·m}^{-3}\text{·s}^{-1})$$

2. 有效碰撞分数 $\frac{N_i}{N}$

在前面的碰撞理论基本假定中，我们已知只有活化分子的碰撞才能发生反应，也就是说只有能量超过某一临界值 ε_c 的分子（活化分子）碰撞才能发生反应。在碰撞理论中，把 $\varepsilon_c \cdot L = E_c$ 称为反应的临界能。根据玻尔茨曼（Ludwig Boltzmann）能量分布定律，气体中平动能超过某一临界能 E_c 的分子在总分子中所占的比例为：

$$\frac{N_i}{N} = e^{-E_c/RT}$$

3. 反应速率及速率常数

碰撞频率 Z_{AD} 的表达式中 N_A、N_D 为单位体积的分子数，在动力学中习惯上浓度常用体积摩尔浓度，因此将 N_A、N_D 化为体积摩尔浓度的反应速率为

$$r = -\frac{dc_A}{dt} = LD_{AD}^2\sqrt{\frac{8\pi RT}{\mu}}e^{-Ec/RT}c_A c_D \qquad (7-32)$$

根据基元反应的质量作用定律，A 与 D 的反应速率为

$$r = k_{AD}c_A c_D$$

与式(7－32)比较得

$$k_{AD} = LD_{AD}^2\sqrt{\frac{8\pi RT}{\mu}}e^{-Ec/RT} \qquad (7-33)$$

对于 A = D 即 2A ⟶ P 的气相基元反应，因为每次有效碰撞导致消耗两个 A 分子，因此

$$-\frac{dN_A}{dt} = 2Z_{AA}\frac{N_i}{N} = 2\times 2D_A^2\sqrt{\frac{\pi RT}{M_A}}N_A^2 e^{-E_c/RT}$$

所以

$$-\frac{dc_A}{dt} = 4LD_A^2\sqrt{\frac{\pi RT}{M_A}}e^{-E_c/RT}c_A^2$$

根据基元反应的质量作用定律

$$r = -\frac{dc_A}{2dt} = k_{AA}c_A^2$$

$$k_{AA} = 2LD_A^2\sqrt{\frac{\pi RT}{M_A}}e^{-E_c/RT} \tag{7-34}$$

4. 活化能及指前因子

对式(7－33)及(7－34)两边取对数，均可得如下形式：

$$\ln k = \frac{1}{2}\ln T - \frac{E_c}{RT} + 常数$$

$$\frac{d\ln k}{dT} = \frac{1}{2T} + \frac{E_c}{RT^2} = \frac{E_c + \frac{1}{2}RT}{RT^2} \tag{7-35}$$

式(7－35)与式(7－27)比较得：

$$E_a = E_c + \frac{1}{2}RT \tag{7-36}$$

因为临界能 E_c 是常数，所以实验活化能 E_a 应该与温度有关。

将式(7－33)、(7－34)和(7－36)分别代入阿仑尼乌斯公式 $A = ke^{E_a/RT}$ 中，对于 A + D ⟶ P 的反应，可得如下结果：

$$A = LD_{AD}^2\sqrt{\frac{8\pi RT}{\mu}}e^{-E_c/RT}e^{E_a/RT} = LD_{AD}^2\sqrt{\frac{8\pi RT}{\mu}}e^{1/2} \tag{7-37}$$

对于 2A ⟶ P 的反应

$$A = 2LD_A^2\sqrt{\frac{\pi RT}{M_A}}e^{1/2} \tag{7-38}$$

如果反应温度不是很高，如在室温下，而且反应的活化能又不是很小时，$\frac{1}{2}RT$ 相对于 E_c 可以忽略，所以可以认为

$$E_a \approx E_c$$

但是应当指出，E_a 和 E_c 的物理意义是不同的，E_a 是过渡态的平均能量与所有反应物分子的平均能量之差，而 E_c 则为发生反应的最小的临界能。若 $E_a \approx E_c$，式(7－37)和(7－38)可分别简化为

$$A = LD_{AD}^2\sqrt{\frac{\pi RT}{\mu}} \tag{7-39}$$

$$A = 2LD_A^2\sqrt{\frac{\pi RT}{M_A}} \tag{7-40}$$

因此，按照碰撞理论，指前因子 A 也随温度的平方根而变化。由式(7－37)、(7－38)、(7－39)和(7－40)可以看出，指前因子 A 不需用实验测定，根据反应物分子的摩尔质量、分子大

小及温度等有关参数就可以进行计算。

例 7-13 已知气相反应 $2NOCl \longrightarrow 2NO + Cl_2$ 的 $E_a = 105.5\ kJ \cdot mol^{-1}$，NOCl 的分子直径为 $2.83\times10^{-10}m$，摩尔质量为 $65.5\times10^{-3}kg\cdot mol^{-1}$。请用碰撞理论计算 600K 时的速率常数和指前因子。

解：600 K 时 $E_c = E_a - \frac{1}{2}RT = 105.5 - \frac{1}{2}\times 8.314\times 600\times 10^{-3} = 103.0(kJ\cdot mol^{-1})$

$$k_{AA} = 2LD_A^2\sqrt{\frac{\pi RT}{M_A}}e^{-Ec/RT}$$

$$= 2\times 6.022\times 10^{23}\times(2.83\times10^{-10})^2\sqrt{\frac{3.14\times 8.314\times 600}{65.5\times 10^{-3}}}e^{-\frac{103.0\times10^3}{8.314\times600}}$$

$$= 5.09\times10^{-2}(m^3\cdot mol^{-1}\cdot s^{-1})$$

$$A = 2LD_A^2\sqrt{\frac{\pi RT}{M_A}}e^{1/2}$$

$$= 2\times 6.022\times 10^{23}\times(2.83\times10^{-10})^2\sqrt{\frac{3.14\times 8.314\times 600}{65.5\times 10^{-3}}}e^{1/2}$$

$$= 7.78\times10^{7}(m^3\cdot mol^{-1}\cdot s^{-1})$$

应用碰撞理论来计算速率常数 k，必须要知道反应临界能 E_c，但碰撞理论本身却不能给出 E_c 的大小，因为在碰撞理论中没有考虑分子的内部结构，所以不能给出与价电子相互作用有关的反应所需要的能量的临界值，因此在应用碰撞理论时式（7-36）很重要，而且在验证碰撞理论公式时，不得不用实验活化能 E_a 代替 E_c，这正是碰撞理论的弱点。所以验证碰撞理论通常把由碰撞理论得到的指前因子与实验获得的指前因子比较，或者由实验的速率常数 k 值，根据式(7-33)或(7-34)计算分子直径 D，看其值是否合理。应用碰撞理论计算反应 $2HI \longrightarrow H_2 + I_2$ 的速率常数是最早的成功实例。

对那些反应物分子结构比较简单的反应来说，理论计算值与实验值符合得较好，但对更多的反应来说，计算值与实验值有很大的偏差。发生偏差的原因主要有：

（1）理论上活化分子的碰撞并不都导致产物的生成，只有在分子的某一方向、某一部位的碰撞才有效；

（2）有的分子从碰撞到反应要经历一定的时间，期间会发生能量传递，活化分子与另外的分子相撞失去能量而失活，则反应仍不会发生；

（3）有的分子在能引发反应的化学键附近有较大的原子团，由于空间位阻效应，减少了这个键参与反应的机会。

如果用一个因子 P 来表示这个偏差，即

$$P = \frac{k_{实验}}{k_{理论}}$$

则

$$k_{AD} = PLD_{AD}^2\sqrt{\frac{8\pi RT}{\mu}}e^{-E_c/RT} = PZe^{-E_c/RT} \tag{7-41}$$

P 称为几率因子（probability factor），又称为空间因子或方位因子（steric factor）。对于简单分子，$P=1$；对于复杂分子，$P<1$，P 一般在 $1\sim10^{-9}$ 之间。碰撞理论不能从理论上阐明 P 的物理意义和求算 P 的数值，因此 P 只是一个经验校正系数。

碰撞理论为我们描述了一幅虽然粗糙但十分明确的反应图像，在反应速率理论的发展中

起了很大的作用；它对阿仑尼乌斯公式中的指数项、指前因子和反应的临界能都提出了较明确的物理意义，认为指数项相当于有效碰撞分数，指前因子 A 相当于碰撞频率；它解释了一部分实验事实，理论所计算的速率常数 k 值与较简单反应的实验值相符，但模型过于简单，所以要引入几率因子，且几率因子的值很难具体计算。反应的临界能还必须从实验活化能求得，所以碰撞理论还是半经验的。

二、过渡态理论

化学反应归根结底是新键的生成和旧键的断裂，要成功地计算速率常数，必须考虑分子之间的相互作用，碰撞理论显然过于简化。在20世纪30年代，在统计力学和量子力学发展的基础上，由埃林（Henry Eyring）、波兰尼（Michale Polanyi）等人提出了过渡态理论（transition state theory），又称为活化络合物理论。过渡态理论从另一途径进行速率常数的理论计算。

1. 过渡态理论的基本假设

（1）反应体系的势能是原子间相对位置的函数；

（2）在由反应物生成产物的过程中，分子要经历一个价键重排的过渡阶段。处于这一过渡阶段的分子称为活化络合物（activated complex）或过渡态（transition state）；

（3）活化络合物的势能高于反应物或产物的势能。此势能是反应进行时必须克服的势垒，但它又较其它任何可能的中间态的势能低；

（4）活化络合物与反应物分子处于某种平衡状态。总反应速率取决于活化络合物的分解速率。

2. 势能面和活化能

过渡态理论的物理模型是反应体系的势能面。由于势能的求算要用到量子力学，比较复杂，我们在这里只作定性的描述。现以简单的置换反应为例子来说明反应过程中能量变化的情况。双分子基元反应

$$A + B - C \longrightarrow [A \cdots B \cdots C] \longrightarrow A - B + C$$

假定反应进行过程中，A、B及C始终处在一条直线上（量子力学证明，当A与B－C成 $\theta = 180°$ 靠近时，所需的能量最小）。当A原子向B－C分子靠近时，B－C间的化学键逐渐松弛，同时开始逐渐形成新的A－B键。在这一过程中，A、B间的距离 r_{AB} 及B、C间的距离 r_{BC} 都在逐渐变化。而原子间的势能 E_p 是与原子核间的距离 r 有关的，即 $E_p = f(r)$。显然，在 r_{AB} 与 r_{BC} 变化的过程中，反应体系的势能 E_p 也将随之而变化，即 $E_p = f(r_{AB}, r_{BC})$。如果我们以 r_{AB} 和 r_{BC} 作为平面上两个相互垂直的坐标，而以体系的势能 E_p 作为垂直于该平面的第三个坐标，每给定一个 r_{AB} 和 r_{BC}，体系就有一个确定的势能 E_p，在空间中就有一个相应的点来描述这一状态（图7－15）。随着 r_{AB} 和 r_{BC} 的不同，反应体系的势能 E_p 也不同，这些高低不同的点，在空间中就构成了一个高低不平的曲面，这就是反应体系的势能面。为方便起见，我们将这种立体的势能曲面投影到 r_{AB} 和 r_{BC} 所在的平面上，凡势能相同处，用一条曲线表示，此曲线称为等势能线。这就好像在地图上用等高线表示地形高低一样。如图7－16所示，图中等势能线旁边有数值，数值越大，表示体系的势能越高，数值越低，表示体系的势能越低。图中P点处于深谷中，代表A远离B－C分子的状态，即反应的始态；R点处于另一侧的深谷中，代表C远离A－B分子的状态，即反应的终态；位于高峰上的S点，代表A、B、C三个原子完全分离的高势能状态。从反应物到产物，可以有很多途径，但只有图中用虚线表示的那条途径P…Q…R所需爬越的能峰（或势垒）最低，因而是最有可能实现

的捷径，这就是反应途径，即沿P点附近的深谷翻过Q点附近的马鞍峰地区，然后直下深谷R处，如图7-17所示。Q点处即代表过渡状态—活化络合物A…B…C所处的状态。如果用图7-16（势垒图）中虚线所示的P…Q…R反应途径为横坐标，以势能作为纵坐标，则得图7-18。图中Q点和P点的势能差，就是反应物分子发生下列变化

$$A + BC \longrightarrow AB + C$$

所需爬越的能峰 E_0，即过渡态理论中反应的活化能。

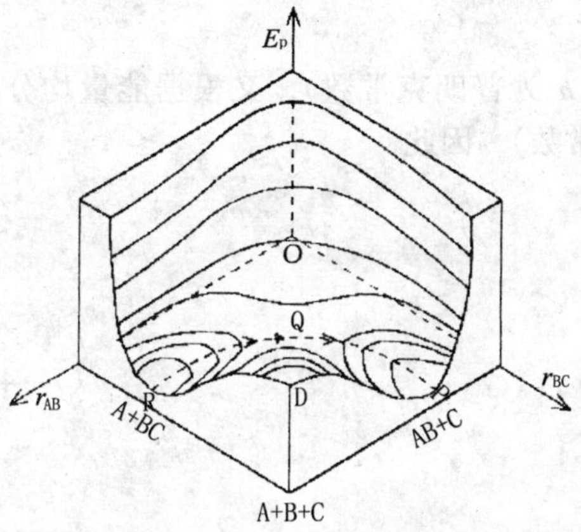

图 7-15　反应体系势能面示意图

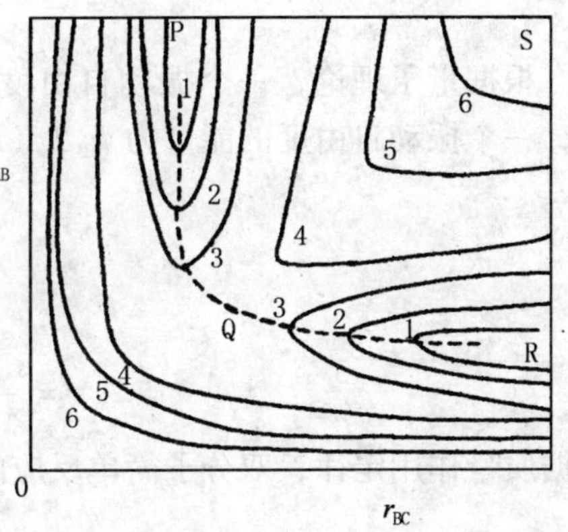

图 7-16　反应体系势能面投影图

3. 速率常数公式的建立

过渡态理论认为，处于过渡状态的活化络合物是很不稳定的，一方面它能分解为产物，另一方面又能变成原来的反应物。为了求算反应速率常数，该理论作了两点基本假设：

(1) 在任一瞬间，活化络合物与反应物之间存在着化学平衡。这意味着由反应物A和BC结合成活化络合物及由活化络合物又变成反应物的速率都是很快的，而由活化络合物分解为产物的速率都是比较缓慢的，即：

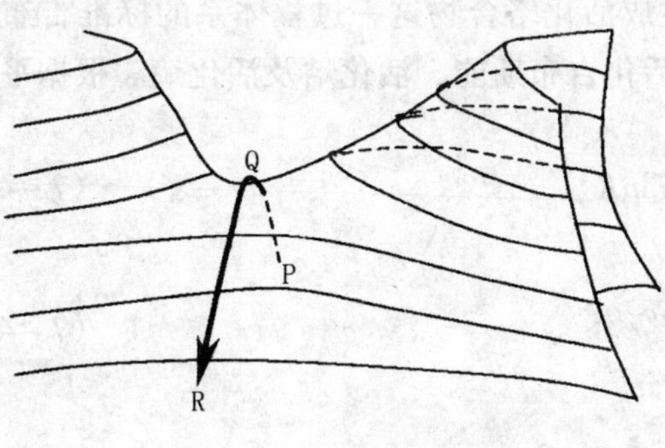

图 7-17　反应途径示意图

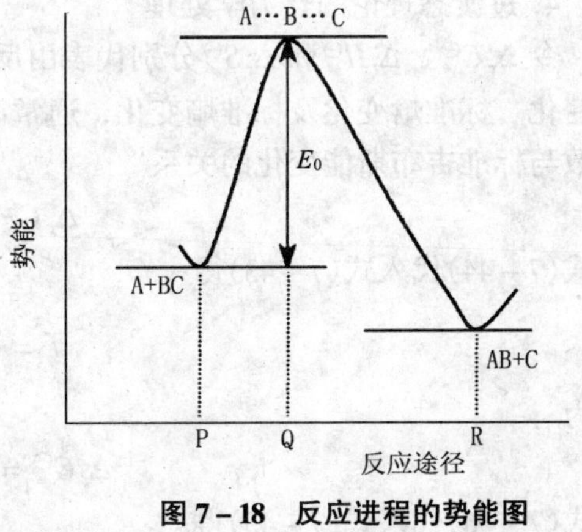

图 7-18　反应进程的势能图

$$A + BC \underset{快}{\overset{快}{\rightleftharpoons}} [A\cdots B\cdots C] \xrightarrow{慢} 产物$$

既然活化络合物与反应物之间存在化学平衡，则其平衡常数

$$K_{\neq} = \frac{c_{\neq,\mathrm{ABC}}}{c_{\mathrm{A}}c_{\mathrm{BC}}}$$

所以
$$c_{\neq,\mathrm{ABC}} = K_{\neq}c_{\mathrm{A}}c_{\mathrm{BC}}$$

(2) 反应速率取决于活化络合物分解为产物的速率。过渡态理论认为在活化络合物中要断裂而生成产物的那个键很松弛，只要振动一次即可断裂而生成产物。因此反应速率一方面与活化络合物的浓度有关，另一方面与该松弛键的振动频率 ν 有关，则反应速率可表示为

$$r = -\frac{\mathrm{d}c_{\neq,\mathrm{ABC}}}{\mathrm{d}t} = \nu c_{\neq,\mathrm{ABC}} = \nu K_{\neq}c_{\mathrm{A}}c_{\mathrm{BC}}$$

根据量子理论，一个振动自由度的能量为 $h\nu$（h 为普朗克常数），又根据能量均分原理，一个振动自由度的能量为 $k_{\mathrm{B}}T$（k_{B} 为玻尔茨曼常数），因此

$$h\nu = k_{\mathrm{B}}T$$

$$\nu = \frac{k_{\mathrm{B}}T}{h}$$

$$r = -\frac{\mathrm{d}c_{\neq,\mathrm{ABC}}}{\mathrm{d}t} = \frac{k_{\mathrm{B}}T}{h}K_{\neq}c_{\mathrm{A}}c_{\mathrm{BC}} \tag{7-42}$$

根据质量作用定律，双分子简单反应的速率为

$$r = kc_{\mathrm{A}}c_{\mathrm{BC}}$$

与式(7-42)比较，可得速率常数为

$$k = \frac{k_{\mathrm{B}}T}{h}K_{\neq} \tag{7-43}$$

这就是由过渡态理论得出的计算反应速率常数的基本公式。在恒温下，各项除 $K_{\neq}$ 外皆为常数，与具体的反应无关。只要能计算出 $K_{\neq}$，就能求出速率常数 k 。原则上只要知道活化络合物的结构，就可用热力学、量子力学和物质结构的数据求出 $K_{\neq}$，但比较复杂。为了便于将过渡态理论与碰撞理论进行比较，我们将用经典热力学的概念对过渡态理论进行热力学处理。

4. 过渡态理论的热力学处理

令 $\Delta_{\mathrm{r}}G_{\neq}^{\ominus}$、$\Delta_{\mathrm{r}}H_{\neq}^{\ominus}$和 $\Delta_{\mathrm{r}}S_{\neq}^{\ominus}$分别代表由反应物生成活化络合物这一过程体系的标准吉布斯能变化、标准焓变化及标准熵变化，通常简称为活化吉布斯能、活化焓及活化熵。根据平衡常数与标准吉布斯能变化的关系

$$\Delta_{\mathrm{r}}G_{\neq}^{\ominus} = -RT\ln K_{\neq} \tag{7-44}$$

把式(7-44)代入式(7-43)得

$$k = \frac{k_{\mathrm{B}}T}{h}e^{-\Delta_{\mathrm{r}}G_{\neq}^{\ominus}/RT} \tag{7-45}$$

因为

$$\Delta_{\mathrm{r}}G_{\neq}^{\ominus} = \Delta_{\mathrm{r}}H_{\neq}^{\ominus} - T\Delta_{\mathrm{r}}S_{\neq}^{\ominus} \tag{7-46}$$

将式(7-46)代入式(7-45)得

$$k = \frac{k_{\mathrm{B}}T}{h}e^{\Delta_{\mathrm{r}}S_{\neq}^{\ominus}/R}e^{-\Delta_{\mathrm{r}}H_{\neq}^{\ominus}/RT} \tag{7-47}$$

从式（7-47）可知，$\Delta_{\mathrm{r}}S_{\neq}^{\ominus}$与 $\Delta_{\mathrm{r}}H_{\neq}^{\ominus}$对速率常数的影响是相反的，$\Delta_{\mathrm{r}}S_{\neq}^{\ominus}$越大、$\Delta_{\mathrm{r}}H_{\neq}^{\ominus}$越小，则速率常数 k 越大。与阿仑尼乌斯公式（7-28）相比，指前因子 A 受活化熵的影响，而 E_{a}

与活化焓有关。式（7－47）即是过渡态理论的热力学公式，它对任何形式的基元反应均适用，若能计算出活化吉布斯能、活化焓及活化熵，就可求出反应的速率常数。

5. 过渡态理论与碰撞理论的比较

将过渡态理论的速率公式（7－47）与碰撞理论的速率公式（7－41）比较，可得到

$$PZe^{-E_c/RT}=\frac{k_B T}{h}e^{\Delta_r S_{\neq}^{\ominus}/R}e^{-\Delta_r H_{\neq}^{\ominus}/RT}$$

$\frac{k_B T}{h}$相当于碰撞频率 Z，它们的数量级接近。所以可以认为

$$P\approx e^{\Delta_r S_{\neq}^{\ominus}/R}$$

因此，碰撞理论中的几率因子 P 与活化熵有关。对于结构简单的分子，形成活化络合物时，有序度略有增加，$\Delta_r S_{\neq}^{\ominus}$的负值不大，$P$ 接近于 1；对于结构复杂的分子，形成活化络合物时，有序度增加较多，$\Delta_r S_{\neq}^{\ominus}$的负值较大，$P$ 远小于 1。碰撞理论不能预测 P 的大小，而在过渡态理论中，若知道活化络合物的结构，由光谱数据，用统计力学的方法便能计算 P。

所以，碰撞理论虽然指出了反应进行中的一些本质问题，物理图像比较清晰，但它不能从理论上预示活化能的大小；而过渡态理论将反应物分子的微观结构与反应速率联系起来，在利用统计力学和量子力学结果的基础上，提供了从理论上求算活化能的可能性，比碰撞理论大大前进了一步。对于最简单的反应——两个原子的复合反应，二者给出相同的结果；对于其它基元反应，一般地，过渡态理论的结果优于碰撞理论的结果。

习　题

1. 某药物溶液配制 5 天后分解 1%，问分解 10% 需要多少天？假设该药物的分解（1）为零级反应；（2）为一级反应。

2. 配制 pH = 5.5、浓度为 6.33×10^{-4} mol·L^{-1}的金霉素溶液，在 37℃放置，经 22 小时后测得浓度降至 6.19×10^{-4} mol·L^{-1}，假设金霉素的水解为一级反应，试求：（1）金霉素的水解速率常数 k；（2）贮存 13 天后，金霉素还剩多少？（3）药物降解到原浓度一半的时间为多少？（4）在 37℃贮存的有效期。

3. 阿司匹林水溶液的失效过程符合一级动力学，25℃时速率常数为 5×10^{-7} s^{-1}。已知阿司匹林降至 90% 即失效，求此条件下该药物的半衰期与有效期。

4. 17% 的葡萄糖在 0.099 mol·L^{-1} HCl 水溶液中于 35℃发生的水解反应为准一级反应，实验测得在不同反应时间剩余的葡萄糖浓度如下：

t/min	9.82	59.60	93.18	142.9	294.8	589.4
c/%	96.5	80.3	71.0	59.1	32.8	11.1

计算在 35℃反应的速率常数 k。

5. 某温度下，反应 $H^+ + OH^- \longrightarrow H_2O$ 的速率常数为 1.4×10^{11} mol^{-1}·L·s^{-1}，若某强酸和某强碱混合后的初浓度为 0.15mol·L^{-1}，求该中和反应的半衰期。若该强酸和该强碱混合后的初浓度为 1.00×10^{-3} mol·L^{-1}，结果怎样？

6. 醋酸乙酯与氢氧化钠的初浓度都是 0.0100mol·L^{-1}，醋酸乙酯在 25℃的皂化反应为二级：

$$CH_3COOC_2H_5 + NaOH \rightleftharpoons CH_3COONa + C_2H_5OH$$

反应 20min 后，碱的浓度变化了 0.00566mol·L^{-1}。求（1）速率常数；（2）半衰期。

7. 已知下述反应中的每一反应物的级数都是一级：

$$C_6H_5N(CH_3)_2 + CH_3I \longrightarrow C_6H_5N(CH_3)_3^+ + I^-$$

在 25℃，以硝基苯作为溶剂，反应的速率常数为 8.39×10^{-5}mol^{-1}·L·s^{-1}。（1）假设两个反应物的初浓度都为 0.100mol·L^{-1}，求在该温度下反应的半衰期；（2）求在该温度下反应物消耗 75%所需要的时间。

8. 在 25℃的温度下，乙酸甲酯在约 1mol·L^{-1}的 HCl 溶液中的水解为准一级反应。在反应的某时刻每次移取等体积的反应液并用 NaOH 溶液滴定，结果如下：

t/s	339	1242	2745	4546	∞
NaOH 溶液的体积 V/mL	26.34	27.80	29.70	31.81	39.81

求该反应在 25℃的速率常数。

9. α－氨苄西林在 35℃时的溶解度为 1.1g·（100mL）$^{-1}$，而悬浮液的浓度为 2.5g·（100mL）$^{-1}$，悬浮液的零级降解速率常数为 2.2×10^{-7}g·（100mL）$^{-1}$·s^{-1}，求该悬浮液的有效期 $t_{0.9}$。

10. 已知浓度小于 0.33g·（100mL）$^{-1}$的阿司匹林水溶液的降解为一级反应，其一级反应的速率常数为 5×10^{-7}s^{-1}。阿司匹林悬浮液的浓度为 13g·（100mL）$^{-1}$，其饱和溶解度为 0.33g·（100mL）$^{-1}$，求阿司匹林悬浮液降解的零级速率常数和 $t_{0.9}$。

11. 某 1－1 级对峙反应 $A \underset{k_2}{\overset{k_1}{\rightleftharpoons}} D$，在某温度下测得如下数据，反应开始时 D 的浓度为零，求：（1）反应的平衡常数；（2）正、逆反应的速率常数。

t/s	0	45	90	225	360	585	∞
c_A/mol·L^{-1}	1.00	0.892	0.811	0.623	0.507	0.399	0.300

12. 某 1－1 级对峙反应 $A \underset{k_2}{\overset{k_1}{\rightleftharpoons}} D$，已知 $k_1 = 10^{-4}$s^{-1}，$k_2 = 2.5 \times 10^{-5}$s^{-1}，反应开始时只有反应物 A。求（1）A 和 D 浓度相等所需的时间；（2）经过 6000s 后 A 和 D 的浓度。

13. 有某平行反应

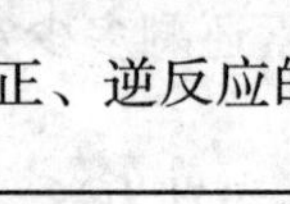

反应（1）和（2）的频率因子均为 10^{13} s^{-1}，而活化能 $E_1 = 108.8$kJ·mol^{-1}，$E_2 = 83.69$

$kJ\cdot mol^{-1}$，试求算在 1000K 时产物 C 和 D 浓度的比值是 300K 时的多少倍？

14. 有某平行反应

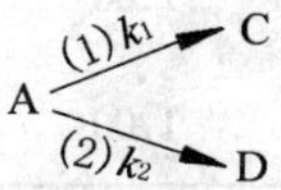

反应（1）和（2）的频率因子分别为 $10^{13}\ s^{-1}$ 和 $10^{11}\ s^{-1}$，其活化能分别为 $120kJ\cdot mol^{-1}$ 和 80 $kJ\cdot mol^{-1}$。试求欲使反应（1）的速率大于反应（2）的速率，需控制温度最低为多少？

15. 连续反应

$$A \xrightarrow{k_1} C \xrightarrow{k_2} D$$

其中 $k_1 = 0.1min^{-1}$，$k_2 = 0.2min^{-1}$，在 $t = 0$ 时，$c_C = 0$，$c_D = 0$，$c_A = 1mol\cdot L^{-1}$，试求算：（1）C 的浓度达到最大的时间 $t_{C,max}$ 为多少？（2）该时刻 A、C、D 的浓度为多少？

16. 硝基苯甲酸乙酯（A）在碱溶液中发生水解，在不同时刻测得反应物 A 的浓度如下：

t/s	0	100	200	300	400	500	600	700	800
$c_A/10^{-2}mol\cdot L^{-1}$	5.00	3.55	2.75	2.25	1.85	1.60	1.48	1.40	1.38

试用作图法确定该反应的反应级数，并求该温度时的反应速率常数。

17. 乳酸在酶的作用下发生氧化作用，实验测得不同反应时间时的乳酸浓度如下：

t/s	0	300	480	600	780	960
$c/mol\cdot L^{-1}$	0.3200	0.3175	0.3159	0.3149	0.3133	0.3113

请用尝试法确定该反应的反应级数，并求算该温度下反应的速率常数及半衰期。

18. 在 791K、恒容下，乙醛的分解反应为

$$CH_3CHO(g) \longrightarrow CH_4(g) + CO(g)$$

若乙醛的起始压力为 48.4kPa，经一定时间 t 后，容器内的总压为 $p_{总}$，在不同时间测得的总压力数据如下：

t/s	42	105	242	384	665	1070
$p_{总}$/kPa	52.9	58.3	66.3	71.6	78.3	83.6

试证明该反应为二级反应。

19. 设有反应 $A + 2D \longrightarrow P$，保持 A 大大过量，测得 D 的浓度随时间的变化如下：

t/min		0	4	8	12	16
$c_D/10^{-3}mol\cdot L^{-1}$	$c_{A,0}=0.50mol\cdot L^{-1}$	1.00	0.75	0.56	0.42	0.32
	$c_{A,0}=0.25mol\cdot L^{-1}$	1.00	0.87	0.75	0.65	0.56

试用孤立法求反应级数。

20. 气相反应

$$H_2+I_2 \longrightarrow 2HI$$

在 373.15K 的速率常数为 $8.74\times10^{-15}mol^{-1}\cdot L\cdot s^{-1}$，473.15K 的速率常数为 $9.53\times10^{-10}mol^{-1}\cdot L\cdot s^{-1}$。计算活化能和指前因子。

21. 阿司匹林的水解为一级反应，已知 100℃时速率常数为 $7.92d^{-1}$，活化能为 56.484 $kJ\cdot mol^{-1}$。求 17℃时阿司匹林水解 30%所需的时间。

22. 二级反应 A + D ⟶ 产物的活化能为 92.05 $kJ\cdot mol^{-1}$。A 和 D 的初浓度均为 $1mol\cdot L^{-1}$。在 20℃、半小时后，两者各消耗一半。求：(1) 在 20℃、1 小时后，两者各剩多少？(2) 40℃下的速率常数。

23. 某一级反应的活化能为 104.6 $kJ\cdot mol^{-1}$，指前因子为 $5\times10^{13}s^{-1}$。求：(1) 反应的半衰期为 1 分钟反应进行的温度；(2) 反应的半衰期为 30 天反应进行的温度。

24. 青霉素 G 的分解是一级反应，由下列实验结果计算：(1) 反应的活化能及指前因子；(2) 在 25℃温度下青霉素 G 分解 10%所需的时间。

t/℃	37	43	54
$t_{1/2}$/h	32.1	17.1	5.8

25. 实验测得 $0.04mol\cdot L^{-1}$ 阿糖胞苷水溶液的一级分解速率常数结果如下，求算 20℃分解 10%所需的时间。

t/℃	55	60	65	70	75
$k/10^{-2}h^{-1}$	2.275	3.724	5.297	7.600	13.31

26. 反应 $H_2+I_2 \longrightarrow 2HI$ 的活化能 E_c 为 170 $kJ\cdot mol^{-1}$，373K 的速率常数为 $8.74\times10^{-15}mol^{-1}\cdot L\cdot s^{-1}$，计算该温度下氢分子与碘分子的有效碰撞直径 D。

27. 在 300K 时将 $1.0\times10^{-3}kg$ N_2 和 $1.0\times10^{-4}kg$ H_2 混合于 $1.0\times10^{-3}m^3$ 的容器中。试求算每立方米、每秒钟内两种分子之间的碰撞数。已知 $r_{H_2}=1.25\times10^{-10}m$，$r_{N_2}=1.75\times10^{-10}m$。

28. (1) 实验测得反应 $H^{\alpha}+H^{\beta}-H^{\gamma} \longrightarrow H^{\alpha}-H^{\beta}+H^{\gamma}$ 的活化能 $E_a=31.4\ kJ\cdot mol^{-1}$，$A=8.45\times10^{10}mol^{-1}\cdot L\cdot s^{-1}$。(1) 试计算此反应在 300K 时的速率常数 k；(2) 已知 H 的碰撞半径

$r_H = 7.4 \times 10^{-11}$ m，H_2 的碰撞半径 $r_{H_2} = 2.5 \times 10^{-10}$ m。试用碰撞理论计算此反应在 300K 时的速率常数 k 的理论值。

习题答案

1. 50 天，52.4 天
2. $1.02 \times 10^{-3}\ h^{-1}$，$4.61 \times 10^{-4}\ mol \cdot L^{-1}$；28 天；4 天
3. 16 天，2.4 天
4. $3.7 \times 10^{-3}\ min^{-1}$
5. 4.76×10^{-11} s；7.14×10^{-9} s
6. $6.52 mol^{-1} \cdot L \cdot min^{-1}$，15.3min
7. 1.19×10^5 s；3.57×10^5 s
8. $1.0 \times 10^{-4}\ s^{-1}$
9. 13 天
10. $1.65 \times 10^{-7}\ g \cdot (100mL)^{-1} \cdot s^{-1}$，91 天
11. 2.33，$2.31 \times 10^{-3}\ s^{-1}$，$1.00 \times 10^{-3}\ s^{-1}$
12. 7847s，$0.578c_{A,0}$，$0.422c_{A,0}$
13. 1153 倍
14. 1045K
15. 6.93min，0.50，0.25，$0.25 mol \cdot L^{-1}$
16. 2；$7 \times 10^{-2}\ mol^{-1} \cdot L \cdot s^{-1}$
17. 1；$2.71 \times 10^{-5}\ s^{-1}$；$2.56 \times 10^4$ s
19. 二级
20. 170 $kJ \cdot mol^{-1}$，$5.47 \times 10^9\ mol^{-1} \cdot L \cdot s^{-1}$
21. 8.23 天
22. $0.33 mol \cdot L^{-1}$，$22.32 mol^{-1} \cdot L \cdot h^{-1}$
23. 349.4K；269.5K
24. $88.4 kJ \cdot mol^{-1}$，$1.62 \times 10^{13}\ h^{-1}$，20h
25. 137h
26. 6.86×10^{-9} m
27. 3.4×10^{35} 次$\cdot m^{-3} \cdot s^{-1}$
28. $2.88 \times 10^5\ mol^{-1} \cdot L \cdot s^{-1}$；$3.44 \times 10^5\ mol^{-1} \cdot L \cdot s^{-1}$

第八章　应用化学动力学

第一节　反应机理的确定

反应机理就是反应实际进行的具体过程。探索和确定反应机理的工作是很重要但又是相当困难的。需经初步观察、收集数据、鉴定中间产物，提出可能的反应机理并用实验加以验证等。一般说来，探索反应的机理大致有以下几步：

（1）从实验方面确定反应的速率方程和活化能的大小；

（2）按所了解的化学知识和物质结构的知识，拟定可能的反应机理，并进行数学处理，比较所导出的速率方程与经验速率方程是否一致；

（3）从理论上或其它实验方面，尽可能多方面地对所拟机理进行验证。

应当指出，历史上常发生这样的事情，在一定的历史阶段被认为是正确的反应机理，随着人们对反应过程认识的深入及分析方法的发展，可能发现原有的机理是错误的，这也符合科学发展的规律。因此，证明某一反应机理的正确要比证明它的错误困难得多。

一、验证反应机理的常用方法与概念

1. 稳态近似

由于在反应过程中产生的自由基或自由原子是非常活泼的，它们只要碰上任何其它分子或自由基都将立即发生反应，因此在反应过程中，它们的浓度是很小的，近代实验也证明自由基的寿命是很短的，故可近似地认为，反应过程中产生的自由基或自由原子的生成速率基本上等于它的破坏速率，以致它的浓度达到稳定状态后不再随时间而变化。例如：

$$\frac{\mathrm{d}c_{\mathrm{H}\cdot}}{\mathrm{d}t}=0,\qquad \frac{\mathrm{d}c_{\mathrm{CH_3}\cdot}}{\mathrm{d}t}=0$$

这种近似处理方法称为“稳态近似”（steady – state approximation）。对反应中的活泼反应中间体经常采用稳态近似，下面将举例说明。

2. 平衡近似

假设有连续反应

$$\mathrm{A}\underset{k_{-1}}{\overset{k_1}{\rightleftharpoons}}\mathrm{C}\xrightarrow{k_2}\mathrm{D}$$

若 $k_1>>k_2$，$k_{-1}>>k_2$，即由 A 生成 C 和由 C 生成 A 的速率很快，由 C 生成 D 的速率很慢，则可近似地认为在反应过程中 A 与 C 处于平衡状态，此时

$$\frac{c_{\mathrm{C}}}{c_{\mathrm{A}}}=\frac{c_{\mathrm{C,e}}}{c_{\mathrm{A,e}}}=K=\frac{k_1}{k_{-1}}$$

则
$$c_{\mathrm{C}}=\frac{k_1}{k_{-1}}c_{\mathrm{A}}$$

产物的生成速率
$$\frac{\mathrm{d}c_{\mathrm{D}}}{\mathrm{d}t}=k_2c_{\mathrm{C}}=\frac{k_1k_2}{k_{-1}}c_{\mathrm{A}}$$

这种近似方法称为平衡近似（equilibrium approximation）。采用平衡近似法时，反应机理一般由一个或几个可逆反应组成，在大部分反应时间中，它们接近平衡状态；随后为相对较慢的或快速反应。

3. 决速步

在反应机理中，如果有一步反应最慢，则总的反应将取决于这一最慢的反应，这一最慢的反应的速率就是总反应的速率。这一最慢的反应称为速控步（rate - controlling step）或决速步（rate - determining step）。

例如反应

$$H^+ + HNO_2 + C_6H_5NH_2 \xrightarrow{Br^- 催化} C_6H_5N_2^+ + 2H_2O$$

其反应机理为：

$$H^+ + HNO_2 \underset{k_{-1}}{\overset{k_1}{\rightleftharpoons}} H_2NO_2^+ \quad 快速平衡$$

$$H_2NO_2^+ + Br^- \xrightarrow{k_2} ONBr + H_2O \quad 慢$$

$$ONBr + C_6H_5NH_2 \xrightarrow{k_3} C_6H_5N_2^+ + H_2O + Br^- \quad 快$$

总反应速率等于最慢步的反应速率

$$r = k_2 c_{H_2NO_2^+} c_{Br^-}$$

二、应用实例

反应机理的确定通常涉及两个方面的工作：一是根据所拟定的反应机理推导速率方程，常用的方法为稳态近似或平衡近似法；另一方面是其逆过程，即如何从经验的速率方程开始，设计可能的机理，与经验速率方程相符。下列规则有助于设计一个符合经验速率方程的机理：

(1) 如果反应的速率方程为 $r = kc_A^{\alpha} c_D^{\beta} \cdots c_L^{\lambda}$，其中 α、β、…、λ 为正整数，则速控步中反应物的总组成为 $\alpha A + \beta D + \cdots + \lambda L$；如果反应的速率方程为 $r = kc_A^{\alpha} c_D^{\beta} \cdots c_L^{\lambda} c_M^{-\mu} c_N^{-\nu} \cdots c_R^{-\rho}$，其中 α、β、…、λ、μ、ν、…、ρ 为正整数，则速控步中反应物的总组成为 $\alpha A + \beta D + \cdots + \lambda L - \mu M - \nu N - \cdots - \rho R$，而且 μM、νN、…、ρR 等物质作为速控步前平衡的产物出现，不参与速控步骤。（当 $\mu = \nu = \cdots = \rho = 0$ 时，前者为后者的特例。）

(2) 如果对溶剂 S 的级数未知，速控步反应物的总组成为 $\alpha A + \beta D + \cdots + \lambda L - \mu M - \nu N - \cdots - \rho R + xS$，其中速率方程与规则（1）中的后者一样，$x$ 可以为 0，±1，±2，…。例如，水溶液中的反应 $H_3AsO_4 + 3I^- + 2H^+ \longrightarrow H_3AsO_3 + I_3^- + H_2O$，其经验速率方程为 $r = kc_{H_3AsO_4} c_{I^-} c_{H^+}$，对水的级数未知。根据该规则，速控步反应物的总组成为 $H_3AsO_4 + I^- + H^+ + xH_2O = AsIH_{4+2x}O_{4+x}$。任何小于 -2 的 x 值会给出 H 原子的个数为负值，所以 $x \geqslant -2$，因而速控步反应物就有一个 As 原子，一个 I 原子，至少有两个 O 原子，以及可能有几个 H 原子。

(3) 如果速率方程有 $c_A^{1/2}$ 因子，机理中速控步骤前有一个 A 分子分裂成两种物质。例如来自弱酸 CH_3COOH 的 H^+ 离子的催化反应。假设速控步为 $H^+ + A \longrightarrow C + D$，催化剂 H^+ 离子在后续的步骤中再生，则 $r = kc_{H^+} c_A$。因为 H^+ 离子再生，在反应过程中它的浓度基本不变，有 $c_{H^+} = c_{CH_3COO^-}$ 及 $c_{H^+} = K_c^{1/2} c_{CH_3COOH}^{1/2}$，因此 $r = kK_c^{1/2} c_A c_{CH_3COOH}^{1/2}$。

(4) 如果反应物计量系数的绝对值超过它在速率方程中的级数，则在速控步之后必定至少有一步该反应物参与的反应。

(5) 分母中有几项加和的速率方程表示机理中有一个或几个活泼中间物，可用稳态近似法。

(6) 基元反应一般是单分子或双分子反应，极少数三分子反应，所以分子数决不会超过三。

只有平衡近似法成立时，规则 1－4 才适用。

例 8－1 H_2 与 Br_2 反应的计量方程式为

$$H_2 + Br_2 \longrightarrow 2HBr$$

有人曾在 101.325kPa、温度在 205～302℃范围内对此反应进行了动力学研究，发现其速率方程为：

$$\frac{dc_{1+Br}}{dt} = \frac{kc_{H_2}\,c_{Br_2}^{1/2}}{1 + k'\dfrac{c_{HBr}}{c_{Br_2}}}$$

其中 k 和 k' 均为常数。请根据速率方程拟出可能的反应机理，并验证所拟机理的正确性。

解：显然此反应为一复杂反应。由速率方程可以看出以下几点：

(1) 反应的产物 HBr 对反应有阻碍作用；

(2) HBr 的阻碍作用又可被 Br_2 的存在所减缓；

(3) Br_2 的浓度项出现平方根，这意味着机理中很可能存在 Br_2 分子分解为 Br 原子的基元步骤。

根据上述事实，可以拟出各种可能的反应机理，但是有一原则，即由拟出的机理导出的速率方程必须与经验的速率方程相符。最可能的机理是由下列基元步骤所构成：

(1) $Br_2 \xrightarrow{k_1} 2Br\cdot$

(2) $Br\cdot + H_2 \xrightarrow{k_2} HBr + H\cdot$

(3) $H\cdot + Br_2 \xrightarrow{k_3} HBr + Br\cdot$

(4) $H\cdot + HBr \xrightarrow{k_4} H_2 + Br\cdot$

(5) $2Br\cdot \xrightarrow{k_5} Br_2$

由上述机理可以看出，该反应为链反应。反应（1）为链的引发，反应（2）、(3) 是链的传递，反应（5）是链的终止。反应（4）是比较特殊的：它是为了解释 HBr 对反应的阻碍作用而提出的，是反应（2）的逆反应；由反应（4）和（3）可看出，这两个步骤是 HBr 和 Br_2 争夺 H 原子的竞争过程，这亦说明为什么 HBr 的阻碍作用可被 Br_2 所减缓。按上述机理，可写出速率方程为：

$$\frac{dc_{HBr}}{dt} = k_2 c_{Br\cdot}\, c_{H_2} + k_3 c_{H\cdot}\, c_{Br_2} - k_4 c_{H\cdot}\, c_{HBr}$$

而在经验的速率方程中，只有 c_{H_2}、c_{Br_2}、c_{HBr}，而没有 $c_{Br\cdot}$、$c_{H\cdot}$，因此必须设法求 $c_{Br\cdot}$、$c_{H\cdot}$。由此我们就想到对自由基或自由原子采用稳态近似法，则

$$\frac{dc_{Br\cdot}}{dt} = 2k_1 c_{Br_2} - k_2 c_{Br\cdot}\, c_{H_2} + k_3 c_{H\cdot}\, c_{Br_2} + k_4 c_{H\cdot}\, c_{HBr} - 2k_5 c_{Br\cdot}^2 = 0$$

$$\frac{dc_{H\cdot}}{dt}=k_2c_{Br\cdot}c_{H_2}-k_3c_{H\cdot}c_{Br_2}-k_4c_{H\cdot}c_{HBr}=0$$

两式相加得：

$$c_{Br\cdot}=(\frac{k_1c_{Br_2}}{k_5})^{1/2}$$

则

$$c_{H\cdot}=\frac{k_2c_{H_2}}{k_3c_{Br_2}+k_4c_{HBr}}(\frac{k_1c_{Br_2}}{k_5})^{1/2}$$

代入速率方程得：

$$\frac{dc_{HBr}}{dt}=\frac{2k_2(\frac{k_1}{k_5})^{1/2}c_{H_2}c_{Br_2}^{1/2}}{1+\frac{k_4}{k_3}\cdot\frac{c_{HBr}}{c_{Br_2}}}$$

令

$$k=2k_2(\frac{k_1}{k_5})^{1/2},k'=\frac{k_4}{k_3}$$

则

$$\frac{dc_{HBr}}{dt}=\frac{kc_{H_2}c_{Br_2}^{1/2}}{1+k'\frac{c_{HBr}}{c_{Br_2}}}$$

这与实验得到的微分速率方程完全一致。

当然人们还可能提出另外一个问题，为什么在上述机理中，不包括其它一些含有自由基的可能步骤呢？如 $H_2\longrightarrow 2H\cdot$ 等等，如果这些步骤中任何一个参与到上述机理中，所导出的速率方程就与经验的速率方程不同，这就说明其它一些含有自由基的步骤很可能比之所拟机理中的那些步骤中相对应的竞争反应来说要慢得多，这已由理论上的计算或实验的结果所证实。

当然上述机理还需从多方面加以验证，我们就不再一一叙述。

例 8-2 NO 的氧化反应的计量方程式为

$$2NO+O_2\longrightarrow 2NO_2$$

经实验确定此反应为三级反应，其速率方程为

$$\frac{dc_{NO_2}}{dt}=kc_{NO}^2c_{O_2}$$

实验发现，当温度升高时，平衡向生成 NO_2 的方向移动。请拟出可能的反应机理并验证。

解：根据规则（1），速控步反应物总的组成为 $2NO+O_2$，而 NO 和 NO_2 都含有奇数电子，且 NO_2 很容易按下列方式发生二聚反应：

$$2NO_2\longrightarrow N_2O_4$$

因此可设想 NO 也可能发生二聚反应：

（1） $$2NO\underset{k_2}{\overset{k_1}{\rightleftharpoons}}N_2O_2$$ （快）

而且反应体系中只有 N_2O_2 与 O_2 反应生成 NO_2：

（2） $$N_2O_2+O_2\xrightarrow{k_3}2NO_2$$ （慢）

其总反应为：

$$2NO+O_2\longrightarrow 2NO_2$$

按照上述机理，反应的微分速率方程为

$$\frac{dc_{NO_2}}{dt}=2k_3c_{N_2O_2}c_{O_2}$$

根据平衡近似法，

$$K=\frac{k_1}{k_2}=\frac{c_{N_2O_2}}{c_{NO}^2}$$

因此

$$c_{N_2O_2}=\frac{k_1}{k_2}c_{NO}^2$$

$$\frac{dc_{NO_2}}{dt}=\frac{2k_1k_3}{k_2}c_{NO}^2c_{O_2}$$

令 $k=\frac{2k_1k_3}{k_2}$，则

$$\frac{dc_{NO_2}}{dt}=kc_{NO}^2c_{O_2}$$

这与经验速率方程是一致的。但与经验速率方程一致的可能机理还有

$$NO+O_2 \rightleftharpoons NO_3 \quad (快)$$

$$NO_3+NO \longrightarrow 2NO_2 \quad (慢)$$

和

$$2NO+O_2 \longrightarrow 2NO_2$$

但实验已经证实，反应过程中确实有 N_2O_2 的存在，因此所拟定的第一个反应机理是正确的。

第二节　溶液中的反应

在溶液中进行的反应是很多的，许多药物的生产与使用也都是在溶液中进行的。在溶液中进行的反应除了反应物外还有大量的溶剂分子，由于溶剂的存在，溶液中的反应比气相反应复杂得多。最简单的情况是溶剂对反应物分子是惰性的，它仅仅作为反应介质，此时，溶液中反应的动力学参数与气相中的反应相近。表 8-1 列出的 N_2O_5 在不同溶剂中的分解反应就属这种情况。除此之外，溶剂对反应体系有两个方面的影响：物理效应和化学效应。物理效应是指溶剂化、传质作用、传能作用等；化学效应是指溶剂分子的催化作用、溶剂作为反应物或产物参与反应。因此，研究溶液中的反应主要是研究溶剂效应。通常有两种方法，一是把按同一机理进行的反应在溶液中的情况和在气相中的情况进行比较，找出异同。但能在气液两相按同一机理进行的反应很少，因而第二种方法常用，即在不同的溶剂中比较同一反应的动力学参数的异同，从而找出溶剂的影响。

表 8-1　N_2O_5 在不同溶剂中分解反应的动力学数据（298.2K）

溶剂	$k/10^{-5}s^{-1}$	$\ln A$	$E_a/kJ\cdot mol^{-1}$
气相	3.38	31.3	103.3
CCl_4	4.09	31.3	101.3
$CHCl_3$	3.72	31.3	102.5
$C_2H_2Cl_2$	4.79	31.3	102.1
CH_3NO_2	3.13	31.1	102.5
Br_2	4.27	30.6	100.4

一、笼效应

在低压或中等压力的气相中，分子在反应体系的空间里彼此远离并自由运动。而在溶液中的分子，分子之间的空隙很小，分子不能自由运动，溶液中每个分子的运动都受到周围相邻分子的阻碍，每个溶质分子都可看作被周围的溶剂分子包围着，即被关在由周围溶剂分子构成的“笼”中，分子在笼中来回运动，与笼的壁发生碰撞。只有经过多次的来回运动，分子才能冲出一个笼子又很快进入别的笼中，这种现象称为“笼效应”(cage effect)，见图 8-1。由于笼效应的存在，阻碍了反应物分子 A 与 D 在溶液中的相遇。但当两个反应物分子 A 与 D 偶然进入同一个笼中后（称为偶遇，encounter)，则被关在笼中相对较长的时间，发生多次的反复碰撞。据估算，在正常的液体中（即黏度为 $10^{-3}\,N\cdot m^{-2}\cdot s$)，A 分子在同一笼中的停留时间约为 10^{-10}s，在此期间进行约 100～1000 次碰撞。如果反应物分子与溶剂分子之间没有特殊的相互作用（例如溶剂化)，那么在同样条件下，就单位时间单位体积内反应物分子之间的总碰撞次数而言，溶液中的反应与气相反应大致相当，如表 8-1 中 N_2O_5 的反应。反应物分子穿过笼所需的活化能（扩散活化能）一般小于 20 $kJ\cdot mol^{-1}$，小于大多数化学反应的活化能（40～400 $kJ\cdot mol^{-1}$)，故扩散作用一般不影响反应速率。但对于活化能很小（速率常数很大）的反应，例如溶液中的某些离子反应、自由基反应，则反应速率取决于分子的扩散速率。

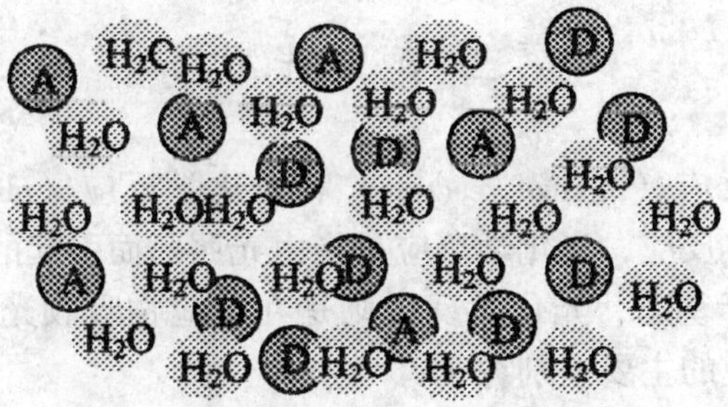

图 8-1　笼效应示意图

在多数情况下，反应物分子与溶剂分子之间存在着相互作用，对反应速率产生显著的影响，因此选择合适的溶剂，可加速主反应，有时也伴随抑制副反应的发生。

二、溶剂对反应速率的影响

溶剂对反应速率的影响极其复杂，总的来说有以下几方面的影响：

1. 溶剂的极性

许多实验证明，如果产物的极性大于反应物的极性，则在极性溶剂中的反应速率常数比在非极性溶剂中的大；反之，如果产物的极性小于反应物的极性，则在极性溶剂中的反应速率常数比在非极性溶剂中的小。

2. 溶剂的介电常数

对于离子或极性分子之间的反应，溶剂的介电常数的大小将影响离子或极性分子之间的相互作用力，从而影响其反应速率常数。溶剂的介电常数越大，溶液中离子之间的相互作用力就越小。因此，对同号电荷离子之间的反应，溶剂的介电常数越大反应速率常数越大；反之，对异号电荷离子之间的反应或对离子与极性分子之间的反应，溶剂的介电常数越大反应速率常数就越小。

例如，OH^- 离子催化巴比妥类药物在水中的水解是同种电荷离子之间的反应。加入介电常数比水小的物质，例如甘油、乙醇等，将使反应速率常数减小。

3. 溶剂化的影响

物质的溶剂化，将使其能量降低，因此反应物与过渡态的溶剂化将影响反应的活化能。若过渡态的溶剂化作用比反应物大，则反应的活化能降低，从而使反应速率常数增大。反之，若反应物的溶剂化作用大于过渡态，则反应的活化能升高，从而使反应速率常数减小。

三、离子强度对反应速率的影响——原盐效应

向溶液中加入电解质会改变溶液的离子强度，实验表明，溶液离子强度的变化会导致离子之间的反应速率常数的变化，这种作用称为原盐效应（primary salt effect），又称为动力学盐效应。可以证明，在稀溶液中，离子反应的速率常数与溶液离子强度之间的关系如下：

$$\lg k = \lg k_0 + 2 Z_A Z_B A \sqrt{I} \qquad (8-1)$$

式中 Z_A、Z_B 分别为反应物 A、B 的电荷数，I 为离子强度，k_0 为离子强度为零时（无限稀释时）的速率常数，A 为与溶剂和温度有关的常数，在 25℃的水溶液中，$A = 0.509$。

由式（8-1）可知，对同号电荷离子之间的反应，溶液的离子强度越大，反应速率常数越大；对异号电荷离子之间的反应，溶液的离子强度越大，反应速率常数就越小。

第三节　光化学

化学反应可分为热反应（thermal reaction）和光化学反应（photochemical reaction）两类。普通的化学反应可称为热反应，光化学反应是指由光照射而引起的化学反应。热反应中涉及的分子、原子等物质处于基态，光化学反应则是在反应物吸收光量子、处于激发态时进行的。光化学反应与热反应的主要差别在于：

（1）热反应的活化能来自体系吸收的热量，光化学反应的活化能来自吸收的光子的能量；

（2）恒温恒压和不做非体积功的条件下，热反应总是朝着吉布斯能降低的方向进行，光化学反应既可朝着吉布斯能降低的方向进行，如光化链反应 $H_2 + Cl_2 \longrightarrow 2HCl$，也可朝着吉布斯能升高的方向进行，如光合反应，将光能转化为体系的吉布斯能；

（3）热反应的速率常数一般随温度升高而增大，光化学反应的速率常数受温度的影响较小，大多数光化学反应表现为零级反应；

（4）入射光的波长与强度一般不影响热反应的平衡，而对光化学反应有很大的影响。

光化学研究光作用下进行的化学反应的规律和机理。

一、光化学基本定律

当光照射反应体系时，可能透过，也可能被反射、被吸收。“只有被体系吸收的光才能有效地引起光化学反应”，这是 19 世纪由格罗杜斯（Grotthus）和德拉波（Draper）提出的光化学第一定律。

光化学反应一般分两个阶段进行。第一阶段为初级过程（primary process），此过程必须在光的照射下才能进行，反应物分子或原子吸收光量子被活化成为激发态的分子或原子。随后为第二阶段——次级过程（secondary process），即活化分子或原子与其它分子发生反应，

或将能量传递给低能分子而失活，或发生其它一系列的热反应。初级过程经极短的瞬间（约 10^{-8}s)，在不需要光的情况下发生次级过程。如：HI 的光化分解反应

初级过程 $HI + h\nu \longrightarrow I\cdot + H\cdot$

次级过程 $H\cdot + HI \longrightarrow H_2 + I\cdot$

$I\cdot + I\cdot \longrightarrow I_2$

在 20 世纪初，爱因斯坦（Einstein）提出："在光化反应的初级过程中，被活化的分子或原子数等于被吸收的光量子数"，即一个分子或原子吸收一个光量子而被活化，这就是光化学第二定律，又称为光化当量定律（law of photochemical equivalence)，这个过程为单光子吸收过程。但后来曾经发现多光子吸收的现象，即一个分子可吸收多个光量子而成为活化分子，只有在高强度激光的照射下才会出现这种情况，在一般光源强度下仍遵守光化当量定律。

活化 1mol 分子或原子需要吸收 1mol 的光量子，它所具有的能量称为爱因斯坦，用 E 表示，显然

$$E = Lh\nu = \frac{Lhc}{\lambda}$$

$$= \frac{6.022\times10^{23}\times6.626\times10^{-34}\times2.998\times10^{8}}{\lambda} = \frac{0.1196}{\lambda}\ (\mathrm{J\cdot mol^{-1}}) \qquad (8-2)$$

式中 L 为阿佛伽德罗常数，h 为普朗克常数，c 为光速，ν 为光的频率，λ 为光的波长，单位为 m。由式（8-2）可见，E 与 λ 有关。

二、量子效率

光化学反应中，体系吸收一个光量子而使一个分子或原子活化，但并不意味着使一个分子或原子发生光化学反应，有可能引起多个反应物分子或原子发生反应。活化分子或原子也可能不发生反应而以各种形式释放出能量重新回到基态。为了衡量被吸收的光量子在光化学反应中的效率，提出了量子效率（quantum yield）的概念，用 Φ 表示，其定义为：

$$\Phi = \frac{\text{发生反应的分子数}}{\text{吸收的光量子数}} = \frac{\text{生成产物的分子数}}{\text{吸收的光量子数}} = \frac{\text{反应速率}}{\text{吸收光量子的速率}}$$

Φ 的数值从 0 到 10^6。Φ 越大，表示光能的利用率越高。

例 8-3 肉桂酸在光照下溴化生成二溴肉桂酸。在温度为 303.6 K，用波长为 435.8 nm、强度为 $1.4\times10^{-3}\mathrm{J\cdot s^{-1}}$ 的光照射 1105s 后，有 7.5×10^{-5}mol 的溴发生了反应，已知溶液吸收了入射光的 80.1%，求量子效率。

解：入射光的爱因斯坦为

$$E = \frac{0.1196}{\lambda} = \frac{0.1196}{4.358\times10^{-7}} = 2.744\times10^{5}\ (\mathrm{J\cdot mol^{-1}})$$

吸收的光量子的物质的量为

$$\frac{1.4\times10^{-3}\times1105\times80.1\%}{2.744\times10^{5}} = 4.515\times10^{-6}\ (\mathrm{mol})$$

量子效率为

$$\Phi = \frac{7.5\times10^{-5}}{4.515\times10^{-6}} = 16.6$$

三、光合作用

光可以直接被反应物吸收而发生化学反应，也可以被反应体系中其它物质吸收，间接地引起化学反应，后者称为感光反应（或光敏反应）。吸收光而间接引起反应的物质称为感光

剂（或光敏剂），其本身在反应前后不发生变化。植物在阳光下进行的光合作用就是典型的感光反应，CO_2 和 H_2O 都不能直接吸收太阳光进行反应，叶绿素为这一反应中的感光剂，它吸收波长为 400 ~ 700 nm 的可见光。光合作用可表示为

$$CO_2 + H_2O \xrightarrow[\text{叶绿素}]{h\nu} \frac{1}{6}C_6H_{12}O_6 + O_2$$

光合作用具体包括两个过程：叶绿素获得光能，并转变为 ATP 和某些还原剂（如 NADPH，生物体内的一种重要的氧化还原辅酶）的化学能，在此过程中，氢原子从 H_2O 分子中脱出，$NADP^+$ 被还原为 NADPH，放出氧分子，同时 ADP 被磷酸化，生成 ATP，总反应为

$$2H_2O + 2NADP^+ + 2ADP + 2Pi \xrightarrow[\text{叶绿素}]{h\nu} 2NADPH + 2ATP + 2H^+ + O_2$$

在另一过程中，由上述光化反应得到的高能产物 NADPH 和 ATP 可使 CO_2 还原为葡萄糖，同时 NADPH 被氧化成 $NADP^+$，而 ATP 再次分解为 ADP 与磷酸 Pi，总反应为

$$CO_2 + 2NADPH + 2ATP + 2H^+ \xrightarrow{\text{酶催化}} \frac{1}{6}C_6H_{12}O_6 + 2NADP^+ + 2ADP + Pi + H_2O$$

此过程为一般酶促反应，不需要光的参与。上述两个过程反应的总和就是 CO_2 和 H_2O 产生葡萄糖并放出氧气。

光合作用利用的是能量较低的红光，$E = 176\text{kJ}\cdot\text{mol}^{-1}$，1mol CO_2 还原成葡萄糖约需要平均吸收 8 爱因斯坦的能量。光合作用的实际量子效率只有 0.125。目前人类生产与生活所利用的能量，90%以上是百万年以前光合作用所捕获的太阳能。因此研究光合作用的机理，对于提高光合作用的效率、寻找高光合能力的新品种等具有深远的理论和实际意义。

四、光对药物稳定性的影响

有的药物对热很稳定，而对光很不稳定，其贮存期主要取决于光照量。在光源一定时，药物在光照射下的含量下降的程度与入射光的照度 E 与时间 t 的乘积 Et（累积光量）有关。研究药物在光照射下的稳定性和预测其贮存期，就需要在较高的照度下测定药物含量的变化，找出药物含量 c 与累积光量 Et 的关系，由此算得在自然贮存条件的较低照度下，药物含量下降至合格限度所需的时间，即贮存期。

例 8-4 己酸孕酮注射液对光很不稳定，其贮存期主要取决于光照量。在晴天室外遮荫处较强的自然光照射下进行光照试验，定时抽样，用分光光度法和脉冲计数法分别测得己酸孕酮的相对标示含量 c/c_0 和试验样品放置处的累积光量 $\int_0^t E\mathrm{d}t$ 的数据如下，已知当地室内年平均累积光量 $\int_0^t (E\mathrm{d}t)_{\text{年}}$ 为 3.5×10^5 lx·h，求该药物在室内自然光照射下的贮存期 $t_{0.9}$。

t/h	0	14.5	24.4	36.6	49.2	55.3	66.2	82.3	94.1	105.1	116.2
$\int_0^t E\mathrm{d}t$/klx·h	0	150	300	463	609	756	910	1053	1210	1354	1507
c/c_0/%	100	96.6	92.6	88.5	84.0	78.7	74.9	71.4	69.1	65.6	60.8

解：以己酸孕酮的相对标示含量 c/c_0 对试验样品放置处的累积光量 $\int_0^t E\mathrm{d}t$ 作图得一条直线，如图 8-2 所示，直线方程为 $c/c_0 = -26.2\int_0^t E\mathrm{d}t + 99.99$，表明己酸孕酮的光解反应为

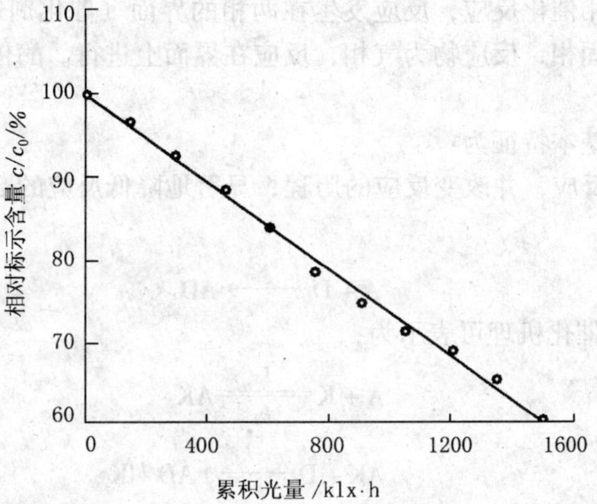

图 8-2　例 8-4 附图

零级反应。把 $c/c_0 = 90\%$ 代入直线方程中得累积光量

$$\int_0^t (E\mathrm{d}t)_{0.9} = 3.8\times10^5\ \mathrm{lx\cdot h}$$

则

$$t_{0.9} = \frac{(\int_0^t E\mathrm{d}t)_{0.9}}{(\int_0^t E\mathrm{d}t)_{年}} = \frac{3.8\times10^5}{3.5\times10^5} \approx 1.1\text{（年）}$$

即该药物在室内自然光照射下的贮存期 $t_{0.9}$ 为 1.1 年。

第四节　催化反应

一、催化作用

一种或多种少量的物质加到化学反应体系中，可以改变反应的速率而其本身的数量和化学性质在反应前后都不改变，这种物质就是催化剂（catalyst）。加入催化剂改变反应速率的作用称为催化作用（catalysis）。现代化学工业产品的 80% 以上是经催化剂的催化来生产的。生物体内的各种生化反应是靠酶的催化完成的。

催化剂的作用是加快反应速率时，称为正催化剂；而当催化剂的作用是减慢反应速率时，称为负催化剂或阻化剂。使用催化剂一般均是为了加快反应速率，负催化剂的实际应用目前还很少，故通常所谓的催化剂都是指正催化剂而言。

催化剂可以是有意识加入反应体系的，也可以是在反应过程中自发产生的产物或中间

物。后一种现象称为自催化作用（autocatalysis），起催化作用的产物或中间物称为自催化剂（autocatalyst）。

催化反应分为三类：均相催化（homogeneous catalysis）反应、复相催化（heterogeneous catalysis）反应和酶催化（enzyme catalysis）反应。催化剂与反应体系在同一相中的催化反应称为均相催化反应，如均相酸碱催化反应、均相配位化合物催化反应等。与之相对应，涉及多相的催化反应称为复相催化反应，反应发生在两相的界面（催化剂通常为固体），如气－固催化反应，催化剂为固相，反应物为气相，反应在界面上进行。酶催化反应介于前述两者之间。

通常催化作用的基本特征为：

(1) 催化剂参与反应，并改变反应的历程，显著地降低反应的活化能。例如对于催化反应：

$$A + D \xrightarrow{K} AD$$

式中 K 为催化剂，其催化机理可表示为：

$$A + K \underset{k_2}{\overset{k_1}{\rightleftharpoons}} AK$$

$$AK + D \xrightarrow{k_3} AD + K$$

式中 AK 为反应物与催化剂生成的中间产物。上述反应机理中第一步的正逆反应的活化能都较低，处于近似平衡状态，第二步为决速步骤，则反应速率为

$$\frac{dc_{AD}}{dt} = k_3 c_{AK} c_D$$

用平衡近似法处理得

$$\frac{dc_{AD}}{dt} = \frac{k_1 k_3}{k_2} c_K c_A c_D = k' c_A c_D$$

式中 k' 为表观速率常数，$k' = \frac{k_1 k_3}{k_2} c_K$

将阿仑尼乌斯公式代入得：

$$k' = \left(\frac{A_1 A_3}{A_2} c_K\right) \exp\left[-\frac{(E_{a_1} + E_{a_3} - E_{a_2})}{RT}\right]$$

反应的表观活化能和表观指前因子分别为：

$$E_a' = E_{a_1} + E_{a_3} - E_{a_2}$$

$$A' = \frac{A_1 A_3}{A_2} c_K$$

图 8－3 表示非催化与催化反应过程能量变化的情况。图中 E_a 为非催化反应的活化能，E_a' 为催化反应的活化能。

应当指出，并非凡能降低活化能的物质都能使反应显著加速而成为催化剂。催化反应的表观指前因子 A' 中含有催化剂浓度 c_K，而在反应体系中 c_K 通常是很小的。多数催化剂能使反应的活化能降低 80 kJ·mol^{-1}以上，足以弥补 c_K 对反应速率的不利影响。表 8－2 比较了一些催化反应和非催化反应的活化能。

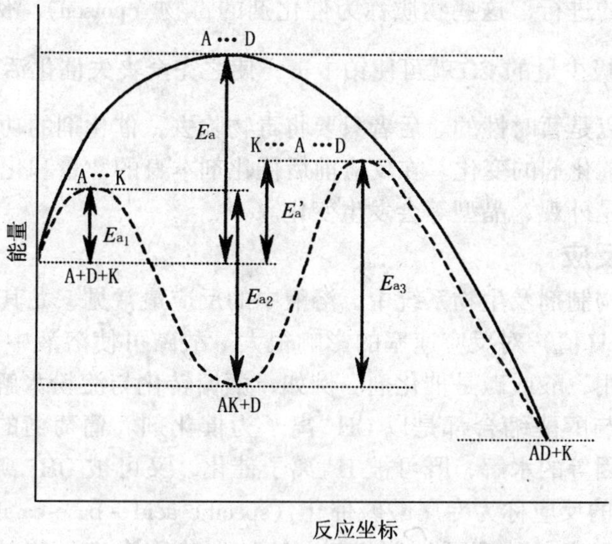

图 8-3　催化反应与非催化反应的活化能

表 8-2　催化反应和非催化反应的活化能

反应	$E_a/kJ\cdot mol^{-1}$ 非催化反应	$E_a/kJ\cdot mol^{-1}$ 催化反应	催化剂
$2HI \longrightarrow H_2 + I_2$	184.1	104.6	Au
$2H_2O \longrightarrow 2H_2 + O_2$	244.8	136.0	Pt
蔗糖在盐酸溶液中的分解反应	107.1	39.3	转化酶
$2SO_2 + O_2 \longrightarrow 2SO_3$	251.0	62.76	Pt
$3H_2 + N_2 \longrightarrow 2NH_3$	334.7	167.4	$Fe-Al_2O_3-K_2O$

(2) 催化剂能显著地改变化学反应的速率，但它不影响化学平衡，不改变化学反应的可能性。从热力学的观点来看，一个化学反应体系，无论使用催化剂与否，反应前后吉布斯能的变化不变，因为状态函数的变化与过程无关。故催化剂不能使热力学上不可能进行的反应发生，不能改变化学平衡，不能移动平衡点，只能缩短达到平衡的时间。这同时也说明催化剂在使正反应加速的同时，也使逆反应加速同样的倍数。对已达平衡的反应，不能用加入催化剂的方法来提高目的产物的产率。

(3) 催化剂具有选择性。对不同类型的反应需要不同的催化剂。有的催化剂选择性较强，如酶的选择性最强；有的催化剂选择性较弱，如酸碱催化剂最弱。工业中常用下式来表达催化剂的选择性：

$$选择性 = \frac{转化为目的产物的原料量}{原料转化总量} \times 100\%$$

(4) 催化剂对某些杂质很敏感。某些杂质对催化剂的催化作用有极大的影响，能增强催化剂的活性、选择性、稳定性的杂质称为助催化剂或促进剂（catalytic accelerator，promotor），减弱上述催化功能的则称为阻化剂或抑制剂（inhibitor）。作用很强的阻化剂只要极微的量就能严重阻碍催化反应的进行，这些物质称为催化剂的毒物（poison）。例如在铂催化反应 $H_2 + \frac{1}{2}O_2 \longrightarrow H_2O$ 中，极少量的 CO 就可使铂中毒，使之完全丧失催化活性。催化剂的中毒可以是永久性的，也可以是暂时性的。后者只要将毒物除去，催化剂的功能可以恢复。

(5) 反应过程中催化剂的变化。在反应前后催化剂本身的数量和化学性质虽然不变，但有些物理性状，特别是外观、晶型等会发生变化。

二、酸碱催化反应

在药物生产和药物制剂及生物系统中，溶液中的反应最常见，尤其是稀溶液中的反应更多。溶液的酸碱性（pH 值）对反应速率的影响很大。酸碱可使溶液中不同的反应的速率增大，即发生了催化作用，酸或碱是催化剂。例如，蔗糖转化与淀粉水解都是以 H^+ 离子为催化剂。过氧化氢分解与醇醛缩合都是以 OH^- 离子为催化剂。葡萄糖的变旋，酯类的水解，如阿司匹林、普鲁卡因等的水解，既可被 H^+ 离子催化，又可被 OH^- 离子催化。这些以 H^+ 或 OH^- 离子为催化剂的反应称为专属酸碱催化（specific acid－base catalysis）。不仅如此，在某些反应中，广义酸与广义碱都可作催化剂，这种催化称为广义酸碱催化（general acid－base catalysis）。酸碱催化分均相与多相两种，人们对均相催化研究较多，其理论比后者成熟。但均相催化的某些理论，也可供复相催化参考。

根据布朗斯特（Brönsted）的广义酸碱理论，广义酸就是能给出质子的物质，广义碱就是能接受质子的物质。例如：

$$HAc + H_2O \rightleftharpoons H_3O^+ + Ac^-$$

$$NH_4^+ + H_2O \rightleftharpoons H_3O^+ + NH_3$$

$$H_2O + H_2O \rightleftharpoons H_3O^+ + OH^-$$

酸(Ⅰ) 碱(Ⅰ)　酸(Ⅱ) 碱(Ⅱ)

广义酸碱可以是离子，也可以是中性分子。以 HAc 为例，HAc 是广义酸，Ac^- 离子称为 HAc 的共轭碱，H_2O 为广义碱，H_3O^+ 离子称为 H_2O 的共轭酸。所以，某些物质可以是广义酸，也可以是广义碱，要取决于它的共轭物。在广义酸催化中，反应物是广义碱；在广义碱催化中，反应物是广义酸。

酸碱催化反应的机理，因反应物与酸碱的性质而异。下面讨论一般的机理。

若广义酸 HA 催化反应物 S 生成产物 P，则反应机理为：

$$S + HA \longrightarrow SH^+ + A^- \quad \text{(慢)}$$

$$SH^+ + A^- \longrightarrow P + HA \quad \text{(快)}$$

若广义碱 B 催化反应物 HS 生成产物 P，则反应机理为：

$$HS + B \longrightarrow S^- + HB^+ \quad \text{(慢)}$$

$$S^- + HB^+ \longrightarrow P + B \quad \text{(快)}$$

也就是说，在酸催化反应中，先是反应物 S 接受酸 HA 中的质子 H^+ 而形成中间物 SH^+，然后质子从中间物转移而重新得到酸 HA 与产物 P。相反，在碱催化反应中，先是反应物 HS 将质子 H^+ 给碱 B 而形成中间物 S^-，然后中间物又得到转移来的质子而生成产物 P 与碱 B。由此可见，无论在酸或碱催化反应中，都以质子的转移来完成反应，这是酸碱催化反应的一个特征。质子转移是一个相当快的过程，因为一方面质子不带电子，只有一个正电荷，易接近其它极性分子中带负电的一端；另一方面质子半径小，电场强度大，易使接近它的分子发生极化，有利于成键。

如果反应既可被酸催化，又可被碱催化，而且又可被溶剂催化，则总的反应速率为：

$$r = k_0 c_S + k_{H^+} c_{H^+}^n c_S + k_{OH^-} c_{OH^-}^m c_S \quad (8-3)$$

式中 k_0 表示溶剂参与的反应的速率常数，c_S 表示反应物的浓度，k_{H^+} 与 k_{OH^-} 分别表示 H^+ 与 OH^- 离子催化时的速率常数，分别称为酸催化系数和碱催化系数，代表了催化剂的催化能力，c_{H^+} 与 c_{OH^-} 分别表示 H^+ 与 OH^- 离子的浓度。将式（8-3）表示为如下形式：

$$r = kc_S$$

则

$$k = k_0 + k_{H^+} c_{H^+}^n + k_{OH^-} c_{OH^-}^m \quad (8-4)$$

或

$$k = k_0 + k_{H^+} c_{H^+}^n + k_{OH^-} \frac{K_W^m}{c_{H^+}^m} \quad (8-5)$$

K_W 表示水的离子积，$K_W = c_{H^+} c_{OH^-}$，在25℃时等于 1.00×10^{-14}。n 和 m 分别表示对 H^+ 离子和 OH^- 的级数。上式表明溶液的 pH 值对反应速率产生的影响。在 pH 很低时，主要为酸催化，

$$k = k_{H^+} c_{H^+}^n \quad (8-6)$$

将式（8-6）取对数可得

$$\lg k = \lg k_{H^+} - n(\mathrm{pH})$$

所以在酸催化下若以 $\lg k$ 对 pH 作图，应为一条直线，其直线斜率为 $-n$，截距为 $\lg k_{H^+}$。同理，在碱性条件下，pH 值很高，式（8-4）前两项可以忽略，则得到：

$$k = k_{OH^-} c_{OH^-}^m$$

取对数则得：

$$\lg k = \lg k_{OH^-} - m(\mathrm{pOH})$$

或

$$\lg k = \lg k_{OH^-} + m\lg K_W + m(\mathrm{pH})$$

以 $\lg k$ 对 pH 值作图，斜率等于 m。一般情况下，m 和 n 两个数值都等于1。图8-4为 k-pH 示意图。当 pH 较小时，形成曲线的左段；当 pH 较大时，形成曲线的右段；pH 居中时，酸或碱催化作用都不大，$k = k_0$，形成曲线的中段，表示反应速率与 pH 无关。在图中 pH 较小、较大和居中处各取一点，即可分别求得 k_{H^+}、k_{OH^-} 和 k_0 的近似值。

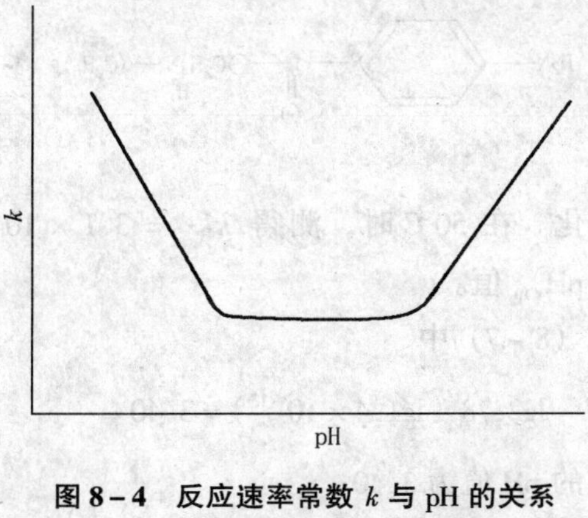

图8-4　反应速率常数 k 与 pH 的关系

例8-5　葡萄糖的变旋异构反应是酸催化反应。试从下列观察到的一级速率常数求算

实验条件下的 k_0 和 k_{H^+}。

c_{H^+} /mol·L^{-1}	0.0048	0.0247
$k/10^{-3}$ min^{-1}	6.00	8.92

解：在酸催化反应中可忽略 OH^- 的催化作用，则反应的速率常数

$$k = k_0 + k_{H^+}c_{H^+}$$

将题给数据分别代入上式

$$6.00\times10^{-3} = k_0 + 0.0048k_{H^+}$$

$$8.92\times10^{-3} = k_0 + 0.0247k_{H^+}$$

两式联立求解得：

$$k_0 = 5.29\times10^{-3}\,\mathrm{min^{-1}}$$

$$k_{H^+} = 0.147\,\mathrm{mol^{-1}\cdot L\cdot min^{-1}}$$

许多药物在溶液中的失效是由专属酸碱催化引起的，催化反应速率最慢（即药物最稳定）的 pH 值用 $(pH)_m$ 表示。该值可通过实验，用作图法得到，也可通过实验经如下的简单计算得到。

将式(8－5)中的 n 和 m 等于 1，欲使 k 值最小，将其两端对 c_{H^+} 求导数，并令其为零：

$$\frac{dk}{dc_{H^+}} = k_{H^+} - \frac{k_{OH^-}K_W}{c_{H^+}^2} = 0$$

整理后可得

$$(pH)_m = \frac{1}{2}(\lg k_{H^+} - \lg k_{OH^-} - \lg K_W) \qquad (8-7)$$

式中不同温度下的 K_W 可从手册中查找，k_{H^+} 及 k_{OH^-} 可从实验求算。对于易水解的药物，在 $(pH)_m$ 以下时，氢离子催化占优势；在 $(pH)_m$ 以上时，氢氧根离子催化占优势。由此可知，pH 值对这类药物的稳定性影响很大，必须认真调节溶液的 pH 值。

例 8－6 普鲁卡因在 pH2.3～9 之间，主要以单离子型存在：

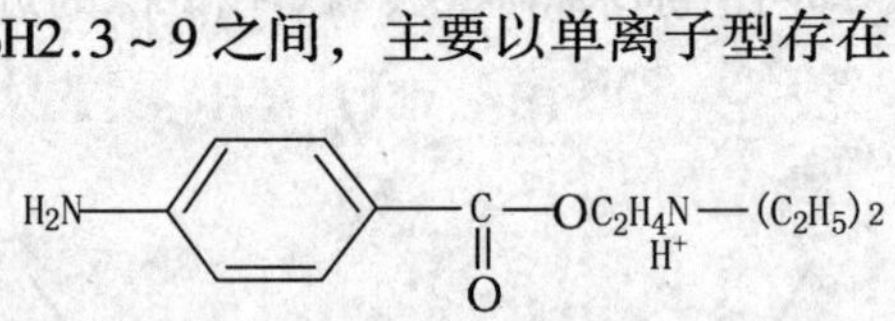

它既被酸催化，又被碱催化。在 50℃ 时，测得 $k_{H^+} = 3.1\times10^{-6}\,\mathrm{mol^{-1}\cdot L\cdot s^{-1}}$，$k_{OH^-} = 2.78\,\mathrm{mol^{-1}\cdot L\cdot s^{-1}}$。试计算 $(pH)_m$ 值。

解：将题给数据代入式（8－7）中

$$(pH)_m = \frac{1}{2}(\lg 3.1\times10^{-6} - \lg 2.78 - \lg 1.4\times10^{-13}) = 3.40$$

所以普鲁卡因的最稳定的 pH 值为 3.40。

由于在酸催化中，作为催化剂的酸分子把质子转移给反应物，因此催化剂的能力与其给出质子的能力有关，所以酸催化系数 k_{H^+} 与酸的解离常数 K_a 有如下的关系：

$$k_{H^+} = G_a K_a^{\alpha}$$

或
$$\ln k_{H^+} = \ln G_a + \alpha \ln K_a$$

同理，碱催化系数 k_{OH^-} 与碱的解离常数 K_b 也存在如下关系：

$$k_{OH^-} = G_b K_b^{\beta}$$

或
$$\ln k_{OH^-} = \ln G_b + \beta \ln K_b$$

式中 G_a、G_b、α、β 都是经验常数，是反应、溶剂和反应温度的特征参数。α 和 β 的值在 0 ~ 1之间。上述关系式称为布朗斯特酸碱催化规则，该规则普遍适用于均相酸碱催化反应。根据布朗斯特酸碱催化规则，对某一酸催化反应，可用不同的酸作催化剂做实验，得到不同的酸催化时的 k_{H^+}，以 $\ln k_{H^+}$ 对 $\ln K_a$ 作图得直线，直线的斜率为 α，截距为 $\ln G_a$。将所得结果推广到其它催化剂，供选择催化剂时作参考。类似的方法用于碱催化，亦可求得 β 与 $\ln G_b$。图 8 - 5 为丙酮碘化反应中某些酸的催化系数与解离常数的关系（数据见表 8 - 3）。

表 8 - 3　某些酸的解离常数 K_a 与丙酮碘化反应的催化系数 k_{H^+} 的关系

催化剂	K_a	k_{H^+} /10^{-6} mol^{-1}·L·s^{-1}
二氯醋酸	5.7×10^{-2}	220
α,β - 二溴丙酸	6.7×10^{-3}	63
氯酸	1.41×10^{-3}	34
乙醇酸	1.54×10^{-4}	8.4
β - 氯丙酸	1.01×10^{-4}	5.9
醋酸	1.75×10^{-5}	2.4
丙酸	1.34×10^{-5}	1.7
二甲基醋酸	9.1×10^{-6}	1.9

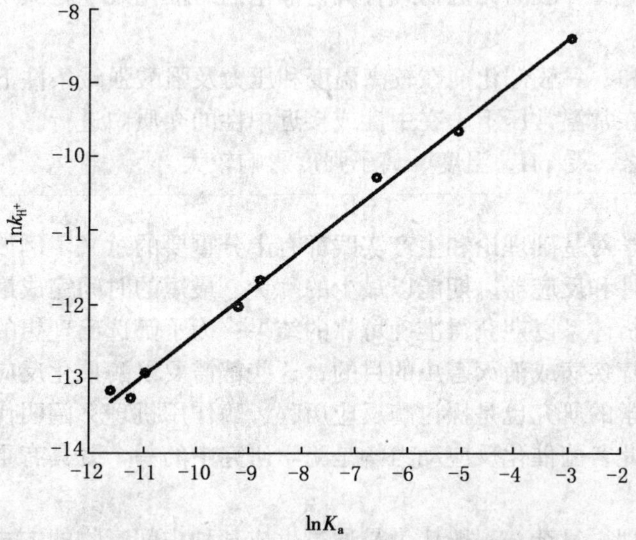

图 8 - 5　丙酮碘化反应中某些酸的催化系数与解离常数的关系

若催化剂为多元的酸或碱，则布朗斯特酸碱催化规则应进行修正，此时布朗斯特酸碱催化规则表示为：

$$\frac{k_{H^+}}{p} = G_a\left(\frac{q}{p}K_a\right)^{\alpha}$$

$$\frac{k_{OH^-}}{q} = G_b\left(\frac{p}{q}K_b\right)^{\beta}$$

式中的 p 表示一个酸分子能提供的质子数，q 表示一个碱分子能接受的质子数。如 $H_2C_2O_4$ 中，$p=2$；$C_2O_4^{2-}$，$q=2$。

三、酶催化反应

酶是具有特殊催化功能的生物催化剂，生物体内进行的各种代谢反应，如蛋白质、糖类、脂肪等的分解和合成基本上都是酶催化反应。所有已知的各种酶，都是具有特异选择性并高效地催化新陈代谢化学反应的蛋白质，它们是由氨基酸按一定顺序排列的大分子，有些酶还结合了一些金属的原子或离子，如生物体内清除超氧自由基的超氧化物歧化酶（SOD）含有铜和锌或铁离子。有些酶仅当特殊的辅酶存在时，只有酶与辅酶相互作用后方表现出催化活性。酶有如此高的催化活性和选择性是因为在酶分子中较小的区域内存在着结构复杂的活性中心。这些活性中心由某些具有特定化学结构和空间构型的基团组成，只有当活性中心里各基团结构排列恰好与反应物的某些反应部位的结构相适应，并以氢键或其它形式相结合时，酶才表现出催化活性。通常将酶催化反应中的反应物称为底物（substrate）。实验证明，酶催化反应的速率与酶浓度、底物浓度、温度、pH 以及其它干扰物质有关。由于酶分子大小约为 3～100nm，因此就催化剂大小而言，酶催化属于均相催化与复相催化的过渡范围。

1. 酶催化反应的特点

酶是特殊的生物催化剂，它除了具有一般催化剂的性质外，还有以下特点：

（1）高度的选择性　酶对底物具有很高的选择性，一种酶只对某一类物质或某一种物质具有催化作用。如脲酶只专一催化尿素的水解反应，蛋白酶只专一催化蛋白的水解反应，而对其它底物不具有催化作用。

（2）催化效率高　比一般的无机物或有机物催化剂的催化效率高 10^9～10^{15} 倍，是一般的催化剂所无法比拟的。

（3）反应条件温和　一般催化剂在较高温度和压力及强酸强碱条件下使用，而酶催化反应的条件温和，一般在常温常压下、在中性或接近中性的介质中进行。

（4）反应机理复杂，受 pH、温度、离子强度影响较大。

2. 酶催化反应动力学

酶催化反应动力学对基础理论和生产实践都有十分重要的意义。例如，为了确定最有效的反应系统、反应条件和反应器以期能以最少的酶量、最短的时间完成最大量的反应；为了建立一个适宜的酶分析体系以期获得准确可靠的结果；为了筛选出理想的药物或毒物，以期专一而有效地达到治疗疾病或消灭害虫的目的，这些都需要以酶催化反应动力学为依据。另外，酶催化反应动力学的研究也是探讨酶反应历程、酶作用机理，阐明代谢过程和进行代谢调控的重要手段。因此，酶催化反应动力学是酶学研究中的一个既具有重要理论意义，又具有实践意义的课题。

酶催化反应的机理很复杂，一般认为是通过生成某种中间产物的方式进行的，其过程可表示为以下通式：

$$E + S \underset{k_2}{\overset{k_1}{\rightleftharpoons}} ES \xrightarrow{k_3} E + P$$

即酶（E）与底物（S）先生成中间产物（ES），然后中间产物（ES）转变成产物（P），并释放出酶（E）。通常第二步反应，即中间产物（ES）分解为产物（P）的速率很小，控制了总反应的速率。上述机理由米恰利（Michaelis）和门顿（Menten）最早提出。

由于酶的催化活性很高，通常在酶催化反应中，酶的浓度都很低，一般为 $10^{-10} \sim 10^{-8}$ $mol \cdot L^{-1}$。这样，即使大部分酶都以中间产物（ES）的形式存在，中间产物的浓度仍然很低，因此可以按稳态近似法处理，因此

$$\frac{dc_{ES}}{dt} = k_1 c_E c_S - k_2 c_{ES} - k_3 c_{ES} = 0$$

所以

$$c_{ES} = \frac{k_1 c_E c_S}{k_2 + k_3} = \frac{1}{K_M} c_E c_S \qquad (8-8)$$

$$K_M = \frac{k_2 + k_3}{k_1} = \frac{c_E c_S}{c_{ES}}$$

总反应速率

$$r = \frac{dc_P}{dt} = k_3 c_{ES}$$

若酶的原始总浓度为 $c_{E,0}$，反应在 t 时达稳态后，它的一部分变为中间产物 ES，另一部分仍处于原始游离态 E，则

$$c_E = c_{E,0} - c_{ES}$$

将上式代入式 $K_M = \frac{c_E c_S}{c_{ES}}$ 中得

$$c_{ES} = \frac{c_{E,0} c_S}{K_M + c_S}$$

因此

$$r = \frac{k_3 c_{E,0} c_S}{K_M + c_S} \qquad (8-9)$$

式(8－8)和式(8－9)称为 Michaelis-Menten 方程或米氏方程，式中 K_M 称为米氏常数。

当底物浓度很小时，$c_S << K_M$，式（8－9）可简化为

$$r = \frac{k_3}{K_M} c_{E,0} c_S \qquad \text{（对底物为一级反应）}$$

当底物浓度很大时，$c_S >> K_M$，式（8－9）可简化为

$$r = k_3 c_{E,0} \qquad \text{（对底物为零级反应）}$$

当 $c_S \longrightarrow \infty$ 时，反应速率趋于最大值 $r_m = k_3 c_{E,0}$，此时所有的酶都与底物结合而生成中间产物。将 $r_m = k_3 c_{E,0}$ 代入式（8－9）中得

$$\frac{r}{r_m} = \frac{c_S}{K_M + c_S} \qquad (8-10)$$

当 $r = \frac{1}{2} r_m$ 时，$K_M = c_S$，即当反应速率为最大反应速率的一半时，底物的浓度就等于米氏常数。图 8－6 即为反应速率 r 与底物浓度 c_S 的关系示意图。实际工作中，常用初速率代替 r。

为了更方便地处理实验数据，将式（8－10）改写为如下形式：

$$\frac{1}{r}=\frac{K_M}{r_m}\cdot\frac{1}{c_S}+\frac{1}{r_m}$$

以$\frac{1}{r}$对$\frac{1}{c_S}$作图，得一直线，如图 8－7，斜率为$\frac{K_M}{r_m}$，截距为$\frac{1}{r_m}$，由此可求出 K_M 和 r_m。这种方法由于是兰维弗（Lineweaver）及伯克（Burk）提出的，故图 8－7 又称为兰维弗－伯克图。

K_M 是酶催化反应的特性常数，不同的酶 K_M 不同，同一种酶催化不同的反应时 K_M 也不同。大多数纯酶的 K_M 值在 $10^{-4}\sim10^{-1}$ mol·L^{-1}之间，其大小与酶的浓度无关。

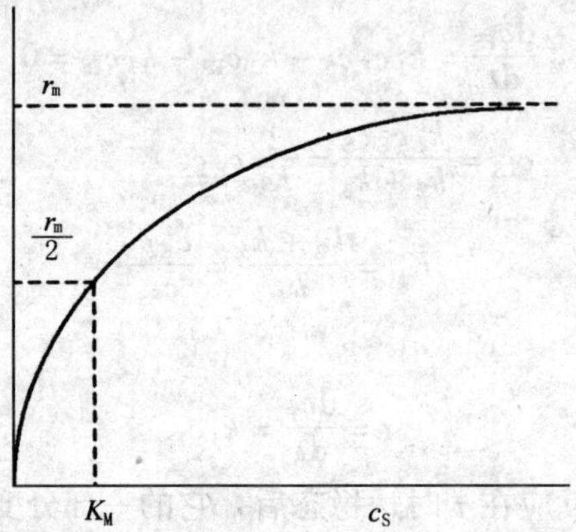

图 8－6　典型的酶催化反应速率曲线

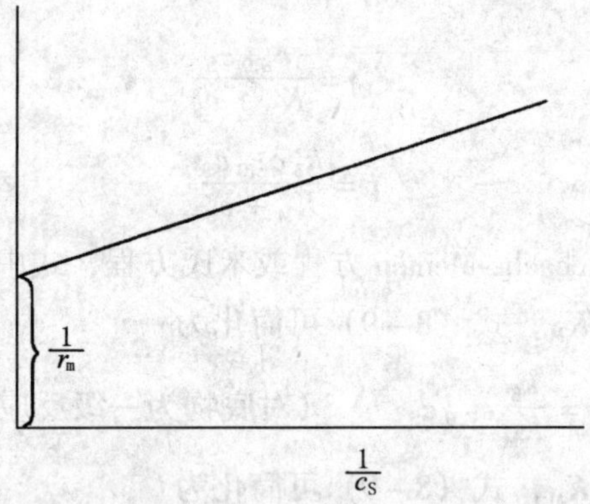

图 8－7　兰维弗－伯克图

综上所述，米氏方程的物理意义可简要地概括为以下几方面：

（1）该方程提出了酶催化反应动力学上极为重要的米氏常数 K_M 及有关的反应速率常数，它们表征了特定的酶催化反应性质、反应条件和酶催化反应速率间的关系。由于 $K_M=\frac{k_2+k_3}{k_1}$，表示 K_M 是 k_1、k_2 和 k_3 等这些反应速率常数的函数，而这些反应速率常数取决于酶催化反应的性质、反应条件。因此，可以认为 K_M 对于特定的反应条件是一特征常数。

（2）若以酶与底物结合生成的中间活化络合物 ES 的不稳定常数 $K_{\neq}$ 代入，则

$$K_M = \frac{k_2 + k_3}{k_1} = \frac{k_2}{k_1} + \frac{k_3}{k_1} = K_{\neq} + \frac{k_3}{k_1}$$

即 K_M 与活化络合物的不稳定常数有关。络合物的不稳定常数的大小反映中间活化络合物的稳定性，势必也会直接影响 K_M。

当 $k_2 >> k_3$ 时，可将 K_M 视为活化络合物的 $K_{\neq}$，K_M 越大，活化络合物越不稳定，即越易解离，表明酶与底物的亲和力越小；反之，K_M 越小，则酶与底物的亲和力越大。

若 $k_3 >> k_2$，则 $K_M = \frac{k_3}{k_1}$，表示产物生成或释放 E 的速率常数与底物和酶结合成络合物的反应速率常数之比值，该比值越大，K_M 越大，越易生成产物。在大多数情况下，$K_M = K_{\neq} + \frac{k_3}{k_1}$，即酶的催化反应是通过 K_M 综合地表现出 $K_{\neq}$、k_3 和 k_1 的相互影响以及制约关系。它们的相互作用可表现出酶催化反应的多种多样的性质。

(3) 当 $r = \frac{1}{2} r_m$ 时，$K_M = c_S$，即 K_M 有浓度的量纲，它也相当于反应达到最大反应速率一半时的底物浓度，又可视为相当于反应体系有一半酶分子进入催化反应状态所必须具有的底物浓度。由于 K_M 可作为衡量酶催化反应速率与底物浓度之间关系的尺度，所以人们常利用 K_M 来确定酶催化反应中应该投入的底物浓度。

例 8-7 下表为 25℃和 pH7.0 时肌球蛋白催化 ATP 水解的实验数据，计算米氏常数。

$c_{ATP}/10^{-6}$ mol·L^{-1}	7.5	12.5	20.0	43.5	62.5	155.0	320.0
$r/10^{-6}$ mol·L^{-1}·s^{-1}	0.067	0.095	0.119	0.149	0.185	0.191	0.195

解：将所给数据作如下处理：

$\frac{1}{c_{ATP}}/10^6$ mol^{-1}·L	0.133	0.080	0.050	0.023	0.016	0.006	0.003
$\frac{1}{r}/10^6$ mol^{-1}·L·s	14.93	10.53	8.40	6.71	5.41	5.24	5.13

以 $\frac{1}{r}$ 对 $\frac{1}{c_{ATP}}$ 作图得一条直线（见图 8-8），其斜率为 75.89s，截距为 4.68×10^6 mol^{-1}·L·s，则

$$K_M = \frac{75.89}{4.68 \times 10^6} = 16.8 \times 10^{-6} \text{mol} \cdot \text{L}^{-1}$$

3. 酶的浓度对反应速率的影响

在 c_S 足够大和其它反应条件一定的前提下，测定不同酶浓度下的反应速率得 $r \sim c_E$ 曲线，如图 8-9 所示。由图可见，反应速率与酶浓度成正比关系。这种关系，正是酶活力测定的依据。

在正常情况下，反应速率与酶浓度之间存在着这种线性关系。有时出现直线向横坐标弯曲的现象，其可能的原因是：底物浓度不足或酶浓度过高，产物积累对反应有抑制作用，酶

发生了变性等等。在生产实践中，酶的用量要根据具体情况和要求来确定。酶的浓度太低，反应时间长；酶浓度过高，既造成浪费，又可能影响产品质量。通过前期准备工作可找出最佳用酶量。

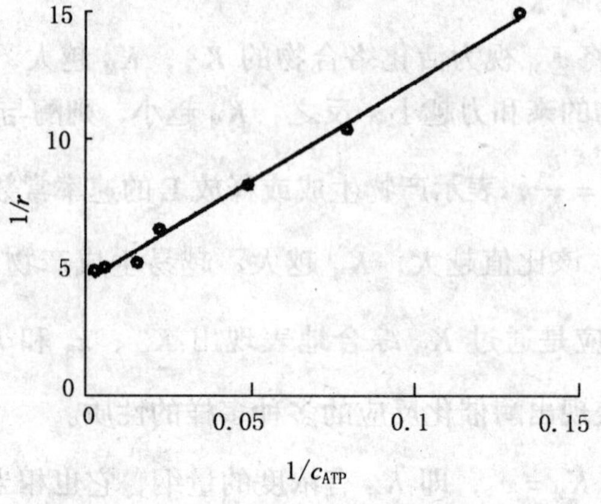

图 8-8　$\frac{1}{r}-\frac{1}{c_{ATP}}$ 关系图

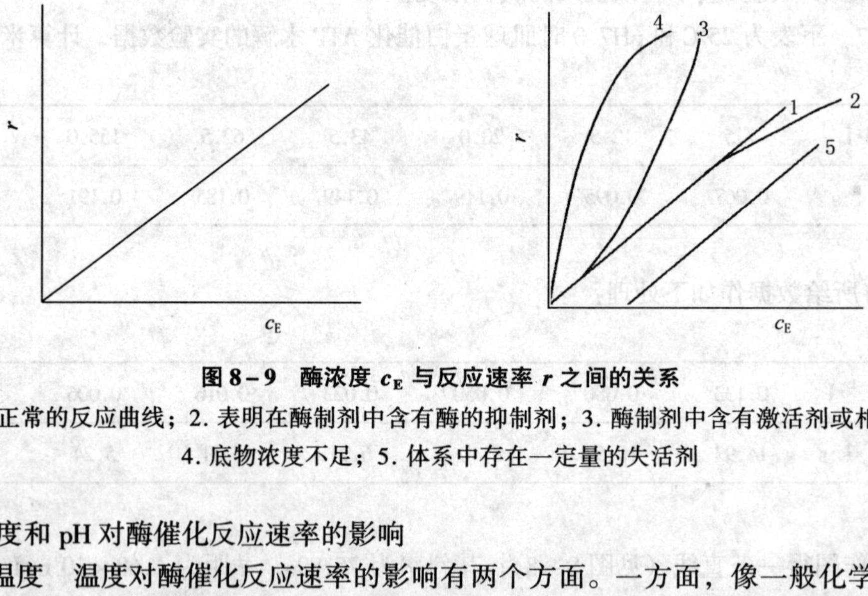

图 8-9　酶浓度 c_E 与反应速率 r 之间的关系

1. 表示正常的反应曲线；2. 表明在酶制剂中含有酶的抑制剂；3. 酶制剂中含有激活剂或相关酶类；4. 底物浓度不足；5. 体系中存在一定量的失活剂

4. 温度和 pH 对酶催化反应速率的影响

(1) 温度　温度对酶催化反应速率的影响有两个方面。一方面，像一般化学反应一样，随着温度的升高，活化分子数增多，酶反应速率加快。另一方面，随着温度的升高，酶逐渐变性失活，反应速率随之降低。如果以反应速率对温度作图，可得到一条曲线，这条曲线反映了温度对于酶催化反应的这两个方面的影响，如图 8-10 所示。

综合影响曲线顶点对应的温度就是使酶发挥最大活力的温度，称为酶反应的最适温度。在低于最适温度时，前一种影响为主；在高于最适温度时，后一种影响起主导作用。

每一种酶都有一最适反应温度。动物来源的酶最适温度一般在 35 ~ 40℃之间，植物来源的酶在 40 ~ 50℃之间，大部分微生物的酶最适温度则在 30 ~ 60℃之间。

低温也会使酶活性降低，但酶不被破坏，当温度回升时，酶的催化活性又随之恢复。酶在低温稳定是生物制品、菌种等低温保存的理论基础。而酶的热变性则是高温灭菌的依据。

酶除了最适温度之外，还有一个与生产和应用关系密切的概念——酶的稳定温度范围。它是指在一定时间和一定条件下，不使酶变性或极少变性的温度范围。加入保护剂可以提高酶的热稳定性。

酶在干燥状态下比在水溶液中稳定得多，对温度的忍耐力也明显提高。

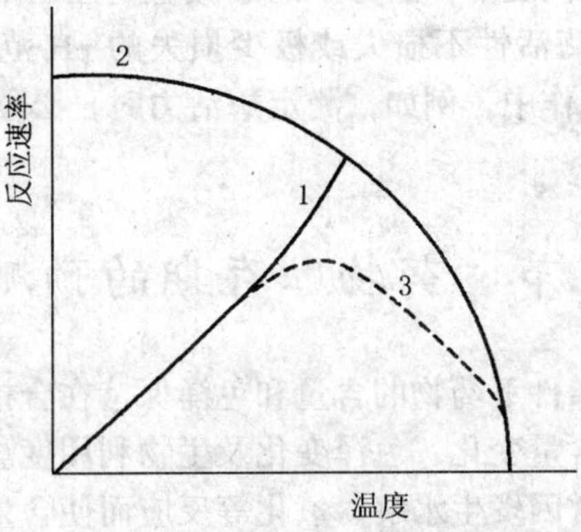

图 8－10　酶反应速率与温度的关系

1. 反应速率随温度的增加而增加　2. 酶的热变性失活曲线

3. 两种影响的综合作用（曲线最高点对应的温度为最适温度）

（2）pH 值　酶的活性受环境 pH 的影响。在一定的 pH 条件下，酶反应速率最大，高于或低于此 pH 值时反应速率都下降。在一定条件下，能使酶发挥最大活力的 pH 值称为酶的最适 pH 值。各种酶的最适 pH 值不同，一般在 6.0～8.0 之间。但也有不少例外，如胃蛋白酶的最适 pH 值为 1.5～2.0，精氨酸酶的最适 pH 值为 10。

用反应速率对 pH 作图，一般酶都可得到钟形曲线，如图 8－11 所示。但不是所有的酶都如此，有的酶的反应速率对 pH 曲线只是钟形的一半。

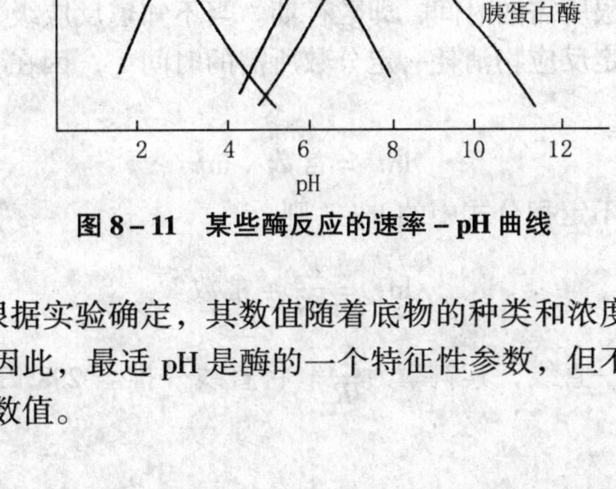

图 8－11　某些酶反应的速率－pH 曲线

酶的最适 pH 值可根据实验确定，其数值随着底物的种类和浓度、缓冲液的种类和浓度等条件的变化而变化。因此，最适 pH 是酶的一个特征性参数，但不是常数，只是在一定的条件下才为某一确定的数值。

pH对酶催化反应的作用是复杂的。它不但影响酶的稳定性，而且还影响酶的活性中心必需基团的解离状态。在非最适pH值范围内，底物不易与酶结合，或结合后不易生成产物。例如，蔗糖酶只有当它处于等电点时才具有活性，胃蛋白酶只能在酸性条件下作用于蛋白质。

酶除了最适pH可能各不相同之外，酶分子的酸碱稳定性也不同。在一定条件下，能够使酶分子空间结构保持稳定，酶活性不损失或极少损失的pH范围，称为酶的酸碱稳定范围，或稳定pH范围。在实际工作中，例如，测定酶活力时，必须加入适宜的缓冲溶液，用以维持最适pH。

第五节　药物贮存期的预测

药物的贮存期是指在一定条件下药物的含量和色泽保持在合格范围内所持续的时间。药物的质量指标通常主要包括：含量变化、色泽变化及生物利用度。而药物稳定性的指标主要指前两项。药物在贮存过程中常因发生水解、氧化等反应而使含量逐渐降低，乃至失效。药物在室温下可以存放多久，其含量和色泽仍在合格范围，这个问题的解决，过去是用留样观察法，就是说，将药物在室温放置，定期检查其色泽及含量，至不合格为止。考察药物在室温情况下实际放置至质量指标不合格所经历的时间，是留样观察法测得的药物贮存期。这个方法切合实际，得到的贮存期准确，目前仍是常用的方法，而且常常是作为检验各种加速试验预测结果的最可靠的标准。但是用这种方法获得贮存期毕竟需要的时间太长，对于稳定的药物常常放置数年而变化不大。这种方法用于老产品的质量考察尚可，若用来筛选新处方，研究新制剂，考验新药物，则太不方便了，因此常用加速试验的方法预测药物的贮存期。预测药物贮存期是应用化学动力学的原理，在较高的温度下进行试验，使药物降解反应加速，经数学处理后外推得出药物在室温下的贮存期。下面介绍几种加速试验方法。

一、恒温法

在经典的恒温法（isothermal prediction）中，首先根据已知的有关该药物稳定性的知识设计实验；选择加速温度；确定分析该药物含量的方法；安排取样时间；然后按计划进行实验。在不同的加速温度下，不同的取样时间取样，测定各温度下药物浓度随时间的变化，求得药物降解反应级数及在各试验温度下的反应速率常数 k，然后依据阿仑尼乌斯公式，以 $\ln k$ 对 $\frac{1}{T}$ 作图（或作线性回归），外推求得药物在室温下的速率常数 $k_{298.2}$，并由此算出在室温下药物含量降至合格限所需的时间，即贮存期。当不知道反应级数时，可对阿仑尼乌斯公式作如下变通应用：测定反应物消耗一定分数所需的时间 t_α，因在各级反应中，t_α 都与 k 成反比，则

$$\ln t_\alpha = 常数 - \ln k$$

用 $\ln t_\alpha$ 代替阿仑尼乌斯不定积分式中的 $\ln k$，则

$$\ln t_\alpha = \frac{E_a}{RT} + 常数$$

以 $\ln t_\alpha$ 对 $\frac{1}{T}$ 作图，仍为一直线，其斜率为 $\frac{E_a}{R}$。将直线外推至298.2K，求得此时的 t_α，就可求出室温下的贮存期。

例 8-8 抗坏血酸（Vc）在水溶液中的氧化分解是准一级反应。配制 10% Vc 水溶液，封于 2 ml 安瓿，分别放在 5 个恒温水浴中加速分解。加速温度为 60℃、65℃、70℃、75℃、80℃，分别按一定时间间隔取样，用碘量法分析含量。所得结果列于下表，计算 Vc 水溶液在 25℃的 $t_{0.9}$。

T/℃	t/h	I_2 消耗量 V/ml	$\ln V$
60	0	23.14	3.142
	12	22.73	3.124
	24	22.38	3.108
	36	21.84	3.084
	48	21.63	3.074
65	0	23.17	3.143
	10.3	22.69	3.122
	20.3	22.17	3.099
	30.3	21.56	3.071
	40.3	21.15	3.052
70	0	23.17	3.143
	7.1	22.61	3.118
	14.1	22.02	3.092
	21.1	21.22	3.055
	28.1	20.69	3.030
75	0	23.16	3.142
	6.2	22.47	3.112
	12.2	21.80	3.082
	18.2	21.07	3.048
	24.2	20.30	3.011
80	0	23.09	3.139
	4	22.47	3.112
	8	21.90	3.087
	12	21.16	3.052
	16	20.57	3.024

解：因为碘液的浓度是一定的，所以可用 $\ln V$（滴定时消耗碘量的对数）代替 $\ln c$ 对 t 作图（图 8-12）或作线性回归，求出不同温度下的 k 值。结果列表如下：

T/℃	$\frac{1}{T}/10^{-3}K^{-1}$	$k/10^{-3}h^{-1}$	$\ln k$
60	3.001	1.5	−6.50
65	2.957	2.3	−6.07
70	2.914	4.1	−5.50
75	2.872	5.4	−5.22
80	2.831	7.2	−4.93

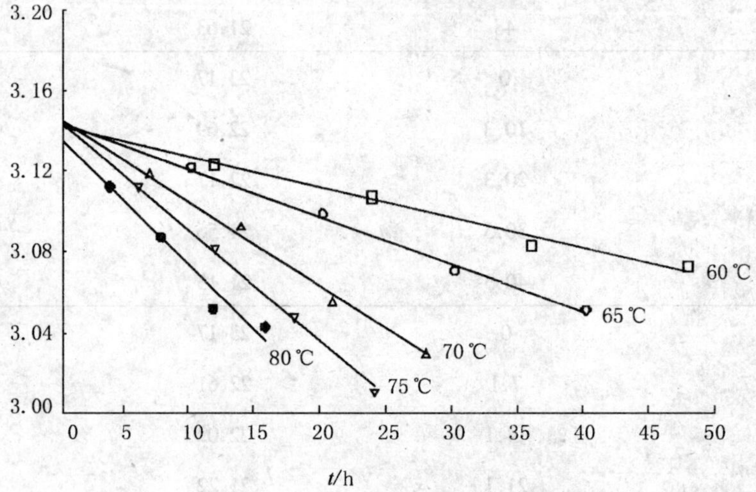

图 8－12　ln$V$－t 关系曲线

以 ln$k$ 对$\frac{1}{T}$作图（图 8－13）或进行线性回归得：$\ln k = -9448.7 \times \frac{1}{T} + 21.90$

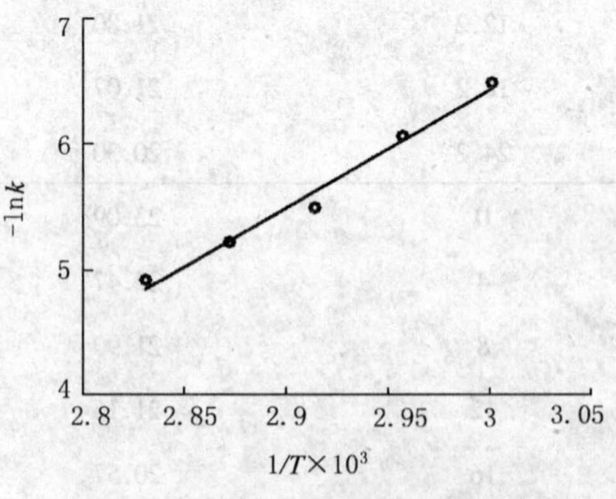

图 8－13　ln$k$－1/T 的关系曲线

将$\frac{1}{T}=\frac{1}{298.2}=3.353\times10^{-3}\text{K}^{-1}$代入回归方程得：

$$\ln k_{298.2}=-9.781$$

所以
$$k_{298.2}=5.652\times10^{-5}\text{h}^{-1}$$

则
$$t_{0.9}=\frac{0.105}{k_{298.2}}=\frac{0.105}{5.652\times10^{-5}}=1858\ (\text{h})=77\text{天}$$

为了简化数据处理方法，由经典恒温法还衍生出许多简便方法，如 $t_{0.9}$及 Q_{10}法等，它们的试验方法相同。

二、变温法

恒温法通常需在 3~5 个温度下进行试验，每个实验至少取样 5~7 个，分析工作量是很大的。变温法（nonisothermal prediction）则是在一定温度范围内，连续改变温度，通过一次试验即可获得所需的动力学参数（活化能、速率常数及贮存期等）的方法。与经典恒温法相比，变温法可节省时间和样品，减少试验工作量。变温法又分为程序升温法（programmable heating）和自由升温法（flexible heating）两大类。前者按一定的升温程序连续改变温度并需严格控制温度，后者没有固定的升温规律，反应温度不需严格控制。20 世纪 90 年代以来，变温法的控温装置、计算方法及升温规律都得到了改进，出现了更为科学的指数程序升温法及程序升降温法，大大提高了预测结果的准确性，并将程序升温法和自由升温法相结合，使变温法的优点得到了更充分的发挥。下面简单介绍改进后的线性升温法。

线性升温法的升温规律为：$T=T_0+at$，式中 T_0 为试验初始温度，a 为升温速率。对于不同级数的化学反应，其微分速率方程为

$$-\frac{\mathrm{d}c}{\mathrm{d}t}=kc^n$$

积分后得：

$$f(c)-f(c_0)=-\int_0^t k\mathrm{d}t \qquad (8-11)$$

式中浓度函数 f（c）与反应级数 n 有关，对零级、一级和二级反应而言，f（c）分别为 c，$\ln c$ 和 $-\frac{1}{c}$。

根据阿仑尼乌斯公式的定积分形式 $\ln\frac{k_2}{k_1}=-\frac{E_a}{R}(\frac{1}{T_2}-\frac{1}{T_1})$

则

$$k_2=k_1\exp[\frac{E_a}{R}(\frac{1}{T_1}-\frac{1}{T_2})]$$

代入式（8-11）得

$$f(c)=-\int_0^t k_1\exp[\frac{E_a}{R}(\frac{1}{T_1}-\frac{1}{T_2})]\mathrm{d}t+f(c_0)$$

将 $T_2=T_0+at$，$T_1=298.2\text{K}$ 代入上式得

$$f(c)=-k_{298.2}\int_0^t\exp[\frac{E_a}{R}(\frac{1}{298.2}-\frac{1}{T_0+at})]\mathrm{d}t+f(c_0)$$

以浓度函数$f(c)$对积分值$-\int_0^t\exp\ [\frac{E_a}{R}\ (\frac{1}{298.2}-\frac{1}{T_0+at})]\ \mathrm{d}t$ 回归，将得一直线，其斜率为

$k_{298.2}$，截距为 $f(c_0)$。由于被积函数中含 E_a 这一未知数，在进行积分时，需先假定一个 E_a 值代入试算。若假定的 E_a 值不正确，则 $k_{298.2}$ 的计算值将不是一个常数，上述积分式将不成立，直线将发生弯曲，相关系数 r 将降低。由于 E_a 值的正确与否与相关系数 r 有关，所以可利用 r 来判断 E_a 值是否正确。在一定范围内假定若干个不同的 E_a 值代入进行试算，以相关系数 r 大者为优，并视能使 r 达最大值的 E_a 值为其真实值。为了减少试算次数和迅速地逼近真实值，可采用优选法（如 0.618 法）对 E_a 假定值进行筛选。由于计算量较大，一般采用计算机进行计算。

前述试验方法是在实际研究工作中预测药物贮存期的常用方法，通过试验建立药品的有效期，预测结果有一定的参考价值，为药品的生产、包装、贮存、运输条件提供科学依据。

第六节　化学振荡反应

一、化学振荡的由来

有些自催化反应可能使反应体系中的某些物质的浓度随时间发生周期性的变化，即发生化学振荡（chemical oscillating）。化学振荡作为非平衡、非线性现象的典型实例引起了越来越多的化学家和生物学家的重视。

什么是化学振荡呢？对于振荡，人们并不陌生，如钟摆的往复摆动、弹簧的自由伸缩、心脏的收缩和舒张、电路中的电流和电压在最大值和最小值之间的重复变化的过程等都是振荡。化学振荡就是在反应过程中的反应物、中间体或产物的浓度随时间呈周期性变化的过程。最初的化学振荡现象是由德国化学家李普曼发现的，他在 1873 年做了一个有趣的“汞心脏”实验。当时，李普曼把水银放在玻璃杯的中央，再把重铬酸钾和硫酸的混合液慢慢地注入杯中，然后把铁钉放在紧靠水银附近的溶液中。他惊奇地发现，水银就像心脏似地跳动了起来。1958 年，别洛索夫（Belousov）报道了以金属铈离子作催化剂，柠檬酸被 $HBrO_3$ 氧化呈现化学振荡现象，之后，生物学家柴波廷斯基（Zhabotinskii）等人报道了有些反应体系可呈现空间有序。此后化学家们还发现了许多别的化学振荡现象，因此人们将此系统称为 B-Z反应，它们都是自催化反应。发生化学振荡反应必须满足以下条件：①敞开体系；②远离平衡态；③反应机理中应包含有自催化的步骤；④体系中必须具有双稳态（当化学反应中一个组分增加到一定程度后，它就会自动地向产生另一组分的方向变化）。

二、化学振荡的动力学机理

1910 年，美国的生态学家洛特卡（Lotka）提出了一个以质量作用定律为基础的振荡数学模型，其中有一步自催化反应的存在。1920 年洛特卡又提出包含两步自催化反应的振荡反应的模型，意大利的数学家沃尔特拉（Volterra）在该模型的基础上进行了完善，构成了后来的洛特卡－沃尔特拉自催化模型，即

（1）A 自催化转化为 X：$A + X \xrightarrow{k_1} 2X \qquad r_1 = -\dfrac{dc_A}{dt} = k_1 c_A c_X$

（2）X 又自催化转化为 Y：$X + Y \xrightarrow{k_2} 2Y \qquad r_2 = -\dfrac{dc_X}{dt} = k_2 c_X c_Y$

（3）最后 Y 以一级反应的形式转化为 E：$Y \xrightarrow{k_3} E \qquad r_3 = \dfrac{dc_E}{dt} = k_3 c_Y$

其总包反应为 $A \longrightarrow E$。对这一组微分方程联合求解得到下式：

$$k_2 c_X - k_3 \ln c_X + k_2 c_Y + k_1 c_A \ln c_Y = 常数$$

可用两种方式表示上述方程中 c_X 与 c_Y 的关系：一是用 c_X 与 c_Y 分别对时间 t 作图，得图 8-14。从图可以看出：c_X 与 c_Y 随时间呈周期性变化；另一是以 c_Y 对 c_X 作图，得图 8-15，此图表明反应轨迹为一封闭的椭圆形曲线。

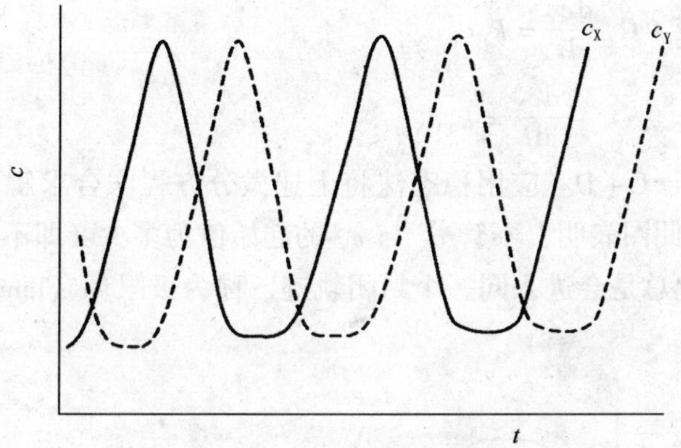

图 8-14　c_X 与 c_Y 随时间的周期性变化

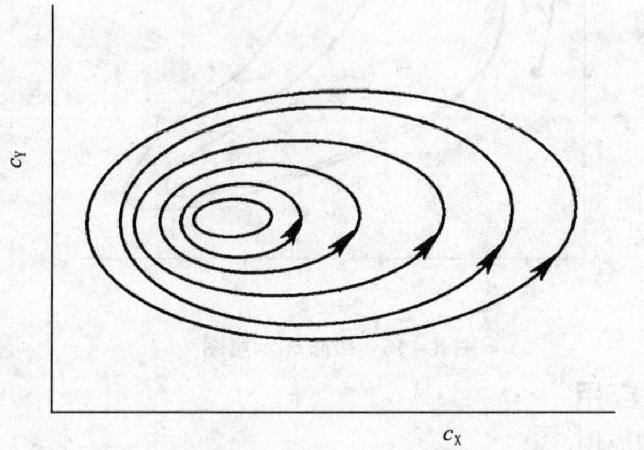

图 8-15　c_X 与 c_Y 之间的关系

只有反应体系为敞开体系，在反应过程中不断地补充 A，体系总是远离平衡态，才会维持反应的振荡。否则，A 不断消耗，反应的振荡不会维持多久。

对于中间产物 X 和 Y 的浓度 c_X 与 c_Y 的周期性变化是这样解释的：反应开始时，反应速率可能并不快，但由于反应（1）生成了 X，X 又能自催化反应（1），所以 X 骤增，c_X 增大。随着 X 的生成，反应（2）发生，开始时反应较慢，c_Y 可能是很小的，但反应（2）生成的 Y 又能自催化反应（2），使 Y 的量骤增，c_Y 增大。但在 Y 的量增加的同时势必要消耗 X，因此反应（1）速率会降低，c_X 减小。而 X 的量的降低会导致反应（2）的速率减慢，随着 c_Y 的减小，X 的消耗量也减少，从而使 c_X 再次增大。如此反复进行，表现出 c_X 与 c_Y 的周期性变化。

另一个振荡反应模型是普里高津（I. Prigogine）的研究小组提出的布鲁塞尔振荡器，此模型由如下几步组成：

(1) $A \xrightarrow{k_1} X \qquad \frac{dc_X}{dt} = k_1 c_A$

(2) $2X + Y \xrightarrow{k_2} 3X \qquad -\frac{dc_Y}{dt} = k_2 c_X^2 c_Y$

(3) $B + X \xrightarrow{k_3} Y + C \qquad \frac{dc_Y}{dt} = k_3 c_B c_X$

(4) $X \xrightarrow{k_4} D \qquad -\frac{dc_X}{dt} = k_4 c_X$

其总包反应为 $A + B \longrightarrow C + D$。应用稳态法将上述微分方程联合求解可得 c_X 与 c_Y，c_X 与 c_Y 的关系见图 8-16。此图表明，不管 c_X 与 c_Y 的起始值为多少（即不管A和B的初浓度为多少），c_X 与 c_Y 的变化总是会进入同一个封闭轨迹，称为极限环（limit cycle），其循环周期与反应的速率常数有关。

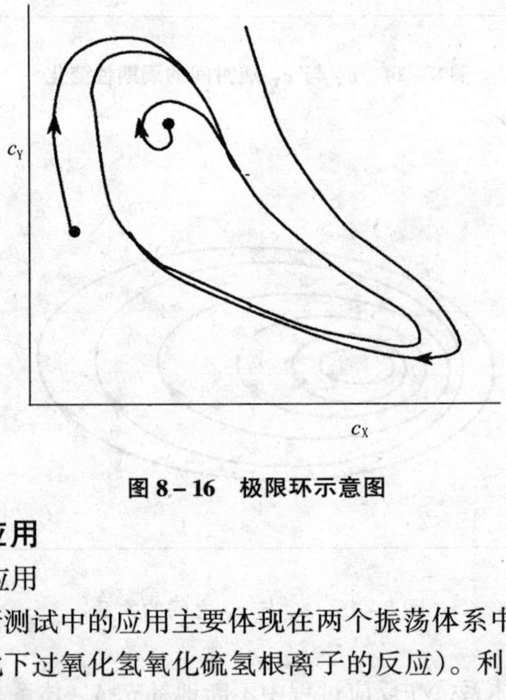

图 8-16　极限环示意图

三、化学振荡的应用

1. 在分析测试中的应用

化学振荡反应在分析测试中的应用主要体现在两个振荡体系中，即 B-Z 振荡体系和铜振荡体系（即硫酸铜催化下过氧化氢氧化硫氢根离子的反应）。利用这两个振荡体系可进行如下物质的测量：

(1) 金属离子的检测：如 Mn^{2+}、Hg^{2+} 等；

(2) 无机阴离子的检测：如 Cl^-、F^- 等；

(3) 气体分子浓度的检测：如 NO、CO、Cl_2 等；

(4) 维生素的测定：如 VB_6、VB_1、Vc 等；

(5) 其他有机物的测定：如没食子酸、间苯二酚、谷胱甘肽、香草醛、4-乙酰氨基酚等。

2. 其它方面的应用

在化学振荡基础上发展起来的电化学振荡广泛地应用于理论研究和实践中，如仿生学、临床医学等。人们根据生物膜或人工膜对某些分子（乙醇、糖类、胺类等）具有独特的电势振荡特征来模拟味觉、嗅觉的生物过程，作为识别分子的信号来模仿味觉和嗅觉器官，其中味觉传感器是利用可兴奋性人工膜来检测有味物质，该研究在模拟生物膜模型、离子在生物膜中的转移机理等仿生学领域具有重要意义，在食品检测与控制、环境保护等领域具有广阔的应用前景；脑电波、心电图(电势振荡差)等也在临床诊断和病理研究中获得应用；在生物信息传递方面，根据动物大脑的电势振荡方式对外界刺激所产生的响应建立的神经动物模型，研究生物神经活动过程，探索人们对动物以及人的大脑活动之谜，从而进一步为人类服务。

四、生物体系化学振荡的模拟

由于生命体系中存在许多振荡现象（如心脏有节律的跳动、呼吸、在新陈代谢过程中的糖酵解反应等)，因此模拟生物体系化学振荡的研究越来越为人们所重视。

“生物钟”是指生物体内如心悸、呼吸、血液循环、新陈代谢、ADP 与 ATP 的周期性转化等现象，它是一种生物振荡现象，是由生物体内的振荡反应与物质的自发迁移造成的。生物体系的化学振荡亦产生于溶胶中，其催化剂——酶可视为由氨基酸类两性表面活性剂与过渡金属络合物组成的。故在 B－Z 反应体系中加入某种溶胶也会产生与生物体类似的振荡现象，如周期的均匀性及振期的延长等。观察酶催化剂和溶胶在生物体系化学振荡过程中的作用，以此引发其它生物振荡反应，如糖类的氧化反应等。

设计由生命体系内的必须物质如氨基酸、糖类等参与的化学振荡反应，对探索“生物钟”现象的化学本质具有重要意义。但完全由生命体系内必须物质组成的化学振荡体系至今未见报道。人们应用 O_2、Vc 和 Cu^{2+} 组成的化学振荡体系，探讨 Vc 在振荡反应中的作用，结果发现只有 Vc 的浓度很小时才能产生振荡，体系振荡终止后，补充少量的 Vc，则体系可重新振荡，说明振荡终止是由于 Vc 耗尽所致，所以必须不断从外界吸收和补充 Vc，才能维持其在生命体内的正常功能，但过量的 Vc 会使振荡终止。

近年来，化学振荡已成为化学动力学的一个重要分支。从设计新型化学振荡体系并探讨其性质到对反应机理的研究，从实验设计与数据处理到数学模型的求解，人们在进行广泛深入的研究。对化学振荡的研究无论在理论上还是在实际应用上，都有着非常广阔的前景和极其重要的意义。

第七节　现代化学动力学研究技术

有些反应进行得很快，在几分钟内，甚至在几秒钟内反应就进行完全，有些反应进行得更快，如自由基反应、离子反应、质子转移反应以及某些酶催化反应等，其半衰期小于 1 秒，像这样的反应称为快速反应（fast reaction)。研究这样的“快”反应，常规方法和手段已不适用。科学研究的需要推动了研究化学动力学技术的发展，近代发展的研究化学动力学的新技术之一——快速混合法可将反应物混合过程缩短到 10^{-3} 秒以内，化学弛豫法和闪光光解技术则可研究半衰期短至 10^{-9} 秒的反应。

一、流动法

流动法(flow method)又称快速混合法(fast mixing method)，有间歇流动法(stopped－flow method)和连续流动法(continuous－flow method)，实验装置示意图如图 8－17 和 8－18 所示。

在间歇流动法中，活塞 A、B 将两种反应物高速压入混合器 C，在 C 中高速充分混匀后立即进入反应器 D。整个混合过程可在 10^{-3} 秒内完成。测定体系的某种与反应物或产物的浓度有关而又易于转换成电信号的物理量，例如吸光度、电导率、旋光度等，用示波器显示这

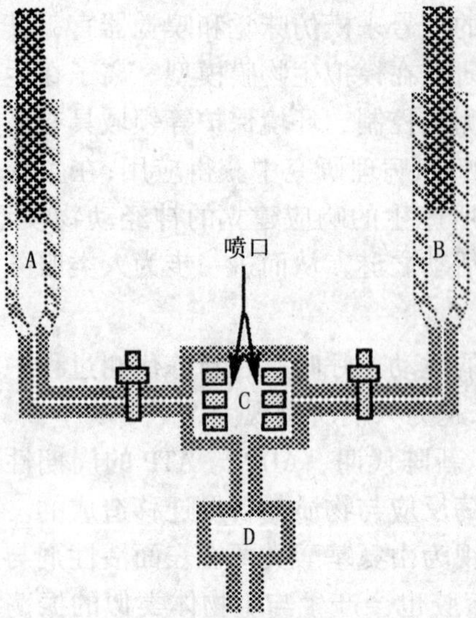

图 8－17　间歇流动法装置示意图

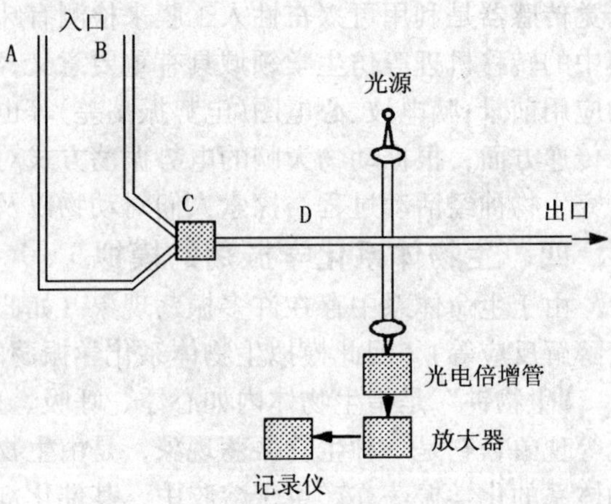

图 8－18　连续流动法装置示意图

一与浓度相关的电信号即可得到浓度随时间的变化曲线，从而求得反应的动力学参数。

在连续流动法中，两种反应物分别从入口 A 和 B 连续高速流入混合器 C，并在反应管道 D 中形成一浓度梯度。用可移动的灵敏检测仪器（常用吸光光度法或量热法）测定在管道的不同位置处与浓度相关的物理量，即得浓度随时间的变化关系，从而求得反应的动力学参数。

本方法可以测量半衰期短至毫秒数量级的反应。

二、化学弛豫法

化学弛豫技术（chemical relaxation technique）是研究快反应动力学常用的方法，其基本原理是先使反应体系在固定的条件下达到平衡，然后突然给体系一个扰动，例如温度、压力、浓度等突然跳跃式改变，使体系原有的平衡遭到破坏，并在新的条件下恢复平衡状态。用物理法（例如分光光度法）测定浓度的变化，并用高速电子仪器（例如高速示波器）记录在新的条件下达到新的平衡（弛豫过程）所需的时间（弛豫时间，relaxation time），即可求得反应的动力学参数。这种方法的优点是避开了反应物的混合过程，可用于研究半衰期短至 10^{-9}秒的反应。利用反应体系的温度或压力的扰动的弛豫法，分别称为温度跳跃（temperature jump，“T－jump”）或压力跳跃（pressure jump，“P－jump”）；利用冲稀浓度的扰动法称为浓度跳跃（concentration jump）。

不管反应级数如何，只要控制体系偏离平衡的程度足够小，则体系向新的平衡的弛豫过程都符合一级反应的速率方程，即

$$\Delta c = \Delta c_0 \cdot e^{-t/\tau}$$

式中 Δc 为 t 时刻某一反应组分的浓度 c 与新的平衡浓度 c_e 之差，Δc_0 为初始扰动时某一组分的浓度 c_0 与平衡浓度 c_e 之差，即 Δc 的起始值，τ 为使 Δc 下降至 Δc_0 的 $1/e$ 所需的时间，称为弛豫时间。

三、闪光光解技术

闪光光解技术（flash photolysis technique）自从 20 世纪 40 年代末问世以来，已经发展成为一种研究快速反应动力学的十分有效的手段。其基本原理是强闪光（由石英闪光管或激光

器产生）被反应物吸收的瞬间，引起电子激发和化学反应。用光谱或其它技术对这种光解产物（主要为自由基或自由原子）的浓度进行测定，并检测它们随时间的衰变行为（图 8-19)。由于所用的闪光强度很高，可以产生比一般反应产生的自由基的浓度高得多的自由基，因此闪光光解技术对于鉴定寿命很短的自由基是一种特别有效的方法。利用该方法甚至可检出半衰期为 10^{-6}s 以下的自由基。

由于闪光光解技术可利用闪烁时间比要检测的物种的寿命短得多的强闪光灯，所以该技术曾发现了许多反应的中间产物——自由基。

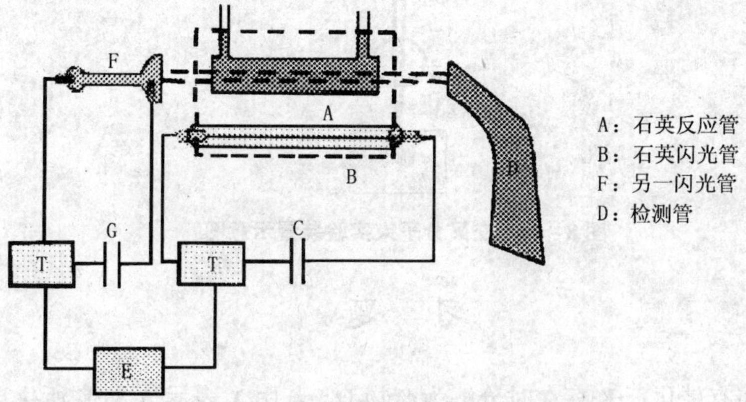

图 8-19　闪光光解实验装置示意图

四、交叉分子束技术

在一般的动力学研究中，反应体系内的分子相互频繁碰撞，能量重新分配，因此所测得的速率常数 k 是一个统计平均值。所以，若从分子水平上研究反应体系分子的能态（分子反应动态学)，实验时必须把分子间的碰撞限制为简单的一次碰撞，反应结束后不再与其它分子发生碰撞。

交叉分子束（crossed molecular beam）是当今研究分子反应动力学的强有力的工具之一。该技术提供了一个真正的一次碰撞行为实现的可能途径，利用该技术可以研究一次碰撞过程中反应速率、反应机理和能量分布等方面的情况。所谓分子束（molecular beam）是指在高真空的容器中高速飞行的、分子间无碰撞的定向定速分子流。当平均自由程大于 1m，也就是压力小于 10^{-6}kPa 时能近似地实现分子束中分子间无相互碰撞发生。实验时将反应物分子激发，使两股分子束在高真空的反应室中交叉，达到分子间发生一次性碰撞。用检测仪器跟踪监测一次碰撞后反应的各种粒子，从而获得反应速率、产物分子的能态和反应机理等信息（图 8-20)。在交叉分子束的实验中，主要测量的量是产物分子的角分布（即在不同的角度测得的产物分子的流）和速率分布。该方法能测出 10^{-6}s 内发生的化学反应。

李远哲教授在交叉分子束技术领域做出了杰出的贡献。他设计和建造了分子束装置，出色地完成了对 $F + H_2 \longrightarrow HF + H$ 反应的研究，得到了很精确的产物分子角分布和态分布的定量结果。之后，他又利用交叉分子束装置精确地研究了大量的化学反应体系，把研究范围由简单的小分子扩展到比较复杂的大分子，有力地推动了化学反应动力学的研究。为此，李远哲和赫希巴赫（Dudley R. Herschbach)、波拉尼（John C. Polangyi）于 1986 年共同荣获诺贝尔化学奖。

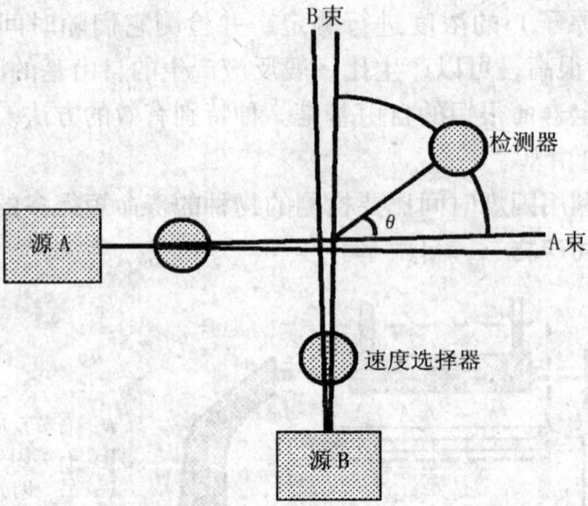

图 8-20　交叉分子束实验装置示意图

习　题

1. 某物质 A 在有催化剂 K 存在时分解为产物 D。若用 X 表示 A 和 K 所生成的活化络合物，并假设反应按下列步骤进行：

$$(1)\ A + K \xrightarrow{k_1} X \qquad (2)\ X \xrightarrow{k_2} A + K \qquad (3)\ X \xrightarrow{k_3} K + D$$

达稳态后，$\frac{dc_X}{dt} = 0$。求：(1)反应速率 $-\frac{dc_A}{dt}$的一般表达式(式中不含 X 项)；(2) $k_2 >> k_3$ 时反应速率的简化表达式；(3) $k_3 >> k_2$ 时反应速率的简化表达式。

2. 在高温下，若 H_2 和 I_2 生成 HI 的反应机理为：

$$I_2(g) \underset{k_2}{\overset{k_1}{\rightleftharpoons}} 2I \qquad \text{(快)}$$

$$H_2 + 2I \xrightarrow{k_3} 2HI \qquad \text{(慢)}$$

请分别用平衡近似和稳态近似推导以 $-\frac{dc_{H_2}}{dt}$ 表示的反应的速率公式。

3. 乙醛的气相热分解反应为

$$CH_3CHO \longrightarrow CH_4 + CO$$

有人认为此反应由下列几步构成：　　　　(活化能)

$$(1)\ CH_3CHO \xrightarrow{k_1} CH_3 + CHO \qquad E_1$$

$$(2)\ CH_3 + CH_3CHO \xrightarrow{k_2} CH_4 + CH_3CO \qquad E_2$$

$$(3)\ CH_3CO \xrightarrow{k_3} CH_3 + CO \qquad E_3$$

$$(4)\ 2CH_3 \xrightarrow{k_4} C_2H_6 \qquad E_4$$

(1) 试推导出以$\frac{dc_{CH_4}}{dt}$表示的反应速率公式。

(2) 求出反应的表观活化能 E_a（用各基元反应和活化能表示）。

4. 气相反应

$$2NO + 2H_2 \longrightarrow N_2 + 2H_2O$$

的机理为

$$(1) 2NO + H_2 \underset{k_{-1}}{\overset{k_1}{\rightleftharpoons}} N_2 + H_2O_2$$

$$(2) H_2O_2 + H_2 \xrightarrow{k_2} 2H_2O$$

请推导出速率公式：(1) 若步骤 (1) 为速控步骤且忽略其逆反应；(2) 若步骤 (2) 为速控步骤且不忽略步骤 (1) 的逆反应。

5. 下述反应，若增加溶液的离子强度，反应的速率常数是增大、减小还是不变？

(1) $CH_3COOC_2H_5 + OH^- \longrightarrow CH_3COO^- + C_2H_5OH$

(2) $NH_4^+ + CNO^- \longrightarrow CO(NH_2)_2$

(3) $S_2O_8^{2-} + 2I^- \longrightarrow I_2 + 2SO_4^{2-}$

(4) $2[Co(NH_3)_5Br]^{2+} + Hg^{2+} + 2H_2O \longrightarrow 2[Co(NH_3)_5H_2O]^{3+} + HgBr_2$

6. H_2 和 Cl_2 的光化学反应吸收波长为 4.8×10^{-7} m 的光，量子效率为 10^6。在此条件下吸收 1J 的辐射能，可生成多少摩尔的 HCl?

7. 在某个光化学反应中，应用激光产生 464nm 的辐射，入射光强度为 $0.0015 J\cdot s^{-1}$，体系吸收入射光的 74.4%；曝光 110s 的时间内生成 6.80×10^{-6} mol 的产物。求量子效率。

8. 某有机物 A 在 323K、酸催化下发生水解反应。当溶液的 pH = 5 时，$t_{1/2} = 69.3$ min；pH = 4 时，$t_{1/2} = 6.93$ min；$t_{1/2}$ 与 A 的初浓度无关。已知反应速率方程为：$-\frac{dc_A}{dt} = kc_A^{\alpha}c_{H^+}^{\beta}$。求：(1) α 及 β；(2) 323K 时的速率常数 k_A；(3) 在 323K、pH = 3 时，A 水解 80% 所需的时间。

9. 浓度为 $0.056 mol\cdot L^{-1}$ 的葡萄糖溶液在 140℃温度下被不同浓度的 HCl 催化分解，得如下数据，在酸性溶液中可忽略 OH^- 离子的催化作用，求 k_{H^+} 和 k_{OH^-}。

k/h^{-1}	0.00366	0.00580	0.00818	0.01076	0.01217
$c_{H^+}/mol\cdot L^{-1}$	0.0108	0.0197	0.0295	0.0394	0.0492

10. 葡萄糖与 ATP 间的酶催化反应为

$$葡萄糖 + ATP \longrightarrow 6-磷酸葡萄糖 + ADP$$

在一定温度下测得不同葡萄糖浓度 c_s 时的反应速率 r 如下：

$c_s/10^{-6} mol\cdot L^{-1}$	10	20	40	50	100
$r/10^{-6} mol^{-1}\cdot L\cdot min^{-1}$	0.010	0.017	0.027	0.030	0.040

(1) 作 $r-c_s$ 图；(2) 以 $1/r$ 对 $1/c_s$ 作图，确定米氏常数 K_M 和最大反应速率 r_m。

11. 1%盐酸丁卡因水溶液安瓿分别置于 65℃、75℃、85℃、95℃恒温水浴中加热，在不同时间取样测定其含量，得以下结果，当相对含量降至 90% 即为失效。求该药物在室温

（25℃）下的贮存期。

65℃		75℃		85℃		95℃	
t/h	c/%	t/h	c/%	t/h	c/%	t/h	c/%
0	100	0	100	0	100	0	100
48	98.04	48	96.01	24	95.26	24	90.72
96	96.13	96	91.58	48	90.75	48	80.69
144	94.26	144	87.37	72	86.00	72	71.73
192	92.34	192	83.55	96	81.50	96	63.83
				120	77.24	120	56.75

12. 配置40%蔗糖水溶液500ml，加入250ml、0.0048mol·L^{-1}的HCl溶液，混合均匀，立即灌封于20ml安瓿，每支安瓿准确灌封15ml，分别放于55℃、60℃、65℃、70℃、75℃的恒温水浴中，按一定的时间间隔取出样品，立即冷却，然后打开安瓿，加入0.0164mol·L^{-1}的NaOH溶液2mL以终止反应，测定旋光度，数据如下表。已知蔗糖的水解反应为准一级反应，水解完全时的$\alpha_\infty = 12$度，计算25℃蔗糖溶液的贮存期$t_{0.9}$。

55℃		60℃		65℃		70℃		75℃	
t/min	α_t/度	t/min	α_t/度	t/min	α_t/度	t/min	α_t/度	t/min	α_t/度
0	46.00	0	45.00	0	44.70	0	40.20	0	41.50
30	44.40	20	43.00	15	42.80	15	37.30	10	38.30
52	43.20	40	41.50	30	41.00	30	34.40	20	35.00
82	42.50	60	39.50	45	38.70	45	31.70	30	31.70
112	41.20	80	38.80	60	37.00	60	29.20	40	28.00

13. 将参归升白口服液封装于安瓿中并分别置于70℃、80℃、90℃、95℃恒温水浴中加热，分别按一定的时间间隔取样测定其含量，结果如下。已知主药的降解为零级反应，相对含量降至90%即失效，求该药物在室温（25℃）下的贮存期。

70℃		85℃		90℃		95℃	
t/h	c/mg/mL	t/h	c/mg/mL	t/h	c/mg/mL	t/h	c/mg/mL
0	0.360	0	0.357	0	0.359	0	0.360
20	0.353	8	0.334	6	0.342	4	0.346
38	0.343	16	0.328	12	0.332	8	0.332
56	0.338	24	0.316	18	0.322	12	0.318
74	0.331	32	0.307	24	0.306	16	0.306
		40	0.295	30	0.296	20	0.281

习题答案

1. $\frac{k_1k_3}{k_2+k_3}c_Ac_K$；$\frac{k_1k_3}{k_2}c_Ac_K$；$k_1c_Ac_K$

2. $-\frac{dc_{H_2}}{dt}=\frac{k_1k_3}{k_2}c_{H_2}c_{I_2}$；$-\frac{dc_{H_2}}{dt}=\frac{k_1k_3c_{H_2}c_{I_2}}{k_2'+k_3c_{H_2}}$

3. $\frac{dc_{CH_4}}{dt}=(\frac{k_1}{k_4})^{1/2}k_2c_{CH_3CHO}^{3/2}$；$E_a=\frac{1}{2}(E_1-E_4)+E_2$

4. $\frac{dc_{H_2O}}{dt}=\frac{k_1k_2}{k_{-1}}\cdot\frac{c_{NO}^2c_{H_2}^2}{c_{N_2}}$；$\frac{dc_{N_2}}{dt}=k_1c_{NO_2}^2c_{H_2}$

5. 不变；减小；增加；增加

6. 8.02mol

7. 14.3

8. $\alpha=1$ $\beta=1$，$k_A=1000\text{mol}^{-1}\cdot\text{L}\cdot\text{min}^{-1}$，1.61min

9. $0.228\text{mol}^{-1}\cdot\text{L}\cdot\text{h}^{-1}$，$1.3\times10^{-3}\text{h}^{-1}$

10. $5.0\times10^{-5}\text{mol}\cdot\text{L}^{-1}$；$6.0\times10^{-8}\text{mol}\cdot\text{L}^{-1}\cdot\text{min}^{-1}$

11. 24天

12. 62.7天

13. 568天

第九章　表面现象

表面现象（surface phenomena）是用物理化学的基本原理研究发生在相界面的现象，它们的本质、规律以及应用。相互接触的两相之间的过渡区被称为界面（interface），其中有一相为气相的界面也称为表面（surface），为了叙述方便在本章把各种界面统称为表面。通常按物质的聚集态将界面分类：如气－液，气－固，液－液，液－固，固－固等界面。相界面是一个有几个分子直径厚度的薄层，是两相之间的过渡区（图 9－1）。相界面的分子和相内部的分子所处的环境不同。相内部性质均一，分子受到的来自各方面的作用相互抵消，而相界面的分子受到的是性质不同的两相中的分子的作用。对于多组分体系，相界面层和各相的组成也不相同。这些不同引起了一系列界面现象（interface phenomena）或表面现象。分散度很大的多相体系具有很大的表面积，对于这样的体系，不仅其表面性质突出，同时也会影响体系整体的性质。

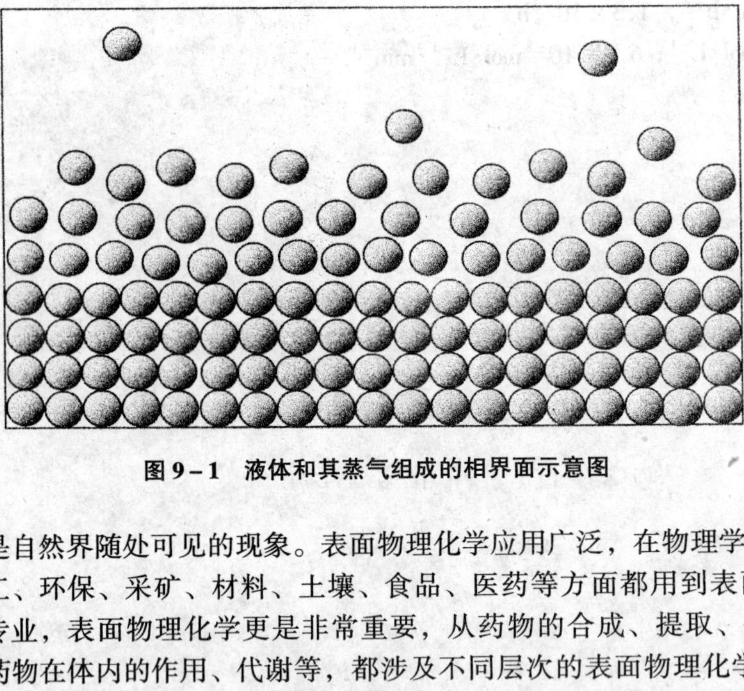

图 9－1　液体和其蒸气组成的相界面示意图

表面现象是自然界随处可见的现象。表面物理化学应用广泛，在物理学、化学、生物学等学科以及化工、环保、采矿、材料、土壤、食品、医药等方面都用到表面物理化学的原理。对于药学专业，表面物理化学更是非常重要，从药物的合成、提取、分离、分析、制剂、保存直到药物在体内的作用、代谢等，都涉及不同层次的表面物理化学问题。自 20 世纪 80 年代以来，纳米技术、膜技术等新技术的应用，进一步促进了表面物理化学研究和发展。

第一节　表面积与表面吉布斯能

一、表面积和分散度

体系的界面性质会影响到体系整体的性质，当界面面积较小时，这种影响很小，往往被忽略。当体系的分散度很大时，体系的表面积就很大，表面性质对体系的影响就不能忽略了。物质被分散的程度称分散度（degree of dispersion），习惯上用质量表面（massic surface）a_m 也称作比表面（specific surface）或体积表面（volume surface）a_v 来表示固体的分散度，a_m 是单位质量固体所拥有的表面积，a_v 是单位体积的固体所拥有的表面积：

$$a_m = \frac{A}{m}, a_v = \frac{A}{V} \tag{9-1}$$

式中 A、V、m 分别代表固体的总表面积、总体积和质量。

例 9-1 分割一滴半径为 r 的液滴，（1）使成为半径 $r_1 = r/10$ 的小液滴，若液滴为球形，试计算分割后的液滴总表面积 A_1 和原液滴表面积 A 之比。（2）若分散后液滴的半径为 $r_n = r/10^n$，计算 A_n/A。

解：球形液滴 $A = 4\pi r^2$，$V = \frac{4}{3}\pi r^3$

（1）分割后的液滴数目 $N_1 = \frac{4}{3}\pi r^3 / \frac{4}{3}\pi r_1^3 = 10^3$

$A_1 = N_1 \cdot 4\pi r_1^2 = 10 \times 4\pi r^2$

所以 $A_1/A = 10$

（2）分割后的液滴数目 $N_n = \frac{4}{3}\pi r^3 / \frac{4}{3}\pi r_n^3 = 10^{3n}$

$A_n = N_n \cdot 4\pi r_n{}^2 = 10^n \times 4\pi r^2$

所以 $A_n/A = 10^n$

根据例题可以得知：粒径是原来液滴的 1/10 时，表面积是原来的 10 倍；如果粒径是原来的 $1/10^n$ 时，表面积就是原来的 10^n 倍。物质的表面积随分散度的增大而迅速增大。当 n 的数值较大时，表面积对体系性质的影响也就不能忽视了。

二、表面吉布斯能

对于同一种物质的两相所形成的界面，两相密度不同；不同物质所形成的相界面，不仅密度不同，两相内分子间的相互作用力也不同。因此，处于界面层的分子和体相内部分子受力不同。以液体和其蒸气所形成的界面为例，体相内每个分子受到周围分子的吸引力相互抵消，因此合力为零。密度较大的液体，分子间距离近，分子之间相互作用力大。而密度比液体小得多的气体，分子之间的相互作用力非常小。因此表面层的分子受力不均衡，受到的是一个垂直于表面并指向液体内部的合力（图 9-2）。当增加表面积时，需要对体系做功来克服分子间的引力把体相内的分子拉到表面（图 9-3）。所做功的大小与增加的表面积成正比。在温度、压力和组成恒定的情况下，可逆地增加表面积 dA 所需对体系做的功称表面功，用公式表示：

$$\delta W' = \sigma \mathrm{d}A \tag{9-2}$$

式中 σ 为比例系数，数值上等于温度、压力和组成不变时可逆增加单位表面积时对体系做的功。

根据热力学第二定律，温度、压力和组成不变时经历一可逆过程体系得到的功等于体系吉布斯能的增加，即

$$(\mathrm{d}G)_{T,p,n_B} = \delta W'$$

因此

$$(\mathrm{d}G)_{T,p,n_B} = \sigma \mathrm{d}A \tag{9-3}$$

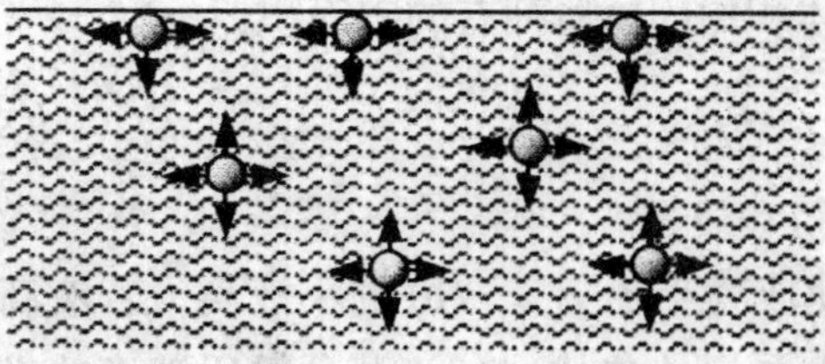

图 9-2 表面分子受力情况

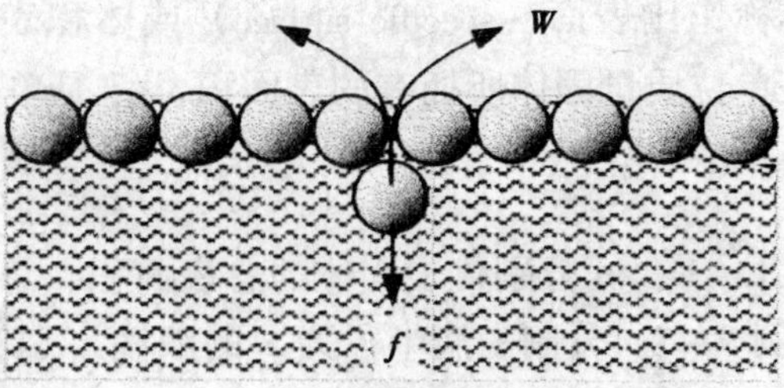

图 9-3 表面功示意图

或
$$\sigma = \left(\frac{\partial G}{\partial A}\right)_{T,p,n_B} \tag{9-4}$$

(9-4) 式是 σ 的热力学定义，称为单位表面吉布斯能（unit surface Gibbs energy），简称表面能，单位是 $J\cdot m^{-2}$。它的意义是在温度、压力和组成不变的情况下，增加单位表面积所引起的体系吉布斯能的增量，或者认为是单位面积表面的分子比其处于体相时所高出的那一部分吉布斯能。表面吉布斯能的大小与表面积成正比，对一个分散度很高的体系，蓄积了大量表面吉布斯能，这正是引起各种表面现象的根本原因。

三、表面张力

早在提出表面吉布斯能概念之前，人们就发现了液膜会自动收缩，液滴会自动缩成球形以及毛细现象等，显然有一种使液体表面收缩的力，这种力被称作表面张力（surface tension）或界面张力（interfacial tension)。表面张力的方向和表面相切，是垂直作用在表面上任意一条单位线段上的表面收缩力。做一个一边可自由移动的矩形框架，在框架上形成一个肥皂液膜，如果不管它，这个肥皂液膜会自动缩小。为了维持肥皂液膜的面积不变，必须在可移动边 AB 上施加一个向右的力（图 9-4)。在温度、压力不变的条件下，在 AB 边施加向右的力 F，使 AB 可逆地向右移动 dx。力 F 的大小和液膜表面边缘的长度 l 成正比，因为液膜有正反两个表面，设 $AB = l'$，则液膜表面边缘的总长度为 $2l'$

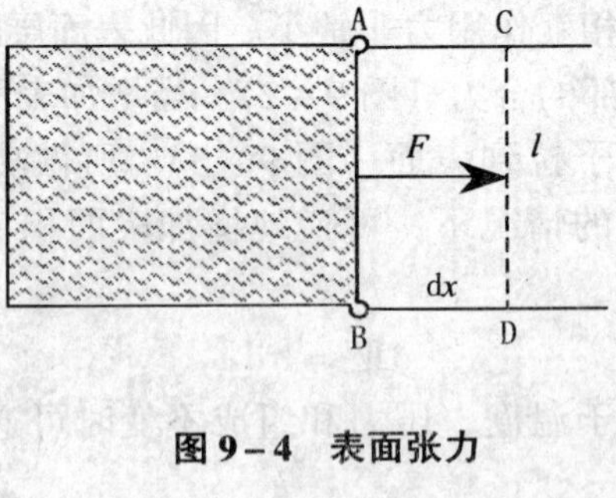

图 9-4 表面张力

$$F = \sigma l = \sigma 2l'$$

所以
$$\sigma = \frac{F}{l} = \frac{F}{2l'} \tag{9-5}$$

式中 σ 为比例常数，是垂直作用于单位长度液面上线段的力，即表面张力，单位是 $N\cdot m^{-1}$。

上述过程力 F 可逆地使液膜表面积增加 dA 所做的功：$\delta W' = F dx$，该表面功即表面积

增加 dA 而引起的表面吉布斯能的增量。即：

$$\delta W' = F\mathrm{d}x = \mathrm{d}G_{T,p}$$

根据（9-3）式可知

$$\delta W' = \sigma \mathrm{d}A = \mathrm{d}G_{T,p}$$

所以

$$F\mathrm{d}x = \sigma \mathrm{d}A = \sigma 2l' \mathrm{d}x$$

$$\sigma = \frac{F}{l} = \frac{F}{2l'}$$

可以看出，单位表面吉布斯能和表面张力是分别用热力学和力学的方法研究同一个表面现象时所采用的不同物理量，虽然被赋予不同的物理意义，但它们是完全等价的，具有等价的量纲和相同的数值。

常温下一般液体的表面张力在 $10^{-3} \sim 10^{-1}\mathrm{N \cdot m^{-1}}$，表 9-1 是一些物质的表(界)面张力。

表 9-1　一些物质在 293.15K 时的表（界）面张力

液体/空气	表面张力/$10^{-3}\mathrm{N \cdot m^{-1}}$	液体/液体	界面张力/$10^{-3}\mathrm{N \cdot m^{-1}}$
水	72.75	二硫化碳	48.63
四氯化碳	26.77（295.15K）	四氯化碳/水	45.0
苯	28.88	苯/水	35.0
乙醇	22.39	橄榄油/水	22.8
乙二醇	46.0	液体石蜡/水	53.1
甘油	63.0	乙醚/水	9.7
液体石蜡	33.1	正丁醇/水	1.8
棉子油	35.4	正庚烷/水	5.02
橄榄油	35.8	正庚烷/汞	378
蓖麻油	39.8	苯/汞	357
汞	486.5	水/汞	375

四、表面的热力学关系式

广义上的单位表面吉布斯能的热力学定义可如下导出：在一个两相平衡体系，当考虑到表面功的存在时，体系的热力学基本方程为：

$$\mathrm{d}U = T\mathrm{d}S - p\mathrm{d}V + \sigma \mathrm{d}A + \sum \mu_{\mathrm{B}} \mathrm{d}n_{\mathrm{B}} \quad (9-6)$$

$$\mathrm{d}H = T\mathrm{d}S + V\mathrm{d}p + \sigma \mathrm{d}A + \sum \mu_{\mathrm{B}} \mathrm{d}n_{\mathrm{B}} \quad (9-7)$$

$$\mathrm{d}F = -S\mathrm{d}T - p\mathrm{d}V + \sigma \mathrm{d}A + \sum \mu_{\mathrm{B}} \mathrm{d}n_{\mathrm{B}} \quad (9-8)$$

$$\mathrm{d}G = -S\mathrm{d}T + V\mathrm{d}p + \sigma \mathrm{d}A + \sum \mu_{\mathrm{B}} \mathrm{d}n_{\mathrm{B}} \quad (9-9)$$

可以导出

$$\sigma = \left(\frac{\partial U}{\partial A}\right)_{S,V,n_{\mathrm{B}}} = \left(\frac{\partial H}{\partial A}\right)_{S,p,n_{\mathrm{B}}} = \left(\frac{\partial F}{\partial A}\right)_{T,V,n_{\mathrm{B}}} = \left(\frac{\partial G}{\partial A}\right)_{T,p,n_{\mathrm{B}}} \quad (9-10)$$

因此，σ 是在指定相应条件不变的情况下，增加单位表面积而引起的体系内能、焓、亥姆霍兹能或吉布斯能的增量。

根据（9－8）式，体积和组成不变时：$(\mathrm{d}F)_{V,n_\mathrm{B}} = -S\mathrm{d}T + \sigma\mathrm{d}A$ （9－11）

根据（9－9）式，压力和组成不变时：$(\mathrm{d}G)_{p,n_\mathrm{B}} = -S\mathrm{d}T + \sigma\mathrm{d}A$ （9－12）

从（9－11）式、（9－12）式可导出麦克斯韦（Maxwell）关系式：

$$\left(\frac{\partial S}{\partial A}\right)_{T,V,n_\mathrm{B}} = -\left(\frac{\partial \sigma}{\partial T}\right)_{A,V,n_\mathrm{B}} \qquad (9-13)$$

$$\left(\frac{\partial S}{\partial A}\right)_{T,p,n_\mathrm{B}} = -\left(\frac{\partial \sigma}{\partial T}\right)_{A,p,n_\mathrm{B}} \qquad (9-14)$$

从（9－6）式和（9－13）式可得

$$(\mathrm{d}U)_{V,n_\mathrm{B}} = T\mathrm{d}S + \sigma\mathrm{d}A$$

$$\left(\frac{\partial U}{\partial A}\right)_{T,V,n_\mathrm{B}} = \sigma - T\left(\frac{\partial \sigma}{\partial T}\right)_{A,V,n_\mathrm{B}} \qquad (9-15)$$

同理，从（9－7）式和（9－14）式可得

$$\left(\frac{\partial H}{\partial A}\right)_{T,p,n_\mathrm{B}} = \sigma - T\left(\frac{\partial \sigma}{\partial T}\right)_{A,p,n_\mathrm{B}} \qquad (9-16)$$

从（9－15）式可以看出，在恒温、恒容条件下增加单位表面积而引起体系内能的增加包括两个部分：增加单位表面积对体系做的功 σ 和为了维持原来温度而吸收的热 $T\left(\frac{\partial S}{\partial A}\right)_{T,V,n_\mathrm{B}}$ 或 $-T\left(\frac{\partial \sigma}{\partial T}\right)_{A,V,n_\mathrm{B}}$，由于表面积增加，体系的熵总是增加的，因此 $\left(\frac{\partial S}{\partial A}\right)_{T,V,n_\mathrm{B}}$ 总是正值，即体系恒温恒容增加表面积时从环境吸热。

五、影响表面吉布斯能的因素

1. 物质的性质

表面吉布斯能是由于物质内部的分子间引力所引起的，因此物质的性质和表面吉布斯能的大小直接相关。例如：极性的水分子之间会形成氢键，分子间作用力很大，因此它的表面张力远远大于非极性的有机化合物（表 9－1）。液体汞原子间存在金属键，彼此间的相互作用力大于离子键、共价键化合物分子间的作用力，因此汞的表面张力非常大（表 9－1）。在固体中金属和离子型晶体的表面张力远远大于有机物的固体。

在两相界面上产生表面吉布斯能有两个原因：两相之间密度的不同和两相物质性质的不同，这导致两相分子间相互作用力的不同。因此，表面吉布斯能的大小还和形成相界面的另一相有关（表 9－1）。

2. 温度

绝大多数情况下，纯液体的表面吉布斯能随温度升高而下降。液体的表面积增加，熵也增加，即总有 $\mathrm{d}S/\mathrm{d}A > 0$，根据（9－13）和（9－14）式，$\mathrm{d}\sigma/\mathrm{d}T < 0$。温度升高使分子的动能增加，分子间的相互作用力减弱。同时，升高温度也会使两相之间的密度差减小。例如，纯液体和其蒸气之间的表面张力随温度升高而下降，直至液体的临界温度（图 9－5）。在临界温度气液界面消失，表面吉布斯能为零。但是也有例外，有少数金属熔体的表面吉布斯能随温度的升高而增加，对此现象目前仍无被广泛接受的合理解释。

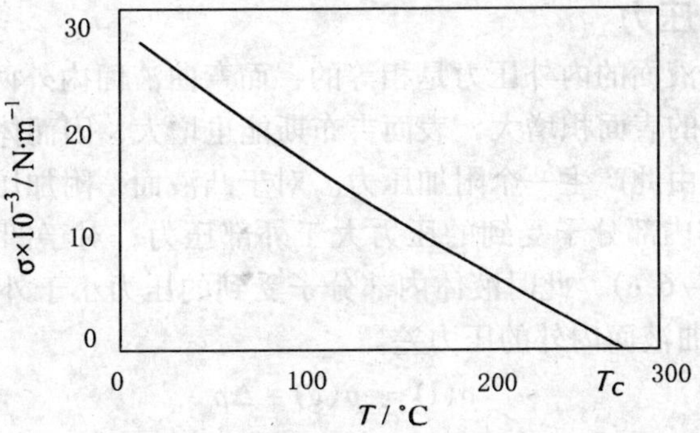

图 9-5　CCl_4 的表面张力和温度之间的关系

对于表面吉布斯能和温度之间的关系至今仍没有完整的理论，有一些经验公式描述了表面吉布斯能和温度之间的关系。其中范德华（van der Waals）经验公式为

$$\sigma = \sigma_0(1 - T/T_C)^n \tag{9-17}$$

式中 T_C 为临界温度，在临界温度 T_C 时界面消失，表面吉布斯能等于零。n 为一个常数，对于多数有机液体 n 为 11/9。

Harkins 测定在 10～60℃时水的表面张力和温度的关系式为

$$\sigma = 75.796 - 0.145t - 0.00024t^2$$

式中 t 为摄氏温度（℃）。

表 9-2 是一些液体在不同温度下的表面张力。

表 9-2　液体在不同温度下的表面张力（10^{-3}N·m^{-1}）

液体	温　度/℃					
	0	20	40	60	80	100
水	75.64	72.75	69.56	66.18	62.61	58.85
乙醇	24.05	22.27	20.60	19.01	–	–
苯	31.6	28.9	26.3	23.7	21.3	–
甲苯	30.74	28.43	26.13	23.81	21.53	19.39

压力对表面吉布斯能的影响很小，可以忽略不计。

溶液浓度也会影响表面张力的大小（§9.4）。

第二节　弯曲表面的性质

我们经常会看到液面弯曲的现象，如细玻璃管中的水柱是凹形液面，而汞柱是凸形液面；吹一个肥皂泡，肥皂泡的内表面是凹液面，外表面是凸液面。由于表面张力的作用，弯曲液面会产生不同的性质。

一、曲面的附加压力

在体系平衡时，平液面的内外压力是相等的，而弯曲液面内外两侧存在压力差（图 9-6）。液面的弯曲使体系的表面积增大，表面吉布斯能也增大，因而体系有缩小表面、降低体系吉布斯能的趋势，并由此产生一个附加压力。对于凸液面，附加压力的方向指向液体内部（图 9-6.b），此时液体内部分子受到的压力大于外部压力；对于凹液面，附加压力的方向指向液体外部（见图 9-6.c），此时液体内部分子受到的压力小于外部的压力。附加压力用符号 Δp 表示，它是弯曲液面内外的压力差。

$$p(1)=p(g)+\Delta p \tag{9-18}$$

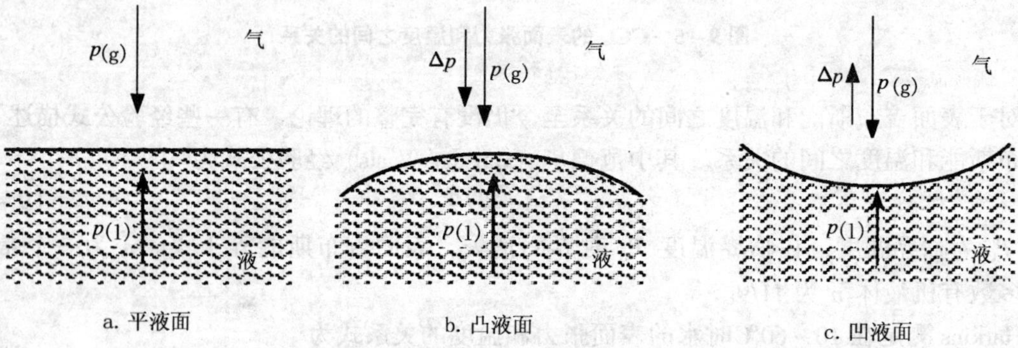

图 9-6　弯曲液面的附加压力

1. 杨-拉普拉斯公式

弯曲液面附加压力的大小和液面的曲率半径（radius of curvature）及液体的表面张力有关。关于球形曲面的附加压力和曲率半径及表面张力之间的关系可证明如下：

设在温度 T 时有一充满液体的毛细管，在毛细管下端有一个半径为 r 的球形液滴和管内液体成平衡状态（见图 9-7）。在活塞上施加少许压力，使毛细管中的液体有 $\mathrm{d}V$ 变化，液滴的体积增加了 $\mathrm{d}V$，同时液滴的表面积增加 $\mathrm{d}A$。环境对体系所做的功是克服附加压力使液体各部分体积改变而做的体积功 δW，也可以看做是克服表面张力使液体表面积增加而做的表面功 $\delta W'$，这两种功是相等的，即：

$$\delta W=\delta W'$$

$$\delta W=\Delta p\mathrm{d}V，\ \delta W'=\sigma\mathrm{d}A$$

$$\Delta p\mathrm{d}V=\sigma\mathrm{d}A$$

对于球形液滴：

$$A=4\pi r^2，\ \mathrm{d}A=8\pi r\mathrm{d}r$$

$$V=\frac{4}{3}\pi r^3，\ \mathrm{d}V=4\pi r^2\mathrm{d}r$$

因此

$$\Delta p=\frac{2\sigma}{r} \tag{9-19}$$

对于一个任意曲率的曲面需要用两个曲率半径来描述。在曲面上的任意一点 O（见图 9-8），可做两个通过 O 点的法线且相互垂直的截面 ABE 和 CDF，ABE、CDF 在曲面分别截出弧 AB 和弧 CD，曲面在 O 点的曲率可以用这两条弧线在 O 点的曲率半径 r_1 和 r_2 来描述。可以证明曲面在 O 点的附加压力 Δp、表面张力 σ 以及曲率半径 r 之间有如下关系：

$$\Delta p = \sigma\left(\frac{1}{r_1} + \frac{1}{r_2}\right) \tag{9-20}$$

凸形曲面的曲率半径 $r > 0$，凹形曲面 $r < 0$。该式是研究弯曲液面附加压力的基本公式，称杨－拉普拉斯公式（Young－Laplace equation）。

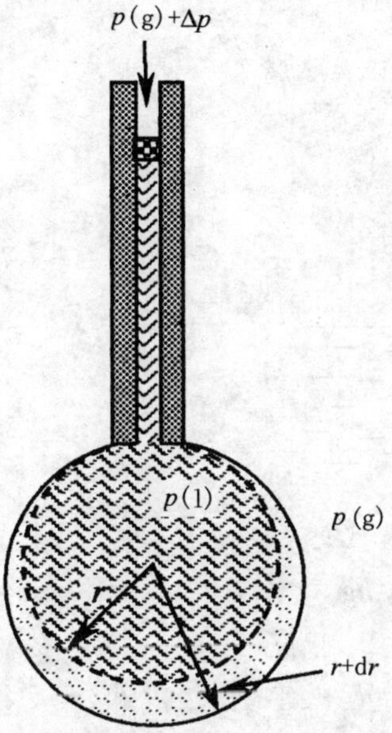

图 9－7 附加压力与曲率半径的关系

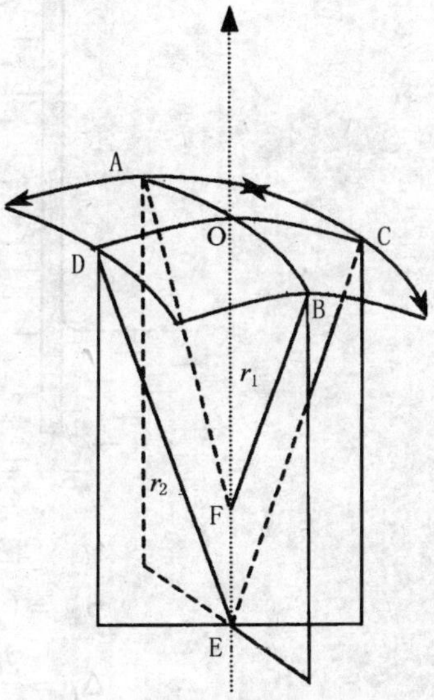

图 9－8 任意曲面的曲率半径

几种特殊的情况：

对于球形表面，$r_1 = r_2 = r$，（9－20）式可写作 $\Delta p = 2\sigma/r$，即（9－19）式；

圆柱形曲面，$r_1 = \infty$，则 $\Delta p = \sigma/r$；

平液面，$r_1 = r_2 = \infty$，则 $\Delta p = 0$。

关于杨－拉普拉斯公式的讨论：

（1）曲面附加压力和液体的表面张力成正比，不同的液体表面张力不同，在曲率半径相同时，表面张力较大的液体受到的附加压力也较大。

（2）凸形曲面的曲率半径 $r > 0$，所产生附加压力 Δp 也大于零，即凸液面下液体的压力大于外压，等于外压加上指向液体内部的曲面附加压力之和（$p_{外} + \Delta p$）。若液面为凹形，曲率半径 $r < 0$，则曲面附加压力 Δp 小于零，即凹液面下液体的压力小于外压，等于外压减去指向气体的曲面附加压力。

（3）曲面附加压力和曲率半径的大小成反比，曲率半径越小，所产生的附加压力越大。

2. 毛细现象

毛细现象是证明表面张力存在的一个典型的例子。当液体在毛细管中形成弯液面时，液体就会在毛细管中上升或下降。

设将半径为 R 的毛细管插入液体中形成凹液面，弯曲液面的曲率半径为 r，液体的表面张力为 σ，毛细管内液面上升高度为 h（图 9－9）。平衡后毛细管内液柱重力产生的静压强 $p_{静}$ 等于弯曲液面产生的附加压力 Δp 。

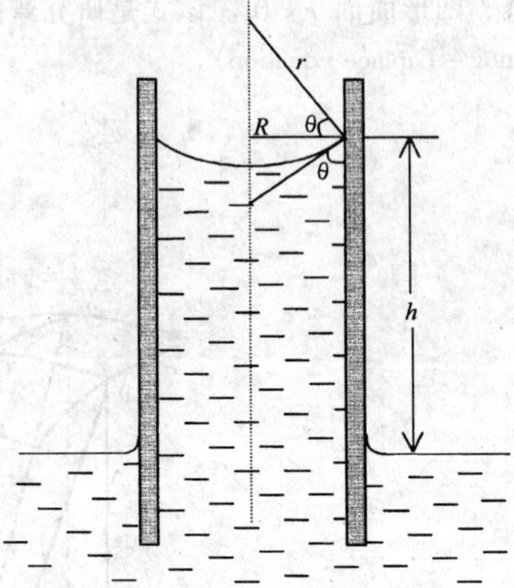

图 9－9　毛细现象

因为
$$p_{静}=(\rho_{液}-\rho_{气})hg\approx\rho_{液}hg$$

又
$$\Delta p=\frac{2\sigma}{r},\quad r\cos\theta=R,$$

所以
$$\Delta p=\frac{2\sigma\cos\theta}{R}$$

所以
$$\rho_{液}hg=\frac{2\sigma\cos\theta}{R}$$

$$h=\frac{2\sigma\cos\theta}{\rho_{液}gR}\tag{9-21}$$

可以看出：如果液体可以润湿管壁，是凹形液面，θ 小于 90°，毛细管内液面上升；如果液体不能润湿管壁，形成凸液面，θ 大于 90°，则液面下降，低于正常液面；若液体对毛细管壁完全润湿，$\theta=0°$，此时公式（9－21）可简化为

$$h=\frac{2\sigma}{\rho_{液}gR}\tag{9-22}$$

毛细现象不仅发生在毛细管内，物料堆积产生的毛细间隙等也会出现毛细现象。实际上只要是连续的液体出现不同曲率的液面，就会产生毛细现象。例如水会在堆砌的土块、沙砾之间的间隙中扩散、上升，会沿着纸、棉纤维织物扩散等。

二、曲面的蒸气压

由于表面张力的作用，使弯曲液面的蒸气压不同于正常平液面的蒸气压。

1. 开尔文公式

设在一定温度 T 下，某液体与其蒸气达到平衡。根据相平衡条件：

$$\mu(\mathrm{l})=\mu(\mathrm{g})\tag{9-23}$$

此时气体的压力等于液体在该温度下的饱和蒸气压 p^*，液体的压力为 $p(\mathrm{l})$（若为单组分体系

$p(l)=p(g)=p^*$；若有惰性气体如空气存在，$p(l)=p_{atm}, p(g)=p^{*'}\approx p^*$）。如果把液体分散成半径为 r 的小液滴，由于弯曲液面受到了附加压力，因此小液滴中的液体受到的压力不同于水平液面下的液体所受到的压力，蒸气压也随之改变。此时液体的压力为 $p(l)+\Delta p$，气体的压力为小液滴的饱和蒸气压：$p(g)=p_r^*$。在建立新的平衡后，气相和液相的化学势仍然相等。

$$\mu(l)+d\mu(l)=\mu(g)+d\mu(g) \tag{9-24}$$

比较(9－23)式和(9－24)式，可得

$$d\mu(l)=d\mu(g)$$

即：
$$\left[\frac{\partial\mu(l)}{\partial p(l)}\right]_T dp(l)=\left[\frac{\partial\mu(g)}{\partial p(g)}\right]_T dp(g)$$

因为 $(\partial\mu_B/\partial p)_T=V_{m,B}$，从而得到：

$$V_m(l)dp(l)=V_m(g)dp(g)$$

设液体的体积 $V_m(l)$ 和压力无关，蒸气为理想气体，积分上式：

$$V_m(l)\int_{p(l)}^{p(l)+\Delta p}dp(l)=RT\int_{p^*}^{p_r^*}d\ln p(g)$$

$$\frac{M}{\rho}\Delta p=RT\ln\frac{p_r^*}{p^*}$$

设液滴为球形，并将(9－19)式代入，得

$$\ln\frac{p_r^*}{p^*}=\frac{2\sigma M}{\rho RTr} \tag{9-25}$$

式中　M 为液体的摩尔质量；

　　ρ 为液体的密度。

(9－25) 式称为开尔文公式（Kelvin equation)。该式用热力学的基本原理推导得出了在指定温度下液体的蒸气压和表面张力、曲率半径之间的关系。根据开尔文公式可以得知，液面的曲率半径越小，它的蒸气压相对正常蒸气压改变越大。凸液面的液体（如小液滴)，曲率半径为正值，其蒸气压大于正常蒸气压，曲率半径越小，蒸气压越大。凹液面的液体（如玻璃毛细管中水的液面)，曲率半径为负值，其蒸气压小于正常蒸气压，曲率半径的绝对值越小，蒸气压越小。实验已证实在 $r>0.5\times10^{-9}$m 时开尔文公式都是正确的。

用开尔文公式可以计算出不同曲率半径的小液滴或小气泡的相对蒸气压（表 9－3)。

从表中的数据可以看出，当液体的曲率半径较大时，蒸气压的改变并不明显，当曲率半径小于 10^{-8}m 时，蒸气压的变化超过 10%；当曲率半径减小至 10^{-9}m 时，蒸气压的变化已达三倍之多。

表 9－3　液滴（气泡）半径与蒸气压的关系

r/m		10^{-5}	10^{-6}	10^{-7}	10^{-8}	10^{-9}
p_r^*/p^*	小液滴	1.0001	1.001	1.011	1.114	2.937
	小气泡	0.9999	0.9989	0.9897	0.8977	0.3405

开尔文公式是表面物理化学的一个重要公式，它可以解释很多表面现象。例如毛细管凝

聚：在多孔性物质内有很多毛细孔隙，孔隙的内壁会吸附气体分子。若被吸附的是能润湿该固体的某种液体蒸气，当达到一定量时，就会在毛细管内形成一个凹形液面，在一定温度下凹形液面的蒸气压要低于正常蒸气压，因此对于正常液面还未饱和的蒸气压对于毛细管内的凹液面已经是过饱和了，蒸气便会自发地在凹液面上凝结成液体。这就是硅胶作为干燥剂的工作原理。

2. 微小晶体的溶解度　将开尔文公式用于固体可以导出晶体颗粒大小和溶解度之间的关系。根据亨利公式，溶质的蒸气压和其在溶液中的活度成正比：

$$p_B = ka_B$$

将其代入开尔文公式，可得：

$$\ln\frac{a_r}{a_{\text{正常}}} = \frac{2\sigma_{sl}M}{\rho RTr} \tag{9-26}$$

式中 a_r 和 $a_{\text{正常}}$ 分别为微小晶体及普通晶体与饱和溶液成平衡时的活度（溶解度）；σ_{sl} 为固液界面张力；ρ 为晶体密度；r 为微小晶体的半径；M 是晶体的摩尔质量。

根据（9-26）式可以看出：在指定温度时，晶体溶解度和其粒子半径成反比，晶体颗粒越小溶解度越大。

在制剂学上常利用微小晶体有较大溶解度的性质，将难溶性药物进行微粉化处理，可以增加药物的溶解度，从而提高药物的生物利用度，降低药物用量。例如使地高辛的粒径控制在 3.7μm 左右，既可增加其在胃肠液中的溶解度，又可提高其溶解速度，增加了药物的吸收。又如口服灰黄霉素在同样疗效情况下，粒径为 2.6μm 的用量仅为粒径 10μm 用量的一半。在实验室中也常用该原理来制备结晶，将新生成沉淀的饱和溶液长时间的放置，使较小的晶体逐渐溶解，较大的晶体长大，由此得到更大的晶体，这种方法称作陈化。

三、亚稳状态和新相的生成

体系中形成新的凝聚相时，首先是由少数分子形成聚集体，再以此为中心长大形成新相种子，之后新相种子逐渐长大成为新相。由此可知新相生成将面临诸多困难。把以前相对自由的分子束缚到一起需要足够的能量；新生成的相还会给体系带来巨大的表面能；由于新生相在最初阶段曲率半径很小，根据开尔文公式可以得知，这些新相粒子的蒸气压与正常状态有很大的不同，再加上曲面附加压力的作用，将使新相的生成更加困难，由此体系在形成新相时会产生一些特殊现象。

1. 过热液体

在表面光洁的容器中加热纯净的液体，当温度升至液体的沸点时，由于液体内那些即将形成的微小气泡内的蒸气压低于正常蒸气压，加上在凹液面上的附加压力使气泡难以生成。只有继续加热液体，使其蒸气压大到和外界压力相等时，液体才会沸腾。这种温度高于沸点但仍不沸腾的液体称作过热液体（superheated liquid）。

例 9-2　在 101.325kPa、373.15K 的纯水中，在离液面 0.01m 的深处有一个直径为 10^{-7} m 的气泡，已知水的密度为 958.4 $kg\cdot m^{-3}$，表面张力为 $58.9\times10^{-3}N\cdot m^{-3}$。试求：（1）小气泡内水蒸气的压力 p_r；（2）小气泡存在所需克服的压力 p；（3）判断小气泡能否存在及生成小气泡的温度。

解：(1) 根据开尔文公式 $\ln\frac{p_r^*}{p^*}=\frac{2\sigma M}{\rho RTr}$

$$\ln\frac{p_r}{101325}=\frac{2\times58.9\times10^{-3}\times18.015\times10^{-3}}{958.4\times8.314\times373.15\times(-5\times10^{-8})}$$

$$p_r^*=99.89\ \text{kPa}$$

气泡内的蒸气压低于正常蒸气压。

(2) 气泡受到的压力有外压大气压 $p_{外}$、曲面附加压力 Δp、液柱的静压力 $p_{静}$

$$\Delta p=\frac{2\sigma}{r}=\frac{2\times58.9\times10^{-3}}{5\times10^{-8}}=2.36\times10^3\text{kPa}$$

$$p_{静}=\rho gh=958.4\times9.81\times0.01=0.094\text{kPa}$$

气泡存在所需克服的压力

$$\begin{aligned}p&=p_{外}\times\Delta p+p_{静}\\&=101.325+0.094+2.36\times10^3=2.46\times10^3\text{kPa}\end{aligned}$$

从上面的计算可以看到：气泡内的蒸气压 99.89 kPa 远小于它所受到的压力 2.46×10^3kPa，小气泡是不可能存在的。当气泡很小时，主要是由于凹液面所导致的附加压力，使气泡受到的压力远远大于气泡内的蒸气压，正是由于这个原因导致纯净液体到达正常沸点仍不能沸腾而形成过热液体。若要使水沸腾，必须升高温度使气泡内的蒸气压等于气泡所受到的压力。

(3) 根据克劳修斯－克拉贝龙方程 $\ln\frac{p_2}{p_1}=\frac{-\Delta_{vap}H_m}{R}\left(\frac{1}{T_2}-\frac{1}{T_1}\right)$

$$\begin{aligned}T_2&=\left(\frac{R\ln(p_2/p_1)}{-\Delta_{vap}H_m}+\frac{1}{T_1}\right)^{-1}\\&=\left(\frac{8.314\times\ln(2.46\times10^3/99.89)}{-40.67\times10^3}+\frac{1}{373.15}\right)^{-1}=493.8\text{K}\end{aligned}$$

在该条件下形成小气泡的温度约为220℃。在过热的条件下一旦形成小气泡，过热液体中的分子大量依附于小气泡气化，气泡上升引起静压力减小使气泡长大，气泡的曲率半径增大又使曲面附加压力急剧下降和气泡内蒸气压迅速增大，这些因素使过热液体暴沸。在真实条件下，液体中会溶有微量空气，容器内壁也不可能绝对光滑，因此不会形成如此高温度的过热。但是，即便是过热几度、十几度，所引起的暴沸也是不可忽视的。可以用加入沸石、毛细管和搅拌的方法避免暴沸。当加热时，气体受热从沸石或毛细管中逸出在液体中生成小气泡，这些气泡作为新相种子有较大的直径，使液体沸腾时极大地降低了由于液面弯曲而带来的阻碍，可有效地防止暴沸的发生。搅拌可以使液体受热均匀，同时也会生成空气泡。

2. 过饱和蒸气

液体在正常条件下的饱和蒸气压，对于将要形成的小液滴来说却并未饱和，无法凝聚，因而形成过饱和蒸气（supersaturated vaper）。图 9－10 是形成过饱和蒸气的示意图，OA 是液体的正常蒸气压曲线，CD 是半径为 r 的小液滴的蒸气压曲线，两条蒸气压曲线之间的区域为过饱和蒸气区。在温度 T 时，液体正常蒸气压为 p^*，小液滴的蒸气压为 p_r^*。

在一定的温度，当气体的分压 p 大于其在该温度下的饱和蒸气压 p^* 时，在正常情况下该气体将自发凝聚成液体或固体。但对于将要形成的微小新相颗粒来说，p 小于它的饱和蒸气压 p_r^*，故不可能凝聚。我们常看到天空乌云密布却不下雨，就是这个原因。灰尘、容器

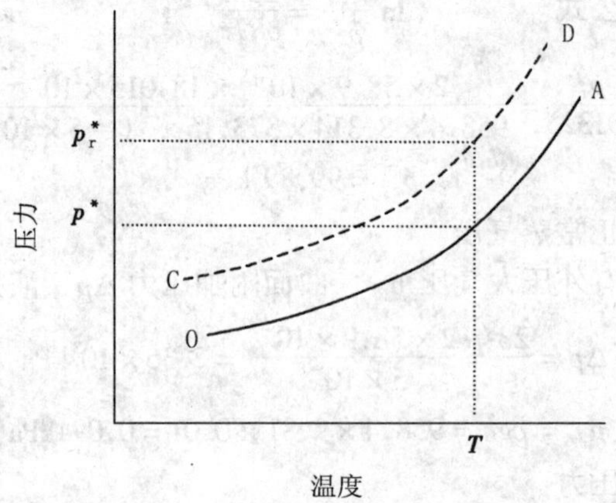

图 9-10　过饱和蒸气的形成（相图）

等固体的粗糙表面都能成为饱和蒸气凝聚时的新相中心，使新生成的凝聚相从一开始就具有较大的曲率半径，其蒸气压更接近正常数值。人工降雨（雪）就是根据这个原理，向云层中撒入固体颗粒（如 AgI 粉末），使已经过饱和的水蒸气凝结成雨（雪）。

3. 过冷液体

将纯净液体的温度降至熔点，由于微小晶体的蒸气压大于正常条件下晶体的蒸气压，必须继续降低温度，才能使液体凝固，因此形成了过冷液体（supercooling liquid）。图 9-11 是形成过冷液体的示意图。固体蒸气压曲线 OA 和液体蒸气压曲线 OC 的交点 O 为正常熔点 T_m。由于微小晶体的蒸气压上升，其蒸气压曲线 BD 和液体蒸气压曲线的延长线相交，交点 D 为微小晶体的熔点 T_m'。这条延长线就是过冷液体的蒸气压曲线。正常情况下的凝固点 O，对于有较高蒸气压的微小晶体来说，仍处于气液平衡区，是不可能有固体析出的。向液体中投入该物质的晶体作为新相种子，可使晶体以较大的粒径析出。

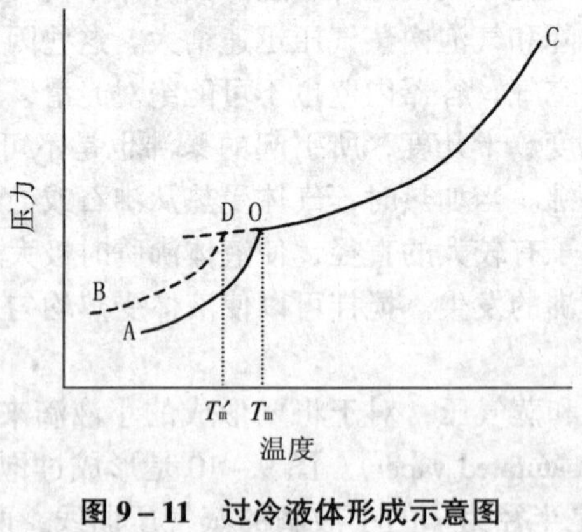

图 9-11　过冷液体形成示意图

4. 过饱和溶液

根据（9-26）式，较小的晶体有较大的溶解度，因此正常的饱和溶液对即将生成的小晶体来说并没达到饱和，也就不可能有晶体析出，从而出现了过饱和溶液（supersaturated solution）。如前所述，加入晶种可以帮助结晶析出。

如此种种现象的产生，都是由于弯曲表面的特殊性质所致。它们是热力学不稳定状态，但在没有外界干扰的情况下却能存在较长时间，这种状态被称作亚稳状态（metastable state）。亚稳定状态出现在新相生成时，是由于新相种子生成困难而引起的。为即将形成的新相提供新相种子或形成新相的核，可以解除体系所处的亚稳定状态。

第三节　铺展与润湿

一、液体的铺展

液体在另外一种不互溶的液体表面自动展开成膜的过程称铺展（spreading）。设液体 A 与液体 B 不互溶，A 的密度小于 B，A 可能在 B 表面缩成液滴，也有可能在 B 的表面铺展（图 9－12）。A 在 B 表面的铺展导致液体 B 的表面消失，新形成了液体 A 的表面和 A、B 之间的界面。在一定的温度、压力下，可逆铺展单位表面积时，体系表面吉布斯能的增量为：

$$\Delta G_{T,p} = \sigma_A + \sigma_{A,B} - \sigma_B \tag{9-27}$$

当 $\Delta G_{T,p} \leqslant 0$ 时，液体 A 可以在液体 B 表面铺展。

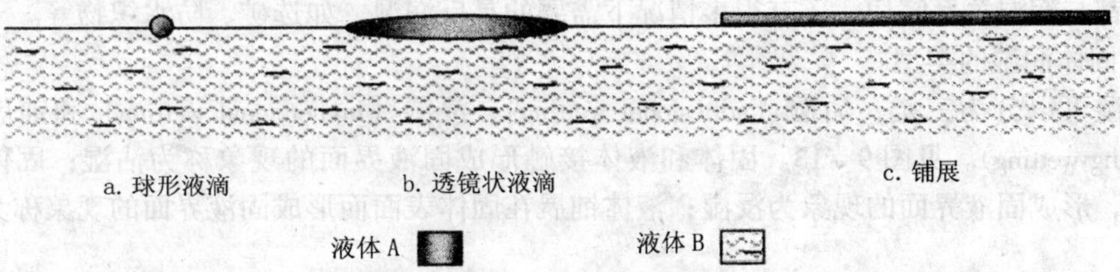

图 9－12　液体的铺展

在实际应用中常使用铺展系数 S 判断液体能否铺展：

$$S = -\Delta G_{T,p} \quad 或 \quad S = \sigma_B - \sigma_A - \sigma_{A,B} \tag{9-28}$$

当 $S \geqslant 0$ 时，液体 A 可以在液体 B 表面铺展。实际上两种液体完全不互溶的情况很少见，常常是接触后相互溶解而达到饱和。在这种情况下，判断两种液体相互关系所用的表面张力数据应改为相互饱和后的液体的表面张力。

例 9－3　20℃时，一滴己醇滴在洁净的水面上，已知有关的表面张力数据为：$\sigma_{水} = 72.8 \times 10^{-3} N \cdot m^{-1}$，$\sigma_{己醇} = 24.8 \times 10^{-3} N \cdot m^{-1}$，$\sigma_{醇,水} = 6.8 \times 10^{-3} N \cdot m^{-1}$；当己醇和水相互饱和后：$\sigma_{水}' = 28.5 \times 10^{-3} N \cdot m^{-1}$，$\sigma_{己醇}' = \sigma_{己醇}$，$\sigma_{醇,水}' = \sigma_{醇,水}$。请判断己醇在水面上开始和终了时的形状。

解：$S_{己醇,水} = \sigma_{水} + \sigma_{己醇} - \sigma_{醇,水}$

$$= (72.8 - 24.8 - 6.8) \times 10^{-3} = 41.2 \times 10^{-3} N \cdot m^{-1} > 0$$

开始时己醇在水面上铺展成膜。

$S_{己醇,水}' = \sigma_{水}' + \sigma_{己醇}' - \sigma_{醇,水}'$

$$= (28.5 - 24.8 - 6.8) \times 10^{-3} = -2.9 \times 10^{-3} N \cdot m^{-1} < 0$$

已经在水面上铺展的己醇又缩回成液滴。

部分液体的铺展系数见表 9－4。

表 9-4　室温下某些有机物在水面上的铺展系数（$N \cdot m^{-1}$）

化合物	$\sigma_{油} \times 10^3$	$\sigma_{油水} \times 10^3$	$\sigma'_{油} \times 10^3$	$\sigma'_{油} \times 10^3$	$S \times 10^3$	$S' \times 10^3$
二硫化碳	32.4	48.6	31.8	70.49	-8.9	-9.9
正庚醇	26.8	7.9	26.4	28.53	37.8	-5.8
二碘甲烷	50.6	45.8	50.5	62.2	-23.9	-34.2
苯	28.88	35.07	28.82	62.36	8.84	-1.49

二、固体表面的润湿

广义上讲，固体表面的润湿（wetting）是指表面上的一种流体被另一种流体所取代的过程。一般说到润湿，通常是指固体表面的气体被液体取代，或一种液体被另一种液体取代。更多的时候润湿是指用水取代固体表面的气体或其它液体。因此我们把能增强水在固体表面取代其它流体作用的物质称为润湿剂。

润湿是一个很常见的现象，也是一个非常重要的现象。没有润湿就没有生命。生产活动中的洗涤、印染、注水采油等，在药物学中，悬浊液的制备，外用制剂在皮肤、黏膜的表面粘附，都与润湿关系密切。还有很多情况下需要的是反润湿，如选矿、防水织物等。

1. 固体润湿的类型

润湿可以分为三类：沾湿（adhesional wetting）、浸湿（immersional wetting）和铺展润湿（spreading wetting）。见图 9-13。固体和液体接触形成固液界面的现象称为沾湿；固体浸入液体中，形成固液界面的现象为浸湿；液体铺展在固体表面而形成固液界面的现象称为铺展润湿。

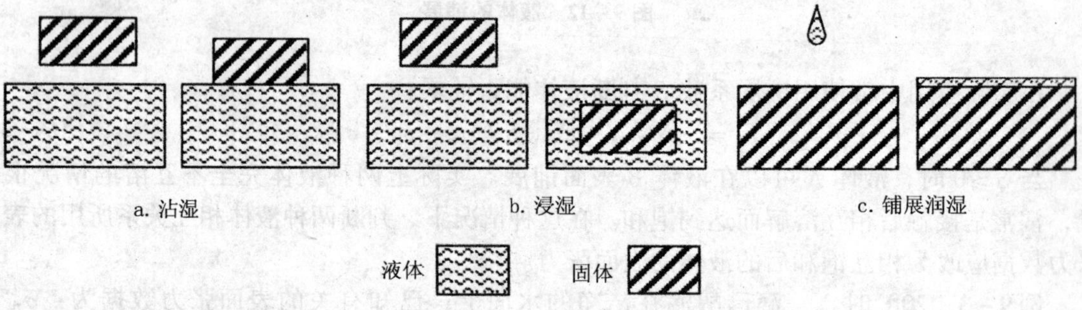

图 9-13　三种润湿类型

沾湿　$$\Delta G_a = \sigma_{sl} - \sigma_{sg} - \sigma_{lg} \quad (9-29)$$

浸湿　$$\Delta G_i = \sigma_{sl} - \sigma_{sg} \quad (9-30)$$

铺展润湿　$$\Delta G_s = \sigma_{sl} - \sigma_{sg} + \sigma_{lg} = -S \quad (9-31)$$

S 为铺展系数。

关于润湿类型的讨论：

(1) 三种类型的润湿发生条件均为 $\Delta G < 0$，即沾湿：$\Delta G_a < 0$；浸湿：$\Delta G_i < 0$；铺展润湿：$\Delta G_s < 0$ 或 $S > 0$。

(2) 对于同一体系 $\Delta G_s > \Delta G_i > \Delta G_a$，若 $\Delta G_s < 0$，必有 $\Delta G_a < \Delta G_i < 0$，铺展润湿的标准

是润湿的最高标准。

（3）σ_{sg}和σ_{sl}对三种润湿贡献一致，σ_{sg}越大，即表面张力越高的固体容易被液体润湿。σ_{sl}越小，越有利于润湿。σ_{lg}对三种润湿的作用各不相同，σ_{lg}大有利于粘湿，σ_{lg}小有利于铺展润湿，σ_{lg}对浸湿不起作用。

几种密度相差很大并且互不相溶的液体之间相互接触的情况，也可以用相同的方法讨论。

实际应用中，由于固体的界面张力测定困难，所以不是用能量变化的数据，而是用接触角来判断润湿状况。

2. 接触角

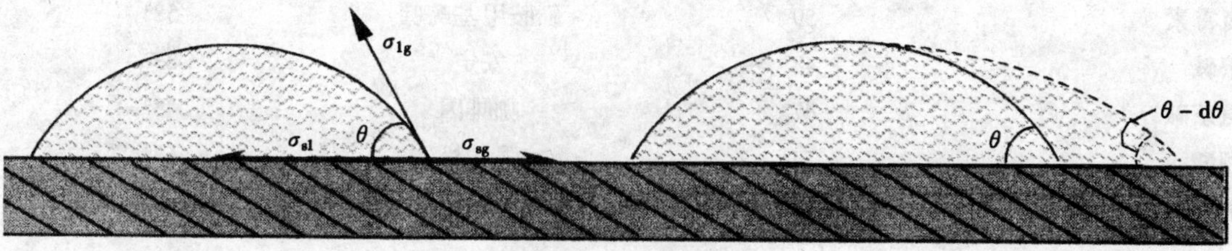

图 9－14　接触角

液滴在固体表面处于平衡状态，气液界面与固液界面的夹角为 θ（图 9－14），θ 称为接触角（contact angel）。接触角和表面张力的关系为

$$\sigma_{sg} - \sigma_{sl} = \sigma_{lg}\cos\theta \tag{9-32}$$

（9－32）式称为杨公式（Young equation）。该公式可以用热力学的方法导出：

设在温度、压力不变的情况下，固体表面的液滴可逆扩大了固、液界面面积 dA，则体系的液－气界面面积扩大 $dA\cdot\cos(\theta - d\theta)$，体系吉布斯能的改变

$$dG = \sigma_{sl}\cdot dA + \sigma_{lg}\cdot dA\cos(\theta - d\theta) - \sigma_{sg}\cdot dA$$

因为 $d\theta << 0$ 可以略去，平衡条件 $(dG)_{T,p} = 0$，所以

$$\sigma_{sl}dA + \sigma_{lg}dA\cos\theta - \sigma_{sg}dA = 0$$

即

$$\sigma_{sg} - \sigma_{sl} = \sigma_{lg}\cos\theta$$

该公式也称润湿公式。将该公式代入(9－29)、(9－30)、(9－31)式，可得：

$$\Delta G_a = \sigma_{sl} - \sigma_{sg} - \sigma_{lg} = -\sigma_{lg}(\cos\theta + 1) \tag{9-33}$$

$$\Delta G_i = \sigma_{sl} - \sigma_{sg} = -\sigma_{lg}\cos\theta \tag{9-34}$$

$$\Delta G_s = \sigma_{sl} - \sigma_{sg} + \sigma_{lg} = \sigma_{lg}(1 - \cos\theta) \tag{9-35}$$

可以看出，只要测出液体的界面张力和接触角，即可对各种润湿条件做出判断。实际上只要测出接触角即可以判断润湿状态。润湿判据为 $\Delta G < 0$，由于表面张力都是正值，因此润湿吉布斯能是否小于零，关键在于接触角。根据(9－33)、(9－34)、(9－35)式可以计算出各润湿类型的接触角判据：

沾湿　　$\theta \leqslant 180°$

浸湿　　$\theta \leqslant 90°$

铺展润湿　　$\theta = 0°$

在讨论润湿性时，一般是把90°的接触角作为是否润湿的标准：$\theta > 90°$不润湿，$\theta < 90°$为润湿。表9-5是部分药物及辅料粉末与水的接触角。

表9-5 部分药物及辅料粉末与水的接触角（水中已饱和了待测物）

物质	接触角	物质	接触角
碳酸钙	58°	非那西丁	78°
硬脂酸铝	120°	地高辛	49°
硬脂酸镁	121°	巴比妥	70°
硬脂酸	98°	戊巴比妥	86°
水杨酸	103°	磺胺噻唑	53°
硬脂酸钙	115°	磺胺嘧啶	71°
氯霉素	59°	磺胺甲基嘧啶	58°
茶碱	48°	安定	83°
氨茶碱	47°	咖啡因	43°
硼酸	74°	强的松	63°
消炎痛	90°	异烟肼	49°

第四节 溶液的表面吸附

一、溶液的表面张力和浓度之间的关系

在质量一定的单组分体系中，温度、压力确定了，体系的性质也就确定了。在指定的温度、压力下，纯液体有确定的表面张力。多组分体系的性质和组成有关，在同一个温度下，溶液的表面张力随浓度的变化而改变。溶质的加入使溶液的表面张力与纯溶剂相比发生了变化，这种改变是由于溶液中分子间的相互作用力和纯溶剂不同。表面张力的变化和溶剂、溶质的种类有关，也和溶液的浓度有关。水是最常用的溶剂，本节主要讨论在水溶液中溶质对溶液表面张力的影响。在恒温条件下，溶液的表面张力和浓度之间的关系曲线称溶液表面张力等温线（surface tension isotherm curve）。根据表面张力随浓度改变的方向和幅度的不同，可将不同溶质稀水溶液的表面张力等温线大致分为三种类型（图9-15）。

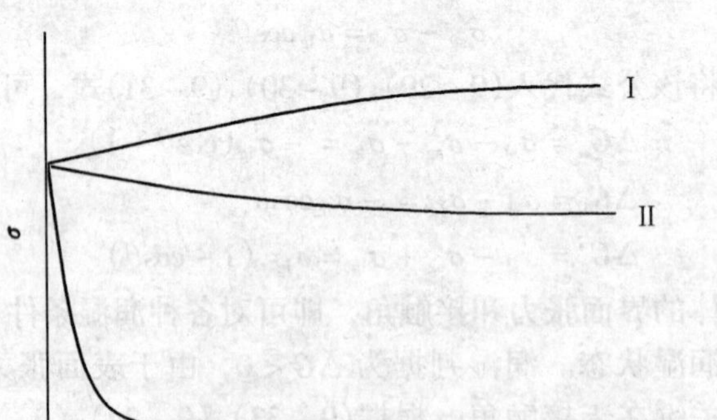

图9-15 水溶液表面张力和浓度的关系

第一种类型是表面张力随溶液浓度增加而变大（图 9-15 曲线Ⅰ）。属于这一类型的溶质有无机盐类等强电解质（如 NaCl）及多羟基有机物（如蔗糖、甘油）等。这类物质的离子或分子和水分子有强烈的亲和力。质点间相互作用力的增加，使增加液体表面需要对体系做更多的功，结果是表面张力的增大。这类物质是非表面活性物质（surface inactive agent），也叫表面惰性物质。

第二种类型是表面张力随浓度增加而减小（图 9-15 曲线Ⅱ）。属于这一类的物质是一些分子量较小的极性有机化合物，如小分子的醇、醛、酯等。它们的存在，降低了溶液的表面张力。它们是具有表面活性的物质。

第三类型的物质在较低浓度时，随着浓度的增加，溶液的表面张力急剧下降，达到一定浓度后，浓度的改变不再引起表面张力的明显变化（图 9-15 曲线Ⅲ）。这些只需很低浓度就能显著地降低溶液表面张力的物质被称为表面活性物质（surface active agent）或表面活性剂（surfactant）。表面活性剂之所以具有这样的性质，是因为它们的分子结构有一个共同的特点：同时具有强的亲水基团和强的憎水基团。亲水基团一般是有机酸盐、季铵盐、无机酸酯盐或聚醚、多醇等，憎水基团一般为长链（多为碳氢链）。性质完全相反的两种基团存在于一个分子的两端，使其拥有一种特殊性质：具有分布在两相界面的极大趋势，因而表面活性非常强。

有一些经验公式描述表面张力和浓度之间的关系，希什科夫斯基（Szyszkowski）公式比较成功的表示了第Ⅱ类曲线：

$$\frac{\sigma_0 - \sigma}{\sigma_0} = b\ln\left(1 + \frac{c}{a}\right) \tag{9-36}$$

式中 c 为溶液浓度，σ_0 和 σ 分别表示溶剂和溶液的表面张力。a 和 b 为经验常数，同系物中 b 值相同，a 值的大小和碳链的长度有关，随碳数的增加而下降。该经验式适用于低浓度表面活性物质的溶液。

二、溶液的表面吸附和吉布斯吸附等温式

1. 溶液的表面吸附

使体系的吉布斯能处于最低状态是体系的自发趋势。对于体系的相界面，在指定的温度、压力下，$G_{表面} = \sigma A$，缩小表面积 A 或降低表面张力 σ，都可以减小 $G_{表面}$，从而降低体系的吉布斯能。对于纯液体，指定温度下表面张力为一定值。体系用保持最小表面积来使体系吉布斯能最小。而对于多组分体系，溶液的表面张力不仅是温度的函数，还和组成相关，调节界面层物质的浓度以降低体系的吉布斯能是必然的趋势。溶液不仅会自发使表面积缩到最小，还会尽可能改变表面浓度使表面张力降到最低，从而降低体系的吉布斯能。

浓度增加使表面张力增大的溶质会自发地从表面层进入溶液内部，使表面浓度降低，以此来降低体系的吉布斯能。而浓度增加使表面张力降低的溶质正好相反，它们更多地进入表面层，使体系吉布斯能降低。这样，溶液本体和表面层之间产生浓度差。浓度差的存在又迫使溶质分子向低浓度的部分扩散，以使浓度趋向一致。这两种相反的过程达到平衡后，溶液的表面层浓度和本体浓度之间会有一个固定的差值，这种现象被称为溶液的表面吸附。溶液的表面层浓度大于溶液本体浓度的称为正吸附，反之，溶液表面层浓度小于溶液本体浓度的称为负吸附。

2. 吉布斯公式

1878 年吉布斯（J.W.Gibbs）用热力学方法对溶液的表面吸附现象进行了研究，导出了

在指定温度下溶液的表面吸附量和表面张力、组成之间的定量关系式——吉布斯吸附等温式。具体过程如下：

吉布斯面

一个最简单的二组分两相体系：溶液中只含有一种溶质的液相（β 相）与由溶剂和溶质的蒸气组成的气相（α 相）。用 1、2 分别表示溶剂和溶质。溶液的表面层是一个具有几个分子厚度的薄层，在这个薄层内组成是连续变化的。

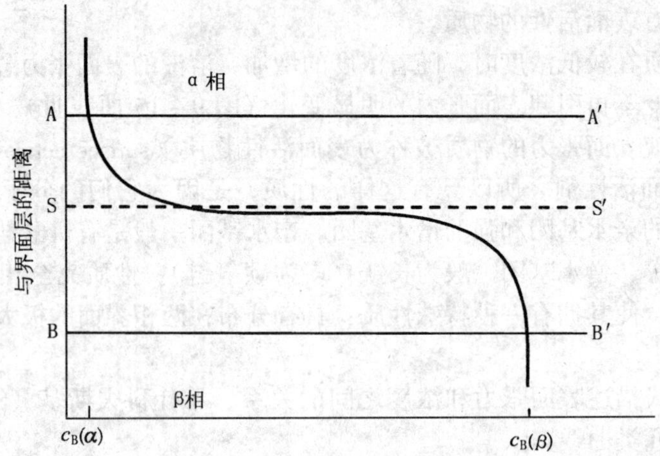

图 9-16　两相界面层结构示意图

图 9-16 是一个溶液表面层结构的示意图，选定 AA′和 BB′两个平面，使两相间组成的变化都发生在 AA′面和 BB′面之间的区域内，从 AA′面至 α 相内部体系组成和其它性质都是均匀的，体系中任一组分 B 的浓度为 c_B（α）；从 BB′面至 β 相内部体系组成和其它性质同样也是均匀的，B 的浓度为 c_B（β）。吉布斯在两相界面层区域内划定了一个理想的几何平面 SS′作为 α 相和 β 相的分界，并假定从 SS′面至 α 相内部组成都是均匀的，从 SS′面到 β 相内部组成也是均匀的。α 相的组成和 β 相的组成在 SS′面上发生了突变，从 c_B（α）变到了 c_B（β）。这个平面被称为吉布斯面或 σ 相（一个二维的相）。根据吉布斯面可以计算体系中 B 组分物质的量 n_B'：

$$n_B' = n_B(\alpha) + n_B(\beta) = c_B(\alpha)V(\alpha) + c_B(\beta)V(\beta)$$

式中 $n_B(\alpha)$、$n_B(\beta)$分别为 B 组分在 α 相和 β 相中物质的量；$V(\alpha)$、$V(\beta)$分别为 α 相、β 相的体积。

吉布斯把体系中 B 组分实际物质的量 n_B 和根据模型计算得到的物质的量 n_B'之间的差值全部归结到 σ 相，称作 B 物质在吉布斯表面的吸附量 n_B（σ）：

$$n_B(\sigma) = n_B - n_B' = n_B - [c_B(\alpha)V(\alpha) + c_B(\beta)V(\beta)]$$

B 物质在单位表面积上的吸附量称表面超量（surface excess），用符号 Γ_B 表示：

$$\Gamma_B = \frac{n_B(\sigma)}{A} \tag{9-37}$$

式中 A 为溶液的表面积。

这样处理的结果使在两相界面发生的正吸附或负吸附仅发生在吉布斯面上。

吉布斯面选择的位置不同，对于同一个组分，所得到的表面吸附量是不同的；不同组分在同一个吉布斯面的表面吸附量也是不同的。吉布斯将 SS′ 面的位置选择在使溶剂的表面吸附量为 0 的位置，即 $n_1(\sigma) = 0$ 或 $\Gamma_1 = 0$。

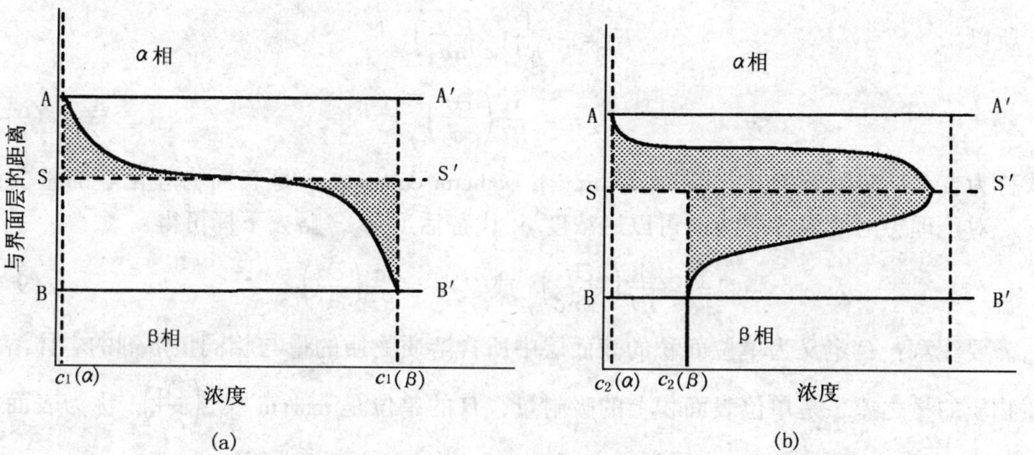

图 9-17　溶液表面吸附量示意图

图 9-17 是溶液表面层中 SS′ 位置的选择和溶液表面吸附量的示意图。(a) 图是在表面层中溶剂的浓度变化示意图，当选择 SS′ 的位置使两块阴影面积相等的时候，根据吉布斯公式，溶剂在 β 相多计算的量和在 α 相少计算的量相等，溶剂的表面超量为 0，即 $\Gamma_1 = 0$。(b) 图是在表面层中溶质的浓度变化曲线，曲线所包围的阴影面积是溶质在 σ 相的吸附量 $n_2(\sigma)$。

吉布斯公式

当体系发生一个微小的变化时，体系吉布斯能的变化为：

$$dG = -SdT + Vdp + \sigma dA + \sum_B \mu_B dn_B$$

对于恒温恒压下的二组分溶液，σ 相的吉布斯能变化为：

$$dG(\sigma) = \sigma dA + \mu_1(\sigma)dn_1(\sigma) + \mu_2(\sigma)dn_2(\sigma) \quad (9-38)$$

式中 $\mu_1(\sigma)$、$\mu_2(\sigma)$ 分别为溶剂和溶质在 σ 相的化学势。当温度、压力和组成不变时，σ 和 μ_B 均为常数，对 (9-38) 式积分，得：

$$G(\sigma) = \sigma A + \mu_1(\sigma)n_1(\sigma) + \mu_2(\sigma)n_2(\sigma) \quad (9-39)$$

对(9-39)式全微分，得：

$$dG(\sigma) = \sigma dA + Ad\sigma + \mu_1(\sigma)dn_1(\sigma) + n_1(\sigma)d\mu_1(\sigma) + \mu_2(\sigma)dn_2(\sigma) + n_2(\sigma)d\mu_2(\sigma) \quad (9-40)$$

比较(9-38)式和(9-40)式，得：

$$Ad\sigma + n_1(\sigma)d\mu_1(\sigma) + n_2(\sigma)d\mu_2(\sigma) = 0$$

因为

$$n_1(\sigma) = 0, \frac{n_2(\sigma)}{A} = \Gamma_2$$

达到平衡后 σ 相和体相的化学势相等：$\mu_2(\sigma) = \mu_2$（体相）

所以

$$d\sigma + \Gamma_2 d\mu_2 = 0$$

或 $$\Gamma_2 = -\left(\frac{\partial\sigma}{\partial\mu_2}\right)_T$$

溶液中溶质的化学势：$\mu_2 = \mu_2{}^*(T) + RT\ \ln a_2$

$$d\mu_2 = RT\mathrm{d}\ln a_2$$

所以 $$\Gamma_2 = -\frac{1}{RT}\left(\frac{\partial\sigma}{\partial\ln a_2}\right)_T$$

或 $$\Gamma_2 = -\frac{\alpha_2}{RT}\left(\frac{\partial\sigma}{\partial a_2}\right)_T \quad (9-41)$$

该式称为吉布斯吸附等温式（Gibbs absorption isotherm equation)，是表面物理化学的重要公式之一。对于理想溶液或稀溶液，可以用浓度 c_2 代替活度 a_2，略去下标可得：

$$\Gamma = -\frac{1}{RT}\left(\frac{\partial\sigma}{\partial\ln c}\right)_T \text{或} \Gamma_2 = -\frac{c}{RT}\left(\frac{\partial\sigma}{\partial c}\right)_T \quad (9-42)$$

需要注意：Γ 定义为单位面积的表面层中所含溶质物质的量与相同量溶剂的本体溶液中溶质物质的量之差，是单位表面积上的吸附量，Γ 的单位是 $mol\cdot m^{-2}$。$\left(\frac{\partial\sigma}{\partial c}\right)_T$ 称为表面活度(surface activity)，即表面张力随浓度的变化率。

吉布斯公式不仅适用于溶液表面，同时也适用于任意两相界面。在应用于其它相界面时，要注意公式中的各物理量要换成相应体系和界面的数据。

根据吉布斯吸附等温式可以看出：

当$\left(\frac{\partial\sigma}{\partial c}\right)_T < 0$，即溶质的浓度增加而溶液的表面张力却降低者，$\Gamma > 0$，溶液表面正吸附，即溶质在表面层的浓度大于溶液本体浓度。

当$\left(\frac{\partial\sigma}{\partial c}\right)_T > 0$，即溶质的浓度增加，溶液的表面张力也随之增大者，$\Gamma < 0$，溶液表面负吸附，即溶质在表面层的浓度小于溶液本体浓度。

在此之后，人们用实验验证了吉布斯公式。其中一个有名的实验是由麦克拜因(McBain）等人完成的。他设计了一个水槽，在上面装了一个可快速移动的刀片，能将溶液表面刮下约 0.1mm 的一个薄层。根据被刮下的溶液表层中所含溶质的量及水槽的表面积，可以计算溶液的表面超量。还有一种验证的方法是将放射性示踪物质用作溶质。实验结果都和用吉布斯公式计算的结果相符合。

例 9－4 为了验证吉布斯公式设计了下面的实验：在 25℃时将浓度为 4.00 $g\cdot kg^{-1}$ 的苯基丙酸溶液置于水槽中，用特制的刮刀在 310 cm^2 的表面刮下 2.30 g 溶液，测其浓度为 4.013 $g\cdot kg^{-1}$。(1) 试根据此实验数据计算表面超量。(2) 已知不同浓度下苯基丙酸溶液的表面张力 σ 为：

$c/g\cdot kg^{-1}$	3.50	4.00	4.50
$\sigma/\ N\cdot m^{-1}$	0.056	0.054	0.052

试用吉布斯公式计算表面吸附量。并比较二者的结果。

解：(1)根据表面超量的定义：

$$\Gamma=\frac{\Delta n}{A}=\frac{\Delta c\cdot m/M}{A}$$

$$=\frac{(4.013-4)\times 2.30\times 10^{-3}}{150\times 310\times 10^{-4}}=6.43\times 10^{-6}\mathrm{mol\cdot m^{-2}}$$

(2)根据吉布斯公式：

$$\Delta\sigma=\frac{(0.0540-0.0560)+(0.0520-0.0540)}{2}=-0.020\mathrm{N\cdot m^{-1}}$$

$$\Delta c=\frac{(4.00-3.50)+(4.50-4.00)}{2}=0.50\mathrm{g\cdot kg^{-1}}$$

$$\frac{\mathrm{d}\sigma}{\mathrm{d}c}=\frac{\Delta\sigma}{\Delta c}=\frac{-0.020}{0.50}=-0.040\mathrm{N\cdot m^{-1}/g\cdot kg^{-1}}$$

$$\Gamma=-\frac{c}{RT}\frac{\mathrm{d}\sigma}{\mathrm{d}c}=\frac{-4.00}{8.314\times 298.15}\times(-0.040)=6.45\times 10^{-6}\mathrm{mol\cdot m^{-2}}$$

根据吉布斯公式计算的结果和实验结果相符合。

3. 溶液表面吸附等温线

在指定温度下，溶液表面超量和浓度之间的关系曲线称溶液表面吸附等温线。用吉布斯吸附公式可以绘制溶液表面吸附等温线和计算溶液在某一浓度的表面吸附量。通常有两种方法：

一种方法是：首先测定不同浓度时溶液的表面张力，绘制表面张力等温线即 $\sigma\sim c$ 曲线，在各选定浓度处作曲线的切线，切线的斜率为该浓度下的 $\mathrm{d}\sigma/\mathrm{d}c$ 值（图 9－18），所得数据代入吉布斯公式求出各浓度下的表面吸附量 Γ，并作 $\Gamma\sim c$ 曲线（图 9－19）。

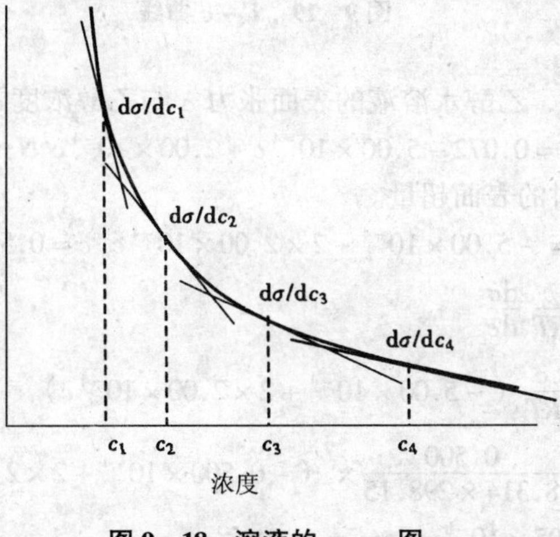

图 9－18　溶液的 $\sigma\sim c$ 图

另一种方法是将实验数据拟合成数学解析式，再微分求 $\mathrm{d}\sigma/\mathrm{d}c$。例如有机酸同系物的表面张力 σ 和浓度 c 之间关系经验式——希什科夫斯基公式（9－36）：

$$\frac{\sigma_0-\sigma}{\sigma_0}=b\ln\left(1+\frac{c}{a}\right)$$

对(9－36)式求导可得

$$-\left(\frac{\partial \sigma}{\partial c}\right)_T=\frac{b\sigma_0}{a+c}$$

所以
$$\Gamma=\frac{b\sigma_0}{RT}\frac{c}{a+c} \qquad (9-43)$$

当 c 很小时，(9－43) 式可写成

$$\Gamma=k'c$$

表面吸附量和浓度成正比。

当 c 足够大时，(9－44) 式可写作

$$\Gamma=\Gamma_m$$

这时的表面吸附量为常数 Γ_m，Γ_m 称饱和吸附量。由于希什科夫斯基经验式只适用于浓度小于 CMC（参见 9.6 节）的溶液，溶液本体浓度远远低于饱和吸附时的表面层浓度，可以忽略本体浓度，将 Γ_m 近似看做是饱和吸附时表面层的浓度。

图 9－19 是根据（9－43）式得到的 $\Gamma \sim c$ 曲线。

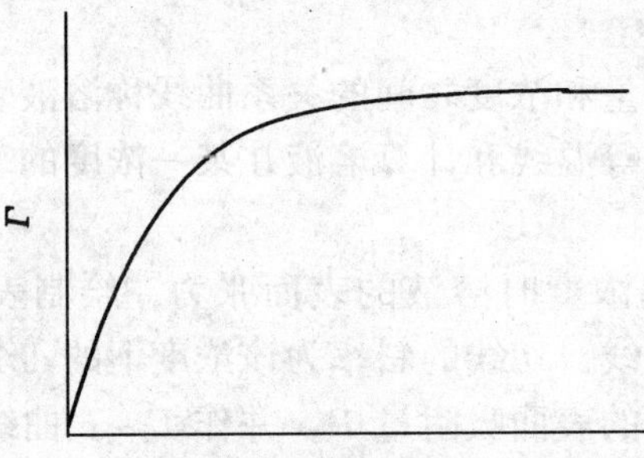

图 9－19　$\Gamma \sim c$ 曲线

例 9－5　298.15K 时，乙醇水溶液的表面张力 σ 与乙醇浓度 c 的关系为

$$\sigma=0.072-5.00\times10^{-4}c+2.00\times10^{-4}c^2\,\mathrm{N\cdot m^{-1}}$$

试计算 $c=0.500\mathrm{mol\cdot l^{-1}}$时的表面超量。

解：
$$\mathrm{d}\sigma/\mathrm{d}a=-5.00\times10^{-4}+2\times2.00\times10^{-4}c,\ c=0.500\mathrm{mol\cdot l^{-1}}$$

$$\Gamma=-\frac{c}{RT}\frac{\mathrm{d}\sigma}{\mathrm{d}c}$$

$$=-\frac{c}{RT}(-5.00\times10^{-4}+2\times2.00\times10^{-4}c)$$

$$=-\frac{0.500}{8.314\times298.15}\times(-0.500\times10^{-4}+2\times2.00\times10^{-4}\times0.500)$$

$$=6.05\times10^{-8}\mathrm{mol\cdot m^{-2}}$$

三、表面活性物质在溶液表面的定向排列

当浓度足够大时，溶液的表面吸附量不再增加，吸附达到饱和，$\Gamma=\Gamma_\infty$。对脂肪酸同系物的研究表明，当溶液表面层达到饱和吸附时，同系物中不同化合物的饱和吸附量是相同的，和分子的碳氢链长度无关。可以想象，合理的解释应该是：所有被吸附在表面层的分子都是羧基向水，碳氢链向空气排列在水面上。如图 9－20 所示。

表面超量 Γ 是表面层浓度和溶液本体浓度之差，但当饱和吸附时，表面活性物质在表

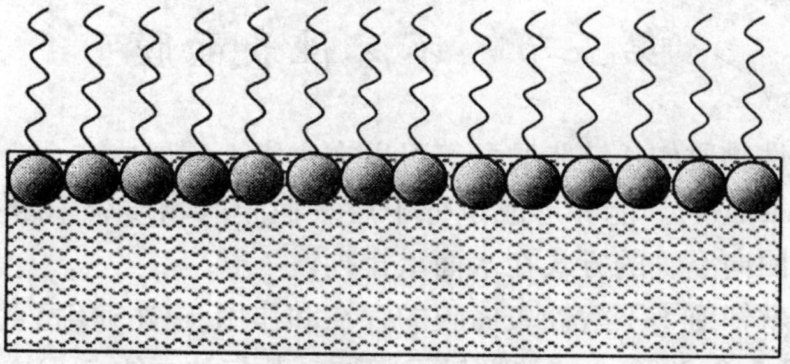

图 9-20　脂肪酸分子在水溶液表面的定向排列

面层的浓度远远大于溶液本体浓度，因此可以把 Γ 当作单位表面上溶质的物质的量。据此可以计算出每个分子在溶液表面占据的横截面积 A：

$$A = \frac{1}{\Gamma_{\infty} L} \tag{9-44}$$

表 9-6　R—X 化合物在单分子膜中每个分子的截面积

化合物种类	X	$A \times 10^{20}/\mathrm{m}^2$
脂肪酸	R—COOH	20.5
二元酯类	R—$COOC_2H_5$	20.5
酰胺类	R—$CONH_2$	20.5
甲基酮类	R—$COCH_3$	20.5
甘油三酸酯类（每条链）	—CH_2COO—R	20.5
饱和酸的酯类	R—COOR	22.0
醇类	R—CH_2OH	21.6
	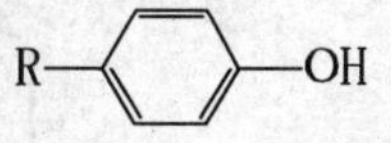	24.0
酚类及对位的苯衍生物	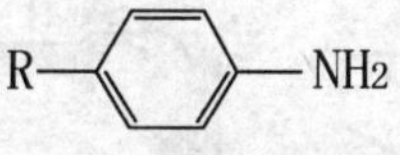	24.0
	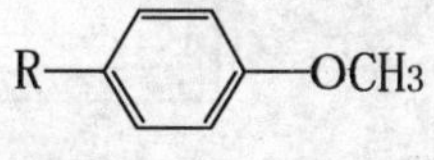	24.0

表面活性物质分子在溶液表面的排列并不是非常整齐的，特别是在温度较高时。同时溶剂分子也会出现在吸附层中。因此用此方法得到的分子截面积比用其它方法得到的结果略大。表 9-6 是部分表面活性物质分子截面积（直立在液面上的分子的投影面积）的测定结果。

在液-液界面（如油-水界面）、固-气界面、固-液界面等都会发生这样的表面活性物质分子的定向排列。

第五节　不溶性表面膜

许多不溶或难溶性物质如长链脂肪酸等可以在水面上铺展成一个分子厚度的表面膜，称单分子层表面膜（monolayer）。能够形成单分子层表面膜的物质分子多是两亲分子，以极性基团向水，非极性基团向空气的方式在水面上排列。

很早以前，人们就知道了不溶性表面膜的存在和作用。1765 年富兰克林（Benjamin Flanklin）定量测定了平息一个 2000m² 的池塘风浪需要一茶勺油（约 5ml），这已经是在研究单分子膜了。瑞利（Rayleigh）在 1890 年对不溶性膜做了定量研究，Pockels 设计了第一个研究不溶性膜的装置。直到 1917 年设计了膜天平，开始了对表面膜更加系统的研究。

一、不溶性表面膜及其性质

表面膜的性质主要包括表面压、表面电势、表面粘度和表面光学性质等。

1. 表面压

将两根火柴棒平行靠近地放在洁净的水面上，在它们之间的水面上滴一滴油酸，两根火柴棒会立即被推向相反的方向。这个现象说明，展开的油膜对浮在水面上的火柴棒有一种推动力。

在干净的水面放入一长度为 l 的薄片，在薄片的一侧滴入一滴油，薄片受到油分子的碰撞后向另一侧移动 dx 距离。设油膜对单位长度薄片的推力为 π，则它对薄片所做的功为 $\pi l dx$。薄片移动后，油膜增加的面积和水面减少的面积都是 $l dx$，设水的表面张力为 σ_0，油膜的表面张力为 σ，则体系吉布斯能的减少为 $(\sigma_0 - \sigma) l dx$，

所以
$$(\sigma_0 - \sigma) l dx = \pi l dx$$
$$\pi = \sigma_0 - \sigma \tag{9-45}$$

π 称为表面压（surface pressure），是膜对单位长度浮物的压力，其数值等于水和油的表面张力之差。

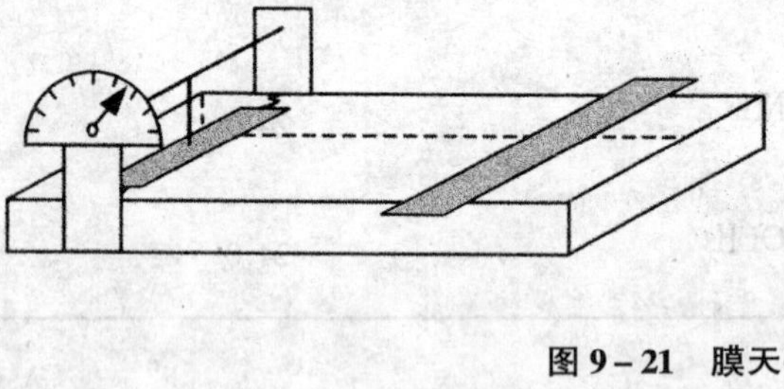

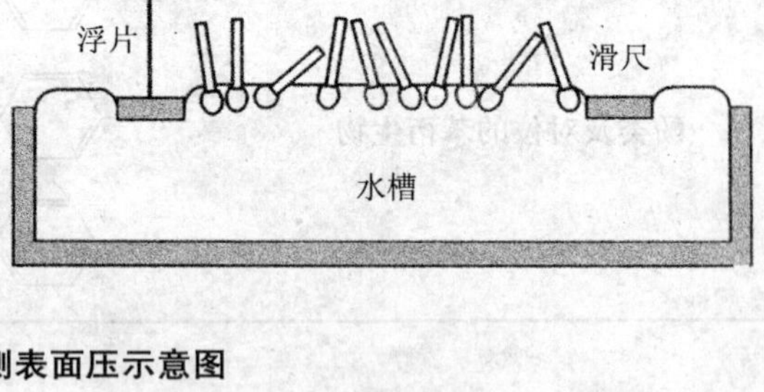

图 9-21　膜天平测表面压示意图

膜天平法是最常用的测定表面压的方法。图 9-21 是兰格缪尔膜天平的示意图。在涂有石蜡的浅盘上放一片装有扭力丝的憎水薄浮片，浮片两端用涂了凡士林的细金属丝连在盘上。实验时在盘中盛满水，并使水面略高于盘边，再用滑尺刮去水的表层。这一操作要重复多次，直至水面干净。把溶解在挥发性溶剂中的待测物溶液滴加在水面上，溶剂挥发后，待测物在水面上形成了薄膜。膜将浮片推向左侧，旋转连在浮片上的金属扭丝，使浮片回到原来的位置。膜对浮片的压力可以通过扭丝连接的测力装置所旋转的度数测得。移动滑尺改变膜的面积，可测量相对应的表面压数据，从而得到表面压 π 和成膜分子占有的面积之间的

关系。用表面压 π 对分子占有面积 a 作图，发现膜的特征和物质状态变化相似，可以类比为二维空间的气态、液态和固态，甚至还有更多样的状态和相的改变，因此常把膜分为气态膜、液态膜和固态膜等。

2. 表面电势

在两相界面存在电势差，由于膜的存在使水面与空气之间的电势差发生变化。洁净水面和空气之间的电势差与膜表面和空气之间的电势差的差值称膜表面电势（surface potential）。表面活性物质在成膜时，分子的极性端在水中，非极性端向外，当表面压较低时，分子斜躺在水面上，此时表面电势较低。随着表面压的增大，分子间距离缩小，成膜物质的分子和水面之间的垂直度逐渐增加，表面电势也越来越大。当所有的成膜物质分子都垂直取向时，分子排列紧密，膜面积不能继续缩小，表面电势趋于定值。用表面电势可以表征成膜物质分子在水面上的排列状态：是躺倒、斜立还是直立。通过测定表面电势还可以了解膜是否均匀，当膜不均匀时，不同区域测出的表面电势值不同。当膜上发生化学反应时，用表面电势可以监测膜组成的变化。

3. 表面粘度

表面粘度（surface viscosity）是液体在有膜时的粘度与无膜时粘度之比：

$$\eta_s = \eta_t / \eta_0$$

式中 η_s 为表面粘度，η_t 和 η_0 分别为液体有膜和无膜时的粘度。表面粘度反映了膜在水面上的流动性。表面粘度主要用来研究成膜物质分子之间的相互作用，它和膜性质的变化有关。表面粘度的数据对泡沫、乳状液及各种液膜的稳定性非常重要。

二、不溶性表面膜的应用

1. 分子结构的推定

表面膜测试技术可以作为测定分子结构的辅助方法，这是由于不同分子结构的物质所形成的膜状态不同。例如，鲨肝醇和鲛肝醇两个二元醇分子就是利用和已知结构的相应二元酸分子所形成的表面膜的 $\pi \sim a$ 数据，继而推测出它们的分子结构。

2. 摩尔质量的测定

在低表面压时成膜分子所占面积很大，分子间的相互作用较小，膜的行为特征类同气体，可以用非理想气体状态方程表示：

$$\pi(A - nA_m) = nRT = \frac{m}{M}RT \tag{9-46}$$

式中 A 和 A_m 分别为膜面积和成膜物质的摩尔面积，n 为成膜物质的量，m 为成膜物质的质量，M 为成膜物质的摩尔质量。（9-46）式可以改写为

$$\frac{\pi}{c} = \frac{RT}{M} + \frac{\pi A_m}{M}$$

用 π/c 对 π 作图，外推至 $\pi \longrightarrow 0$，截距为 RT/M，即

$$\lim_{\pi \longrightarrow 0} \frac{\pi}{c} = \frac{RT}{M}。$$

由此可求出成膜物质的摩尔质量。

许多蛋白质分子在低浓度下形成躺在水面上的气态膜，这些可铺展的蛋白质的摩尔质量可以根据膜表面压方法测定，用表面压法的测定结果与渗透压法、超离心法或粘度法测定结果相符。膜表面压法可测相对摩尔质量小于 25000 的成膜物质，而且所需样品量极少（每次

约 20 μg)，这对于生化研究很重要。

例 9－6 18℃时，测胰岛素在水中的单分子膜表面压与表面浓度的数据如下：

$\pi \times 10^6/N \cdot m^{-1}$	5	10	15	20	28	50	62	80
$c \times 10^6/kg \cdot m^{-2}$	0.07	0.12	0.16	0.20	0.23	0.30	0.31	0.34

请根据以上数据计算胰岛素的摩尔质量。

解：题给数据处理如下：

$\frac{\pi}{c}/10^2 \cdot N \cdot m^2 \cdot kg^{-1}$	0.714	0.833	0.938	1.000	1.217	1.667	2.000	2.353

以 π/c 对 π 作图（图 9－22），得一直线，外推至 $\pi = 0$，得：

$$\left(\frac{\pi}{c}\right)_{\pi \to 0} = 59.7 N \cdot m^2 \cdot kg^{-1}$$

$$M = \frac{8.314 \times 291}{59.7} = 40.5 kg \cdot mol^{-1}, M_r = 4.05 \times 10^4$$

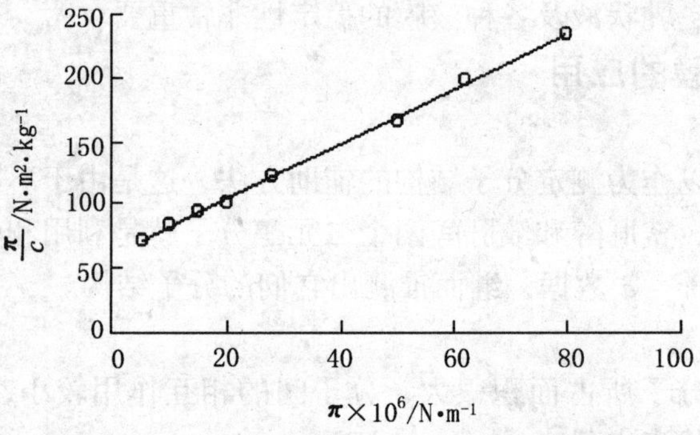

图 9－22 胰岛素在水面上 $\frac{\pi}{c} \sim \pi$ 关系曲线

3. 抑制液体蒸发

不溶性表面膜的一个重要用途是可以用来抑制湖泊和水库中的水分蒸发。在热带国家和干旱地区因蒸发引起的水资源损失非常严重，这一问题已引起越来越多的关注。在水面上覆盖单分子膜可使蒸发速度下降 40%～90%，例如在水面上覆盖一层十八醇的单分子膜，可使水蒸发速度下降 90%；十六醇不仅易铺展成膜，而且在受到扰动后有良好的自修复能力。对于干旱缺水地区，膜的这一应用具有现实意义。同时，在小溪、水沟表面覆盖不溶性表面膜，可以抑制孑孓呼吸，杀灭蚊子。

4. 膜的化学反应

膜的化学反应是指成膜物质同与其接触的其它相物质之间所发生的化学反应。其中研究最多的是成膜物质分子和溶液中的分子之间发生的化学反应。发生在膜上的化学反应有很多特点。成膜物质分子的取向可以通过调整膜压来控制，反应过程中膜分子数量的变化会引起膜区及膜面积的改变。因此，可以通过固定膜压改变膜面积或固定膜面积改变膜压的方法进行化学动力学的研究。

研究不溶性表面膜有许多重要意义。复相化学反应中常涉及固体表面。固体表面不均匀，表面性质重现性差，给研究工作带来不便。利用膜反应来研究复相化学反应动力学可以避免上述困难。通过膜反应可以在膜上形成一层由纳米颗粒组成的粒子化膜，这是制备纳米材料的方法之一。许多在膜上进行的化学反应和生物体系中的反应有相似之处，很多生物体内的反应就是在生物膜上进行的，如发生在细胞膜上的反应，因此可以用单分子膜来模拟生物膜。

三、其它表面膜

1. 高分子膜

高分子和蛋白质分子也可以在液体表面成膜。一些虽然不溶于水但带有有一定量的亲水基的高分子化合物可以在水面上形成不溶性表面膜。对高分子膜的研究可以提供有关分子量、结构、柔性、分子间力等信息。由于高分子化合物的分子链很长，分子间相互作用力强，这使一些能溶于某一相的高分子也可以在界面上形成稳定的膜。如水溶性高分子聚丙烯酸、聚乙烯醇都可以在油水界面形成稳定的膜。由于生命体系中的界面一般是油 - 水型的，因此很多关于蛋白质膜的研究工作是在油 - 水界面进行的。利用表面膜可以对生物活性大分子的性质、表面膜的生理活性等进行研究。

2. LB 膜

1920 年朗格缪尔将水面上的单分子膜转移至固体表面，1935 年 Blodgett 将该工作发展为多分子膜。将一块干板垂直插入表面覆盖单分子膜的水中，单分子膜就转移到板面上。重复操作，就能在固体表面组建多层分子膜。这种多层分子膜保持了不溶性表面膜的分子定向排列，称作 LB 膜，也称组建膜。LB 膜技术提供了在分子水平控制物质的结构和组成——层数、厚度、膜内分子取向、分子排列方式等的手段，使人们有了根据需要组建分子聚集体的可能，为制成具有实用功能的分子电子元件、非线性光学元件、光电转化元件、化学传感器和仿生元件展现了光明的前景，在高新技术发展中具有重要意义。

3. 双分子膜

在水溶液中放入一块有小孔的疏水性隔板，类脂（lipid）分子会自动在小孔中形成一个双分子层的隔膜。该膜称类脂双分子膜（bilayer lipid membrane），简称 BLM。由于生物膜的骨架结构是类脂双分子膜，因此对 BLM 的研究为生物过程的模拟和研究提供了一个重要手段。对 BLM 膜的研究是化学、物理、生物、医药等多学科的交叉结合点，这一点对药学工作者具有独特重要意义。

4. 囊泡和脂质体

囊泡是表面活性物质形成的双分子层膜的小囊，其中的表面活性物质为类脂质分子的亦称作脂质体(liposomes)，由于其结构类似细胞膜，在生物学界作为细胞结构的模拟物用于研究。20 世纪 70 年代开始将脂质体用作药物载体，目前已在实际应用方面取得了很大进展。

第六节　表面活性剂

只要加入很少量就可以极大地降低溶液表面张力的物质被称作表面活性剂（surfactant）。

表面活性剂的这一性质具有重要的实用意义，在石油、纺织、造纸、涂料、印刷、医药、食品、农业、环境保护等各行各业都得到广泛的应用。表面活性剂和我们的生活也是密不可分的，比如肥皂就是生活中最常用的也是最古老的表面活性剂。当溶液中的表面活性剂超过一定浓度后，会在溶液中形成分子有序聚集体，从而产生重要的功效。表面活性剂的这一特性具有重要的应用价值。同时，这一特性和生命现象密切相关，使表面活性剂成为生命科学及仿生技术的重要载体。

一、表面活性剂的分类

表面活性剂是一种两亲分子（amphiphilic molecule），一般由长链（多为烃链）的亲油基团（lipophilic group）和亲水基团（hydrophilic group）构成（图 9－23）。表面活性剂分子亲油基团的差别主要表现在链结构的变化，差别较小，对表面活性剂性质影响不大；而它的亲水基团变化较大，分类一般以此为依据。亲油基团为烃基的表面活性剂分子根据其溶于水后是否电离，可分为离子型和非离子型两大类。其中离子型表面活性剂又可以根据它在水溶液中所带电性分为阴离子型、阳离子型和两性型。非离子型表面活性剂根据其亲水基的不同分为聚氧乙烯型和多元醇型。还有一些新型的表面活性剂是根据分子的非极性部分分类的。除此以外还有一些特殊的表面活性剂，如高分子表面活性剂、氟表面活性剂、硅表面活性剂等。根据来源的不同表面活性剂还可以分为合成、半合成和天然等几类。

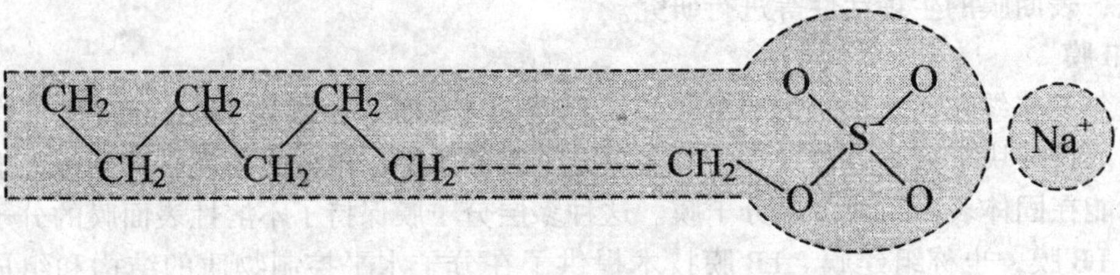

图 9－23　十二烷基硫酸钠分子结构示意图

1. 阴离子型表面活性剂

（1）羧酸盐（R—COOM）：一般为脂肪酸的钠盐，比如肥皂。此类表面活性剂在 pH 小于 7 的溶液中不稳定，在盐水中不易溶，所以不适于在硬水、酸、碱性溶液中应用。这类表面活性剂一般由天然动、植物油脂制成。

（2）磺酸盐（R—SO_3M）：包括烷基磺酸盐和烷基苯磺酸盐。洗衣粉中用的表面活性剂多为烷基苯磺酸钠，如十二烷基苯磺酸钠：

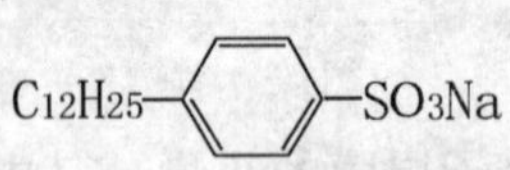

这类表面活性剂耐硬水、酸、碱，表面活性大，去污力强。在它的烷基中若有多个支链时不易被降解，容易污染环境。烷基苯磺酸盐多用作润湿剂、分散剂等。

（3）硫酸脂盐（R—OSO_3M）：用高级醇（C_{12} ~ C_{14}）经硫酸酯化、中和制得。这类表面活性剂具有较好的乳化和起泡能力，如用作牙膏起泡剂的十二烷基硫酸钠。此类表面活性剂分子的长链中含 C 数大于 14 时在常温下不易溶于水。

(4) 磷酸脂盐：有单脂盐（$R—OPO_3M_2$）和双脂盐（$R_1R_2O_2PO_2M$）两种，此类表面活性剂为低泡表面活性剂。常用作乳化剂、抗静电剂、抗蚀剂等。

2. 阳离子表面活性剂

阳离子表面活性剂绝大部分是含氮的化合物。最常用的为季铵盐（$R_1R_2R_3R_4N^+$）和吡啶衍生物（$R—C_5H_5N^+$），季铵盐中一般只有 1～2 个 R 为长链，其余的 R 中只有 1～2 个 C。这类表面活性剂不受 pH 影响，有很强的杀菌能力，也有一定毒性，其水溶液常用作消毒、杀菌剂，如医院中用于外科手术及医疗器械消毒的洁尔灭（氯化苄铵）系列：

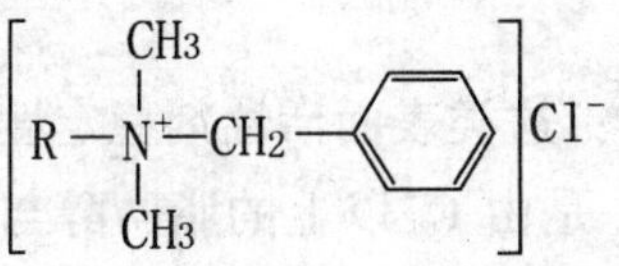
洁尔灭（$R=C_8H_{17}～C_{18}H_{31}$）

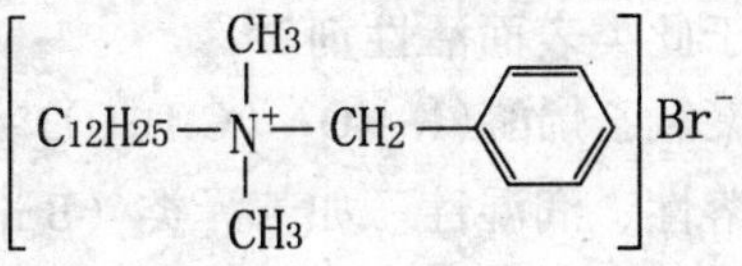
新洁尔灭

吡啶类有氯化十六烷基吡啶、溴化十四烷基吡啶（消毒净）等：

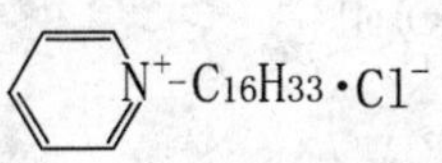
氯化十六烷基吡啶

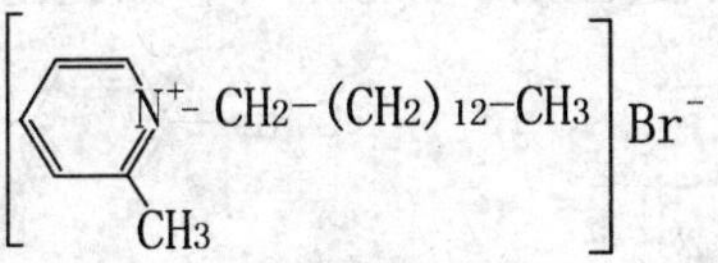
消毒净

它耐酸、碱，无刺激性，对金属、橡胶和塑料等都没有腐蚀作用。阳离子表面活性剂易吸附于固体表面，因此在药物分析中常用其吸附在药物表面以增加仪器的灵敏度，在工业中被作为矿物浮选剂，织物柔软剂，抗静电剂、染料分散剂等而广泛使用。

3. 两性表面活性剂

两性表面活性剂的碱性基主要是胺基或季铵基，酸性基主要是羧基和磺酸基，常用的有氨基丙酸（$R-NHCH_2-CH_2COOH$）、甜菜碱（$R-N^+(CH_3)_2CH_2COO^-$）、牛磺酸和咪唑啉四大类型：

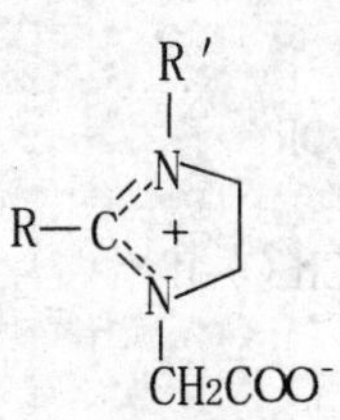
咪唑啉

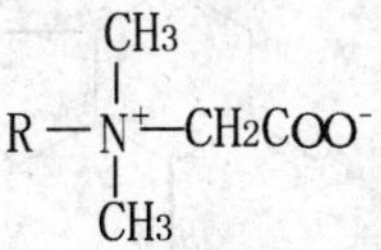
牛磺酸

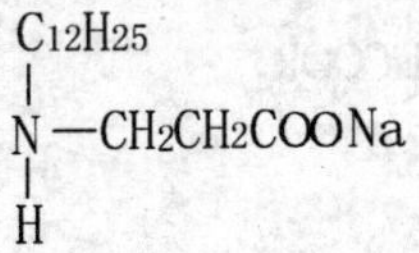
十二烷基氨基丙酸钠

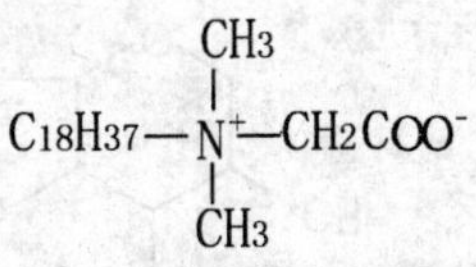
十八烷基二甲基甜菜碱

两性表面活性剂的性质随 pH 而变，易溶于水、酸、碱、盐溶液，不易溶于有机溶剂。相对于阳离子表面活性剂，此类表面活性剂杀菌作用柔和，刺激性也比较小。这类表面活性剂还有防金属腐蚀和表面抗静电作用，常用作杀菌剂、防蚀剂、分散剂、纤维柔软剂、抗静电剂、O/W 乳化剂、铺展剂等。

4. 非离子表面活性剂

非离子表面活性剂是从20世纪30年代开始应用的，由于这类表面活性剂有很多优越的性能，因而发展非常迅速，尤其是在医药、食品等领域。非离子表面活性剂是具有一定数量含氧基团的长链分子，它的极性基团不带电。由于这类分子不电离，所以稳定性高，不易受到强酸、强碱及盐的影响。这类表面活性剂与其它类型的表面活性剂相容性好，在水和有机溶剂中均溶解。由于分子不电离，因此这类表面活性剂在固体表面不产生强吸附。随着温度的升高，很多此类表面活性剂在水中不溶。非离子表面活性剂主要包括聚氧乙烯类化合物、亚砜类化合物、氮氧类化合物以及多元醇类化合物等。近年发展起来的聚氧乙烯和聚氧丙烯整体共聚物也属于此类表面活性剂。

(1) 脂肪醇聚氧乙烯醚($R-O-(C_2H_4O)_n-H$)：这类表面活性剂稳定性好，易被生物降解，有较好的水溶性、润湿性。如苄泽类（Brijs），是由C_8以上的脂肪醇与2~24个环氧乙烷单位加成的醚类表面活性剂，常用作乳化剂或增溶剂。

(2) 烷基苯酚聚氧乙烯醚（$R-C_6H_4-O-(C_2H_4O)_n-H$）：它的性质和脂肪醇聚氧乙烯醚相似，稳定性好，不怕强酸、强碱、高温，但毒性较大，不易被生物降解。这类表面活性剂常用作乳化剂、润湿剂、分散剂等，如乳化剂OP（壬基酚聚氧乙烯醚）：

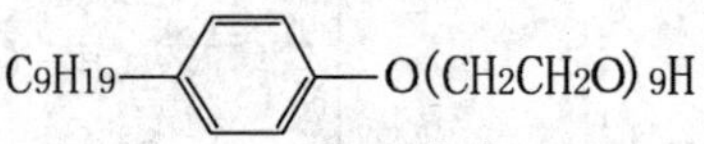

OP-9

(3) 脂肪酸聚氧乙烯酯($RCO_2-(CH_2CH_2O)_n-H$)：它的分子中含有酯键，易水解，在酸、碱水溶液中不稳定。这类表面活性剂乳化性能好，不易起泡，常用作乳化剂、分散剂，如卖泽类（Myrj）表面活性剂，它的通式为$RCOOCH_2(CH_2)_nCH_2OH$。

(4) 聚氧乙烯烷基胺类（$H-(OCH_2CH_2)_n-NR-(CH_2CH_2O)_m-H$ 或 $RR'N-(CH_2CH_2O)_n-H$）：这类表面活性剂同时具有非离子表面活性剂和阳离子表面活性剂的一些特征。

(5) 多元醇类：这类表面活性剂是甘油、季戊四醇、蔗糖、失水山梨醇等的衍生物，多不溶于水。由于无毒，常被用于医药及食品中，在药物制剂中常用的司盘、吐温类就属于此类表面活性剂。

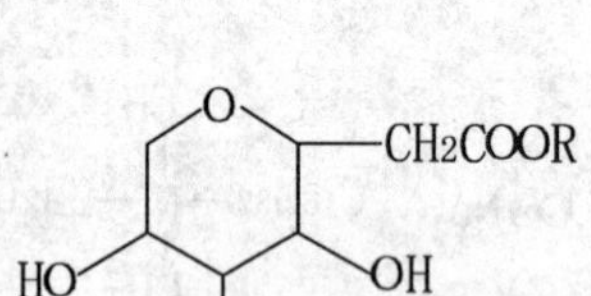

（司盘 Span）

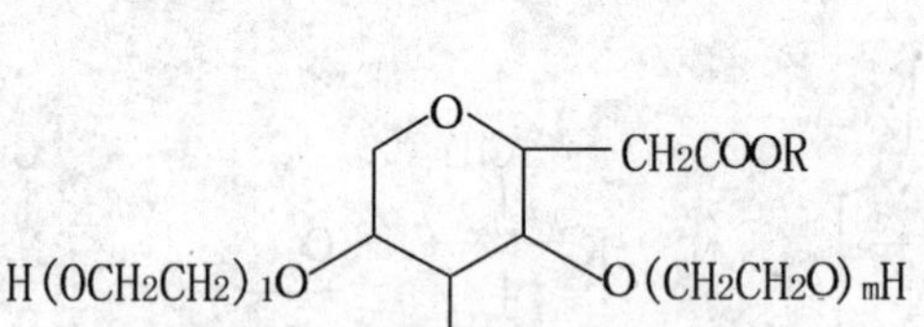

（吐温 Tween）

(6) 聚氧烯烃整体共聚表面活性剂($HO-(CH_2CH_2CH_2O)_m-(CH_2CH_2O)_n-H$)：这是一类新型的高分子表面活性剂，商品名为普朗尼克（plurnic）。这是环氧丙烷和环氧乙烷的共聚物，控制聚氧丙烯（亲油）和聚氧乙烯（亲水）的比例及分子量，不同的聚合方式可得到不同性能的表面活性剂。此类表面活性剂无味、无嗅、无毒、无刺激性，稳定性好，与酸、碱、金属离子均不起作用，是药学中广泛应用的表面活性剂。

5. 其它

（1）氟表面活性剂：它的憎水基团为碳氟链，憎水作用强，同时也憎油。此类表面活性剂能极大降低表面张力，表面活性非常强。它的分子结构稳定，耐高温，不怕强酸、强碱和强氧化剂。一般含 C 数小于 10，否则在水中的溶解度太小。因为它能铺展在油表面，所以作为“轻水”用于灭火剂。这类表面活性剂还被用于形成又憎水又憎油的表面（如防水防油布等）。含氟化合物用于制备“全人工血液”，具有输送气体的功能。

（2）硅表面活性剂：聚硅氧烷又名硅酮（Silicones），它的憎水链是由硅氧烷链组成的，由于疏水性强，较短的硅氧烷链就使化合物具有表面活性。此类表面活性剂具有强憎水性和强表面活性，在轻工及医药上有广泛的应用。

（3）高分子表面活性剂：这是分子量在 2000～3000 以上的表面活性物质，包括天然高分子化合物（如水溶性蛋白质、树脂、海藻酸钠等）和合成高分子化合物（如聚乙烯醇、部分水解的聚丙烯酰胺等）。一般来说高分子表面活性剂降低表面张力的能力较小，乳化能力强，多数不形成胶束，溶液的粘度大，常用作胶体和乳状液的稳定剂。这类表面活性剂的毒性很小，甚至无毒。普朗尼克也属于此类表面活性剂。

二、表面活性剂的亲水亲油平衡值

1. 表面活性剂的 HLB 值

在实际应用中有一个很重要的问题，就是如何选择合适的表面活性剂。表面活性剂的独特性质是由于其独特的分子结构决定的。亲水基团和亲油基团相对集中地存在于同一分子的两端，它们的结构和相对位置决定了表面活性剂的亲水性和亲油性，亲水性和亲油性是影响表面活性剂性能的主要原因。当分子中的亲水基团的极性较强而亲油的碳氢链比较短时，整个分子的亲水性就强；反之，如果分子中的亲水基团的极性较弱而碳氢链比较长，整个分子的亲水性就弱。它们之间的平衡关系对表面活性剂降低表面张力的能力尤为重要。1949 年，格里芬（Griffin）提出用亲水亲油平衡值（hydrophile and lipophile balance values），即 HLB 值来衡量非离子表面活性剂分子亲水性和亲油性的相对强弱。以完全疏水的碳氢化合物石蜡的 HLB = 0，完全亲水的聚乙二醇的 HLB = 20 作为标准，然后按亲水性强弱可以大致确定其它表面活性剂的 HLB 值，并估计它们的应用范围。表面活性剂的 HLB 值越小，亲油性越强；HLB 值越大，亲水性越强；HLB 值在 10 附近，亲水亲油能力均衡。以后又将这一方法扩展至离子型表面活性剂，并增加了一个标准：十二烷基硫酸钠的 HLB = 40。不同的 HLB 值的表面活性剂具有不同用途。

常用的表面活性剂的 HLB 值可以查到。表 9－7 给出了部分表面活性剂的 HLB 值和性能之间的一般关系。

表 9－7　部分表面活性剂的 HLB 值及其应用

名称	简称	HLB 值	应用范围
碳氢化合物	石蜡	0	
直链脂肪酸	油酸	1	HLB 1～3，
失水山梨醇三油酸酯	Span 85	1.8	消沫剂
失水山梨醇三硬脂酸酯	Span 65	2.1	

续表

名称	简称	HLB值	应用范围
失水山梨醇单油酸酯	Span 80	4.3	
丙二醇单月桂酸酯	Atlas G－917	4.5	
失水山梨醇单硬脂酸酯	Span 60	4.7	HLB 3～8，
甘油单硬脂酸酯	Aldo 28	5.5	W/O乳化剂
失水山梨醇单棕榈酸酯	Span 40	6.7	
阿拉伯胶	阿拉伯胶	8.0	
失水山梨醇单月桂酸酯	Span 20	8.6	
明胶	明胶	9.8	HLB 7～11，
甲基纤维素	甲基纤维素	10.5	润湿剂，铺展剂
聚氧乙烯硬脂酸酯	Myrj 45	11.1	
聚乙二醇400单油酸酯	PEG 400 monooleate	11.4	
聚氧乙烯单硬脂酸酯	PEG 400 monostearate	11.6	
西黄蓍胶	西黄蓍胶	13.2	HLB 8～18，
聚氧乙烯蓖麻油	Atlas G－1794	13.3	O/W乳化剂
聚氧乙烯植物油	Emulphor EL－719	13.3	
聚氧乙烯失水山梨醇单硬脂酸酯	Tween 80	14.9	HLB 13～16，
聚氧乙烯硬脂酸酯	Myrj 49	15.0	去污剂
聚氧乙烯失水山梨醇单油酸酯	Tween 60	15.0	
聚氧乙烯失水山梨醇单棕榈酸酯	Tween 40	15.6	
聚醚F68	Plurnics F68	16	
聚氧乙烯单硬脂酸酯	Myrj 51	16	
聚氧乙烯失水山梨醇单月桂酸酯	Tween 20	16.7	
聚氧乙烯40硬脂酸酯	Myrj 52	16.9	HLB 16以上，
辛基苯酚聚氧乙烯30醚	Op 30	17	增溶剂
聚氧乙烯单硬脂酸酯	Myrj 53	17.9	
油酸钠	油酸钠	18	
聚乙二醇	聚乙二醇	20	
油酸钾	油酸钾	20	
十二烷基硫酸钠	十二烷基硫酸钠	40	

2. HLB值的测定和计算

测定表面活性剂HLB值的方法很多，如表面张力法、浊度法、乳化法、滴定法、铺展系数法、气相色谱法、核磁共振法等。这些方法一般较繁琐，花费时间也比较长，不在本课程中介绍。下面介绍几个简单的估算方法。

（1）根据表面活性剂在水中的溶解情况，用浊度法估计表面活性剂HLB值的范围。在水中溶解较好的表面活性剂HLB值较高；相反，亲油性较强的表面活性剂在水中溶解度小，HLB值也较低（表9-8）。

表9-8　表面活性剂的HLB值与其在水中的溶解情况

HLB值范围	在水中的溶解情况
1~4	不分散
3~6	分散的不好
6~8	剧烈振荡后成乳状分散体
8~10	稳定的乳状分散体
10~13	半透明至透明的分散体
>13	透明溶液

（2）根据表面活性剂分子的结构计算HLB值，这是由戴维斯（Davies）提出来的方法。他认为可以把表面活性剂分子分解成一些基团，这些基团对HLB值的贡献是确定的，表面活性剂的HLB值是分子中这些基团各自作用的总和。表9-9列出了部分基团的HLB值。将这些数据代入式（9-47），就可以计算出表面活性剂分子的HLB值。

$$HLB = 7 + \sum(\text{亲水基的 HLB 值}) - \sum(\text{亲油基的 HLB 值}) \qquad (9-47)$$

表9-9　某些基团的HLB值

基团名称	HLB值	基团名称	HLB值
$-SO_4Na$	38.7	$-OH$	0.5
$-COOK$	21.1	$-(C_2H_4O)-$	0.33
$-COONa$	19.1	$-CH-$	0.475
$-SO_3Na$	11	$-CH_2-$	0.475
-N(叔胺)	9.4	$-CH_3-$	0.475
酯(自由)	2.4	$=CH-$	0.475
$-COOH$	2.1	$-(C_3H_6O)-$	0.15
$-OH$	1.9	$-CF_3$	0.87
$-O-$	1.3	$-CF_2-$	0.87

例 9-7 计算十二烷基硫酸钠的 HLB 值。

解：十二烷基硫酸钠可分解成 $-SO_4Na$、$-CH_3$ 和 11 个 $-CH_2-$，将表 7-9 中的数据代入式（9-47）：

$$HLB = 7 + 38.7 - 12 \times 0.475 = 40$$

十二烷基硫酸钠的 HLB 值为 40。

(3) 用质量百分数可以计算含有聚氧乙烯基的非离子表面活性剂的 HLB 值。

$$HLB = \frac{亲水基质量}{总质量} \times 20\%$$

例 9-8 计算 OP-9 (壬基酚聚氧乙烯(9)醚)的 HLB 值。

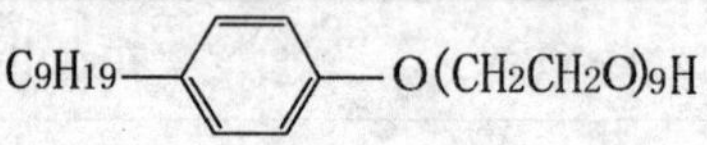

解：亲水基质量($C_9H_{19}-C_6H_4-$) = 413，亲油基质量($-O(CH_2CH_2O)_9H$) = 203

$$HLB = \frac{413}{413 + 203} \times 20\% = 13.4$$

实测 HLB 值为 13.0。

一般认为 HLB 值具有加和性，根据这个性质可以用混合不同表面活性剂的方法得到所需要的 HLB 值。

$$HLB_{(A+B)} = \frac{HLB_A \cdot w_A + HLB_B \cdot w_B}{w_A + w_B} \tag{9-48}$$

w_A、w_B 分别为两种表面活性剂 A、B 的质量分数。

例如可以用 40% 的司盘 20（HLB = 8.6）和 60% 的吐温 80（HLB = 14.9）混合，得到 HLB = 12.4 的混合表面活性剂。

以上计算方法只是为在实际应用中选择表面活性剂提供一个参考，确切的 HLB 值还需要由实验测定。

HLB 值本来是为选择乳化剂而提出的一个经验指标。它只能作为选择乳化剂的粗略标准，但并不能表明一个表面活性剂的乳化效率和能力（形成乳状液的稳定性），同一种乳化剂常会随温度不同或用量的不同配制出 O/W 或 W/O 型乳液。特别是非离子型表面活性剂，温度升高，亲水基（如聚氧乙烯）的水化度降低，导致亲水性下降。所以在低温制备的O/W 乳液，随着温度的上升有可能转变为 W/O 型的乳液。

在确定 HLB 值时只考虑了表面活性剂分子本身的性质，实际上影响 HLB 值的因素很多，如温度、表面活性剂和水的相互作用、表面活性剂分子和另一相的相互作用等。

三、胶束

1. 表面活性剂在界面的吸附

由于分子结构的特点，表面活性剂分子容易定向吸附在溶液表面，因此只需很小的浓度就可以极大地降低溶液的表面张力（图 9-13，Ⅲ）。表面活性剂具有降低表面吉布斯能的作用，它的水溶液的表面张力随浓度的变化关系 $d\sigma/dC < 0$ 。根据吉布斯溶液吸附理论，表面活性剂分子趋向于分布在溶液表面，形成正吸附。当表面活性剂溶于水后，分子中的亲油基团受到水分子的排斥，当达到一定浓度时，分布在液面的表面活性剂分子，其亲水基团伸向水中，亲油基团趋向于伸向气相（图 9-24）。

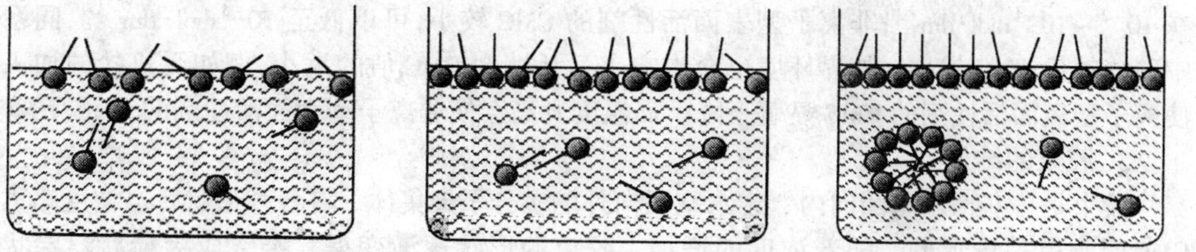

图 9-24　表面活性剂分子在溶液表面的吸附

2. 临界胶束浓度

当表面活性剂的浓度达到一定值时，增加浓度不再引起表面张力的继续降低。不仅如此，溶液的很多和表面活性剂单个分子相关的物理性质，如电导率、渗透压、蒸气压、光学性质、去污能力等随浓度的变化关系曲线，都在一个很窄的浓度范围内出现明显的转折点（图 9-25）。很显然，此时的表面活性剂分子在溶液中的状态已经发生了变化。在低浓度的水溶液中，表面活性剂主要是以单个分子或离子的状态存在，同时还可能有一些二聚体、三聚体。当浓度增加到一定程度时，表面活性剂分子在溶液中形成疏水基向内，亲水基向外的多分子聚集体（图 9-24c），称作胶束（micelle）或胶团。形成胶束的最低浓度被称作临界胶束浓度（critical micelle concentration），简称 CMC。在达到临界胶束浓度以后，继续增加表面活性剂的浓度，只会改变胶束的形态，使胶束增大或增加胶束的数目，溶液中表面活性剂单个分子的数目不再增加。由于降低表面张力的作用是由表面活性剂分子引起的，所形成胶束的外表面只有亲水基，失去了两亲性也就不再具有表面活性，不能继续降低表面张力了。

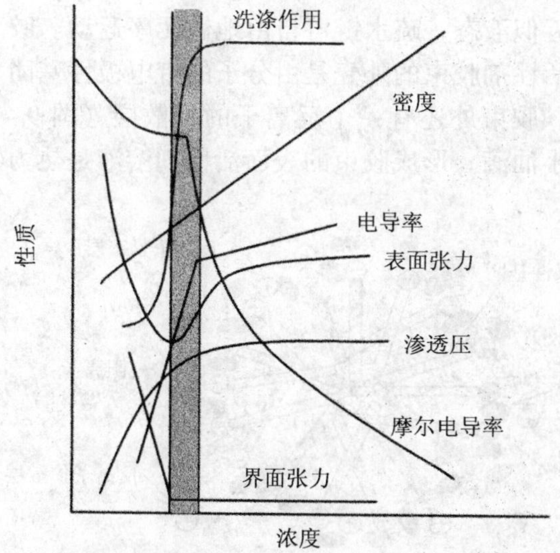

图 9-25　胶束形成前后溶液性质的变化

CMC 是表面活性剂的一个重要参数，可作为表面活性剂性质（表面活性）的一种量度。

CMC 的大小和表面活性剂的结构有关。离子型表面活性剂的 CMC 一般比非离子型的大，约在 $10^{-2} \sim 10^{-4} mol \cdot dm^{-3}$；非离子型表面活性剂的 CMC 较小，可以低至 $10^{-6} mol \cdot dm^{-3}$。同系物中碳链越长 CMC 越小。外界环境也会影响表面活性剂 CMC 值的大小，例如无机盐的加入会使离子型表面活性剂的 CMC 显著下降。而温度升高会使非离子型表面活性剂的 CMC 下降。

3. 胶束的结构

胶束是一些憎水基团向内、亲水基团向外的多分子聚集体，有各种形状。当浓度略大于 CMC 时胶束是球形的。随着浓度的增加，胶束的形状逐渐变得复杂，成为棒状、层状等(图 9 – 26)。形成胶束的表面活性剂单体数目被称作聚集数（aggregation number)。离子型表面活性剂胶束的聚集数约为 40 ~100，非离子型表面活性剂胶束的聚集数大一些，一般在 100 以上。

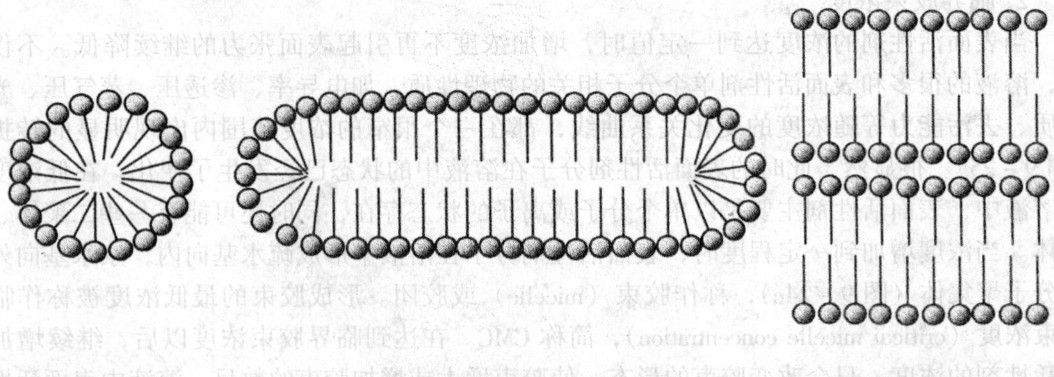

图 9 – 26　胶束形状

胶束很小，球形胶束的直径在 3nm 左右，大约为两个分子疏水链的长度。向内的疏水链形成了胶束的内核。内核近似液态，疏水链可自由地做无序运动。胶束外壳是由溶剂化的极性基团组成。离子型表面活性剂胶束的外壳是由分子的带电极性基团、被结合的水分子和一部分被结合的反离子组成。胶束外还有一个反离子的扩散层（图 9 – 27)。可以看到，胶束就像一个包着极性外壳的小油滴。形成胶束的表面活性剂溶液是热力学稳定体系。

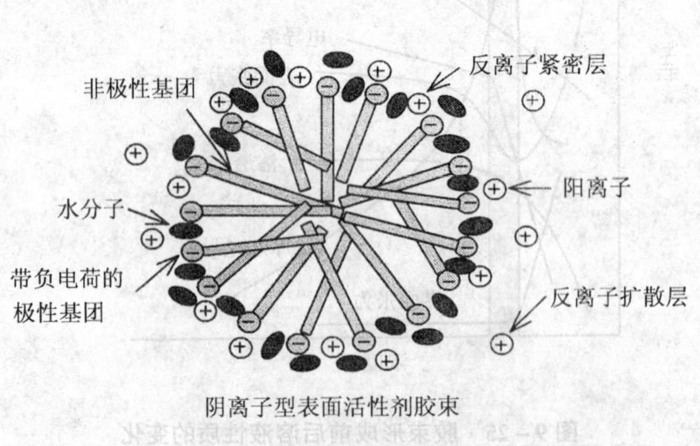

图 9 – 27　阴离子型表面活性剂胶束（球型）示意图

四、表面活性剂的几种重要作用

表面活性剂能在界面定向吸附，极大地降低表面张力，并能在溶液中形成胶束。这些独特的性质，使其具有重要的实际应用价值。下面介绍表面活性剂的几种重要作用。

1. 增溶作用

表面活性剂使不溶或微溶于水的有机化合物的溶解度显著增加，这种现象称作增溶作用(solubilization)。增溶作用发生在达到临界胶束浓度以后的表面活性剂溶液中。例如室温下苯在水中的溶解度为0.07 %，在10%的油酸钠水溶液中的溶解度上升至7 %，溶解度增加了约100倍。由于增溶作用是出现在CMC之后，可以推断，增溶作用是和胶束的存在密切相关的。

表面活性剂的增溶作用既不同于混合溶剂（如乙醇－水）的溶解作用，也不同于表面活性剂的乳化作用。实验表明，增溶后的溶液依数性无明显变化，表明被增溶的物质并不是以单个分子的形式分散在水介质中，这和溶解是完全不同的。乳化是借助于乳化剂使一种液体分散于另一种不互溶的液体中形成的热力学不稳定的多相体系。而增溶后的溶液是热力学稳定体系。增溶使被增溶物的化学势降低，也就使整个体系的吉布斯能下降，增溶过程是一个自发过程。

根据对被增溶物在胶束中位置的研究，认为增溶主要有以下4种方式：

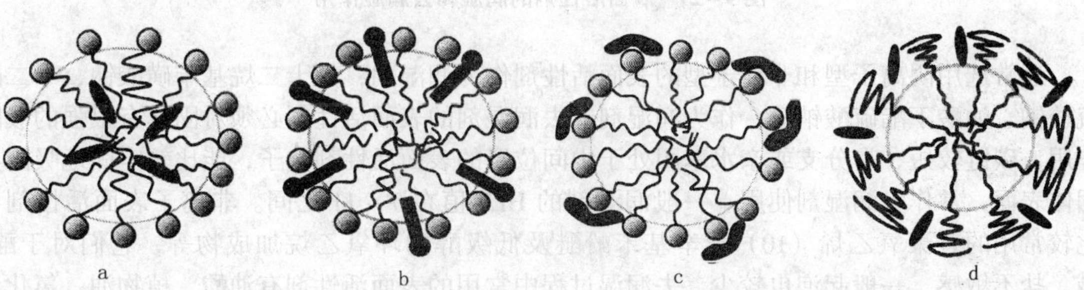

图9－28　增溶的几种方式

(1) 饱和脂肪烃、环烷烃等化合物不易被极化，一般被增溶在胶束的内核部分，相当于溶解在“液烃”中（图9－28 a)。

(2) 分子链较长的极性分子，如长链的醇、胺等，增溶时分子的非极性碳氢链插入胶束内部，极性部分则留在表面活性剂分子的极性基之中（图9－28 b)。

(3) 一些较小的极性分子既不溶于水也不溶于非极性烃，如苯二甲酸二甲酯，增溶时吸附于胶束表面（图9－28 c)。

(4) 具有较强电负性的化合物如芳香酸、酚类化合物，可与非离子型增溶剂的聚氧乙烯基形成氢键，被增溶在胶束的外壳。(图9－28 d)。

表面活性剂作为增溶剂（solubilizing agent），它的HLB值应在15以上。非离子表面活性剂形成的胶束较大，增溶能力一般比较强。由于不同化学结构的物质被增溶时进入胶束的不同位置，因此选择增溶剂时还要考虑被增溶物的结构。

利用表面活性剂的增溶作用来提高油溶性药物的溶解度是制药工业中常用的方法。在药学中常选用的增溶剂有吐温类、聚氧乙烯蓖麻油等。如氯霉素在水中的溶解度为0.25%，加入20%吐温80后，溶解度可增大到2.5%以上。其他如脂溶性维生素、甾体激素类、磺胺类、抗生素类以及镇静剂、止痛剂等均可通过增溶作用而制成具有较高浓度的澄清液供内服、外用甚至注射用。增溶在中药提取物制剂中也有重要的意义。一些生理现象也与增溶作用有关，例如小肠不能直接吸收脂肪，但却能通过胆汁对脂肪的增溶而将其吸收。

2. 润湿作用

液体能否润湿固体取决于固、液、气之间各界面张力的相对大小。表面活性剂分子能定向地吸附在固液界面上，降低固液界面张力，使接触角减小，改善润湿程度（图9-29 a）。反之，表面活性剂也能使固体表面由润湿转变为不润湿。此时表面活性剂的极性基吸附在固体表面，非极性基伸向水中。这样，原来与水润湿良好的固体表面变为与水不润湿的表面（图9-29 b），此过程称为去润湿作用（revers wetting action）或憎水化（hydrophobing action）。

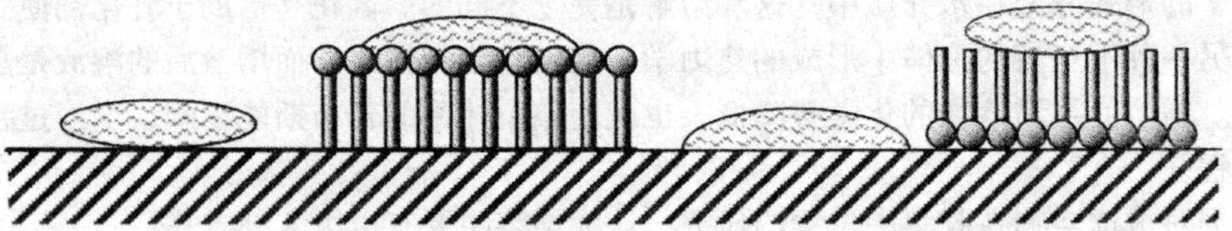

a. 表面活性剂的润湿作用　　b. 表面活性剂的去润湿作用

图9-29　表面活性剂的润湿和去润湿作用

通常选用阴离子型和非离子型的表面活性剂作为润湿剂，如十二烷基苯磺酸钠、十二醇硫酸钠、油酸丁酯硫酸钠等。作为润湿剂或去润湿剂的表面活性剂必须对固体有很强的吸附作用，碳链较短、有分支或亲水基团处于中间位置的表面活性剂分子，能比较牢固地吸附在固体表面，常作为润湿剂使用。一般润湿剂的HLB值在7~11之间。非离子表面活性剂中比较常用的有聚氧乙烯（10）异辛基苯酚醚及低级醇的环氧乙烷加成物等，它们对于酸、碱、盐不敏感，一般起泡也较少。去润湿过程中常用的表面活性剂有油酸、植物油、氯化十二烷基吡啶、二甲基二氯硅烷等。

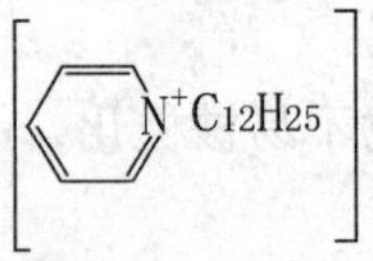

氯化十二烷基吡啶

在药物制剂中广泛应用了表面活性剂的润湿作用。表面活性剂作为外用软膏基质可以使药物很好地润湿皮肤，有利于药物吸收。在片剂中加入表面活性剂可以使药物颗粒表面易被润湿，利于颗粒的结合和压片。在喷洒的农药中加入润湿剂后，能增加农药对枝叶和虫体表面的润湿程度，使药液在这些表面均匀铺展，提高了接触面积和接触时间，增加杀虫效果。开采石油中的注水采油法是在水中加入表面活性剂，增强水对岩石的润湿，将油从地下驱赶出来。还有彩色胶卷中的感光剂涂布等都是与润湿有关的实例。采矿中的泡沫浮游选矿法使用了去润湿剂，加入表面活性剂使矿物粉末表面和水的接触角增大，憎水化的矿物粉末会附着在气泡上浮出水面，和沉在水下的矿渣分开。防水布的制备过程中，通过对纤维织物进行防湿剂处理，使水－布之间的接触角加大，达到去润湿的效果。对于氧化硅和玻璃，二甲基二氯硅烷是一种很好的防水材料，我们常在针剂安瓿内壁涂上一薄层此种材料，使玻璃内壁成为憎水表面，当用针筒抽吸针剂时药液就不易残留粘附在玻璃内壁上。

3. 分散和絮凝作用

将固体粉末在液体中分散，粉末往往很快就聚沉了。加入表面活性剂后，能使悬浮的粉末稳定性增加，这就是表面活性剂的分散作用（dispersed action）。表面活性剂分子吸附在固－液界面，降低了固液界面张力，使体系的热力学不稳定性降低。固体颗粒表面吸附了表面活性剂分子后，会在最外层形成一个溶剂化膜（图 9－30a），阻碍了固体颗粒碰撞聚结。离子型表面活性剂被吸附在固体颗粒表面后，使颗粒表面带电形成双电层（图 9－30b），静电斥力阻止了固体颗粒聚沉。表面活性剂可以很容易地分散非极性固体颗粒。对于极性或离子型固体，则要选择亲油基是芳香族或醚链的表面活性剂作为分散剂。表面活性剂也可以使悬浮在液体中的固体颗粒凝聚下沉，这就是表面活性剂的絮凝作用。例如阳离子表面活性剂能中和粘土颗粒表面的负电荷，向外的憎水基增加了固体的表面张力，使其絮凝。表面活性剂起分散作用还是起絮凝作用与固体表面性质、介质性质及表面活性剂性质有关。

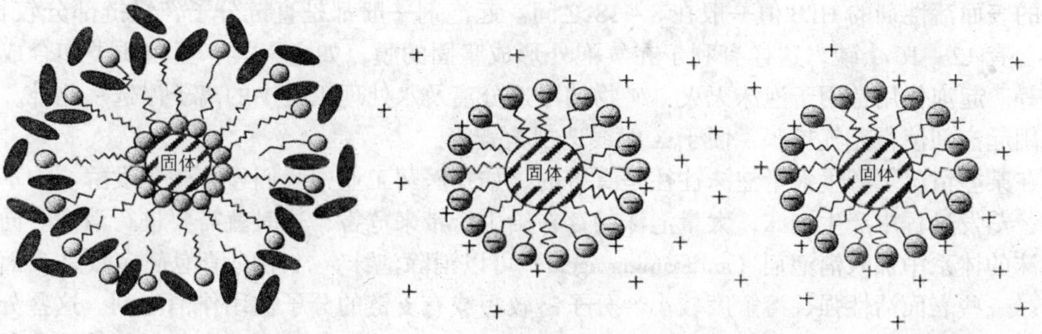

a. 形成溶剂化膜的极性固体　　b. 带电荷的非极性固体颗粒

图 9－30　表面活性剂的分散作用

4. 乳化与破乳作用

分散相和分散介质都是液体的分散体系称为乳状液（emulsion）。乳状液不稳定，被分散成微小液滴的液体很容易聚结成大液滴，最终出现分层。表面活性剂具有乳化作用（emulsification），在制备乳状液时加入表面活性剂，可以降低液－液界面张力，从而使分散过程所需克服的能量降低，使液体的分散变得容易。定向排列的表面活性剂分子还能在液滴表面形成具有一定机械强度的膜，当微小液滴相碰时不会破裂而形成大液滴，使乳状液能稳定存在。阴离子型、阳离子型或非离子型表面活性剂都可以充当乳化剂（emulsifier）。非离子型表面活性剂的加入常会引起溶液粘度的增加，从而使乳状液更加稳定。离子型表面活性剂还可以在液滴外形成双电层结构，由于静电排斥作用使液滴保持一定距离，从而使乳状液更加稳定。阴离子型表面活性剂应用最普遍。非离子型表面活性剂由于不受介质 pH 的影响、可以在硬水中使用、无毒等优点，越来越多地被用作乳化剂，特别是在食品、医药等行业。不同的 HLB 值的乳化剂可以制备不同类型的乳状液。制备水包油型（O/W）乳状液要使用亲水型表面活性剂，HLB 值一般在 8～18 之间；制备油包水型（W/O）的乳状液要使用亲油型表面活性剂，HLB 值在 3～6 之间。例如吐温类（HLB 15～17）常用来制备 O/W 型乳状液，司盘类（HLB 2～8）被用来制备 W/O 型乳状液。乳状液在药物制剂中用途广泛，一些在水中溶解性能不好的药物常被制成乳状液，用于口服、注射等。

有时人们希望乳状液的油、水分离，这就是破乳（deemulsification）。表面活性剂也可以起到破乳的作用，称其为破乳剂（deemulsifier）。在乳状液中加入相反的乳化剂，如在水包油型乳状液中加入油包水型乳化剂，或在油包水型乳状液中加入水包油型乳化剂，会使原来稳定的乳状液变得不稳定而被破坏。还可以在乳状液中加入表面活性更强但分子链较短的表面活性剂，它们把原来的乳化剂分子顶替，但由于这些分子的链较短，不能形成牢固的膜，乳状液被破坏。

5. 起泡和消泡作用

分散相为气体、分散介质为液体的分散体系称为泡沫（foam），是热力学不稳定体系。由于气体和液体的密度相差太大，气体很容易上升至液体表面，液膜中的液体下沉，气体外逸，导致气泡破裂。要形成稳定的泡沫必须加入起泡剂，表面活性剂是最常用的起泡剂。表面活性剂使泡沫稳定的原因主要有以下几个方面：降低了气－液界面张力；在泡沫表面形成了坚固的表面膜；表面活性剂分子向外的极性基团溶剂化，起到了固定液膜的作用。作为起泡剂的表面活性剂的 HLB 值一般在 8～18 之间。起泡剂一般都是直链分子，烃链部分较长，一般含有 12～16 个碳，这样有利于在气泡外形成坚固的膜，如皂素类、蛋白质类和合成洗涤剂等。起泡作用常用于泡沫灭火、矿物的浮选分离及水处理工程中的离子浮选。此外，医学上用起泡剂使胃充气扩张，便于 X 射线透视检查等。

在某些情况下产生大量泡沫往往是有害的，如在医药工业中我们经常碰到发酵、中草药提取、蒸发过程中产生泡沫，大量泡沫的存在给生产带来危害，这时就需要进行消泡。向产生泡沫的体系中加入消泡剂（antifoaming agent）可以消除泡沫，常用的消泡剂多数是表面活性剂。一些表面活性强、溶解度较小、分子链较短或有支链的分子被用作消泡剂。这些分子很容易吸附在气泡表面，置换原来的起泡剂分子，这些较小的或有支链的分子不能形成坚固的膜，于是气体外泄，泡沫被破坏，起到了消泡作用。

6. 去污作用

将表面活性剂用作洗涤剂已经有很长的历史了。去污作用是一个复杂的过程，它与润湿、乳化、增溶和起泡作用都有关系。污垢一般是由油脂和灰尘构成，粘附在固体表面。表面活性剂分子吸附在固体和污物之间的界面上，使固体和污物之间的结合变弱，加上机械振动、搅拌等作用，使污物从固体表面脱落。吸附在固体表面的表面活性剂分子所形成的吸附膜还可以防止污物重新沉积在固体表面。表面活性剂分子还会吸附在洗脱的污物表面，使其悬浮在水中，然后被水冲走。用作洗涤剂的表面活性剂 HLB 值一般在 13～16 之间。洗涤剂中一般还要加入无机或有机助剂，帮助使污垢悬浮，易于清除。近几十年来，以烷基硫酸盐、烷基芳基磺酸盐及聚氧乙烯型非离子表面活性剂为原料制成各种合成洗涤剂，大大提高了去污能力。

第七节　气体在固体表面上的吸附

其中一相为固体的界面是非常重要并且常见的界面。固体界面现象如润湿、吸附等，都具有重要的应用意义。固体表面有和液体不同的地方，液体表面的分子可以自由移动，而固体表面的分子（或原子）几乎不能移动，因此固体表面的大小和形状不能自发改变，表面的形状和能量都是不均匀的。和液体表面相同，由于表面层的分子（或原子）和内部分子（或原子）所处的状态不同，周围分子对表面层分子的作用力不对称，因此固体表面也存在表面能。当气体或液体分子经过固体表面时会发生吸附。一般情况下，固体表面吸附了气体分子后会导致表面吉布斯能的降低。具有吸附能力的固体称作吸附剂（adsorbent），被吸附的气体称作吸附质（adsorbate）。表面吸附情况和吸附剂的表面性质、组成、结构及吸附质的性质有关。在一定条件下，吸附质的量随吸附剂表面积的增加而加大，粉末状或多孔性物质拥有巨大的表面积，这一类固体往往具有良好的吸附性能。

一、物理吸附和化学吸附

由于固体表面原子的不可流动性，表面原子的剩余力场不仅有范德华力，也有化学键力。按固体表面对被吸附气体分子作用力的不同，可将吸附分为物理吸附（physisorption）和化学吸附（chemisorption）。

和气体凝结成液体的力相同，发生物理吸附时，固体表面与被吸附分子之间的作用力是范德华引力。因此物理吸附和气体在固体表面发生的液化相类似，吸附热和气相液化的焓变相近。物理吸附一般发生在较低温度（低于临界温度），低温时吸附现象明显。气体的物理吸附没有选择性，气体可以吸附在任何固体的表面。物理吸附可以是单分子层（monolayer）吸附，也可以是多分子层（multilayer）吸附。这种吸附能很快达到平衡，并且是可逆的。化学吸附和化学反应相类似，当发生化学吸附时，被吸附的气体分子和固体表面的分子之间发生了某种化学作用，它们之间的作用力是化学键力，所以吸附热较大，接近于化学反应的焓变。化学吸附具有较高的选择性，一般是单分子层吸附。通常化学吸附是不可逆的，解吸附很困难，常伴有化学变化。和化学反应相似，化学吸附也需要活化能，当吸附温度比较高时吸附现象明显。表9-10列出了两种吸附的特点。

表 9-10　物理吸附与化学吸附的比较

	物理吸附	化学吸附
吸附力	范德华力	化学键力
吸附热	较小，接近于液化热（$<40kJ\cdot mol^{-1}$）	较大，近于化学反应热（约 $80\sim400kJ\cdot mol^{-1}$）
选择性	无	有
吸附稳定性	不稳定，容易解吸	比较稳定，不易解吸
分子层	单分子层或多分子层	单分子层
吸附速率	较快，不受温度影响，一般不需活化能	较慢，温度升高则速度加快，需活化能

在一定条件下，物理吸附和化学吸附往往同时发生。因此很难将两类吸附截然分开。例如氧在钨表面的吸附会同时出现三种情况：有的氧是以原子态被吸附在钨表面（化学吸附）；有的氧则是以分子状态被吸附在钨表面（物理吸附），还有一些氧分子被吸附在氧原子上。很多情况下温度的改变也会改变吸附的性质，如一氧化碳在钯上的吸附，在低温时的吸附是物理吸附，升高温度出现化学吸附，直至完全转化为化学吸附。

二、吸附等温线

当气体在固体表面达到吸附平衡后，用单位质量吸附剂所吸附气体在标准状态下（$p^{\ominus}$，

0℃）所占的体积 V 或所吸附气体物质的量 n 来表示吸附量 Γ，即：

$$\Gamma = V/m \text{ 或 } \Gamma = n/m \tag{9-49}$$

式中 m 为吸附剂的质量。

实验表明，吸附量和吸附剂与被吸附的气体种类、达到吸附平衡时的温度及气体的压力有关。当体系确定以后，吸附量只是温度和压力的函数，即：

$$\Gamma = f(T, p)$$

为了找出上式中三个变量之间的变化规律，常固定一个变量来讨论其它两个变量之间的关系：

指定温度的吸附等温式：　　$\Gamma = f(p)$

指定压力的吸附等压式：　　$\Gamma = f(T)$

指定吸附量的吸附等量式：　　$p = f(T)$

以上三个吸附式是相互关联的。反映这三个变量中两两之间的相互关系曲线，称作吸附曲线。

固定吸附量时，吸附温度与吸附压力之间的关系曲线，称吸附等量线（adsorption isochore）。在等量线中，T 与 p 之间关系类似于克拉贝龙方程，可以用来求算吸附热 $\Delta_{ads}H_m$。$\Delta_{ads}H_m$ 一定是负值，是研究吸附作用的一个重要物理参数，可以根据其数值的大小判断吸附作用的强弱。

保持吸附平衡分压一定，吸附温度 T 和吸附量 Γ 之间的关系曲线称吸附等压线（adsorption isobar）。根据吸附等压线可以用来判别吸附类型。图 9-31 是 CO 在钯表面的吸附曲线。物理吸附很容易达到平衡，继续升高温度，吸附量下降（图 9-31 曲线Ⅰ）。从 A 点以后继续升高温度开始出现化学吸附，直到 B 点化学吸附达到饱和，从 A 点到 B 点之间物理吸附和化学吸附共存。随着温度升高，化学吸附速度加快，吸附量增加，直至达到平衡。平衡后吸附量随温度升高而下降（图 9-31 曲线Ⅱ）。

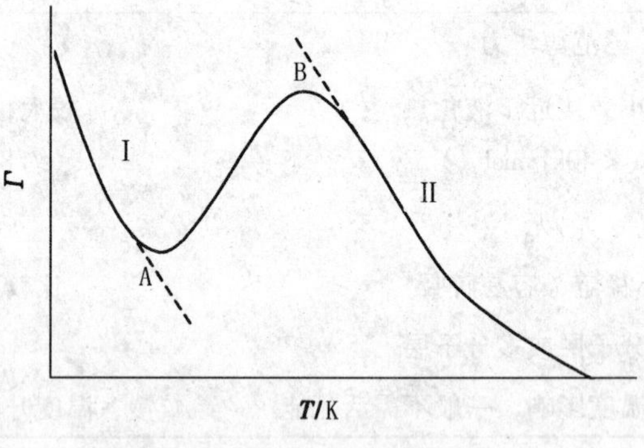

图 9-31　钯对 CO 的吸附等压线

($p = 19.961$kPa)

保持温度恒定时，吸附质平衡分压 p 与吸附量 Γ 之间的关系曲线，称吸附等温线（absorption isotherm）。吸附等温线是三种吸附曲线中最常用的。从实验中得到的吸附等温线被 Brunauer 归纳为五种类型（图 9-32）。图中纵坐标是吸附量，横坐标 p/p^* 是吸附平衡时的相对压力，p 为吸附平衡时的气体压力，p^* 为温度 T 时该气体的饱和蒸气压。

图中曲线Ⅰ为单分子层吸附，也称兰格缪尔吸附等温线（Langmuir absorption isotherm），包括化学吸附和单分子层的物理吸附。此类吸附随着气体压力的增大，吸附量逐渐增加，直至趋向于饱和——固体表面完全覆盖单分子层的气体分子。

除了曲线Ⅰ以外的各类吸附均为多分子层吸附。曲线Ⅱ是普通固体和孔径较大的固体吸附剂的吸附曲线，曲线拐点 A 完成了单分子层吸附，随着压力增大，出现多层吸附（B 点）。曲线Ⅲ与Ⅱ形曲线相比，它们之间的不同主要是由于第一层吸附和其它各层的吸附热相对大小不同而具有不同的形式。Ⅲ型吸附的第一层吸附热大于其它各层的吸附热，从图中可以看出，当压力较小时吸附很弱。

曲线Ⅳ的吸附类型和曲线Ⅱ相同，只是吸附剂为孔径适中的多孔性固体，当气体压力接近其饱和蒸气压时出现了毛细管凝聚，因此吸附趋于饱和。曲线Ⅴ的吸附类型和曲线Ⅲ相同，它也是由于毛细管凝聚现象的产生而出现了吸附饱和。

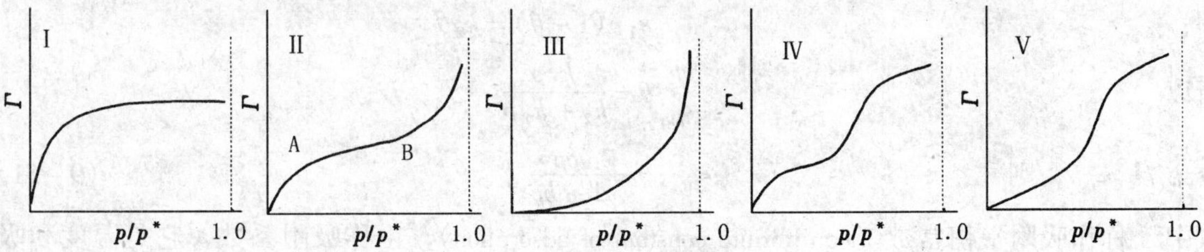

图 9-32 五种吸附等温线

三、弗仑因德立希吸附等温式

弗仑因德立希吸附等温式（Freundlich absorption isotherm equation）是一个描述Ⅰ型吸附等温线的经验公式。当吸附量为 x/m，吸附平衡压力为 p 时：

$$\frac{x}{m}=kp^{\frac{1}{n}} \tag{9-50}$$

式中 k 和 n（$n>1$）都是经验常数，它们与吸附剂、吸附质的种类、温度等因素有关。

将（9-50）式取对数可得一直线方程：

$$\ln\frac{x}{m}=\ln k+\frac{1}{n}\ln p$$

以 $\ln\frac{x}{m}$ 对 $\ln p$ 作图，直线的截距是 $\ln k$，直线的斜率是 $1/n$ 的。弗仑因德立希公式只适用于中等压力，在低压和高压部分 $\ln\frac{x}{m}$ 和 $\ln p$ 之间不能得到很好的线性关系。

四、单分子层吸附理论——兰格缪尔吸附等温式

1916 年兰格缪尔（Irving Langmuir）根据大量的实验事实提出了单分子层吸附理论（theory of monolayer adsorption），他用动力学理论推导出固体对气体的单分子层吸附等温式。该理论的基本假设是：

（1）气体分子在固体表面的吸附是气体分子在固体表面聚集和逃逸的平衡，是一个动态平衡。

（2）固体表面对气体分子的吸附是单分子层的，当气体分子碰撞到固体的空白表面才可

能被吸附，已经吸附了气体分子的固体表面不能再吸附其它气体分子。

(3) 被吸附分子之间无作用力，因此气体的吸附和解吸附不受周围被吸附分子的影响。

(4) 固体表面是均匀的，表面各处的吸附能力相同，吸附热是常数，不随覆盖程度而改变。

1. 兰格缪尔吸附等温式

设在一定温度下已吸附气体分子的固体表面积分数为 θ，θ 称固体的表面覆盖度（coverage of surface）。根据假设气体吸附速度和未被吸附的固体表面积（$1-\theta$）及气体压力 p 成正比，解吸附速度和已覆盖气体分子的固体表面积成正比，即：

吸附速度 $\quad \nu_1 = k_1 p(1-\theta)$

解吸速度 $\quad \nu_2 = k_2 \theta$

式中 k_1、k_2 分别为吸附和解吸附速率常数。

达到平衡后：$\quad \nu_1 = \nu_2$

即：$\quad k_1 p(1-\theta) = k_2 \theta$

所以 $\quad \theta = \dfrac{k_1 p}{k_2 + k_1 p}$

令 $k_1/k_2 = b$，则

$$\theta = \frac{bp}{1+bp} \tag{9-51}$$

式中 b 称作吸附平衡常数（equilibrium constant of adsorption），也称吸附系数，它是温度和吸附热的函数，代表了固体表面吸附气体能力的强弱程度。式（9－51）称为兰格缪尔吸附等温式（Langmuir adsorption isotherm equation），它定量地表示了表面覆盖度 θ 与平衡压力 p 之间的关系。

用 V 表示被吸附气体的实际吸附体积，V_m 表示吸满一层分子（$\theta = 1$）的吸附量（饱和吸附量），则 $\theta = V/V_m$。代入式（9－51）中，得

$$V = \frac{V_m bp}{1+bp} \tag{9-52}$$

或用 Γ_m 代表单分子层饱和吸附时的吸附量，Γ 代表压力为 p 时的实际吸附量，则表面被覆盖的分数为 $\theta = \dfrac{\Gamma}{\Gamma_m}$，同理可得：

$$\Gamma = \frac{\Gamma_m bp}{1+bp} \tag{9-53}$$

从（9－53）式可以得知：

(1) 在压力很低或吸附很弱时，$bp \ll 1$，$\Gamma = \Gamma_m bp$，Γ 与 p 成直线关系，即图 9－33 中的低压部分。

(2) 在压力足够高或吸附很强时，$bp \gg 1$，$\Gamma = \Gamma_m$。这时吸附量为常数，不随压力而变化，固体表面已完成对气体的单分子层饱和吸附，即图 9－33 中的高压部分。

(3) 在中等压力或吸附适中时，Γ 与 p 为曲线关系。符合兰格缪尔公式的一般形式 $\Gamma = \Gamma_m \dfrac{bp}{1+bp}$，即图 9－33 中的曲线中段。

2. 兰格缪尔吸附等温式的应用

实际应用时要将兰格缪尔公式线性化。将（9－52）式取倒数，得：

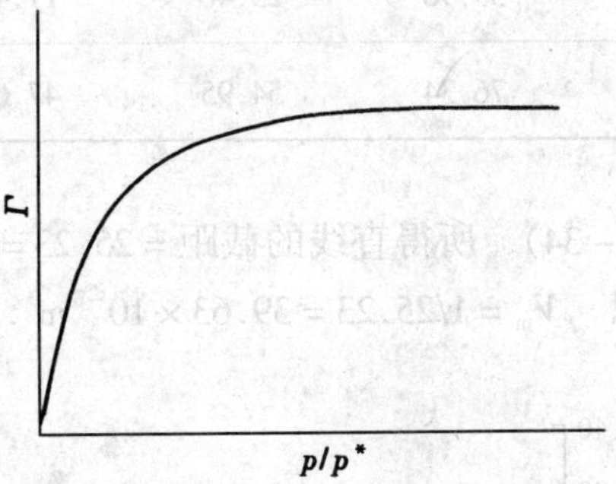

图 9-33 兰格缪尔吸附等温线

$$\frac{1}{V}=\frac{1}{bV_{m}p}+\frac{1}{V_{m}} \tag{9-54}$$

或

$$\frac{p}{V}=\frac{1}{bV_{m}}+\frac{p}{V_{m}}$$

以 p/V 对 p 作图，如果为一条直线，说明该体系符合兰格缪尔吸附公式。根据直线斜率和截距可以求出兰格缪尔公式中的两个常数 b 和 V_m。

吸附剂固体的表面积应等于每个气体分子所占面积 A 与分子个数 N 的乘积：

$$因为\quad N=nL=\frac{V_{m}p}{RT}\times L$$

所以固体的表面积

$$A_{固}=\frac{LAV_{m}p}{RT}$$

固体比表面

$$a_{m}=\frac{LAV_{m}p}{RTm} \tag{9-55}$$

式中 n 为被吸附气体物质的量，L 为阿伏伽德罗常数，m 为固体吸附剂的质量，V_m 为换算成标准状态（273.15 K，101.325 kPa）下被吸附气体的体积，A 为被吸附气体分子的截面积，$A_{固}$ 为固体吸附剂的总表面积。

值得注意的是：有些孔径很小的吸附剂，在气体压力较小时孔中已吸满气体分子，这时吸附量不再随压力的增加而改变，吸附达到饱和。虽然这类吸附是多分子层吸附，仍符合兰格缪尔吸附公式。但是用这种方法得到的饱和吸附量来计算固体的比表面会产生偏差。

例 9-9 在 239.55K 的恒定温度下，不同平衡压力下的 CO 气体在活性炭表面上的吸附量（已换算成标准状况下的体积）如下：

p/kPa	13.466	25.065	42.633	57.329	71.994	89.326
$V/10^{-3}\cdot m^{3}\cdot kg^{-1}$	8.54	13.1	18.2	21.0	23.8	26.3

根据兰格缪尔吸附等温式，用图解法求 CO 的饱和吸附量 V_m、吸附系数 b 及每千克活性炭表面上所吸附的 CO 分子数。

解：根据兰格缪尔吸附等温式 $\frac{1}{V}=\frac{1}{V_{m}}+\frac{1}{bV_{m}p}$，将题给数据处理如下：

$\frac{1}{p}/10^{-6}Pa^{-1}$	74.26	39.90	23.46	17.44	13.89	11.19
$\frac{1}{V}/m^{-3}\cdot kg$	117.10	76.34	54.95	47.62	42.02	38.02

以 $1/V$ 对 $1/p$ 作图（图 9－34），所得直线的截距 = 25.23 = $1/V_m$

$$所以 \quad V_m = 1/25.23 = 39.63\times10^{-3}m^3.kg^{-1}$$

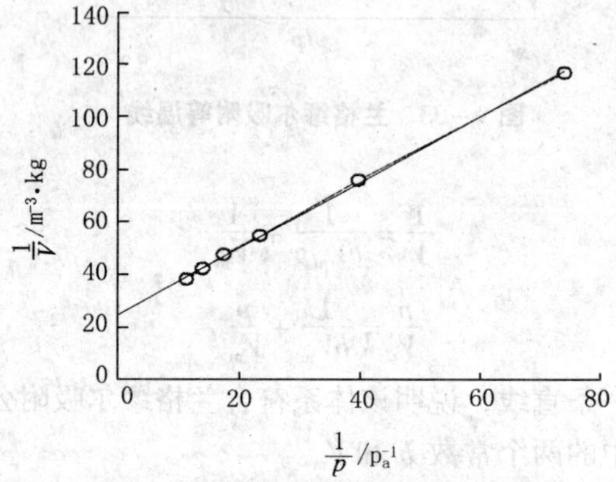

图 9－34　CO 在活性碳样品上的吸附

所得直线的斜率 = $12.47\times10^{-5} = 1/bV_m$，

所以

$$\begin{aligned} b &= 截距/斜率 \\ &= 25.23/（12.47\times10^{-5}） \\ &= 2.023\times10^5 Pa^{-1} \end{aligned}$$

所求兰格缪尔公式为 $\frac{1}{V}=\frac{1}{2.023\times39.63\times10^{-8}p}+\frac{1}{39.63\times10^{-3}}$

固体表面吸附的 CO 分子数为

$$N=\frac{V_m p}{RT}\times L$$

$$=\frac{39.63\times10^{-3}\times101325}{8.314\times273.15}\times6.022\times10^{23}=1.065\times10^{24}$$

兰格缪尔吸附等温式较好地解释了 9－32 图中第Ⅰ类型吸附等温线。但兰格缪尔模型过于简单，是一个理想的吸附模型，完全符合这一模型的情况不多。大部分物理吸附是多分子层的，因此该理论对 9－32 图中第Ⅱ～Ⅴ类型吸附等温式不能给予解释。该模型在曲线中间的一段有较普遍的适用性，并且使用方便。兰格缪尔公式在推导过程中第一次对固气吸附机理做了形象的描述，为以后的一些吸附等温式的建立起了奠基作用。

五、多分子层吸附理论——BET 公式

大多数固体对气体的吸附为物理吸附，物理吸附基本上都是多分子层吸附。在兰格缪尔吸附理论的基础上，1938 年布鲁诺（Brunauer）、埃米特（Emmet）和泰勒（Teller）三人提出了多分子层的吸附理论（theory of adsorption of polymolecular layer），简称 BET 吸附理论。他们将兰格缪尔的方法推广到多分子层吸附。该理论保留了兰格缪尔理论中关于表面是均匀的，

被吸附的分子之间无相互作用力等假设，并认为：

（1）固体对气体的吸附是多分子层的，兰格缪尔公式可应用于每一吸附层；

（2）第一层的吸附是固体表面对气体分子的吸附，而其它各层吸附则发生在相同的分子之间，这两种吸附是完全不同的，因此这两种过程的热效应也不同，除第一层以外，其它各层的吸附热都相同，等于该气体的凝聚热，而第一层的吸附热有不同的值；

（3）吸附和解吸附都只发生在最外层的表面（图 9－35）。

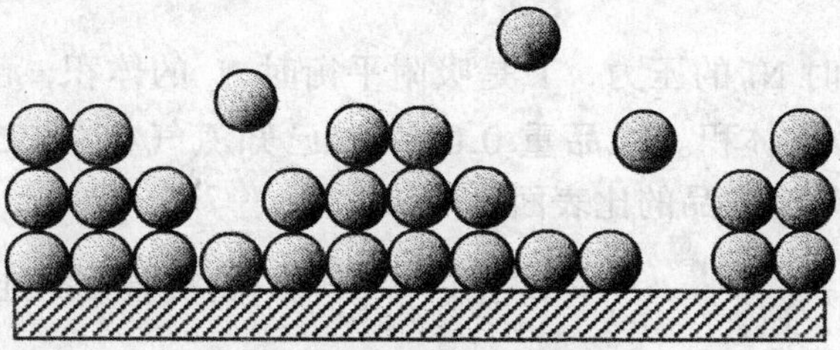

图 9－35　多分子层吸附示意图

根据以上假设，他们推导出多分子层吸附等温式：

$$V = V_m \frac{Cp}{(p^* - p)\left[1 + (C-1)\frac{p}{p^*}\right]} \tag{9-56}$$

式中 V 为在吸附平衡压力 p 下的被吸附气体的体积，V_m 是在固体表面铺满一层气体分子所需气体的体积（单分子层饱和吸附体积），p^* 为指定温度下气体的饱和蒸气压，C 是和吸附热与凝聚热之差有关的常数。式（9－56）被称为 BET 吸附等温式（BET adsorption isotherm equation）。由于其中包括两个常数 C 和 V_m，所以又称为 BET 二常数公式。BET 公式适用于单分子层及多分子层吸附。实验表明，BET 公式能较好地描述图 9－30 中第Ⅰ～Ⅲ类三种吸附等温线，是研究物理吸附时应用最多的公式。BET 公式最主要的应用是测量固体的比表面。比表面是粉末状或多孔固体的一个重要性质。虽然测定比表面的方法有多种，但 BET 法操作简单，数据可靠，直到目前仍被公认为是最经典的方法。在应用时，要把 BET 公式直线化：

$$\frac{p}{V(p^* - p)} = \frac{1}{V_m C} + \frac{C-1}{V_m C} \cdot \frac{p}{p^*}$$

或

$$\frac{x}{V(1-x)} = \frac{1}{V_m C} + \frac{(C-1)x}{V_m C} \tag{9-57}$$

式中 $x = p/p^*$。以 $\frac{p}{V(p^* - p)}$ 对 p/p^* 作图应得到一条直线，直线的截距为 $\frac{1}{V_m C}$，斜率为 $\frac{C-1}{V_m C}$。因此 $V_m = \frac{1}{\text{截距} + \text{斜率}}$。

一般在用 BET 法测比表面时，是在 77K 用 N_2 作吸附质。BET 公式与实验结果相符的范围不太大，一般 p/p^* 在 0.05～0.35 之间。当 $p/p^* < 0.05$ 时还未建立起单层吸附，而 $p/p^* > 0.35$ 时往往会出现毛细管凝聚。若是惰性气体 N_2、Ar 等在极性表面的吸附，C 值一般在 100 左右，吸附等温线的形成如图 9－30Ⅱ。对于这类体系，（9－57）式可近似表示为

$$\frac{V}{V_m} = \frac{1}{1-x}$$

该式在 BET 公式适用的范围上都能很好的应用，因此可以用“一点法”估计比表面。

例 9－10 用 BET 法测高岭土样品的比表面。高岭土在－197℃时吸附氮气的数据如下：

$10^{-4}\times p$/Pa	0.957	1.528	2.096	2.405	2.926
$10^{6}\times V/\mathrm{m}^3$	1.200	1.370	1.563	1.677	1.879

表中 p 为达到吸附平衡时 N_2 的压力，V 是吸附平衡时 N_2 的体积，已换算成在标准状态下（273.15K，101.325kPa）的体积。样品重 0.0289g，已知氮气在－195℃时的饱和蒸气压为 111.057 kPa，试计算高岭土样品的比表面。

解：根据 BET 公式：$\dfrac{p}{V(p^*-p)}=\dfrac{1}{V_m C}+\dfrac{C-1}{V_m C}\cdot\dfrac{p}{p^*}$，将实验数据处理作表：

p/p^*	0.0862	0.1376	0.1887	0.2166	0.2636
$\dfrac{p}{V(p^*-p)}/10^4\cdot\mathrm{m}^{-3}$	7.86	11.65	14.88	16.48	19.04

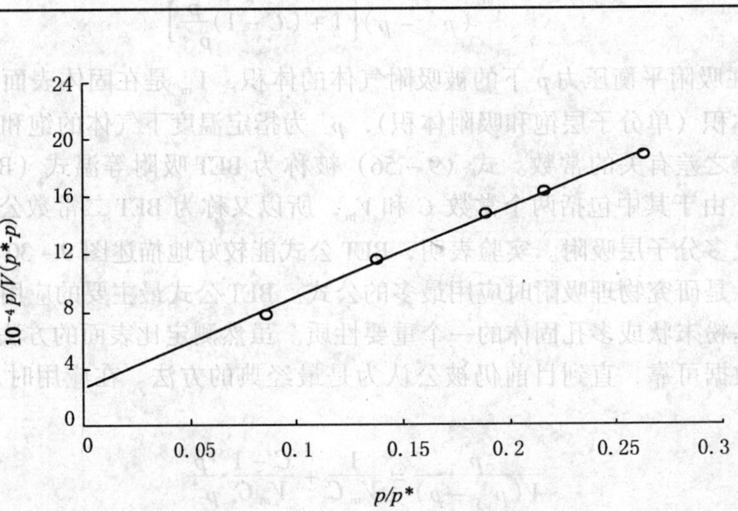

图 9－36　高岭土样品对 N_2 的吸附

以 $\dfrac{P}{V(p^*-p)}$ 对 p/p^* 作图（图 9－36），截距 $a=2.7448\times10^4$，斜率 $b=6.2940\times10^5$

$$V_m=\frac{1}{a+b}=1.522\times10^{-6}\mathrm{m}^3$$

$$a_m=\frac{pV_m}{RT}\frac{L\cdot a_{N_2}}{m}$$

$$=\frac{101325\times1.522\times10^{-6}}{8.314\times273.15}\cdot\frac{6.022\times10^{23}\times16.2\times10^{-20}}{0.0289}$$

$$=229.3\mathrm{m}^2\cdot\mathrm{g}^{-1}$$

每克高岭土样品的表面积为 229.3 m^2。

第八节　固体自溶液中的吸附

一、吸附特点

固体自溶液中的吸附是最常见的吸附现象之一，并且有广泛的应用，例如液体的净化、脱色、色谱分析等。在固液界面体系有自发降低表面能的趋势，这是产生固液界面吸附的根本原因。在固液界面上的液体分子受到固体分子的作用力大于所受到的液体分子的作用力，液体分子会向固液界面密集以降低表面能，这就是固体对液体的吸附。溶质分子和溶剂分子都会被固体吸附，因此溶液吸附规律比较复杂，至今没有像固体对气体的吸附那样完整的吸附理论。

固体对气体的吸附主要决定于固体表面与气体分子之间作用力的相互强弱，而固体自溶液中的吸附则有固体表面与溶质分子之间的作用力，固体表面与溶剂分子之间的作用力以及在溶液中溶质分子之间、溶剂分子之间、溶质分子与溶剂分子之间的作用力。固体自溶液中的吸附是溶液中各组分竞争吸附的净结果。若固体表面上的溶质浓度比溶液本体浓度大，就是正吸附，反之就是负吸附。

固体自溶液中的吸附速度一般比对气体的吸附速度慢得多。由于液体分子之间距离近，相互作用力强，所以吸附质分子的扩散速度比气体分子的扩散速度慢很多。在溶液中，固体表面总有一层液膜，溶质分子必须通过这层膜才能被吸附。多孔性固体的吸附速度更低，往往需要更长的时间才能使溶液达到吸附平衡。

二、吸附量的测定

将定量的吸附剂与一定量已知浓度的溶液相混合，在一定温度下振摇达到平衡。澄清后，测定溶液的浓度，固体对溶质的表观吸附量可以按式（9－58）根据吸附前后溶液浓度的变化计算出来：

$$\Gamma_{表观} = \frac{x}{m} = \frac{(c_0 - c)V}{m} \tag{9-58}$$

式中 c_0 和 c 分别表示吸附前后溶液的浓度，V 是溶液的体积，m 为吸附剂质量。

上述计算没有考虑吸附剂对溶剂的吸附，通常称为表观吸附量（apparent adsorption quantity）或相对吸附量，根据（9－58）式计算的吸附量是假定对溶剂的吸附量为零时对溶质的吸附量。虽然固体同时吸附溶剂和溶质，但在稀溶液中，由于吸附引起溶剂量减少而造成的浓度变化可以忽略。（9－58）式计算所得出的结果可以近似地代表固体对溶质的吸附情况。在浓溶液中，由于溶剂被吸附而引起的溶液浓度变化明显，甚至可以看到溶质的表观吸附为负吸附。

三、吸附等温线和经验公式

1. 自非电解质浓溶液中的吸附

对于浓溶液，根据（9－58）式计算的表观吸附量实际上是表面过剩量。由两种完全互溶的液体组成的溶液，用摩尔分数表示溶液的组成，以表观吸附量对溶液组成作图所得的吸附曲线有三种形式。第一种情况：在整个浓度范围内，固体对溶液中的某一组分都是正吸附，而对另一组分都是负吸附。例如水软铝石（γ－AlOOH）自苯－环已烷中对苯的吸附表现为完全的正吸附（图 9－37），木炭自氯仿－四氯化碳中对氯仿的吸附表现为完全的负吸附（图 9－38），这种情况下吸附曲线是 U 形的。另一种情况比较常见，固体对溶液中某一组分的吸附在低浓度时为正吸附，在高浓度时为负吸附，吸附曲线为S形。如活性炭自甲醇－苯溶液中对甲醇的吸附（图9－39），当甲醇浓度较小时表现为正吸附，当甲醇浓度较大时表现为负吸附。当吸附剂是微孔固体，且二组分溶液中的一个组分分子不能进入微孔时，吸附等温线是一条直线。一般表面均匀的吸附剂对二元理想溶液的吸附常得到U形曲线，表面不均匀的吸附剂对非理想溶液的吸附常得到S形曲线。

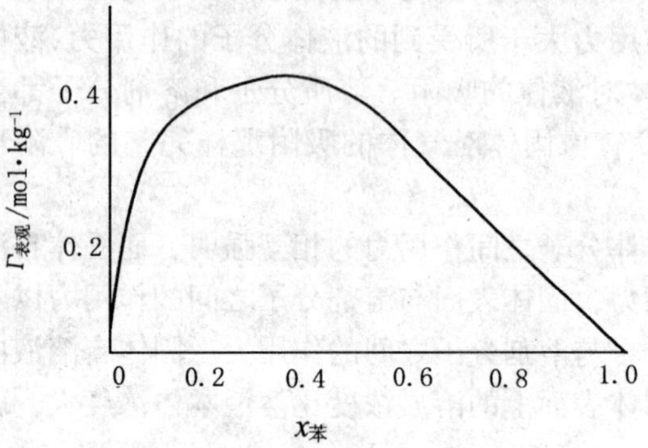

图9－37　水软铝石自苯－环己烷中吸附苯

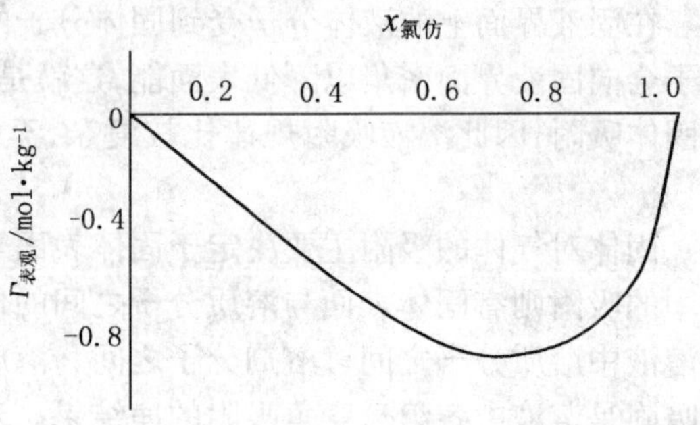

图9－38　木炭自氯仿－四氯化碳中吸附氯仿

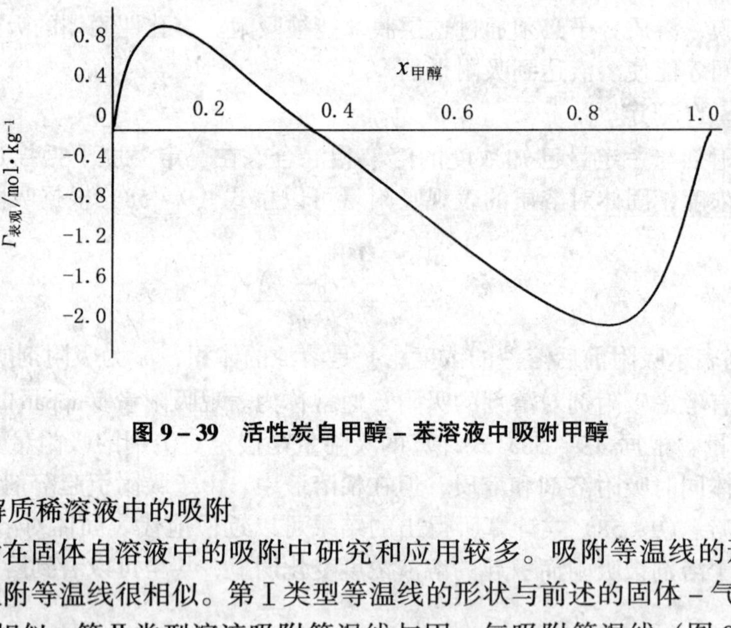

图9－39　活性炭自甲醇－苯溶液中吸附甲醇

2. 自非电解质稀溶液中的吸附

这一类吸附在固体自溶液中的吸附中研究和应用较多。吸附等温线的形状（图9－40）与固体－气体吸附等温线很相似。第Ⅰ类型等温线的形状与前述的固体－气体吸附等温线Ⅰ型（图9－32）相似，第Ⅱ类型溶液吸附等温线与固－气吸附等温线（图9－32）Ⅱ、Ⅲ型相似，如石墨和碳黑自水中吸附溶解度有限的苯酚、戊酸等。

气体吸附公式也可应用于溶液吸附，只要以浓度代替原来公式中的压力即可。处理自稀溶液的吸附时，最常用的公式是弗仑因德立希公式和兰格缪尔公式。例如活性炭从水中吸附低级脂肪酸、从苯中吸附苯甲酸等均符合弗仑因德立希吸附等温式：

$$\frac{x}{m} = kc^{\frac{1}{n}} \tag{9-59}$$

高岭土从水溶液中吸附番木鳖碱、阿托品符合兰格缪尔吸附等温式：

$$\frac{c}{x/m}=\frac{c}{\Gamma_m}+\frac{1}{b\Gamma_m} \tag{9-60}$$

弗仑因德立希等温线和兰格缪尔等温线的区别在于，弗仑因德立希线在低浓度时不为直线，并且在高浓度时不存在饱和。当固体自溶液中的吸附具有多层吸附特征时，可以用 BET 公式来进行处理。这些公式在这里仅能当作经验公式使用，只是由于它们和实验数据吻合，没有理论意义。

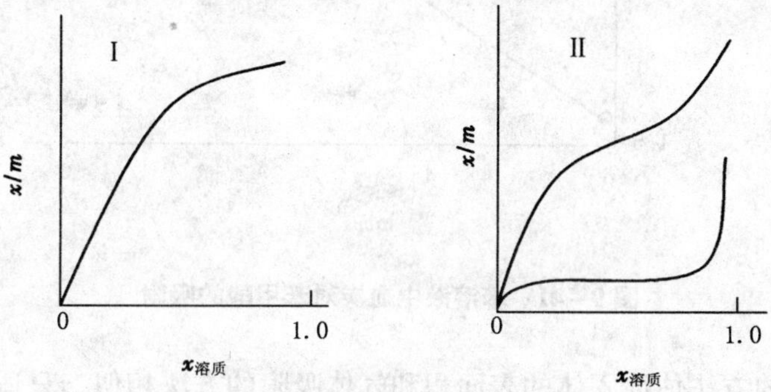

图 9-40　固体-溶液吸附曲线

例 9-11　在 18℃时，用血炭从含有苯甲酸的苯溶液中吸附苯甲酸。实验测出每千克血炭的吸附量$\frac{x}{m}$与苯甲酸的平衡浓度 c 的数据如下：

c/mol·l^{-1}	2.82×10^{-3}	6.17×10^{-3}	2.57×10^{-2}	5.01×10^{-2}	0.121	0.282	0.742
$\frac{x}{m}$/mol·kg^{-1}	0.269	0.355	0.631	0.776	1.21	1.55	2.19

试用图解法求弗罗因德利希吸附等温式中的常数 k 及 n。

解：根据弗罗因德利希吸附等温式 $\ln\frac{x}{m}=\ln k+\frac{1}{n}\ln c$，题给数据处理如下：

$\ln c$	−5.871	−5.008	−3.661	−2.994	−2.112	−1.226	−0.298
$\ln\frac{x}{m}$	−1.313	−1.036	−0.460	−0.254	0.191	0.438	0.784

用 $\ln\frac{x}{m}$对 $\ln C$ 作图（图 9-41），截距为 $0.926=\ln k$，$k=2.52$

$$斜率为\ 0.382=\frac{1}{n},\quad n=2.62$$

所求弗罗因德利希吸附等温式为

$$\frac{x}{m}=2.52\ c^{1/2.62}$$

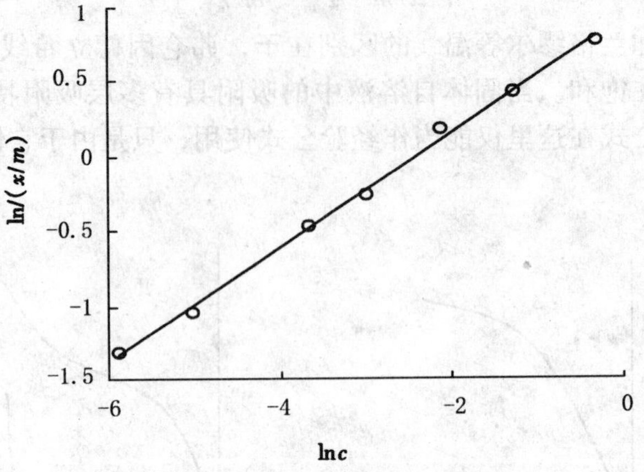

图 9-41　苯溶液中血炭对苯甲酸的吸附

利用溶液吸附的方法估计固体的表面积和气体吸附的方法相似，只适用于符合兰格缪尔吸附等温线的溶液体系。由于溶质分子要比气体分子大得多，其分子截面积大小数值的选择是很困难的，用这种方法得到的比表面往往会小于气体吸附的方法。一般来说，利用溶液吸附测比表面的实验简单，但很难避免系统误差。所以该方法多用于测定一系列相似材料的相对比表面。

3. 自电解质溶液中的吸附

在电解质溶液中，除了分子以外，还有带正、负电荷的离子，情况比非电解质溶液复杂。固体自电解质溶液中对离子的吸附可以分为两大类：离子在固液界面的静电吸附和离子交换吸附。

（1）离子在固液界面的静电吸附　固体在电解质溶液中往往带有电荷。根据法金斯规则，离子型晶体在电解质溶液中优先吸附能与晶体离子形成难溶盐和与晶体晶格相同或相似的离子。例如 AgBr 固体在 KBr 溶液中，会优先吸附 Br^- 离子。Br^- 离子在 AgBr 晶体表面被牢固吸附使固体带负电。带有相反电荷的 K^+ 离子由于静电作用被吸引在带负电的固体周围，形成双电层结构（详见 §10.5）。

（2）离子交换吸附　某些固体晶格上的某些离子可以和溶液中的一些具有相同电荷的离子发生等电荷量的交换反应，即离子交换（ion exchange）。这种固体被称作离子交换剂（ion exchanger）也称离子交换树脂（ion - exchange resin），含有可供交换的阳离子的固体称阳离子交换剂，反之称作阴离子交换剂。可用下式表示：

$$RM_1 + M_2 \rightleftharpoons RM_2 + M_1$$

R 代表离子交换剂的一个单位，M_1 是离子交换剂中的离子，M_2 是溶液中的离子。离子交换吸附常用在水处理上，例如硬水的软化。含有 Ca^{2+}、Mg^{2+} 等离子的水被称为硬水，用钠型离子交换树脂处理：

$$2NaR + CaCl_2 \rightleftharpoons R_2Ca + 2NaCl$$

使用过的离子交换树脂可以用浓 NaCl 溶液（8% ~ 10%）处理再生。

4. 自高分子溶液中的吸附

由于是溶液吸附，因此被吸附的大分子都是可溶性的线型分子，溶剂多数为有机溶剂。

由于大分子的分子量分布很宽，会出现吸附的分级效应；大分子的分子链很长，在溶剂中卷曲，且形状可变，会出现多点吸附（图 9-42）。

图 9-42 高分子在固体表面上的吸附

一般情况下自高分子溶液的吸附在低浓度下吸附量随溶液浓度的升高迅速增加，之后很快达到饱和。高分子的吸附等温线符合弗罗因德利希吸附公式。高分子的饱和吸附量 Γ_m 和摩尔质量 M 有关，它们之间通常有如下关系：

$$\Gamma_m = KM^\alpha$$

式中 K 是和溶剂性质有关的常数，α 是和大分子在固体表面的形态有关的常数。

习 题

1. 设有一个边长为 1m 的正方形固体，若将该固体分割成边长为 10^{-6}m 的微小固体颗粒，体系的表面积增大了多少倍？

2.（1）试计算在 25℃时，将 1mol 水形成直径为 10^{-7}m 的小水滴时的比表面积和表面吉布斯能的增量。（2）每个小水滴中有多少个水分子？已知 25℃时水的密度为 997 $kg \cdot m^{-3}$，表面张力为 $72\times10^{-3} N \cdot m^{-1}$。

3. 制备粒子直径为 1.0×10^{-7}m 的汞溶胶，若溶胶中汞的体积质量浓度为 0.1 $kg \cdot m^{-3}$，（1）问 1 dm^3 溶胶中含有汞粒子的表面积有多大？增加的表面吉布斯能为多少？已知汞-水界面张力为 $375\times10^{-3} N \cdot m^{-1}$，汞的密度为 13.6×10^3 $kg \cdot m^{-3}$。（2）若加入表面活性剂后，使汞-水界面张力降低为 $84\times10^{-3} N \cdot m^{-1}$，制备同样的溶胶理论上可以少做多少功？

4. 液体铜在 1808 K 时的单位表面吉布斯能为 $1300\times10^{-3} J \cdot m^{-2}$，单位表面吉布斯能的温度系数为 $-0.31\times10^{-3} J \cdot m^{-2} \cdot K^{-1}$，在该温度下液态铜的单位表面内能为多少？

5. 10～60℃之间水的单位表面吉布斯能 σ（$N \cdot m^{-1}$）和温度 t（℃）之间的关系符合下面的经验公式：

$$\sigma = 75.796\times10^{-3} - 1.45\times10^{-4}t - 2.4\times10^{-7}t^2$$

计算 20℃时增加 0.1 m^2 水面时体系增加的表面内能、表面熵和表面吉布斯能。

6. 水对玻璃表面完全润湿，而汞和玻璃表面的夹角为 140°，将一根直径为 0.8mm 的玻璃毛细管分别垂直插入上述两种液体中，试分别计算毛细管中液面的位置。已知水和汞的密度分别为 1.00×10^3 $kg \cdot m^{-3}$ 和 13.6×10^3 $kg \cdot m^{-3}$，表面张力分别为 $72\times10^{-3} N \cdot m^{-1}$ 和 $486\times10^{-3} N \cdot m^{-1}$。

7. 计算 20℃时直径为 10^{-8}m 的水滴的蒸气压。在这样的水滴中有多少个水分子？已知 20℃时水的表面张力为 $72.88\times10^{-3} N \cdot m^{-1}$，密度为 998 $kg \cdot m^{-3}$，蒸气压为 2.355kPa。

8. 将 NaCl 溶于乙醇，当 NaCl 晶体的粒径为多大时，溶解度增大 10%。已知 298K 时

NaCl 和乙醇之间的界面张力为 $97.1\times10^{-3}N\cdot m^{-1}$，NaCl 的密度为 $2.17\times10^{3}\ kg\cdot m^{-3}$。

9. 用表面物理化学的原理回答下面的问题：

(1) 毛细管插入水中后水面上升的情况如图 a 所示。将一根同样粗细的毛细管的中部涂上一层蜡，同样插入水中，水面会上升到什么位置？如果在毛细管中灌满水再垂直立在水中，水面会在什么位置？

(2) 在均匀的毛细管中有一滴液体（图 b），当对液体的一端小心的加热时，液体会向哪个方向移动？为什么？

(3) 在两块平板玻璃之间放入少量水叠放在一起，如果要从垂直玻璃平面的方向把它们拉开（图 c）会感觉很吃力，这是为什么？如果在玻璃板上涂上一层蜡，再加水叠放，拉开时会有什么感觉？

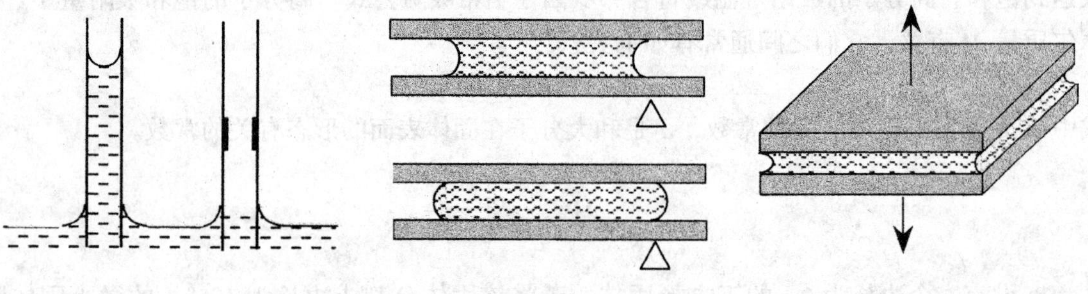

a　　b　　c

10. 20℃时水和异戊醇的表面张力分别为 $\sigma_{水}=72.8\times10^{-3}N\cdot m^{-1}$ 和 $\sigma_{醇}=24.1\times10^{-3}N\cdot m^{-1}$，它们相互饱和后的表面张力分别为 $\sigma_{水}'=27.6\times10^{-3}\ N\cdot m^{-1}$ 和 $\sigma_{醇}'=24.6\times10^{-3}N\cdot m^{-1}$，水与异戊醇之间的界面张力为 $\sigma_{醇-水}=\sigma_{醇-水}'=4.7\times10^{-3}N\cdot m^{-1}$。根据所给数据推测，如果将一滴异戊醇滴在水面上会出现什么现象？

11. 已知 298K 时有关的界面张力数据如下：$\sigma_{汞-水}=375\times10^{-3}N\cdot m^{-1}$、$\sigma_{汞-苯}=362\times10^{-3}N\cdot m^{-1}$ 以及 $\sigma_{水-苯}=35.0\times10^{-3}N\cdot m^{-1}$。试问若将一滴水滴入苯和汞之间的界面上，其接触角 θ 为多少？

12. 有一杀虫剂粉末，欲分散在一适当的液体中以制成混悬喷洒剂，今有三种液体（1，2，3），测得它们与药粉及虫体表皮之间的界面张力关系如下：

$\sigma_{粉}>\sigma_{1-粉}$　　$\sigma_{表皮}<\sigma_{表皮-1}+\sigma_{1}$

$\sigma_{粉}<\sigma_{2-粉}$　　$\sigma_{表皮}>\sigma_{表皮-2}+\sigma_{2}$

$\sigma_{粉}>\sigma_{3-粉}$　　$\sigma_{表皮}>\sigma_{表皮-3}+\sigma_{3}$

试从润湿原理考虑选择何种液体最适宜？为什么？

13. 293.15K 时，丁酸水溶液的表面张力和浓度的关系可以表示为

$$\sigma=\sigma_0-a\ln(1+bc)$$

式中 σ_0 为纯水的表面张力，a 和 b 为常数。

(1) 写出丁酸水溶液在浓度极稀时表面吸附量 Γ 与浓度 c 的关系。

(2) 若已知 $a=13.1\times10^{-3}N\cdot m^{-1}$，$b=19.62\ dm^{3}\cdot mol^{-1}$，试计算当 $c=0.200mol\cdot dm^{-3}$ 时的吸附量。

(3) 求丁酸在溶液表面的饱和吸附量 Γ_m。

(4) 若饱和吸附时丁酸在溶液表面成单分子层吸附，计算每个丁酸分子在溶液表面所占的面积。

14. 实验测定25℃醋酸水溶液的浓度和表面张力的数据如下：

$c/kg\cdot 100kg^{-1}$	0	0.23	0.55	0.81	1.00
$\sigma\times10^3/N\cdot m^{-1}$	71.4	70.6	69.3	68.6	68.0

计算浓度为0.4%（m/m）的醋酸水溶液的表面吸附量 Γ。

15. 用2.12mg的硬脂酸可以覆盖1.0m^{2}的水面，计算每个硬脂酸分子所占面积和膜的厚度。已知硬脂酸的摩尔质量为 $284\times10^{-3}kg\cdot mol^{-1}$，密度为 $0.85\times10^3kg\cdot m^{-3}$。

16. 20℃时测得某蛋白质的表面浓度和表面压的数据如下：

$c/mg\cdot m^{-2}$	0.455	0.485	0.500	0.510	0.525
$\pi/mN\cdot m^{-1}$	0.16	0.24	0.34	0.45	0.62

计算该蛋白质的相对摩尔质量。

17. −33.6℃时活性炭对CO的吸附符合兰格缪尔吸附等温式，不同压力下每克活性炭吸附CO的体积（已换算成标准状况）的实验数据如下：

p/kPa	1.35	2.53	4.27	5.73	7.20	8.93
V/cm^3	8.50	13.1	18.2	21.0	23.8	26.3

计算兰格缪尔公式中的常数。

18. 在液氮温度用0.1065g硅胶对 N_2 进行吸附，不同平衡压力下被硅胶吸附 N_2 体积（已换算成标准状况）的实验数据如下：

$p\times10^{-4}/Pa$	0.732	1.300	1.793	2.411	2.893
$V\times10^6/m^3$	3.782	4.031	4.247	4.682	5.106

该吸附体系符合BET公式。若液氮的蒸气压为101.3 kPa，N_2 分子的横截面积为 16.2×10^{-20} m^2，试计算该硅胶样品的比表面积。

19. 证明当 $C\gg1$，$p^*\gg p$ 时，二常数的BET公式可以还原为兰格缪尔公式。

20. 活性炭可以吸附溶液中的染料。在293K时用1.00g活性炭分别吸附不同初浓度溶液中的亚甲基蓝，平衡后测溶液中剩余染料的浓度，所得数据如下：

$c_0/\mathrm{kg\cdot m^{-3}}$	0.05	0.10	0.15	0.20	0.25
$c\times10^3/\mathrm{kg\cdot m^{-3}}$	0.27	0.43	0.56	0.67	0.82

（1）根据实验数据绘制吸附等温线。

（2）该吸附体系更适合弗仑因德立希吸附等温式还是兰格缪尔吸附等温式？写出适合该体系的吸附等温式。

习题答案

1. 10^6

2.（1）$6.018\times10^4\ \mathrm{m^2\cdot kg^{-1}}$，78 J

（2）1.7×10^7

3.（1）$0.44\mathrm{m^2}$，0.165J；

（2）0.128J

4. $1.86\mathrm{J\cdot m^{-2}}$

5. $11.8\times10^{-3}\mathrm{J}$，$1.55\times10^{-5}\mathrm{J\cdot K^{-1}}$，$7.28\times10^{-3}\mathrm{J}$

6. $3.67\times10^{-2}\mathrm{m}$，$-1.40\times10^{-2}\mathrm{m}$

7. 2.923kPa，1.754×10^4 个

8. $r=2.2\times10^{-8}\mathrm{m}$

11. 111.8°

13.（2）$4.3\times10^{-6}\mathrm{mol\cdot m^{-2}}$；

（3）$\Gamma_\mathrm{m}=5.39\times10^{-6}\mathrm{mol\cdot m^{-2}}$；

（4）$A_\mathrm{m}=30.79\times10^{-20}\mathrm{m^2}$

14. $5.52\times10^{-7}\mathrm{mol\cdot m^{-2}}$

15. $22.2\times10^{-20}\mathrm{m^2}$，$2.49\times10^{-9}\mathrm{m}$

16. 3.92×10^4

17. $V_\mathrm{m}=42.0\ \mathrm{cm^3}$，$b=1.81\times10^{-4}\mathrm{Pa^{-1}}$

18. $150\mathrm{m^2\cdot g^{-1}}$

20. $\frac{x}{m}=9.25\times10^6c^{\frac{1}{0.68}}$

第十章 胶体分散体系

自然界存在各种各样的分散体系（disperse system），它是一种或几种物质以一定的分散度分散在另一种物质中所形成的体系。体系中被分散的物质称作分散相（disperse phase），连续的部分称为分散介质（disperse medium）。

1861年英国科学家格雷厄姆（Thomas Graham）首先提出了“胶体”这一名词。他在研究物质在水溶液中的扩散时发现：有两类物质，一类能通过半透膜，扩散速度很快，当把溶剂蒸发后析出晶体；还有一类物质不能通过半透膜，扩散速度很慢，溶剂蒸发后得到的是粘稠的胶状物。由此他认为可以把物质分为两大类，前一种物质是“晶体”（crystal），后一类物质被称作“胶体”（colloid）。随着科学的发展，人们发现这种对物质的分类方法并不正确。只要选择适当的分散介质，任何一种晶体物质都可以被分散制成胶体。胶体只是物质存在的一种特殊状态。胶体是一种高度分散的体系，分散相质点粒径在$10^{-9}\sim10^{-7}$m范围。虽然物质分为晶体和胶体的看法已经被认为是错误的了，但是格雷厄姆提出的“胶体”一词一直沿用至今，胶体是物质的一种特定的分散状态的概念已被人们普遍接受。格雷厄姆被公认为是胶体化学的创始人。

胶体分散体系在自然界普遍存在，并且具有广泛的应用性，如在建材、冶金、石油、塑料、食品等工业以及农业、环境保护等领域。医药领域也和胶体分散体系有密切的联系。生命体本身就是复杂的分散体系，很多生理现象和胶体性质直接相关。在药物的提取、合成、制剂和使用中，都会遇到大量的胶体分散体系。了解有关胶体的知识对于医药工作者是非常重要的。随着现代科学仪器的发展，为胶体的研究又提供了新的手段。新材料、新技术的使用，如纳米材料的出现和不断完善，进一步推动了胶体科学的进步。

传统胶体化学的研究对象主要是溶胶和高分子溶液。溶胶是分散度很高的多相体系，这一类体系具有一些独特的性质。高分子溶液虽然是真溶液，但由于其质点粒径范围和溶胶相同，因此有一些和溶胶相同的性质。在这一章里除了讨论上面提到的溶胶和高分子溶液外，还要讨论一些和药物学关系密切的粗分散体系，如乳状液、泡沫等。

第一节 分散体系分类及基本特性

一、分散体系的分类

分散体系有很多性质和体系的分散度直接相关。一个常用的分类方法是按照分散相质点的大小将分散体系分为三大类：分子分散体系（真溶液）、胶体分散体系和粗分散体系（表10-1）。分散体系的很多性质是和粒子大小有关的，比如动力性质，用这种分类方法讨论很方便。但是这种分类方法界限比较模糊，也不够准确。比如粗分散体系有些性质和胶体相似；高分子溶液是热力学稳定的真溶液，按分散相质点的大小，却被归入热力学不稳定的胶体分散体系中。

表 10-1　按分散相质点大小对分散体系分类

分散体系类型	粒子大小	粒子特点
粗分散体系(悬浮体,乳状液等)	$>10^{-7}$ m	不能透过滤纸和半透膜,不扩散,一般显微镜下可见
胶体分散体系(溶胶)	$10^{-9}\sim10^{-7}$ m	能透过滤纸,不能通过半透膜,扩散慢,超显微镜下可见
分子分散体系(溶液)	$<10^{-9}$ m	能透过滤纸和半透膜,扩散快,超显微镜下不可见

还可以按照分散相和分散介质不同的聚集状态对体系进行分类（表 10-2）。根据分散介质的不同可将体系分为气溶胶、液溶胶和固溶胶。

表 10-2　按聚集状态对分散体系分类

分散介质/分散相	名称	实例
气/液	气溶胶	雾
气/固		烟
液/气	液溶胶	泡沫
液/液		乳，原油
液/固		溶胶
固/气	固溶胶	泡沫塑料
固/液		珍珠
固/固		合金、有色玻璃

历史上还曾经根据分散相和分散介质之间亲和力的不同，将分散体系分为亲液胶体（lyophilic colloid）和憎液胶体（lyopholic colloid）。高分子溶液被归入亲液胶体；溶胶（sol）是多相分散体系，在介质中不溶，有明显的相界面，称作憎液胶体。尽管由于分子量很大，使高分子溶液有一些性质和溶胶相似，但它是均匀分散的真溶液，是热力学稳定、可逆的体系，因此和溶胶有着本质的区别。现在“亲液溶胶”这个词已经不再使用了。随着高分子科学、技术的发展，逐渐成为一个独立的科学分支。作为基础课教材，仍在本章介绍高分子溶液的物理化学性质。

二、分散体系的基本特性

这里讨论的分散体系是指不包括溶液在内的那些不均匀的多相分散体系，它们有如下共同的基本特性：

1. 分散性

分散体系的性质和分散度直接相关。例如溶胶粒子的布朗运动、扩散慢、沉降、不能通过半透膜等性质，都是由溶胶粒子特殊的分散度决定的。正是由于溶胶粒子的大小为$10^{-9}\sim10^{-7}$m，溶胶才会有丁铎尔效应和动力学稳定性，分散度较大的粗分散体系则不具有这些性质。

2. 多相性

在分散体系中，分散相粒子和分散介质之间有明显的相界面，是多相体系。溶液是均匀分散的单相体系，溶胶是固 - 液两相体系。溶胶的性质和溶液完全不同，多相性是它们之间的根本性区别。

3. 聚结不稳定性

高度分散的多相体系有巨大的表面积和表面能。体系有缩小表面积、降低表面能的自发趋势，是热力学不稳定体系。体系中分散相粒子自发聚结的趋势被称作聚结不稳定性。

分散性、多相性和聚结不稳定性之间相互关联，它们是分散体系的基本特性，是讨论胶体分散体系性质的基础。

第二节　溶胶的制备

胶体分散体系中分散相的粒子大小处于粗分散体系和分子分散体系之间，因此它的制备方法有两大类：由分子或原子凝聚成胶体的方法称作凝聚法（condensation method）；将大块物质分散成胶体的方法称作分散法（dispersion method）。一般方法制备的溶胶粒子多不均匀，具有多分散性。制备单分散溶胶是近年来胶体化学研究领域中的一个热点课题。单分散溶胶（monodispersed sol）是指胶粒的大小、形状和组成都相同的溶胶。胶体化学的很多理论都是建立在体系单分散性上的，应用于多分散胶体体系时会出现偏差。有了单分散溶胶，就有可能建立多分散体系的溶胶理论。单分散溶胶可以作为标准粒子用来校核各种研究胶体的仪器。单分散溶胶还可以用在感光材料、电子材料、涂料、特种陶瓷、催化剂，油墨、颜料等方面，使产品的质量得到提高。

一、溶胶的制备

1. 分散法

这一类制备方法包括机械分散、电分散、超声波分散和胶溶等方法。

工业上有很多可以将大块物料粉碎成细小颗粒的机械设备，如球磨机、冲击式粉碎机、胶体磨等。图 10 - 1 是盘式胶体磨的示意图。将要分散的物料、分散介质和稳定剂从空心轴入口处加入，两个向着相反方向高速旋转的磨盘会产生巨大的切应力，将物料磨成细小的颗

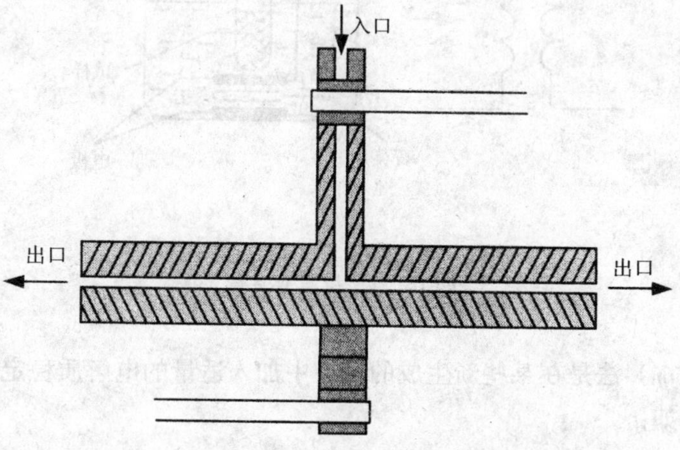

图 10 - 1　盘式胶体磨示意图

粒。这种方法一般能得到粒径为 1×10^{-6} m 大小的颗粒。随着颗粒的磨细，表面积越来越大，体系的表面能也大大增加，颗粒产生自发聚结的倾向。此时再磨下去，也不可能得到更细的颗粒了。在用机械分散物料制备胶体的过程中，一般要加入稳定剂保护已磨细的颗粒防止聚结。加入溶剂冲稀、及时分离出已磨细的颗粒等，这些都是常用的防止颗粒聚结的方法。这种粉碎的方法适用于易碎的物料。

电分散法可以用来制备金属溶胶。将 Au、Pt、Ag 等金属作为电极浸入水中，两个电极顶端距离很近，接通直流电源后，会在电极之间产生电弧。电弧产生的高温使金属表面的原子气化，随后在水中冷却成胶体颗粒，制成金属的水溶胶。图 10－2 是电分散法示意图。

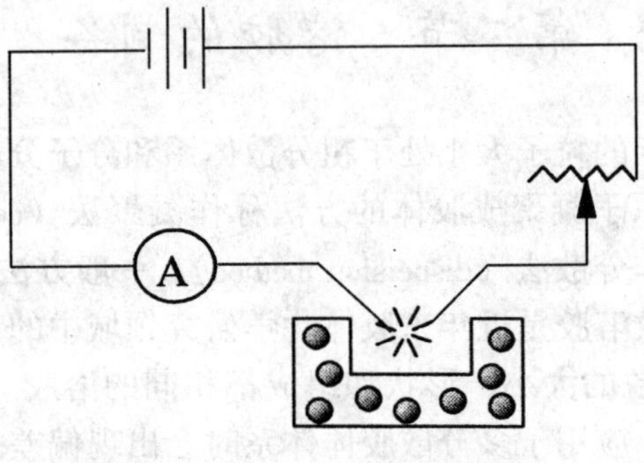

图 10－2　电分散法示意图

超声波法主要用来制备乳状液，在实验里也常用来制备溶胶。通过高频、高压交流电对石英片产生同频机械振荡，传入容器后，在液体局部产生相同频率的疏密交替波将物质粉碎。超声波粉碎法高效、迅速，可以将物质的粒径分散至 1.0×10^{-6}m 以下。图 10－3 是超声波装置示意图。

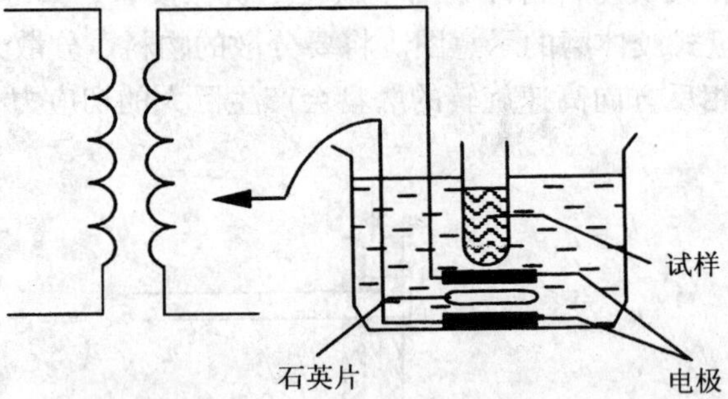

图 10－3　超声波装置

胶溶（peptization）法是在某些新生成的沉淀中加入适量的电解质稳定剂，使这些沉淀重新分散成溶胶。例如：

$$Fe(OH)_3(\text{新鲜沉淀})\xrightarrow{\text{加 }FeCl_3}Fe(OH)_3(\text{溶胶})$$

该方法只适用于新生成的沉淀，沉淀在老化后就很难发生胶溶作用了。

2. 凝聚法

用物理或化学的方法可将分子或离子凝聚成溶胶粒子。

（1）化学凝聚法：通过化学反应使难溶的生成物从溶剂中析出，控制反应的条件，就可以制成溶胶。例如：将 H_2S 通入 As_2O_3 稀溶液中，可得 As_2S_3 溶胶

$$As_2O_3 + 3H_2S \longrightarrow As_2S_3\ (\text{溶胶}) + 3H_2O$$

利用还原反应可以制备贵金属的溶胶，例如

$$2HAuCl_4 + 3HCHO + 11KOH \xrightarrow{\text{加热}} 2Au\ (\text{溶胶}) + 3HCO_2K + 8KCl + 8H_2O$$

盐类的水解可以用来制备金属的氢氧化物溶胶

$$FeCl_3 + 3H_2O \xrightarrow{\text{沸腾}} Fe(OH)_3(\text{溶胶}) + 3HCl$$

复分解反应可以用来制备盐类的溶胶

$$AgNO_3 + KI \longrightarrow AgI(\text{溶胶}) + KNO_3$$

（2）物理凝聚法：利用蒸气骤冷，改换溶剂等方法将分子分散状态的物质凝聚成胶体粒子。例如，将汞蒸气通入冷水中可以制备汞溶胶；将钠蒸气和苯的蒸气同时冷凝后凝固在冷凝管壁上，升高温度后液化成为钠溶胶。

改换溶剂法是利用物质在不同溶剂中溶解度的悬殊差异制备溶胶的方法。例如，松香溶于乙醇，而它在水中溶解度很小，将松香的乙醇溶液滴入水中，析出微小的松香颗粒，形成松香水溶胶。

二、溶胶的净化

用化学凝聚法制备的溶胶通常都含有较多的电解质和其它杂质。少量的电解质可以起到稳定溶胶的作用，但过量的电解质会影响溶胶的稳定性，必须除去。常用的净化溶胶方法有以下几种：

1. 渗析法

将溶胶放入装有半透膜的容器中，在半透膜的另一侧放入纯溶剂。溶胶颗粒比较大，不能通过半透膜，而溶剂分子和离子等可以通过，由于在膜的两侧杂质的浓度不同，膜内的离子和其它杂质会通过半透膜向外扩散迁移。在渗析过程中要不断地更换膜外的溶剂，这样溶胶中的电解质等杂质浓度会越来越低，最终达到净化的目的。这种方法称作渗析（dialysis）法。搅拌和适当地加热可以提高渗析的效率。图 10－4 是渗析装置示意图。

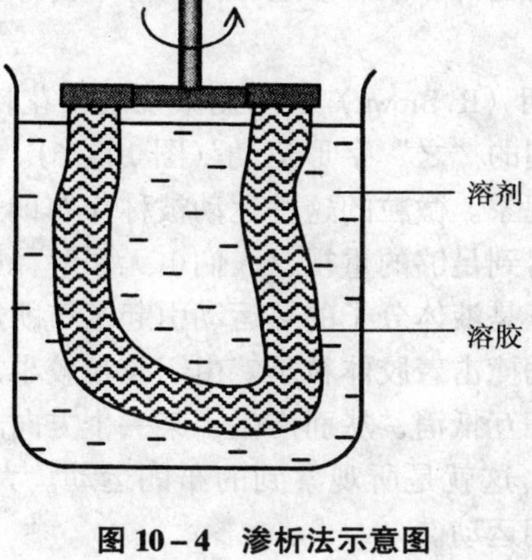

图 10－4　渗析法示意图

为了加快渗析速度，可以在渗析装置上加上电场，溶胶中的离子在电场的作用下分别向与所带电荷相反电极的方向迁移。这种方法可以提高渗析速度，称作电渗析（electrodialysis）。电渗析的装置见图 10-5。

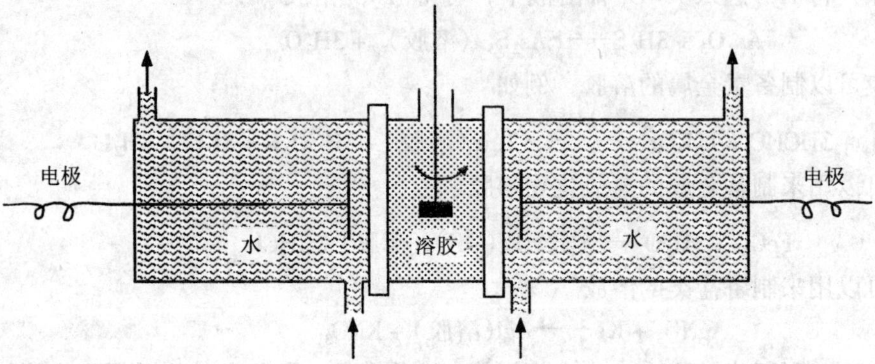

图 10-5　电渗析装置示意图

渗析的方法不仅用于净化溶胶，海水淡化、污水处理等也是利用了渗析的原理。渗析技术还广泛应用于化工、食品医药等领域。人工肾就是一个体外血液渗析设备，它可以使肾功能衰竭患者的血液通过渗析除去血中的小分子有害物质。

2. 超过滤法

超过滤法（ultra filtration method）是用半透膜过滤溶胶的方法。在布氏漏斗里铺上半透膜，在加压或抽滤时，可溶性杂质透过膜被除去。留在膜上的胶粒应立即分散在介质中，以避免聚结。可以在滤膜两侧放置电极，通入直流电，将电渗析和超过滤两种方法结合使用，称作电超过滤法。这样可以在比较缓和的条件下较快地除去溶胶内的多余电解质，提高净化效率。

第三节　胶体分散体系的动力性质

溶胶粒子总是不停地做着不规则运动。溶胶的动力性质（kinetic properties）讨论的是溶胶粒子的不规则运动及由此引起的扩散、渗透压及沉降平衡等性质。

一、布朗运动

1827 年英国植物学家布朗（R. Brown）在用显微镜观察花粉微粒时发现，悬浮在水面上的花粉粒子在不停地做不规则的“之”字形运动（图 10-6）。后来发现，不仅是花粉粒子，所有的微小颗粒都会有这种现象。微粒的这种运动被称作布朗运动（Brownian motion）。布朗的研究在很长时间里并没有得到足够的重视，人们也无法解释这种现象产生的原因。分子运动论的建立，使人们认识到正是液体分子的热运动引起了布朗运动，布朗运动的本质才得到揭示。介质分子不断地热运动撞击着胶体粒子。由于胶粒较小，因而在某一瞬间受到各个方向以不同速度的撞击力不能相互抵消，从而产生了某一个方向的合力使粒子运动，并不断改变着运动的方向（图 10-7）。这就是所观察到的布朗运动。大粒子质量较大在瞬间受到撞击力相互抵消，所以没有布朗运动。

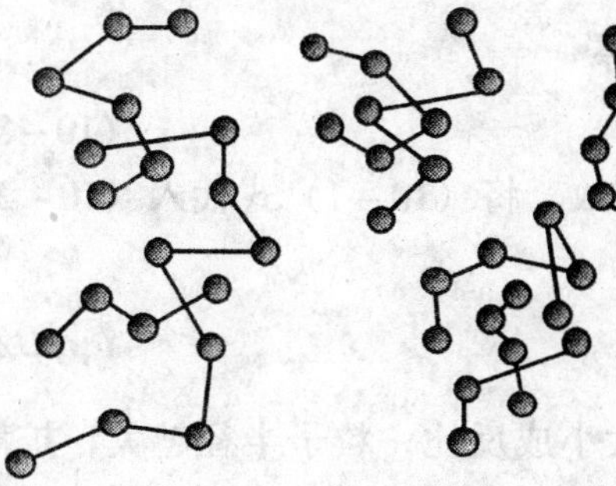

图 10－6　布朗运动

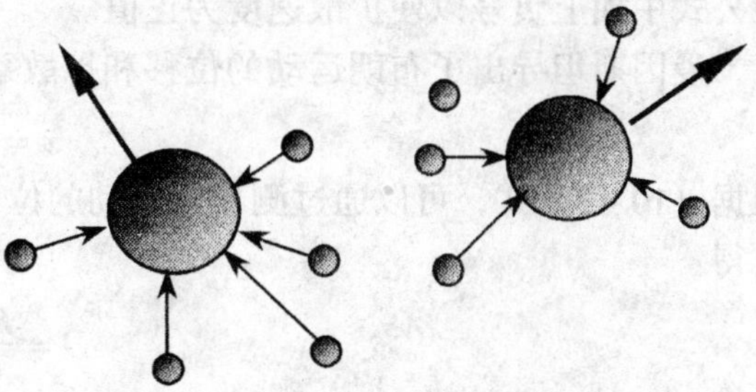

图 10－7　分子对胶体粒子的撞击

胶体粒子的布朗运动是无序运动。爱因斯坦（A. Einstein）根据分子运动论导出了布朗运动公式（Einstein equation of Brownian motion）：

$$\bar{x} = \sqrt{\frac{RT}{L}\,\frac{t}{3\pi\eta r}} \tag{10-1}$$

式中 $\bar{x}$ 是在 t 时间内粒子在 x 轴方向的平均位移，η 为介质粘度，r 为粒子半径，L 是阿伏加德罗常数。爱因斯坦公式的正确性已被实验所证实。由此可以看出：布朗运动的本质就是质点的热运动。

二、扩散与渗透压

1. 扩散

当体系中存在浓差时，介质中的质点会自发地从高浓度区域向低浓度区域迁移，这种现象称为扩散（diffusion）。布朗运动是扩散的运动基础。

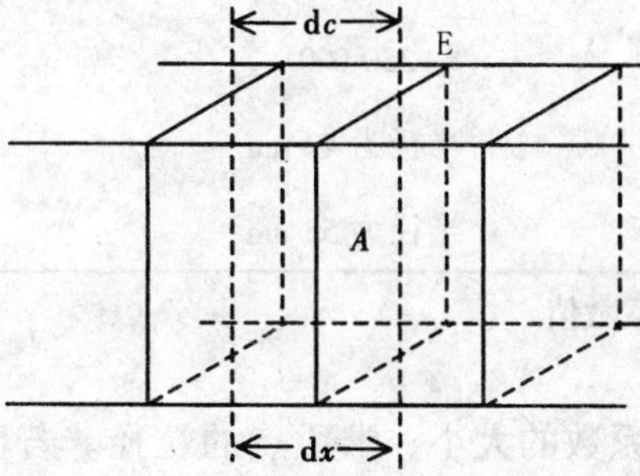

图 10－8　扩散示意图

设溶胶体系中浓度梯度为 $\mathrm{d}c/\mathrm{d}x$，沿浓度梯度方向各平行截面的浓度不同，但在任一截面上的浓度是均匀的。若通过截面 E 扩散的胶粒质量为 m，扩散速度为 $\mathrm{d}m/\mathrm{d}t$（图 10－8）。根据斐克第一扩散定律（Fick's first law of diffusion），扩散速度与浓度梯度及 E 截面的面积 A 成正比：

$$\frac{\mathrm{d}m}{\mathrm{d}t} = -DA\frac{\mathrm{d}c}{\mathrm{d}x} \tag{10-2}$$

式中 D 为扩散系数（diffusion coefficient），是在单位浓度梯度下单位时间通过单位截面积的胶粒质量，单位是 $m^2 \cdot s^{-1}$。由于是向低浓度方向扩散，扩散方向和浓度梯度的方向相反，在公式中加上负号以使扩散速度为正值。

爱因斯坦导出了布朗运动的位移和扩散系数之间的关系

$$\bar{x} = \sqrt{2Dt} \tag{10-3}$$

根据（10－3）式，可以通过测布朗运动的位移求出扩散系数。将（10－1）式代入（10－3）式得：

$$D = \frac{RT}{L} \cdot \frac{1}{6\pi\eta r} \tag{10-4}$$

从式（10－4）可以看出，粒子的扩散能力和粒子的大小成反比，粒子半径越大，扩散能力越弱。胶体粒子比一般小分子大得多，这使得它的扩散能力远远小于小分子溶质。一般小分子或离子的扩散系数 D 约为 ~ $10^{-9}\,m^2 \cdot s^{-1}$，而溶胶粒子约为 10^{-11} ~ $10^{-13}\,m^2 \cdot s^{-1}$。由于稳定性的缘故，溶胶的浓度一般都比较低，因此扩散作用很不明显。表 10－3 是部分物质的扩散系数。

表 10－3　部分物质的扩散系数

物质	分子量	$D_{20,W}$* $/10^{-10}\,m^2 \cdot s^{-1}$
甘氨酸	75	9.335
蔗糖	342	4.586
核糖核酸酶	13683	1.068
金溶胶	半径为 1.3 nm	1.63
人血红蛋白	62 300	0.69
牛血清白蛋白	66 500	0.603
纤维蛋白原	330 000	0.197
金溶胶	半径为 40 nm	0.049
硒溶胶	半径为 55 nm	0.038

* $D_{20,W}$是指 20℃在水中的扩散系数值

用（10－4）式可通过扩散系数的大小，求质点的粒径。若已知粒子的密度，还可以得到粒子的摩尔质量。

2. 渗透压

用只允许溶剂分子通过而不允许溶质分子通过的半透膜将溶液和纯溶剂隔开，这时纯溶剂部分的溶剂分子会透过半透膜向另一侧扩散，这种现象称为渗透（osmosis）。爱因斯坦指出扩散作用和渗透压力之间有着密切的联系。如果去除半透膜，溶质分子将从高浓度的溶液部分向低浓度部分扩散，这种扩散力和溶剂分子通过半透膜从低浓度向高浓度方向的渗透力大小相等，方向相反。

胶体粒子比溶剂分子大得多，不能通过半透膜，因此在溶胶和纯溶剂之间会产生渗透压（osmosis pressure），渗透压 π 的大小可以用稀溶液的渗透压公式计算：

$$\pi = cRT$$

式中 c 为溶胶的物质的量浓度。

由于溶胶稳定性的缘故，一般溶胶浓度都很低，因此溶胶的渗透压也很低，一般很难测出来。由于同样的原因，溶胶的其他依数性如沸点升高、熔点降低等也很小。高分子溶液是热力学稳定体系，可以配成浓度很高的溶液，因此它的渗透压较大，可以测出来。渗透压法是测高聚物摩尔质量的一个常用方法。

关于渗透压的讨论见§10.9。

三、沉降与沉降平衡

1. 重力沉降

溶胶中的胶体粒子如果密度大于分散介质就会发生沉降（sedimentation）。如果是粗分散体系，粒子较大，经过一段时间后，粒子会全部沉降到容器的底部。溶胶粒子比较小，布朗运动明显。它一方面受到重力作用而沉降，另一方面由于沉降使上、下部分的浓度发生变化而引起扩散作用，使浓度趋于均匀。当沉降和扩散这两种方向相反的作用力达到平衡时，体系中的粒子以一定的浓度梯度分布，这种平衡称作沉降平衡（sedimentation equilibrium）。达到平衡后的体系最下面部分浓度最大，随着高度的上升浓度逐渐减小。这种浓度随高度分布的情况与大气层中气体的分布相似。

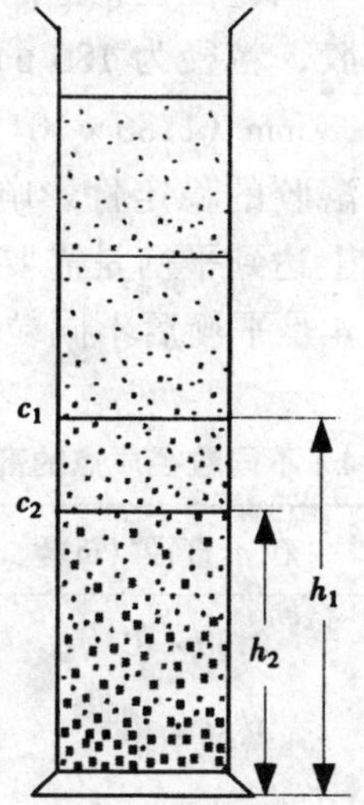

图 10-9　沉降平衡

在一个截面积为 A 的圆柱型容器内（图 10-9）装有某种溶胶，设胶粒为大小均匀的球形粒子，半径为 r，胶粒和介质的密度分别为 ρ 和 ρ_0，胶粒在高度 h_1、h_2 处的浓度分别为 c_1、c_2。粒子在溶剂中所受到的重力为 $\frac{4}{3}\pi r^3$（$\rho-\rho_0$）g。粒子在溶剂中所受到的扩散力可以用渗透压公式表示。在一个浓度不均匀的溶液中，若在某一截面上放置一个半透膜，溶剂分子通过半透膜从低浓度向高浓度方向迁移的渗透力是和溶质分子从高浓度向低浓度迁移的扩散力大小相等，方向相反。在高度为 dh 的体积内粒子所受到的总扩散力

$$F_{扩散}{}' = A\mathrm{d}\pi = ART\mathrm{d}c$$

粒子总数为

$$LcdV = LcAdh$$

每个粒子所受到扩散力

$$F_{扩散} = \frac{ARTdc}{LcAdh} = \frac{RT}{Lc} \cdot \frac{dc}{dh}$$

达到平衡时，重力和扩散力大小相等，方向相反：

$$-\frac{RT}{Lc} \cdot \frac{dc}{dh} = \frac{4}{3}\pi r^3(\rho - \rho_0)g$$

积分上式，得

$$\ln\frac{c_2}{c_1} = \frac{L}{RT} \cdot \frac{4}{3}\pi r^3(\rho - \rho_0)g(h_2 - h_1) \tag{10-5}$$

此式即为高度分布公式。

珀琳（Perrin）、韦斯特格林（Westgren）等人观察了不同溶胶粒子的高度分布，实验结果验证了（10－5）式的正确性。

根据（10－5）式可以得知，粒子浓度随高度的变化程度和粒子的大小及密度有关。相同种类物质的溶胶，胶粒越大，浓度随高度的变化越大；不同种类物质的溶胶，物质的密度越大，浓度随高度的变化越大。表10－4是一些分散体系中粒子浓度降低一半时高度的变化。从表中数据可以看到，由于密度不同，粒径相近的藤黄和金的分散体系，浓度下降一半时，高度相差了150倍；同样是金溶胶，粒径为186 nm（1.86×10^{-7}m）的金溶胶浓度下降一半的高度是2×10^{-7}m；而粒径为1.86nm（1.86×10^{-9}m）的金溶胶需要2.15米的高度差，浓度才降低一半。显然粒子的大小对溶胶的稳定性影响非常大。公式（10－5）是达到沉降平衡后体系浓度和高度的关系，实际上达到平衡是需要时间的。外界条件如温度变化、振动等都会影响沉降平衡的建立。表10－4是平衡后不同粒径质点的高度分布。

表10－4 不同粒径质点的高度分布

分散体系	粒子直径（m）	粒子浓度降低一半时的高度（m）
藤黄悬浮体	2.30×10^{-7}	3×10^{-5}
粗分散金溶胶	1.86×10^{-7}	2×10^{-7}
金溶胶	8.35×10^{-9}	2×10^{-2}
高分散金溶胶	1.86×10^{-9}	2.15
氧气	2.7×10^{-10}	5000

在粗分散体系中布朗运动很弱，不足以对抗重力，这时粒子会以一定的速度沉降至容器底部。通过测定粒子的沉降速度，可以得到粒子的大小，该方法称作沉降分析。

设球形粒子半径为 r，且粒子密度 ρ 大于介质密度 ρ_0。粒子受到重力作用发生沉降，并在沉降过程中受到介质的阻力，当重力和阻力大小相等时，粒子以匀速下降。粒子受到的重力为 $F_{重} = \frac{4}{3}\pi r^3$（$\rho - \rho_0$）$g$；根据斯托克斯（Stokes）定律，球形粒子运动时所受到的摩擦

阻力为

$$F_{阻} = 6\pi\eta r\nu$$

式中 η 为介质粘度，ν 为粒子运动速度。平衡时 $F_{重} = F_{阻}$

$$\frac{4}{3}\pi r^3\ (\rho-\rho_0)\ g = 6\pi\eta r\nu$$

$$r = \sqrt{\frac{9}{2}\cdot\frac{\eta\nu}{(\rho-\rho_0)g}} \tag{10-6}$$

或

$$\nu = \frac{2}{9}\cdot\frac{r^2(\rho-\rho_0)g}{\eta} \tag{10-7}$$

（10－7）式为球形粒子的重力沉降（gravitational sedimentation）公式，适用于粒径小于 10^{-4}m 的粒子。

根据（10－7）式，粒子的沉降速度和粒径的平方成正比，粒径增大时沉降速度明显加快；沉降速度还和密度成正比，粒子的密度和介质越接近，沉降越慢，体系越稳定；沉降速度和介质粘度成反比，增大介质粘度有利于分散体系的稳定。

2．离心沉降

溶胶粒子很小，在重力场中很难用测沉降速度的方法测求粒径。超离心机的问世，使沉降分析的方法能够用于胶体分散体系。1924 年斯威伯格（Svedberg）最初创制的离心机转速为 $10^4 \sim 1.5\times10^4$ r/min。现在超离心机的转速已达到 $10\times10^4 \sim 16\times10^4$ r/min，其离心力约为重力场的 10^6 倍。在这样强的离心场中，胶体粒子也能很快地沉降。均分散胶体体系在超离心场的作用下，在沉降过程中可以看到一个清晰的界面，因此可以根据界面的移动速度计算粒子的大小。超离心机主要用于研究蛋白质、核酸、病毒等生物物质，它不仅用于测定生物大分子的摩尔质量，还可以用于分离、提纯各种细胞器及其它各种生物物质，是医学、生物学研究的重要工具。

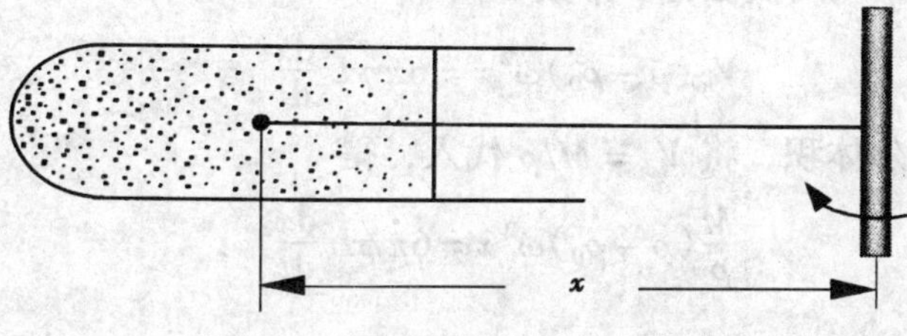

图 10－10　离心沉降

在转动角速度为 ω 的离心场中，一个半径为 r、质量为 m 的球形粒子，当它离转轴的距离为 x 时（图 10－10），会同时受到三种力的作用：①离心力 $F_{离} = m\omega^2 x$；②浮力 $F_{浮}$，它等于和粒子体积相同、质量为 m_0 的溶液所受到的离心力，但方向相反，$F_{浮} = -m_0\omega^2 x$；③粘滞阻力 $F_{粘} = 6\pi\eta r\frac{dx}{dt}$。当合力为零时，粒子匀速沉降，则

$$F_{离} = F_{浮} + F_{粘}$$

$$m\omega^2 x - m_0\omega^2 x = 6\pi\eta r\frac{dx}{dt}$$

由于 $m=\rho\cdot\frac{4}{3}\pi r^3$，$m_0=\rho_0\cdot\frac{4}{3}\pi r^3$，代入上式，得

$$\frac{4}{3}\pi r^3(\rho-\rho_0)\omega^2 x=6\pi\eta\, r\frac{\mathrm{d}x}{\mathrm{d}t} \tag{10-8}$$

整理后得

$$\frac{\mathrm{d}x}{\mathrm{d}t}=\frac{2}{9}\cdot\frac{r^2\omega^2 x\ (\rho-\rho_0)}{\eta}$$

式中 η 为介质粘度，ρ 和 ρ_0 分别为粒子和介质的密度。在时间 t_1 时界面距转轴的距离为 x_1，t_2 时的距离为 x_2，积分上式，整理得

$$r=\sqrt{\frac{9}{2}\cdot\frac{\eta\ln(x_1/x_2)}{(\rho-\rho_0)\omega^2(t_2-t_1)}} \tag{10-9}$$

测出不同时间界面距转轴的距离，即可用上式求出粒子的大小。

令 S 为沉降系数，即单位离心力作用下的沉降速度：

$$S=\frac{\mathrm{d}x/\mathrm{d}t}{\omega^2 x} \tag{10-10}$$

积分得

$$S=\frac{\ln(x_2/x_1)}{\omega^2(t_2-t_1)} \tag{10-11}$$

将式(10－11)代入式(10－9)，得

$$r=\sqrt{\frac{9}{2}\cdot\frac{\eta S}{(\rho-\rho_0)}} \tag{10-12}$$

一般蛋白质的沉降系数多在 $10^{-13}\sim 200\times10^{-13}$ s 之间，因此将 10^{-13} s 作为沉降系数的一个单位，称为 1 svedberg。

很多时候用超离心机做沉降实验是为了得到胶体粒子或大分子的摩尔质量 M。为此可将（10－8）式两端分别乘以阿伏伽德罗常数 L。

$$V_\mathrm{m}(\rho-\rho_0)\omega^2 x=6\pi\eta rL\frac{\mathrm{d}x}{\mathrm{d}t}$$

V_m 为胶粒或大分子的摩尔体积，将 $V_\mathrm{m}=M/\rho$ 代入，得

$$\frac{M}{\rho}(\rho-\rho_0)\omega^2 x=6\pi\eta rL\frac{\mathrm{d}x}{\mathrm{d}t}$$

或

$$M(1-\bar{V}\rho_0)\omega^2 x=6\pi\eta rL\frac{\mathrm{d}x}{\mathrm{d}t}$$

式中 $\bar{V}$ 为溶胶粒子的偏比容（partial specific volume）。

将（10－4）式代入，整理后得

$$\frac{RT}{D}\cdot\frac{\mathrm{d}x}{\mathrm{d}t}=M(1-\bar{V}\rho_0)\omega^2 x$$

积分得

$$M=\frac{RT\ln(x_2/x_1)}{D(1-\bar{V}\rho_0)(t_2-t_1)\omega^2}$$

或

$$M=\frac{RTS}{D(1-\bar{V}\rho_0)} \tag{10-13}$$

分别测得溶胶粒子的扩散系数 D 和沉降系数 S，就可以计算溶胶粒子或大分子的摩尔质量。

如果将离心速度减慢，溶胶粒子也会在离心场中达到沉降平衡。一些粒径很小，密度和介质很接近的粒子，在目前所能达到的超离心力作用下，还不可能完全沉降，它们移动很慢，没有明显的界面，但可以形成沉降平衡。

设在截面积为 A 的离心管中胶体粒子在离心场中达到沉降平衡。在截面 A 处胶粒的浓度为 c，沉降速度为 $\mathrm{d}x/\mathrm{d}t$，单位时间通过截面沉降的粒子的量为 $cA\mathrm{d}x/\mathrm{d}t$；在截面处的浓度梯度为 $\mathrm{d}c/\mathrm{d}x$，根据斐克第一定律，单位时间通过截面扩散的粒子的量为 $-DA\mathrm{d}c/\mathrm{d}x$。达到平衡时

$$cA\frac{\mathrm{d}x}{\mathrm{d}t}=DA\frac{\mathrm{d}c}{\mathrm{d}x}$$

将式(10-10)及式(10-13)代入上式，得

$$M=\frac{RT(\mathrm{d}c/\mathrm{d}x)}{(1-\bar{V}\rho_0)\omega^2 xc}$$

积分得

$$M=\frac{2RT\ln(c_2-c_1)}{(1-\bar{V}\rho_0)\omega^2(x_2^2-x_1^2)} \qquad (10-14)$$

式中 c_1、c_2分别为距轴心 x_1、x_2处粒子的浓度。分别测出距轴心两个不同距离处粒子的浓度，就可以根据式（10-14）计算粒子的摩尔质量。

同样可以导出关于粒子半径的公式：

$$r=\sqrt{\frac{3}{2}\cdot\frac{RT\ln(c_2/c_1)}{L\pi(\rho-\rho_0)\omega^2(x_2^2-x_1^2)}} \qquad (10-15)$$

第四节　分散体系的光学性质

一、光散射

在暗背景下，当光束通过烟雾时，可以从侧面看到一个光柱，仔细观察，还可以看到许多细微亮点移动。这个现象称为丁铎尔现象（Tyndall phenomena)。将一束光照射到暗背景下的溶胶时，可以看到同样的现象。

丁铎尔现象的本质是粒子对光的散射（scattering)。光是一种电磁波，当光照射到不均匀的介质时，电磁波使粒子中分子的外层电子做与入射光相同频率的强迫振动，这使粒子相当于一个新的光源，向各个方向发射与入射光频率相同的光，这就是光散射。当粒子的直径大于入射光的波长时，主要发生光的反射。当粒子的直径小于光的波长时，主要发生光的散射。胶体粒子的粒径小于光的波长，因此会出现光散射现象，而粒径较大的粗分散体系只有光的反射。

瑞利（L. Rayleigh）提出了粒径小于 $\lambda/20$ 的非导体球形质点的光散射公式：

$$I=\frac{24\pi^3\nu V^2}{\lambda^4}\left(\frac{n_2^2-n_1^2}{n_2^2+2n_1^2}\right)^2 I_0 \qquad (10-16)$$

式中 I 和 I_0 分别为散射光和入射光的强度，λ 为入射光波长，V 是单个质点的体积，ν 为单位体积内的质点数，n_2 和 n_1 分别为分散相和分散介质的折射率。

根据瑞利公式可以得到如下结论：

(1) 散射光强和入射光波长的 4 次方成反比。用自然光作入射光，波长较短的蓝紫色光散射作用最强，而波长较长的橙红色光透射作用最强。因此，当用自然光照射颗粒很细的无色溶胶时，从侧面看到的是蓝紫色的光柱，而从正面看到的是橙红色的光。

(2) 分散相与分散介质的折射率相差越大，散射光越强。溶胶是多相体系，胶粒与分散介质之间光学性质的差别远远大于大分子溶质与溶剂之间的差别。因此，在质点大小相近的情况下，溶胶比高分子溶液的散射光强。

(3) 散射光强和分散体系的浓度成正比。对于指定的体系，其它条件都相同，分散相粒子密度为 ρ，浓度为 c 时，$\nu V = c/\rho$。因此散射光强度

$$I \propto cV \tag{10-17}$$

当分散相质点大小相同时，散射光强度和分散相浓度成正比

$$\frac{I_1}{I_2} = \frac{c_1}{c_2}$$

浊度计就是根据此原理设计的。

(4) 散射光强和质点的体积成正比。体积越大（$d < \lambda$），散射光越强。根据（10-17）式，当浓度相同时，散射光强之比等于分散相质点的体积之比

$$\frac{I_1}{I_2} = \frac{V_1}{V_2} = \frac{r_1^3}{r_2^3}$$

对于分散相为相同物质的溶胶，当浓度相同时，可以通过测量散射光强度计算其胶粒粒径的大小。

光散射是溶胶的一个重要光学性质，对于透明液体，可以利用丁铎尔现象来鉴别其是否为溶胶。真溶液虽然也会发生光散射，但要弱多。这是由于溶质分子较小，并且溶剂化作用也会使溶质与溶剂之间折射率的差值变小。因此很难直接观察到真溶液的散射光。

光散射法是研究分散体系性质的重要方法。测量光散射用的仪器是光散射光度计，一般采用激光光源。光散射法常被用来测量高分子化合物的摩尔质量、分散体系中分散相的粒径和粒度分布等。

二、溶胶的颜色

溶胶的颜色是由两个因素决定的：溶胶对光的吸收和光散射。物体对光有吸收，呈现的是被吸收色光的补色。例如金溶胶对绿光有选择性的吸收，因此金溶胶的颜色为红色。由于波长较短的光，散射光强度较大，所以粒子很小的透明溶胶呈浅蓝色透明乳光。一些对可见光吸收很弱的溶液，只呈现散射光的颜色，如 AgCl、$BaSO_4$ 溶胶。那些对可见光有明显吸收的溶胶有鲜艳的颜色，并且溶胶的颜色随粒子的大小发生变化。当粒子较小时，散射光很弱，溶胶的颜色由其对光的吸收决定。随着粒子变大，散射光增强，溶胶的颜色发生变化。例如金溶胶，粒径很小的时候是红色，放置后质点逐渐变大，光散射作用也越来越强，溶胶的颜色逐渐由红色变成蓝色。

第五节　分散体系的电性质

分散在介质中的溶胶粒子都带有电荷，因此胶体分散体系具有电学性质。

一、电动现象

1. 电泳

胶体粒子在外电场的作用下会在介质中做定向运动，这种现象被称作电泳（electrophoresis）。电泳现象是在 1809 年被发现的。Рейсс 做了一个实验，他在湿泥土上插了两个玻璃管，玻璃管的底部铺了细砂，上面灌入清水，然后通电。他发现泥土微粒向正极方向移动，使正极管中的水变混浊了（图 10－11）。显然泥土颗粒是带负电的。

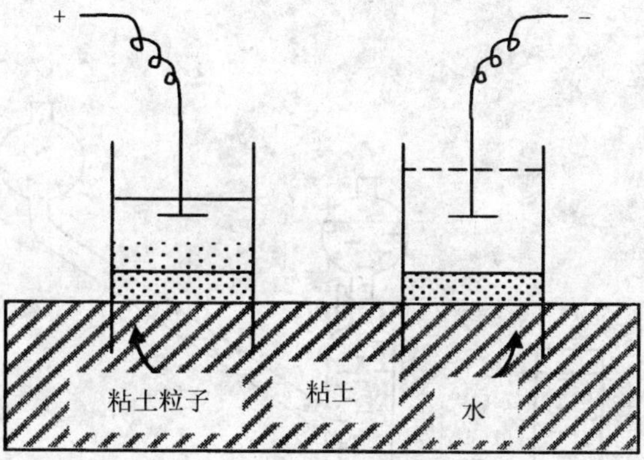

图 10－11　Рейсс 的电泳实验

图 10－12 是 U 形管界面移动电泳仪，这是研究胶粒电泳的经典仪器。用电泳法可以分离、检测生物大分子，在生物学和临床医学被广泛应用。工业上使用的静电除尘、电泳电镀等都是利用了分散体系的电泳性质。

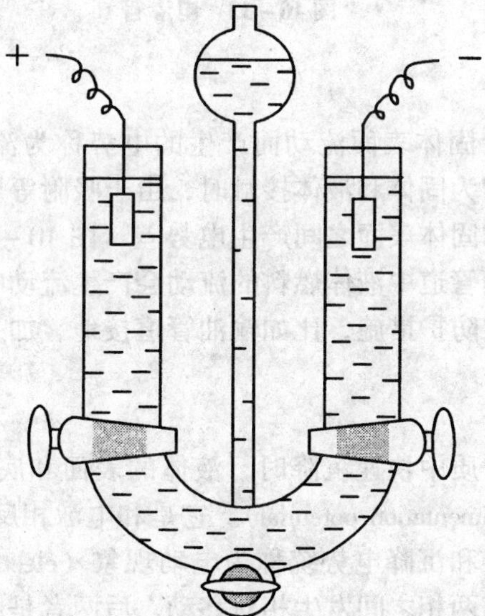

图 10－12　U 型管电泳仪

2. 电渗

在 Рейсс 的实验中，除了可以观察到泥土颗粒的移动，还可以看到正极管的水面下降，负极管的水面升高。这种现象不仅发生在 Рейсс 的实验中。当固体和液体接触时，在两相界面处会分别带有不同电荷。在电场中，若固体不动，液体会向所带电荷相反电性的电极方向移动。这种固体不动，分散介质在外电场的作用下所做的定向流动称为电渗（electroosmosis）。用电渗管（图 10－13）可以直接观察电渗现象。当在电极上施加电压时，可以观察到毛细管中液面的移动。根据液面移动的方向和距离，可以了解液体所带电荷的性质及电渗速度。

图 10－13　电渗管

3. 流动电势

在外力作用下，液体沿固体表面流动而产生的电势称为流动电势（streaming potential）。它是和电渗相反的现象。因为固体和液体接触时，由于吸附等原因会带有电荷，当外力迫使液体流动时，就会在液体和固体表面之间产生电势差（图 10－14）。在工业生产中必须重视流动电势的存在。例如输油管道中液体燃料的流动会产生流动电势，高压下会产生火花，引起爆炸或火灾。因此要采取防护措施，比如输油管道接地、加入油溶性离子型表面活性剂以增加油性液体的电导率等。

4. 沉降电势

当分散相粒子在分散介质中快速沉降时，液体的表面和底层之间会出现电势差（图 10－15），称为沉降电势（sedimentation potential）。它是和电泳相反的现象。

电泳、电渗、流动电势和沉降电势统称为电动现象（electrokinetic phenomenon），前两者是在外电场的作用下固、液两相之间发生相对移动，后两者是由于两相之间的相对移动而产生电场。电动现象不仅出现在固－液界面，液－液、气－液、气－固界面也存在这种现象。

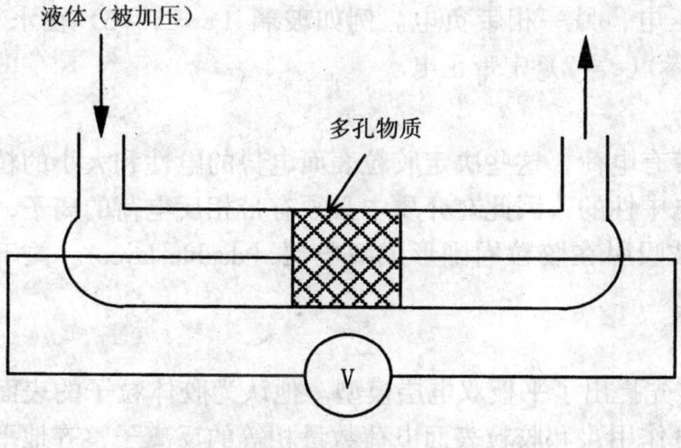

图 10－14　流动电势

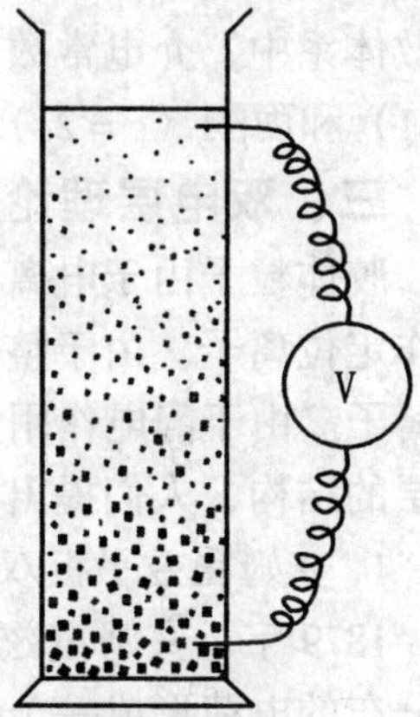

图 10－15　沉降电势

二、胶粒表面电荷的来源

电动现象的存在说明了胶粒表面是带电的。胶体粒子表面电荷主要有以下几个来源：

1. 吸附

悬浮在液体中的固体粒子很容易吸附溶液中的离子从而带电。根据所吸附离子的电性，确定粒子是带正电还是负电。一般情况下，正离子的水化能力远远大于负离子，因此水化能力较弱的负离子更容易被胶粒吸附，使胶体粒子带负电。

对于由难溶性晶体构成的胶体粒子，胶粒优先吸附与组成晶格的离子相同的那些离子。这被称为法金斯规则（Fajans 's rulc）。例如用 $AgNO_3$ 和 KI 制备 AgI 溶胶，当溶液中有过量的 $AgNO_3$ 时，AgI 颗粒的表面会吸附 Ag^+ 而带正电荷，当溶液中有过量的 KI 时，胶粒表面则吸附 I^- 而带负电荷。

2. 电离

电离是大分子带电的主要原因。例如蛋白质分子中的羧基和氨基，在溶液不同的 pH 条件下，可分别电离成 $-COO^-$ 和 $-NH_3^+$。当 pH 高于等电点（isoelectric point）时，蛋白质分子主要表现为羧基的电离，分子带负电；当 pH 低于等电点时，氨基的离子化使分子带正电。

有些溶胶粒子是由可电离的分子组成的，因此也会因电离而带电。例如硅胶表面上的 SiO_2，会和水反应生成成硅酸 H_2SiO_3，随着溶液 pH 的不同，H_2SiO_3 可以发生碱性电离或酸性电离，硅胶粒子因此而带正、负电荷。

3. 离子的不等量溶解

溶胶粒子是离子型固体时，如果正、负离子在介质中的溶解度不同，也会使胶粒带电。例如将 AgI 晶体放入纯水中，Ag^+ 比 I^- 的溶剂化作用强，这使 Ag^+ 的溶解度大于 I^-。当溶液饱和后，胶粒表面会有过量 I^- 而带负电荷。

4. 晶格取代

粘土粒子带电的原因是晶格取代。粘土由铝氧八面体和硅氧四面体组成。天然粘土中的高价离子 Al^{3+} 和 Si^{4+} 往往会有一部分被低价离子 Ca^{2+} 和 Mg^{2+} 取代，使粘土粒子带负电。

5. 摩擦带电

在非水介质中，胶体粒子带电的原因可能和固体与液体之间的摩擦有关。两相接触时，由于对电子的亲和力不同，因而使电子从一相流入另一相。经验表明，在两种非导体组成的分散体系中，介电常数较大的一相带正电，另一相带负电。例如玻璃（ε = 5 ~ 6）在水（ε = 81）和丙酮（ε = 21）中带负电，在苯（ε = 2）中带正电。

三、双电层理论

胶体粒子由于电离、吸附等原因带有电荷，这些决定胶粒表面电势的电性和大小的粒子称作定位离子。由于整个分散体系是电中性的，因此在介质中必须有带相反电荷的离子，即反离子。由于静电作用，这些反离子被吸引在胶粒周围形成双电层（double layer）。关于双电层的结构，人们提出了以下几个模型。

1. 亥姆霍兹平板双电层模型

1879 年，亥姆霍兹（Helmholtz）首先提出了平板双电层模型。他认为胶体粒子的表面均匀分布的电荷形成一个电层，由于静电作用，和胶粒表面电荷数量相等的反离子整齐地平行排列在介质中，形成另一个电层（图 10 – 16）。这种双电层的结构类似于平板电容器。双电层之间的距离 δ 很小，约等于反离子的半径。在双电层内表面电势 Ψ_0 直线下降，距离胶粒表面为 δ 处的电势下降至 0。在外电场的作用下，带有不同电荷的胶粒和介质分别向不同的电极运动。平板双电层模型在早期对电动现象的研究中起过一定作用。但是进一步的研究发现该模型存在严重不足。由于离子的热运动，反离子是不可能整齐地平行排列而形成平板电容器的。

2. 古依 – 查普曼扩散双电层模型

古依（Gouy，1910 年）和查普曼（Chapmann，1913 年）提出了扩散双电层模型。他们认为介质中的反离子同时受到两个相反的力作用：胶粒表面电荷的静电力吸引反离子趋向固体表面；离子热运动使反离子趋向在介质中均匀分布。反离子在介质中的分布是这两种力共同作用的结果（图 10 – 17）。

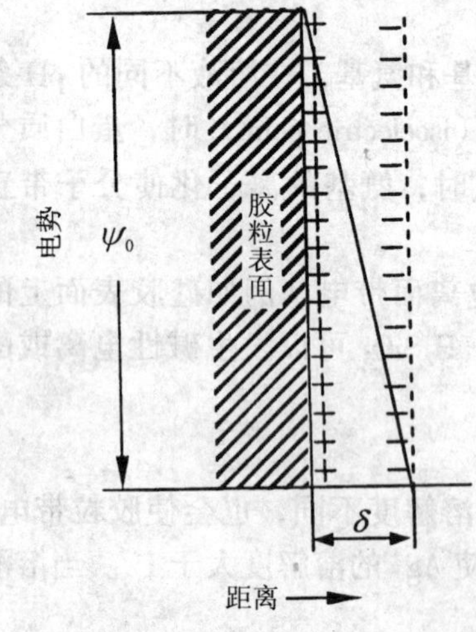

图 10 – 16　Helmholtz 平板双电层模型

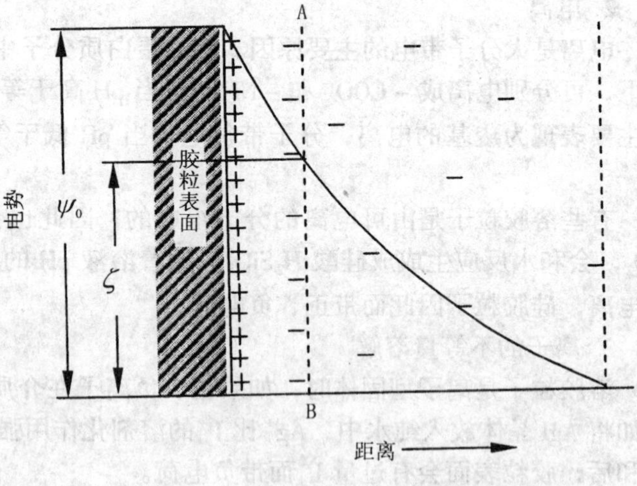

图 10 – 17　Gouy – Chapman 扩散双电层模型

吸附在固体表面附近的反离子在溶液中的分布符合玻尔兹曼分布：靠近固体表面处反离子较多，随着距离增加反离子渐少。在电场中固液之间发生相对位移时，所移动的切动面为 AB（图 10 – 17）。从胶粒表面到液体内部电中性的总电势称为表面电势或热力学电势（electrothermodynamic potential)，从切动面到液体内部电中性处的电势称为动电势（electrokinetic potential）或 ζ 电势（zeta potential）。ζ 电势可以通过电泳或电渗的方法测定得到。ζ 电势是在固液相之间出现相对位移时才能表现出来，因此被称作动电势。热力学电势 Ψ_0 不受液体中离子浓度的影响。但是溶液中离子的浓度会影响 ζ 电势。溶液中离子浓度增大，由于热扩散作用会压缩反离子扩散层的厚度，将更多的反离子挤入切动面以内，从而使 ζ 电势降低。

古依－查普曼扩散双电层模型克服了平板双电层模型的不足，区分了热力学电势 Ψ_0 和 ζ 电势，并导出了双电层中电势与电荷分布的定量表达式，解释了动电现象，也解释了实验中出现的电解质使 ζ 电势下降的原因。但是该模型没有给出 ζ 电势明确的物理意义，不能解释为什么在加入电解质后，有时 ζ 电势会升高甚至超过表面电势，以及出现的 ζ 电势改变符号的现象。显然该模型还有许多不完善之处。

3. 斯特恩扩散双电层模型

1924 年，斯特恩（A. Stern）在亥姆霍兹平板双电层模型和古依－查普曼扩散双电层模型的基础上提出了新的双电层模型。他认为古依－查普曼模型的主要问题有两点：一个是将溶胶中的反离子当作没有体积的点电荷，另一点是溶液中反离子的分布都符合玻尔兹曼分布，这些都和实际情况不相符合。

斯特恩认为：溶液中的离子不仅具有一定的体积，而且是溶剂化的，因此离子中心至胶体粒子表面的距离不小于离子的半径。溶液中的离子除了受到胶粒表面电荷静电作用之外，还会受到范德华引力的作用。据此斯特恩提出了他的双电层模型。

斯特恩认为由于静电引力和范德华力的共同作用，因此在固体表面附近一、两个分子厚的区域内反离子的分布情况和溶液中其它部分的情况不同。该区域的反离子被紧密地吸附在固体表面，形成紧密吸附层，也称作斯特恩层。其它反离子扩散分布至溶液内部（图 10－18a）。斯特恩层内水化反离子中心的位置称斯特恩面。在斯特恩面的净电势为 Ψ_d，称作斯

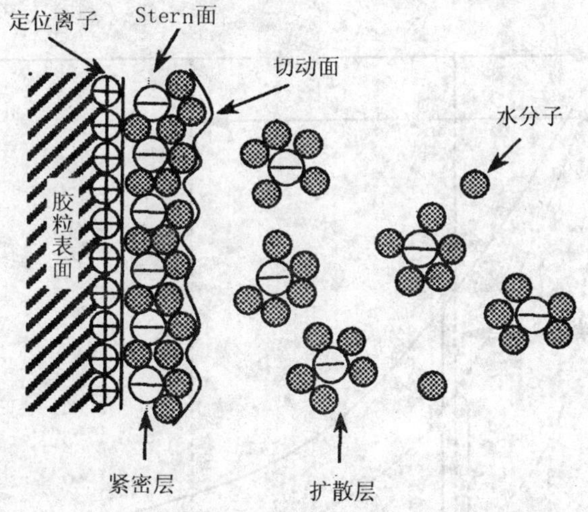

a

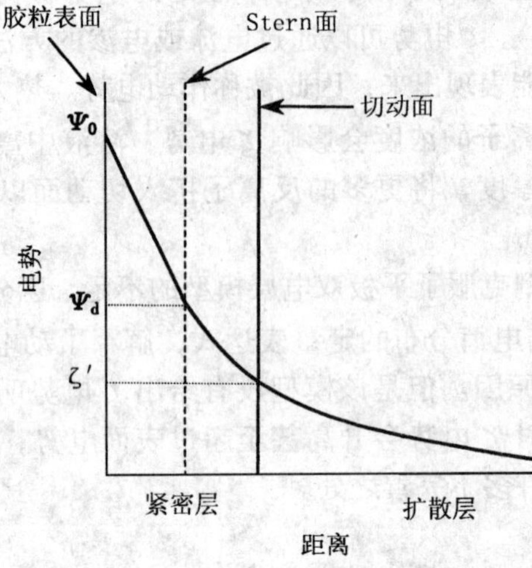

b

图 10－18 斯特恩双电层模型

特恩电势，低于固体的表面电势 Ψ_0。从固体表面至斯特恩面，电势从 Ψ_0 直线降低至 Ψ_d，电势变化的情况与平板双电层模型相似。扩散层的电势从 Ψ_d 一直降至零，其变化规律和古依－查普曼理论相似，只是将 Ψ_0 换成 Ψ_d（图 10－18b）。显然，斯特恩模型是亥姆霍兹模型和古依－查普曼模型的结合。

在斯特恩层的反离子和胶粒一起运动。由于溶液中的反离子都是水合离子，这部分水分子在电场中和胶粒与反离子作为一个整体一起运动。因此切动面的位置在斯特恩面以外，ζ 电势也应该略低于 Ψ_d（图 10－18b）。

斯特恩层的反离子和扩散层的反离子处于平衡状态。当溶液中加入电解质时，离子浓度的升高会压缩扩散层的厚度，并将更多的反离子挤入斯特恩层，导致 ζ 电势下降(图 10－19)。

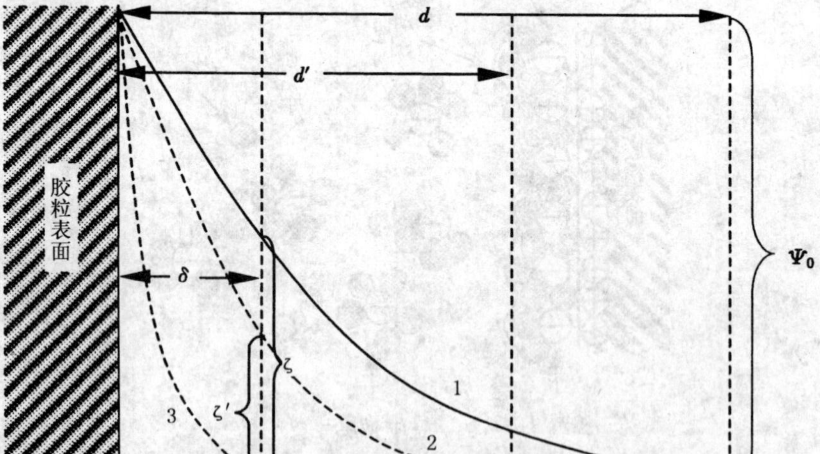

图 10－19 电解质对 ζ 电势的影响

电解质浓度 $c_1 < c_2 < c_3$

高价离子和表面活性剂大离子有较高的吸附能，如果溶液中存在这类反离子，它们会大量进紧密层，有可能改变斯特恩电势的符号。和定位离子电性相同的表面活性剂大离子，由于和固体表面之间强烈的范德华引力有可能克服静电斥力进斯特恩层，使 Ψ_d 高于表面电势 Ψ_0。

斯特恩的吸附扩散双电层模型比亥姆霍兹平板双电层模型和古依－查普曼模型又进了一步。首先它赋予了 ζ 电势比较明确的物理意义：ζ 电势是切动面与溶液内部电中性处的电势差，它是斯特恩电势 Ψ_d 的一部分。其次，斯特恩模型解释了电解质对 ζ 电势的影响，并对高价离子和表面活性剂大离子使 ζ 电势改变符号或升高的现象给予了比较合理的解释。斯特恩模型比前两种模型更加完善，能够更好地解释更多的事实。但是用斯特恩模型做定量计算比较困难，因此在做定量计算时仍采用古依－查普曼的理论，只是将 Ψ_0 换成了 Ψ_d。尽管如此，仍有一些实验事实不能得到完美的解释。双电层理论仍在不断地发展。

四、胶团的结构

根据双电层理论可以了解胶团的结构。胶体粒子是由很多原子或分子聚集而成。胶体粒子的核心是由不溶性物质组成的胶核（colloidal nucleus）。绝大部分溶胶的胶核都具有晶体结构。在胶核表面吸附了定位离子，使其具有一定的表面电势。由于静电引力和扩散的共同作用，一部分溶剂化的反离子在它的周围形成紧密吸附层。胶核、定位离子和紧密层在电场作用下会以一个整体的形式向与其净电荷电性相反的电极运动，它们被称作胶粒（colloidal particle）。在溶胶中胶粒是独立的运动单位。另一部分反离子扩散到较远的距离，形成扩散层。胶粒和扩散层组成胶团（micelle）。胶团是电中性的。

以 AgI 溶胶为例。用 $AgNO_3$ 和 KI 制备 AgI 溶胶。如果 KI 过量，根据法金斯规则，I^- 被优先吸附，使胶粒带负电。而 K^+ 离子是反离子。如果胶核吸附了 n 个 I^-，胶团中就包括 n 个 K^+ 使胶团为电中性。其中（$n-x$）个溶剂化的 K^+ 被吸附在紧密层，其余 x 个 K^+ 构成扩散层（图 10－20）。由 AgI 胶核、n 个定位离子 I^- 和紧密层的（$n-x$）个反离子 K^+ 组成的胶粒带有 x 个负电荷，在外电场的作用下，向正极运动。如果 $AgNO_3$ 过量，定位离子就是 Ag^+，NO_3^- 作为反离子形成紧密层和扩散层，胶粒带正电。

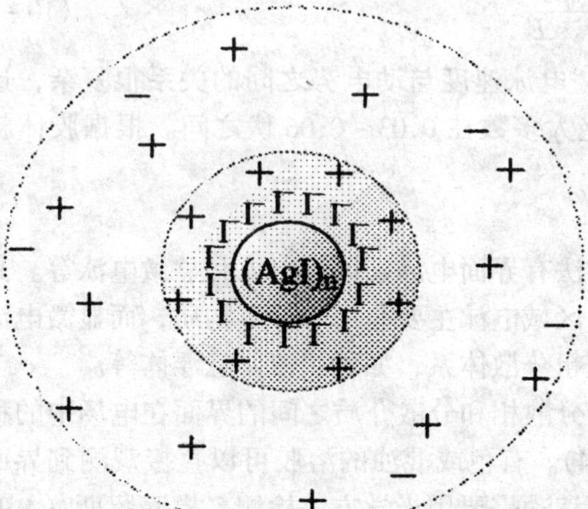

a. AgI 胶团结构

$$[(AgI)_m \cdot nI^- \cdot (n-x)K^+]^{x-} \cdot xK^+$$

胶核　吸附层　扩散层

胶粒

胶团

b. AgI 胶团结构表示式

图 10－20　碘化银胶团结构

有些胶体是结构复杂的混合物，很难用胶团结构式表示。

胶体粒子的大小是不均匀的，即使对于同一种溶胶，它的胶核与胶团的大小形状也是不均一的，具有多分散性。

五、电泳

根据电动现象可以测得 ζ 电势，其中最常用的方法是电泳。电泳不仅可以用来测求 ζ 电势，还可以用来分离和分析生物大分子，在生物学、医学等领域得到广泛应用。

1. ζ 电势的计算

当胶体粒子很小时，可以被近似地看作点电荷。所带电荷为 q 的粒子在强度为 E 的电场中所受到的静电力 $F = qE$ 。当胶粒在电场中移动时，根据斯托克斯（Stokes）公式，粒子在流体中运动受到的粘滞阻力 $f = K\pi\eta r\nu$。当两种作用力达到平衡时，粒子在电场中作匀速运动

$$qE = K\pi\eta r\nu \tag{10-18}$$

式中 r 为溶剂化的粒子半径，η 为介质粘度，ν 为粒子运动速度，K 是和形状有关的常数，当粒子为球形时 $K=6$，棒形粒子 $K=4$。对于球形带电质点，可以将切动面上的胶粒净电荷 q 与扩散层中的电荷 $-q$ 近似地看作一个球面电容器，ζ 电势是电容器两个球面之间的电势差。根据静电学原理，可以导出，球面电容器电势 ζ 与电荷 q 之间的关系，

$$\zeta = \frac{q}{4\pi\varepsilon_0\varepsilon_r r} \tag{10-19}$$

将(10－19)式代入(10－18)式，得

$$\zeta = \frac{K\eta\nu}{4\varepsilon_0\varepsilon_r E} \tag{10-20}$$

该公式称作休克尔公式（Hǔekel equation）。式中 η 为介质粘度；ε_0 为真空绝对介电常数，$\varepsilon_0 = 8.85\times10^{-12}\,C^2\cdot N^{-1}\cdot m^{-2}$；$\varepsilon_r$ 为介质的相对介电常数，水的 $\varepsilon_r = 81$。若胶粒半径为 r，双电层厚度为 κ^{-1}，休克尔公式的使用条件是 $\kappa r \ll 1$ 。当 $\kappa r \gg 1$ 时，质点表面可以看作是平面，此时应使用亥姆霍兹－斯莫鲁霍夫斯基公式（Helmholtz－Smoluchowski equation）

$$\zeta = \frac{\eta\nu}{\varepsilon_0\varepsilon_r E} \tag{10-21}$$

该公式也适用于电渗，当 κr 的值中等大小时，电泳速度与动电势之间的关系很复杂，这里不再介绍。溶胶的 ζ 电势一般为几十毫伏，绝大多数在 0.03～0.06 伏之间。根据胶体粒子的泳动方向可以确定 ζ 电势的正负。

2. 电泳实验

研究电泳的实验方法有很多种，常用的方法有界面电泳、区域电泳和显微电泳等。其中界面电泳主要用来测定较小胶粒的电泳速度；区域电泳主要是用来分离物质，而显微电泳可以用来测定较大粒子的泳动速度，一般是研究粗分散体系，如乳状液，悬浮体等。

（1）界面电泳　测定溶胶或高分子溶液中分散相和分散介质之间的界面在电场中的移动速度，常用的仪器是 U 型管电泳仪（图 10－14）。有色或混浊的溶胶可以直接观测到界面在电场中的移动，无色溶胶和高分子溶液的界面移动需要用光学方法检测。提塞留斯（A Tiselius）改进了 U 型管电泳仪（图 10－21）。他将电泳管中间部分断开，使电泳仪的 AA′、BB′部分可以相对仪器的其它部分做水平移动。在 AA′、BB′部分的电泳管中加入溶胶，其它部分加缓冲液，待温度平衡后，滑动电泳管使整个仪器连通，这样会形成很清晰的界面。提塞

留斯用这样的方法首次将人的血清蛋白分离成5种成分：白蛋白及 α_1、α_2、β、γ 四种球蛋白。

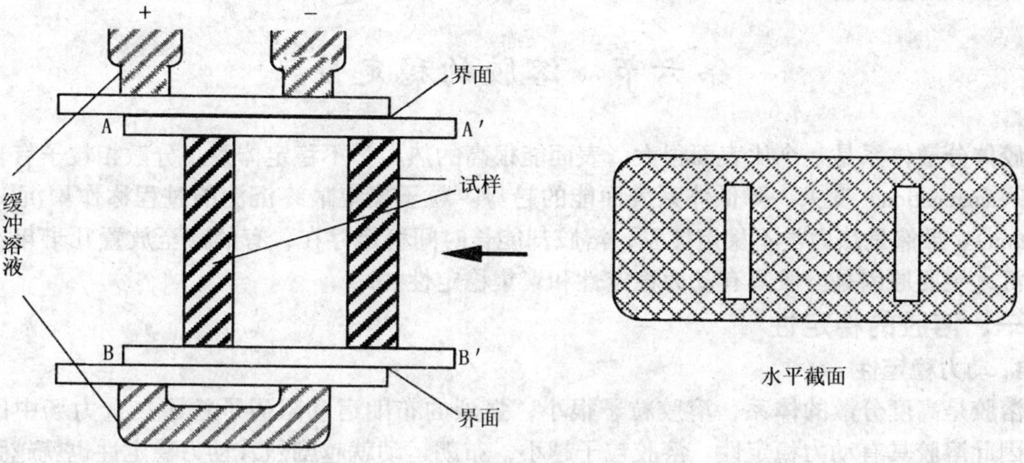

图 10－21　提塞留斯电泳仪

（2）显微电泳　比较大的颗粒电泳可以用显微镜直接观察到。所用的仪器是显微电泳仪（图 10－22）。将被测物装入水平的玻璃毛细管中，管的两端装有电极，电解质浓度较低、电流较小时可以用铂黑电极，浓度较高时应该选用 $Cu/CuSO_4$ 或 Ag/AgCl 等可逆电极。接通电源后直接用显微镜观测粒子的运动速度，并可以由此计算它的 ζ 电势。在毛细管中出现电泳的同时，也会有电渗现象发生。

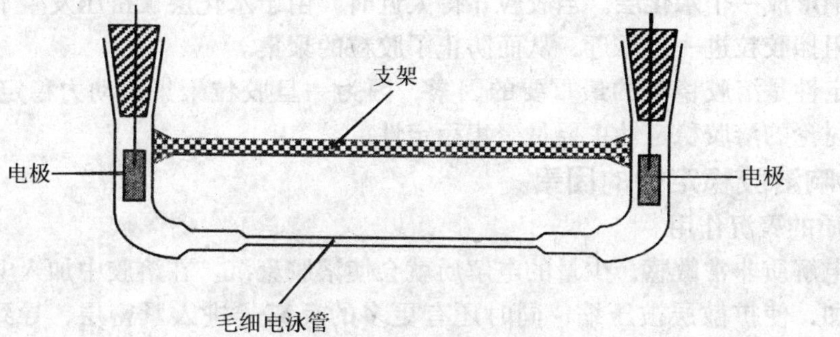

图 10－22　显微电泳仪

显微电泳法的主要优点是使用样品量少，测定方法简单，特别是被测粒子是在本身所处的介质中被测定的，避免了其它因素的干扰。除了粒径较大的溶胶和粗分散体系外，生物体的某些物质如细菌、病毒、血细胞等，都可以用显微电泳法进行研究。

（3）区域电泳　是用惰性的固体或凝胶作为支持物，让泳动物质在支持物的间隙中进行电泳。由于在支持物中进行的电泳过程复杂，因此区域电泳不是用来测电泳速度和动电势的，它只是一种分离技术。根据支持物的不同，区域电泳有纸电泳、琼脂电泳、淀粉凝胶电泳、聚丙烯酰胺凝胶电泳等。浓的凝胶电泳具有高分离能力，如聚丙烯酰胺凝胶电泳可以将血清分离得到25种成分，如果用界面电泳的方法只能分离出5种成分。由于区域电泳所用设备和测定方法都很简单，因此发展迅速，特别是在生物化学研究和临床医学诊断方面，成为不可或缺的重要技术手段。

第六节　溶胶的稳定性

胶体分散体系是一个比表面很大、表面能很高的热力学不稳定体系。分散相粒子有自动聚集（aggregation）变大，降低体系表面能的趋势。粒子聚集最终沉淀的过程称作聚沉（coagulation）。虽然是热力学不稳定体系，溶胶却能长时间稳定存在，有的甚至放置几十年不发生聚沉，主要原因是溶胶具有动力稳定性和聚集稳定性。

一、溶胶的稳定性

1. 动力稳定性

溶胶是高度分散的体系，溶胶粒子很小，强烈的布朗运动阻碍了粒子在重力场中的下沉。因此溶胶具有动力稳定性。溶胶粒子越小，布朗运动就越剧烈，动力稳定性也就越强。

介质的性质对溶胶的动力稳定性也有影响。介质粘度大会增加胶粒沉降的阻力，从而增加了溶胶的动力稳定性。

2. 聚集稳定性

溶胶具有的聚集稳定性主要来自两个方面：胶粒带电和溶剂化作用。

胶体粒子由于吸附、电离等原因带有电荷，在它的周围有一个反离子构成的扩散层。两个胶体粒子相互靠近，当扩散层相互重叠时，就会产生静电斥力，避免了聚集。胶粒带电是防止溶胶聚集的最主要的因素。

溶剂化作用也是溶胶稳定的因素，在水溶液中离子都是溶剂化的，胶粒吸附的溶剂化离子在它的周围形成一个水化层。当胶粒靠得太近时，由于水化层被挤压发生了弹性形变，所产生的弹力阻挡胶粒进一步靠近，从而防止了胶粒的聚集。

聚集稳定性是溶胶稳定的最重要的因素，因为一旦胶粒聚集，动力稳定性也就不存在了。在本节讨论的溶胶稳定性主要是聚集稳定性。

二、影响溶胶稳定性的因素

1. 电解质的聚沉作用

溶胶对电解质非常敏感，少量的电解质就会使溶胶聚沉。在溶胶中加入电解质，由于离子浓度的增加，使扩散层被压缩，同时还有更多的反离子进入紧密层，导致 ζ 电势降低。当扩散层的反离子全部进入紧密层，ζ 电势降至零，此时溶胶最不稳定，自发聚沉。在所有影响溶胶稳定性的因素中，电解质对溶胶聚沉的影响最大。

电解质对溶胶的聚沉能力通常用聚沉值表示。聚沉值是在一定时间内使一定量溶胶完全沉淀所需电解质的最低浓度。以 $mol \cdot m^{-3}$ 表示。聚沉值越小，电解质的聚沉能力越大。

电解质使溶胶聚沉，起主要作用的是反离子。电解质聚沉溶胶的能力主要由以下几个因素决定：

（1）反离子的价数　研究表明，影响电解质聚沉能力的主要因素是反离子的价数。舒尔茨（Schulze）和哈迪（Hardy）在研究中发现：电解质中反离子的价数越高，它的聚沉能力越强，不同电解质的聚沉值和反离子价数的6次方成反比。对于某指定溶胶，当电解质中的反离子价数分别为1、2、3时，它们的聚沉值之比为：

$$M^1:M^1:M^2=\left(\frac{1}{1}\right)^6:\left(\frac{1}{2}\right)^6:\left(\frac{1}{3}\right)^6$$
$$=100:1.6:0.14$$

M^1、M^2、M^3 分别表示电解质的反离子为 1、2、3 价时的聚沉值。这个规则称作舒尔茨 – 哈迪规则（Schulze – Hardy's rule）。这个规则只是一个近似规则。因为除了反离子的价数以外，还有其它因素也对电解质的聚沉能力有影响。

(2) 反离子大小　电解质中具有相同价数的反离子，它们的聚沉能力仍有不同，特别是一价反离子之间的差别比较明显。当反离子为一价正离子时，它们的聚沉能力大小顺序为：

$$H^+>Cs^+>Rb^+>NH_4{}^+>K^+>Na^+>Li^+$$

反离子为一价负离子时聚沉能力的顺序为：

$$F^->IO_3{}^->H_2PO_4{}^->BrO_3{}^->Cl^->ClO_3{}^->Br^->I^->CNS^-$$

同价反离子聚沉能力的顺序称为感胶离子序（lyotropic series）。感胶离子序与水合离子半径从小到大的顺序基本一致。原因可能有两点：较小的水合离子更容易靠近胶体粒子，水化层的存在削弱了静电引力。高价反离子由于价数的影响更大，离子大小的影响相对不明显。

(3) 有机反离子　较大的有机反离子，如表面活性剂的反离子，它们和胶粒之间有很强的范德华力，容易吸附在胶粒表面。因此和同价的小离子相比，它们的聚沉能力要大得多。例如同一种带负电的 AgI 溶胶，$NaNO_3$ 的聚沉值是 $140mol\cdot m^{-3}$，$C_{12}H_{25}(CH_3)_3N^+Cl^-$ 聚沉值约为 $0.01mol\cdot m^{-3}$。

(4) 同号离子　电解质中与胶粒所带电荷相同的离子，它们对反离子的静电引力使反离子的聚沉能力有所下降。同号离子的价数越高，降低反离了聚沉能力的作用越强。

(5) 不规则聚沉　在高价反离子或有机反离子的存在下，溶胶有时会出现不规则聚沉。加入少量电解质时溶胶发生聚沉，随着电解质浓度的增加，溶胶的沉淀又重新分散，但是胶粒所带的电荷符号改变了。继续增加电解质的量，溶胶再次出现聚沉。这种现象称作不规则聚沉。这种现象的产生是由于高价反离子或有机反离子在胶粒表面有很强的吸附作用。少量时会降低溶胶的 ζ 电势，使溶胶聚沉。但胶粒吸附过多的高价离子后又重新带有电荷，形成新的双电层，只是电荷的符号改变了。因此已经沉淀的胶粒又重新分散，成为稳定的溶胶。当重新分散的溶胶被继续加入的电解质再一次聚沉时，由于此时溶液中的电解质浓度已经很高了，再增加电解质的量也不可能使沉淀重新分散。不规则聚沉是一个有限的过程。

2. 溶胶的相互聚沉

将两种带有相反电荷的溶胶混合，会出现相互聚沉。和少量电解质就能使溶胶聚沉不同，溶胶的相互聚沉和它们的比例有关。只有两者的总电荷量恰好相等时，溶胶才能完全相互聚沉。如果两种溶胶的量不相等时，则聚沉不完全或不聚沉。明矾净化水就是利用了溶胶的相互聚沉作用。明矾 $KAl(SO_4)_2\cdot12H_2O$ 在水中水解生成 $Al(OH)_3$ 溶胶，该溶胶带有正电荷，它和水中的泥土等荷负电的胶体粒子相互聚沉。聚沉时生成的絮状沉淀还会将水中的其它较大的杂质颗粒带着一起聚沉，使水得到净化。

溶胶相互聚沉的另一个可能的原因是两种溶胶的稳定剂之间发生反应生成了沉淀，失去了稳定剂的溶胶稳定性下降而聚沉，由于这种原因引起的溶胶相互聚沉有可能发生在电性相同的溶胶之间。

3. 高分子的作用

足够量的高分子化合物对溶胶有保护作用。高分子化合物吸附在胶粒表面，增加了胶粒和介质间的亲和力，降低了表面能，使溶胶稳定（图 10－23a）。带有高分子吸附层的胶粒相互接近时，吸附层的重叠会产生斥力，阻止胶粒聚集。如果被吸附的高分子化合物本身带有电荷，将增加胶粒间的静电斥力而使溶胶稳定。高分子溶液所具有的较大粘度，也是使溶胶稳定的一个因素。

利用高分子物质保护溶胶的例子很多，如墨汁中加入树胶，涂料、油墨中加入醇酸树脂等。在药物制剂中：杀菌剂蛋白银是用蛋白质保护的银溶胶；胃肠造影用的硫酸钡合剂是用阿拉伯胶保护硫酸钡溶胶。

如果在溶胶中加入极少量的高分子物质，可以使溶胶快速生成疏松的絮状沉淀。高分子的这种作用称作絮凝（flocculation）作用，产生絮凝作用的高分子称作絮凝剂。这是由于当加入的高分子物质不足以将胶粒包裹起来时，这些链状的大分子就将胶粒连在一起，促进了溶胶的沉淀（图 10－23b），所以也把高分子的絮凝作用称作“桥联作用”。

利用高分子对溶胶进行沉淀，具有迅速、彻底、沉淀疏松、过滤快、絮凝剂用量少等优点，因此被广泛用于污水处理、钻井泥浆、化工生产中的沉淀、过滤、洗涤等。

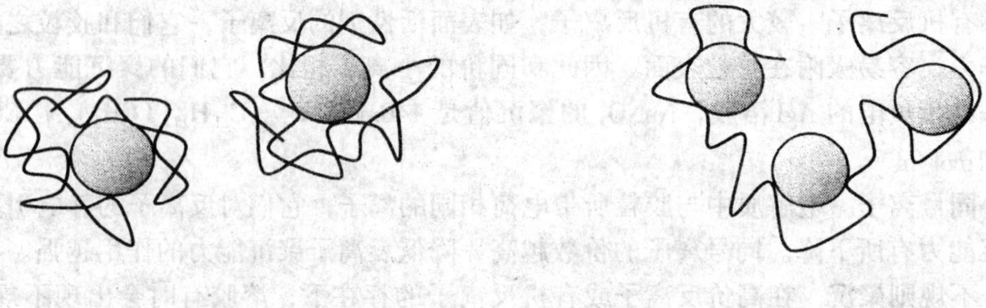

a. 大分子的保护作用　　　　b. 大分子的絮凝作用

图 10－23　大分子对溶胶稳定性的影响

三、溶胶稳定性理论——DLVO 理论

20 世纪 40 年代，前苏联学者杰略金（Derjaguin）、朗道（Landau）和荷兰学者凡尔威（Verway）、奥孚皮克（Overbeek）分别独立提出了溶胶稳定性理论，称作 DLVO 理论。该理论根据两个质点间的势能对胶体稳定性进行了研究，提出了质点之间相互吸引能和双电层排斥能的计算方法，并由此对胶体稳定性进行了定量计算。这个理论是到目前为止关于胶体稳定性及电解质对稳定性的影响解释得比较完善的理论。下面对该理论做一简单介绍。

1. 粒子间的吸引能

在两个质点之间存在着范德华引力。两个分子间的范德华引力和距离的 6 次方成反比。胶体粒子是大量分子的集合体，它们之间的相互作用是组成粒子的各分子对之间相互作用的加和。对于两个体积相等、距离很近的同一物质球形粒子，可以导出它们之间的引力势能 V_A 为：

$$V_A = \frac{-Ar}{12H} \tag{10-22}$$

式中 r 为粒子半径，H 为两个球面之间的最近距离，A 为哈马克常数，这是一个与粒子性质（如单位体积的粒子数，极化率等）有关的常数，约在 $10^{-19} \sim 10^{-20}$J 之间。

对于两个彼此平行的平板形粒子，可以得出单位面积上的引力势能：

$$V_A = \frac{-A}{12\pi H^2} \tag{10-23}$$

式中 H 为两板间的距离。

(10－22)式和(10－23)式都只适用于粒子间距离远远小于粒子大小的情况。如果粒子很小或距离较远，则需要加入对粒径和板厚的校正，所得公式比较复杂，但仍可以得到引力势能和距离之间的关系

$$V_A \propto \frac{1}{H^2} \tag{10-24}$$

2. 粒子间的排斥势能

胶体粒子带有电荷，但带电荷的粒子和双电层中的反离子作为一个整体的胶团是电中性的。在两个胶粒之间的距离还没有近到使双电层重叠时，它们之间不存在静电斥力。当两个带有相同电荷的粒子相互接近，一旦双电层发生重叠，粒子之间产生排斥力，这种由于静电力而使粒子之间具有的排斥势能和粒子所带电荷数、粒子的大小、双电层厚度及粒子之间的距离等因素有关。对于两个半径为 r，表面电势为 Ψ_0，球面之间最近距离为 H 的球形粒子，它们之间的排斥势能 V_R 为

$$V_R = K\varepsilon r{\Psi_0}^2\exp(-\kappa H) \tag{10-25}$$

式中 K 为常数，ε 为介质的介电常数，κ 和溶液中电解质的浓度 $c^{1/2}$ 及离子的价数 z 成正比。κ^{-1}有双电层厚度的意义。根据（10－25）式可以看出，胶粒之间的排斥势能随粒子半径及表面电势的增加而升高，随双电层厚度的增加而升高，随粒子间的距离减小而升高。

平板型粒子之间的排斥势能为：

$$V_R = K_1 c^{\frac{1}{2}}\exp(-K_2 c^{\frac{1}{2}}) \tag{10-26}$$

式中 K_1 和 K_2 是常数，c 是介质中电解质的浓度。可以看到，粒子间的排斥势能随介质中电解质浓度的增大而呈指数下降。

3. 胶体粒子之间的总势能

胶体粒子之间总的势能 V 是它们之间的吸引势能 V_A 和排斥势能 V_R 之和：

$$V = V_A + V_R \tag{10-27}$$

若体系中所有的胶体粒子均为球形，将(10－22)式和(10－25)式代入(10－27)式，根据（10－27）式以势能 V 对距离 H 作图，可得两个球形胶体粒子之间的总势能曲线（图 10－24）。从图中可以看到，粒子间的排斥能是正值，吸引能是负值。当两个粒子间距离缩小时，排斥能和吸引能的绝对值都增大。根据(10－24)和(10－25)式，排斥能随距离呈指数变化，而吸引能随距离的平方成反比变化。因此

（1）当 $H\to 0$ 时，$V_R\to$常数，$V_A\to -\infty$ 。

（2）当 $H\to\infty$ 时，V_R 和 V_A 都趋近于零，但 V_R 下降得更快。

由此可得出这样的结论：在两个粒子相距很远或很近时，它们之间的势能的大小是由吸引能决定的。在距离适中时，势能的大小由排斥能和吸引能的加和来决定，势能是正还是负要看它们绝对值之间的相对大小。从图中可以看到，在距离很远时，粒子间的势能为零。随着距离的接近，首先出现的是吸引能，势能变负，但是绝对值很小。接着出现了排斥能，它增大的更快，使总的势能变为正值，并且越来越大，达到一个极大值。当距离很小时，吸引能绝对值的增加速度超过了排斥能，总的势能迅速下降成为负值。势能曲线上的最高点称作势能垒。

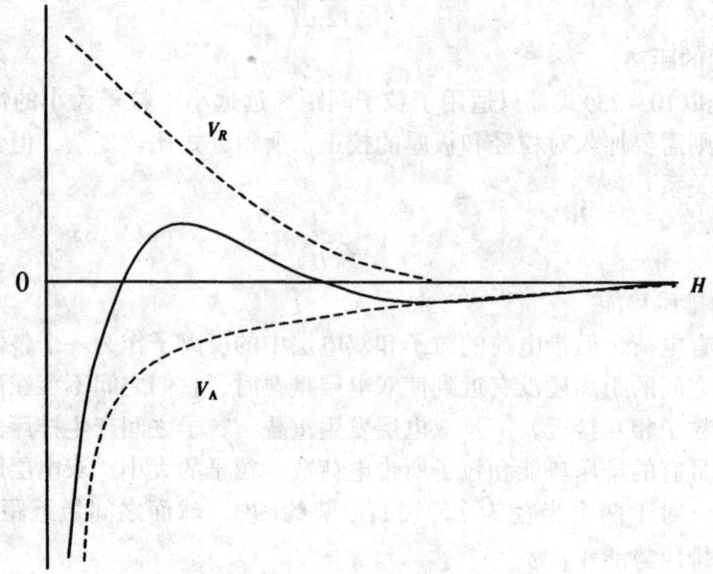

图 10-24　两个粒子间的势能曲线

DLVO 理论用粒子间的势能曲线解释了胶体的稳定性及电解质对胶体稳定性的影响，势能曲线中势能垒的高低是溶胶的稳定性的标志。胶体粒子进行布朗运动的平动能为 3/2 kT，只有当粒子的平动能大到能跃过势能垒时，才会发生聚沉。当势能远远高于粒子的平动能时，势能垒阻挡了胶粒的接近，溶胶是稳定的。如果势能垒小于粒子的平动能，或势能一直是负值，没有势能垒的出现，那么不论在什么情况下，胶粒必然相互聚沉。

DLVO 理论还解释了电解质浓度对溶胶稳定性的影响。根据(10-22)~(10-25)式，影响势能曲线的因素有哈马克常数 A，表面电势 Ψ_0，和双电层厚度 κ^{-1}。

哈马克常数 A 和体系的化学性质有关，体系确定了，A 是一个常数。

表面电势 Ψ_0 的增加使粒子间排斥势能增大，使势能垒升高，有利于胶体的稳定。随着 Ψ_0 的增大，对 V_R 影响减弱，趋于一个定值。有些溶胶如 AgI 可以通过改变同离子的浓度来调节 Ψ_0。由于没有测定 Ψ_0 的直接方法，实际是用 ζ 电势来讨论溶胶的稳定性的。

κ 和溶液中电解质浓度的 1/2 次方及价数有关。κ 越小，双电层的厚度越大，势垒越高，溶胶越稳定。加入电解质会使 κ 的值变大。浓度越大，κ 越大，势能垒降得越低，溶胶越不稳定。根据(10-25)和(10-26)式可以定量地计算电解质的浓度对势能的影响。

假设势能曲线的极大值为零时的 κ 值是溶胶是否稳定的极限值。根据（10-28）式可以解出在以水为介质的溶胶体系中，胶体粒子之间的势能 $V=0$ 时，电解质的浓度 c

$$c = 常数 \times \frac{\gamma^4}{A^2 z^6}$$

式中 γ 是和表面电势有关的物理量，当体系确定后，γ 和 A 均为常数。z 是反离子的价数。c 是电解值聚沉溶胶的临界浓度，在指定的溶胶体系中，它只和反离子的价数有关，$c \propto z^{-6}$。这一结论从理论上导出了实验中总结出来的舒尔茨-哈迪规则。从另一个角度来讲，也可以说实验事实验证了 DLVO 理论的正确性。

四、高聚物稳定胶体体系的理论

DLVO 理论是从带电胶粒之间的排斥势能来解释胶体的稳定性，并成功地对此类胶体体系的稳定性及影响因素进行了定量处理。但是对于非电解质的高分子是如何影响胶体稳定性的，DLVO 理论无法解释。为了阐明高分子对溶胶的稳定作用，又提出了“空间稳定性理论”和“空位稳定性理论”，下面简单介绍空间稳定性理论。

空间稳定性理论（steric stabilization）是用热力学、统计力学方法研究高分子在溶液中和被吸附在固体表面上的分子形态，计算出吸附了高分子的胶体粒子的势能，并由此建立了溶胶的空间稳定性理论。

当粒子相互靠近，当它们的高分子吸附层相互接触时，会出现两种情况：吸附层被挤压变形（图 10－25a）和吸附层相互穿插渗透（图 10－25b）。前者会由于吸附层被压缩产生弹性的斥力势能。后者会因为重叠区高分子浓度增大而产生渗透斥力势能。在真实的体系中，这两种情况都会出现。

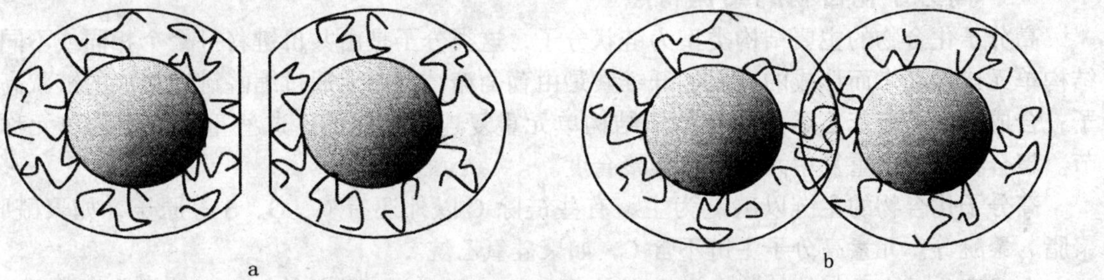

图 10－25　吸附了高分子的粒子之间的相互作用

将弹性斥力势能和渗透斥力势能用空间斥力势能 V_S 表示，则胶粒表面吸附了高分子以后，相互接近的两个粒子之间的势能包括三个部分：范德华力引起的吸引能 V_A、静电作用引起的排斥能 V_R 以及由于吸附高分子后产生的空间斥力势能 V_S。总的势能

$$V = V_A + V_R + V_S$$

总的势能曲线如图 10－26 所示。受高分子保护的溶胶受电解质影响很小。高分子能够稳定浓度很大的分散体系。

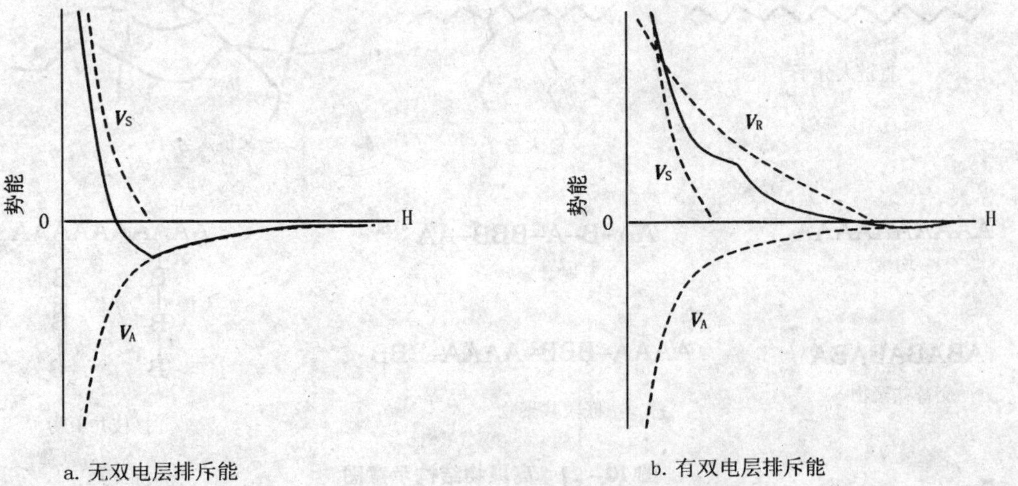

图 10－26　吸附高分子后胶体粒子的势能曲线

第七节 高分子溶液的特性

一般把相对摩尔质量大于 10^4 的分子叫做高分子（macromolecular）。由于分子很大，单个分子的大小就已经达到胶体质点大小的范围（$10^{-9} \sim 10^{-7}$m）。因此，虽然高分子溶液是真溶液，但它的性质在很多方面和溶胶相似，如扩散慢，不能通过半透膜等。

自然界有很多天然大分子，如天然橡胶、淀粉、蛋白质、核酸等。自从出现了人工合成的高分子，如合成橡胶、合成纤维、特别是塑料，高分子已成为人类生产、生活不可或缺的物质。在医药领域，高分子化合物也起着非常重要的作用，如直接作为药物使用的胃蛋白酶、胰岛素、催产素等，作为药物制剂辅料的高分子化合物更是多得不胜列举，医用人造器官也离不开高分子材料。高分子科学发展迅速，现在已成为一个独立的学科，并在国民经济中占有重要的地位。

一、高分子化合物的结构特点

高分子化合物的主要结构类型为链状分子，这类分子是由共价键将一个个相同或不同的结构单元连接起来而形成的。比如纤维素是由葡萄糖结构单元通过缩醛键连接成的链状高分子；合成高分子聚苯乙烯是由苯乙烯结构单元重复连接而成的。这些重复的结构单元称链节。聚合物分子中重复单元的个数称聚合度。

高分子化合物的主链以碳链为主，有些链除 C 以外还有 N、O、S 等原子，如聚酰胺、聚脂、聚醚等。元素高分子主链不含 C，如聚硅氧乙烷。

合成高分子中重复的结构单元称单体（monomer），由一种单体组成的高聚物是均聚物，由两种或两种以上的单体组成的高聚物称共聚物。共聚物中不同单体混合共聚得到的是交替共聚物和无规共聚物，如果是把不同单体分别聚合再混合键合成长链，得到的是嵌段共聚物和接枝共聚物（图 10－27）。

链状的聚合物分子并不都是直链，比如淀粉就是支链结构。若链状大分子上有未饱和的活性基团，则有可能在三维空间发生链的键合，形成网状结构，称为交联（图 10－27）。交联对高分子性能影响很大，直链大分子可溶解，可熔融，而交链大分子不溶不熔。

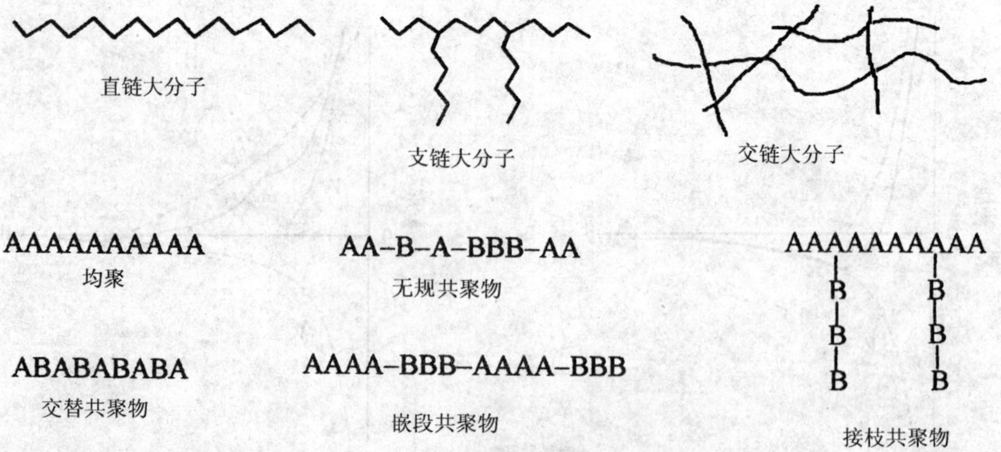

图 10－27 高聚物结构示意图

高聚物的摩尔质量是不均匀的，这种性质被称为多分散性。因此高分子化合物的摩尔质量是统计平均值。摩尔质量的大小和分布对高分子的性质影响很大。高分子化合物用作材料时，希望它有一定的机械强度，需要较大的摩尔质量。高分子作为药物制剂的辅料时，往往希望它有良好的溶解性能，因此摩尔质量不能太大。

高分子的主链很长，当它以单个分子存在时，一般都会卷曲，这种不规则卷曲的高分子链称无规线团（random coil)。链的卷曲主要是由于σ键围绕固定键角不停地进行内旋转而引起的。这种内旋转产生大分子链的不同构象。以碳链为例，当碳原子上无任何原子或取代基时，C－C键的内旋转完全自由。当碳原子上连有其它原子或取代基时，内旋转就会出现位阻，取代基越大，位阻也越大。位阻在能量上产生势垒。势垒很小时，高分子链所有的键都可以自由旋转，是完全柔顺的；势垒很大时，高分子链只能取一种构象，是完全刚性的。真实高分子链处于这两种极端情况之间。图 10－28 描绘了大分子碳链中σ键内旋转的情况。

高分子链上能够独立运动的最小单元称链段（chain segment)。“链段”是高分子物理中最重要的概念。链段越短、越多，也就是高分子链上能独立运动的单元越多，高分子链越柔顺。因此可以用链段长度来表征高分子链的柔顺性（flexibility)。柔顺的高分子链卷曲的程度较大。

分子结构影响高分子链的柔顺性。由单键或孤立双键组成的链较柔顺。而主链含有共轭双键或芳杂环的则有较强的刚性。较大的取代基和较长的支链都会增加σ键内旋转的难度，因而降低链的柔顺性。极性取代基增加了链段间的相互作用力，使链段运动受阻，导致链的柔顺性下降。

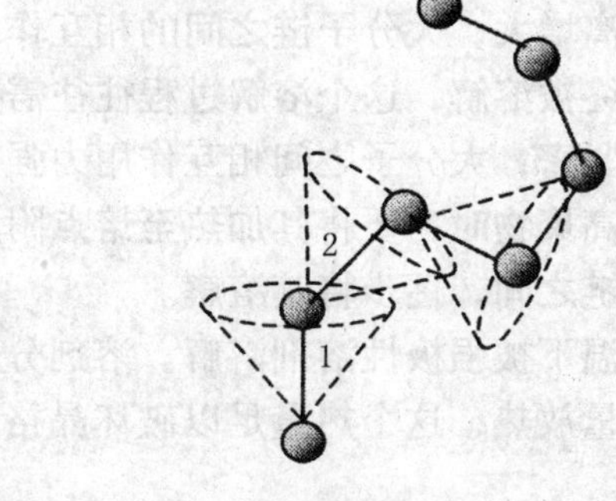

图 10－28　大分子链中σ键内旋转

分子内或分子间形成氢键，增加了大分子的刚性。像酶这样的生物大分子都是刚性分子，分子内或分子间的氢键使这些分子不再是无规线团，而是有一定形状，从而具有生物活性。交联使大分子链不能自由运动，因而使链的柔顺性极大下降。

温度也对高分子链的柔顺性有影响，温度升高，加剧了分子的热运动，σ键的内旋转变得容易，使链的柔顺性增加。

溶剂分子和高分子链之间的相互作用直接影响了链的柔顺性。如果溶剂分子与高分子链之间的相互作用力大于高分子链之间的相互作用力，高分子链在溶液中舒展，是一个疏松的无规线团（图 10-29a），这样的溶剂为良溶剂（good solvent）。如果溶剂分子与高分子链之间的相互作用力较弱，而高分子链段之间的吸引力更大些，则线团紧缩（图 10-29b），这种溶剂为不良溶剂（poor solvent）。

a. 良溶剂中的高聚物分子　　b. 不良溶剂中的高聚物分子

图 10-29　高分子化合物的无规线团

高分子固体有晶态和非晶态之分。有着柔顺长链的高分子不可能象小分子晶体那样完全规整的排列。实际上晶态高分子中同时存在结晶区和非结晶区。高分子晶态的有序度要低于小分子晶体。相反，高分子非晶态的有序性要高于小分子非晶体。

二、高分子溶液的特性

1. 高聚物的溶解过程

高聚物分子量大，具有多分散性，高分子链具有柔顺性，这些特点使高分子和小分子的溶解过程不同，复杂得多也慢得多。

大分子的溶解过程一般分两个阶段：溶胀（swelling）和溶解。溶解结构比较松散的非晶态高分子时，运动速度较快的小分子首先渗入固体高分子，逐渐使高分子链溶剂化，宏观上可观察到高分子固体的体积开始膨胀，渐渐变软呈凝胶状。这个过程就是溶胀。对于交联网状大分子来说，溶解过程到此为止，称有限溶胀。对于链状大分子，溶剂小分子进入大分子链之间，使大分子链之间的距离增大，大分子链之间的相互作用力减弱，固体表面的大分子开始向溶剂扩散，使高聚物最终被溶解，这个溶解过程往往需要很长时间。

晶态高聚物中的分子排列紧密，大分子之间相互作用力强，溶剂小分子很难进入高分子链之间。在溶解非极性的晶态高聚物时，要将其加热至熔点附近，使结晶处于熔融状态，这样溶剂小分子才能进入高分子链之间，逐步将其溶解。

极性晶态高分子可以在室温下被强极性溶剂溶解。溶剂分子首先进入结构相对较疏松的非晶区，强烈的溶剂化作用大量放热，这个热量足以破坏晶格，使结晶区熔融，最终高聚物被溶解。

高聚物的溶解速度和溶解度与其摩尔质量有关。较小摩尔质量的高聚物溶解速度较快，溶解度也较大。反之，摩尔质量越大，溶解速度越慢，溶解度也越小。为了保证高聚物能完全溶解，常常需要放置数日。

2. 高分子溶液性质

高分子溶液是真溶液，和小分子溶液一样是热力学稳定体系，符合相律。

由于高分子的分子量很大，单个分子的大小在胶体分散体系的范围之内，因此高分子溶液有许多性质与溶胶相似，如扩散较慢、不能通过半透膜、聚电解质也有电泳现象等。加入电解质也会使溶在水中的高分子析出。但是高分子溶液盐析需要加入大量的电解质。这是由于电解质聚沉溶胶的作用是由于降低了 ζ 电势，而沉淀高分子的原因是由于小分子电解质使大分子脱溶剂化。对于高分子电解质，小分子电解质的存在还会抑制大分子电解质的电离，这也会使高分子的溶解度降低。

高分子溶液还有一些独特的性质，这些性质既不同于小分子溶液，又不同于溶胶，如高分子溶液的粘度很大，有较高的渗透压等。有关粘度和渗透压的内容详见本章第八节、第九节。表 10-5 是高分子溶液、小分子溶液和溶胶的性质比较。

表 10-5　高分子溶液、小分子溶液和溶胶的性质

特性	大分子溶液	溶胶	小分子溶液
分散相大小	$10^{-7}\sim10^{-9}$ m	$10^{-7}\sim10^{-9}$ m	$<10^{-9}$ m
稳定性	稳定	不稳定，放置会聚沉	稳定
扩散速度	慢	慢	快
半透膜	不能透过	不能透过	能透过
溶液体系	单相体系	多相体系	单相体系
与溶剂亲和力	大	小	大
热力学特性	热力学稳定体系	热力学不稳定体系	热力学稳定体系
渗透压	大	小	小
粘度	大	小	小
对电解质	不很敏感	很敏感	不敏感

三、高分子电解质溶液

高分子电解质（macromolecular electrolyte）也称聚电解质（polyelectrolyte）。当其溶于介电常数很大的溶剂（如水）中时会发生电离，生成高分子离子和许多小分子离子。高分子电解质溶液除了具有一般高分子溶液的通性外，由于分子的电离，还具有一些特殊的性质。这些性质既不同于一般高分子溶液，也不同于小分子电解质溶液。

1. 高电荷密度

随着浓度的降低，高分子电解质的电离度增加。在同一条高分子链上聚集着许多有相同电荷的离子，高密度的电荷，会产生很强的静电场。同一条链上的相同电荷互相排斥，使分子链尽可能的伸展开来。

2. 高度水化

高分子链上的离子密集，使疏水链的部分也被极化。因此在水溶液中不仅离子部分被水化，部分疏水链也会水化，形成水化层。这种高度水化对高分子电解质具有保护作用。水化层使链更加伸展。

3. 对 pH 值敏感

两性高分子电解质，如蛋白质，对 pH 值非常敏感。两性电解质分子在低 pH 值溶液中带正电荷，在高 pH 值溶液中带负电荷。将溶液 pH 值调节至使分子链上的正负电荷数相等，该 pH 值即等电点。处于等电点的两性电解质溶液的性质如粘度、渗透压、溶剂度、稳定性等都发生明显变化，这时的溶液行为更接近一般高分子溶液。

4. 电泳

高分子离子在电场作用下会产生电泳现象，电泳速度和所带电荷、分子大小、结构等因素有关，常用电泳的方法来分离蛋白质。

5. 高粘度

由于高分子电解质在电离后分子链的高电荷密度和高度水化作用，溶液粘度明显增大。一般高分子溶液随着溶液的稀释而粘度下降。而高分子电解质溶液浓度越小电离度越大，大分子链上电荷密度增加，分子链的内斥力增加，使溶液粘度急剧上升。这种现象称作电粘效应。

6. 渗透压改变

高分子电解质溶液的渗透压也不同于一般高分子溶液。在半透膜的一侧加入高分子电解质溶液，另一侧的溶液中含有少量可以通过半透膜的小分子电解质，当体系平衡后发现，小分子离子在膜两侧的浓度不相等。也就是说，大分子离子的存在导致了小分子离子在膜两侧不均匀分布。这种现象称唐南平衡。由于唐南平衡的存在，高分子电解质产生的渗透压不同于一般高分子溶液产生的渗透压。关于唐南平衡将在第九节进行讨论。

小分子强电解质的大量加入会改变高分子电解质溶液的性质。小分子离子的存在，会把大分子离子的反离子挤入高分子链中，遮蔽了有效电荷。足够量的小分子强电解质的存在，使聚电解质分子的行为类同中性高分子，因而溶液的性质也和一般高分子溶液相同。

第八节　分散体系的流变性和粘度

流动是液体的重要性质。物质在受到外力作用时会发生变形（deformation）和流动，这种性质称为流变性（rheology）。流变学是研究物质流变性的科学。钻井泥浆、石油的管道输送、照相乳剂的涂布、油漆的质量等都和分散体系的流变性有关。血液的流变学研究有助于临床诊断。研究高分子稀溶液的粘度，有助于了解分子的大小、形态、大分子和溶剂分子的相互作用。分散体系的流变性对制剂学也是非常重要的。乳剂、糊剂、混悬剂、膏剂等很多药物剂型的流变性对生产工艺流程、质量评定等都具有指导意义。

一、牛顿流体

当液体以较低的速度流过一个与之平行的平面壁，液体各部分的流动速度随其与壁的距离不同而不同。可以把液体想象为一组平行于壁面的液层，每一层都在作匀速运动。紧贴壁面的液层，由于液体的流动受到壁的阻力，流速最慢；随着液层和壁面的距离增大，流速越来越快（图 10－30）。

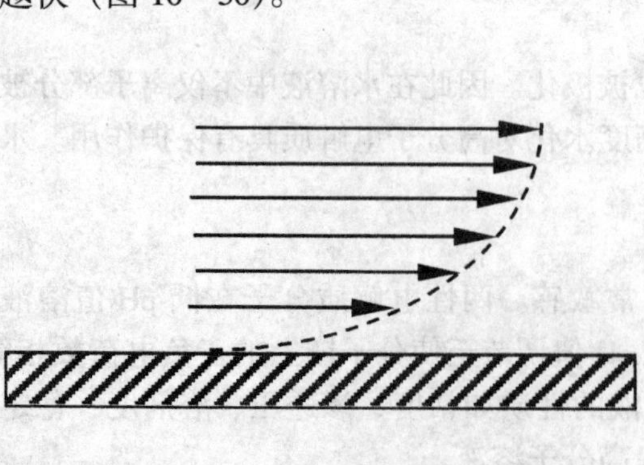

图 10－30　液体的流动

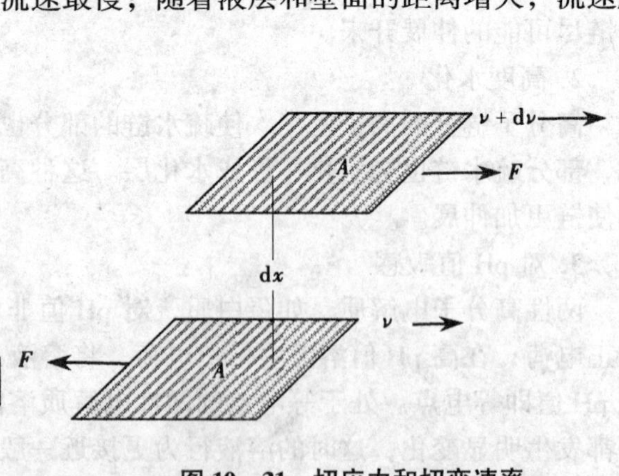

图 10－31　切应力和切变速率

由于速率梯度的存在，两个相邻液层中流速较慢的液层对流速较快的液层产生流动阻力，为了维持一定的流速，需要对流速较快的液层施加一个和阻力大小相同而方向相反的力，称剪切力。设两个面积均为 A 的相邻液层，它们之间的距离为 dx，速度差为 dν，作用在液层上的剪切力为 F（图 10－31），则

$$\tau = \frac{F}{A} = \eta\,\frac{d\nu}{dA} \tag{10-28}$$

该式称作牛顿粘度公式。式中 τ 为切应力（shearing stress），是作用在单位面积上的剪切力，单位是 Pa；速度梯度 $d\nu/dx$ 也称切变速率（rate of shear），单位是 s^{-1}；切应力和切变速率成正比关系，比例系数 η 称粘度系数（coefficient of viscosity），也称作粘度（viscosity）。它是维持单位切变速率所需要的切应力。粘度表示了流体流动时内摩擦力的大小。粘度的单位是 Pa·s。当作用在 $1m^2$ 面积上的剪切力为 1N 时，使液体在相距 1m 的两液层之间的相对速率为 $1m\cdot s^{-1}$，则该液体的粘度为 1Pa·s。20℃时，水的粘度为 1.009×10^{-3} Pa·s。

当体系稳定流动时，流体在同一层任一点的流动方向和流速大小都相同，且不随时间而改变时，称为层流。当流速超过某一限度时，有不规则的或随时间而改变的旋涡生成，称湍流。牛顿公式只有在层流状态下才成立。

凡符合牛顿粘度公式的流体称牛顿流体（Newtonian fluid）。牛顿流体的粘度不随切应力和切变速率的变化而改变，温度确定后，粘度为常数。以切变速率 $d\nu/dx$ 对切应力 τ 作图，所得图形为一直线（图 10－32a）。绝大多数纯液体、低分子溶液和稀胶体分散体系都是牛顿流体。

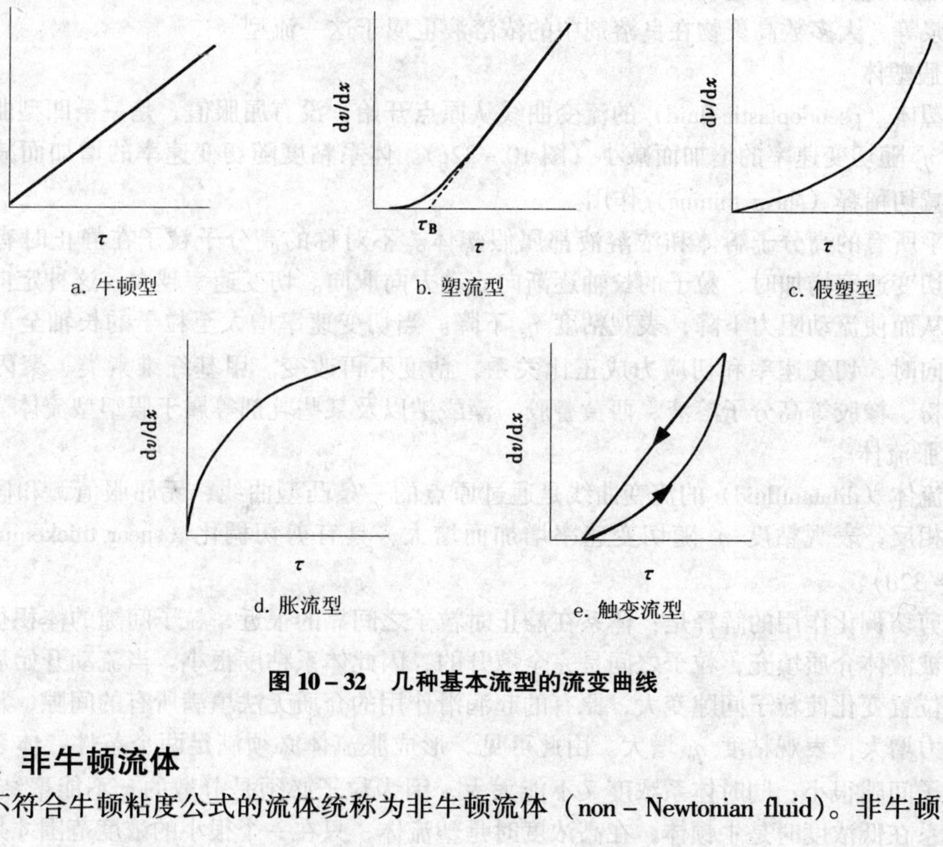

图 10－32　几种基本流型的流变曲线

二、非牛顿流体

凡不符合牛顿粘度公式的流体统称为非牛顿流体（non－Newtonian fluid）。非牛顿流体的

切应力和切变速率之比不是常数，它是切变速率的函数。这个比值用 η_a 表示，称作表观粘度（apparent viscosity）。熔融体、浓度较大的高分子溶液及高浓度的胶体分散体系都是非牛顿流体。非牛顿流体的主要类型有塑流型、假塑型、胀流型以及流变性和时间有关的触变流型等。

1. 塑流体

塑流体（plastic fluid）也称宾汉体（Bingham fluid），其流变曲线不通过原点（图 10－32b）。当切应力较小时，体系只发生可逆的弹性形变。切应力逐渐增大，容器边缘部分开始出现永久形变，整个体系产生滑动。这时中心部分的结构并未改变，跟着一起前移。随着切应力的增大，发生永久形变的部分越来越多，这时的流变曲线呈曲线型。当切应力增大到一定程度时，体系中质点间的结构完全解体，整个体系作牛顿流动，流变曲线为一条直线。塑流体的流变方程为

$$\tau - \tau_B = \eta \frac{d\nu}{dA} \tag{10-29}$$

τ_B 称屈服值（yield value）。有些体系的流变曲线在 τ_B 后面的部分不是直线，它们也属于塑流体。

塑流体都是大浓度的分散体系。在静止的状态下，质点间距离很小，由于范德华力或氢键等作用，形成空间网状结构。当 τ 小于 τ_B 时，网架不被破坏，体系在外力作用下发生弹性形变。当 $\tau > \tau_B$，网状结构破坏，体系流动。屈服值相当于破坏网状结构使液体流动多消耗的力，它的大小反映了网状结构的强弱。分散体系的浓度、分散相质点的不对称性及相互作用力都影响所形成的网状结构的强度。属于塑流体的有泥浆、油漆、沥青、牙膏及药用硫酸钡胶浆等，大多数高聚物在良溶剂中的浓溶液也属于这一流型。

2. 假塑体

假塑体（pseudoplastic fluid）的流变曲线从原点开始，没有屈服值，是一条凹型曲线，表观粘度 η_a 随切变速率的增加而减小（图 10－32c）。体系粘度随切变速率的增加而减小的现象称为减切稀释（shear thining）作用。

几乎所有的高分子熔体和浓溶液都属假塑体。不对称的高分子粒子在静止时有各种取向，当切变速率增加时，粒子的长轴逐渐向流动方向取向。切变速率越大，这种定向效应越明显，从而使流动阻力下降，表观粘度 η_a 下降。当切变速率增大至粒子的长轴全部沿流动方向取向时，切变速率和切应力成正比关系，粘度不再改变。甲基纤维素类、聚丙烯酰胺类、淀粉、橡胶等高分子溶液、西黄蓍胶、藻酸钠以及某些乳剂等属于假塑型流体。

3. 胀流体

胀流体（dilatantfluid）的流变曲线是通过原点的一条凸型曲线，无屈服值，和假塑型流变曲线相反，表观粘度 η_a 随切变速率增加而增大，具有剪切稠化（shear thickening）作用（图 10－32d）。

对剪切稠化作用的解释是：体系在静止时粒子之间靠的很近，粒子间隙的体积很小，并且全部被液体介质填充，粒子之间是完全散开的，因此体系粘度很小。当流动开始后，粒子相互间位置变化使粒子间隙变大，原有的起润滑作用的介质无法填满所有的间隙，从而使内摩擦阻力增大，表观粘度 η_a 增大。由此可见，形成胀流体必须满足两个条件：体系浓度大到使粒子间隙很小；同时体系浓度又不能太大，因为粒子必须是分散的，不能聚结。因此，往往体系在低浓度时是牛顿体，在高浓度时是塑流体，只在一个很小的浓度范围才是胀流型

流体。例如球形粒子的淀粉糊，当浓度在 40% ~ 50% 时为胀流体；长方形粒子的氧化铁溶胶，在浓度为 11% ~ 12% 时表现为胀流型的流变性。属于胀流体的还有泥浆、SiO_2、混悬体、一些糊剂等。

4. 触变流体

触变流体（thioxtropic fluid）的流变性和时间有关，保持一定的切变速率时，切应力会随时间的延续而减小。这种体系在静置时呈凝胶状或膏状，搅动时成为流体，停止搅动重新静置一段时间，体系慢慢变稠又能回到开始的半固态。这一过程可以反复进行，是可逆的。触变型流体的流变曲线为一环状曲线（图 10 - 32e），其上、下行线不重合，构成滞后圈（hysteresis loop）。滞后圈面积的大小反映了触变性的大小。

这一类流体的流变性比较复杂。关于触变性，一个得到认可的说法是：触变性是体系在恒温下凝胶和溶胶的相互转换过程，转换由切应力决定，并且需要一定的时间。静止状态时，该体系的粒子靠一定方式形成网架结构。在一定的切应力下，结构被破坏，体系开始流动。当流动停止后，被拆散的粒子重新搭建成网架结构，这个过程是依靠布朗运动进行的，需要一定的时间，因此出现滞后现象。油漆、高浓度的 $Fe(OH)_3$ 或 V_2O_5 溶胶、某些凡士林软膏等属于触变流体。

三、稀分散体系的粘度

小分子溶液和稀的溶胶分散体系都是牛顿流体，绝大多数高分子溶液属于非牛顿流体，只在极小的浓度和在极低的切变速率下才作牛顿流动。这里讨论的稀分散体系的粘度是牛顿流体的粘度。当体系中存在具有胶体粒子大小的质点时，会对流动产生影响，必然会使粘度增大（图 10 - 33）。质点的大小、形状、浓度、质点和介质分子之间的相互作用等，都会影响分散体系的粘度。

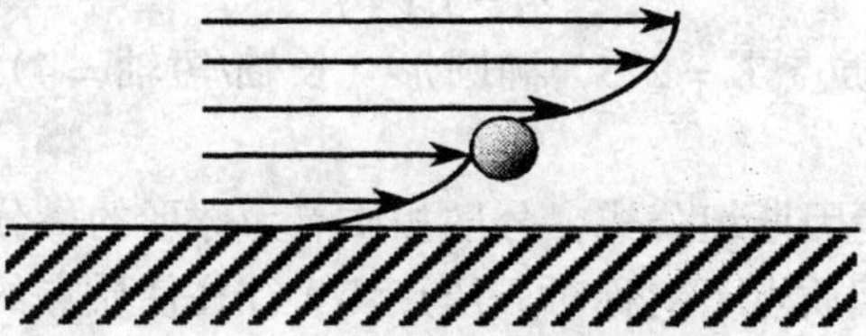

图 10 - 33　分散相质点对流动的影响

1. 爱因斯坦粘度公式

分散体系的浓度越大，由此而引起的粘度增加也越大，显然粘度是浓度的函数：

$$\eta = f(c)$$

1906 年爱因斯坦（A. Einstein）根据流体力学理论推导出稀分散体系中刚性球形质点的体积分数和粘度的关系：

$$\eta = \eta_0(1 + 2.5\varphi) \qquad (10-30)$$

该式称为爱因斯坦粘度公式。式中 η 和 η_0 分别为分散体系和溶剂的粘度，φ 是分散相的体积分数。当浓度较大时，质点间存在的相互作用使粘度增大的更多，该公式不再适用。

2. 粘度的表示方法

常用的粘度表示方法有以下几种：

相对粘度（relative viscosity）η_r：溶液粘度与溶剂粘度的比值

$$\eta_r = \frac{\eta}{\eta_0} \tag{10-31}$$

相对粘度是一个无量纲量。

增比粘度（specific viscosity）η_{sp}：

$$\eta_{sp} = \frac{\eta - \eta_0}{\eta_0} = \eta_r - 1 \tag{10-32}$$

增比粘度扣除了溶剂对粘度的影响，只反映了溶质对粘度的贡献。

比浓粘度（reduced viscosity）η_c：单位浓度的增比粘度

$$\eta_c = \frac{\eta_{sp}}{c} \tag{10-33}$$

比浓粘度是单位浓度的溶质对粘度的贡献。

特性粘度（intrinsic viscosity）$[\eta]$：无限稀释时的比浓粘度

$$[\eta] = \lim_{c \to 0} \frac{\eta_{sp}}{c} \tag{10-34}$$

特性粘度的数值与浓度无关，反映了单个溶质分子对溶液粘度的贡献，它只与溶质分子在溶液中的形态、结构、大小有关。$[\eta]$ 也可以表示为：

$$[\eta] = \lim_{c \to 0} \frac{\ln \eta_r}{c} \tag{10-35}$$

3. 影响粘度的因素

(1) 质点形状　爱因斯坦公式只适用于分散相是球形质点的稀分散体系。质点形状不同，对流体流动所产生的阻力也不同。对于分散相是非球形质点的分散体系，粘度公式可表示为：

$$\eta_r = 1 + K\varphi$$

式中 K 为形状系数，球形质点 $K = 2.5$，椭圆形（长轴/短轴 = 4）$K = 4.8$，质点越不对称，K 值越大，粘度也越大。

(2) 质点大小　根据爱因斯坦公式，分散相质点为球形的稀分散体系，粘度只和分散相的体积分数有关。当分散相质点不对称时，质点变大往往使质点的不对称性增大，从而导致分散体系的粘度增大。这一性质被用来测高聚物的摩尔质量。马克（H.F.Mark）和豪温克（R.Houwink）提出了特性粘度与高分子化合物摩尔质量之间的经验关系式：

$$[\eta] = KM^{\alpha}$$

式中 M 为高分子化合物的摩尔质量，K 和 α 为经验常数，和溶剂、大分子的种类、温度等因素有关。

(3) 溶剂化作用　粒子在溶液中会发生溶剂化作用，溶剂化作用越强，粒子在溶液中所占的真实体积分数就越大，粘度也越大。

(4) 电荷　当胶体粒子带电荷时，分数体系的粘度增大，即电粘效应。高分子电解质的电离度随浓度的减小而增大，相同的电荷分布在同一分子链上，静电斥力使分子链舒展，增大了分子的不对称性、溶剂化作用和体积分数，使粘度急剧增加（图 10-34）。因而高分子电解质的电粘效应非常强。这也可以解释为什么两性高分子在等电点时具有最低粘度。因此，当选用粘度法测高分子电解质的摩尔质量时，往往加入小分子强电解质。大量小离子的存在抑制了大分子电解质的电离，使其粘度性质和一般大分子相同（图 10-34）。

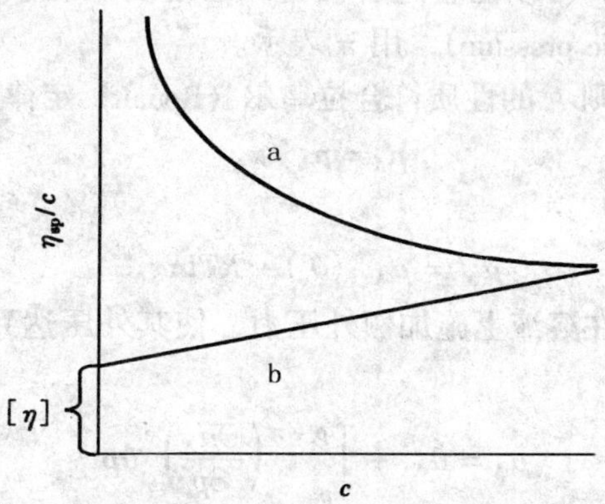

a. 未加电解质　　b. 加入小分子电解质后

图 10-34　高分子电解质的粘度和浓度之间的关系

（5）温度　温度升高使质点运动加剧，质点间相互作用力减弱。因此随温度升高，液体的粘度下降。

第九节　分散体系的渗透压

稀溶液具有沸点升高、凝固点降低、渗透压等性质，这些性质称为稀溶液的依数性。本节用热力学的原理来讨论渗透压，并讨论胶体分散体系中的渗透压及其应用。

一、理想溶液的渗透压

在一个中部装有半透膜的连通器的左、右两侧，分别放入纯溶剂 A 和溶有不挥发溶质 B 的稀溶液。A 在左、右两侧的蒸气压分别为 $p_A{}^*$ 和 p_A，化学势分别为 μ_A 和 μ'_A。在一定温度下，某物质在溶液中的化学势等于和它成平衡的气体的化学势：

$$\mu_A(l) = \mu_A(g) = \mu_A^{\ominus}(T) + RT\ln\frac{p^*}{p^{\ominus}} = \mu_A^*(T) \tag{10-36}$$

$$\mu_A(l) = \mu_A(g) = \mu_A^{\ominus}(T) + RT\ln\frac{p_A}{p^{\ominus}} \tag{10-37}$$

一定温度下，纯 A 的蒸气压 p_A^* 一定大于溶液中 A 的蒸气压 p_A，因此纯 A 的化学势 μ_A 一定大于溶液中 A 的化学势 μ_A'，所以溶剂 A 会自发地通过半透膜向溶液一侧渗透。在溶液

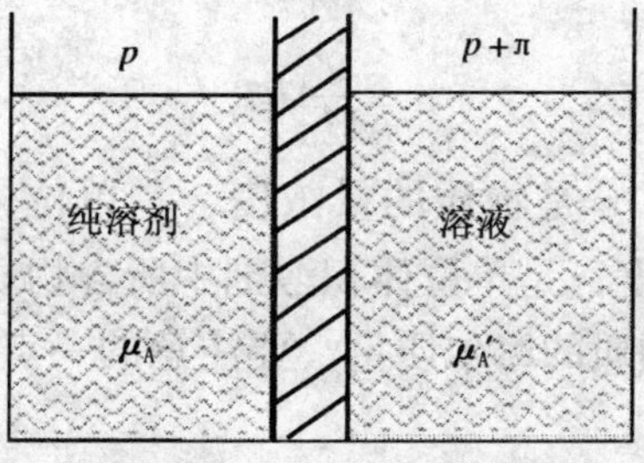

图 10-35　渗透压示意图

一方加压，使其蒸气压升高，可以阻止这种渗透，最终使 A 在膜两侧达到平衡。这个额外的压力定义为渗透压（osmotic pressure），用 π 表示。

若该溶液为理想溶液，则 A 的性质符合拉乌尔（Roualt）定律，即

$$p_A = p_A^* x_A$$

代入(10.37)式：

$$\mu_A' = \mu_A^*(T) + RT\ln x_A \tag{10-38}$$

设溶剂上的外压为 p，在溶液上施加额外压力，使其外压达到（$p+\pi$），此时体系达到平衡（10-35）：

$$\mu_A = \mu_A' + \int_p^{p+\pi}\left(\frac{\partial \mu_A}{\partial p}\right)_T \mathrm{d}p$$

因为

$$\left(\frac{\partial \mu_A}{\partial p}\right)_T = \tilde{V}_A = V_{A,m} \quad \text{（理想溶液）}$$

所以

$$\mu_A = \mu_A' + \int_p^{p+\pi} V_{A,m}\mathrm{d}p \tag{10-39}$$

压力对凝聚态物质的体积影响很小，忽略 p 对 $V_{A,m}$ 的影响，把 $V_{A,m}$ 看作常数，对（10-39）式积分，得：

$$\mu_A = \mu_A' + \pi V_{A,m}$$

代入(10-36)、(10-38)式，得

$$\pi V_{A,m} = -RT\ln x_A = -RT\ln(1-x_B) \tag{10-40}$$

当 $-1 \ll x \ll 1$ 时，

$$\ln(1+x) = x + \frac{x^2}{2} + \frac{x^3}{3}\cdots$$

当 x_B 很小时，(10-40) 式可写作

$$\pi V_{A,m} = RT\left(x_B - \frac{x_B^2}{2} + \frac{x_B^3}{3}\cdots\right) \tag{10-41}$$

忽略高次项：

$$\pi V_{A,m} = RTx_B \quad 或 \quad \pi V_A = n_B RT \tag{10-42}$$

该式称范霍夫公式（van't Hoff equation），在体系处于理想状态时才适用。对于一个真实溶液，只有当 $c \to 0$ 时，才完全符合该式。小分子溶液在浓度很小时可以看作是理想溶液。溶胶的浓度一般很低，它的渗透压可以用理想溶液的公式计算。

上式也可以表示为渗透压和浓度的关系式：

$$\pi = RT\frac{n_B}{V_B} \cong RTc \tag{10-43}$$

或

$$\pi = \frac{c'}{M_B}RT \tag{10-44}$$

式中 M_B 为 B 物质的摩尔质量；c 是物质的量浓度，是单位体积溶液中所含溶质物质的量（$mol \cdot m^{-3}$）；c' 是物质的质量浓度，是单位体积溶剂中所含物质的质量（$kg \cdot m^{-3}$）。

可以利用（10-44）式测物质的摩尔质量。要注意的一点是，所测 M_B 是分散相质点的摩尔质量。

例 10-1　(1) 试计算 20℃时浓度为 0.1% 的蔗糖水溶液的渗透压。已知该温度下纯水的密度为 $0.9982 \times 10^3 kg \cdot m^{-3}$。(2) 试计算同样浓度 As_2S_3 溶胶的渗透压。设溶胶粒子为球

形，半径 $r = 1 \times 10^{-8}\,\text{m}$。已知 As_2S_3 胶粒的密度 $\rho = 2.8 \times 10^3\,\text{kg·m}^{-3}$。

解：(1)

$$c = 0.1 \times 10^{-2} \times 0.9982 \times 10^3 = 0.9982\,\text{kg·m}^{-3}$$

$$M_B = 360 \times 10^{-3}\,\text{kg·m}^{-3}$$

$$\pi = \frac{c'}{M_B}RT$$

$$= \frac{0.9982}{360 \times 10^{-3}} \times 8.314 \times 293.2 = 6.76 \times 10^3\,\text{Pa}$$

(2) 胶粒的摩尔质量：

$$M_B = \rho \cdot V_m = \rho \cdot V \cdot L$$

$$= 2.8 \times 10^3 \times \frac{4}{3}\pi(10^{-8})^3 \times 6.022 \times 10^{23} = 7063\,\text{kg·mol}^{-1}$$

$$\pi = \frac{c'}{M_B}RT = \frac{0.9982 \times 8.314 \times 293.2}{7063} = 0.34\,\text{Pa}$$

根据计算可以看到，由于溶胶粒子大，浓度小，它的渗透压很低，这么低的压力几乎无法测出。

二、高分子溶液的渗透压

高分子溶液是非理想溶液。由于高分子具有很长的分子链，大分子之间的作用力、大分子和溶剂分子之间的作用力都很大，这使高分子溶液和理想溶液之间有很大的偏差。即使溶液浓度很小，也不能看作是理想溶液。

范霍夫公式只适用于理想溶液或无限稀释的溶液。在应用于非理想溶液时，需要对范霍夫公式进行校正。保留范霍夫公式（10－41）式原公式的形式，在式中每个浓度项上加上一个校正因子，使其适用于非理想溶液：

$$\frac{\pi \tilde{V}_A}{RT} = A'_1 x_B + \frac{1}{2}A'_2 x_B^2 + \frac{1}{3}A'_2 x_B^3 + \cdots \qquad (10-45)$$

对于理想溶液，所有的系数 A'_1，A'_2 …都为 1。由于范霍夫公式是一个极限公式，适用于无限稀释的溶液，因此，对于任何一个溶液，A'_1都应该等于 1，即：

$$\frac{\pi \tilde{V}_A}{RT} = x_B + \frac{1}{2}A'_2 x_B^2 + \cdots$$

在溶液中 x_B 和溶液的质量浓度之间有如下关系：

$$x_B = \frac{c\,\tilde{V}_A}{M_B}$$

将该关系代入(10－45)式，得：

$$\frac{\pi}{RTc} = \frac{1}{M_B} + \frac{1}{2}\,\frac{A'_2\tilde{V}Ac}{M_B^2} + \cdots$$

或

$$\frac{\pi}{RTc} = \frac{1}{M_B} + A_2 c + \cdots$$

式中 A_2 称为第二维里系数。对于浓度较小、和理想溶液偏差较小的非理想溶液在使用该式时，可以忽略浓度的高次项：

$$\frac{\pi}{RTc} = \frac{1}{M_B} + A_2 c \qquad (10-46)$$

利用 π/RTc 对 c 作图应得到一条直线，斜率为 A_2，截距为 $1/M_B$，由此可以求得高分子的摩尔质量。渗透压法为测定高分子摩尔质量的一个常用方法。

三、高分子电解质溶液的渗透压和唐南平衡

对于浓度为 c 的小分子电解质，若每个分子电离成 Z 个质点，则该溶液和纯溶剂之间的渗透压和 Zc 成正比：

$$\pi = ZcRT \tag{10-47}$$

大分子电解质溶液和纯溶剂之间的渗透压也符合上式。

复杂的情况是大分子电解质和小分子电解质并存的体系。在一个只对大分子选择性阻挡的半透膜的两侧，分别加入大分子电解质溶液和小分子电解质溶液，尽管小分子离子可以自由通过半透膜，但达到平衡后，小离子在膜的两侧浓度并不相等。1911 年英国科学家唐南（F.G.Donnan）首先发现，并用热力学原理解释了该现象，这种膜平衡被称为唐南平衡（Donnan equilibrium）。

设某大分子电解质在溶液中按下列方式电离：

$$Na_ZP \longrightarrow ZNa^+ + P^{Z-}$$

大离子 P^{Z-} 不能通过半透膜，而所有的小分子和小分子离子都能自由通过半透膜。在一个装有半透膜的容器中，左侧放入浓度为 c_1 的该大分子溶液，右侧放入等量浓度为 c_2 的 NaCl 溶液。若在此条件下该大分子电解质完全电离，则最初容器左侧只有 P^{Z-} 大分子离子和 Na^+ 离子，而右侧是浓度同为 c_2 的 Na^+ 和 Cl^-。由于浓差作用，Cl^- 必然向左侧扩散，而由于静电作用，会有同样数量的 Na^+ 从膜右侧向左侧扩散。平衡前、后各种离子的浓度如图 10－36 所示：

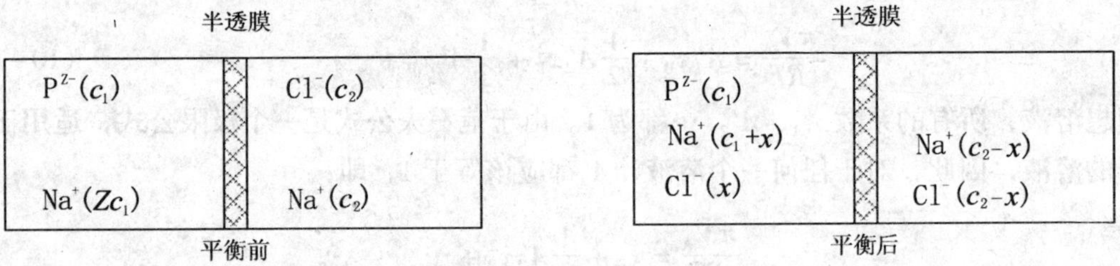

图 10－36　唐南平衡示意图

平衡后，NaCl 在膜两侧的化学势相等：

$$(\mu_{NaCl})_{左} = (\mu_{NaCl})_{右} \tag{10-48}$$

$$\mu_{NaCl} = \mu^{\ominus}_{NaCl} + RT\ln a_{NaCl}$$

$$a_{NaCl} = a_{Na^+} \cdot a_{Cl^-}$$

所以

$$(a_{Na^+} \cdot a_{Cl^-})_{左} = (a_{Na^+} \cdot a_{Cl^-})_{右} \tag{10-49}$$

由于是稀溶液，将所有的活度系数近似地看作 1，则

$$(c_{Na^+} \cdot c_{Cl^-})_{左} = (c_{Na^+} \cdot c_{Cl^-})_{右}$$

$$(Zc_1 + x)x = (c_2 - x)^2$$

$$x = c_2^2/(Zc_1 + 2c_2)$$

平衡后，扩散到膜左侧的 NaCl 和膜右侧的 NaCl 浓度之比为

$$\frac{(c_{\text{NaCl}})_{右}}{(c_{\text{NaCl}})_{扩散}}=\frac{c_2-x}{x}=1+\frac{Zc_1}{c_2}$$

可以看出这两部分 NaCl 的浓度是不相等的，平衡后膜右侧的 NaCl 浓度大于扩散到膜左侧的 NaCl 浓度。只有当 $c_2 \gg Zc_1$ 时，NaCl 在膜两侧的浓度才趋向于相等。在没有小分子电解质存在的条件下，体系的渗透压由大分子电解质电离后的质点数所决定

$$\pi = (1+Z)\ c_1RT$$

有小分子电解质存在时，达到平衡后小分子电解质在膜两侧浓度不相等，这种浓度差必然对体系的渗透压做出贡献。对于膜两侧都是溶液的情况

$$\pi=\pi(左)-\pi(右)$$

因此

$$\begin{aligned}\pi &= (c_{P^{Z-}}+c_{Na^+}+c_{Cl^-})_{左}\ RT-(c_{Na^+}+c_{Cl^-})_{右}\ RT\\ &=[(1+Z)c_1+2x-(2c_2-2x)]RT\\ &=[(1+Z)c_1-2c_2+4x)]RT\end{aligned}$$

由于唐南效应的存在，如果用渗透压法测高分子电解质的摩尔质量，测到的渗透压不单纯是由高分子引起的，以此渗透压计算出的高分子摩尔质量必然会产生很大的误差。常用的解决方法是，使高分子电解质的浓度尽可能小，同时加入足够量的小分子电解质。大量小分子电解质的存在，抑制了高分子电解质的电离，并使 $c_2 \gg Zc_1$，此时体系的渗透压

$$\pi = c_1RT$$

π 是高分子电解质产生的渗透压。这样就可以像一般高分子那样用渗透压法测高分子电解质的平均摩尔质量了。

对于蛋白质溶液还有一个克服唐南效应的方法：调整溶液的 pH 值到等电点。蛋白质分子在等电点不电离，性质和普通高分子相同。在使用这一方法时要注意，等电点时蛋白质的溶解度下降，溶质有可能析出。

例 10－2 298.2K 时，在容器中半透膜的两侧分别放入 1dm^3 浓度为 9.09×10^{-2} mol·dm^{-3}的 Na_6P 溶液和 0.2000mol·dm^{-3}的 NaCl 溶液。试计算平衡时膜两侧 Na＋和 Cl^- 的浓度及由此产生的渗透压。

解：平衡后膜两侧 NaCl 的离子积相等，设有 x mol 的 Na^+ 和 x mol Cl^- 通过半透膜扩散到膜的另一侧，则

$$(c_{Na^+}\cdot c_{Cl^-})_{左}=(c_{Na^+}\cdot c_{Cl^-})_{右}$$

$$(9.09\times10^{-2}\times6+x)x=(0.2-x)^2$$

$$x=0.04231\text{mol}\cdot\text{dm}^{-3}$$

膜的一侧 Na^+ 和 Cl^- 的浓度分别为：

$$c_{Na^+}=0.0909\times6+0.04231=0.5877\ \text{mol}\cdot\text{dm}^3=0.5877\times10^3\ \text{mol}\cdot\text{m}^{-3}$$

$$c_{Cl^-}=0.04231\ \text{mol}\cdot\text{dm}^{-3}=0.04231\times10^3\ \text{mol}\cdot\text{m}^{-3}$$

另一侧 Na^+ 和 Cl^- 的浓度分别为：

$$c_{Na^+}=c_{Cl^-}=0.2-0.04231=0.1577\ \text{mol}\cdot\text{dm}^{-3}=0.1577\times10^3\ \text{mol}\cdot\text{m}^{-3}$$

渗透压
$$\begin{aligned}\pi &= \Delta cRT\\ &=[(0.0909+0.5877+0.04231)\times10^3-(2\times0.1577)\times10^3]\times8.314\times298.2\times10^{-3}\\ &=1.0054\times10^3\ \text{kPa}\end{aligned}$$

第十节　高分子化合物平均摩尔质量及其测定

相对摩尔质量是高分子化合物的一个重要物理参数,摩尔质量的大小对高分子化合物的物理、化学性质有很大的影响。高分子化合物的相对摩尔质量具有多分散性,除了一些生物大分子外,绝大多数天然高分子和所有的合成高分子的相对摩尔质量都是不均一的。因此高分子化合物的相对摩尔质量都是平均值,只有统计意义。不同的测定相对摩尔质量的方法,不同的统计处理方式,得到的平均相对摩尔质量也不同。

一、高分子化合物的平均摩尔质量的表示方法

高分子化合物的平均相对摩尔质量有四种常用的表示方法:数量平均相对摩尔质量、质量平均相对摩尔质量、z-平均相对摩尔质量和粘度平均相对摩尔质量。

若某高分子化合物样品含相对摩尔质量为 $M_1, M_2, \cdots\cdots, M_B$ 的组分,各组分的物质的量为 $n_1, n_2, \cdots\cdots, n_B$,则四种平均相对摩尔质量表示如下。

1. 数量平均相对摩尔质量

$$M_n = \frac{n_1 M_1 + n_2 M_2 + \cdots + n_B M_B}{n_1 + n_2 + \cdots + n_B} = \frac{\sum_B n_B M_B}{\sum_B n_B} \qquad (10-50)$$

数量平均相对摩尔质量（number average mol. weight）也称作数均相对摩尔质量，用 M_n 表示。它是按照样品中不同大小分子的数目多少进行统计平均的。

2. 质量平均相对摩尔质量

$$M_m = \frac{\sum_B n_B M_B^2}{\sum_B n_B M_B} = \frac{\sum_B m_B M_B}{\sum_B m_B} \qquad (10-51)$$

式中 m_1，m_2，… m_B 分别为各组分的质量。质量平均相对摩尔质量（weight average mol. weight）也称作质均相对摩尔质量，用 M_m 表示。它是按照样品中不同大小分子所占质量的多少得到的统计平均值。

3. z 平均相对摩尔质量

$$M_z = \frac{\sum_B n_B M_B^3}{\sum_B n_B M_B^2} = \frac{\sum_B m_B M_B^2}{\sum_B m_B M_B} \qquad (10-52)$$

Z 平均相对摩尔质量（Z-average mol. weight）也称作 Z 均相对摩尔质量，用 M_Z 表示。Z 均相对摩尔质量没有确切的物理意义，但却有重要的实际应用意义。

4. 粘度平均相对摩尔质量

即粘均相对摩尔质量，可表示为

$$M_\eta = \left[\frac{\sum_B n_B M_B^{(\alpha+1)}}{\sum_B n_B M_B} \right]^{\frac{1}{\alpha}}$$

式中 α 为和大分子在溶剂中的形态有关的经验常数，数值在 0.5 到 1 之间。粘均相对摩尔质量是用粘度法测定得到的平均摩尔质量。

对于同一种高分子样品，不同的平均方式得到的平均摩尔质量大小不同。三种平均摩尔

质量的大小顺序为

$$M_n < M_\eta < M_m < M_Z$$

常用多分散系数 d 表示高分子化合物的多分散性

$$d = M_m / M_n$$

d 越大，样品分子的相对摩尔质量越分散。多数高分子化合物 d 的数值在 1.5～20 之间。

例 10－3 （1）某高分子化合物样品中，有等摩尔比的相对摩尔量分别为 2×10^4、4×10^4、6×10^4、8×10^4、10×10^4 的 5 个组分，计算该高分子化合物的 M_n、M_m、M_Z 和 d。（2）同一个高分子化合物，这个样品有等摩尔比的相对摩尔量分别为 4×10^4、6×10^4、8×10^4 的 3 个组分，进行同样的计算。

解：（1）

$$M_n = \frac{(2+4+6+8+10)\times10^4\times1}{1\times5} = 6\times10^4$$

$$M_m = \frac{(2^2\times4^2\times6^2\times8^2\times10^2)\times(10^4)^2\times1}{(2\times4\times6\times8\times10)\times10^4\times1} = 7.33\times10^4$$

$$M_Z = \frac{(2^3+4^3+6^3+8^3+10^3)\times(10^4)^3\times1}{(2^2\times4^2\times6^2\times8^2\times10^2)\times(10^4)^2\times1} = 8.18\times10^4$$

$$d = M_m/M_n = 7.33/6 = 1.22$$

（2）同样方法对第 2 组样品进行计算

$$M_n = 6\times10^4,\ M_m = 6.44\times10^4,\ M_Z = 6.82\times10^4$$

$$d = 1.07$$

两个样品的分散度不同。虽然两个样品的数均摩尔质量完全相同，但是质均摩尔质量和 Z 均摩尔质量是不相同的。M_m 和 M_Z 对较大的分子更为敏感。

二、高分子化合物平均摩尔质量的测定

测定高分子化合物平均摩尔质量的方法有很多种。摩尔质量较小的聚合物可以用沸点升高、冰点降低等方法。端基有活性基团的高分子可以用端基分析的方法。离心沉降的方法常用来测定蛋白质的摩尔质量，利用（10－13）式 $M = \dfrac{RTS}{D(1-\bar{V}\rho_0))}$，得到的是蛋白质的 Z 均摩尔质量。光散射法也是一个常用的方法，该方法得到的是质均摩尔质量。下面重点介绍渗透压法和粘度法。

1. 渗透压法

渗透压法是测定高分子平均摩尔质量的常用方法。由于高分子溶液是非理想溶液，因此要测定一系列不同浓度下溶液的渗透压，根据（10－46）式

$$\frac{\pi}{RTc} = \frac{1}{M_B} + A_2 c$$

当浓度趋向于 0 时

$$(\pi/RTc)_{c\to0} = 1/M_B$$

用 π/RTc 对 c 做图，所得直线的截距为 $1/M_B$（图 10－37），由此可得到 M_B。也可以用 π/c 对 c 做图求 M_B，所得直线的截距为 RT/M_B。

用渗透压法测得的高分子平均摩尔质量是数均摩尔质量。

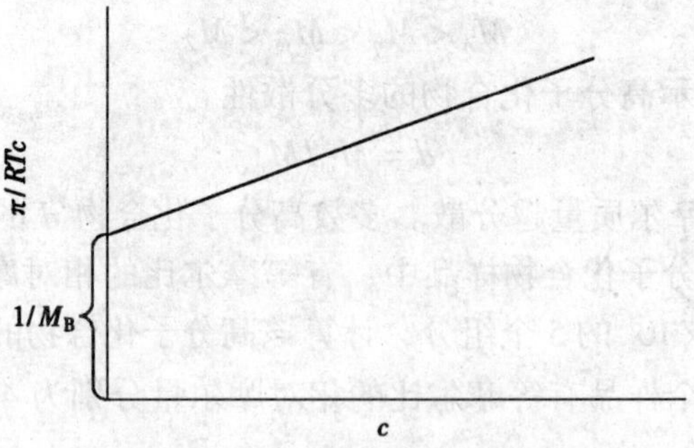

图 10-37 π/RTc 和 c 之间的关系

例 10-4 25℃, pH = 5.37(等电点)时,测不同浓度的牛血清白朊在 $0.15\text{mol}\cdot\text{l}^{-3}$ 的 NaCl 中的渗透压,用 π/c 对 c 作图,截距为 $0.268\ \text{mmHg}\cdot\text{kg}\cdot\text{g}^{-1}$,计算该蛋白质的相对摩尔质量。

解: $$\pi/c = 0.268\text{mmHg}\cdot\text{g}^{-1}\cdot\text{kg} = \frac{0.268\times101325}{760}\text{Pa}\cdot\text{kg}^{-1}\cdot\text{m}^3$$

$$M = \frac{RT}{\pi/c}$$

$$= \frac{8.314\times298.2}{0.268\times101325/760} = 69.4\ \text{kg}\cdot\text{mol}^{-1}$$

$$M_r = 6.94\times10^4$$

该蛋白质的相对摩尔质量为 6.94 万。

用渗透压法测高分子摩尔质量的理论严格，仪器也比较简单。但是体系达到渗透平衡需要比较长的时间。

2. 粘度法

粘度法是最常用的测高分子摩尔质量的方法。

高分子的特性粘度 $[\eta]$ 和摩尔质量 M 的关系，常用两参数的 Mark - Houwink 经验公式表示:

$$[\eta] = KM^{\alpha} \tag{10-53}$$

式中 M 为高分子化合物的相对摩尔质量，K 和 α 为经验常数，在指定温度、一定的高分子-溶剂体系、一定分子量范围内为常数，和高分子的摩尔质量无关。其中 K 受温度影响较大，α 和大分子在溶剂中的形态有关，数值在 0.5 到 1 之间，在良溶剂中 $\alpha\to1$，而在不良溶剂中 $\alpha\to0.5$。

测定高分子稀溶液的粘度常用的仪器是毛细管粘度计，常用的粘度计称乌氏粘度计(Ubbelohde 型)，也称三管粘度计（图 10-38)。分别测定不同浓度的溶液和溶剂流过毛细管的时间，根据(10.31)式和(10.32)式可以求出溶液各浓度下的相对粘度和增比粘度。

$$\eta_r = \frac{\eta}{\eta_0} = \frac{t}{t_0},\ \eta_{SP} = \eta_r - 1 = \frac{t - t_0}{t_0}$$

式中 t_0 和 t 分别为溶剂和溶液流过毛细管的时间。根据(10-34)和(10-35)式

$$[\eta] = \lim_{c\to0}\frac{\eta_{SP}}{c} = \lim_{c\to0}\frac{\ln\eta_r}{c}$$

分别用 η_{sp}/c 和 $\ln\eta_r$ 对 c 做图,外推至 $c=0$,就能得到该高分子溶液的特性粘度(图 10-39)。

如果已知常数 K 和 α，根据（10－58）式 $[\eta]=KM^{\alpha}$，可以求出该高分子的摩尔质量。用粘度法测得高分子的摩尔质量是粘均摩尔质量 M_{η}。一般 $M_{n}<M_{\eta}\leqslant M_{m}$，粘均摩尔质量更接近质均摩尔质量。

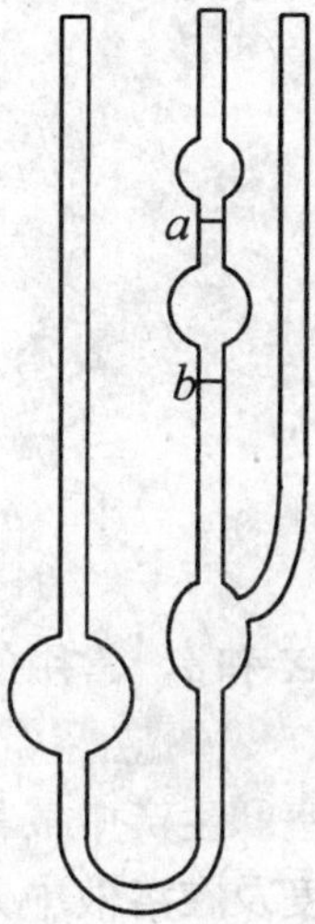

图 10－38　乌氏粘度计

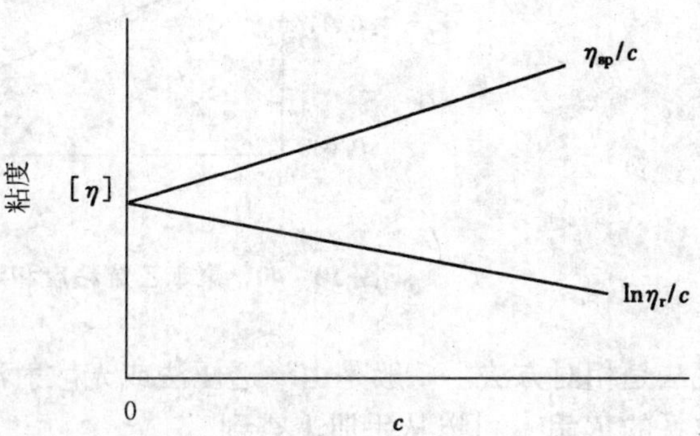

图 10－39　η_{sp}/c 和 $\ln\eta_{r}/c$ 与 c 的关系

例 10－5　在 25℃ 时测得不同浓度某聚苯乙烯苯溶液的粘度数据如下：

$c/\mathrm{kg\cdot m^{-3}}$	0	2.0	4.0	6.0	8.0	10.0
$\eta\times10^{-4}/\mathrm{Pa\cdot s^{-1}}$	5.57	6.14	6.73	7.33	7.97	8.62

已知平均相对摩尔质量在 $5\times10^{3}\sim2\times10^{6}$ 之间时，该体系 $K=3.70\times10^{-5}$，$\alpha=0.62$，试求聚苯乙烯的平均相对摩尔质量。

解：根据 $[\eta]=\lim\limits_{c\to0}\dfrac{\eta_{sp}}{c}=\lim\limits_{c\to0}\dfrac{\ln\eta_{r}}{c}$，题给数据处理如下：

η_{sp}/c	0.051	0.052	0.0527	0.0539	0.0548
$\ln\eta_{r}/c$	0.0487	0.0473	0.0458	0.0448	0.0437

用 η_{sp}/c 对 c 和 $\ln\eta_{r}/c$ 对 c 作图（图 10－40），所得直线截距分别为 0.05003 和 0.04981

$$\text{所以}\quad [\eta]=\frac{0.05003+0.04981}{2}=0.04992$$

$$[\eta]=KM^{\alpha}$$

$$\text{所以}\quad M=\left(\frac{0.04992}{3.7\times10^{-5}}\right)^{\frac{1}{0.62}}=1.12\times10^{5}$$

该聚苯乙烯样品的平均相对摩尔质量为 11.2 万。

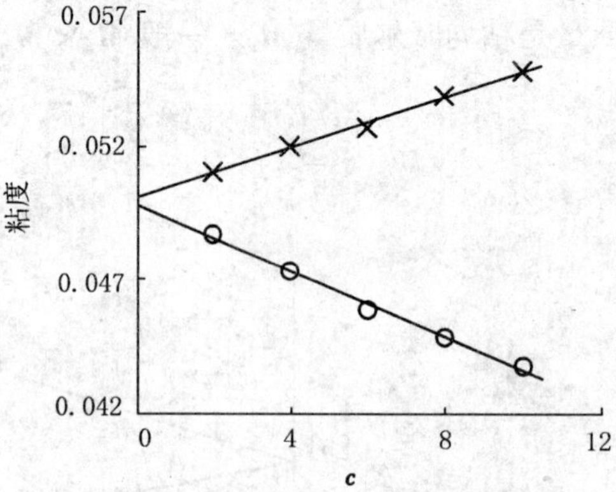

图 10－40　聚苯乙烯粘度和浓度的关系

粘度法是相对方法。一般是由渗透压法或光散射法确定该体系的 K 和 α。常用的高分子－溶剂体系的 K 和 α 可以从手册上查到。

粘度法测高分子摩尔质量所用仪器简单，方法容易掌握，是实验室和生产中最常用的方法。除了测高分子平均摩尔质量，粘度法还可以用来测高分子的支化度及在溶液中分子的形态和尺寸。

3. 其它方法

除了前面介绍的方法以外，还有很多测定高分子平均摩尔质量的方法。不同方法测定的是不同的平均摩尔质量，常用的方法如表 10－6 所示：

表 10－6　不同平均摩尔质量测定方法及适用范围

平均摩尔质量	测定方法
M_n	沸点升高，冰点降低
M_n	端基分析
M_n	渗透压法
M_m	光散射法
M_Z	离心沉降法
M_η	*粘度法
M	*凝胶色谱法

注：有“*”的方法是相对方法。

表中所列方法中特别要提到的是凝胶色谱法。用凝胶色谱分离不同大小的分子，可同时测求高分子化合物的平均相对摩尔质量和相对摩尔质量分布。用高效凝胶色谱仪只需十几分钟就可测定一个样品的相对摩尔质量分布，是一个方便、高效的方法。

第十一节　乳状液和泡沫

一、乳状液

一种或几种液体以液滴的形式分散于另一种互不相溶的液体中所形成的分散体系称为乳状液。制备乳状液的过程称作乳化。分散相也称作内相（inner phase），是不连续相；分散介质也称作外相（outer phase），是连续相。乳状液分散相的直径为 $10^{-7} \sim 10^{-4}$m，属于粗分散体系。

一般情况下乳状液有一相为水相（水或水溶液），另一相为与水不相溶的有机相，统称为油相。分散相为油相、分散介质为水相的乳状液称作“水包油”型，用“O/W”表示；反之分散相是水相，分散介质为油相的称作“油包水”型，用“W/O”表示。W/O 型（或 O/W 型）乳状液分散在水（或油）中，可以形成 W/O/W（或 O/W/O）的多重乳状液，称作复乳（multiemulthion）。

很难从外观上直接区分 O/W 型和 W/O 型乳状液，常用的鉴别方法有三种：

（1）染料法　将油溶性染料加到乳状液中，在显微镜下观察，若整个乳状液被染色，则是 W/O 型乳状液；若液滴被染色，则为 O/W 型。

（2）电导法　一般水的导电能力远远优于油，因此电导率较高的是 O/W 型乳状液，电导率低的是 W/O 型乳状液。

（3）稀释法　乳状液可以被其外相液体所稀释。因此，能被水稀释的是 O/W 型乳液，能被油稀释的是 W/O 型乳液。

1. 乳状液的性质

（1）外观和光学性质　乳状液的内相液滴大小不同，它们对光的吸收、反射、散射等光学性质也不同，因此有不同的外观。液滴的直径大于 10^{-6}m（1μm）时，液滴主要对光反射，乳状液呈乳白色。当液滴的直径和光的波长相当或略小于光的波长时，发生光的散射，乳状液呈蓝灰色。更小液滴的乳状液是透明的，光线完全透过。根据表 10－7 可以从外观大致估计分散相质点的大小。

表 10－7　乳状液的外观和分散相的大小

液滴大小	外观
＞1μm	乳白色乳状液
0.1～1μm	蓝白色乳状液
0.05～0.1μm	灰色半透明状
＜0.05μm	透明液

（2）乳状液的粘度　分散相浓度较小时，粘度主要由分散介质决定。除浓度外，分散相质点大小及分布、两相间的界面膜、乳化剂等都对粘度有影响。

（3）乳状液的电导　乳状液的电导主要决定于分散介质。水相的电导率较大，而油相的导电性质一般较弱。常用这个性质分辨乳状液的类型。

（4）电泳　测量分散相质点的电泳速度，可用来研究乳状液的稳定性。

2. 乳状液的稳定性

乳状液的两相之间存在巨大的相界面，体系的吉布斯能很高，是热力学不稳定体系。将水和“油”混合，震摇后形成的乳液稍加静置就会分层，被分散的液体形成的小液滴有自发聚集、分层的趋势。仅有两个组分的体系不能形成稳定的乳状液。只有在体系中加入第三个组分—乳化剂，才能形成比较稳定的乳状液。乳化剂是能分散于两相界面，并在液滴外形成保护膜的物质。表面活性剂是常用的乳化剂，固体粉末也可以用作乳化剂。

乳化剂的稳定作用主要包括以下几个方面：

(1) 形成牢固的界面膜　乳化剂分布在内、外相之间的相界面上，形成有足够强度的界面膜，阻止两个液滴碰撞后融合，这是形成稳定乳状液的最重要的条件。

在用表面活性剂作为乳化剂时，表面活性剂分子在界面吸附，形成界面膜。当表面活性剂的浓度增高至占总重量的1%～10%时，表面活性剂分子就会在液滴表面紧密排列，形成牢固的保护膜，达到稳定乳状液的效果。

在作为乳化剂的表面活性剂中常混有极性有机物（脂肪醇、脂肪酸、脂肪胺等）。这些极性有机物的分子会插入表面活性剂分子组成的界面膜中，使分子间作用力增强，并增加了膜的密度。这不仅使液体间的界面张力下降，还可以使膜强度提高，有利于乳状液的稳定。

形成界面膜的表面活性剂分子大部分在外相，这样形成的膜更牢固。因此形成O/W型乳状液常用HLB 8～18的亲水型表面活性剂作为乳化剂，如吐温（Tween）类、植物胶等。形成W/O型乳状液常用HLB 3～8的亲油型表面活性剂作为乳化剂，如高级醇、司盘（Span）类等。

由于形成吸附膜的表面活性剂分子的空间构型，一价金属离子脂肪酸盐会形成O/W型乳状液，二价金属离子脂肪酸盐则形成W/O型乳状液。只有这样形成的膜才能最紧密（图10－41）。

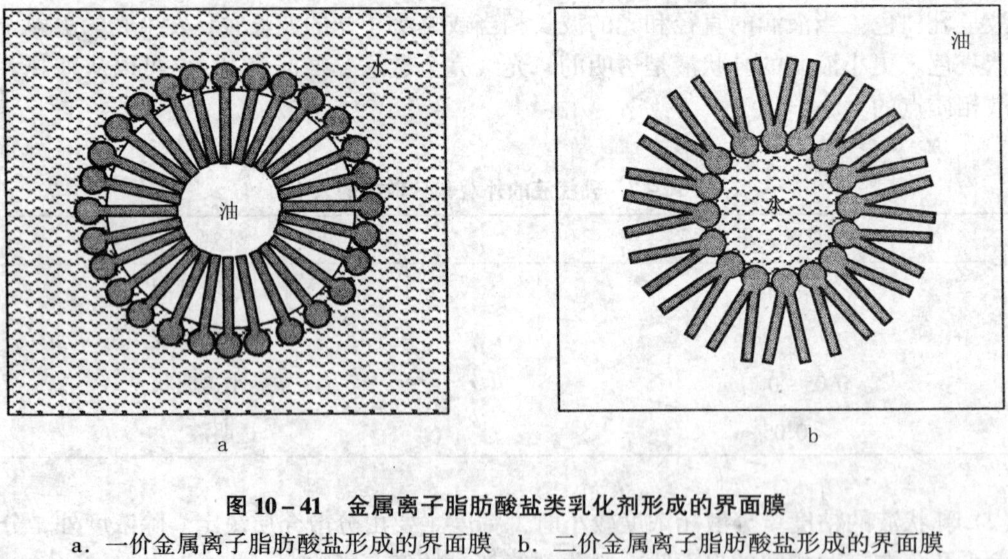

图10－41　金属离子脂肪酸盐类乳化剂形成的界面膜

a．一价金属离子脂肪酸盐形成的界面膜　b．二价金属离子脂肪酸盐形成的界面膜

分散在相界面的固体粉末也可以作为乳化剂。粉末大部分在外相，才能使界面最小。因此粉末和水相之间的接触角$\theta > 90°$时为W/O型乳状液（图10－42），$\theta > 90°$时为W/O型乳状

液。如氢氧化铁等亲水性固体粉末可以形成 O/W 型乳状液，炭黑等亲油性固体粉末可以形成 W/O 型乳状液。$\theta = 90°$时得不到稳定的乳状液。

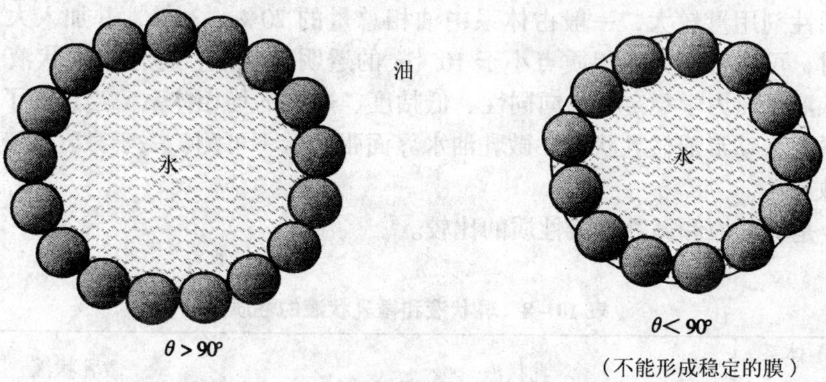

图 10－42　θ 和乳状液稳定性之间的关系

（2）降低界面张力　加入表面活性剂可以使油水之间的界面张力下降，使乳状液的形成容易。由于降低了界面能，提高了体系的稳定性。

（3）增加液滴的界面电荷　离子型表面活性剂使液滴带电荷，在界面处形成双电层。液滴间的静电斥力有利于乳状液的稳定。

（4）增加乳状液的粘度　加入高分子增稠剂可以增加乳状液的粘度，有利于乳状液稳定。

3. 破乳

有的情况下需要破乳，例如从牛奶中制取奶油的过程。破乳的方法可以分为物理机械方法和物理化学方法两大类。

常用的物理机械方法有电沉降、超声、过滤等。

（1）电沉降：高压静电场（10^4 V）可以使油中的水聚结，常用于 W/O 乳状液的破乳。

（2）超声：用低强度超声可以破乳。但是要控制好条件，因为超声也是制造乳状液的方法。轻微振摇或搅拌有时也可以破乳。

（3）过滤：用能被分散相能优先润湿的多孔性材料过滤乳状液，使液滴在滤材上聚结，达到破乳的目的。

（4）加热：加热可以加速液滴运动，降低介质粘度，也是破乳的一个方法。

物理化学方法主要是改变双液界面的性质，常用的方法有：

（1）以脂肪酸皂类作为乳化剂的乳状液，加入无机酸或高价金属离子的盐，会使表面活性剂失活而破乳。

（2）某些碳氢链较短的表面活性剂也可以破乳。它们能强烈吸附于界面，顶替原有的表面活性剂分子，但本身不能形成有强度的膜，以至破乳。

（3）加入适当数量的起相反作用的乳化剂，当乳状液的性质发生变化时（如从 O/W 向 W/O 转变），原有的液膜被破坏，也可以起到破乳作用。

（4）由于形成双电层而稳定的乳状液，加入电解质后使扩散层压缩，降低了分散相液滴的动电势，使液滴之间原有的静电斥力下降而聚结，最终导致乳状液被破坏。这种破乳作用和电解质对溶胶的聚沉作用类同。

在实际应用中，往往是几种方法并用，以达到良好的破乳效果。

二、微乳状液

当表面活性剂用量较大，一般占体系中油相总量的20%～30%，并加入大量极性有机物（如醇）时，可以得到分散相质点小于10^{-7}m的透明乳状液，称作微乳状液（microemulsion）。微乳状液是热力学稳定、各向同性、低粘度、透明的均相体系。当选择了合适的配方混合后，体系会自动形成微乳状液。微乳油水界面张力低不可测。关于微乳状液的形成机理目前尚无一致看法。

表10－8是乳状液和微乳状液性质的比较。

表10－8　乳状液和微乳状液的性质

性质＼体系	乳状液	微乳状液
分散度	粗分散体系，质点＞0.1μm 显微镜下可见，质点一般大小不均匀	质点0.01～0.1μm 显微镜下不可见，质点一般大小均匀
质点形状	一般为球状	球状
透光性	不透明	半透明或透明
稳定性	不稳定，用离心可分层	稳定，离心不分层
表面活性剂用量	少，不一定加辅助剂	多，需加辅助剂
与油、水的混溶	O/W与油不混溶 W/O与水不混溶	与油、水在一定范围内可混溶

微乳状液和其它超细微粒、纳米材料一样是目前研究的热门课题，它在二次采油、化妆品、食品、药品等方面有广泛的应用。

三、泡沫

泡沫是气液分散体系，气态为分散相，液态为分散介质。由于两者密度相差大，所以液体中的气泡会迅速上升至液面，形成由少量液体的液膜隔开的多面体气泡聚集物。气泡一般大于10^{-7}m，是粗分散体系。

纯液体不能形成稳定的泡沫，必须有两种以上成分的液体才能形成稳定泡沫。稳定泡沫的物质称作发泡剂（foaming agent），一般是用表面活性剂和水溶性大分子。

泡沫中的液膜逐渐变薄的过程称泡沫的排液过程。导致排液过程有两个原因：一是由于液体的重力作用，这只是在液膜较厚时才有显著作用；另一原因是由于各个气泡交界处（一般是三个气泡相交）形成Plateam交界（图10－43）。根据拉普拉斯公式，由于P点曲率半径小于A点，因此凹形液膜P处的压力小于A处，所以液体会自动地从A处流至P处，使液膜变薄。

1. 影响泡沫稳定性的因素

（1）液膜强度　要得到稳定的泡沫，关键在于液膜强度。通常以表面粘度衡量液膜强度。蛋白质分子大，分子间相互作用力强，所以膜的强度大，膜粘度也大。直链表面活性剂

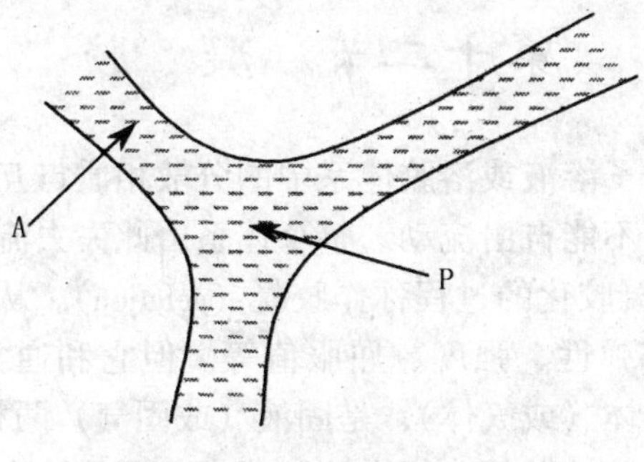

图 10－43　气泡的 Platean 交界

分子间作用力较大，能得到稳定性较好的泡沫。加入高级醇可以提高泡沫的稳定性，表面粘度也同时上升。支链表面活性剂分子间作用较差，形成的膜不够紧密，所以表面粘度较小，泡沫稳定性也较差。

（2）表面张力的“自修复”作用　泡沫的液膜受到冲击而扩大，局部变薄，使表面吸附分子的密度变小，因而使该局部表面张力变大。所以表面分子自发地从邻近区域向该部迁移，使密度升高，表面张力下降。该迁移过程中会携带水分子一起迁移，使膜恢复原厚度。

（3）表面电荷　离子型表面活性剂形成的双电层液膜，当膜变薄时，由于静电斥力会使膜分开，保持一定的膜厚度。当溶液中电解质浓度较高时，会压缩扩散双电层，从而使膜变薄。

（4）气体通透性　气体通过液膜的扩散称作气体通透性。一般气泡都是不均匀的，小泡的压力大于大泡，所以气体会透过液膜从小泡向大泡扩散。于是小泡消失，大泡更大，直至泡沫破坏。可以用液膜上的气泡半径随时间变化的速率来衡量气体透过性。气体通透性和吸附膜的紧密程度有关。

（5）溶液粘度　溶液粘度大使液膜不易被破坏。因为溶液粘度大使膜粘度上升，同时也使两个界面膜之间的液体排出困难。

综上所述，影响泡沫稳定性的最重要因素，是界面吸附分子排列的疏密。界面层分子相互作用力强、排列紧密时，不仅膜强度大，而且由于表面浓度高而使液膜下的液体不易流走，排液困难，从而保持液膜厚度。同时，紧密的分子膜也降低了气体的通透性。

2. 消泡

在工业生产中，有时泡沫会带来很多不利甚至危险，因此需要进行消泡（antifoam）。常用的消泡方法有物理机械方法和化学试剂法。

物理机械法包括：

（1）物理消泡法　改变温度或用 α 射线、紫外线照射。

（2）机械消泡法　用超声、过滤、离心的方法分离溶液和泡沫。

化学试剂法也称消泡剂法。常用的消泡剂有两种类型：

（1）与泡沫液膜发生化学反应的试剂，如酸和高价金属离子的盐，和阴离子型表面活性剂反应生成不溶于水的脂肪酸和相应的难溶脂肪酸盐，使泡沫破坏。

（2）极性有机小分子，如乙醚、异戊醇等。这类有机试剂表面张力低，易取代原成膜分子铺展在表面。一方面它的铺展带走了部分液体，使原液膜变薄；另一方面它形成的新膜强度低，最终消泡。

第十二节　凝　胶

在适当的条件下，高分子溶液或溶胶体系中的分散相质点互相搭建成网状结构，分散相填充在网状结构的空隙内而不能自由流动。整个体系由此失去流动性，成为一种弹性的半固体状态，称为凝胶（gel）。凝胶化的过程称作胶凝（gelation）。从外观上看，凝胶具有固体的性质：有一定的形状，具有弹性、强度、屈服值等。但它和通常意义上的固体是完全不同的。在凝胶内部有大量的液体（或气体），是固液（或固气）两相体系，属于胶体分散体系。凝胶具有某些液体的性质，如扩散等。但在溶胶或大分子溶液中，分散相质点是可以自由运动的，而凝胶中的分散相质点却有固定的位置。凝胶的存在非常普遍，如日常生活中的肉冻、豆腐，工业生产中的橡胶、泥浆，药物制剂中滴丸的囊壳，以及构成人体的肌肉、软骨、毛发等都是凝胶。

一、凝胶的分类

1. 弹性凝胶

柔性大分子溶液所形成的凝胶是弹性凝胶（elastic gel）。这类凝胶所含的溶剂量远远超过搭建骨架的大分子的量。凝胶柔软、有弹性，如果冻等。将此类凝胶脱去大部分溶剂，凝胶体积明显减小，外观呈固体状，成为干凝胶，如明胶。这类凝胶对液体的吸收有明显的选择性。把干凝胶放入溶剂中，它会吸收溶剂而体积膨胀，因此是可逆凝胶。

2. 非弹性凝胶

非弹性凝胶（non-elastic gel）也称作刚性凝胶（rigid gel）。构成这类凝胶骨架的是一些"刚性"的无机颗粒。此类凝胶对液体的吸收无选择性。由于骨架是刚性结构，因此凝胶内的液体被吸收或脱除对体积影响不大，并且脱除溶剂后，不能再吸收溶剂恢复为凝胶，是不可逆凝胶。属于此类凝胶的有硅胶、氢氧化铝、氧化铁等。

二、凝胶的结构

凝胶结构一般有以下 4 种，如图 10-44 所示。

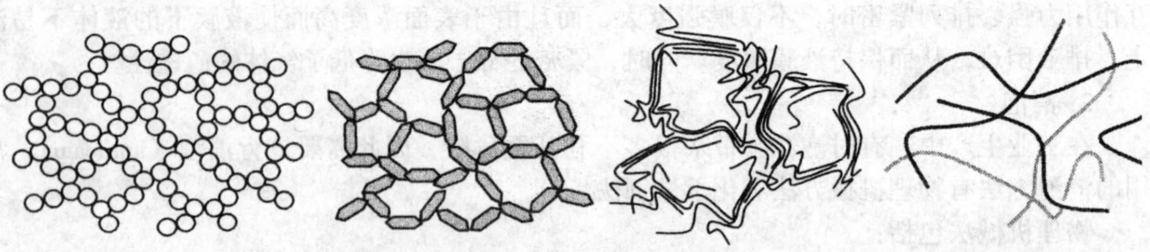

(a)　(b)　(c)　(d)

图 10-44　凝胶结构示意图

图 10-44（a）是球形质点形成串珠状链搭成的网状结构，如 TiO_2，SiO_2 等形成的凝胶；图 10-44（b）是片状或棒状质点搭成的网状结构，如 V_2O_5，白土等形成的凝胶；图 10-44（c）中凝胶的网状结构是由线性大分子搭建的，大分子链中部分链段有序排列，形成局部微晶区，如明胶等；图 10-44（d）是交联大分子凝胶，是由化学键联结大分子链而形成的网

状结构，如硫化橡胶、葡聚糖凝胶等。

以上4种凝胶结构及稳定性的差异主要取决于质点的形状、质点的刚柔性及质点间的联结力等三个方面。

1. 质点形状

质点形状主要影响形成凝胶所需的最低浓度值。对称质点所需浓度较高，不对称质点所需浓度较低。

2. 质点刚柔性

质点的刚柔性影响所形成的凝胶的性质，柔性大分子通常形成弹性凝胶，刚性质点形成的是非弹性凝胶。

3. 质点间的联结力

形成凝胶的质点间的联结力是决定凝胶性质及稳定性的最重要的因素。根据联结力的不同，又分为以下3种情况。

(1) 以范德华力联结的凝胶结构　这种联结力较弱，因此此类凝胶不稳定，具有触变性。外力（如搅拌、振动等）作用会使凝胶结构遭到破坏。当外力作用停止后，静置一段时间会使被破坏的凝胶结构重新恢复。未交联的线性大分子吸收溶剂后体积膨胀，即处于溶胀阶段时，也会形成类似的凝胶结构。这些大分子由于分子间相互作用力较弱，和溶剂分子间的相互作用力较强，因而会无限溶胀，直至完全溶解。$Fe(OH)_3$、纤维素、粘土等具有此类凝胶结构。

(2) 以氢键力联结形成的凝胶结构　氢键力比较强，因此所形成的凝胶结构比较稳定。但此类结构易受温度影响。当温度升高时，氢键被破坏而导致凝胶结构解体，成为溶液或溶胶。多数蛋白质凝胶具有此类凝胶结构，如明胶等。

(3) 以化学键联结形成的凝胶　此类凝胶非常稳定。如交联大分子，化学键将大分子连接成网状结构，在溶剂中只能有限溶胀。硫化橡胶等具有此类凝胶结构。

三、凝胶的形成

凝胶的形成可以从固体开始。高分子物质吸收溶剂后体积膨胀可以形成凝胶。此方法比较简单，但对小分子物质不适用。从溶液或溶胶也可以制备凝胶，此方法对大分子和小分子都适用。使用该方法制备凝胶要满足两个条件：一个条件是在降低溶解度后分散相以胶体质点的状态析出；另一个条件是析出的质点必须能够搭建成网状结构。后一种方法被称作胶凝。

四、凝胶的性质

1. 膨胀作用

干凝胶在吸收液体或蒸气后，会使自身的体积和重量明显增加。这种膨胀作用可以分为有限膨胀和无限膨胀。凝胶的骨架结构不解体的膨胀称有限膨胀，最终导致凝胶完全溶解的膨胀称无限膨胀。凝胶的膨胀过程一般分为两个阶段。首先是溶剂分子进入凝胶内部，对大分子产生溶剂化作用。由于大分子和溶剂分子紧密结合形成溶剂化层，使体系的总体积减小，溶剂的蒸气压下降，同时伴有热效应。这一阶段时间很短。接着是溶剂对凝胶的渗透作用。由于进入溶剂化层的溶剂分子和其它溶剂分子之间的浓度差，使外部的溶剂分子渗入凝胶内部。凝胶对液体的大量吸收，使其产生很大的膨胀压。古人曾利用插入石缝中的木块吸水来碎石。

2. 离浆作用

凝胶在放置过程中脱液收缩的现象称作离浆（syneresis）。形成凝胶网状结构的质点随时间的延长而更加靠近，从而使凝胶骨架结构缩小，将部分液体分子从凝胶中挤出。离浆不同于物质的干燥，该过程在潮湿的环境下同样能够进行。被挤出的液体是大分子稀溶液或稀溶胶。对于弹性凝胶，离浆可以看作是膨胀的逆过程，该过程是可逆的。对于非弹性凝胶，离浆作用则由于形成网状结构的质点间相互作用力远远强于和液体分子间的作用力，因此是不可逆的。

3. 触变作用

有些凝胶在受到外力作用时网状结构会解体而变为流体，当外力撤除后经过一段时间静置,又会逐渐恢复成凝胶。这种现象被称作触变(thixotmpy)。具有触变性质的凝胶其结构拆散和恢复是恒温可逆过程,可以反复进行。但是被拆散的凝胶结构需要一定时间才能恢复。

4. 凝胶中的扩散与化学反应

凝胶具有固体的性质，同时也具有液体的性质，小分子、离子可以在凝胶中自由扩散。当凝胶浓度低时，小分子的扩散速度和在纯液体中相似；当凝胶浓度高时，扩散速度明显下降；当质点粒径大于 20nm 时，在凝胶中几乎不扩散。在电化学中，凝胶中的扩散作用被用来制备盐桥。

半透膜多为凝胶和干凝胶。人为控制半透膜的性质，可以使半透膜对通过的质点有选择性。调节膜孔的大小，使尺寸小于该孔径的质点才能通过；调节膜的电性，使带有相反电荷的质点才能通过。生物膜的结构和所处的环境更为复杂，其通透选择性的原理有些至今仍无法找到合理的解释。

近年来迅速发展并被广泛应用的凝胶电泳和凝胶色谱两项实验技术是根据凝胶骨架空隙大小对不同粒径扩散质点的筛分作用而建立起来的。小的质点可以进入凝胶的网孔中，而较大的质点则很难进入凝胶的这些孔隙中。质点的大小不同，能够进入的凝胶孔洞的数目也不同。在凝胶色谱中，质点按其尺寸的大小依次被溶剂淋洗出来而达到分离。

化学反应也可以在凝胶中进行。由于凝胶内部的液体被网架相对固定而不产生对流，当化学反应生成不溶物时，会出现周期性分布。最典型的例子就是利瑟根环（Liesegang ring）。在含有 $K_2Cr_2O_7$ 的明胶凝胶表面加入 $AgNO_3$ 溶液，几天后可以在试管中看到环状橙红色 $Ag_2Cr_2O_7$ 沉淀周期性地向下分布(图10－45)。$AgNO_3$ 溶液从凝胶表面向下扩散时，和

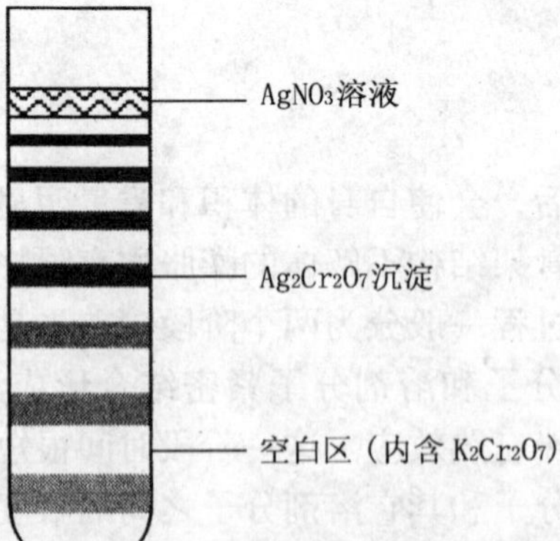

图 10－45　利瑟根环示意图

$K_2Cr_2O_7$ 相遇生成 $Ag_2Cr_2O_7$。沉淀的生成必须满足过饱和条件。$K_2Cr_2O_7$ 向上扩散，不断和 $AgNO_3$ 反应形成了第一个 $Ag_2Cr_2O_7$ 沉淀圈。由于反应使周围的 $K_2Cr_2O_7$ 浓度下降，下部的 $K_2Cr_2O_7$ 不能及时补充，所生成的 $Ag_2Cr_2O_7$ 浓度较低不足以形成沉淀。$AgNO_3$ 继续向下扩散至某一位置时，$K_2Cr_2O_7$ 的浓度足够大，又形成一个新的 $Ag_2Cr_2O_7$ 沉淀环。如此继续，循环往复。随着反应物的消耗，$AgNO_3$ 的浓度下降，环间距加大，环加宽，并且颜色变浅。自然界也存在很多类似的周期性结构，如天然宝石的花纹、树木的年轮等。

习　题

1. 某溶胶粒子的平均直径为 5.4×10^{-8}m，水的粘度 $\eta=1.0\times10^{-3}\,kg\cdot m^{-1}$，试计算（1）25℃时胶体粒子的扩散系数；（2）在 20 秒内粒子由于布朗运动在 x 轴方向的平均位移。

2. 25℃时，实验观察到某溶胶粒子在 20 秒内由于布朗运动在 x 轴方向平均移动了 1.80×10^{-5} m，已知25℃水的粘度为 1.0×10^{-3} Pa·s。试计算（1）此溶胶在25℃时的扩散系数；（2）粒子的平均直径。

3. 20℃时离心后的血红蛋白溶液和缓冲液之间形成一个明显的界面，界面宽度为 0.3mm。将该缓冲管放置两小时后界面宽度为多少？已知血红蛋白的扩散系数为 $6.9\times10^{-11}\,m^2\cdot s^{-1}$。

4. 制备粒子半径 $r=1.0\times10^{-8}$m 的金溶胶，（1）试计算在 25℃达到沉降平衡时，粒子浓度下降一半时的高度差。已知在此温度下 $\rho_{金}=1.93\times10^4\,kg\cdot m^{-3}$，$\rho_{水}=1.00\times10^3\,kg\cdot m^{-3}$。

（2）若将该溶胶放入容器中，溶胶的高度为 15cm，根据计算结果预计平衡后溶胶的浓度分布，并讨论此溶胶的稳定性。

5. 已知水的粘度 $\eta_{水}=1.0\times10^{-3}$ Pa·s，试计算上题中溶胶的沉降速度和下降 1cm 所需要的时间。根据计算结果重新讨论该溶胶的稳定性。

6. 已知 20℃时肌凝蛋白的沉降系数为 6.4×10^{-13} s，扩散系数为 $0.1\times10^{-10}\,m^2\cdot s^{-1}$，比容为 $0.728\times10^{-3}\,m^3\cdot kg^{-1}$，水的密度为 $\rho_{水}=0.9982\times10^3\,kg\cdot m^{-3}$。试计算肌凝蛋白的相对摩尔质量。

7. 在 20℃时进行血红朊的超离心沉降平衡，测得离转轴距离 $x_1=5.5\times10^{-2}$m 处的浓度 c_1 与离转轴距离 $x_2=6.5\times10^{-2}$m 处的浓度 c_2 之比 $c_1/c_2=9.40$，离心转速为 120 rps，血红朊的比容为 $0.749\times10^{-3}\,m^3\cdot kg^{-1}$，分散介质的密度为 $0.9982\times10^3\,kg\cdot m^{-3}$。计算血红朊的摩尔质量。

8. 制备 AgCl 溶胶（设溶胶粒子为球形），在 220V 电压下，两极间距离为 42.3 cm，通电 4 分 38 秒，溶胶界面向正极移动 2.50 cm。已知分散介质水的相对介电常数 $\varepsilon_r=81$，真空介电常数 $\varepsilon_0=8.85\times10^{-12}\,kg\cdot m^{-3}$，溶胶粘度 $\eta=1.03\times10^{-3}$Pa·s。计算此溶胶的 ζ 电势。

9. 在 3 个试管中各加入 0.02dm^{-3}的$Fe(OH)_3$ 溶胶，再分别加入 3 种电解质使其聚沉，不同浓度溶胶所需电解质溶液的量如下：

电解质	NaCl	Na_2SO_4	Na_3PO_4
c/mol·dm^{-3}	1.00	0.05	0.0033
V/dm^{-3}	0.021	0.012	7.4×10^{-3}

判断溶胶所带电荷并计算各电解质聚沉值之比。

10. 制备某带正电荷的 As_2S_3 溶胶，分别加入 $MgSO_4$、$CaCl_2$、$Na2SO_4$ 对溶胶进行聚沉，比较这三种电解质对该溶胶的聚沉能力。

11.（1）试计算 20℃时质量分数为 1.0×10^{-3} 的蔗糖水溶液的渗透压。已知该温度下纯水的密度为 $0.9982\times10^3\ kg\cdot m^{-3}$。（2）已知人类血浆的渗透压为 729.54kPa，试计算和血浆等渗透压的 NaCl 溶液的质量摩尔浓度。

12. 在半透膜内某蛋白质钠盐 Na_2P 水溶液的浓度为 $0.1mol\cdot dm^{-3}$，膜外加入浓度为 $0.5mol\cdot dm^{-1}$ 的 NaCl 溶液，若膜内外溶液体积相等，计算 27℃达到平衡时膜两侧溶液中离子的浓度和渗透压。

13. 有几种不同大小单分散的某高分子样品，它们的相对摩尔质量分别为 4×10^{-4}、3×10^{-4}、2×10^{-4}、1×10^{-4}，将它们按 1:1.2:0.8:1 的比例混合。试计算混合后高分子样品的数均、质均相对摩尔质量和多分散系数。

14. 若将上题中的高分子配制成浓度为 2%溶液，试计算该溶液在 25℃时的渗透压，设该溶液的第二维利系数 A_2 为 2×10^{-4}。

15. 在 25℃测得某聚丙烯酰胺样品水溶液的渗透压数据如下：

$c/kg\cdot m^{-3}$	5.00	10.0	15.0	20.0	25.0
π/Pa	45.08	121.32	228.72	361.28	527.13

根据实验数据计算该聚丙烯酰胺样品的相对摩尔质量。

16. 在 20℃测得某聚苯乙烯苯溶液的粘度数据如下：

$\frac{c}{g/100ml}$	0.20	0.30	0.40	0.50	0.75	1.00
η_r	1.171	1.263	1.361	1.461	1.720	2.030

已知该体系在 20℃时 $K=1.23\times10^{-4}$，$\alpha=0.72$，求聚苯乙烯样品的相对摩尔质量。

答　案

1.（1）$8.09\times10^{-3}m^2\cdot s^{-1}$

（2）$1.80\times10^{-5}m$

2.（1）$8.1\times10^{-12}m^2\cdot s^{-1}$

（2）$5.4\times10^{-8}m$

3. 2.3 mm

4. $3.8\times10^{-3}m$

5. 29 day

6. 5.71×10^5

7. 63.48 $kg\cdot mol^{-1}$

8. 41.47mV

9. 1:27:575

11.（1）6.76×10^3 Pa

（2）0.1415 $mol\cdot kg^{-1}$

12. 332.2 kPa

13. 2.55×10^4，3.04×10^4，1.192

14. 2141 Pa

15. 40.7×10^4

16. 20.2×10^4

附　　录

附录 1　基本物理常量

真空中的光速	c	$(2.997\,924\,58 \pm 0.000\,000\,012) \times 10^{8}\ \mathrm{m \cdot s^{-1}}$
元电荷(一个质子的电荷)	e	$(1.602\,177\,33 \pm 0.000\,000\,49) \times 10^{-19}\ \mathrm{C}$
Planck 常量	h	$(6.626\,075\,5 \pm 0.000\,004\,0) \times 10^{-34}\ \mathrm{J \cdot s}$
Boltzmann 常量	k	$(1.380\,658 \pm 0.000\,012) \times 10^{-23}\ \mathrm{J \cdot K^{-1}}$
Avogadro 常量	L	$(6.022\,045 \pm 0.000\,031) \times 10^{23}\ \mathrm{mol^{-1}}$
原子质量单位	$1\mathrm{u} = m(^{12}\mathrm{C})/12$	$(1.660\,540\,2 \pm 0.000\,100\,10) \times 10^{-27}\ \mathrm{kg}$
电子的静止质量	m_e	$9.109\,38 \times 10^{-31}\ \mathrm{kg}$
质子的静止质量	m_p	$1.672\,62 \times 10^{-27}\ \mathrm{kg}$
真空介电常量	ε_0	$8.854\,188 \times 10^{-12}\ \mathrm{J^{-1} \cdot C^{2} \cdot m^{-1}}$
	$4\pi\varepsilon_0$	$1.112\,650 \times 10^{-12}\ \mathrm{J^{-1} \cdot C^{2} \cdot m^{-1}}$
Faraday 常量	F	$(9.648\,530\,9 \pm 0.000\,002\,9) \times 10^{4}\ \mathrm{C \cdot mol^{-1}}$
摩尔气体常量*	R	$8.314\,510 \pm 0.000\,070\ \mathrm{J \cdot K^{-1} \cdot mol^{-1}}$

* $R = 8.314\ \mathrm{J \cdot K^{-1} \cdot mol^{-1}} = 8.314 \times 10^{7}\ \mathrm{erg \cdot K^{-1} \cdot mol^{-1}}$
$= 1.987\,2\ \mathrm{cal \cdot K^{-1} \cdot mol^{-1}} = 0.082\,06\ \mathrm{dm^{3} \cdot atm \cdot K^{-1} \cdot mol^{-1}}$
$= 62.364\ \mathrm{dm^{3} \cdot mmHg \cdot K^{-1} \cdot mol^{-1}}$

附录 2　用于构成十进倍数和分数单位的词头

因数	词头名称	符号	因数	词头名称	符号
10^{-1}	分	d	10^{1}	十	da
10^{-2}	厘	c	10^{2}	百	h
10^{-3}	毫	m	10^{3}	千	k
10^{-6}	微	μ	10^{6}	兆	M
10^{-9}	纳[诺]	n	10^{9}	吉[咖]	G
10^{-12}	皮[可]	p	10^{12}	太[拉]	T
10^{-15}	飞[母托]	f	10^{15}	拍[它]	P
10^{-18}	阿[托]	a	10^{18}	艾[可萨]	E
10^{-21}	仄[普托]	z	10^{21}	泽[它]	Z
10^{-24}	幺[科托]	y	10^{24}	尧[它]	Y

附录 3 能量换算因数

	J	cal	erg	$cm^3 \cdot atm$	eV
1J	1	0.2390	10^7	9.869	6.242×10^{18}
1 cal	4.184	1	4.184×10^7	41.29	2.612×10^{19}
1 erg	10^{-7}	2.390×10^{-3}	1	9.869×10^{-7}	6.242×10^{11}
1 $cm^3 \cdot atm$	0.1013	2.422×10^{-3}	1.013×10^5	1	6.325×10^{17}
1 eV	1.602×10^{-19}	3.829×10^{-20}	1.602×10^{-12}	1.581×10^{-18}	1

附录 4 常用数学公式

$$\ln x = \lg x / \lg e = 2.302\,61 \lg x$$

$$dx^m = mx^{m-1}dx$$

$$d\ln x = dx/x$$

$$de^x = e^x dx$$

$$\int dx = x + c \text{（}c\text{ 为积分常数）}$$

$$\int x^m dx = \frac{x^{m+1}}{m+1} + c$$

$$\int dx/x = \ln x + c$$

$$\frac{1}{1-x} = 1 + x + x^2 + \cdots (|x| < 1)$$

$$\int x^n e^{ax} dx = \frac{x^n e^{an}}{a^{n+1}} - \frac{n}{a}\int x^{n-1} e^{ax} dx$$

$$\int_0^{\infty} x^n e^{-ax} dx = \frac{n!}{a^{n+1}} (n > -1, a > 0)$$

$$\int_{-\infty}^{\infty} e^{-ax^2} dx = \sqrt{\pi/a}$$

$$\int_{-\infty}^{\infty} x^2 e^{-ax^2} dx = \frac{1}{2a}$$

$$\int_0^a \sin^2 x dx = \left[-\frac{1}{2}\sin x + \frac{1}{2}x\right]_0^a$$

$$\int x\sin(ax)dx = \frac{1}{a^2}\sin(ax) - \frac{x}{a}\cos(ax)$$

附录5 元素的相对原子质量

元素	次序号	相对原子质量	元素	次序号	相对原子质量	元素	次序号	相对原子质量
O	1	15.999 4	Cu	36	63.54	Sm	71	150.35
H	2	1.008 0	Ag	37	107.870	Pm	72	146.915
He	3	4.002 6	Au	38	196.967	Nd	73	144.24
Ne	4	20.183	Ni	39	58.71	Pr	74	140.907
Ar	5	39.948	Co	40	58.933 2	Ce	75	140.12
Kr	6	83.80	Fe	41	55.847	La	76	138.91
Xe	7	131.30	Pd	42	106.4	Lw	77	257
Rn	8	222	Rh	43	102.905	No	78	255
F	9	18.998 4	Ru	44	101.07	Md	79	258.10
Cl	10	35.453	Pt	45	195.09	Fm	80	257.10
Br	11	79.909	Ir	46	192.2	Es	81	254.09
I	12	126.904 4	Os	47	190.2	Cf	82	251.08
At	13	210	Mn	48	54.938 0	Bk	83	249.075
S	14	32.064	Tc	49	98.906	Cm	84	247.07
Se	15	78.96	Re	50	186.2	Am	85	241.06
Te	16	127.60	Cr	51	51.996	Pu	86	239.05
Po	17	210	Mo	52	95.94	Np	87	237.05
N	18	14.006 7	W	53	183.85	U	88	238.029
P	19	30.973 8	V	54	50.942	Pa	89	231.035 9
As	20	74.921 6	Nb	55	92.906 0	Th	90	232 038 1
Sb	21	121.75	Ta	56	180.948	Ac	91	227.028
Bi	22	208.980	Ti	57	47.90	Be	92	9.012 2
C	23	12.011 2	Zr	58	91.22	Mg	93	24.312
Si	24	28.086	Hf	59	178.49	Ca	94	40.08
Ge	25	72.59	Sc	60	44.956	Sr	95	87.62
Sn	26	118.69	Y	61	88.905	Ba	96	137.34
Pb	27	207.19	Lu	62	174.97	Ra	97	226.025
B	28	10.811	Yb	63	173.04	Li	98	6.941
Al	29	26.981 5	Tm	64	168.934	Na	99	22.989 8
Ga	30	69.72	Er	65	167.26	K	100	39.102
In	31	114.82	Ho	66	164.930	Rb	101	85.467 8
Tl	32	204.37	Dy	67	162.50	Cs	102	132.905 4
Zn	33	65.37	Tb	68	158.924	Fr	103	223
Cd	34	112.40	Gd	69	157.25			
Hg	35	200.59	Eu	70	151.96			

附录6 物质的摩尔标准生成焓、摩尔标准生成吉布斯能、摩尔标准熵和摩尔热容

1. 单质与无机物

(100kPa)

物质	$\Delta_f H_m^{\ominus}$(298.15K)	$\Delta_f G_m^{\ominus}$(298.15K)	$S_m^{\ominus}$(298.15K)	$C_{p,m}^{\ominus}$(298.15K)	$C_{p,m}^{\ominus}=a+bT+cT^2$,或 $C_{p,m}^{\ominus}=a+bT+C'T^{-2}$				
					a	$b\times10^3$	$c\times10^6$	$c'\times10^{-5}$	适用温度/K
	$kJ\cdot mol^{-1}$	$kJ\cdot mol^{-1}$	$J\cdot K^{-1}\cdot mol^{-1}$	$J\cdot K^{-1}\cdot mol^{-1}$	$J\cdot K^{-1}\cdot mol^{-1}$	$J\cdot mol^{-1}\cdot K^{-2}$	$J\cdot mol^{-1}\cdot K^{-3}$	$J\cdot K\cdot mol^{-1}$	
$Ag(s)$	0	0	42.712	25.48	23.97	5.284		-0.25	293 ~ 123 4
$Ag_2CO_3(s)$	-506.14	-437.09	167.36						
$Ag_2O(s)$	-30.56	-10.32	121.71	65.57					
$Al(s)$	0	0	28.315	24.35	20.67	12.38			273 ~ 931.7
$Al(g)$	313.80	273.2	164.553						
$Al_2O_3-\alpha$	-1669.8	-2213.16	0.986	79.0	92.38	37.535		-26.861	27 ~ 1 937
$Al_2(SO_4)_3(s)$	-3434.98	-3728.53	239.3	259.4	368.57	61.92		-113.47	298 ~ 1 100
$Br(g)$	111.884	82.396	175.021						
$Br_2(g)$	30.71	3.109	245.455	35.99	37.20	0.690		-1.188	300 ~ 1 500
$Br_2(l)$	0	0	152.3	35.6					
$C(g)$	718.384	672.942	158.101						
C(金刚石)	1.896	2.866	2.439	6.07	9.12	13.22		-6.19	298 ~ 1 200
C(石墨)	0	0	5.694	8.66	17.15	4.27		-8.79	298 ~ 2 300
$CO(g)$	-110.525	-137.285	198.016	29.142	27.6	5.0			290 ~ 2 500
$CO_2(g)$	-393.511	-394.38	213.76	37.120	44.14	9.04		-8.54	298 ~ 2 500
$Ca(s)$	0	0	41.63	26.27	21.92	14.64			273 ~ 673
$CaC_2(s)$	-62.8	-67.8	70.2	62.34	68.6	11.88		-8.66	298 ~ 720
$CaCO_3$(方解石)	-1 206.87	-1 128.70	92.8	81.83	104.52	21.92		-25.94	298 ~ 1 200
$CaCl_2(s)$	-795.0	-750.2	113.8	72.63	71.88	12.72		-2.51	298 ~ 1 055
$CaO(s)$	-635.6	-604.2	39.7	48.53	43.83	4.52		-6.52	298 ~ 1 800
$Ca(OH)_2(s)$	-986.5	-896.89	76.1	84.5					
$CaSO_4$(硬石膏)	-1 432.68	-1 320.24	106.7	97.65	77.49	91.92		-6.561	273 ~ 1 373
$Cl^-(aq)$	-167.456	-131.168	55.10						
$Cl_2(g)$	0	0	222.948	33.9	36.69	1.05		-2.523	273 ~ 1 500
$Cu(s)$	0	0	33.32	24.47	24.56	4.18		-1.201	273 ~ 1 357
$CuO(s)$	-155.2	-127.1	43.51	44.4	38.79	20.08			298 ~ 1 250
$Cu_2O-\alpha$	-166.69	-146.33	100.8	69.8	62.34	23.85			298 ~ 1 200
$F_2(g)$	0	0	203.5	31.64	34.69	1.84		-3.35	273 ~ 2 000
$Fe-\alpha$	0	0	27.15	25.23	17.28	26.69			273 ~ 1 041
$FeCO_3(s)$	-747.68	-673.84	92.8	82.13	48.66	112.1			298 ~ 885
$FeO(s)$	-266.52	-244.3	54.0	51.1	52.80	6.242		-3.188	273 ~ 1 173
$Fe_2O_3(s)$	-822.1	-741.0	90.0	104.6	97.74	17.13		-12.887	298 ~ 1 100

（续表）

物质	$\Delta_f H_m^\ominus$(298.15K)	$\Delta_f G_m^\ominus$(298.15K)	$S_m^\ominus$(298.15K)	$C_{p,m}^\ominus$(298.15K)	$C_{p,m}^\ominus = a + bT + cT^2$，或 $C_{p,m}^\ominus = a + bT + c'T^{-2}$				
					a	$b \times 10^3$	$c \times 10^6$	$c' \times 10^{-5}$	适用温度/K
	$kJ \cdot mol^{-1}$	$kJ \cdot mol^{-1}$	$J \cdot K^{-1} \cdot mol^{-1}$	$J \cdot K^{-1} \cdot mol^{-1}$	$J \cdot K^{-1} \cdot mol^{-1}$	$J \cdot mol^{-1} \cdot K^{-2}$	$J \cdot mol^{-1} \cdot K^{-3}$	$J \cdot K \cdot mol^{-1}$	
Fe_3O_4(s)	−117.1	−1 014.1	146.4	143.42	167.03	78.91		−41.88	298～1 100
H(g)	217.94	203.122	114.724	20.80					
H_2(g)	0	0	130.695	28.83	29.08	−0.84	2.00		300～1 500
D_2(g)	0	0	144.884	29.20	28.577	0.879	1.958		298～1 500
HBr(g)	−36.24	−53.22	198.60	29.12	26.15	5.86		1.09	298～1 600
HBr(aq)	−120.92	−102.80	80.71						
HCl(g)	−92.311	−95.265	186.786	29.12	26.53	4.60		1.90	298～2 000
HCl(aq)	−167.44	−131.17	55.10						
H_2CO_3(aq)	−698.7	−623.37	191.2						
HI(g)	−25.94	−1.32	206.42	29.12	26.32	5.94		0.92	298～1 000
H_2O(g)	−241.825	−228.577	188.823	33.571	30.12	11.30			273～2 000
H_2O(l)	−285.838	−237.142	69.940	75.296					
H_2O(s)	−291.850	(−234.03)	(39.4)						
H_2O_2(l)	−187.61	−118.04	102.26	82.29					
H_2S(g)	−20.146	−33.040	205.75	33.97	29.29	15.69			273～1 300
H_2SO_4(l)	−811.35	(−866.4)	156.85	137.57					
H_2SO_4(aq)	−811.32								
HSO_4(aq)	−885.75	−752.99	126.86						
I_2(s)	0	0	116.7	55.97	40.12	49.79			298～386.8
I_2(g)	62.242	19.34	260.60	36.87					
N_2(g)	0	0	191.598	29.12	26.87	4.27			273～2 500
NH_3(g)	−46.19	−16.603	192.61	35.65	29.79	25.48		−1.665	273～1 400
NO(g)	89.860	90.37	210.309	29.861	29.58	3.85		−0.59	273～1 500
NO_2(g)	33.85	51.86	240.57	37.90	42.93	8.54		−6.74	
N_2O(g)	81.55	103.62	220.10	38.70	45.69	8.62		−8.54	273～500
N_2O_4(g)	9.660	98.39	304.42	79.0	83.89	30.75		14.90	
N_2O_5(g)	2.51	110.5	342.4	108.0					
O(g)	247.521	230.095	161.063	21.93					
O_2(g)	0	0	205.138	29.37	31.46	3.39		−3.77	273～2 000
O_3(g)	142.3	163.45	237.7	38.15					
OH^-(aq)	−229.940	−157.297	−10.539						
S(单斜)	0.29	0.096	32.55	23.64	14.90	29.08			368.6～392
S(斜方)	0	0	31.9	22.60	14.98	26.11			273～368.6
S(g)	222.80	182.27	167.825					−3.51	
SO_2(g)	−296.90	−300.37	248.64	39.79	47.70	7.171		−8.54	298～1 800
SO_3(g)	−395.18	−370.40	256.34	50.70	57.32	26.86		−13.05	273～900
SO_4^{2-}(aq)	−907.51	−741.90	17.2						

2. 有机化合物

在指定温度范围内恒压热容可用式 $C_{p,\mathrm{m}}^{\ominus} = a + bT + cT^2 + dT^3$ 计算

物质	$\Delta_f H_m^{\ominus}$(298.15K)	$\Delta_f G_m^{\ominus}$(298.15K)	$S_m^{\ominus}$(298.15K)	$C_{p,m}^{\ominus}$(298.15K)	$C_{p,m}^{\ominus}$				适用温度
					a	$b \times 10^3$	$c \times 10^6$	$d \times 10^6$	
	$\mathrm{kJ \cdot mol^{-1}}$	$\mathrm{kJ \cdot mol^{-1}}$	$\mathrm{J \cdot K^{-1} \cdot mol^{-1}}$	$\mathrm{J \cdot K^{-1} \cdot mol^{-1}}$	$\mathrm{J \cdot K^{-1} \cdot mol^{-1}}$	$\mathrm{J \cdot mol^{-1} \cdot K^{-2}}$	$\mathrm{J \cdot mol^{-1} \cdot K^{-3}}$	$\mathrm{J \cdot mol^{-1} \cdot K^{-4}}$	/K
甲烷 $CH_4(g)$	-74.847	50.827	186.30	35.715	17.451	60.46	1.117	-7.205	298 ~ 1 500
乙炔 $C_2H_2(g)$	226.748	209.200	200.928	43.928	23.460	85.768	-58.342	15.870	298 ~ 1 500
乙烯 $C_2H_4(g)$	52.283	68.157	219.56	43.56	4.197	154.590	-81.090	16.815	298 ~ 1 500
乙烷 $C_2H_6(g)$	-84.667	-32.821	229.60	52.650	4.936	182.259	-74.856	10.799	298 ~ 1 500
丙烯 $C_3H_6(g)$	20.414	62.783	267.05	63.89	3.305	235.860	-117.600	22.677	298 ~ 1 500
丙烷 $C_3H_6(g)$	-103.847	-23.391	270.02	73.51	-4.799	307.311	-160.159	32.748	298 ~ 1 500
1,3-丁二烯 $C_4H_6(g)$	110.16	150.74	278.85	79.54	-2.958	340.084	-223.689	56.530	298 ~ 1 500
1-丁烯 $C_4H_8(g)$	-0.13	71.6	305.71	85.65	2.540	344.929	-191.284	41.664	298 ~ 1 500
顺-2-丁烯 $C_4H_8(g)$	-6.99	65.96	300.94	78.91	8.774	342.448	-197.322	34.271	298 ~ 1 500
反-2-丁烯 $C_4H_8(g)$	-11.17	63.07	296.59	87.82	8.381	307.541	-148.256	27.284	298 ~ 1 500
2-甲基丙烯 $C_4H_8(g)$	-16.90	58.17	293.7	89.12	7.084	321.632	-166.071	33.497	298 ~ 1 500
正丁烷 $C_4H_{10}(g)$	-126.15	-17.02	310.23	97.45	0.469	385.376	-198.882	39.996	298 ~ 1 500
异丁烷 $C_4H_{10}(g)$	-134.52	-20.79	294.75	96.82	-6.841	409.643	-220.547	45.739	298 ~ 1 500
苯 $C_6H_6(g)$	82.927	129.723	269.31	81.67	-33.899	471.872	-298.344	70.835	298 ~ 1 500
苯 $C_6H_6(l)$	49.028	124.597	172.35	135.77	59.50	255.01			281 ~ 353
环己烷 $C_6H_{12}(g)$	-123.14	31.92	298.51	106.27	-67.664	679.452	-380.761	78.006	298 ~ 1 500
正己烷 $C_6H_{14}(g)$	-167.19	-0.09	388.85	143.09	3.084	565.786	-300.369	62.061	298 ~ 1 500
正己烷 $C_6H_{14}(l)$	-198.82	-4.08	295.89	194.93					
甲苯 $C_6H_5CH_3(g)$	49.999	122.388	319.86	103.76	-33.882	557.045	-342.373	79.873	298 ~ 1 500
甲苯 $C_6H_5CH_3(l)$	11.995	114.299	219.58	157.11	59.62	326.98			281 ~ 382
邻二甲苯 $C_6H_4(CH_3)_2(g)$	18.995	122.207	352.86	133.26	-14.811	591.136	-339.590	74.697	298 ~ 1 500
邻二甲苯 $C_6H_4(CH_3)_2(l)$	-24.439	110.495	246.48	187.9					
间二甲苯 $C_6H_4(CH_3)_2(g)$	17.238	118.977	357.80	127.57	-27.384	620.870	-363.895	81.379	298 ~ 1 500
间二甲苯 $C_6H_4(CH_3)_2(l)$	-25.418	107.817	252.17	183.3					
对二甲苯 $C_6H_4(CH_3)_2(g)$	17.949	121.266	352.53	126.86	-25.924	60.670	-350.561	76.877	298 ~ 1 500
对二甲苯 $C_6H_4(CH_3)_2(l)$	-24.426	110.244	247.36	183.7					
甲醛 $HCOH(g)$	-115.90	-110.0	220.2	35.36	18.820	58.379	15.606		291 ~ 1 500
甲酸 $HCOOH(g)$	-362.63	-335.69	251.1	54.4	30.67	89.20	-34.539		300 ~ 700
甲酸 $HCOOH(l)$	-409.20	-345.9	128.95	99.04					
甲醇 $CH_3OH(g)$	-201.17	-161.83	237.8	49.4	20.42	103.68	-24.640		300 ~ 700

(续表)

物质	$\Delta_f H_m^{\ominus}$(298.15K)	$\Delta_f G_m^{\ominus}$(298.15K)	$S_m^{\ominus}$(298.15K)	$C_{p,m}^{\ominus}$(298.15K)	$C_{p,m}^{\ominus}$				
					a	$b\times10^3$	$c\times10^6$	$d\times10^6$	适用温度
	$kJ\cdot mol^{-1}$	$kJ\cdot mol^{-1}$	$J\cdot K^{-1}\cdot mol^{-1}$	$J\cdot K^{-1}\cdot mol^{-1}$	$J\cdot K^{-1}\cdot mol^{-1}$	$J\cdot mol^{-1}\cdot K^{-2}$	$J\cdot mol^{-1}\cdot K^{-3}$	$J\cdot mol^{-1}\cdot K^{-4}$	/K
甲醇 $CH_3OH(l)$	−238.57	−166.15	126.8	81.6					
乙醛 $CH_2COH(g)$	−166.36	−133.67	265.8	62.8	31.054	121.457	−36.577		298 ~ 1 500
乙酸 $CH_3COOH(l)$	−487.0	−392.4	159.8	123.4	54.81	230			
乙酸 $CH_3COOH(g)$	−436.4	−381.5	293.4	72.4	21.76	193.09	−76.78		300 ~ 700
乙醇 $C_2H_5OH(l)$	−277.63	−174.36	160.7	111.46	106.52	165.7	575.3		283 ~ 348
乙醇 $C_2H_5OH(g)$	−235.31	−168.54	282.1	71.1	20.694	+205.38	−99.809		300 ~ 1 500
丙酮 $CH_3COCH_3(l)$	−248.283	−155.33	200.0	124.73	55.61	232.2			298 ~ 320
丙酮 $CH_3COCH_3(g)$	−216.69	−152.2	296.00	75.3	22.472	201.78	−63.521		298 ~ 1 500
乙醚 $C_2H_5OC_2H_5(l)$	−273.2	−116.47	253.1		170.7				290
乙酸乙酯 $CH_3COOC_2H_5(l)$	−463.2	−315.3	259		169.0				293
苯甲酸 $C_6H_5COOH(s)$	−384.55	−245.5	170.7	155.2					
氯甲烷 $CH_3Cl(g)$	−82.0	−58.6	234.29	40.79	14.903	96.2	−31.552		273 ~ 800
二氯甲烷 $CH_2Cl_2(g)$	−88	−59	270.62	51.38	33.47	65.3			273 ~ 800
氯仿 $CHCl_3(l)$	−131.8	−71.4	202.9	116.3					
氯仿 $CHCl_3(g)$	−100	−67	296.48	65.81	29.506	148.942	−90.713		273 ~ 800
四氯化碳 $CCl_4(l)$	−139.3	−68.5	214.43	131.75	97.99	111.71			273 ~ 330
甲氯化碳 $CCl_4(g)$	−106.7	−64.0	309.41	85.51					
氯苯 $C_6H_5Cl(l)$	116.3	−198.2	197.5	145.6					
二甲胺 $NH(CH_3)_2(g)$	−27.6	59.1	273.2	69.37					
吡啶 $C_5H_5N(l)$	78.87	159.9	179.1		140.2				293
苯胺 $C_6H_5NH_2(l)$	35.31	153.35	191.6	199.6	338.28	−1 068.6	2 022.1		278 ~ 348
硝基苯 $C_6H_5NO_2(l)$	15.90	146.36	244.3		185.4				293

附录 7　某些有机化合物的摩尔标准燃烧焓　　(100kPa、298.15K)

化合物	$\Delta_c H_m^\ominus/(kJ \cdot mol^{-1})$
CH_4(g)甲烷	-890.31
C_2H_2(g)乙炔	-1299.59
C_2H_4(g)乙烯	-1410.97
C_2H_6(g)乙烷	-1559.84
C_3H_8(g)丙烷	-2219.07
C_4H_{10}(g)正丁烷	-2878.34
C_6H_6(l)苯	-3267.54
C_6H_{12}(l)环己烷	-3919.86
C_7H_8(l)甲苯	-3925.4
$C_{10}H_8$(s)萘	-5153.9
CH_3OH(l)甲醇	-726.64
C_2H_5OH(l)乙醇	-1366.91
C_6H_5OH(s)苯酚	-3053.48
HCHO(g)甲醛	-570.78
CH_3COCH_3(l)丙酮	-1790.42
$C_2H_5COC_2H_5$(l)乙醚	-2730.9
HCOOH(l)甲酸	-254.64
CH_3COOH(l)乙酸	-874.54
C_6H_5COOH(晶)苯甲酸	-3226.7
$C_7H_6O_3$(s)水杨酸	-3022.5
$CHCl_3$(l)氯仿	-373.2
CH_3Cl(g)氯甲烷	-689.1
CS_2(l)二硫化碳	-1076
$CO(NH_2)_2$(s)脲素	-634.3
$C_6H_5NO_2$(l)硝基苯	-3091.2
$C_6H_5NH_2$(l)苯胺	-3396.2